先进储能材料与器件

张 月 张永泉 张昌海 主编

·北 京·

内容简介

本书内容主要涵盖了各种先进储能材料和器件的原理、设计、制备方法、性能评价以及实际应用等方面，具体包括能源及纳米科学简介、电介质储能材料与器件、电化学储能材料与器件、太阳能储能材料与器件、氢能储能材料与器件、其他能源转换与存储技术、纳米材料与纳米技术、纳米材料的制备与表征技术、纳米材料与纳米技术的应用和实验设计。本书重点介绍锂离子电池，超级电容器，固态电池，电介质储能材料和电容器，太阳能光电转换技术，其他新能源储能材料和常见储能器件的原理、结构和性能优化方法。同时，本书探讨了新型储能材料的研究进展，如钙钛矿材料、多孔材料、纳米材料和有机储能材料等，希望能够帮助读者深入了解先进储能材料和器件的发展现状和趋势。

本书紧跟前沿科学研究，与生产生活联系较为紧密，实验操作性强，能帮助读者衔接基础知识与前沿科研成果，巩固对各项储能技术和储能材料的掌握，掌握一定的材料创新设计与开发能力。

本书可供高等院校新能源材料与器件及相关专业的师生学习使用。

图书在版编目（CIP）数据

先进储能材料与器件 / 张月，张永泉，张昌海主编. 北京 : 化学工业出版社，2024. 7. -- ISBN 978-7-122-46083-7

Ⅰ. TB34；TE926

中国国家版本馆 CIP 数据核字第 2024J6U304 号

责任编辑：万忻欣　　文字编辑：袁玉玉　袁　宁
责任校对：赵懿桐　　装帧设计：张　辉

出版发行：化学工业出版社
（北京市东城区青年湖南街 13 号　邮政编码 100011）
印　　装：北京科印技术咨询服务有限公司数码印刷分部
787mm×1092mm　1/16　印张 24½　字数 611 千字
2024 年 10 月北京第 1 版第 1 次印刷

购书咨询：010-64518888　　售后服务：010-64518899
网　　址：http://www.cip.com.cn
凡购买本书，如有缺损质量问题，本社销售中心负责调换。

定　　价：148.00 元

本书编写人员

主编：

张　月（哈尔滨理工大学）

张永泉（哈尔滨理工大学）

张昌海（哈尔滨理工大学）

参编：

刘振宇（哈尔滨市产品质量综合检验检测中心）

迟庆国（哈尔滨理工大学）

张天栋（哈尔滨理工大学）

殷　超（哈尔滨理工大学）

王绪彬（哈尔滨理工大学）

主审：

王　暄（哈尔滨理工大学）

前言

能源是人类文明进步的重要物质基础和动力，攸关国家安全和国计民生。随着能源需求的不断增加和环境问题的日益突出，储能技术作为解决能源存储和利用的关键问题之一，引起了广泛的关注和研究。储能技术的发展不仅对于能源供应的稳定性和可持续性具有重要意义，还能推动清洁能源的高效利用，减少对传统化石能源的依赖。

2022 年国家发展改革委和国家能源局联合印发了《“十四五”新型储能发展实施方案》，方案中提出新型储能是构建新型电力系统的重要技术和基础装备，是实现碳达峰碳中和目标的重要支撑，也是催生国内能源新业态、抢占国际战略新高地的重要领域。“十四五”时期要求到 2025 年，新型储能由商业化初期步入规模化发展阶段，具备大规模商业化应用条件；到 2030 年，新型储能全面市场化发展，基本满足构建新型电力系统需求，全面支撑能源领域碳达峰目标如期实现；力争为 2060 年前实现碳中和打好基础，必须协同推进能源低碳转型与供给保障，加快能源系统调整以适应新能源大规模发展，推动形成绿色发展方式和生活方式。

本书主要侧重对能量转换与储存技术领域综合和前沿知识的论述，突出能量转换与储存技术领域涉及的方方面面，有助于推动新能源学科的发展，促进新能源储能技术的研究。本书收录最新的研究成果和技术进展，介绍先进储能材料和器件的基本原理和结构特点，旨在全面系统地介绍储能技术的最新研究进展、关键原理和应用领域，为科研人员、工程师和相关专业学生提供一个全面了解先进储能材料和器件的参考资料。

此外，本书与生产实践联系较为紧密，实验操作性强，并且紧跟前沿科学研究。因此在学习本书时，读者还可以完成理论与实践相结合，基础知识与前沿科研成果相衔接，将最新的研究成果和实际应用案例相融合，以巩固对各项储能技术和储能材料的理解掌握，具备一定的材料创新设计与开发能力，能够了解储能技术的前沿动态，掌握先进储能材料和器件的基本原理和设计方法，为解决能源存储和利用问题提供有益的参考和指导。

本书由哈尔滨理工大学张月、张永泉、张昌海担任主编。其中，张月主要负责第 1 章、第 3 章、第 4 章和第 7 章的编写任务；张永泉主要负责第 2 章和第 9 章的编写任务；张昌海主要负责第 5 章、第 6 章和第 8 章的编写任务。其余参与编写的人员有哈尔滨市产品质量综合检验检测中心刘振宇，哈尔滨理工大学迟庆国、张天栋、殷超、王绪彬。全书由哈尔滨理工大学王暄主审。

本书的编写离不开许多专家学者和同行的支持和帮助，在此向他们表示感谢。同时，我们也希望能够得到读者的宝贵意见和建议，以便在以后的工作中进一步完善和改进本书的内容。希望本书能够对读者的学术研究和实践工作起到积极的促进作用，使他们为储能技术的发展做出一定的贡献。

希望本书的出版能够推动储能技术的进一步发展和应用。

编者

目录

第1章

能源及纳米科学

1.1 能源

人类社会的发展离不开优质能源的出现和先进能源技术的使用。在当今世界，能源的发展以及能源和环境的关系是我国社会经济发展面临的重要问题，也是全世界、全人类共同关心的问题。广义上说，能源就是能够向人类提供某种形式能量的自然资源，包括所有的燃料、流水、阳光、地热及风等。任何物体都可以转化为能量，但是转化的数量、转化的难易程度是不同的。通过适当的转换手段，能源可为人类生产和生活提供所需的能量。例如，煤和石油等化石能源燃烧时可以提供热能，流水和风力可以提供机械能，太阳的辐射可转化为热能或电能。

1.1.1 能源分类

迄今为止，由自然界提供的能源有：水能、风能、太阳能、地热能、燃料的化学能、原子核能、海洋能以及其他一些形式的能量。按照能源的发展程度，可将能源分类为常规能源和新能源。

(1) 常规能源

利用技术上成熟、使用比较普遍的能源称为常规能源。在相当长的历史时期和一定的科学技术水平下，已经被人类长期广泛利用的能源，不但为人们所熟悉，而且也是当前主要能源和应用范围很广的能源，包括一次能源中可再生的水力资源和不可再生的煤、石油及天然气等资源。

① 煤

煤的化学成分主要为碳、氢、氧、氮及硫等元素。煤既是动力燃料，又是化工和制焦炼铁的原料，素有“工业粮食”之称。煤常被用作燃料以获取热量或提供动力。在世界历史上，揭开工业文明篇章的瓦特蒸汽机就是由煤驱动的。此外，还可把燃煤热能转化为电能进而长途输运，火力发电（简称火电）占我国电结构的比重很大，也是世界电能的主要来源之一。煤燃烧残留的煤矸石和灰渣可作建筑材料。煤还是重要的化工材料：炼焦、高温干馏制煤气是煤最为重要的化工应用，其还用于民间和制造合成氨原料；低灰、低硫和可磨性好的品种还可以制造多种碳素材料。

② 石油

石油是一种用途极为广泛的宝贵矿藏，是天然的能源物资。世界上对石油的成因存有争论，大致可分为无机生成学说和有机生成学说两大派。目前大部分的科学家认同的是：石油是沉积岩中的有机物质变成的。因为已经发现的油田99%以上都分布在沉积岩区。另外，人们还发现现代的海底、湖底的近代沉积物中的有机物正在慢慢地向石油变化。我国绝大部分石油属于陆相生油的范围。

③ 天然气

天然气是蕴藏量丰富，最清洁而便利的优质能源。天然气是地下岩层中以碳氢化合物为主要成分的气体混合物的总称。其主要由甲烷、乙烷、丙烷和丁烷等烃类综合组成，其中甲烷占80%～90%。天然气有两种不同的类型。一种是伴生气，由原油中的挥发性组分所组成，约有40%的天然气与石油一起伴生，称为油气田。它溶解在石油中或是形成石油构造中的气帽，并为石油储藏提供气压。另一种是非伴生气，即气田气。它埋藏更深，很多来源于煤系地层的天然气称为煤成气，它可能附于煤层中或另外聚集。它燃烧时有很高的发热值，对环境的污染也较小，而且还是一种重要的化工原料。

④ 水能

水能是一种可再生能源，也称为水力能，是指水体的动能、势能和压力能等能量资源。水力发电是指运用水的势能、动能或压力能转换成电能来发电的方式。广义的水能资源包括河流水能、潮汐水能、波浪能及海流能等能量资源；狭义的水能资源指河流的水能资源。水能是常规能源，一次能源，是一种廉价的能源，而且还是干净的能源。水的流动可产生能量，通过捕获水流动的能量发电，称为水力发电，简称水电。在我国，小水电是指总装机容量小于或等于5万千瓦的水电站。

(2) 新能源

新能源是指在新技术基础上加以开发利用的可再生能源，常见新能源及其特点如表1-1所示。此外，还有沼气、酒精及甲醇等。与常规能源相比，新能源生产规模较小，使用范围较窄。如前所述，常规能源与新能源的划分是相对的。以核裂变能为例，20世纪50年代初开始它被用来生产电力和作为动力使用时，被认为是一种新能源。到20世纪80年代世界上不少国家已把它列为常规能源。太阳能和风能被利用的历史比核裂变能要早许多，由于还需要通过系统研究和开发才能提高其利用效率，扩大使用范围，所以还是把它们列入新能源。联合国曾认为新能源和可再生能源共包括14种能源：太阳能、地热能、风能、潮汐能、海水温差能、波浪能、木柴、木炭、泥炭、生物质转化、畜力、油页岩、焦油砂及水能。新能源产业的发展既是整个能源供应系统的有效补充手段，也是环境治理和生态保护的重要措施，是满足人类社会可持续发展需要的最终能源选择。

表 1-1　常见新能源及其特点

新能源	特点
太阳能	取之不尽、用之不竭的可再生清洁能源
	存在转换效率、成本和使用寿命等系列问题
化学能	电池内部可逆电化学反应实现电能与化学能的相互转化
	储能技术成熟，不受地域限制，运行控制简单
氢能	质量小、传热高、清洁和来源广
	氢能的制备和储存距离大规模利用还有一定距离
核能	清洁能源之一，和平利用核能为全球所关注
	已实现对核裂变的控制和利用，但尚未实现可控的核聚变反应
生物质能	绿色能源，科学家们预计其将成为未来可持续新能源系统的重要组成部分
风能	太阳热辐射引起的大气流动的动能，是可再生的清洁能源，风力发电（简称风电）是风能利用的主要领域
海洋能	主要来源于太阳辐射能和天体（主要是月球和太阳）与地球之间的万有引力。是一种可再生的自然资源，包括多种形式的能量

新能源特点如下：

a. 资源丰富，普遍具备可再生特性，可供人类永续利用；

b. 能量密度低，开发利用需要较大空间；

c. 不含碳或含碳量很少，对环境影响小；

d. 分布广，有利于小规模分散利用；

e. 间断式供应，波动性大，对继续供能不利；

f. 目前除水电外，开发利用成本较化石能源高。

常见绿色新能源形态如图 1-1 所示。

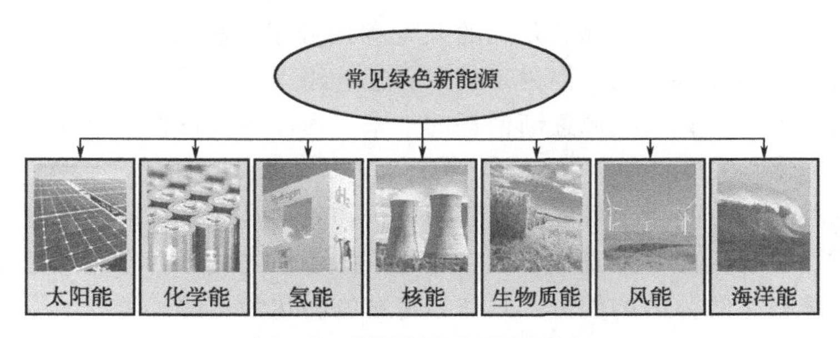

图 1-1　常见绿色新能源形态

① 太阳能

太阳能是人类最主要的可再生能源。太阳能指太阳光的辐射能量，是人类最主要的可再生能源。每年太阳辐射到地球大陆上的能量约为 8.5×10^{10} MW，相当于 1.7×10^{18} t 标准煤，远大于目前人类消耗的能量总和。利用太阳能的方法主要有太阳能光伏电池和太阳能热水器等。

太阳能是取之不尽、用之不竭的可再生清洁能源，人类通过光热转换技术、光电转换技术和光化转化技术实现了热发电及蓄热、光伏发电和光化学发电等利用形式。目前太阳能的开发还存在转换效率、成本和使用寿命等一系列问题。为了能够经济有效地利用这一能源，人们从科学技术上着手研究太阳能的收集、转换、储存及输送，已经取得显著进展，这无疑对人类的文明进步具有重大意义。

② 化学能

化学能理论的基础是化合键：原子通过化合键形成分子，或者分子通过化合键形成另一个分子。为了形成化合键，两个原子需要共享一定的能量。这取决于两个原子的自然特性，称为键能。当一个原子更换了它的配对，形成一个不同的分子时，它的键能就会发生变化。要形成一个比原来分子键能大的新分子，就需要给系统提供能量；反之，系统将会释放部分能量。这是任何化学反应的基础，不管反应发生在实验室、工业反应器，还是在生物细胞中。化学电源实际是直接把化学能转变为低压直流电能的装置，也叫电池。化学能已经成为国民经济中不可缺少的重要组成部分。同时化学能还将承担其他新能源的储存功能。化学电源是人们生活中应用广泛的方便能源，也是高新技术和现代移动通信中的新型能源。性能优越的金属氢化物-镍电池、锂离子电池和燃料电池是21世纪的绿色能源。化学电源的电化学原理、制造技术和发展趋势是新能源开发的重要组成部分。

③ 风能

风能是一次能源中的可再生能源，也被人们称为绿色能源，其蕴藏量大、开发和利用前景十分广阔。风能非常大，理论上仅1%的风能就能满足人类能源需要。风能利用主要是将大气运动时所具有的动能转化为其他形式的能，其具体用途包括风力发电、风帆助航、风能提水、风力制热采暖等。其中，风力发电是风能利用的最重要形式。

④ 海洋能

浩瀚的大海不仅蕴藏着丰富的矿产资源，更蕴藏着取之不尽、用之不竭的海洋能源。它用潮汐、波浪、海流、温度差及盐度差等方式表达的动能、势能、热能及物理化学能等能源。这些能源永远不会枯竭，也不会造成任何污染。海洋能是依附在海水中的可再生能源，全世界海洋能的理论可再生量约为7.6×10^{13}W，相当于目前人类一年内对电能的总需求量。

目前，世界上对潮汐能和波浪能的开发在技术上相对成熟，一些国家建立了潮汐电站和波浪能电站，而海流能、温差能和盐差能的开发利用处于试验阶段。海洋能属于清洁能源，海洋能发电具有很好的发展前景。但由于技术和经济原因，大规模开展海洋能开发建设还不成熟。但在未来，尤其在化石能源逐渐消耗的未来，海洋能将发挥重要作用。

⑤ 生物质能

生物质是动植物的可再生、可降解的任何有机物质，是由植物的叶绿体进行光合作用而形成的有机物质。生物质能则是直接或间接地通过绿色植物的光合作用，把太阳能转化为化学能后固定和贮藏在生物体内的能量。具体指将植物转化为乙醇、氢气、生物柴油以及其他生物化学材料，比如木糖醇、甘油、异丙醇等。如某些植物和水藻，能够通过光合作用直接产生油质，这些油质可以直接用作燃料，也可以经过化学处理成为生物柴油加以利用。而乙醇、甲烷等生物质能则需要将有机质进行厌氧发酵才可得到。另外，还能直接使用微生物制备燃料电池得到电能。由于生物体本身能量的来源都是阳光，而生物在自然界中又是生生不息的，所以一般地，也把生物质能看作可再生的新能源的一类。

⑥ 核能

由于原子核的变化而释放的巨大能量叫作核能，也叫作原子能。经过科学家们的大量实验研究和理论分析，发现释放核能可以有重核的裂变和轻核的聚变两条途径。核能发电是一种清洁、高效的能源获取方式。对于核裂变，核燃料是铀（U）、钚（Pu）等元素。核聚变的燃料则是氘、氚等物质。有一些物质，如钍（Th），其本身并非核燃料，但经过核反应可以转化为核燃料。核能是人类历史上的一项伟大发明，19世纪末物理学家汤姆逊发现了电子，居里夫人发现新的放射性元素钋、镭；1905年爱因斯坦提出质能转换公式；1946年科学家发现了核裂变现象；1942年12月2日，人类成功启动了世界上第一座核反应堆；1957年建成了世界上第一座民用核电站——奥布宁斯克核电站。目前，核能已经应用于军事、能源、工业、航天等众多领域。

⑦ 氢能

氢位于元素周期表第一位，原子序数为1，是自然界存在最普遍的元素，相比于化石燃料。氢能资源丰富，具有可再生性、可储存性、环保性等特点，可以同时满足资源、环境和可持续发展的要求，是其他能源所不能比拟的。由于氢在世界上的储量极其丰富，又不具有环境污染，多年来一直被认为是未来的能源主体。氢能以质量小、传热高、清洁和来源广等特点展示着诱人的开发前景。氢能的制备储存和利用目前是世界各国的研究热点，氢能的制备和储存距离大规模利用还有一定距离。

⑧ 地热能

地热能是来自地球深处的可再生热能，是分布广、洁净、热流密度大和使用方便的新能源。地热能被用于发电以及家庭、企业、工业、温室等场所与热量直接相关的应用。跟太阳能和风能不同，地热通常可以提供不间断的基载电力，尽管准确的数量会随地下管道系统的波动而变化。全世界地热资源（埋深在5000m以浅）总量大约为1.25×10^{27}J，相当于4.27×10^{8}亿吨标准煤，约为全球煤热能的1.7亿倍。在有些地方，热能随自然涌出的热蒸汽和水到达地面，这种热能的储量相当大。地热能在地表的示意如图1-2所示。

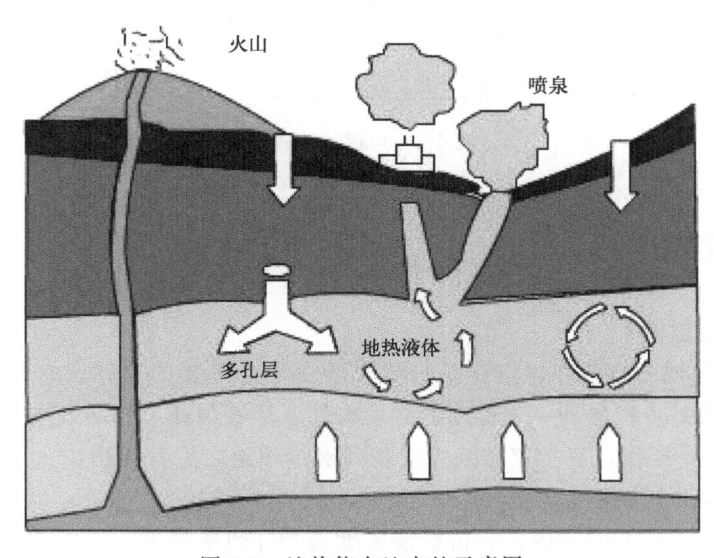

图1-2　地热能在地表的示意图

⑨ 可燃冰

可燃冰又称天然气水合物，是天然气与水在高压低温条件下形成的类冰状的结晶物质，且遇火即可燃烧。可燃冰分布于深海沉积物或陆域的永久冻土中，它在海底分布范围占海洋总面积的10%，相当于4000万平方千米，它的储量够人类使用1000年。燃烧的可燃冰和可燃冰结晶体结构如图1-3所示。

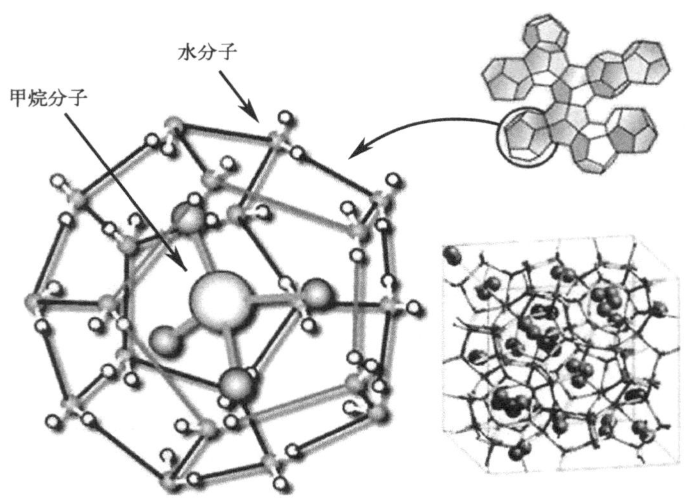

图 1-3 燃烧的可燃冰和可燃冰结晶体结构

可燃冰从外表上看像冰霜，从微观上看其分子结构就像一个个“笼子”，由若干水分子组成一个笼子，每个笼子里“关”一个气体分子，如图 1-4 所示。目前，可燃冰主要分布在东、西太平洋和大西洋西部边缘，是一种极具发展潜力的新能源，但由于开采困难，海底可燃冰至今仍原封不动地保存在海底和永久冻土层内。

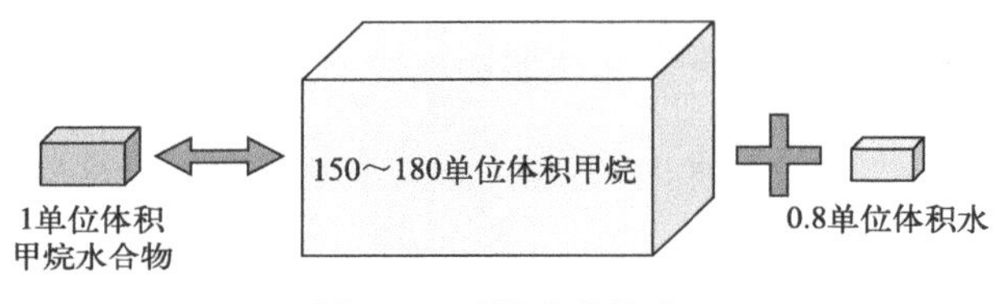

图 1-4 可燃冰的构成

1.1.2 能源基础

(1) 能量守恒定律

19 世纪中叶发现的能量守恒定律是自然科学中十分重要的定律。它的发现是人类对自然科学规律的认识逐步积累到一定程度的必然事件。尽管如此，它的发现仍然是艰辛和激动人心的。18 世纪 50 年代，科学家布莱克发现了潜热理论之后，亚历山大·希罗发明的蒸汽机实现了热能转变为机械能。

在前面这些科学研究的基础上，机械能的度量和守恒的提出、热能的度量、机械能和热能的相互转化、永动机的大量实践被宣布为不可能。由此，能量守恒定律的发现条件逐渐成熟了。

能量守恒定律：自然界的一切物质都具有能量，能量既不会凭空消失，也不会凭空产生，它只会从一种形式转化为其他形式，或者从一个物体转移到另一个物体。在能量转换和传递过程中，能量的总量恒定不变。自然界中能量是守恒的，但是由于能量的转化和转移是有方向的，因此还存在能源危机。这就需要提高能源的使用效率。

(2) 热力学第二定律

能量不仅有量的多少，还有质的高低。热力学第一定律只说明了能量在量上要守恒，并没有说明能量在“质”方面的高低。自然界进行的能量转换过程是有方向的，不需要外界帮助就能自动进行的过程称为自发过程，反之为非自发过程。自发过程都有一定的方向性。

热力学第二定律的克劳修斯说法：热量可以自发地从温度高的物体传递到温度低的物体，但不可能自发地从温度低的物体传递到温度高的物体，即不可能把热量从低温物体传到高温物体而不引起其他变化。

热力学第二定律的开尔文-普朗克说法：不可能从单一热源吸取热量，并将这热量完全变为功，而不产生其他影响。

热力学第二定律的熵增表述：孤立系统的熵永不减小。

热力学第二定律的实质就是能量贬值原理，并指明了能量转换过程的方向、条件及限度。在能量利用中热效率和经济性是两个非常重要的指标。由于存在着耗散作用、不可逆过程以及可用能损失，在能量转换和传递过程中，各种热力循环、热力设备和能量利用装置的效率都不可能达到 100%，如图 1-5 所示。

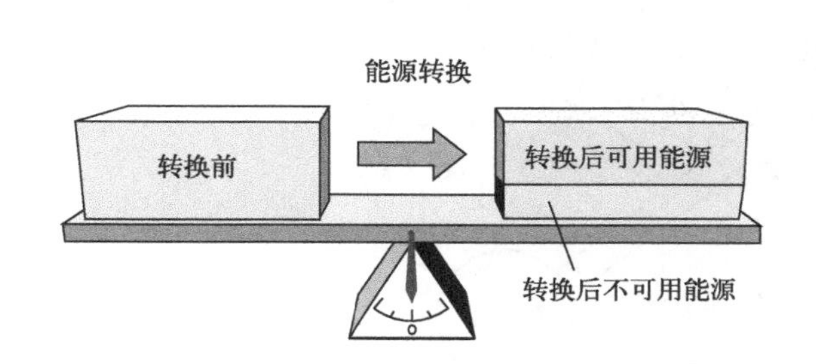

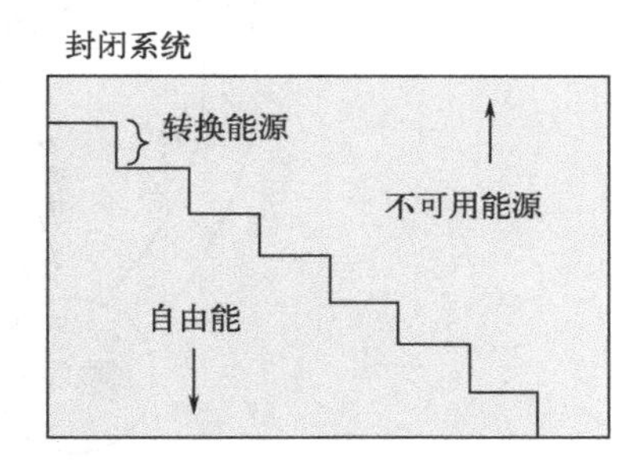

图 1-5　能量损耗

(3) 热力学第三定律

热力学第三定律描述的是热力学系统的熵在温度趋近于绝对零度时趋于定值。而对于完整晶体，这个定值为零。由于这个定律是由瓦尔特·赫尔曼·能斯特归纳得出后进行表述，因此又常被称为能斯特定理或能斯特假定。1923 年，吉尔伯特·路易斯和梅尔·兰德尔对此定律重新提出另一种表述。故要对热力学第三定律作补充说明：绝对零度是不可能达到的。

热力学第三定律可表述为：在热力学温度零度（即 $T=0\text{K}$）时，一切完美晶体的熵值等于零。所谓“完美晶体”是指没有任何缺陷的规则晶体。据此，利用量热数据，就可计算出任意物质在各种状态（物态、温度、压力）的熵值。这样定出的纯物质的熵值称为量热熵或第三定律熵。

(4) 能量传递定律

能量在物质之间传递时，会发生能量损失。这个定律说明在能量传递的过程中，需要尽可能减少能量的损失。

(5) 能量转化定律

在绝大多数情形下，能源可以被定义为任何使物体可能工作的事物，如产生克服阻力的运动等。能源有许多种形式，它最有趣的特征之一是运动的所有物理过程都包括了从一种形式到另一种形式的能源的转化。例如，煤炭中的化学能能够转化为活跃的热能，热能和水相结合，就能产生锅炉里的水蒸气，水蒸气再被用来推动涡轮，涡轮推动发电机的轴旋转，从而产生电力。类似地，食物中的化学能可以被转化为机械能，也就是说，有做物理功的能力，或者化学能将转化为比较擅长做的功。

狭义上的能量转换，即能量形态上的转换。能量转化的效率越高，能量损失就越少。

在能量利用中，最重要的能量转换过程是将燃料的化学能通过燃烧转换为热能，热能再通过热机转换成机械能，机械能既可以直接利用，也可以通过发电机再将机械能转换为更便于应用的电能，具体能量转换方式如图 1-6 所示。

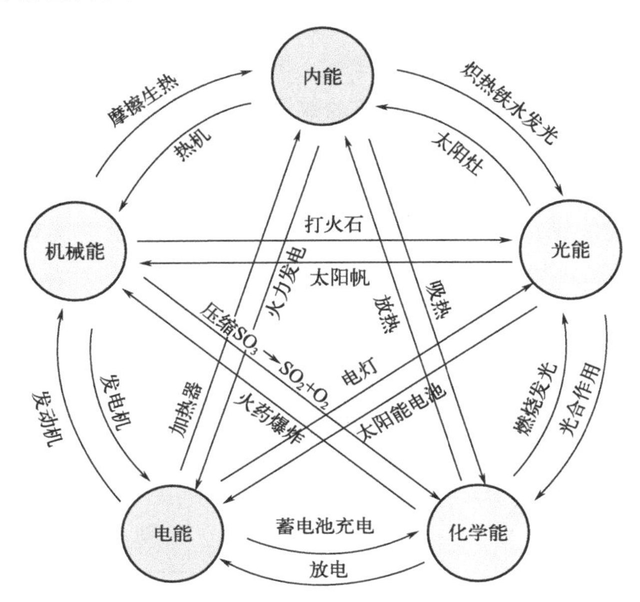

图 1-6 各种能量形式间的转换关系

另外，系统内的作用是有时间与过程的，不同形式能量之间的转换是多种多样的，故要确保能量守恒定律成立的条件之一就是所有形式能量之间是可以相互转换的，且转换量一定相等。

广义上的能量转换：

① 能量在空间上的转移，即能量的传输。

② 能量在时间上的转移，即能量的储存。

能量转换是能量最重要的属性，也是能量利用中最重要的环节。人们通常所说的能量转换是指能量形态上的转换，如化学能通过燃烧转换成热能，热能通过热机再转换成机械能等。不同的能量形态可以互相转换，而显然，任何能量转换过程都需要一定的转换条件，并在一定的设备或系统中实现。表 1-2 给出了能量转换过程及实现能量转换所需的设备或系统。

表 1-2 能量转换过程及实现能量转换所需的设备或系统

能源	能量形态转换过程	转换设备或系统
石油、煤炭、天然气等化石能源	化学能→热能 化学能→热能→机械能 化学能→热能→机械能→电能	炉子、燃烧器 各种热力发电机 热机、发电机、磁流体发电机

续表

能源	能量形态转换过程	转换设备或系统
氢和酒精等二次能源	化学能→热能→电能 化学能→电能	热力发电、热电子发电 燃料电池
水能、风能、潮汐能、海流能、波浪能	机械能→机械能 机械能→机械能→电能	水车、水轮机、风力机、水轮发电机组、风力发电机组（简称风电机组、风力机组）、潮汐发电装置、海洋能发电装置、波浪能发电（也称波力发电）装置
太阳能	太阳能→热能 太阳能→热能→机械能 太阳能→热能→机械能→电能 太阳能→热能→电能 太阳能→电能 太阳能→化学能 太阳能→生物能 太阳能→电能	热水器、太阳灶、光化学反应 太阳能发动机 太阳能发电 热力发电、热电子发电 太阳能电池、光化学电池 光化学反应（水分解） 光合成
海洋温差能	热能→机械能→电能	海洋温差发电（热力发电机）

1.1.3 能量储存技术

能量有多种形式，能量储存涉及将难以储存形式的能量转换成更便利或经济可储存形式的能量。它包括自然的和人为的两类：自然的储能，如植物通过光合作用，把太阳辐射能转化为化学能储存起来；人为的储能，如旋紧机械钟表的发条，把机械功转化为势能储存起来。按照储存状态下能量的形态，可分为机械储能、化学储能、电磁储能（或蓄电）、风能储存、水能储存等。在能源的开发、转换、运输和利用过程中，能量的供应和需求之间，往往存在着数量上、形态上和时间上的差异。为了弥补这些差异，有效地利用能源，常采取储存和释放能量的人为过程或技术手段，称为储能技术。储能技术中应用最广的是电能储存、太阳能储存和余热的储存。可以将储存的能量用作应急能源，也可以在电网负荷低的时候储能，在电网高负荷的时候输出能量，用于削峰填谷，减轻电网波动。具体储能技术的主要技术特点和应用方向如表 1-3 所示。

表 1-3 各种储能技术的主要技术特点和应用方向

储能类型		典型额定功率/MW	额定运行时间	特点	应用场合
机械储能	抽水储能	100～2000	4～10h	可大规模储能，技术成熟，响应慢，需地球资源	日负荷调节、频率控制和系统备用
	压缩空气	10～300	1～20h	适用于大规模储能。响应慢，需地理资源	调峰、系统备用
	飞轮储能	5×10^{-3}～1.5	15s～15min	比能量与比功率较大。含旋转部件，成本高，噪声大	调峰、频率控制、不间断电源（uninterruptible power supply，UPS）和电能质量控制

续表

储能类型		典型额定功率/MW	额定运行时间	特点	应用场合
电磁储能	超导储能	1×10^{-2}～1	2s～5min	响应快，比功率高。成本高，维护困难	电能质量控制、稳定输配电、UPS
	电容器	1×10^{-3}～1×10^{-1}	1s～1min	响应快，比功率高。比能量太低	稳定输电系统、电能质量控制
	超级电容器	1×10^{-2}～1	1～30s	响应快，比功率高。成本高，储能低	灵活交流输电系统（flexible AC transmission system）与FACTS结合
化学储能	铅酸电池	1～50	1min～3h	技术成熟，成本较小。寿命短，环保问题	电能质量控制、电站备用、黑启动、UPS、可再生储能
	液流电池	5×10^{-3}～100	1～20h	寿命长，可深充深放，易于组合，效率高，环保性好，比能量低	电能质量控制、可靠性控制、备用电源、调峰填谷、能量管理、可再生储能
	钠硫电池	千瓦至兆瓦级	分钟～数小时	比能量与比功率高。成本高，运行安全问题有待改进	电能质量控制、可靠性控制、备用电源、调峰填谷、能量管理、可再生储能

除了电池，还有很多研究致力于其他的蓄电方法，以克服某些电力来源（尤其是可再生能源）的间歇性和易变性。这方面的想法包括面向并网和离网应用的机电、化学和热力技术。一个巨大的挑战是建立能够储存并快速释放大量电能［数千度（1度=1千瓦时）］的系统。一些可能的方案包括抽水蓄能（先利用电能把水蓄积到高处，过后再利用水力发电）、压缩空气蓄能、飞轮蓄能（先用电力让轮子高速转动，过后再把动能转化为电能）、制氢蓄能（用于燃料电池）、超级电容（能够快速放电并跟电池一起使用的电化学设备）以及超导磁体蓄能（把电能储存在超导线圈制造的磁场中）。能量存储在储能装置中，经过能量的转换和变换后，以最适宜于应用的形式供给用户。大容量储能技术介绍如表1-4所示，中小容量储能技术及其主要应用领域如表1-5所示。各储能技术示意图请见附录1。

表 1-4 大容量储能技术

储能技术	抽水蓄能	地下压缩空气	电化学电池	液流电池	储能与内燃机
能量密度	落差360m时为$1kW\cdot h/m^3$	地下存储压力100bar[①]时为$12kW\cdot h/m^3$	铅酸电池：$33kW\cdot h/t$ 锂离子电池：$100kW\cdot h/t$	$33kW\cdot h/m^3$	$200kW\cdot h/m^3$
可用容量/MW·h	1000～100000	100～10000	0.1～40	10～100	1000～100000
可用功率/MW	100～1000	100～1000	0.1～10	1～10	10～100
效率	65%～80%	50%（在燃气发电下）	快速放电时每月70%	70%	60%
目前装机情况	100000MW·h 1000MW	600MW·h 290MW	40MW·h 10MW	120MW·h 15MW	—
kW·h成本/欧元	70～150	50～80	200（铅酸电池）～2000（锂离子电池）	100～300	50

续表

储能技术	抽水蓄能	地下压缩空气	电化学电池	液流电池	储能与内燃机
kW 成本/欧元	600～1500	400～1200	300（铅酸电池）～3000（锂离子电池）	1000～2000	350～1000
成熟度	非常成熟	全球有几个示范项目	全球有几个示范项目	正在研发样机	规划阶段
备注	选址需要有带落差的水库	地下选址	含重金属	会产生中间化合物	不受地理位置限制

资料来源：清洁能源协会（Clean Energy Associates，CEA）。

① $1bar=10^5Pa$。

表 1-5　中小容量储能技术

储能技术	超导储能	超级电容器	电化学电池	飞轮储能	罐装压缩空气储能	储氢
储能方式	电磁	静电荷	化学	机械	压缩空气	燃料
能量密度（不包括附属设备）/W·h/kg	1～5	10～60	20～120	1～5	8（200bar）	300～600（200～350bar）
可利用容量	几千瓦时	几千瓦时	几千瓦时至几兆瓦时	几千瓦时至几十千瓦时	几千瓦时至几十千瓦时	—
储能时间	几秒到 1min	几秒到几分钟	几十分钟（镍镉）到几十小时（铅酸）	几分钟到 1h	1h 到几天（自放电率很小）	1h 到几天（自放电率很小）

储能技术在能源系统、新能源（单个或集成）技术及输送中发挥着重要作用。储能系统评价指标有储能密度、储能功率、储能效率、储能价格、环境负荷等。储能技术一般要求有储能密度大、变换损耗小、运行费用低、维护较容易、不污染环境等。应用最广最主要的储能技术是电能储存。电的储能技术大致分三类：直接储存电能、把电能转化为化学能储存、把电能转化为机械能储存。储能系统本身并不节约能源，主要在于能够提高能源利用效率，促进新能源如太阳能和风能的发展。储能是指能量转化为在自然条件下比较稳定的存在形态的过程。各种能量形态类别、储存和输送法对照如表 1-6 所示。

表 1-6　各种能量形态类别、储存和输送法对照

能量的形态	储存法		输送法
机械能	动能	飞轮	高压管道
	位能	扬水	
	弹性能	弹簧	
	压力能	压缩空气	
热能	显热	显热储能	热介质输送管道热管
	潜热（熔化、蒸发）	潜热	
化学能	电化学能 化学能、物理化学能（溶液、稀释、混合、吸收等）		化学热管、管道、罐车、汽车等

续表

能量的形态	储存法		输送法
电磁能	电能 磁能 电磁波（微波）	电容器 超导线圈	输电线微波输电
辐射能	太阳光、激光束		光纤维
原子能		铀、钚等	

1.2 纳米科技

1.2.1 纳米科技概述

随着纳米科技的不断进步，纳米科技的研究内容不断丰富，研究范围也不断扩大，纳米科技领域已形成了一些各具特色、相对独立又相互渗透的分支学科，主要包括纳米物理学、纳米电子学、纳米机械学、纳米材料学、纳米生物学、纳米医药学以及纳米制造学、纳米显微学和纳米测量学等。

零维纳米结构单元的种类和称谓多种多样，常见的有纳米粒子（nanoparticle）、超细粒子（ultrafine particle）、超细粉（ultrafine powder）、烟粒子（smoke particle）、量子点[quantum dot，又称人造原子（artificial atom）]、原子团簇（atomic cluster）及纳米团簇（nanocluster）等，它们的不同之处在于各自的尺寸范围稍有区别。零维纳米结构单元具有量子尺寸效应、小尺寸效应、表面效应和宏观量子效应等，因而呈现出许多特有的性质。例如，纳米粒子的吸附性比相同材质的本体材料更强，纳米粒子的表面活性使得它们很容易团聚，从而形成带有若干弱连接界面的尺寸较大的团聚体。有关这些基本的物理、化学性质，对于零维纳米材料的研究与应用极为重要。纳米技术分类如图 1-7 所示。

自 1991 年 NEC 公司饭岛研究小组首次发现碳纳米管（carbon nanotube，CNT）以来，一维纳米结构（one dimensional nano structure）单元的研究立刻引起了不同科技领域众多科学家们的极大关注，科学家们相继研究发现了纳米线（nanowire）、同轴纳米电缆（coaxial nano-line）、纳米带（nanobelt）和纳米环（nanoring）等新型一维纳米结构单元（又称准一维纳米材料）。一维纳米结构在介观物理领域和纳米器件研制等方面有着重要的应用前景，它可用作扫描隧道显微镜（scanning tunnel microscope，STM）的针尖、纳米器件和超大集成电路中的连线、光导纤维微电子学方面的微型钻头以及复合材料的增强剂。

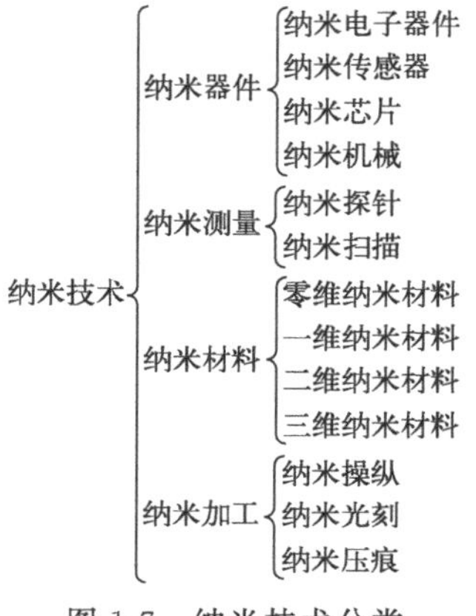

图 1-7 纳米技术分类

纳米薄膜（nano thin-film）是指由尺寸在纳米量级的晶粒构成的薄膜，或将纳米晶粒镶嵌于某种薄膜中构成的复合膜，以及每层厚度在纳米量级的单层或多层膜，有时也称为纳米晶粒薄膜或纳米多层膜。纳米薄膜材料是一种新型的薄膜材料，由于其特殊的结构和性能，它在功能材料和结构材料领域都具有良好的发展前景。

三维纳米结构（3D nanostructure）是指由零维、一维、二维中的一种或多种基本结构单元组成的复合材料，其中包括：横向结构尺寸小于100nm的物体；纳米微粒与常规材料的复合体；粗糙度小于100nm的表面；纳米微粒与多孔介质的组装体系等。

复合材料是由两种或两种以上性质不同的材料，通过各种工艺手段组合而成的复合体。复合材料由于各组成材料的协同作用，因而兼具刚度大、强度高、质量小等单一材料无法比拟的优异性能。复合材料的结构是以一个相为连续相（称为基体），而另一相以一定的形态分布于连续相中（称为增强体）。如果增强体是纳米颗粒、纳米晶片、纳米晶须、纳米纤维（nano-fiber）等纳米结构单元，那么该材料就称为纳米复合材料。

纳米复合材料作为纳米技术中的重要环节，有许多不同于宏观复合材料的优异性能，纳米复合技术为新材料的研究和制备提供了新方向和新途径，因此备受世界各国的重视。纳米材料的特异性能，再加上复合材料的优异性能，使纳米复合材料成为复合材料的新生长点之一。纳米颗粒由于巨大表面积和相互作用力，极易团聚而长成粗大颗粒，然而，若将其分散在某一基体中构成复合材料，则能够阻止复合材料团聚的倾向，从而使其维持纳米尺寸状态并充分发挥纳米效应。

近年来，人们对纳米材料的研究已逐步深入到纳米组装体系（nanostructured assembling system）的研究，即以纳米微粒或纳米丝、纳米管等为基本单元，在一维、二维和三维空间组装排列成具有纳米结构的体系。纳米结构自组装体系的出现，标志着纳米材料科学研究进入了一个新的阶段。人们可以把纳米结构单元按照事先的设想，依照一定的规律在二维或三维空间构筑成形形色色的纳米结构体系，以及各种特定功能的纳米器件（nanodevice）。

纳米组装体系根据其构筑过程中的内外因驱动力可分为人工组装体系与自组装体系。人工纳米组装体系是按照人类的意志，利用物理和化学的方法人工地将纳米尺度的物质单元组装、排列构成一维、二维和三维的纳米结构体系，包括纳米有序阵列体系和介孔复合体系等。这里，人的设计和参与制造起到决定性的作用，就好像人们用自己制造的部件装配成非生命的实体。纳米自组装体系是指通过弱的和方向性较小的非共价键，如氢键、范德瓦耳斯力键和弱的离子键协同作用把原子、离子或分子连接在一起构筑成一个纳米结构或纳米结构的图案。纳米自组装技术是以纳米加工、纳米制造为标志的纳米科技向纵深发展的关键技术之一，它可以从分子层次上对基础材料进行加工，合成出结构多样、性能丰富多彩的材料。它代表着一类全新的加工制造技术，从而将人类关于材料制造技术的观念全面更新。因此，重视纳米组装体系，特别是纳米自组装体系的研究具有极为重要的意义。

纳米器件是指器件的特征尺寸在纳米范围（1～100nm）内的器件，包括纳米电子器件（nanoelectronics device）、纳米传感器、纳米芯片和纳米机械。纳米器件的工作原理和特性与传统意义上的微电子器件（microelectronic device）有根本性的不同。描述器件工作原理通常是以电子在器件结构中运动的方程——电子输运方程为基础。微电子器件中的电子输运适合用玻尔兹曼方程描述，而纳米电子器件中电子的运动遵从量子力学原理；微电子器件中电子更多地表现出粒子性，纳米电子器件中电子更多地表现出波动性，其中量子效应起重要作用。正因为如此，不论是在器件的制备，还是在器件的工作原理和应用方面，纳米电子器件与微电子器件都有显著的区别。

纳米粒子（nano particle，NP）又称为纳米粉末，一般是指粒度在 100nm 以下的固体粉末或纳米颗粒。纳米粒子按组成可分为无机纳米颗粒、有机纳米颗粒和有机/无机复合纳米粒子。无机纳米粒子包括金属与非金属（半导体、陶瓷、铁氧体等），有机纳米粒子主要包括高分子和纳米药物。

纳米粒子是纳米体系的典型代表，一般为球形或类球形，它属于超微粒子范围（1～1000nm）。由于尺寸小，比表面积大和量子尺寸效应等原因，纳米粒子具有不同于常规固体的新特性，也有异于传统材料科学中的尺寸效应。纳米粒子既不同于微观原子、分子团簇，又不同于宏观体相材料，是介于团簇和体相之间的特殊状态，既具有宏观体相的元胞和键合结构，又具备块体所没有的崭新的物理化学性能，即它的光学、热学、电学、磁学、力学以及化学方面的性质和大块固体相比有显著的不同，从而使它在催化、粉末冶金、燃料、磁记录、涂料、传热、雷达波吸收、光吸收、光电转换、气敏传感等方面有巨大的应用前景，可作为高密度磁记录材料、吸波隐身材料、磁流体材料、防辐射材料、单晶硅和精密光学器件抛光材料、微芯片导热基片与布线材料、微电子封装材料、光电子材料器件的电池电极材料、太阳能电池材料、高效催化剂、高效助燃剂、敏感元件、高韧性陶瓷材料、人体修复材料及抗癌制剂等。常见的纳米材料的制备方法如图 1-8 所示。

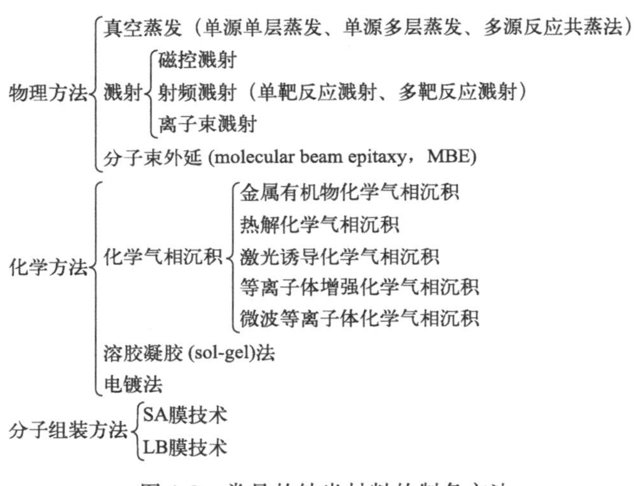

图 1-8 常见的纳米材料的制备方法

纳米复合材料因汇聚纳米材料和复合材料两者的优势，而成为未来新材料设计的首选对象。在纳米材料设计中，主要关注纳米材料的功能设计、合成设计和稳定性设计，力求解决复合材料组分的选择、复合时的混合与分散、复合工艺、复合材料的界面作用及复合材料物理稳定性等问题，最终获得高性能、多功能的纳米复合新材料。具体一些纳米复合材料分类详见图 1-9。

陶瓷具有力学性能优良、耐磨性好、硬度高以及耐热性和耐腐蚀性好等特点，但是它的最大缺点是脆性大。近年来，通过往陶瓷中加入或生成纳米级的颗粒、晶须、晶片、纤维等，使陶瓷的韧性大大改善，而且使其强度及模量也有了提高。

金属基纳米复合材料（metal matrix nanocomposites，MMNCs）是以金属及合金为基体，与一种或几种金属或非金属纳米级增强体结合的复合材料，因兼有金属和纳米相而具有独特的结构特征和物理、化学及力学性能，成为一种新兴的纳米复合材料和新型金属功能材料。

聚合物基纳米复合材料是以聚合物为基体的有机-无机纳米复合材料，它综合了无机、有机纳米材料的优良特性，因而吸引了众多科技工作者的关注。聚合物基纳米复合材料可分为两类：一类是将聚合物插入纳米尺度的层状的无机物中而形成的聚合物/层状纳米无机物复合材料，亦即所谓的插层型聚合物纳米复合材料；另一类是以纳米级无机粒子填充到聚合物当中而形成的聚合物/无机纳米粒子复合材料，亦即所谓的填充型聚合物纳米复合材料。

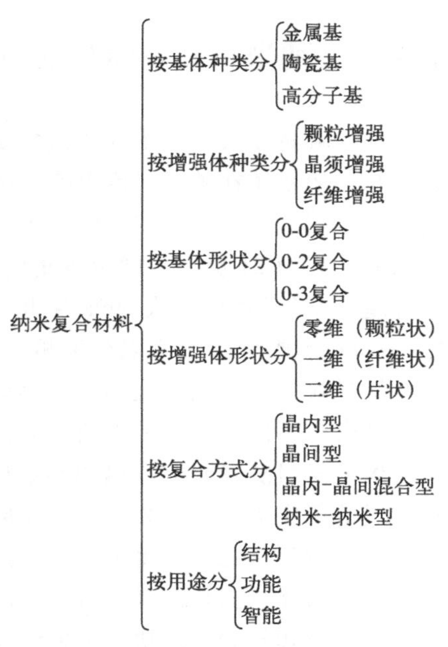

图1-9　纳米复合材料分类

聚合物/聚合物型纳米复合材料是由聚合物纤维复合材料衍生和发展起来的，是一种由两种聚合物形成的纳米复合材料。其特点是：一种聚合物以刚性棒状分子形式（直径为10nm左右）分散在另一种柔性的聚合物基体中，起拉强增韧作用。聚合物/聚合物型纳米复合材料按合成方法的不同，可分为分子复合纳米聚合物材料、原位复合纳米有机材料、聚合物微纤/聚合物纳米复合材料三大类。

纳米高分子（nano-polymer）（全称纳米结构的自组装高分子）包括小分子间通过非共价键形成的高分子以及高分子间通过非共价键形成的高分子聚集体。纳米高分子不仅有链状聚合物（chain polymer），还有梳状聚合物（comb polymer）、星状聚合物（stellate polymer）、超支化聚合物（ultra-branch polymer）和树枝状聚合物（dendritic polymer），这些都是有分支的高分子，是由构造单元的单体重复连接起来而形成的合成高分子（聚合物）。

纳米复合材料由于具有优异的力学性能和其他方面的综合性能，使包括无机/无机、有机/无机、有机/有机在内的一系列纳米复合材料在高性能工程材料、信息材料、能源材料、新型包装材料等领域都有巨大的应用潜力，因此自问世以来便引起了人们普遍的关注。从结构部件领域到电子器件领域，纳米复合材料都有很广泛的应用：通过纳米相及纳米金属间化合物弥散增强合金性能；采用纳米介孔复合材料，来保证运载火箭在运行过程中及时散热，保证金属的冷却及骨架的强度；采用纳米焊接技术对金属、陶瓷进行加工。另外纳米材料可以用于汽油微乳化剂、纳米润滑以及纳米材料电池等领域。而在电子器件方面，其可以用作磁记录材料、纳米晶太阳能电池、纳米晶粒膜电极、光伏电池等。

目前对纳米复合材料的研究还不够深入，需进一步加强。如何实现对纳米粒子的尺寸、形态及分布的控制，得到性能符合设计要求的纳米复合材料，是纳米复合材料能够得到全面发展和应用的关键。此外，需要开发新的制备方法，以使纳米复合材料的潜力得到进一步的发挥，其应用领域进一步扩大，如借鉴自然界生物材料的合成方法，研制用于高聚物与纳米材料分散的专业设备。将来随着廉价纳米材料不断开发应用，粒子表面处理技术的不断进步，纳米材料增强、增韧聚合物机理的研究不断完善，纳米材料改性的复合材料将逐步向工业化方向发展，其应用前景会更加诱人。

1.2.2 纳米科技发展与展望

纳米科技使人类认识和改造物质世界的手段和能力延伸到了原子和分子水平，它的最终目标是利用物质在纳米尺度上表现出来的特性，直接以原子、分子构筑和制造具有特定功能的产品，实现生产方式的飞跃。因而，纳米科技将对人类产生深远的影响。《商业周刊》将纳米科技列为 21 世纪可能取得重要突破的三个领域之一（其他两个为生命科学和生物技术、从外星球获得能源）。从 1999 年开始，纳米科技研究被列入 21 世纪前十年十一个关键领域之一；联合国的 19 家著名研究机构，建立专门的纳米技术研究网。

纳米科技的陡然升温不仅仅是研究对象的尺寸变小的问题，实质上是由纳米科技在推动人类社会产生巨大变革方面所具有的重要意义决定的。

纳米材料随着研究内涵的不断扩大，这方面的理论和实验研究都日益活跃，纵观纳米材料发展的历史大致可以划分为三个阶段。

第一阶段（1990 年以前）：主要是在实验室探索用不同手段制备各种材料的纳米颗粒粉体，合成块体（包括薄膜），研究评估表征的方法，探索纳米材料不同于常规材料的特殊性能。对纳米颗粒和纳米块体材料结构的研究在 20 世纪 80 年代末期一度形成热潮。研究的对象一般局限在单一材料和单相材料，国际上通常把这类纳米材料称纳米晶（nanocrystalline）或纳米相（nanophase）材料。

第二阶段（1990～1994 年以前）：人们关注的热点是如何利用纳米材料已挖掘出来的奇特物理、化学和力学性能，设计纳米复合材料（nanocomposite materials，manocomposites）。通常采用纳米微粒与纳米微粒复合（0-0 复合）、纳米微粒与常规块体复合（0-3 复合）、及发展复合纳米薄膜（0-2 复合），国际上通常把这类纳米材料称为纳米复合材料。这一阶段纳米复合材料的合成及物性的探索一度成为纳米材料研究的主导方向。

第三阶段（1994 年到现在）：纳米组装体系、人工组装合成的纳米结构的材料体系［或者称为纳米尺度的图案材料（patterning materialsonthe nanometer scale）］越来越受到人们的关注。纳米组装体系的基本内涵是以纳米微粒以及纳米丝、纳米管为基本单元在一维、二维和三维空间组装排列成具有纳米结构的体系，其中包括纳米阵列（nano-array）体系、介孔组装体系、薄膜嵌镶体系，纳米微粒、纳米丝、纳米管可以是有序的排列。

进入 21 世纪以来，全球形成了世界性的纳米科技热潮，纳米科技领域的新发现、新成果与新产品层出不穷。纳米科技大大拓展和深化了人们对客观世界的认识，使人们能够在原子、分子水平上制造材料及器件。发达国家普遍认为纳米科技将成为 21 世纪经济发展的主要增长点，并将在信息、材料、能源、环境、医疗、卫生、生物与农业等诸多领域带来新的产业革命，对经济社会的发展以及国防安全等均具有重要的意义。

近年来，全球在纳米科技研究、开发和商业化方面的投资一直呈持续、高速增长的态势，2007 年全球投入纳米科技领域的资金已达到了 139 亿美元。纳米现在已成为一个很常见的词汇。用百度搜索纳米，可以得到约 4500 万条结果；用谷歌搜索英文纳米相关网页，可以得到 1 亿 5 千多万条结果。目前已基本形成了美国、欧盟与日本引领国际纳米科技的发展，中国、韩国、俄罗斯、印度等国家紧随其后的格局。现在计算机的运算速度越来越快、存储容量越来越大，无不受益于纳米科技的进步。各种纳米科技产品正以日新月异的姿态出现在人类的面前，人类社会正在逐步进入纳米时代。

纳米材料在生活中发挥着越来越重要的作用，而纳米材料的宏量制备是实现纳米材料广泛应用的前提。在此综述近年来国内外在低维纳米材料的宏量制备方面取得的进展如下。在过去的几十年里，科学家们开发了化学气相沉积法、水热法、微波法、热解法、模板法、还原法等技术来实现低维纳米材料的可控制备。可喜的是，碳纳米管、石墨烯、碳纳米纤维等碳纳米材料已经实现了千克级的宏量制备；CdSe 量子点、Te 纳米线等半导体纳米材料已实现了亚千克级的宏量制备；模板法、微流控技术、还原法的发展具有实现贵金属纳米材料与纳米复合材料的宏量制备的潜力。纳米材料实现产业化，从实验室走向工业生产的过程中，大部分纳米材料的宏量制备依然面临巨大的挑战：如何在确保纳米材料的尺寸、形貌、结构、组成、晶型、分散性、均一性与稳定性不变的前提下发展纳米材料的低成本的可控宏量制备技术；探究纳米材料的放大制备过程的基础理论和关键影响因素，建立宏观反应容器的热量、质量、动量输运与微观尺度上的纳米材料的形貌、结构和尺寸的相互关系和相互作用规律；面向市场应用需求，探索和建立纳米结构材料的规模化、简单、温和与有效的可控宏量制备方法。面对以上挑战，为了实现纳米材料的宏量制备，科学家们一直在做各种努力，对纳米材料的成核、生长机理、反应动力学、反应器设计等进行了详细全面的研究，这些研究无疑将对实现纳米材料的宏量制备具有重要的指导作用，同时必将为纳米材料进一步实现产业化提供坚实的理论基础和技术支撑。

在充满生机的 21 世纪，信息、生物技术、能源环境、先进制造技术和国防的高速发展必然对材料提出新的需求，元件的小型化、智能化、高集成、高密度存储和超快传输等要求材料的尺寸越来越小；航空航天、新型军事装备及先进制造技术等对材料的性能要求越来越高。新材料的创新，以及在此基础上探索的新技术是未来 10 年对社会发展、经济振兴、国力增强最有影响力的战略研究领域，纳米材料将是起重要作用的关键材料之一。纳米材料和纳米结构是当今新材料研究领域中最富有活力、对未来经济和社会发展有着十分重要影响的研究对象，也是纳米科技中最为活跃、最接近应用的重要组成部分。正像科学家估计的，这种人们肉眼看不见的极微小的物质很可能给各个领域带来一场革命。

纳米科技正处于快速发展的阶段，很难对其前景做出准确、完整的描述。但是，纳米科技给人们的生活带来的变革已经开始。以人们熟知的计算机为例，纳米材料与纳米加工技术的应用促进了硬件产品的不断升级换代，现在线宽为 45nm 的中央处理器（CPU）已经商用，线宽为 32nm 的新一代 CPU 也已由英特尔公司推出；硬盘记录介质磁性纳米微粒的粒度已控制在 10nm 以下，与基于巨磁电阻效应的磁头搭配，使硬盘的容量已达到 T 级（1T＝1024G）；基于宏观量子隧道效应与纳米浮门技术的闪存容也已达到 64G。纳米材料、纳米器件以及纳米系统在 21 世纪将得到日益广泛的应用，对以下一些重要领域将产生深远的影响。

在医学领域，药物制备、药物传递、疾病诊断以及器官替换与再生等将发生根本性的改进。通常纳米微粒可以穿越细胞壁，纳米药物进入细胞后便于生物降解或吸收，将显著提高治疗效果，同时可以减少药物用量，降低药物的毒副作用。例如，纳米胶囊是一种直径小于 100nm，长度为数百纳米，看上去比细胞还小的药物载体，在治疗癌症方面颇具前景。一般的化疗或放疗在杀死癌细胞的同时会损害很多健康细胞，而纳米胶囊则可以直接针对细胞用药，可以在深入病灶内部后再释放其内部的药物杀死癌细胞或修复遭到部分损伤的细胞，或除掉无法复原的病变细胞。除此之外，还可在纳米胶囊中植入荧光装置，借助荧光在不同阶段的颜色转换对纳米胶囊进行追踪。纳米药物巨大的表面积可以携带多种功能基团，实现药物治疗与疗效跟踪的同步进行。利用纳米微粒的多孔、中空、多层等结构特性，可使其作为药物载体实现药物的缓释控制。通过纳米微粒可以实现细胞分离、细胞内部染色、靶向给药与靶向治疗等，纳米微粒还可以作为“搬运工”把编码某种癌细胞毒素的DNA植入体内，抑制癌细胞的生长。纳米尺度的生物活性物质可以用来修复或替换生物组织；纳米生物传感器可实现癌细胞等重症病变的早期原位诊断、监测与治疗；纳米机电系统则可快速识别病区，清除心脑血管中的血栓、脂肪沉积物，还可以吞噬病毒、杀死癌细胞等。对DNA螺旋束上的碱基对进行改性，可以制成具有三维结构的纳米级“元件”，进而组装成可用于体内传递药物、修复组织的纳米器件。

在信息技术领域，信息存储量、处理速度以及通信容量等将得到大幅度提高。由于纳米材料的宏观量子隧道效应决定了电子器件的微型化存在极限，纳米信息技术将基于纳米微粒的量子效应来设计、制造纳米量子器件，包括纳米阵列体系、纳米微粒与微孔固体组装体系、纳米超结构组装体系等。将采用自下而上的方法来构筑新颖的纳米电子系统，突破硅基半导体的尺寸限制，使集成电路的集成度进一步提高，并最终实现由单原子或单分子构成的可在常温下使用的各种纳米电子器件，使信息采集和信息处理功能产生革命性的变化。新型的纳米材料与器件，如蛋白质二极管、单电子碳纳米管晶体管、石墨烯等，将有望接替广泛使用了将近半个世纪的硅基半导体，使计算机的运行速度与存储容量再上一个台阶，不仅将使掌上电脑成为现实，而且将产生计算速度与存储容量提高上万倍的超级计算机。网络带宽将通过纳米技术显著提高，出现集传感、数据处理与通信为一体的智能系统。

在国防领域，将出现各种光、机、电、磁等系统高度集成的微型化、智能化的武器装备，诸如用一枚小型运载火箭就可以发射上千颗的质量不足0.1kg的纳星，可以悄无声息地潜入敌人内部的如蚊子般的微型导弹，功能齐全如苍蝇般大小的间谍飞机，可以承担侦查及作战任务、破坏力惊人的“蚂蚁士兵”，可以单兵携带的电子作战系统，以及对生物、化学、核武器及炸药等高度敏感的便携式探测系统等。基于纳米微粒的武器装备隐身技术得到广泛的应用，常规武器在纳米材料帮助下的打击与防护能力得到显著提高，虚拟训练与虚拟战争系统的仿真程度得到极大的提高，有望彻底变革未来战争的面貌和形态。

在能源与环境领域，能源的生产效率与使用效率得到显著提高，而能源的消耗将逐渐减少，同时新能源的成本不断降低，太阳能、生物质能、风能等非矿物质可再生能源将得到广泛应用，有效降低温室气体的排放，缓解全球气候危机。光电转化效率成倍提高而成本更低的纳米结构薄膜太阳能电池正在逐渐取代多晶硅电池。用纳米材料处理废气、废水以及固体废弃物的绿色环境技术将得到广泛应用。含纳米材料的汽车尾气净化催化剂、气缸内催化净化剂、石油脱硫催化剂以及煤助燃催化剂的使用将大大降低有害气体的排放。纳米过滤技术以及纳米吸附材料可显著提高废水处理的效率，纳米光催化技术在空气净化、自净化、废水处理等领域都有重要的作用。纳米技术将有助于促进环境污染的有效控制，同时环境监测装置的灵敏度也会大大提高，被污染的环境也将可以得到有效的修复。在水资源开发利用方面，纳米结构过滤膜和分子筛等环境友好型纳米净水材料将广泛用于水处理和海水淡化，为人类提供足够的洁净水，有效缓解全球性的水资源危机。

在食品领域，通过纳米覆膜、纳米加工等方法处理，使食品的质地、味道与加工性得到改善，食品的储存期更长，营养成分在体内的传递及吸收可以得到有效控制，在保持食物美味的同时大幅降低脂肪、胆固醇等成分的摄入量，可减少肥胖，降低心血管疾病发病率，并将出现交互式的、营养丰富的智能食品。

农业生产技术将呈现精细化与高效率的特征，单位生产力的农作物产量可谓得到显著提高。

制造业将以产品的微型化与功能的高度集成为发展方向，制造成本将不断降低，而生产效率则不断提高。

纳米科技不仅推动了以计算机为代表的信息技术的进步，以纳米材料、纳米生物医药、纳米电子与光电子器件、纳米机械为代表的主要纳米科技产品也已大量涌现在市场上，其中包括纺织品、食品及包装、化妆品、家居装饰、体育用品、新型药物、环保产品及汽车零部件等，国际市场上与纳米科技相关的产品几乎以每年翻番的速度在发展。纳米科技产品的全球市场规模不断扩大，已成为市场上的主流产品。现在的发展趋势已清楚地表明，纳米科技将成为 21 世纪全球经济发展的引擎，给人类社会的各个方面带来巨大的变化。

习题

1. 什么是能源？
2. 能源的形式有哪些？
3. 简述常规能源的分类及特点。
4. 简述新能源的分类及其特点。
5. 简述能量守恒定律。
6. 简述热力学第二定律。
7. 简述热力学第三定律。
8. 简述能量传递定律。
9. 简述能量转化定律。
10. 简述能量转换过程。
11. 根据储存能量的形态，储能技术可分为哪几种？
12. 简述各种电储能技术的特点。
13. 什么是超级电容器？
14. 能量转换的分类。
15. 能量转换的主要方式。
16. 纳米技术的分类。

扫码获取答案

第 2 章

电介质储能材料与器件

2.1 电介质物理基础

由于电介质的微观结构决定着它的介电性能和导电性能，因此，了解电介质的分子组成、原子结构和电子行为是必要的。分子、原子和电子等微观粒子的个体行为遵从量子力学的规律，而大量粒子的群体表现则遵从统计力学的规律。量子力学和统计力学已成为物性论的两大支柱。此外，作为电介质物理性能的基础，还应该简单了解固体能带理论，因为能带理论较满意地解释了导体、半导体和绝缘体的差别。

2.1.1 原子结构

原子直径的数量级大约是 10^{-10} m。实际上，原子在化学状态下是无法继续分解的，但是从物理角度来说，它是由更小尺度的原子核及核外电子组成，原子核又由质子和中子构成。在原子的基础上，自然界通过巧妙的手段将亚纳米尺度的原子逐级集成，最终形成宏观上肉眼可见的各种材料。例如，生物体将碳原子、氧原子、氢原子、氮原子等组装成为具有特定结构和特定功能的大分子（蛋白质、多糖、核酸等），进而构建更大尺度的细胞，进一步形成不同的组织，并构成复杂生命体。与自然材料的构造类似，材料学家发展出各种各样的合成手段来实现原子尺度上对材料的组分、结构、形态及尺寸的控制，从而创造新的材料。其中低维纳米材料就是在合成技术上对物质的尺寸和维度进行调控从而获得的一类具备非常规典型结构特征的新材料。

2.1.2 化学键

原子极化是由化学键的振动引起的。键电荷和键极化率模型从化学键及其极化率的角度，研究材料的非线性极化率，它有两个基本出发点：第一，各个化学键的极化率具有可相加性，宏观极化率等于结构中各个键的微观极化率之和；第二，因为电子波函数的重叠以及离子实未完全屏蔽，各个键上存在着多余电荷，这些电荷是弱束缚的，在电场作用下发生位移，这种位移是线性极化率和非线性极化率的主要来源。

多年来，在研究无机化合物的小信号电容率中，已经确立了化学键的线性极化率的可相加性，即材料总的线性极化率等于各个化学键的线性极化率之和。

化学键本身有细致的结构，但作为一种合理的简化，可认为键是圆柱对称的，键的方向为柱轴方向，于是键的非线性极化率可用两个分量来表征，它们分别与柱轴平行和垂直。

电介质中的化学键是限制电介质中电荷迁移的关键因素。化学键中的共价键和离子键都可起到束缚电荷的作用（金属键无法束缚电荷，因此不能作为电介质基础），特别是以共价键（如碳碳键）和共价性离子键（如硅氧键）为基础构成的有机化合物和无机化合物是电介质骨架的重要基础。聚合物电介质是分子量大、以共价键为基础的有机电介质，原子间首先通过共价键形成聚合物大分子链，然后聚合物分子链之间再通过多种相互作用构成聚合物电介质。它主要包括各种类型的固体聚合物材料。无机电介质是指以共价性离子键为基础的电介质，主要包括电工陶瓷、精细陶瓷、微晶玻璃、耐高温材料及电工无机纤维等。

2.1.3 能带理论

能带波函数要求正交于内层电子波函数。这相当于一种排斥作用，这种排斥作用部分抵消了靠近原子核处的强吸引，而使等效的赝势在靠近原子核处变得较为平坦。这种现象称为抵消（cancellation）现象。

由长程库仑缺陷势引起的浅杂质能级和波函数，可很好地用有效质量近似理论（EMT）来描述，此时浅能级的波函数集中在导带底或价带顶附近的布洛赫（Bloch）态，能量在导带底以下或价带顶以上附近处，且满足类氢模型的能级公式。对于激发态，由于束缚态的范围比起晶格常数大很多，EMT 的计算结果与实验十分符合。对于基态，类氢原子模型 EMT 计算结果与实验有定量的差别。原因主要是在缺陷中心原胞处，缺陷势不再能用简单的类氢屏蔽库仑势来描写，而与具体的杂质类型有关，造成不同杂质有不同基态的化学移动。另外，由于该处势的变化较快，引起势的傅里叶分量也有较大的动量部分，因而要考虑谷和谷间的相互作用，从而引起简并态的分裂等。

有效质量近似对于长程库仑势引入的浅施主和受主的激发态一般能得到与实验符合相当好的结果，这些状态在空间的局域程度比晶格常数大得多，而在 k 空间局限于能带极值附近。对于短程势引入的深能级，早期人们曾照搬有效质量理论来计算而完全失败。又比如 GaP 中引 N（占据 P 位），N 和 P 有相同的价电子数，因此是等电子杂质。实验发现，它在导带底以下 10meV 左右引入一个缺陷能级，虽然距离导带十分近，但也完全不能用库仑势的 EMT 来计算。现在知道，这些缺陷能级都属于短程缺陷势引起的深能级。一般来说，深能级的特点是具有短程缺陷势（并不排斥附加长程的库仑势），而其波函数的主要部分在实空间十分局域，而在 k 空间如果用 Bloch 表象则可能同时包含导带和价带的成分。

从上述观点出发可合理地探索、研究深能级及其波函数。实际上，EMT 基于动量表象，由于浅能级波函数在动量空间十分局域，所以只要知道动量空间很小范围的投影值便可大致确定波函数。因此，EMT 是一种合理的办法。反之，深能级波函数在动量空间十分扩展，而在真实空间十分局域，所以可以猜想深能级问题在坐标表象来做比动量表象有利。近年来研究深能级比较成功的办法，都符合这样一个原则。

实验以及理论计算都说明，在大部分实际情况中，电子通过禁带中部深能级 E 作为中间状态，从导带跃迁到价带（称作间接复合），比起直接从导带到价带之间的跃迁（称作直接复合），其概率要大得多。实际上，即使极小浓度的深能级也能控制这种复合过程，因此，深能级间接复合的研究对于器件研制具有巨大实用价值。

从能带论的观点，可将绝缘体看成能隙（禁带宽度）高于 5eV 的半导体。对于理想的完整晶体，在温度为 25℃时由 0.6eV 的能隙计算得到的载流子浓度为 $10^{-12}cm^{-3}$。这是典型半导体的情况。若能隙为 5eV，则此时的载流子浓度为 $10^{-20}cm^{-3}$，比晶体中单位体积的原子数目（$10^{22}cm^{-3}$）小得几乎可以忽略不计，这时极微量的杂质和缺陷也会对晶体的导电性带来极严重的影响。

在无限晶格中，波矢量是可以连续变化的。给定一个 $\boldsymbol{k}$，就有一个电子的本征态 $4(\boldsymbol{k},\boldsymbol{r})$。因此 $\boldsymbol{k}$ 是电子的量子态中唯一连续的量子数。$\boldsymbol{k}$ 的连续变化给出了连续的能谱，就是能带。具体晶体所属的空间群将使波矢量 $\boldsymbol{k}$ 受到限制而出现许多重要的数学性质。关于具体的能带结构，已经有了许多有效的理论计算方法。这里只作定性的讨论以给出下面将要用到的能带物理图示意和概念。

在所有能态均为电子所占据满了的能带中，因为有一个波矢量 $\boldsymbol{k}$，就必有另一个波矢量 $-\boldsymbol{k}$，波矢量为 $\pm\boldsymbol{k}$ 的电子波的电流恰好相抵消；所以满带中的电子即使在外电场作用下也对电流没有贡献。通常最高的满带为价电子所占据，所以这个满带也被称为价带，如图 2-1 所示。

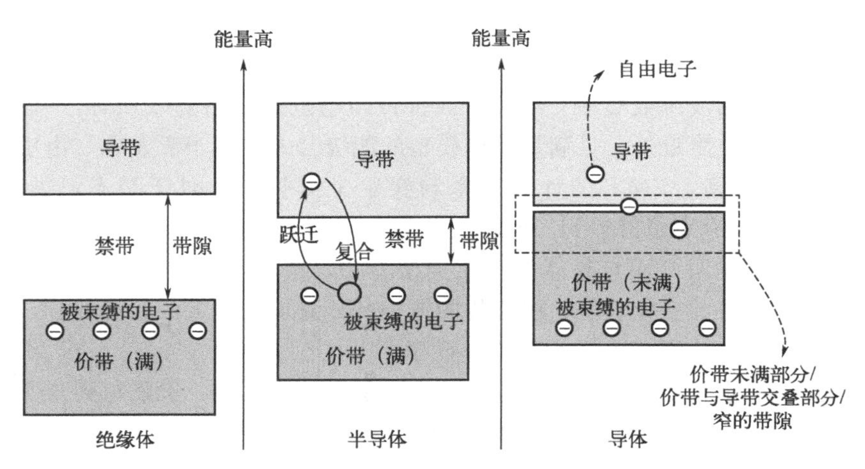

图 2-1 不同材料能带示意图

在金属中，通常最高的能带都没有被电子所占满。这时，电子将占据能带底部的一些能态。当无外电场时，电子波的总电流为零；加上外电场后，电场的附加能量使在波矢量的方向即沿电场相反方向的能态被占据数目较多。由波矢量所标注的未被抵消的电子波提供了电流。因此未被占满的能带中的电子对电传导有贡献。通常把价带上面的能带称为导带，如图 2-2 所示。在非金属晶体中，虽然在绝对温度 0K 附近导带上没有电子，但当温度升高时，热运动可以将价带顶部的部分电子激发跃迁到导带而参加导电，这时价带顶部留空了的态可以描述为一个空穴。空穴因缺少了电子而带正电，在外电场作用下空穴也可参与导电。

一个理想的、没有杂质的离子晶体或共价晶体，因为每激发一个电子必然留下一个空穴，故在一定温度下，参加导电的电子数目和空穴数目应相等。通常称参加导电的电子和空穴为传导电子和传导空穴，以示区别于可能处于局部束缚态的电子和空穴，并把“自由电子”这个名称严格地保留给真空中的电子。传导电子和传导空穴数相等的导电方式被称为本征导电。价带顶部至导带底部的距离被称为禁带宽度，常以 E_g 表示。半导体晶体锗的 E_g 为 0.65eV，硅的禁带宽度为 1.12eV；以氧八面体为骨架的绝缘晶体，例如 $BaTiO_3$，其禁带宽度约为 3.30eV。

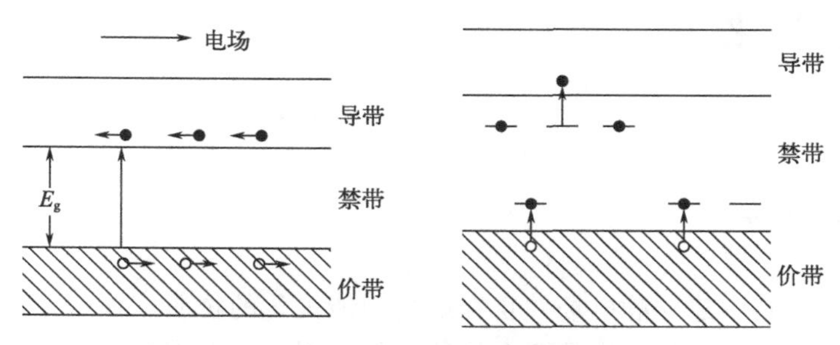

图 2-2　电子和空穴的导电和杂质能级的激发

当晶体中存在缺陷或杂质原子时，如果因而形成的是一个负的空间电荷，则相应局部位置所束缚的多余的电子较容易被激发而参加导电。这相当于在导带底部以下附近形成了一些束缚电子的能级，称之为施主能级，相应的杂质被称为施主（如图 2-2 所示）。若缺陷或杂质原子形成的是一个正的空间电荷，则它容易从价带顶部俘获一个电子而在价带留下一个传导空穴，这相当于在价带顶部以上附近形成一些局部空能级，称之为受主能级，相应的杂质被称为受主。施主激发一个传导电子，或受主激发一个传导空穴所需的能量一般均比将电子由价带激发至导带所需的少很多。故当温度不太高时，杂质引起的导电占优势；在半导体中，若导电的载流子主要为传导电子，则称为 N 型导电；若主要是传导空穴参加导电，则称为 P 型导电，如图 2-3 所示。一般说来，当温度足够高时，价带电子将大量激发至导带，故在晶体中出现的主要是本征导电。

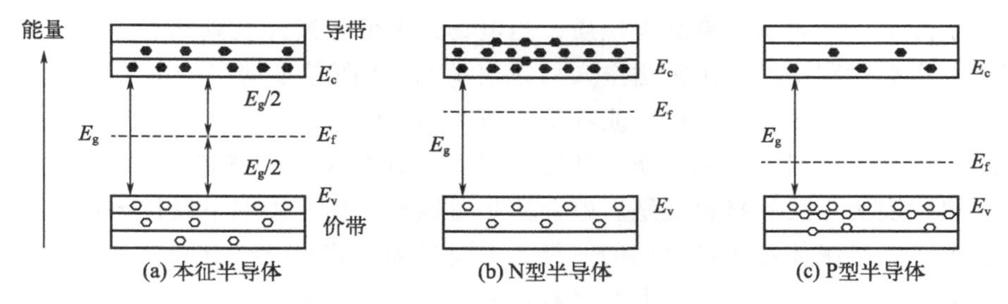

图 2-3　半导体分类

无序存在自身以不同方式影响着电子状态，如果不存在长程序，则态密度的锐度特征——范霍夫奇点将抹平。此外，短程序涨落，例如键角畸变，将使带边缘隙内出现态尾。如果存在化学无序，分子内相互作用能使能带展宽，从而在隙内出现态尾。

无序的其他重要结果是，电子可能变成定域化，即空间上局限于一个单原子的附近。如果电子承受的势无序程度越大，则出现在带尾的可能性就更大。

只有建立了电子结构模型，才能对电输运性质的实验数据给予合理解释。晶态固体电子

态密度能量分布 $N(E)$ 的主要特征是价带与导带的尖锐结构，并且在价带的最大值与导带的最小值处突然中断，态密度的尖锐边缘构成一个确定的禁带能隙。带内态是扩展的，意味着波函数占据整个体积。态结构的特点是晶体完整短程序及长程序的结果。在非晶固体中，长程序受到破坏，而短程序如原子间距离及价键角略有变化，态密度的概念也可用于非晶体。

2.2 电介质极化

2.2.1 电介质分类

电介质是指能在其中建立静电场并且在电场中能极化的物质。该定义说明电介质要维持静电场，则必定能存在于电位不同的两个导体之间，同时说明当被施加电场时，电介质中的电荷将响应电场运动，出现仅有有限位移的电极化。因此，极化是电介质的根本属性之一，是功能电介质实现功能特性的重要物理基础，是设计功能电介质必须理解的重要前提条件。在此有必要说明，在电气工程领域常常将电介质和绝缘材料两个术语相互通用。通常，绝缘材料是指电阻率很高的材料，常用于将电位不同的两个导体进行电气或机械隔离。

电介质的特征是以正、负电荷重心不重合的电极化方式传递存储或记录电的作用和影响，但其中起主要作用的是束缚电荷。电介质物理学主要是研究介质内部束缚电荷在电场(包括光频电场)、应力、温度等作用下的电极化及运动过程，阐明其电极化规律与介质结构的关系，揭示介质宏观介电性质的微观机制，同时也研究电介质性质的测量方法，以及各种电介质的性能，进而发展电介质的效用。电介质可以是气态、液态或固态，分布极广，此处主要论述固态电介质。虽然电介质并非一定是绝缘体，但绝缘体都是典型的电介质。绝缘体的电击穿过程及其原理关系到束缚电荷在强电场作用下的极化限度，这亦属于电介质物理的研究范围。实际上，金属也具有介电性质。当电场频率低于紫外光频率时，金属的介电性来源于电子气在运动过程中感生出的虚空穴（正电荷），从而导致动态的电屏蔽效应；此时基本上不涉及束缚电荷，故不列入电介质物理学研究的范畴。

通常，术语介电材料（或电介质）和绝缘材料（或绝缘体）常被用作绝对等效的词语，尽管介电材料代表更广泛的材料类别。电介质是可以在电场的影响下极化的材料，在它们中可以存在静电场。绝缘体作为电介质的一类，主要是为了防止电气设备中泄漏电流或电荷流而使用的介质材料。电介质是低导电性材料，一般其能带高于 3eV。对于工程应用而言，电介质更侧重材料在电场下的电极化行为，物理量上更关注材料的介电常数和介电损耗；而绝缘体更侧重对电荷/电流的限制能力，物理量上更关注材料的耐电强度和绝缘电阻率。将电介质材料置于电场中，正电荷被强制到电场的方向，而负电荷被强制到相反方向。因此，正电荷和负电荷的分离发生在材料的每一个基本单元中，而电介质在总量上保持电中性。然而，在这一过程中，电子在远离原子直径处从它们的平衡位置产生位移，这时显然没有宏观电荷迁移，事实上无论是电介质还是导体都存在这种情况。在直流电压作用下，理想的电介质中不应有电流通过，但实际电介质中总有泄漏电流通过，该电流的大小反映电介质绝缘特性的不完全程度。

电介质是电学领域中的重要概念，广泛应用于电子设备、电力系统和通信技术等领域。液体和气体电介质由于无法在机械上隔离两个导体，因此严格地说不属于绝缘材料。电介质按照是否具有极性，可分为两种基本类型：极性电介质和非极性电介质。

(1) 极性电介质

极性电介质分子表现出永久电偶极矩（在没有施加电场的情况下），这种情况下正电荷和负电荷的分布中心不重合。非对称分子属于极性电介质，偶极矩的值随着构成分子的原子电负性差异的增加而增加。极性电介质分子的典型实例是 HCl。

(2) 非极性电介质

由于正电荷和负电荷对称分布，非极性电介质分子不会表现出永久电偶极矩，这导致其电荷分布的中心重合。非极性电介质分子在空间中对称排列，具有几何对称中心，典型实例是 CO_2 和 CH_4。原子由于其球形对称性，不会表现出永久电偶极矩。然而，在施加电场的影响下，它们被极化，因此引起沿电场方向的偶极矩。这是由施加电场引起的电子云重新排布的结果。

当向极性电介质分子施加电场时，由于在其上施加的力矩，它倾向于朝电场方向取向。分子的连续热诱导运动阻碍了分子的完美取向。后者随电场增大并随温度的升高而减小。在电场下，极性电介质分子和原子表现为偶极子，其朝向有源（局部）电场的方向运动。永久偶极子和诱导偶极子之间的相互作用引入了对完美取向的额外干扰。产生的极化导致在材料的一侧出现净的正电荷，而在相对的一侧出现净的负电荷。电介质的重要微观电参数是极化率或极化系数。极化率表示电介质材料的原子、分子或基团被极化的能力。

极性液体电介质的分子本身具有固有偶极矩，并且分子之间的距离近，相互作用强。由洛伦兹有效电场的推导得到的 K-M 方程对极性液体电介质是不适用的，为了计算极性液体电介质的介电系数与其他微观参数的关系，翁沙格提出了一种计算极性液体电介质有效电场的分子模型。

储能聚合物复合电介质可以被认为是由两种或多种组分通过特定工艺形成的非均质混合物。一般而言，无机电介质具有较高的介电常数、力学强度和高耐受温度，但其耐电强度较低、制备工艺复杂，特别是需要高温烧结，致使其规模化制备的程度差，生产成本高，在越来越重视器件柔性化的时代，其应用受到一定的限制。然而，聚合物电介质具有高的耐电强度，可通过多种工艺实现较低温度下的规模化、低成本制备，其缺点是介电常数较低，无法实现器件的高储能密度。因此，将不同物化特性的无机颗粒通过特性工艺分散到聚合物中形成复合电介质材料被认为是实现高储能密度聚合物复合电介质的重要途径，所涉及的相关科学问题值得深入研究。例如，无机/有机储能聚合物复合电介质的组成特征、显微结构及两相微区界面情况，纳米无机颗粒通过何种工艺条件均匀分散到聚合物基体，纳米无机颗粒与聚合物之间存在何种相互作用（物理作用或化学作用），两相自身与相互之间的极化作用如何合为复合材料的极化行为，两相之间的微区界面如何影响复合材料的介电性能及力学性能。

2.2.2 电介质极化原理

这种在外电场作用下，电介质内部沿电场方向产生感应偶极矩，在电介质表面出现极化电荷的现象称为电介质的极化。电介质极化以后，电介质表面的极化电荷将削弱极板上的自由电荷所形成的电场，所以，由极化电荷所产生的场强被称为退极化电场。电介质在电场作用下要产生极化，如果外加电场越强，沿电场方向取向的偶极矩越多，或者说电介质极化的程度越强。为了衡量电介质极化的强弱，使用单位体积中电介质感应偶极矩的矢量和。无论哪一种电介质，其组成粒子在电场作用下产生的偶极矩不仅与外加电场有关，还将受到电介质内感应偶极矩形成的场强的影响。通常，把引起电介质产生感应偶极矩的电场称为有效电场或者真实电场，用 $\boldsymbol{E}_e$ 表示，以示区别外加电场 $\boldsymbol{E}$。感应偶极矩与有效电场 $\boldsymbol{E}_e$ 成正比。电介质在电场作用下产生极化的结果是在电介质内部感应出偶极矩，在与电场垂直的电介质表面上出现极化电荷。极化电荷的大小也可表征电介质极化的强弱。

下面介绍一个由带正电的原子核和绕核旋转的个电子所组成的原子体系。没有外电场作用时，原子体系中的电子云负电重心和原子核正电重心重合，不具偶极矩。如图 2-4 所示，加上外电场以后，电子云则相对于原子核逆电场方向移动，电子云重心与原子核重心分离形成感应偶极矩。这种极化称为电子位移极化。

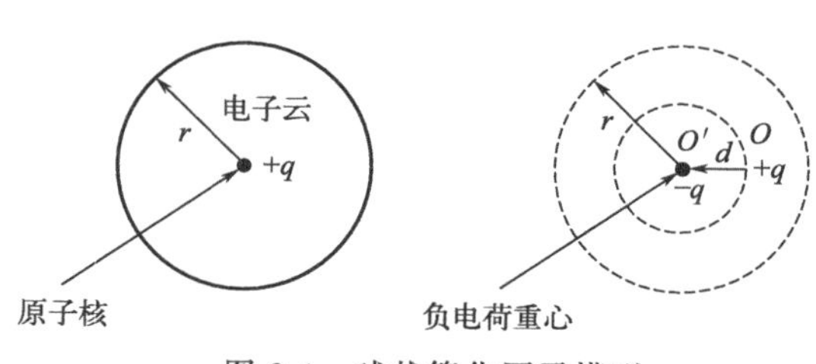

图 2-4 球状简化原子模型

在这一极化形式中，电场力使电子云重心与原子核分离，而原子核对电子云的库仑引力又企图使正、负电荷互相重合，当电场力与库仑引力的作用达到平衡时，原子中就形成了偶极矩，如图 2-4 所示。由于外加电场的作用而形成的偶极矩称为感应偶极矩。电子位移极化率的计算采用简原子结构模型：在带正电荷的原子核周围，电子云均匀地分布在半径为 r 的球内。假设在外加电场的作用下，电子云的分布不变，电子云和原子核将受到大小相等、方向相反的电场力的作用，使电子云和原子核之间产生相对位移 d。依高斯定理，电子云与原子核之间的库仑引力相当于以 O' 为中心，以 d 为半径的小球内负电荷与 O 点正电荷之间的力。

在离子晶体中，除存在电子位移极化以外，在电场作用下，还会发生正、负离子沿相反方向位移形成离子位移极化。极性电介质的分子，由于热运动，极性分子偶极矩的取向是任意的，也就是说偶极矩在各个方向的概率是相等的，它的宏观电矩等于零。当极性电介质分子受到电场 E 的作用时，每个偶极子都将受到电场力矩的作用，使它们转向与外电场平行的方向。当偶极矩与电场的方向相同时，偶极子的位能最小，所以就电介质整体而言，电矩不再等于零而出现了与外电场同向的宏观电矩，这种极化就称为偶极子的转向极化。但是分子的热运动会阻碍偶极子沿电场方向的转向，因此，最终这种转向还是不大的，只是作用电场越强，偶极子沿电场方向的排列越趋于整齐。偶极子的转向极化由于受到电场力转矩作用、分子热运动的阻碍作用以及分子之间的相互作用，所以这种极化所需的时间比较长，为 $10^{-6}\sim10^{-2}$s 或更长。

热离子松弛极化是由于电介质中存在着某些弱联系的带电质点，这些带电质点在电场作用下定向迁移，使局部离子过剩，结果在电介质内部建立起电荷的不对称分布，形成电矩。这是一种与热运动有关的极化形式，当极化完成的时间较长、外加电场的频率比较高时，极化方向的改变往往滞后于外电场的变化，这种现象称为松弛，此种极化形式就叫作热离子松弛极化。

在离子键结构的电介质中，处在晶格结点上的正、负离子，能量最低，也最稳定，离子之间的相互作用力很强，离子被牢固地束缚在晶格结点上，成为强系离子。在电场作用下，只发生电子位移极化和离子位移极化。但是当电介质中含有杂质或存在缺陷时这些杂质离子或处在缺陷位置附近的离子相应的能量状态比较高，是不那么稳定的，容易被激活，这类离子被称为弱系离子。如在无定形体玻璃电介质中，为了改善某些性能或工艺条件而加入的一价碱金属离子 Na^+、K^+、Li^+ 等都是松弛极化的来源。弱系离子在晶体中被相当高的势垒限制住，它只能在缺陷区域附近振动。缺陷区域的势垒（即离子的激活能）远小于正常结点区的势垒。

势垒的高度和位置取决于缺陷的性质和数量。在电场作用下，弱系离子的运动仍是有限的，与离子位移极化相比，运动的距离要大得多，已经超出离子的间距，但却不能贯穿整个电介质，是一种极化，且极化完成的时间在 $10^{-10}\sim10^{-2}$ s 之间。

空间电荷极化是不均匀电介质（也就是复合电介质）在电场作用下的一种主要极化形式。极化的起因是电介质中的自由电荷载流子（正负离子或电子）可以在缺陷和不同介质的界面上积聚，形成空间电荷的局部积累，使电介质中的电荷分布不均匀，产生宏观电矩。这种极化称为空间电荷极化或夹层、界面极化。

电介质在外电场作用下要产生极化，极化的建立需要一定的时间。对于静电场来说是没有问题的，总有足够的时间让极化充分完全地建立。但是在交变电场作用下，如果电场频率太高，极化方向的改变将跟不上电场方向的变化，与之相对应的极化强度则下降，材料的介电系数也随电场频率的升高而下降，形成色散现象。极化机理不同，产生色散的频率亦不同。一般来说，建立电子位移极化所需的时间极短，可以与紫外光到近红外光的变化周期相比拟，离子位移极化所需的时间也可与远红外光的变化周期相比拟。因此在远低于光频的频率范围，如无线电频率 5×10^{12} Hz 以下，两种位移极化所建立的时间可以忽略不计，通常把它们称作快极化或瞬间极化。而热离子极化、偶极子转向极化等，极化的建立所需的时间相对来说比较长，这一类极化称作缓慢式极化或松弛极化。

在没有外电场作用下，晶体的正、负电荷重心不重合而呈现电偶极矩的现象称为电介质的自发极化。凡呈现自发极化，并且自发极化的方向能因外施电场的方向而改变的晶体称为铁电晶体。

研究结果表明，热释电晶体的自发极化，可能随外电场而反转，也可能不随外电场反转。自发极化能随外电场而反转的热释电晶体就是铁电晶体。从这个意义上来说，铁电晶体是热释电晶体的一个亚族，而非铁电性的热释电晶体，其自发极化方向不能因外电场而反转。事实上，后者和铁电晶体没有本质上的差别，只是量上的不同。对非铁电性的热释电晶体来说，自发极化强度不能用小于击穿场强的电场使其反转。综上所述，铁电晶体一定具有热释电性和压电性。铁电晶体的极化强度 $\boldsymbol{P}$ 与电场强度 $\boldsymbol{E}$ 的关系是非线性关系，$\boldsymbol{P}$ 为 $\boldsymbol{E}$ 的多值函数并形成回线（称为电滞回线）。从实用的观点来看，电滞回线往往被当作铁电晶体铁电性的依据，它表示极化强度随外施电场而变化的性质。具有自发式极化的铁电晶体的电常数取决于外电场强度，所以铁电晶体实际上是一种非线性电介质。

人们引用电畴的概念来说明铁电晶体的极化机理，即电滞回线。铁电晶体的自发极化并非整个晶体同方向，而是包含有各个不同方向的自发极化小区域。在每一个小区域内，极化均方向相同，存在一个固有电矩，这个小区域称为电畴。分隔相邻电畴的界面称为畴壁，铁电晶体内的电畴排列称为电畴结构。在铁电晶体中，电畴是不能任意取向的，只能沿着晶体的某几个特定晶向取向。在每一种铁电晶体中，电畴所能允许的晶向取决于铁电晶体原型结构的对称性，即铁电晶体的原型结构中与铁电极化轴等效的轴向。

因为电极化过程与物质结构密切相关，电介质物理学的发展总是与物质结构的研究相呼应。电极化的 3 个基本过程是：

① 原子核外电子云的畸变极化。

② 分子中正、负离子的相对位移极化。

③ 分子固有电矩的转向极化。

在外界电场作用下，介质的相对介电常数 ε 是综合地反映这三种微观过程的宏观物理量，它是频率 ω 的函数。$\varepsilon(\omega)$ 只当频率为零或频率很低（例如 1kHz）时，三种微观过程都参与作用；这时的介电常数 $\varepsilon(0)$ 对于一定的电介质而言是个常数。随着频率的增加，分子固有电矩的转向极化逐渐落后于外电场的变化。这时，介电常数取复数形式，即

$$\varepsilon(\omega)=\varepsilon'(\omega)-\mathrm{i}\varepsilon''(\omega) \tag{2-1}$$

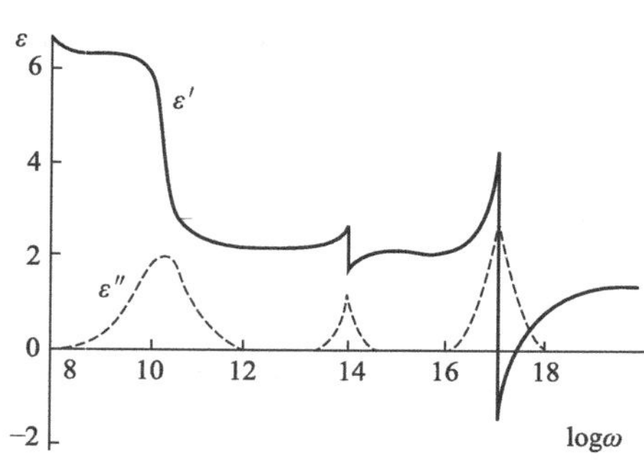

图 2-5 介质的色散和损耗

其中，虚部 $\varepsilon''(\omega)$ 代表介质损耗。实部 $\varepsilon'(\omega)$ 随频率的增加而下降，同时虚部出现如图 2-5 所示的峰值，这种变化规律称为弛豫型的频率再增加。实部 $\varepsilon'(\omega)$ 降至新恒定值，而虚部 $\varepsilon''(\omega)$ 则变为零，这反映了分子固有电矩的转向极化已经完成，不再做出响应。当频率进入红外区，分子中正、负离子电矩的振动频率与外电场发生共振时，实部 $\varepsilon'(\omega)$ 先突然增加，随即陡然下降；同时 $\varepsilon''(\omega)$ 又出现峰值。此后，正、负离子的位移极化亦不起作用了。在可见光区，只有电子云的畸变对极化有贡献，这时实部取更小的值，称为光频介电常数，记作 ε_∞；虚部对应于光吸收。实际上，光频介电常数随频率的增加而略有增加，称为正常色散。在某些光频率附近，实部 $\varepsilon'(\omega)$ 先突然增加随即陡然下降，下降部分称为反常色散；与此同时，虚部出现很大的峰值，这对应于电子跃迁的共振吸收。根据光的电磁波理论，介质对光的折射率 n 的平方等于相对介电常数在极高的光频电场下，只有电子过程才起作用，故

$$n^2=\varepsilon_\infty \tag{2-2}$$

共振型吸收曲线的线宽也反映了一定的弛豫过程，弛豫过程取决于微观粒子之间的相互作用。当相互作用很强时，色散曲线和吸收曲线过渡到极端的弛豫型。

在频率更高（如高于 10^{19}Hz）时，介质对这种激励没有反应，ε 取真空电容率。除上述的三种主要极化机制外，在更低的频率范围还有：

① 空间电荷极化：由外电场注入或缺陷的作用等原因形成宏观极化或局域极化，由于它们难于运动，只有频率很低时才对外电场有响应。

② 带有电矩的基团的极化：如由某些缺陷所形成的偶极矩连同周围受其感应的部分所形成的微小区域，以及铁电晶体中的畴壁等，因其质量大而运动缓慢。

③ 界面极化：在非均介质系统中，当两种介质的介电常数和电导率不同时，在两种介质的界面上将有电荷积累，从而产生相应的极化。界面极化对电场的响应等价于双层电介质模型，其行为类似于德拜弛豫。

研究介电极化和弛豫始终是波谱学和光谱学的重要内容，这种研究促进了分子物理学和固态物理学的发展。在今后发展非晶态物理乃至液态物理的进程中，研究介电极化和弛豫仍然是基本的课题，这时所面临的机制将更加复杂而深刻，所需要的手段也将更加精细和更加

有效。由于所涉及的是电荷的分布、起伏和带电粒子间的相互作用，故在电介质物理的研究中，一方面需要很好的实验手段，另方面要求具备优良的理论武器。电动力学、量子力学、热力学和统计物理学等始终是研究和探讨该学科必不可少的理论基础和手段，而且随着科学技术的向前发展，这些理论基础和方法将会更加完善。

在电介质物理学的发展过程中，有效场或内场问题始终是个繁难的理论问题，并曾引起过许多学者的研究和讨论，但一直没有得到圆满的解决。问题是这样提出来的：在外电场的作用下，电介质发生电极化，整个介质出现宏观电场；但作用在每个分子或原子上使之极化的有效场（内场）显然不包括该分子或原子自身极化所产生的电场，因而有效场不等于宏观场。通常在考虑有效场时必须把所讨论的分子或原子的贡献排除在外，对于所讨论的分子或原子来说，近邻的与远离的其他粒子所发生的作用并不相同：远离的只有长程作用，近邻的还有短程作用。在讨论这个问题时，Lorentz 设想以所考虑的分子或原子为中心，作一个半径足够大的球，球外可作为连续介质处理，对球内则必须具体考虑其结构。当介质具有对称中心时，Lorentz 得出结论，球内其他粒子对中心粒子的作用互相抵消；球外则可归结为空球表面的极化在中心所产生的场，在厘米克秒（CGS）制下等于 $4\pi \boldsymbol{P}/3$，其中 $\boldsymbol{P}$ 代表介质的极化强度。因此，若外加电场为 $\boldsymbol{E}$，则作用于中心分子或原子上的有效场（内场）为

$$\boldsymbol{E}_{\mathrm{e}}=\boldsymbol{E}+4\pi \boldsymbol{P}/3(\text{CGS 制}) \tag{2-3}$$

$\boldsymbol{E}_{\mathrm{e}}$ 为 Lorentz 有效场或内场。实验表明，对不具有固有电矩但具有中心反演对称的介质，Lorentz 内场是适用的；但对由具有固有电矩的分子所组成的液体，虽然液体各向同性（故有对称中心），但用 Lorentz 内场计算得到的介电常数比实测的要大得多，这表明此时的 Lorentz 内场过大了。在国际单位制（SI）下 Lorentz 内场的形式为

$$\boldsymbol{E}_{\mathrm{e}}=\boldsymbol{E}+\boldsymbol{P}/3\varepsilon_0 \tag{2-4}$$

式中，ε_0 为真空介电常数，等于 $8.8537\times10^{-12}\mathrm{F/m}$。在此处中如无特别声明，一律采用国际单位制。

昂萨格（L. Onsager）讨论和分析了这个问题，他认为分子固有电矩引起周围的电极化，他称反过来作用于中心电矩的场为反作用场，这个场是不能使中心电矩转向的，Lorentz 内场中包含了反作用场，因而显得过大了。昂萨格还认为，在外电场作用下，引起中心电矩转向的是空球电场；其来源是因为取走点电矩而用空球代替时，外加电场在空球内、外都发生了畸变。由于空球电场不同点电矩平行，故能使之转向。对于极性不很强的液体，昂萨格理论给出的结果同实验比较符合。虽然昂萨格模型比 Lorentz 模型有所改进，但实际上它忽略了球内分子的结构，没有考虑分子间的短程作用，因而又在另一个极端上将问题过分地简化了。

对于形成分子集团的极性液体，例如水等，短程相互作用不能忽略，昂萨格理论不再适用。对于形成分子集团的液体，特别是对于聚合物和高分子介质，则必须考虑短程作用。Kirkwood 首先采用了统计的方法来考虑介质极化过程中粒子间的相互作用。其后，Frohlich 更为系统地发展了统计理论，这对于研究和发展极性高分子聚合物电介质来说是具有重要意义的。

对于结构紧密的固态介质，除接近熔点时的情况外，分子电矩的直接转向难以出现。但固态介质中总是存在缺陷的，在外电场作用下，带电缺陷可以从一个平衡位置跳到另一个平衡位置，其效果就相当于电矩的转向。一些具有强离子键的晶体，其静态介电常数总比折射

率的平方大得多。除离子位移极化的贡献外，差值就是带电缺陷在外电场作用下从一个平衡位置跳到另一个平衡位置所引起的。只有共价键的原子晶体，例如金刚石、锗、硅等，它们的静态介电常数才接近于折射率的平方。对于ⅢA-ⅤA族化合物，例如GaAs、InP等虽然主要是共价键结构，但因附加了离子键，其静态介电常数也显著地比折射率平方要大。在外电场作用下，分子电矩在转向过程中因与周围分子发生碰撞而受阻，从而运动滞后于电场，出现强烈的极化弛豫。极化弛豫、介质损耗和介质吸收这三者是从不同角度出发来描述同一个问题。实验表明，复介电常数的实部 ε' 和虚部 ε'' 不是互相独立的，而是互相联系的。Kramers 和 Kronig 从十分普遍的数学原理得出了两者互相联系的 K-K 关系式，实际上也就是光学上常用到的关于折射率和吸收系数之间的 K-K 关系式。用分子电矩的转向模型来解释时，K-K 关系式的物理图像是十分清楚的。复介电常数实部的增长是由于电矩转到与外电场平行的方向；但在转向过程中就要与周围粒子发生碰撞而损失能量，从而出现弛豫，这是由复介电常数的虚部来表述的。

德拜（P. Debye）对弛豫过程做了深刻的研究。他认为极化弛豫可分解为一些 $\exp(-t/\tau)$ 类型的单元过程，由弛豫时间来表征。弛豫时间有一定的分布函数 $F(\tau)$，符合归一化条件，即

$$\int F(\tau)\mathrm{d}\tau = 1 \tag{2-5}$$

复介电常数的实部和虚部可表示为

$$\varepsilon'(\omega) = (\varepsilon_s - \varepsilon_\infty)\int_0^\infty \frac{F(\tau)}{1+\omega^2\tau^2}\mathrm{d}\tau + \varepsilon_\infty \tag{2-6}$$

$$\varepsilon''(\omega) = (\varepsilon_s - \varepsilon_\infty)\int_0^\infty \frac{F(\tau)\omega\tau}{1+\omega^2\tau^2}\mathrm{d}\tau \tag{2-7}$$

式中，ε_s 为静态介电常数；ε_∞ 记作光频介电常数。

对于单一的特征弛豫时间 τ，$F(\tau)$ 成为 δ 函数。实际电介质的弛豫时间具有一定的分布，Cole-Cole 用经验公式把复介电常数表示为

$$\varepsilon(\omega) = \varepsilon_\infty + \frac{\varepsilon_s - \varepsilon_\infty}{1+(\mathrm{i}\omega\tau)^\alpha}, \quad 0<\alpha\leqslant 1 \tag{2-8}$$

在晶态电介质中，当缺陷存在着多个平衡位置时，每个平衡位置对应着一个特征弛豫时间，就会使晶体出现多个特征时间的弛豫过程。此外还有如下所示公式等描述更复杂的过程。

$$\varepsilon(\omega) = \varepsilon_\infty + \frac{\varepsilon_s - \varepsilon_\infty}{(1+\mathrm{i}\omega\tau)^\beta}, \quad 0<\beta\leqslant 1 \tag{2-9}$$

$$\varepsilon(\omega) = \varepsilon_\infty + \frac{\varepsilon_s - \varepsilon_\infty}{[1+(\mathrm{i}\omega\tau)^\alpha]^\beta} \tag{2-10}$$

电极化与电导有密不可分的关系，电导也是电介质物理学的重要研究内容。许多电介质在频率为的电场中都可等效为电容与电阻的并联。由交流电路原理可知，在此频率下，其复电导率为

$$\sigma(\omega) = \sigma'(\omega) + \mathrm{i}\sigma''(\omega) \tag{2-11}$$

与介电常数的关系是

$$\sigma'(\omega) = \varepsilon_0\omega\varepsilon''(\omega) \tag{2-12}$$

$$\sigma''(\omega)=\varepsilon_0\omega\varepsilon'(\omega) \tag{2-13}$$

从这个意义上说，对复电导率的研究与对极化的研究同样重要。

空间电荷极化：一个世纪前观察到的吸收电流就是绝缘介质的空间电荷效应。早期研究认为介质材料的介电系数及电导率连续，后来考虑到电荷在不同介质层的界面，或者不均匀介质的界面，以及电介质金属（半导体）边界上的积累，电荷在上述边界上堆积或受陷必然导致宏观电场畸变，通常称为界面极化或空间电荷极化。当然可以观察到麦克斯韦-瓦格纳（Maxwell-Wagner）指数型界面极化电流，或更复杂的如幂函数型及拉伸指数函数型的极化电流。在交流情况下也观察到复合介质（油-纸、油-高分子膜）的界面空间电荷损失峰。

极性高聚物可以是半晶的或非晶的，非晶高分子可以是铁电体，在每个晶区中存在稳定的铁电极化。如果通过外电场改变晶区内的这类极化温度，则不需要晶区大幅度旋转且在常温下就能产生宏观极化，而不管非晶区的玻璃化转变温度 T 的高低［例如铁电聚偏二氟乙烯（polyvinylidenefluoride，PVDF），$T_g=-40℃$］。当然，铁电高聚物亦可在超过居里温度下极化。

在极化过程中，几乎不可能避免场活化离子电导、载流子注入及可能产生电荷的电化学反应。实验发现铁电体的偶极子极化与空间电荷是相互稳定的。正是由于空间电荷的稳定作用，使破坏偶极子取向的温度高于产生偶极子取向的温度。

极化是一种极性矢量，自发极化地出现在晶体中形成了一个特殊方向，每个晶胞中原子的构型使正、负电荷重心沿该方向发生相对位移，形成电偶极矩，整个晶体在该方向上呈现极性，一端为正，一端为负，因此，这个方向与晶体的其他任何方向都不是对称等效的，称为特殊极性方向。换言之，特殊极性方向是在晶体所属点群的任何对称操作下都保持不动的方向。

电介质的极化主要来自3个方面：电子极化、离子极化和等效偶极子的转向极化。不同频率下，各种极化机制的贡献不同，使各种材料有其特有的介电频谱。

电介质的本质特征是以极化的方式传递、存储或记录电场的作用和影响，因此极化率（或电容率）表征电介质的最基本的参量。铁电体是一类特殊的电介质，其电容率的特点是：数值大，非线性效应强，有显著的温度依赖性和频率依赖性。研究铁电体电容率及其在各种条件下的变化，可以得到关于铁电体结构、缺陷和相变的重要信息，而且铁电体的高电容率还是它用作高比容量电容器材料的基础。

在所谓的介电材料中，组成材料的原子有一定程度的极化，这些原子或者带正电荷或者带负电荷。在这样一种离子晶体中，当施加外加电场时，由于静电相互作用，阳离子被吸引倾向于往阴极偏移，而阴离子往阳极偏移；同时，电子云在外电场作用下也会发生变形，形成电偶极子。这种现象被称为电介质的电极化，并且极化可以用单位体积的总电偶极子数来定量表示。图2-6给出了电极化微观起源的示意图。电极化三种来源的机制对材料总的极化的贡献取决于所加电场的频率。电子极化可以响应频率高达THz～PHz（$10^{12}\sim10^{15}$Hz，高于可见光频率）的交变电场。离子极化可以响应频率为GHz～THz（$10^9\sim10^{12}$Hz，微波波段）的交变电场。

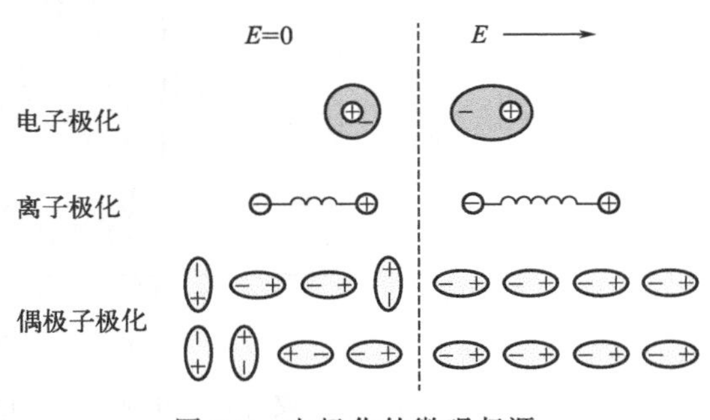

图2-6　电极化的微观起源

在电场中，电介质中被化学键所束缚的电荷（电子、正负离子）将沿电场或反电场方向做有限位移，分别出现电子极化和离子极化。极性分子或基团也会在电场力矩作用下转动，出现偶极子极化。有机材料的特征是存在偶极子极化，离子晶体的特征是存在离子极化。多相电介质中由于各相电场分布不均匀而产生与界面电荷积累有关的极化，称为界面极化。极化的出现，使电容器可以容纳更多的电荷，因而电容增大。电子极化和离子极化的建立速率极快，而偶极子极化、界面极化和离子松弛极化的建立较慢，因此极化与电场频率有关。

电极化是电介质基本电学行为之一。在外电场作用下，电介质内部沿电场方向产生感应偶极矩，整个电介质对外感生出不等于零的宏观偶极矩。这种在外电场作用下，电介质内部感生偶极矩的现象，称为电介质的电极化。其主要特征是：以正、负电荷在微观尺度上做相对位移，而不能做定向运动；电极化的结果是在电介质内部感应出偶极矩，在与电场垂直的电介质表面出现与极板上符号相反的极化电荷，即束缚电荷。因此，首先要厘清电介质内部束缚电荷在电场、应力、温度等作用下的电极化行为及其运动过程，探索电极化规律与电介质结构的关系，揭示电介质宏观性能所对应的微观极化机制等；通过先进的电介质性质测量方法，表征电介质的物理特性，实现对电介质的广泛应用。电极化是电介质最根本的属性，电介质的各种性质都可以由电极化进行解释。

通常，聚合物骨架主要包含碳原子，有时会有一些氧原子、卤素原子和氮原子。聚合物的介电性能不仅取决于它们的主链，还受侧链官能团的影响。与其他固体电介质类似，聚合物具有五种不同层次的极化，源自电子极化、原子极化、离子极化、偶极子极化和空间电荷（或称界面）极化，如图 2-7 所示。电子极化源于同一原子内正核和负电子的相对位移，原子极化来自化学键的振动，离子极化来自正离子和负离子的相对位移，偶极子极化来自偶极子或不对称官能团的取向，空间电荷极化是与聚合物中的不均匀区域或杂质中的移动和受限的电荷相关的特殊极化。

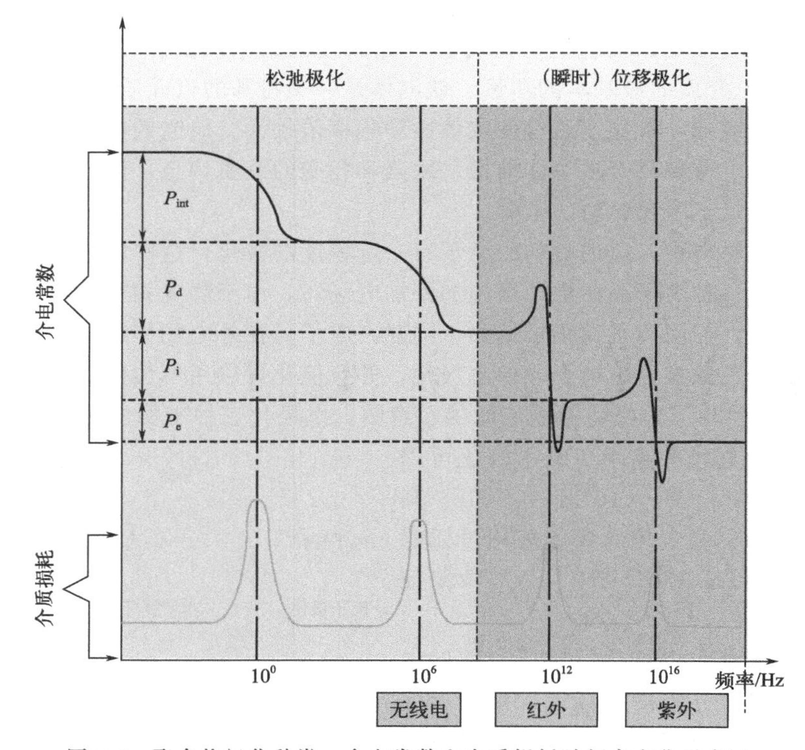

图 2-7 聚合物极化种类、介电常数和介质损耗随频率变化示意图

界面极化是产生在非均相介质界面处的极化，是由于界面两边的组分可能具有不同的极性或电导率，载流子在电介质中运动受阻，即载流子被俘获在材料中或界面上便会产生空间电荷及宏观电场的变化。这样的畸变在宏观上观察到的是材料的电容增加，与介电常数的真正提高难以区别。在外电场的作用下，共混、填充高聚物体系及泡沫高聚物体系有时也会发生界面极化。对于均质高聚物，在其内部的杂质、缺陷或晶区、非晶区界面上，也有可能产生界面极化。

在复合电介质材料体系中，界面极化是一类不可忽略的重要电极化类型。界面极化也称为麦克斯韦-瓦格纳-西勒斯（Maxwell-Wagner-Sillars，MWS）效应，它常常发生在非均质材料体系，并且当构成复合电介质材料的两相材料电特性（如介电常数和电导率）有显著差别时，有利于改变材料的介电性能。外部施加的电场迫使来自复合材料的界面电荷发生迁移，在复合材料界面处形成较大的诱导偶极子。在电场的作用下，这些诱导偶极子表现出显著的不活泼性，因此需要足够长的时间（低电场频率）和热扰动（高温）条件，才能与所施加电场频率达到同步。在储能聚合物复合材料中，特别是在导电填料存在的情况下，界面极化主要存在于半结晶聚合物中，这是由于非晶相和结晶相的共存，同时增塑剂、添加剂甚至杂质的存在，致使在导电填料/聚合物复合电介质中也存在显著的界面极化。另外，在聚合物纳米复合电介质材料中由于两相界面面积的急剧增加，此时界面极化是影响复合电介质材料电性能的主要物理效应。如果考虑电荷对整体复合材料电导率的可能贡献，基于这种现象的理论分析可以得到一个涉及附加项的偶极效应。在这种情况下，界面极化可以用下式来描述，即

$$\varepsilon'(\omega)=\varepsilon_{\infty}+\frac{(\varepsilon_{s}-\varepsilon_{\infty})\omega\tau}{1+\omega^{2}\tau^{2}} \tag{2-14}$$

$$\varepsilon'(\omega)=\frac{\sigma}{\varepsilon_{0}\omega}+\frac{(\varepsilon_{s}-\varepsilon_{\infty})\omega\tau}{1+\omega^{2}\tau^{2}} \tag{2-15}$$

式中，ε_s、ε_∞分别为介电常数在低频和高频时所对应的实部值；σ 为复合材料的电导率；τ 为弛豫时间；ω 为电场的角频率；ε_0 为自由空间的介电常数。相关参数 ε_s、ε_∞和 σ 分别为构成复合材料各组分的介电常数（ε_i）、电导率（σ_i）和体积分数（v_i）的函数，并由以下关系式可分别给出。

$$\varepsilon_{s}=\frac{\sum_{i}v_{i}\varepsilon_{i}/\sigma_{i}^{2}}{\left(\sum_{i}v_{i}/\sigma_{i}\right)^{2}} \tag{2-16}$$

$$\varepsilon_{\infty}=\frac{1}{\sum_{i}v_{i}/\varepsilon'_{i}} \tag{2-17}$$

$$\sigma=\frac{1}{\sum_{i}v_{i}/\sigma_{i}} \tag{2-18}$$

2.2.3　电介质电容特性

平板电容器示意图如图 2-8 所示。

图 2-8 所示的电容器主要由一层介电材料及其顶部和底部的两层电极组成。介电材料可以是陶瓷、聚合物或其他类型的介电材料。电极可以是金属或其他导电材料，并且它们可以

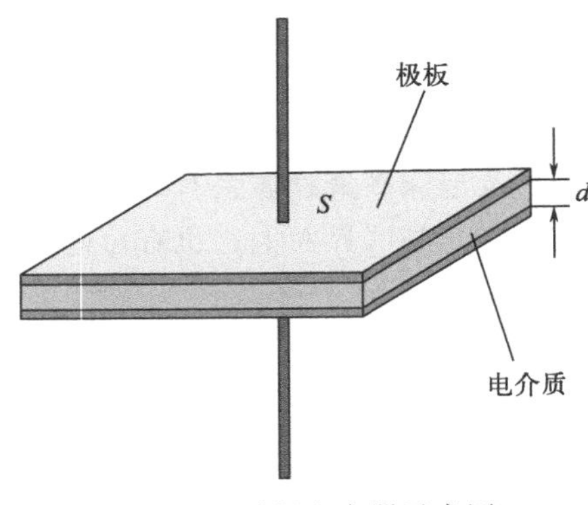

图 2-8 平板电容器示意图

是施加到介电材料或独立箔上的薄涂层。除了这种基本形式的电容器，还开发了其他类型的电容器，如电解电容器和电化学电容器。

可以采用不同类型的技术在电气或电子系统中存储电能，而电容器技术是其中之一。在许多电气和电子系统中，电容器以及其他无源元件通常占据非常大的体积（在某些情况下高达 70%）或质量比例。这些系统体积的减小以及一些新技术（如混合动力汽车、植入式心脏除颤器）的开发需要具有高能量密度的电容器以改善体积或质量效率。

2.2.4 极化率

组成宏观物质的结构粒子都是复合粒子，例如原子、离子、离子团、分子等。一般地说，一个宏观物体含有数目巨大的粒子；由于热运动的原因，这些粒子的取向处于混乱状态；因此无论粒子本身是否具有电矩，由于热运动平均的结果，使得粒子对宏观电极化的贡献总是等于零。只有在外加电场作用下，粒子才会沿电场方向贡献一个可以累加起来以给出宏观极化强度的电矩。一般地，宏观外加电场的作用比起结构粒子内部的相互作用要小得多。结构粒子受电场 $\boldsymbol{E}$ 极化而产生的电矩 $\boldsymbol{p}$ 存在如下的线性关系：

$$\boldsymbol{p}=\alpha\boldsymbol{E} \tag{2-19}$$

式中，α 为微观极化率。一个粒子对极化率 α 的贡献可以有不同的原因。电子云畸变引起的负电荷中心位移贡献的部分记为 α_e，离子位移贡献的部分记为 α_i，固有电偶极矩取向作用贡献的部分记为 α_d，总的微观极化率为各种贡献部分的总和，即

$$\alpha=\alpha_e+\alpha_i+\alpha_d \tag{2-20}$$

在高聚物和凝聚态物质中，还会有更复杂的极化机理。

2.2.5 有效电场及介电常数

人们在长期的实践中，逐步认识到带电体周围存在着电场，其他带电体所受到的电性力（或称静电力、库仑力）是由电场给予的。电场对电荷的作用力称为电场力。相对于观察者为静止的带电体周围存在着电场，称为静电场。静电场的性质主要有：

① 引入电场中的任何带电体都受到电场力的作用。

② 当带电体在电场中移动时，电场力对带电体做功，表明电场具有能量。

为了了解电场中任一点处电场的性质，用点电荷进行研究。实验研究指出，点电荷在电场中某点所受到的力，不仅与点电荷所在点的电场性质有关，且与点电荷的电量有关。所以可用点电荷所受到的力和点电荷所带电量之比，作为描述静电场中给定点的客观性质的一个物理量，称为电场强度或场强，即

$$\boldsymbol{E}=\frac{\boldsymbol{F}}{q_0} \tag{2-21}$$

式中，场强 $\boldsymbol{E}$ 是矢量。当点电荷为一个单位电量正电荷时，$\boldsymbol{E}$ 与 $\boldsymbol{F}$ 量值相等。说明电

场中某点的电场强度在量值上和方向上等于一个单位电量正电荷在该点所受到的力。在国际单位制中，力的单位为 N（牛顿），电量的单位为 C（库仑），场强的单位是 N/C（牛/库），也可写成 V/m（伏/米）。

电场的基本性质之一是场强叠加原理：电场中任一点的总场强等于各个点电荷在该点各自产生的场强的矢量和，即

$$\boldsymbol{E}=\boldsymbol{E}_1+\boldsymbol{E}_2+\boldsymbol{E}_3+\cdots+\boldsymbol{E}_n \tag{2-22}$$

利用这个原理，可以计算任意带电体所产生的场强，下面说明点电荷中场强计算的方法。

已知在真空中有一个点电荷 q，则可求得其周围电场中某点 p 的场强。假设在距点电荷 q 为 r 的 p 处放一个试验电荷 q_0，则 q_0 所受到的力为

$$\boldsymbol{F}=\frac{1}{4\pi\varepsilon_0}\times\frac{qq_0}{\boldsymbol{r}_3}\boldsymbol{r} \tag{2-23}$$

式中，$\boldsymbol{r}$ 是由点电荷 q 到 p 点的矢径。p 点的场强为

$$\boldsymbol{E}=\frac{q}{4\pi\varepsilon_0\boldsymbol{r}^3}\boldsymbol{r} \tag{2-24}$$

由式（2-24）可知，在点电荷的电场中，任一点的场强的大小，与点电荷的电量 q 成正比，与点电荷 q 到该点的距离 $\boldsymbol{r}$ 的平方成反比。若电场是由若干个点电荷 $q_1, q_2, \cdots, q_n$ 共同产生的，并设各点电荷到 p 点的矢径分别为 $\boldsymbol{r}_1, \boldsymbol{r}_2, \cdots, \boldsymbol{r}_n$，则各点电荷在 p 点处产生的场强分别为

$$\boldsymbol{E}_1=\frac{q_1}{4\pi\varepsilon_0\boldsymbol{r}_1^3}\boldsymbol{r}_1, \boldsymbol{E}_2=\frac{q_2}{4\pi\varepsilon_0\boldsymbol{r}_2^3}\boldsymbol{r}_2, \cdots, \boldsymbol{E}_n=\frac{q_n}{4\pi\varepsilon_0\boldsymbol{r}_n^3}\boldsymbol{r}_n \tag{2-25}$$

应用电场叠加原理，这些点电荷各自在 p 点所产生的场强的矢量和就是 p 点处的总场强。

$$\boldsymbol{E}=\boldsymbol{E}_1+\boldsymbol{E}_2+\cdots+\boldsymbol{E}_n=\sum_{i=1}^{n}\frac{q_i}{4\pi\varepsilon_0\boldsymbol{r}_i^3}\boldsymbol{r}_i \tag{2-26}$$

有效电场是指作用在某一极化粒子上的局部电场。它应为极板上的自由电荷以及除这一被考察的极化粒子以外其他所有极化粒子形成的偶极矩在该点产生的电场。有效电场的计算是十分困难的，下面介绍由洛伦兹最早提出的对有效电场的计算模型。

在洛伦兹的计算模型中，电介质被一个假想的空球分成两部分，极化粒子孤立地处在它的球腔中心。这样，球内、球外电介质对球心极化粒子的作用就可以用不同的方法进行处理。这里必须要注意的两个问题是：

① 球的半径应比极化粒子的间距大，这样可以视球外介电系数为 ε 的电介质为连续均匀的介质，球外极化粒子的影响可以用宏观方法处理。

② 球的半径又必须比两极板间距小得多，以保证球外电介质中的电场不因空球的存在而发生畸变。

如图 2-9 所示为就是洛伦兹有效电场的计算模型。

把图 2-9 中的球部分放大后如图 2-10 所示。根据洛伦兹有效电场推导而得到 $\boldsymbol{E}'$。

介电常数是一个表征电介质储存电能大小的物理量，是介电材料的一个非常重要的性能指标。从以上讨论可知，电介质的极化程度越大，则极板上感应产生的电荷量 Q 越大，介电常数也就越大。因此，介电常数在宏观上反映了电介质的极化程度，分析聚合物介电常数的影响因素就是从影响聚合物极化程度的角度考虑。

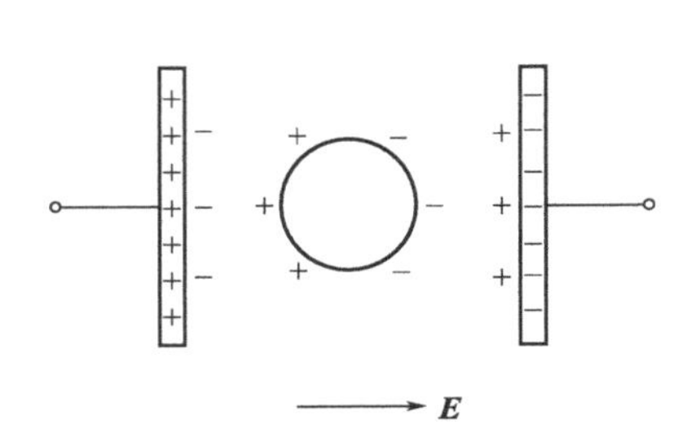

图 2-9 洛伦兹有效电场的计算模型

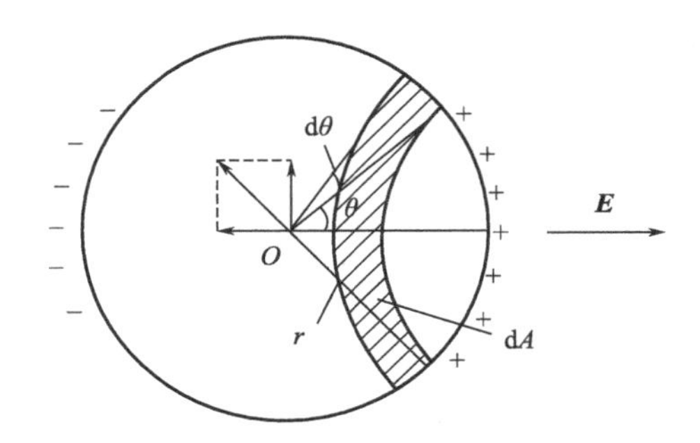

图 2-10 洛伦兹场 $\boldsymbol{E}'$的计算

恒量 ε_0 称为真空介电系数，数值如下：

$$\begin{aligned}\varepsilon_0 &= \frac{1}{4\pi k} = \frac{1}{4\pi \times 9 \times 10^9} \\ &\approx 8.85 \times 10^{-12} (\mathrm{C^2/Nm^2}) \\ &= 8.85 \times 10^{-12} (\mathrm{F/m})\end{aligned} \tag{2-27}$$

常见聚合物的介电常数如表 2-1 所示。

表 2-1 常见聚合物的介电常数 ε（60Hz，ASTM D150）

聚合物	ε	聚合物	ε
聚四氟乙烯	2.0	聚酯	3.00～4.36
聚丙烯（PP）	2.2	聚氯乙烯	3.2～3.6
低密度聚乙烯	2.25～2.35	聚甲基丙烯酸甲酯	3.3～3.9
乙-丙共聚物	2.3	聚酰亚胺	3.4
高密度聚乙烯	2.30～2.35	环氧树脂	3.5～5.0
聚苯乙烯	2.45～3.10	聚偏氟乙烯	4.5～8.0
硅树脂	2.75～4.20	酚醛树脂	5.0～6.5
高抗冲聚苯乙烯	2.45～4.75	聚偏氯乙烯	8.4

2.3 电介质损耗

电介质在外电场的作用下，将一部分电能转变成热能的物理过程，称为电介质的损耗。电介质损耗的直接结果是：电介质本身发热，温度上升。所以电介质的损耗与介质发热引起温度的上升是同一物理过程的两个方面。

电介质损耗对电子材料及元器件在线路中的应用是非常有害的，因为它不仅会引起线路上的附加衰减，而且使仪器设备中的元器件发热，工作环境温度上升，以致有可能破坏设备的正常工作甚至使整个设备工作停止。对于从事电子材料科学与工程的技术人员来说，不仅要选择电性能优良的介质材料以满足工程上的要求，而且还要注意如何减少材料的损耗，维护仪器设备的正常工作。所以，必须了解电介质损耗的来源，它的物理过程以及介质损耗随外部条件（外加交变电场的频率、温度等）变化的规律。产生电介质损耗主要有以下几个原因。

电介质不是理想的绝缘体，不可避免地存在一些弱联系的导电载流子。在电场作用下，这些导电载流子将做定向漂移，在介质中形成传导电流。传导电流的大小由电介质本身的性质决定，这部分传导电流以热的形式消耗掉，称为电导损耗。

在恒定电场作用下，电介质的能量损耗功率为

$$W=\frac{V^2}{R}=V^2G \tag{2-28}$$

式中，W 为损耗功率；V 为直流电压；R 为电介质的绝缘电阻；G 为漏电导，$G=1/R$。

若以 $V=Ed$，$G=\gamma A/d$ 代入式（2-28），则

$$W=\gamma E^2 Ad \tag{2-29}$$

式中，γ 为电介质的直流电导率；E 为直流电场强度；A 为电容器极板面积；d 为电容器的极间距离。

从式（2-29）中可以看出，损耗功率 W 不仅与介质本身的性质（γ）有关，且与电容器的大小尺寸（A、d）有关。为了消除尺寸的影响，可用单位体积损耗功率 P 来表示，即

$$P=\gamma E^2 \tag{2-30}$$

在叙述交变电场作用下的电导损耗前，先假设电介质中只有电子、离子的位移极化。这一类极化在电场作用下是不会产生能量损耗的，可以用一个理想的电容器来表示。另外，电介质中电导损耗的大小是由传导电流来决定的。传导电流与外电压同相位，可用一个电阻来表示。这样，若介质电容器中只存在电导损耗时，便可用一个理想的电容器 C 和一个电阻 R 并联的等效电路来表示。

谐振损耗来源于原子、离子、电子在振动或转动时所产生的共振效应。这种效应发生在红外到紫外的光频范围。根据古典场论的观点，光是在真空或连续介质中传播的电磁波。电磁波在介质中传播的相速度及介质的折射率依赖于频率，折射率随频率的变化形成色散现象。在原子、离子、电子振动或转动的固有频率附近，色散现象非常显著。根据电磁场理论，色散的存在同时伴随着能量的损耗，色散总是同时存在着吸收。由于原子的内电子壳层上的电子（内层电子）被原子核牢固地束缚着，虽然受外电场的影响很小，但是它们却能在高能（约 10^4eV）、短波长（约 0.1nm）、对应于 X 射线（10^{19}Hz）范围的电磁场中产生共振。所以频率高于 10^{19}Hz 的电磁场不可能在原子内激起任何振动，电介质材料不会产生极化现象。此频率下的电介质的介电系数等于真空中的介电系数 ε_0。如果电磁场的频率低于内层电子的谐振频率，则内层电子可以随电磁场而振动，对材料的极化有贡献，相对介电系数大于 1。如果电磁场的频率低于外电子壳层的电子（外层电子）的谐振频率（其谐振频率范围为 $3\times10^{14}\sim30\times10^{14}$Hz，即从紫外到近红外光谱范围），此类电子也将参与极化。同样类型的谐振也会发生在分子和晶体内的原子或离子的振动频率下，其振动的频率范围在 $10^{12}\sim10^{13}$Hz 之间。

所以，在紫外到近红外区，只可能出现电子谐振极化，在远红外区则会出现原子或离子谐振极化，在光频范围内不可能出现偶极子转向等松弛极化。随着电场频率的升高，电介质的介电系数要降低。这种介电系数随频率变化的现象称为色散现象。因极化机理的不同，色散发生的频率也不同。电子或原子（离子）的谐振极化在光频范围内的色散现象属于谐振色散，而偶极子转向等松弛极化在电频范围内的色散为松弛色散。随着频率的升高，介电系数从低频侧的较大值向高频侧的较小值过渡。而松弛色散中间不显出最大值，谐振色散则出现明显的峰值。色散现象同时伴随着能量损耗，其损耗因数随频率的变化称为吸收，损耗因数

随频率变化的曲线称为吸收曲线。在介电系数发生色散的频率范围，无论是电子、原子或离子极化，还是偶极子转向极化等松弛极化，其损耗因数都是明显地变大且出现峰值。

实际上，介质损耗通常用介质损耗角正切表示，如公式（2-31）所示。

$$\begin{aligned}\tan\delta &= \frac{I_R}{I_C}=\frac{V/R}{\omega CV}=\frac{1}{\omega CV}=\frac{\varepsilon''}{\varepsilon'}=\frac{(\varepsilon_S-\varepsilon_\infty)\omega\tau}{\varepsilon_S+\varepsilon_\infty\omega^2\tau^2}\\ &=\left[\gamma+\varepsilon_0(\varepsilon_S-\varepsilon_\infty)\frac{\omega^2\tau}{1+\omega^2\tau^2}\right]\Bigg/\left[\omega\varepsilon_0\left(\varepsilon_\infty+\frac{\varepsilon_S-\varepsilon_\infty}{1+\omega^2\tau^2}\right)\right]\\ &=\left[\frac{\gamma}{\omega\varepsilon_0}+(\varepsilon_S-\varepsilon_\infty)\frac{\omega\tau}{1+\omega^2\tau^2}\right]\Bigg/\left(\varepsilon_\infty+\frac{\varepsilon_S-\varepsilon_\infty}{1+\omega^2\tau^2}\right)\end{aligned} \tag{2-31}$$

式中，假设并联的等效电路中，R 为一个电阻；V 为外加交变电压的有效值；C 为一个理想的电容器电容；I_R 为流过电阻的电流；I_C 为流过电容的电流；ω 为频率；ε'为德拜方程介电常数实部；ε''为德拜方程介电常数虚部；γ 为电容器介质的电导率；τ 为松弛极化的松弛时间；ε_0 为真空介电常数；ε_S 为介质的静态相对介电常数，即介质在恒定电场作用下的相对介电常数；ε_∞为介质的光频相对介电常数，对应于瞬时位移极化的相对介电常数。

由式（2-31）可以看出介电系数、介质损耗以及介质损耗角正切都是 ω 和 τ 的函数。当松弛时间一定时，各参数与 ω 的关系如何呢？

当 $\omega\to 0$，类似恒定电场作用时，松弛极化虽然要经过一定的时间才能完成，但相对于电场的变化来讲，还是有充分的时间来完成松弛极化并且达到稳定状态。故此时，ε 达到最大可能值；由于不存在松弛极化滞后电场变化的现象，所以极化损耗小到可以忽略，介质损耗只有电导损耗；$\tan\delta$ 由于无功电流趋于零而趋于无穷大。

当 $\omega\tau\ll 1$ 时，由于交变电场的频率升高，开始出现极化滞后电场变化的情况，松弛极化已开始不能充分建立，ε 将要下降；松弛极化产生的损耗开始出现，$W(P)$ 上升；$\tan\delta$ 则因无功电流正比于 ω 的增加而与 $W(P)$ 成反比例关系而急剧下降。

当 $\omega\tau=1$ 时，交变电场的变化周期与松弛时间 τ 相接近，松弛极化随电场频率的变化最敏感，因此，ε 随频率变化很快，变化最显著的位置，$\frac{d\varepsilon}{d\omega}$值最大；根据$\frac{d^2\varepsilon}{d\omega^2}=0$ 可得到 $\omega\tau=\frac{1}{\sqrt{2}}\approx 1$ 时，ε 随 ω 变化最快；而由于极化损耗显著上升，因此 $W(P)$ 也在此处增加得最快；极化损耗的增加使得有功电流增长的速度超过无功电流增长的速度，所以 $\tan\delta$ 随其增加而上升；当 $\omega>\frac{1}{\sqrt{3}\tau}$以后，极化损耗上升的速度减慢，无功电流仍然基本上随 ω 增加正比例地增加；当有功电流增长的速度开始比无功电流增长的速度慢时，$\tan\delta$ 达到最大值，此最大值出现的位置可根据$\frac{d(\tan\delta)}{d\omega}=0$ 求出，即在 $\omega\tau=\sqrt{\frac{\varepsilon_S}{\varepsilon_\infty}}$ 时，$\tan\delta$ 出现最大值。

在这种由于极化滞后于电场的变化引起 ε、$W(P)$ 随 ω 迅速变化，以及 $\tan\delta$ 最大值的出现，是具有松弛极化的电介质的明显特征，它可以作为极性电介质的判断依据。发生这种变化的位置是在 $\omega\tau\approx 1$ 处，此区域称为“介质反常弥散区”。

当 $\omega\tau\gg 1$ 时，松弛极化远远滞后电场的变化，以至于松弛极化等慢极化形式完全来不及建立，只有位移极化。$g\gg\gamma$，故 $P\approx gE^2$ 亦趋于一定值，而且这比电导损耗要大。因为在高频下，缓慢式极化虽然来不及进行，每周期的损耗比极化能充分建立时要小，但由于单位时间内周期数增加，故损耗 P 还是比极化能够充分建立时要大；当 P 逐渐趋于定值时，快极化造成的纯电容电流仍不断地正比于频率增加，所以 $\tan\delta$ 趋近于 0，因此 ε 趋近于 ε_∞。

具有松弛极化和贯穿电导时介质的 W、ε、$\tan\delta$ 频率特征曲线如图 2-11 所示。

对同一介质，当温度增加时，松弛时间减小，极化建立的速度更快，因此，温度越高，对应出现反常弥散区的频率也越高，$\tan\delta$ 最大值出现时的频率也相应向高频方向移动，如图 2-12 所示。

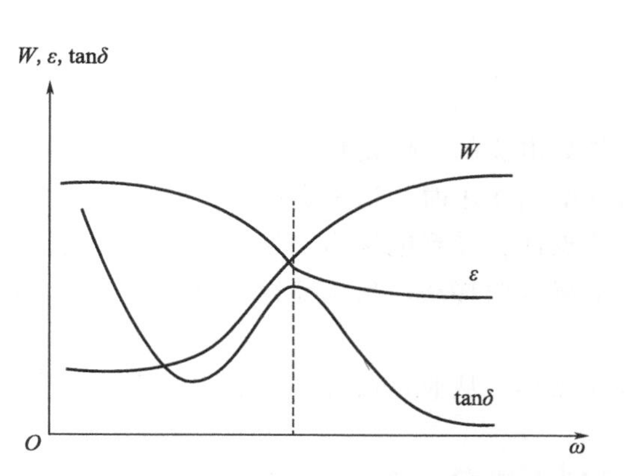

图 2-11 具有松弛极化和贯穿电导时介质的频率特性

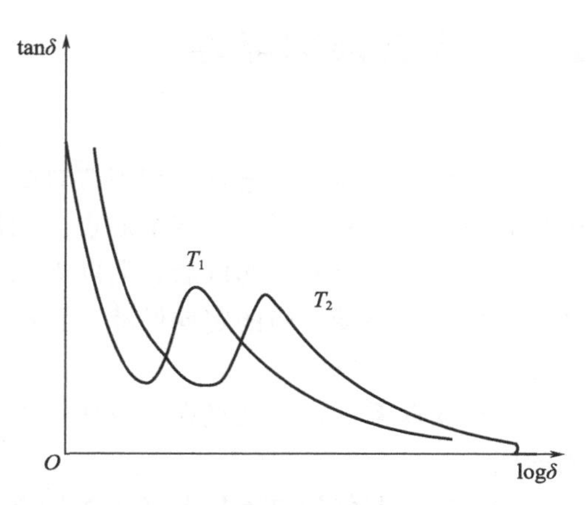

图 2-12 不同温度下 $\tan\delta$ 的频率特性

温度继续升高，使 τ 值很小，即 $\omega\tau \ll 1$ 时极化已无滞后于电场变化的现象，极化全部能充分地建立。所以 ε 随温度的升高而增加，直到最大值 ε_S。但另一方面，温度的升高将使得分子的热运动加剧，定向极化发生困难；同时，温度升高也使得单位体积中的粒子数减少，因此在 ε 升到最大值以后又缓慢下降。在极化不滞后于电场的变化时，极化损耗小到可以忽略；相反高温下的电导损耗却大大地增加，这时的介质损耗主要由电导损耗决定，P、$\tan\delta$ 随温度的升高呈指数规律上升。另外，$\tan\delta$ 还由于 ε 降低的缘故使无功电流减小，比 P 上升得还要快一些。

具有松弛极化和贯穿电导时的介质，其温度特性曲线如图 2-13 所示。对于同一介质，工作频率越高，则对应的反常分散区的温度也越高，$\tan\delta$ 最大值随频率升高向高温方向移动，如图 2-14 所示。

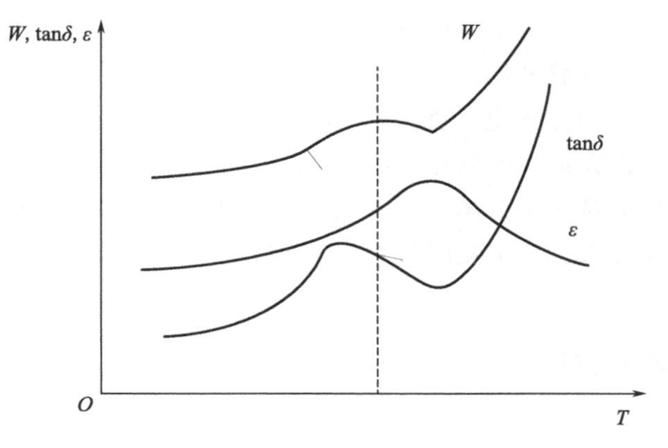

图 2-13 具有松弛极化和贯穿电导时介质的温度特性

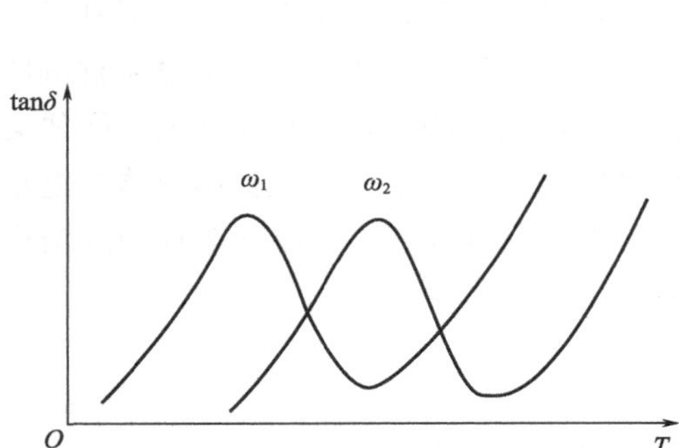

图 2-14 不同频率下 $\tan\delta$ 的温度特性

如果介质中电导损耗比较大，松弛极化损耗相对来说比较小，以致松弛极化的特征可能被电导损耗的特性所掩盖。随着电导损耗的增加，$\tan\delta$ 的频率、温度特性曲线中的峰值将变得平缓，甚至看不到有峰值出现。如图 2-13 出现一个最大值；$\tan\delta$ 也与 W 的变化规律相似，出现一个最大值。这时 ε 迅速上升，无功电流也增加时，则 $\tan\delta$ 最大值比 W 的最大值出现得要早一些，也就是说出现在温度较低一点的位置。

2.4 电介质的电导

理想的电介质在外电场作用下应该是没有传导电流的。但是任何实际的电介质，或多或少具有一定数量的弱联系的带电质点。在没有外电场作用时，这些弱联系的带电质点做不规则的热运动。加上外电场以后，弱联系的带电质点便会受到电场力的作用，在不规则的热运动上增加沿外电场方向的定向漂移。正电荷顺电场方向移动，负电荷逆电场方向移动，形成贯穿介质的传导电流。

这种弱联系的带电质点在电场作用下做定向漂移，从而构成传导电流的过程，称为电介质的电导。

构成电介质传导电流的弱联系的带电质点称为导电载流子。由导电载流子漂移构成的传导电流密度是与弱联系的带电质点（导电载流子）的浓度有关的。

假设单位体积电介质内导电载流子的数目为 N，每个载流子所带电荷为 q，载流子沿电场方向漂移的平均速度为 $\bar{v}$，则单位时间内通过垂直于电场方向面积为 A 平面的电荷，即电流强度为

$$I=Nq\bar{v}A \tag{2-32}$$

依导电载流子种类的不同，电介质的电导可以分为以下几种形式：

① 离子电导：其载流子是正、负离子（或离子空位），这是固体电介质中最主要的导电形式。

② 电子电导：其载流子是电子（或空穴），由于电介质内电子数极少，所以这种形式的电导表现得比较微弱，只有在一定的条件下才明显。

③ 电泳电导：其载流子是带电的分子团，电流流经液体电介质时，就有电泳现象发生，工程上用的液体电介质中主要是这种形式的电导。分子团可以是老化了的粒子、悬浮状态的水珠或者杂质胶粒，在电场作用下进行漂移，形成电泳电导。

一个高绝缘固体样品，由样品材料所决定的体内电导都是很小的，但是如果加上电极，在大气环境下测量它的导电性能，往往会得出大得多的电导数值，甚至比用体积电导率计算出来的结果大几个数量级。超出体积电导值的这一部分来自样品的表面，表面电导 G_s 与样品所处的周围环境、电极间表面的光洁程度有关。一个宽度为 l，电极间距为 d 的表面，其表面电导率可写为

$$\sigma_s=\frac{d}{l}G_s \tag{2-33}$$

表面电导率的单位为 Ω^{-1}。

表面电导率受样品周围大气湿度和温度的影响很大。通常认为潮湿的空气可以使样品表

面上形成由水分子组成的一个吸附膜，其电阻并联在体积电阻上，使样品的电导显著增加。绝缘固体电介质的表面可分为亲水性和疏水性两种。一个粗糙的表面，在不同程度上都能吸附一些水分子，但当表面很光洁时，其亲水性和疏水性就明显地表现出来。当固体材料与水分子之间的吸引力大于水分子与水之间的吸引力时，其表面为亲水性。一个水滴在水平的亲水性固体平面上，水滴边缘表面的切面与固体平面成一个锐角，水滴在锐角一侧。疏水性固体表面与水滴的表面成一个钝角，水滴将形成水珠状。疏水性材料与水分子之间的吸引力小于水分子自身之间的吸引力。

2.4.1　电导机理

从导电机理来看，在聚合物中存在电子电导，也存在离子电导，即导电载流子可以是电子、空穴，也可以是正、负离子。首先，那些带有强极性原子或基团的聚合物，由于本征解离程度高，可以产生导电离子。其次，在没有共价双键、电导率很低的非极性聚合物的合成、加工和使用过程中，引入聚合物材料的催化剂、各种添加剂、填料及水分和其他杂质的解离，都可以提供导电离子，并且这种外来离子成为导电的主要载流子，因而这些聚合物的主要导电机理是离子电导。而共轭聚合物（聚省醌自由基聚合物、聚吡咯、聚噻吩和聚苯胺等）、聚合物的电荷转移络合物（芳香碳氢吡咯/碘络合物、聚乙烯咔唑/碘络合物等）、聚合物的自由基-离子化合物［四氰基对苯醌二甲烷（TCNQ）-锂离子、四氰基对苯醌二甲烷-甲基二苯并吡嗪等］和有机金属聚合物（酞菁铜、氰亚铂酸钾等）等聚合物导体、半导体则具有强的电子电导。例如，在共轭聚合物中，分子内存在空间上一维或二维的共轭双键体系，电子轨道互相交叠，使电子具有类似于金属中自由电子的特征，可以在共轭体系内自由运动。离子电导与电子电导各有自己的许多特点，但是大多数聚合物导电性很小，很难确定它属于哪一种导电机理。确定离子电导存在最直接的办法是直接检测离子的存在或离子到达电极时放电而形成的电极产物。可是，对聚合物进行这种检测是非常困难的。然而，对聚合物施加静压力会使离子电导降低，电子电导升高，这一原理可以作为鉴别聚合物导电机理的一种有效方法。

实际上，在聚合物中，可能两类载流子同时存在，两种导电机理都起作用，实验条件的影响又增加了复杂性，使得对有些聚合物的导电机理鉴别会出现互相矛盾的结论。

2.4.2　气体电介质电导

如果在两个平行的金属极板之间充以气体，加上直流电压，测量电流和电压之间的关系，得到气体电介质中电流密度与电场强度之间的关系曲线。曲线分为三部分。第Ⅰ部分：当电场很弱时，电流密度随电场强度的增加正比例地上升。第Ⅱ部分：电流密度不再因电场强度的增加而改变，达到饱和。第Ⅲ部分：电流密度再次因电场强度的增加而上升，最后当电场强度达到某一临界值 E_m 时，电流密度 J 无限地增大，气体的绝缘性能丧失，介质被击穿。例如，对标准状态下的空气来说，当电场强度很小，约为 0.5V/m 时，电流密度达到饱和，饱和电流密度约为 10^{-16}～10^{-14}A/m；电流密度在场强约为 10^6V/m 时又开始上升；当电场强度达到临界值 $E_m=3.2\times10^6$V/m 时，空气发生了击穿，由良好的绝缘体变成导体。

以下就气体导电机构本质来讨论实验所观测到的气体伏安特性曲线。

在比较弱的电场中，任何气体都是很好的绝缘体，能通过气体的电流极其微弱，只有用高灵敏度的静电计才能检测出来（$J<10^{-14}\mathrm{A/m^2}$）。

气体分子在热、光以及各种辐射等外界电离因素的作用下获得了足够的能量，使得分子中的电子能够脱离分子中正电荷对它的束缚，而离解成一个正离子和一个或几个电子，电子又可能与中性分子结合成负离子。这样，气体中每秒将有一定数量的正离子和负离子生成。假设在某一时刻，气体中正、负离子的浓度分别是 n_+、n_-，且 $n_+=n_-=N$。当然离子浓度也不会持续不断地增加下去，因为这些正、负离子在运动时发生相互碰撞，就有可能复合成中性分子，而离子复合的可能性与正离子的浓度成正比，正离子浓度越大，复合的可能性就越大。离子复合的速度为

$$Z=\beta_{n_+n_-}=\beta N^2 \tag{2-34}$$

式中，n_+n_- 表示阴阳离子间；β 为比例系数，也称为复合系数（对于空气，$\beta=1.6\times10^{-6}\mathrm{cm^3/s}$）。

当外界电离因素开始作用时，气体中的离子数增加，复合的离子数也增加。复合的离子数 βN^2 等于同一时间内因电离因素而产生的离子数，即

$$n'=\mathrm{d}N/\mathrm{d}t=\beta N^2 \tag{2-35}$$

没有外电场作用时，因电离因素在气体中所产生的正、负离子数量显然仅因复合而消失。但加上电场以后，除了部分离子因复合而消失外，另一部分则漂移到极板上被中和。假设充气平板电容器的极板面积为 A，极间距离为 d，离子的荷电量为 q，流经极板的电流为 I，根据以上所述，极板之间整个空间所产生的离子数为

$$n'Ad=\frac{I}{q}+ZAd \tag{2-36}$$

2.4.3 液体电介质电导

极性液体电介质的分子本身具有固有偶极矩，并且分子之间的距离近，相互作用强。由洛伦兹有效电场的推导得到的 K-M 方程对极性液体电介质是不适用的，为了计算极性液体电介质的介电系数与其他微观参数的关系，翁沙格提出了一种极性液体电介质的有效电场计算的分子模型。

电泳电导属于液体电介质电导。

2.4.4 固体电介质电导

固体电介质的电导按导电载流子的不同类型，可以分为两种离子电导和电子电导。在弱电场中主要是离子电导，但是对于某些材料，如铁酸钡、铁酸钙和铁酸银等铁酸盐类，在常温下除了离子电导以外，还会呈现出电子电导的特征。固体电介质按其结构可分成晶体和非晶体两大类。对于晶体，特别是离子，电导机理研究得比较多，也比较清楚。但是对于用途极为广泛的高分子非晶体材料的电导机理目前仍未弄清。

(1) 离子电导

晶体电介质的导电离子来源有两种：本征（或固有）离子和弱联系离子。

离子晶体点阵上的基本质点（离子）在热的激励下，离开点阵形成导电载流子，构成离子电导。这种电导在高温时比较明显，因此，通常称为高温电导。

晶体中位于晶格点阵上的离子，被牢固地束缚在结点上做不停的热运动，这时并不参与导电。但在受到热激励以后，就有少数离子离开原位成为填隙离子，并同时产生空位，从而构成离子电导和离子空位电导。

离子晶体中载流子的形成还与晶体中的热缺陷有关，热缺陷分为弗仑克尔缺陷和肖特基缺陷。

显然，离子晶体本征电导的载流子浓度与晶体结构的紧密程度和离子半径的大小有关。结构紧密的晶体，$U_f>U_s$，主要形成肖特基缺陷。为了保持晶体的电中性，肖特基缺陷往往是成对产生的，正离子空位与负离子空位数相等。但是两者对电导的贡献却有差别，一般情况下，尺寸较小的正离子迁移率较大，对电导的贡献是主要的，所以，导电载流子主要是正离子空位（等效带负电）。而结构松散的晶体，特别是当其中一种离子的尺寸较小时，$U_f<U_s$，主要形成弗仑克尔缺陷，尺寸较小的负离子一般难以成为填隙离子。通常总是尺寸较小的正离子进入结点间并留下正离子空位，所以载流子主要是正填隙离子和正离子空位。当然也有例外的情况，若晶体中正离子尺寸很大，负离子尺寸很小，结构疏松且温度较高时，负离子及负离子空位（等效带正电）也可能成为主要的导电载流子。

导电载流子在电场的作用下迁移的机理与热离子松弛类似。

与晶格点阵联系较弱的离子活化而形成导电载流子，主要是杂质离子和晶体位错与宏观缺陷处的离子引起的电导。它往往决定晶体的低温电导。晶体电介质中离子电导的机理具有离子跃迁的特征，而且参与导电的也只是晶体中部分活化了的离子（或离子空位）。

在实际晶体中总会含有一些杂质，当外来杂质进入填隙位置时，它们在外电场作用下只要克服填隙位置间的势垒高度 U 即可，也就是它们所需的活化能较小，在较低的温度下就能活化并参与导电，称为杂质离子电导。在离子晶体中还由于有晶格位错等因素的作用，使得晶格点阵上局部离子的活化能下降，这部分离子也易于活化而参与电导，是弱联系的本征离子所引起的。

以上两种电导统称为弱联系离子电导。这种电导在非离子晶体中是电导的主要成分。在离子晶体中低温热缺陷数目很少的情况下是低温电导的主要成分。

(2) 电子电导

对于孤立原子来说，电子是在一定的轨道上绕核旋转的，电子轨道表征着电子的能量状态——能级。

当许多孤立原子相互靠近结合成晶体时，同类原子中的相似轨道将有不同程度的交叠，由于原子中的相互作用，电子的能级会发生微小的分裂，同类原子的相似轨道分裂成能量状况略有差别的许多能级，这些能级分布在几电子伏的能量范围内。由于晶体中原子数目很多，数量级有 10^{23} 个/cm^3，因此，这些能级相互靠近而可认为是连续的。

能级分裂成能带以后，原来能级上的电子也相应地占据能带的各能级，电子将能带填满，这种能带称为满带。电子未将能带填满，或能带完全空着没有电子，这种能带称为导带（空带），电子在导带里是自由的。在一个能带与另一个能带之间的能量范围是不允许电子存在的，这样的能带就称为禁带。对于导体来说，价电子未将能带填满，或价电子虽将能带填满，但满带与导带交叠，不存在禁带。在电场作用下，电子沿反电场方向运动，占据尚空着的能级，电子的这一定向运动便形成了传导电流。

在半导体和电介质中，价电子将能带填满成满带，还有完全空着的导带，满带与导带之间由禁带隔开。

外电场的作用只能使电子从能带中的一个能级跃迁到另一个能级，不足以使它越过禁带到导带，故没有电流。

但在某一温度下，由于电子的热运动，可将一部分电子由满带激发到导带上去，同时出现空穴载流子。这样在外电场作用下，就使得晶体电介质具有一定的电导。然而，在常温下激发到导带上去的电子是极其微弱的，特别是在固体电介质中，从满带激发到导带的电子微乎其微，可以忽略不计。但是在实际晶体电介质中，由于杂质的存在，以及晶体中的缺陷、位错等，在禁带中将引入中间能级——杂质能级，接近于导带，如图 2-15 所示。它们在热激发的作用下，容易产生导电的载流子。

另外，当电子的能量低于阻碍它运动的势垒高度不大，而势垒厚度又比较薄（几十纳米）时，在强电场作用下，电子就可能由于隧道效应而穿过势垒后到达导带或阳极，构成隧道电流。电介质中可能存在的几种隧道效应如图 2-16 所示。金属电极中具有的大量电子，也可能向电介质中发射（或注入），如热电子发射，也可以为电介质提供导电载流子。

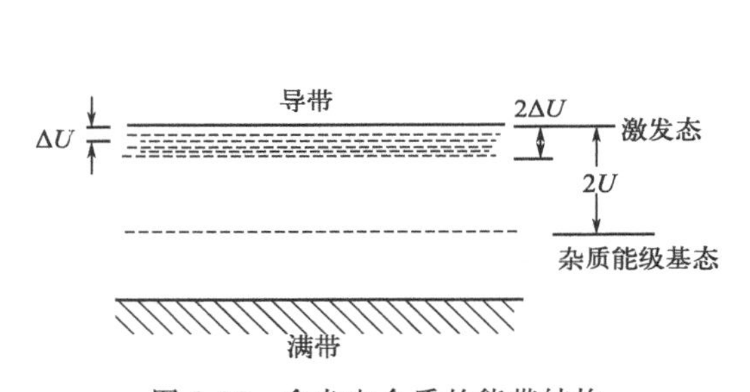

图 2-15 含杂电介质的能带结构

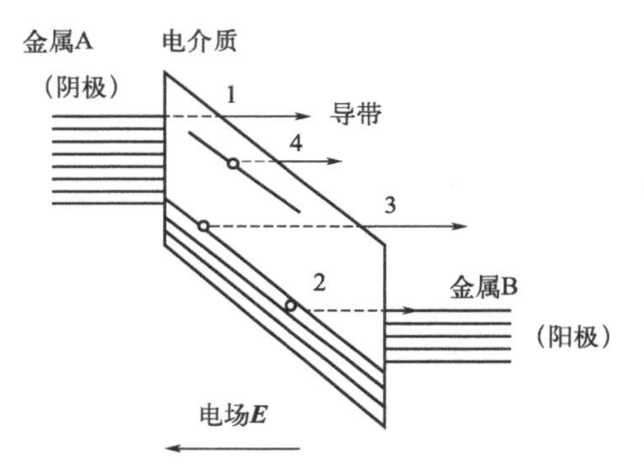

图 2-16 固体电介质中可能存在的几种隧道效应

但是以上各种机构提供的电子，在电场不太强时，数量极少，固体电介质的电子电流是极其微弱的。随着外加电场的增加，杂质能级上的电子、隧道效应以及热电子发射等因素的作用加大，电子电流才相应地增加。所以，固体电介质中的电子电导比离子电导要复杂得多。大部分固体电介质的电子电导率与温度的关系也像离子电导率一样遵循指数规律，即

$$\gamma = A\,e^{\frac{U_e}{RT}} \tag{2-37}$$

式（2-37）为瑞典化学家阿伦尼乌斯给出的经验公式。式中，A 为常数，称为指前因子（也称频率因子），属于物质本身固有参数，与量多少、温度高低无关；T 为热力学温度；R 为摩尔气体常量；U_e 为表观活化能，即微粒发生迁移时的能垒。

因为导电的载流子电子（或空穴）是从各种不同的电离中心经过热激发而产生的，并且，对于过渡元素金属氧化物，通常它的活化能都比较小，载流子数又多，所以，在低温和室温下，电子电导常起主要作用，许多金属氧化物实际上是氧化物半导体的原因也在于此，这类金属化氧化物在传感器方面的应用就是很好的例子。

以上所讨论的电导，都是指电介质的体积电导，它是电介质的一个物理特性参数，主要取决于电介质本身的组成、结构、杂质含量及电介质所处的工作条件（如温度、气压辐射等）。这种体积电导电流流经整个电介质，同时流经固体电介质表面的还有表面电导电流，如图2-17所示。

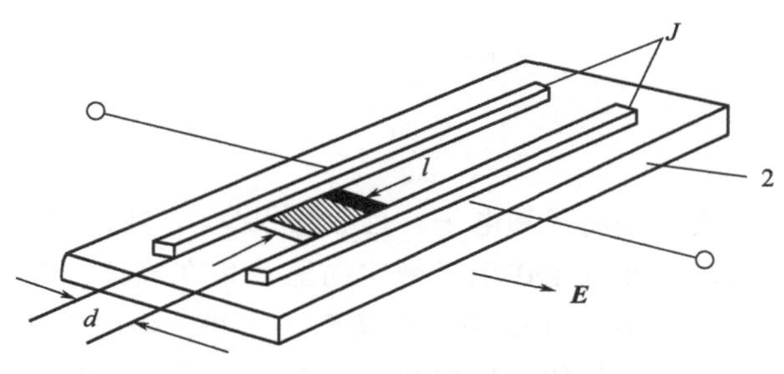

图2-17　电介质的表面电导

电介质的表面电导不仅与电介质本身的性质有关，而且还与周围的环境温度、湿度、表面结构以及形状、表面沾污等情况密切相关。

① 空气湿度对表面电导的影响。电介质的表面电导受空气湿度的影响极大，而且电介质表面吸附空气中水蒸气的现象亦最为常见。任何电介质当处于相对湿度为0%的干燥空气中时，电介质表面的电导率 γ 很小，但是当电介质在潮湿环境中受潮以后，其 γ_s 将明显上升。因为水本身为半导体（$\rho_v=10^5\Omega\cdot m$），电介质吸附水分以后在其表面形成一层很薄的水膜，引起较大的表面电流，γ_s 明显地增加。

② 电介质表面的分子结构。电介质表面不同的分子结构，使水在其表面的分布状态有着明显的区别。

依据水在其表面分布状态的明显区别，电介质可分为亲水性电介质和疏水性电介质。

a. 亲水性电介质：亲水性电介质包括离子晶体、含碱玻璃以及由极性分子构成的电介质等，如有机玻璃、聚氯乙烯、陶瓷和云母。其中含碱金属离子的电介质（碱卤晶体、含碱玻璃等）中的碱金属离子还会进入水膜，降低水的电阻率，使表面电导进一步升高，甚至丧失其绝缘性能。亲水性电介质对水分子的吸附力大于水分子的内聚力，水在电介质的表面上将弥散开来，形成连续的水膜，其与电介质表面所成的湿润角 $\theta<90°$。所以，电介质的电导率特别大。

b. 疏水性电介质：这类电介质由非极性分子所组成，它们对水的吸附力小于水分子的内聚力，水在电介质表面上不能形成连续的水膜，而只凝聚成水珠，其湿润角 $\theta>90°$。因此，这类电介质的电导率很小，大气湿度对它的影响也较小。

③ 电介质表面的状况。电介质表面电导率 γ_s 不仅与空气的湿度有关，而且其表面清洁度和光洁度对其都有影响。表面粘有杂质、污染物，特别是黏附有半导体性质的杂质，即使是在干燥的环境中，表面电导都会增加。所以，要降低固体电介质的表面电导，除了尽可能地采用疏水性电介质外，还要保持电介质表面的清洁、平滑无孔。对于亲水性电介质，则可在其表面涂覆疏水性电介质层，如硅有机树脂、石蜡，使固体电介质表面不能形成水膜，提高表面电阻率。对于多孔性电介质，可用电容器油、凡士林、沥青、石蜡浸渍，以填充孔隙。

2.5 电介质的击穿

2.5.1 概述

正常气体中的导电载流子是离子和电子，且数量很少，它们是由外界电离因素使气体分子离解而产生的。这些载流子在电场作用下做定向漂移，在气体电介质中形成的电流很小。因此在弱电场（约 1.10V/m）时，电流密度就达到了饱和。随电压的增加，电流并不增大，但是离子在运动过程中碰撞所积累的能量却在逐渐增大。当电场增加到一定的程度时，离子碰撞过程中积累的能量大到有可能使气体中被碰撞的分子离解成正离子和电子。这时载流子数目再增加，电流不再保持恒定而迅速上升，新离解的离子和电子在电场作用下又积累起更多的能量，再碰撞气体分子，产生新一代的载流子。如此不断地继续，整个电离过程便像雪崩（常称为电子崩）似地发展下去，载流子数目激增，电流密度也无限地增加，此时即发生了气体电介质的击穿，亦就是气体电介质的放电。

固体电介质的击穿是一个非常复杂的过程，它除了与固体电介质的结构和物质组成密切相关外，还与工作环境条件（媒质温度、电压的频率、加压的时间、器件和电极的结构形状等）有关，所以研究固体电介质的击穿机理是一个有一定难度的问题。

热击穿电压与温度的关系和电阻率与温度的关系相同，只是指数减半而已，且这一点已为实验所证实。至于热击穿电压与电介质的厚度成正比，实验并未证实。然而，瓦格纳热击穿理论的最大不足在于：其假设的通道的电导率要比周围电介质的电导率大得多才能成立，然而，对于均匀的电介质来说，理论的假设不够充分；有关通道的本质、大小电导率和散热系数的数量关系，用实验的方法难以获得。因此，瓦格纳热击穿理论只能定性地给热击穿一个概念。

固体电介质的电击穿是击穿的另一种形式，主要是电子运动的过程，它是在电场的直接作用下发生的。固体电介质的电击穿理论是建立在气体电介质的碰撞电离理论基础上的。所以，可以用气体中发生的电子碰撞游离来推断固体电介质的击穿场强。固体的密度大约为气体的 2000 倍，若气体电介质的电击穿场强是 30kV/cm，固体电介质的电击穿场强应为 6000kV/cm，即是 6×10^{7} V/cm。实际上，固体电介质的电击穿场强在 $10^{6}\sim10^{7}$ V/cm 数量级范围，如果固体电介质电击穿中的电子运动过程与气体中的击穿结构不相似，是得不到这样近似的结果的。

低温时，含杂晶体和无定形（非晶态）电介质中存在于杂质能级激发态上的电子数是很少的，电子只能与晶格碰撞进行能量交换，电子之间相互作用是很小的。

高温时，不仅导电电子数要增加，而且处在杂质能级激发态上的电子数也要增加。导电电子与杂质能级激发态上的电子间相互作用加强，能量交换的速度加快。在这种情况下，杂质能级上的电子与晶格的相互碰撞作用大于导电电子直接与晶格的相互碰撞作用，电场获得的能量主要靠杂质能级激发态上的电子传递给晶格。如果导电电子与杂质能级激发态上电子能量交换的速度，比杂质能级激发态上的电子与晶格碰撞进行能量交换的速度大得多，则导电电子从电场获得的能量将迅速地在电子之中进行能量交换，不能及时传递给晶格。这样一来，导电电子和杂质能级激发态上的电子所组成的电子系统的温度将高于晶格温度。可是温度的增加也是有限度的，因为电子系统的温度升高可使电子传递给晶格的能量增加，最后等于导电电子从电场获得的能量，达到平衡。消耗的能量主要是由杂质能级激发态上的电子传递给晶格，它是以吸收和放出电子来实现的。

如果外加电场增加到相当强时，电介质的电导就不服从欧姆定律了。当电场继续增加到某一临界值时，电导率剧增，电介质丧失其固有的绝缘性能，变成导体，作为电介质的效能被破坏，这种现象称为电介质的击穿。

固体电介质的电击穿是由于介质中存在少量处于导带能量状态的电子，它在电场的加速下将与晶格结点上的原子碰撞，使晶格原子电离产生电子崩，当电子崩发展到足够强时，引起固体介质击穿，这种击穿具有电子本质，归因于电子失稳性，也称为电子击穿。

固体电介质导带中可能存在一些电子，这些电子一方面在外加强电场作用下被加速；另一方面与晶格振动相互作用而激发晶格制动，把电场的能量传递给晶格。当这两个过程处于平衡态时，固体介质有稳定的电导。当电子从电场中得到的能量大于损失给晶格振动的能量，并且电子能量大到一定值时，电子与晶格振动的相互作用便导致电离而产生新电子。自由电子数迅速增加，电导进入不稳定阶段，击穿开始发生。

首先，按击穿发生的判定条件不同，电击穿理论可分为两大类：以碰撞电离开始作为击穿判据的，称为碰撞电离理论（或称本征电击穿理论）；以电离开始后，电子数倍增到一定数值，足以破坏介质绝缘状态作为击穿判据的，称为雪崩击穿理论。其次，空间电荷也是影响击穿电场的重要因素，空间电荷的存在会引起电场畸变，进而使击穿电场发生变化，一般是降低。最后，在玻璃化转变温度以上时，聚合物分子链间通常会存在一定自由空间，当电子穿过这些空间时，由于碰撞次数降低而积聚更多能量，导致电离击穿。

电击穿具有作用时间短、击穿电压高、与周围环境温度有关、电介质升温不显著、击穿电场与电场均匀度密切相关的特点。

一般在高压电场作用下，由于介电损耗所产生的热量来不及散发出去，热量的积累使聚合物的温度上升，而随着温度的升高，聚合物的电导率按指数规律急剧增大，电导损耗产生更多的热量，又使温度进一步升高，这样的恶性循环导致聚合物的氧化、熔化和焦化，以至发生击穿。热击穿是被研究得最清楚的一种介电击穿方式。瓦格纳最先建立了热击穿理论，其理论公式为

$$U_{\mathrm{b}}=\sqrt{\frac{\rho_0\beta}{0.24\alpha Se}}d\mathrm{e}^{-\alpha T_0/2} \tag{2-38}$$

式中，β 和 T_0 分别为材料的散热系数和环境温度；d 和 S 分别为击穿通道的长度与横截面积：α 为电阻温度系数。在常温下，材料的电阻率与温度的关系为 $\rho=\rho_0\mathrm{e}^{-\alpha T}$。式（2-38）说明，热击穿电压 U_{b} 与环境温度有关。温度升高，击穿电压按指数规律下降。击穿电压也与散热条件有关，散热系数越小，击穿电压越低。此外，因为热击穿过程是热量积累的过程，需要一定时间，所以加压时间、升压速度对击穿电压有显著的影响，脉冲式加压比缓慢升压下的击穿电压要高得多。

局部放电是聚合物中电击穿的主要因素之一。聚合物中存在气隙，而使聚合物的击穿呈现很高的电导。气体的耐压强度约为 3MV/m，比固体电介质的耐压强度低很多，所以在施

加电压于聚合物时，早期放电便可能出现在聚合物的边缘。这样的外部放电和内部放电都趋向于破坏聚合物，于是重复的放电将导致介质击穿，图 2-18 为局部放电的几种形式。

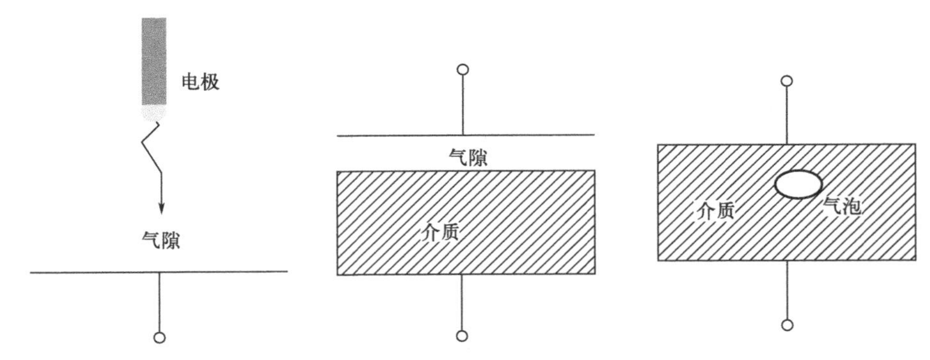

图 2-18　局部放电的几种形式

许多聚合物绝缘材料，其原始击穿电场一般较高，由于各种因素往往使其实际工作电场强度降低，其中的重要原因之一就是局部放电。例如，浇注变压器、塑料电力电缆、胶纸套管和电机线等采用的复合介质中，在制造过程中不可避免地存在或多或少的各种气隙。再如，在高压电器的油浸纸中，纸层间也有气隙和油膜，这些都说明当复合介质中含有气隙时，气体中的局部放电使其绝缘性能大为降低，而最终引起击穿，所以这类介质的工作电场强度受到限制。

同聚合物中电介质的局部放电主要引起以下三大方面的变化。

① 热的作用。局部放电可以引起电介质局部温度迅速升高，进而可能引起电介质的热熔解或化学分解，使电介质失效甚至造成器件损坏。

② 电的作用。聚合物电介质中由于局部放电产生的大量带电粒子会在电场作用下轰击电介质。对于聚合物固体电介质，加速运动电子的轰击作用能使聚合物固体介质的分子主键断裂而分解成低分子，同时又使介质温度升高发生热降解，还在介质表面形成凹坑且不断加深，最后导致介质击穿。

③ 化学作用。在聚合物中局部放电的化学作用特别明显，不仅使电介质的电性能发生变化，长期作用下还会引起质量上的变化。

从以上的分析可见，局部放电使电介质材料老化，所以必须加以防止。其方法就是合理选用材料，确定几何尺寸和采用严格的工艺过程，制造不含气隙或其他杂质的绝缘材料，可是后者往往有很大困难。这就需要采取降低气隙中电场的措施，并期望研制出耐局部放电性能优良的介质材料和提高耐放电性的添加剂等。这对于之后要介绍的树枝化击穿也是一样的。

所谓聚合物介质电-机械击穿，是指在弹性模量很小、容易产生机械变形的聚合物电介质中存在的一种击穿方式。当电压作用于电介质时，正、负电极间的静电吸引力就表现为对电极间介质材料的挤压力。如果介质弹性模量很大，挤压力的作用不会导致明显的变形，因而可以忽略不计。但当弹性模量很小时，压缩变形就可能很大，使介质厚度明显减小。此时，由于施加的电压不变，则膜实际承受的电场强度增大；挤压作用更强，聚合物介质最后同时失去机械强度和耐压能力而发生击穿。

电-机械击穿可以被看成是聚合物介质击穿的机械干涉，机械效应在其中起了次级作用。这种击穿对聚合物而言是本征的性能，且能成功地解释聚合物在较高温度区域的击穿特性。

在聚合物中还存在一种击穿现象，即树枝化击穿现象。聚合物树枝化的本质、种类和形状不同，造成了树枝的多样性，因此研究起来非常复杂。总的来说，在聚合物中存在着两类树枝：电树枝和水树枝。前者仅由电场引起，而后者则可以由电场和水或其他化学品的共同作用而产生。

(1) 电树枝

聚合物电介质的电树枝化过程可分为引发和扩展两个阶段。引发阶段需要非常高的电场，且存在某个机理将一定的能量转移给电树枝。常见的有以下几种机理：电子注入引发、热电子引发、由电场引发的机械损坏引发、局部过热导致的热分解引发和反复的极性取向引发等。电树枝被引发后会在一定的条件下进一步生长：树枝沟道内的气体反复放电会使树枝逐渐生长。

① 由于放电效应，树枝会继续生长，且将通过结构最弱的部位生长。

② 当空隙中最初的空气被电离而生成等离子体时，离子能以多种途径将它们的能量传递给空隙内壁，在适当条件下，可生成电子雪崩，增强能量效应。若被交换的能量大于电子的束缚能，则可把电子逐出而留下正离子，使分子发生电离，导致分子的不饱和性增强、羰基和过氧化氢的生成及气体的释放。这些物质的产生都会使电树枝进一步生长。

③ 树枝的形状和生长依赖于最初的气体放电所引起的树枝沟道中气体的内压强。这个压强控制着随后的气体放电，而气体放电又影响树枝的生长。

④ 树枝形状也影响树枝生长。树枝形状可分为三类：树枝状、丛林状和扇状。这三类都有赖于所施加电压的形状和大小，及聚合物的种类和温度。例如，在30℃下的聚乙烯中，在10kV和12kV下，树枝形状是树枝状；而在14kV和16kV下，树枝形状随着时间推移改变为丛林状。

(2) 水树枝

水树枝是聚合物电介质长期失效的另一个主要原因，在微观状态可以观察到水树枝是由许多小的含水空隙组成的，这一点和电树枝非常类似。但是将聚合物加热干燥后，这一类树枝会消失，而将其浸在热水中又会重新出现，这是其独特性质。水树枝的其他基本特征如下：

① 水树枝的起始和增长一般不受温度的影响。

② 水树枝化不需要局部放电。

③ 水树枝由填充水的微细空隙生成，在水树枝区域通常能观察到机械应力。

通常，聚合物电介质是可以被气体和水蒸气渗透的，而水树枝的引发必须有水分或其他化学液体的存在，水分或其他化学液体沿着平行于电场的方向延伸到周围电介质中，形成水树枝。

水树枝的引发具有多样性，主要有化学引发、放电引发、静电引发和热引发。一旦水树枝开始产生，则可观察到不同聚合物中水树枝的增长速率区别很大。影响树枝增长速率的因素如下：

① 交联通常抑制增长速率。

② 与等效的辐射交联水平相比，化学交联能更加抑制增长速率。

③ 水的性质，含有溶解的盐类或矿物质的水不仅会加速绝缘体中水的吸收，也会加速

水树枝的生长，所以增长速率有赖于水中的离子浓度。

水树枝的生成是由于场强集中，污染粒子、空气及水的存在。挤塑的半导电屏蔽层是绝对绝缘的光滑界面，而较清洁的材料能提供很少的粒子沾染。各种新的干法固化，也都旨在减少空隙在电缆制造期间引入绝缘材料中的水分。另外，采用化学添加剂也可以有效地阻抑水树枝化，这些添加剂最初被分成下述几类：水树枝抑制添加剂、抑制电解质添加剂和电压稳定添加剂。

影响聚合物介质击穿电压的环境因素有以下几种。

① 温度对击穿电场的影响。聚合物的物理性能和电性能均随温度而变化。电介质击穿与温度的依赖关系在分析击穿机理时具有很大的重要性。一般来说，均匀电场中，聚合物击穿电压与温度的依赖关系可大概地分成两个区域：低温区，击穿电压随温度增加而稍微增加；高温区，击穿电压随温度增加而减小。

② 时间对击穿电场的影响。通常，电介质击穿出现在施加电压后的某个时刻。击穿可能出现在施加电压后的很短时间到很长时间，其取决于击穿机理。

对于短时间击穿，电介质击穿主要是由电子过程引起的，这个从施加电压到击穿的时间称为时延。电压长期作用时，固体介质的击穿电压随作用时间的延长而降低，这种现象在介质物理理论中称为老化现象。

除此之外，如果用高能射线来辐照聚合物，则会有分子结构断裂和分子之间产生交联两种情况发生。用射线辐照过的交联聚乙烯的击穿电场，相比未辐照的聚乙烯有所提高。

2.5.2 击穿过程

(1) 气体电介质的击穿

图 2-19 是电子增长过程和电子崩的模型。由于碰撞电离时电子和离子是成对地产生的，但是电子速度快，所以电子位于接近阳极的一端，称为崩头，而离子速度慢，近似地认为留在其产生的位置上，称为崩尾。

气体电介质的击穿，一般又称为气体电介质的放电。在电场强度达到 E_m 点之前，虽然已经发生了碰撞电离，但此时若将外界电离因素取消，气体的放电将逐渐减弱，直到最后停止，这种放电称为非自持放电。而在 E_m 点之后，即使将外界电离因素取消，放电仍能继续维持的，称为自持放电，实际上也就达到了气体电介质的击穿。

通常把使碰撞电离最先成为可能的电场强度称为起始游离场强，相应地，这时加在电极上的电压称为起始游离电压。当电场达到起始游离场强时，气体电介质的击穿过程便开始了。但是碰撞电离的进一步发展和达到气体击穿的最后阶段，随电场分布情况的不同而异。下面首先讨论在均匀电场中的气体电介质的击穿。

值得注意的是，气体电介质由于外界电离因素，产生了电子崩。这并不意味着气体电介质已被击穿，因为在表示电流密度时，起始电流密度、电离系数及极板距离均为有限值，这时的电流密度还不是无限地增大，如果外界电离因素取消，起始电流密度为 0，电极间的放电也就停止了，这时的放电还是非自持放电。因此，气体电介质发生击穿，达到自持放电，

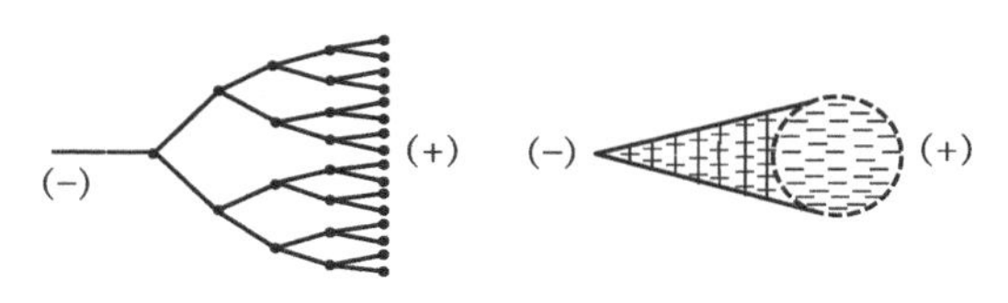

图 2-19　电子增长过程及电子崩模型示意图

必然还有其他因素的影响。

以上在讨论碰撞电离过程时，忽略了在电离过程中正离子的影响。当然，正离子质量大、速度慢，在电场中积累的能量小，引起碰撞电离的概率也小，可以不用考虑。但是当电场足够强时，正离子的影响就不能忽略了。这时正离子在向阴极运动时，便可以从阴极表面碰撞出相当多的电子来，从而代替由外界电离因素在阴极产生的电子。在这种情况下，即使除去外界电离因素，气体中的放电仍可继续维持下去，达到自持放电。在均匀电场中，自持放电的条件就是气体电介质击穿的条件，确定放电变成自持放电是非常重要的。

这时，即使除去外界电离因素，由于还存在着正离子撞击阴极时释放出来的电子，其恰好能代替在外界电离因素作用下由阴极出发的电子。因此，即使取消了外界电离因素的作用，而放电强度仍然维持不变，这就形成了气体电介质的自持放电。但是，实际上外界电离因素总是存在的，因而由外界电离因素和正离子撞击阴极表面共同作用产生的放电电流将不断地增加，直至气体电介质完全击穿。

上述这种在气体电介质中由碰撞电离和正离子撞击阴极表面使金属释放出电子引起的均匀电场中气体电介质击穿理论，称为汤姆逊理论。根据这一理论，提高气体电介质的击穿电压有以下两个途径：利用高气压或者高真空；应用高抗电强度的气体。

不均匀电场中气体电介质的放电过程，仍然与均匀电场中所讨论的碰撞电离、电子崩、击穿等一样，但放电的情况大不相同。在均匀电场中，当电压升高到起始游离电压时，气体电介质开始发生电离。与此同时，还存在正、负离子的复合，离子复合时，将能量辐射出淡紫色的辉光，称为电晕。电晕一出现，气体电介质很快便击穿了。气体的击穿电压与起始游离电压值很接近。但是在不均匀电场中（实际上器件中电场分布大都是这种情况），当器件中某一区域的电压达到起始游离电压值时，首先在这一区域出现电晕，形成一个稳定的区域放电；电压进一步提高，电晕变成刷形放电，形成几道明亮的光束，呈现出来的是树枝状的火花放电，但这时放电还未到达对面电极，只是光束的位置不断地改变；电压再升高，树枝状的火花闪电般地到达对面电极，形成贯穿电极间的飞弧，这样就导致了气体电介质最后被击穿。因此在不均匀电场中气体电介质的击穿电压比起始游离电压高许多。在均匀电场中，电晕、刷形放电、飞弧几乎同时发生，所以一出现电晕，气体电介质很快就被击穿了。在不均匀电场中，当极间距离很小时，放电的最后两个阶段也分辨不出来，只是在大距离的情况下才能区别开来。

图2-20绘出了极端不均匀电场的针-板电极、针-针电极之间空气击穿电压与电极间距离的关系。由图2-20可知，击穿电压除和电极形状有关外，还和针尖的极性有关。这是因为当电极间加上电压以后，针尖处电场强度最大，不管针尖极性如何，放电总是从这里开始。由于电子的迁移率比离子的迁移率大，所以电子很快跑向阳极，在针尖附近留下正离子。这些正离子形成的空间电荷随针尖极性的不同而对放电的发展产生的影响不同。针尖平板电极结构中的电场分布是一个典型的不均匀电场。

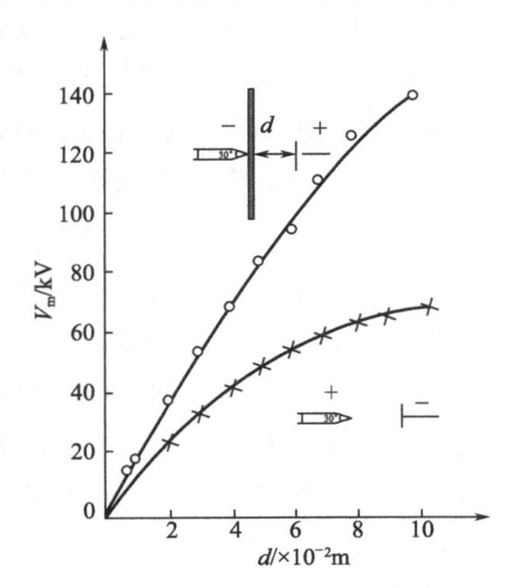

图2-20 极端不均匀电场中空气的击穿电压与电极间距离的关系

当针尖为正时，正的空间电荷削弱了针尖附近的电场，加强了正空间电荷到极板之间的弱电场。这种情况相当于高电场区从针尖移向极板，像是正电极向负电极延伸了一段距离，因此击穿电压比针尖为负时低。

当针尖为负时，正空间电荷包围了针电极，加强了针尖附近的电场，而削弱了正空间电荷到极板之间的电场，使极板附近原来就比较弱的电场更加减弱了，像是增加了针尖的曲率半径，电极间的距离虽然缩短了一些，但电场却均匀了。因此负针-板电极的击穿电压高于正针-板电极的击穿电压。

空气是天然的电介质，充满着整个空间。常用的电子设备、高压器件其表面都与空气接触。因此，研究沿固体电介质表面的气体放电具有实际意义。

在固体电介质的击穿试验或高压器件中，往往会发现固体电介质本身并未被击穿，而在器件的表面却产生了火花，使器件不能正常地工作。这种现象就是由于器件表面的不均匀，造成了个别区域的电场强度集中，使空气首先发生游离。并且进一步的研究还发现，沿固体电介质表面的击穿电压比同一厚度的空气的击穿电压还要低。因此，在高压器件中防止表面空气击穿是一项非常重要的工作。

实验证明，当固体电介质与气体接触，而又有沿固体表面的切向电场存在时，气体的放电往往是沿固体表面发生，这种沿面发生的放电现象有如下几个特点：

① 沿面放电电压低于气体的放电电压。

② 沿面放电电压与固体电介质的表面状态有关，如吸潮、污染等。

③ 交流电压下的沿面放电电压比直流下的低。

④ 沿面放电电压与电极的布置形状有关。

因此，固体电介质表面的清洁、干燥十分重要，对特殊结构的器件，有采用灌封以保证电极清洁不吸潮的方法。当然为了提高器件的沿面放电电压，还必须改变电极的形状，使它圆滑，消除电场的集中。如用半球圆槽围边、加厚电介质的边沿、延长放电距离等，这一类方法在电子陶瓷高压器件中得到了广泛的应用。

在常温、常压下，气体是优良的绝缘电介质。由于热运动碰撞、光照和辐射等作用，使气体中产生少量的离子。这些离子在外电场作用下的定向迁移使气体产生一定程度的电导。气体中的电流密度 j 与电场强度 E 的关系：当电场很小时，j 与 E 成正比；气体的导电遵从欧姆定律；当 E 增大至超过某个值 E_1 之后，电流出现饱和。这时气体中所有新产生的离子因被电场作用而都迅速跑到电极附近进行复合，两电极间缺乏更多的离子参加导电，因此电流不能再上升。饱和电流密度 j_s 的数值取决于气体中因各种原因产生的离子速度。对于正常情况下的空气来说，j_s 约为 $6\times10^{-15}\mathrm{Am}^{-2}$。这相当于 10^{16} 个空气分子中有一个离子。当电场继续增加至超过另一个值 E_2 时，电流又急剧上升。这是因为气体中导电质点，主要是电子受电场作用而加速，得到了足够的能量，在与气体中其他分子碰撞时使后者电离，从而出现更多的电子参加导电。这种连锁反应使电流急剧增加至某点，最后导致气体电介质的电击穿。此点对应的场强 E_b 被称为击穿场强。在气体电介质被击穿后，随着电流的增加，两电极之间的电压下降，即场强减小。这是因为此时的强烈电离的气体电导率很大，强电场难以再建立起来。正常情况下，空气的 E_2 值约为 10kV/cm，而击穿场强 E_b 约为 30kV/cm。

气体在被击穿情况下的导电现象称为气体放电。雷电就是大气中的一种气体放电。由于具体条件的不同，气体放电具有多种不同形式：

（ⅰ）火花放电。两极间电压增高至一定值时，气隙中突然发生明亮的火花，火花沿电力线伸展成细光束。若电源功率不大则火花很快熄灭，接着又会突然发生下一次放电。

（ⅱ）辉光放电。电极间出现明暗相间的持续的放电区，在较低气压下容易出现。

（ⅲ）电晕放电。在尖端电极附近出现暗蓝色微光，放电局限在较小的范围。

（ⅳ）弧光放电。出现于电源功率足够大而电路限流电阻较小的情况下。气隙发生火花放电后立即发展至对面电极，形成非常明亮的连续弧光，电弧温度极高。

在气体放电中扮演主要角色的是游离电子。因为它质量小，易受电场加速而产生足够的能量去碰撞别的气体分子，使之电离并放出电子，从而形成电子的倍增效应。由于剧烈碰撞，气体放电区出现不少处于激发态的分子、原子或离子，它们自发辐射回到基态时放出光子。因此气体放电总伴随着发光。由外界因素引起的出现于气体中的游离电子，只能引起非自持放电。一旦外界电离因素消失，放电即停止。气体的持续放电条件依赖于阴极的二次电子发射，二次电子可以补充复合了的一个初始电子而继续维持放电。

（2）液体电介质的击穿

液体电介质击穿机理的理论观点可以概括为两大类：电子碰撞电离和气泡击穿。液体的电子碰撞电离理论是直接从气体击穿理论中发展过来的。液体中由于各种原因而出现的初始电子在外电场的作用下经历沿电场方向平均自由程分量 λ 所获得的能量 $eE\lambda$ 将有一部分在碰撞中交给分子。把液体分子的振动能量按量子化观点处理，则每次碰撞中电子损失的能量可写为 chv。其中 v 为分子振动频率；c 为某个大于 1 的整数。为了使电子的能量可以有剩余并积累起来，以达到在碰撞中使分子电离，必须有 $eE\lambda > chv$，这样才能发生类似于气体中的电子数目在碰撞中倍增的效应。因此液体的击穿场强可写为

$$E_b = chv/e\lambda \tag{2-39}$$

液态绝缘介质含气时，无论是混入的其他气体或是液体本身产生出来的气体，总是气泡内先发生电离。这是因为气体的击穿场强要小得多，而气泡内的场强又总比周围液体中的更高。气泡电离产生的高能量电子可以使液体分子分解，生成更多的气体，当气泡因此扩大至连通两极时，即导致发生击穿。

当液体中的平均场强足够高时，若阴极面上出现不平滑的微小金属凸起，则微尖端处的场致发射会形成集中的电流。据估计，电流密度可达 $10^5\,A/m^2$ 以上，这个电流所形成的发热量约为 $10^{13}\,J/s \cdot m^3$；如果液体的导热性能较差，这个加热功率足以使局部液体发热气化形成小气泡。按照这种分析，当加上强电场之后，液体并不是立即被击穿，而是要等待一定时间来积累热量引起气化。显然，等待时间与液体的温度有关。温度比液体的沸点低得越多，等待时间越长，实验中已观察到这种现象。强电场中的高速电子还会使高分子液体中分子的键被折断，从而产生氢气、甲烷等低分子气体形成气泡。

当工程绝缘液体中存在水分和固体悬浮杂质时，会使击穿场强显著下降。

（3）固体电介质的击穿

在弱电场中，介质内的电流与外电压呈线性关系。电场增强时，电流偏离欧姆定律，随电压按幂函数或指数上升。当外加电压 U 达到某个临界值时，电流 I 陡峭地增加，介质从绝缘状态变为导电状态，出现 $dI/dU \to \infty$ 或 $dI/dU \to 0$ 的现象，称为击穿。对于平板电介质，若认为击穿前瞬间其体内电场均匀，介质厚度为 d，击穿临界电压为 U_b，则称 $E_b=$

U_b/d 为介质的击穿场强或绝缘强度，其值一般为 $10^4 \sim 10^6$ V/cm 数量级。固态物质中的载流子例如电子，在强电场中获得的能量可以通过和声子的碰撞而转变为热能，使材料的温度急剧增高而被破坏。因此介质的击穿可分为纯电击穿和纯热击穿，此外还有电机械击穿、次级效应击穿、放电老化和电化学老化等，如表 2-2 所示。

表 2-2　固体电介质的击穿

<table>
<tr><td rowspan="8">短时击穿</td><td rowspan="5">电子击穿过程</td><td>单电子近似</td><td>低能判据 $\partial E_b/\partial T \geqslant 0$
高能判据 $\partial E_b/\partial T \geqslant 0$</td></tr>
<tr><td>集体电子近似</td><td>单晶 $\partial E_b/\partial T > 0$
非晶 $\partial E_b/\partial T < 0$</td></tr>
<tr><td>电子雪崩击穿
$\partial E_b/\partial d < 0$，$\partial E_b/\partial T \geqslant 0$</td><td>单电子模型
雪崩倍增模型</td></tr>
<tr><td colspan="2">场致发射击穿，Zener 理论
$\partial E_b/\partial d = 0$，$\partial E_b/\partial T = 0$</td></tr>
<tr><td colspan="2">自由体积击穿，高于玻璃化温度时，$\partial E_b/\partial T < 0$</td></tr>
<tr><td>热击穿过程</td><td colspan="2">稳态热击穿，$\partial E_b/\partial T < 0$，$\partial E_b/\partial t = 0$，$t$ 为时间
脉冲热击穿，$\partial E_b/\partial T < 0$，$\partial E_b/\partial t < 0$</td></tr>
<tr><td>电机械击穿过程</td><td colspan="2">高于熔融温度时，$\partial E_b/\partial T < 0$</td></tr>
<tr><td>次级效应</td><td colspan="2">局部过热效应、空间电荷效应等</td></tr>
<tr><td rowspan="2">长时击穿</td><td>放电老化</td><td colspan="2">电离老化，$\partial E_b/\partial d < 0$
树枝老化</td></tr>
<tr><td colspan="3">电化学老化，$\partial E_b/\partial T < 0$，$\partial E_b/\partial d < 0$</td></tr>
</table>

纯电击穿的一般实验规律为：

（ⅰ）在室温或低温出现。

（ⅱ）材料的 E_b 值与样品的外形尺寸无关，它是材料的本征性质参数。

（ⅲ）介质内部击穿放电路径常按一定方向择优发展。

（ⅳ）E_b 值与外电压波形无关，完成击穿所需时间为微秒级或更短。

（ⅴ）按照电子雪崩击穿理论，E_b 是样品厚度 d 的缓变函数。当 d 很小时，E_b 的变化较快；当 $d < 10^{-6}$ m 时，E_b 随 d 下降而增大，称为薄层强化效应。

热击穿的一般实验规律为：

（ⅰ）高温下易于热击穿，击穿是由温度升高所引起的。

（ⅱ）热击穿场强和样品形状尺寸、耐热性能和散热条件等有关，击穿过程约需毫秒级时间。

（ⅲ）脉冲击穿场强和样品的形状尺寸关系不大，但脉冲宽度变小时它增大。

（ⅳ）通常交流的 E_b 比直流的要小，因为介质反复极化的介电损耗增加了发热。

在熔融或软化温度区附近，聚合物的击穿特性类似于其力学特性的改变。击穿是由外电场作用下麦克斯韦应力产生的机械形变所致。

热击穿在恒定电压作用下，因为介质的电导率与温度有关，故电场产生的焦耳热也和介质的温度有关。这个焦耳热将使介质的温度升高。若环境的温度 T_0 不变，则介质温度升高时散热功率也增大。如果存在一个温度 $T > T_0$，使加热功率 $W(T)$ 与散热功率 $H(T)$ 相等，则介质将稳定地处于这个温度 T 上。当外加电压增加时，一般地说，仍可由式（2-40）计算确定某个稳定的 T 值，以及直至达到介质结构破坏的临界温度 T_m，与 T_m 相对应的场强便是热击穿电场强度。

$$W(T)=H(T) \tag{2-40}$$

上面只是简单地定性说明热击穿的过程，实际上，在外电场将介质加热时，由于散热条件的不同，介质各个部分的温度可以不相等。只要其中的某个局部的温度超过结构破坏极限，在这个局部区域就会出现热击穿。因此，在绝热条件下由于 $H(T)=0$，若 $W(T)$ 随温度上升而增大，则在很小的场强下也可造成热击穿。定量地分析热击穿场强，一方面要从材料电导率与温度关系来计算 $W(T)$；另一方面还要从样品的形状尺寸以及散热条件来解热传导方程。

固体介质击穿是指在足够高的电场作用下，电流甚至在电场不再增加的情况下开始从稳态过渡到非稳态，在其中产生破坏性导电路径，继而使绝缘体不可逆变成导电状态的物理现象。

传统的击穿模型属于纯确定论，它是建立在超过某一临界电场时，因一连串因果效应使系统不再能维持能量平衡，从而发生击穿的基础之上的。高聚物的能带理论、电荷注入、电子激发及输运过程的深入研究与发展，以及非线性科学中分形及混沌的广泛应用，促使电击穿从确定论迈向破坏过程的随机论的根本性变革。击穿也包括最终导致击穿的老化过程。通过特定破坏的统计描述证实，老化本身是一种空间分布的、随时间不断发展且累积的损伤过程。

高电场下绝缘介质中电流剧增主要来自正反馈机理，例如电子碰撞电离以及局部加热或者电流改变材料的性质，后者又反过来使电流增加，这些过程引起的电流增强效应又将通过耗散机理（例如热导或在雪崩过程中离子的反电场等）所谓负反馈的补偿。这类似于在混沌中讨论的虫口模型的特性，在低于击穿场强时，电流-时间关系曲线将达到一个稳态平衡值，针对某一模型击穿场强，将其定义为某一稳态平衡可能存在的最高电场。

通常可将加高压后击穿过程的进展分为 3 个阶段，即初始、发展及击穿等阶段。对确定性机理，在由一些条件（例如电压、温度及材料）所决定的某一固定时间内，每一阶段将为下一阶段的出现提供条件，可是如果机理是随机性的，不同阶段所要求的时间呈统计分布。在相同条件下导致一定范围分布的破坏时间 t_b。造成这类统计特性的两个可能原因是：

（ⅰ）击穿是一个局部过程，可以发生在材料的不同区域内，因为每个区域有它们自己的不同的局部条件。

（ⅱ）击穿的每一步都涉及事件组成序列的选择（或更迭），而且序列并不会在完成前一步后而自动地产生。

情况（ⅰ）来自材料的不均匀性，这是高聚物绝缘的基本特征，不均匀性造成的统计（以后称为Ⅰ类）将由控制击穿时间 t_b 的一些参数的空间分布确定。在情况（ⅱ）时，t_b 的分布依赖于击穿发展与事件序列变化的相作用，因此它的统计（以后称为Ⅱ类）很可能由机理本身的性质而不是由材料体系来确定。击穿过程中的所有阶段都会独立地对 t_b 的分布有贡献，因此击穿统计的一般化描述可能涉及十分复杂的数学知识。但是经常出现的情况是某一阶段决定了统计，从而使问题简化。各阶段出现的条件如下：

（ⅰ）开始阶段：如果发展及击穿所需的时间比最短的起始时间短得多，则击穿统计由起始阶段的时间确定。如果此阶段依赖于诸如高聚物中某些位置上局部电场提高等因素，它就是（Ⅰ）类统计，而当起始阶段来自于在一些类似（或相同）位置上的概率事件（如气泡放电），则属于（Ⅱ）类统计。

（ⅱ）发展阶段：在高电压作用下发展（演化），例如在电树枝情况下常是速率确定的阶段。通常发展通过局部丝状路径向前，其空间尺度由随机生长过程确定（Ⅱ类），虽然有时它也受材料不均性制约（例如弱路径）。

（ⅲ）破坏阶段：如果前一阶段没有通过辅助过程而建立产生击穿的充要条件，且在少有的情况，该阶段才决定击穿的统计行为。这样一个过程将其自身的统计贡献于击穿，并且在发生预击穿实物的环境内部，或者就在该实物内部的动力学涨落也将最有可能造成击穿的统计行为。例如液体中丛状树枝表面的密度涨落，或者固体中电树枝顶端周围的电荷密度涨落就属破坏阶段的统计类型。

2.5.3 击穿分类

根据电介质绝缘性能被破坏的原因，电介质击穿的形式分成三类。

① 热击穿：电介质在电场作用下要产生介质损耗，这一部分损耗以热的形式耗散掉。若这部分热量全部从电介质中散入周围媒质，那么在一定的电场作用下，每一瞬间都保持电介质对外界媒质的热平衡。当外加电场增加到某一临界值时，通过电介质的电流增加，电介质的发热量急剧增大。如果发热量大于电介质向外界散发的热量，则电介质的温度不断上升，温度的上升又导致电导率增加，流经电介质的电流亦增加，损耗加大，发热量更加大于散热量，如此恶性循环，直至电介质发生热破坏，使电介质丧失其原有的绝缘性能，这种击穿称为热击穿。由于电介质的热击穿在很大程度上取决于周围媒质的温度、散热条件等，因此，热击穿电压并不是电介质的一个固定不变的参数。

② 电击穿：在强电场作用下，电介质中除了离子电导以外，还将出现电子电导，结果电介质中的传导电流剧增，使电介质丧失原有的绝缘性能。这种在电场直接作用下发生的电介质被破坏的现象称为电介质的电击穿。

③ 电化学击穿：电介质在长期的使用过程中受电光热以及周围媒质的影响，使电介质产生化学变化，电性能发生不可逆的破坏，最后被击穿。这一类击穿在击穿工程上称为老化，亦称为电化学击穿。这种形式的击穿在有机电介质中表现得更加明显，如有机电介质的变黏、变硬等都是化学变化的宏观表现。陶瓷固体介质比较稳定，这类变化不大。但是对于以银作电极的含铁陶瓷，如长期在直流电压下使用，也将产生不可逆的变化。因为阳极上的银原子容易失去电子变成银离子，银离子进入电介质，沿电场方向从阳极移到阴极，最后又在阴极上获得电子而形成银原子，沉积在阴极附近，如果电场作用的时间很长，沉积的银越来越多，形成枝蔓状向电介质内部延伸，相当于缩短电极间的距离，使电介质的击穿电压下降。不过，含铁陶瓷多应用在交流场合，这种变化还是不多的。

电介质发生击穿时的临界电压称为击穿电压，发生击穿时的电场强度称为击穿电场强度，分别用 V 和 $\boldsymbol{E}$ 来表示。

2.6 电介质储能材料

2.6.1 概述

高储能密度电介质材料在脉冲功率技术方面有重要应用，如应用于脉冲功率电源的电容器要求能形成高能脉冲的持续时间不低于0.1s，且应能经受1MV以上的高压，作为储能元件的电容器在整个设备中占有很大的比重，是极为重要的关键部件。我国现有的大功率脉冲电源中采用的电容器基本上是按电力电容器的生产模式制造的箔式结构电容器，但是由于电容器的储能密度低，限制了高功率脉冲电源的小型化和实用化。由此可见，新技术的发展对提升高储能密度绝缘材料的储能特性，进而实现设备的轻量化、微型化和满足特殊用途提出了更高的要求，而其中改善电介质材料的储能密度是技术关键。

根据材料自身允许电荷迁移的能力，固体材料一般分为如下三类：导体、半导体和绝缘体。区分这三类材料的物理量是材料的电导率，从导体到绝缘体，材料的电导率范围超过26个数量级。由于人类的技术文明和日常生活是基于安全和易于使用电力能源，因此构成输、变、配电装备的材料电性能有非常重要的作用。由于这个原因，导体和绝缘体材料都是必需的，而在许多电子器件中和信息时代，半导体材料都不可或缺。正因为如此，材料电响应的经济性和技术重要性使该领域保持在传统和现代材料中高度优先的研究地位。目前的研究工作涉及对材料电性能的优化、根据需求定制电性能、开发电功能材料，并探测纳米材料（纳米结构材料、纳米复合材料等）的电行为。

由于电介质材料具有容性储能的特点，面向高储能电容器的工业需求，国内外研究者将更多的精力付诸高储能电介质材料的结构与性能研究，从材料组成与制备工艺出发，探索出具有独特结构与性能的高储能电介质材料。为了使读者对该领域的基础知识有更清晰的认识，下面将针对电介质与绝缘材料的区别、固体电介质性能的基本参数、储能聚合物复合电介质的特征、电介质的储能过程与储能密度等做阐述。

在电介质材料领域，聚合物和聚合物复合材料的主要应用之一是电绝缘系统。因此，从第一次尝试开发聚合物复合材料的电性能开始，就出现了预先确定复合体系介电常数的问题。在近似考虑情况下，复合材料一般被认为是一个二元系统的两层（基体和增强相），它们之间可以是并联或串联连接，也可以假设这两种成分或者两相不发生相互作用。在一个复合材料具有多种组成的情况下，材料的性能可由维纳（Wiener）不等式预测，并且该结果可以很容易地推广，它说明非相互作用的复合材料的静态介电常数具有可预测的上限和下限。预测复合材料介电常数的Wiener不等式如下：

$$\frac{1}{\sum\limits_{j=1}^{m}\frac{v_j}{\varepsilon_j}} \leqslant \varepsilon \leqslant \sum_{j=1}^{m} v_j \varepsilon_j \tag{2-41}$$

式中，v_j 和 ε_j 分别为混合物的 j 组分的体积分数和介电常数。但是，由于复合材料系统复杂，实际情况下利用式（2-41）很难预测复合材料的介电响应，尤其是介电损耗。这种情况下对介电响应预测的复杂性主要来自填充物（增强相）几何特征与它们的电绝缘特性，即与填充物是绝缘体、半导体，还是导体有关。为了简化Wiener不等式预测介电响应的过程，许多更适用的公式和模型被提出，它们基本上描述了特定的复合材料体系的介电响应。此外，有效介质理论已被证明在描述介电系统时是非常有效的，特别是它被定向用到特定条件情形时。然而，在预测复合电介质材料介电常数方面存在的不一致性，迫使研究者提出一种更为广义的、具有统计性质的复合电介质性能的表达式，即

$$F(\varepsilon) = \sum_{j=1}^{m} v_j F(\varepsilon_j) \tag{2-42}$$

函数 $F(\varepsilon)$ 可以采取各种形式，成功的典型案例是：$F(\varepsilon)=\log\varepsilon$，它是由Lichtenecker-

Rother 提出的。除了在描述或预测复合电介质材料的介电行为方面取得进展外，从式（2-42）发展的模型并不能描述含有导电填充物的复合电介质材料的介电弛豫和损耗，更无法考虑到填充物几何特性的影响。在此情况下，主要是没有考虑到基体和填料之间的相互作用以及填料之间相互作用的影响。在纳米复合材料中，界面所占的体积分数增加非常显著，因此界面对材料性能的影响变得至关重要。许多研究已经证明界面上发生的相互作用是影响纳米复合电介质材料性能的决定因素。因此，致力于界面性质确定的研究显得非常重要。

通过考虑复合电介质材料中聚合物基体种类、填充物种类和含量，以及复合材料中的界面特征和多相之间的相互作用，已经发展出具有合适电性能的聚合物纳米复合电介质材料。

分级筛选的合理设计策略是由连续筛选阶段构成的，其中材料被筛选以识别并选择哪些材料具有合适的电容性储能特性。在第一阶段，涉及各种聚合物单体，并基于密度泛函理论(DFT)，通过第一性原理计算得到材料的介电常数和带隙。然而，介电常数的计算值仅包括来自电子和离子极化的贡献，而省略永久偶极子的贡献以及亚兆赫区域的介电损耗和介电击穿电场。尽管存在这些缺陷，但在第二阶段，可以识别出“有希望的”重复单元。第三阶段涉及预测候选聚合物体系的三维结构和形态。因为在第一阶段，计算的属性仅指单个、孤立的链，忽略所有可能的相互作用，所以应进行关于三维结构的修正。这些修正考虑在单元体中彼此堆叠的链，并且可以通过使用 DFT 能量的结构预测算法和使用经验原子间势或力场的熔体和淬火方法来进行。这个阶段的结果是研究者对那些稳定结构的限制。下一阶段涉及三维结构性质的预测，因此使用 DFT 和密度泛函微扰理论（DFPT)。最后阶段包括合成、测试和结果验证，制备聚合物体系，并通过红外、X 射线光谱和介电谱对其进行测试研究。对获得的结果进行仔细比较，如果获得的结构和性能合适，就可完成对材料的选择；如果没有获得合适的结构和性能，则反馈到设计循环，并且继续进行选择过程。在此过程中，应该注意的是尽管所计算的性质完全涉及晶体结构，其形态基本上偏离半结晶或无定形聚合物基材料形态，但是结果发现预测值似乎与实际值吻合得很好。成功地预先识别和优化适用于能源领域应用的新材料并非易事，必须解决由于可能存在缺陷、杂质或添加剂而引起的诸多问题，以及知晓介质损耗、介质击穿和热特征等因素。可以寻找并证明用于能量储存的新材料的有效方法，即一个包含“计算-合成-工艺-特征-计算”的循环是极为有益的。

储能聚合物电介质是自身关键科学与技术问题难度大、工程应用紧迫的重要研究领域，研究内容极为丰富。下面主要从基础理论出发，围绕该领域关注的关键科学与技术问题，重点介绍储能聚合物电介质及其聚合物复合电介质的设计、制备、结构与性能关系，分析研究各种类型储能电介质在不同频率、不同温度和不同电场条件下的电极化行为、电荷输运、储能和充放电特性等，揭示影响储能聚合物电介质及其聚合物复合电介质宏观性能的关键因素，为储能电介质应用基础研究提供思路，并为其未来工程应用奠定基础。

2.6.2 陶瓷电介质材料

高介陶瓷材料虽因具有很高的介电常数、不低的耐电强度，可得到较高的储能密度，然而为了制成大容量的电容器，往往需要把电介质材料制成薄膜叠层，并联或塑性卷制，陶瓷材料一般厚度在 25μm 以上。有机聚合物即使在大面积的情况下厚度也可达 2μm，而且相当均匀。另外聚合物的最高使用频率、耐电强度（薄膜状态）都远比陶瓷材料高，而且介电损耗小。绝大部分的应用都需要电容器具有较小的电容温度系数，最好接近于零，并能使用于较宽的温度范围（$-20\sim+80℃$）。陶瓷材料的电容温度系数一般比聚合物的大。在高介陶瓷材料中，为了获得较小的电容温度系数，往往只能牺牲一些介电常数特别高的优点。

高介陶瓷可应用于很宽的频率范围。在水声应用中的工作频率一般比较低，大致在 $1\sim10^5$Hz。在频率较高的（$10^5\sim10^7$Hz）超声换能器应用，超高频段（$10^7\sim10^8$Hz）的声表面波换能器、滤波器及传输线的应用，以及微波频段（$10^8\sim10^{11}$Hz）谐振腔、介质波导等应用中，复介电常数都是最重要的参数之一。在超高频段和微波频段，介电常数的传输电磁能的功能比较显著。在微波频段，大部分的电介质仅存在电子、离子极化的贡献，因而电介质的介电常数较小，唯独还有些高介电陶瓷介质仍具有较高的介电常数（大于 30F/m），它在近代信息传输领域的应用必不可少。近年来，高介电常数电介质材料的应用还表现在极微小区域（$0.1\sim0.1\mu m$）表面上，存储较多电荷需要表面集成电路的大量被应用，需要很多各种容量的微区电容器被集成为工艺简便、尽量不采用多片叠合并联联结的工艺。在集成电路中，一个电容器往往只是基板表面的一小点，由于电容器极板面积大大减小，如果不具备很高介电常数的电介质薄膜，就很难达到具有一定电容量的要求。譬如计算机存储单元由于位数的增加和速度的不断提高，作为存储电荷单元的面积愈来愈小，但该单元所吸收或释放的电总是有一定要求的。要同时满足由于体积和电荷而相互矛盾的要求，不得不采用高介电常数的陶瓷薄膜，它在动态随机存储器（dynamic random access memory，DRAM）上的应用是显而易见的。

众所周知，由于电子系统的组装不断地向小体积、高密度方向发展，因而要求电子元件的尺寸必须大大减小。很多微波器件包括介质振荡器、滤波器和移相器等都需要采用高介电常数的微波介电陶瓷代替传统的空腔振荡器。把介质充入腔体后，工作在同样频率下，腔体体积可大为缩小。但它尚需满足高品质因数 Q，即介质损耗必须很小；频率稳定性要高，即频率温度系数很小，有些应用要求频率温度系数接近于零。

对于陶瓷电介质材料来说，居里-外斯定律是电介质材料研究中非常重要的一个定律，其描述介电常数或磁化率在居里温度以上顺电相或顺磁相的关系。晶体的铁电性通常只存在于一定的温度范围内，当温度超过某一数值时，自发极化消失，铁电相变成顺电相，该转变称为铁电相变，该温度称为居里温度或居里点。通过热力学中特征函数的方法可描述铁电相变。假定特征函数对极化存在依赖关系，寻求使特征函数取极小值的极化和相应的温度，这个温度就是相变温度。相变时两相的特征函数相等，如果一级导数不连续，则相变是一级。如果一级导数连续，但是二级导数不连续，则相变是二级。一级相变时极化不连续，降温和升温过程中特征函数值分别从零到有限值或反之。在相变温度时介电常数反常。当 $T>T_c$ 时，沿铁电相自发极化方向的低频相对介电常数与温度的关系称为居里-外斯定律。

$$\varepsilon=C/(T-T_c),\quad T>T_c \tag{2-43}$$

2.6.3 全有机电介质材料

以高介电常数陶瓷颗粒或导电颗粒填充聚合物制备无机/有机复合材料的方法已被大量的实验实践证明可以提高聚合物基复合电介质材料的介电常数。然而，由于通常采用的多数为无机颗粒填料，它们具有远高于聚合物材料的杨氏模量，从而导致制备的无机颗粒/聚合物两相复合材料具有远高于聚合物本身的杨氏模量，对原本聚合物材料的柔韧性造成极大破坏，从而使复合材料的加工性变差。此外，聚合物基体材料低的介电常数（通常≤10）也限制了复合材料介电常数的提高，致使无机颗粒/聚合物两相复合材料的介电常数很难超过100。

随着柔性电子器件的快速发展，制备一种兼具优异介电性能与良好力学性能的复合电介质材料愈加重要。因此，采用有机聚合物作为功能增强填料，制备全有机复合电介质材料成为当前前沿的研究领域，预期可以在获得高介电常数、高储能密度的同时保持材料柔韧性的特点，获得符合柔性电子器件应用发展趋势的复合电介质材料。在此主要介绍全有机复合电介质材料的特征、分类，以及其在电场作用下所表现的介电性能和储能特性等相关内容。

全有机复合电介质是指采用一种有机聚合物作为功能增强填料，再与聚合物基体材料进行复合，制备得到的具有优异介电性能与储能特性的复合电介质材料。研究表明，酞菁铜（copper phthalocyanine，CuPc）等具有高介电常数的聚合物材料可以作为复合电介质的高介电填料，而聚苯胺（polyaniline，PANI）等导电填料在电介质材料中也有所研究。依据不同的理论模型，在与聚合物基体混合制备复合材料时，可以通过调控实验参数和实验方法等获得具有高介电性能与高储能密度的复合电介质材料。

与无机/有机聚合物复合电介质材料相比，全有机复合电介质材料既能保证较高的介电常数，使其满足于薄膜电容器或输变电工程等领域的应用要求；又能够保持聚合物材料固有的柔韧性和电致伸缩性能（电场诱导的应变效应）等，使电介质材料除了可以作为薄膜电容器介质材料等应用以外，在人造肌肉、智能皮肤，以及用于药物输送的微流体系统上都有着潜在的应用前景。

关于有机介电填料/聚合物复合电介质，目前的研究尚处于初步发展阶段。目前研究可用于制备全有机聚合物复合电介质材料的有机介电填料主要是酞菁铜，当然也包括聚合物介质与聚合物介质的共混复合等。酞菁铜低聚物具有最高可达10^5的介电常数，其原因可归结于金属酞菁分子结构中的电子离域作用。酞菁铜低聚物在共轭π键的作用下，分子中的电子容易发生特定范围的显著离域作用，从而导致接近半导电特性的酞菁铜低聚物具有极高的介电常数。

采用酞菁铜低聚物作为有机填料制备聚合物基复合材料，可以借由其高介电常数提高复合材料整体的介电常数，得到具有高介电常数及优异储能性质的复合介质材料。然而，由于酞菁铜低聚物是接近半导电特性的功能填料，其复合材料仍然具有较高的介电损耗和较低的击穿电场，很难作为储能介质用于高储能电介质电容器，但其具有的优异电致伸缩特性在致动领域有潜在应用价值。而聚合物介质/聚合物介质的共混复合有可能是今后获得可实际应用的重要聚合物复合电介质材料。总之，在全有机复合材料中引用离域电子的概念，复合材料可以实现非常高的介电常数，这与陶瓷电介质中半导体核心和绝缘边界层形成的所谓的内部边界层电容结构导致的高介电效应的原理极为类似。

高效机-电相互转换特性的介电弹性体是一种新型的储能聚合物电介质材料，这类材料是指在电场作用下可以产生应力或者应变的一类智能材料，在制动器和人造肌肉等方面具有潜在的应用价值。提高材料的电致应变和电致驱动能力通常有两种思路：一是提高弹性体材料的介电常数，二是降低材料的杨氏模量。为了提高介电弹性体的介电常数，经常添加具有高介电常数的球形陶瓷颗粒和球形导电颗粒，虽然这种方法可以在高填充比例下得到高介电常数，但是会严重破坏弹性体材料的柔韧性。通过化学接枝具有大偶极矩的极性基团也可以实现介电常数的提高，然而这种采用化学合成的方法步骤较烦琐，且成本较高。因此制备一种全有机聚合物电介质材料既可以实现高介电常数，又可以保持材料的柔韧性，且制备方法简单。从前述章节的介绍已知，复合材料的渗流阈值与填料的形貌关系密切，高长径比填料可以显著降低复合材料的渗流阈值。因此，制备一种具有高长径比、高介电常数或高电导率的聚合物纳米纤维，再与弹性体基体进行混合，制备全有机复合介电弹性体材料，预期可以在低含量填充时赋予介电弹性体材料高介电常数与高场诱导应变的特点。

聚合物共混复合电介质材料，是指将两种不同介电特性聚合物组分进行共混，或采用其他手段（如化学方法接枝等）进行处理，制备得到的具有优异介电性能的复合材料。根据聚合物共混复合电介质材料的组分性质的不同，可以将其分为热塑性/热塑性复合电介质、弹性体/热塑性复合电介质两大类。

常用的热塑性聚合物包括聚乙烯（polyethylene，PE）、聚丙烯（polypropylene，PP）、聚苯乙烯（polystyrene，PS）、聚甲基丙烯酸甲酯（polymethylmethacrylate，PMMA）、聚对苯二甲酸乙二醇酯（polyethy-lene terephthalate，PET）等。这些热塑性聚合物具有良好的物理性能和可加工性，击穿电场较高，是优异的电气绝缘材料。但是，这类聚合物的介电常数一般较低，致使这类聚合物材料作为薄膜电容器介质时，器件的电容值和储能密度都较低。为了得到较大电容量或者高储能密度薄膜电容器，必须同步提高聚合物介质材料的介电常数和击穿电场。当然，对于电子器件的封装或者印刷电路板等所用介质材料，常常又期望封装材料的介电常数尽可能保持在较低值（低于2.5）。

为了提高或降低聚合物的介电常数，并保持高的击穿电场，除了设计合成具有本征高介电常数和高击穿电场的聚合物以外，通过聚合物共混复合等是相对较好的途径。然而，添加高介电常数的无机颗粒填料将显著导致聚合物基体材料的力学性能变差和可加工性下降，特别是高含量的无机颗粒与聚合物共混复合时，容易在复合材料中形成许多缺陷，从而使复合材料的击穿电场下降和力学性能降低。为了解决这些问题，在更低的填充含量下得到高介电常数，减少复合材料中的缺陷与孔隙是十分重要的。因此，需要对复合材料的组成和结构进行优化。例如，Dang等采用以高介电常数热塑性PVDF作为填料、以热塑性PP作为基体，通过简单的熔融共混得到较高介电常数的PVDF/PP复合电介质材料，并保持复合材料的介电损耗处于较低水平（<0.05）。此外，该工作添加增容剂用于实现PP和PVDF之间的相互作用，从而有效改善了PVDF与PP之间的相容性，获得了相容性较好的高介电常数PVDF/PP复合电介质材料。

全有机复合电介质材料既具有聚合物材料本征的柔韧性，又具有优异的介电性能与储能特性，预期在诸多领域有广泛的应用。不同的填料性质对复合电介质的性能有着不同的影响，采用介电性有机聚合物作为填料时，利用其高介电常数，可以赋予复合材料优异的介电性能和储能特性。在此介绍全有机复合电介质材料的制备与介电性能研究现状。全有机复合电介质材料具有优异的介电性能与储能性质，以及良好的介电性能可控性，特别是完好地保存了聚合物基体固有的柔韧性，这使得其在诸多领域都有广阔的发展前景。与现阶段薄膜电容器常用的双向拉伸聚丙烯（biaxially oriented polypropylene，BOPP）薄膜材料相比较，全有机复合材料基本保持了聚合物材料优异的加工性能，若能适当提高材料的介电常数，并保持与BOPP同样的击穿电场，则全有机复合电介质材料是最有可能应用于薄膜电容器的高性能电介质材料。预期全有机复合电介质材料的介电性能及储能特性会得到进一步提升，在柔性电子器件等领域具有潜在的应用。

相比无机介电相和无机导电相组成混杂功能填料，采用有机介电相和有机导电相组成的有机混杂功能粒子与聚合物复合制备的全有机三相聚合物复合电介质的研究相对较少。近年来，全有机三相聚合物复合电介质因其独特的结构及性能引起了广泛关注。介电弹性体（dielectric elastomer，DE）是一种电活性聚合物（electroactive polymer，EAP），也是一种智能材料，因其独特的电性能和力学性能而崭露锋芒。与传统的压电材料相比，这种聚合物材料具有更大的应变能力，且质量小、驱动效率高、抗振性能好，是最具有发展潜力的仿生材料之一。

2.6.4 导电颗粒/聚合物复合电介质材料

无机/有机储能复合电介质主要包括介电颗粒/聚合物复合电介质和导电颗粒/聚合物复合电介质，但是这类复合材料在同样颗粒填充量时，其介电常数提升相对比较缓慢，导致实现高介电常数需要高含量的陶瓷颗粒填充，严重影响复合材料的柔韧性和加工性。例如，Dang 等报道了当 $BaTiO_2$/PVDF 纳米复合材料中 $BaTiO_2$ 含量为 50%时，复合材料在 10Hz 的介电常数为 40.74，介电损耗约为 0.05。如此高浓度的陶瓷颗粒必然会对聚合物复合材料的加工性能和机械柔韧性造成严重损害。为此，利用导电颗粒聚合物复合材料的逾渗效应，可以实现复合材料在较低导电颗粒填充量时获得较大的介电常数；也可理解成为实现复合材料某一高介电常数值，需要的导电颗粒含量往往比介电陶瓷颗粒的含量低，但利用导电颗粒在复合材料中的逾渗效应是获得高介电常数储能复合电介质的重要途径。在此，将通过一些复合材料实例重点介绍逾渗效应及其复合材料介电性能与储能性能的影响因素。

导电颗粒/聚合物复合电介质中所用的导电填料包括金属、碳系类导电填料及导电高分子材料等。正如前述所言，基于逾渗现象，当复合材料中导电颗粒的含量达到临界值时，复合材料的介电常数急剧增加，有时达到一个数量级甚至几个数量级的增加。需要特别注意的是，复合电介质材料中导电填料含量的上限是渗流阈值，如果超过渗流阈值，复合材料中就会形成大量的导电网络。基于逾渗理论的这种方法可以实现复合材料在渗流阈值附近物理性质的显著变化，接近渗流阈值时，填料可形成导电网络，这将导致复合材料物理性能的非线性变化。同时，引入导电填料也会诱导复合材料中形成麦克斯韦-瓦格纳-西勒斯极化，从而提高复合材料的介电常数。一些研究者也认为，导电填料分散在聚合物基体中可以在复合材料中形成一些小的电容器，可以增加复合材料的介电常数。因此，为了获得较高的介电常数，无机/有机复合材料中导电颗粒的含量应在不超过渗流阈值的范围内。也就是说，在这种情况下，聚合物基复合材料仍然应该是电阻率较大的绝缘体。一般而言，金属颗粒填充的聚合物基复合材料体系的介电常数在渗流阈值附近突然增加并且拥有一个非常窄的突变区域。渗流阈值附近填料含量的微量变化往往会导致复合材料介电性能的巨大变化。这将会使复合材料的介电性能不可预测，从而使其应用受阻。

一般而言，在介电常数高的导电颗粒/聚合物复合电介质材料中，由于其在实际应用中的高电导率和随浓度变化的高度敏感性，不能被认为是有效和安全的电荷存储介质材料。因此，有必要了解高介电常数和相对低电导率的半导体颗粒/聚合物复合电介质材料的渗流阈值。当半导体颗粒被用作填料时，聚合物复合材料的介电常数也显著增加，其原因主要是半导体填料随温度上升其电导率增加。

例如，Qi 等报道，当原位生长制备的纳米 Ag 颗粒分散在环氧树脂中，所制备的 Ag/环纳米复合材料，在渗流阈值附近（Ag 体积分数约为 23%）时显示出高介电常数（约为 300）和介电常数在 25～135℃的温度范围内有较高的稳定性等特点，其原因是纳米 Ag 颗粒是被直接制备并与环氧树脂复合。正因为如此，Ag/环氧纳米复合材料的微观结构对温度引起的结构变化具有强的抵抗力。Nan 等报道了另一种方法来获得在导电金属颗粒/聚合物复合材料中介电常数对温度的稳定性。Ag@C 核壳结构的粒子外层有薄（纳米）的有机壳层，如图 2-21 所示，用这种核-壳结构的颗粒作为填料，使 Ag@C/环氧复合材料的介电常数随温度变化表现出显著的稳定性。这里的有机纳米壳层起到阻止漏导电流的目的，即在所述 Ag 核之间形成导电屏障，并形成连续的颗粒间阻隔层网络，从而得到稳定的高介电常数和较低的损耗。很显然，使用金属纳米粒子和它们的核壳结构对导电填料/聚合物复合材料介电性能的温度依赖性可以起到较好的调节作用。

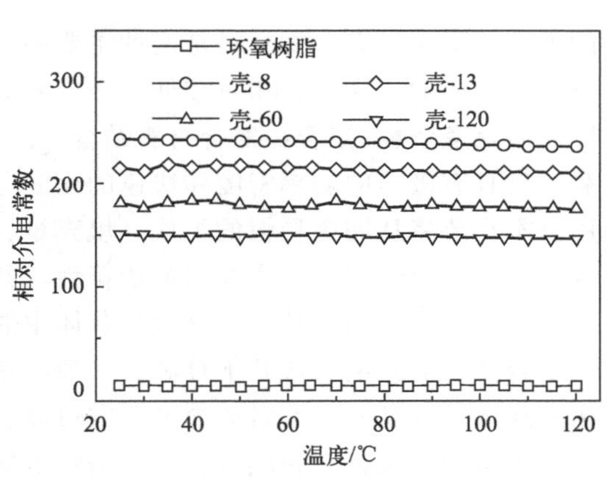

图 2-21 介电常数随温度变化曲线

导电颗粒/聚合物复合电介质介电性能的变化主要依赖于所应用的导电颗粒的组成及其物化性能。不同组成的导电颗粒、不同形貌甚至不同表面特性的导电颗粒对复合电介质材料的性能将产生不同的影响。当然，导电颗粒在复合材料中的含量是影响复合电介质材料介电性能的最直接因素。

对于逾渗系统而言，当填充球形导电颗粒来改善复合材料体系的介电性能时，渗流阈值是相当高的。当填料的形状越偏离球形颗粒，渗流阈值也就越小。换句话说，高的长径比导电填料将会带来一个较低的渗流阈值，这对于保持聚合物复合材料体系柔韧性和加工性是极为有利的。因此，具有高长径比的一维导电颗粒经常被用来降低复合电介质材料体系的渗流阈值。

研究聚合物复合电介质的一个重要目标是获得高储能的聚合物基电介质材料。但是，一般情况下由于导电颗粒在聚合物中分散，在较高导电颗粒含量时很难抑制复合材料中载流子隧穿通道的形成，致使这类材料尽管具有高的介电常数，但其介电损耗和漏导电流较大，复合材料击穿电场与聚合物自身相比出现大幅度下降，从而限制储能密度的提高，并给基于这类复合介质材料的储能电容器带来极大的安全隐患。

与陶瓷介电颗粒/聚合物复合电介质材料相比，导电颗粒/聚合物复合电介质材料是在导电颗粒低填充量时容易获得高介电常数的重要途径。在此分别介绍了导电颗粒/聚合物复合电介质材料的介电性能和储能特性与导电填料种类、含量、形貌等关系，通过实例系统总结了导电颗粒/聚合物复合电介质的特征及这类复合电介质材料介电性能的频率与温度的依赖性，特别是复合材料介电常数和介电损耗与导电填料电导率的关系。通过大量实例重点讨论了零维、一维和二维导电填料与聚合物组成的复合电介质材料的介电性能与储能特性。目前这些研究结果仍不具有普适性，许多是实验室的初步结果。因此，这类导电颗粒/聚合物复合电介质材料目前并不太适合作为规模储能电容器的介质材料，但可以用于吸波等特殊领域。针对导电颗粒/聚合物复合电介质材料的储能领域仍需要更加系统和深入的研究。

2.6.5 陶瓷颗粒/聚合物复合电介质材料

近几十年来，陶瓷颗粒/聚合物复合材料在提高介电储能密度方面引起了研究人员极大的关注。陶瓷和聚合物材料是两种主要的介电材料，分别具有高介电常数和高击穿电场的特点。但陶瓷的击穿电场相对较低，介电聚合物的介电常数较低，极大地限制了它们的储能密度。而陶瓷颗粒/聚合物复合材料结合了聚合物基体高击穿电场和陶瓷填料高介电常数的优势，且具有极高的功率密度和快速的充放电能力，使其在储能电容器的应用中发挥重要的作用。本小节将从陶瓷颗粒的组成、填充量、尺寸及形貌等方面介绍陶瓷颗粒/聚合物储能复合电介质介电性能的频率及温度依赖性，并对其储能特性进行总结。

高介电陶瓷纳米颗粒在聚合物基体中的含量一般都较高（体积分数为10%～50%），然而复合体系的介电常数并不算高，一般不超过100，由于加入过多的填料会导致击穿电场大幅度降低，故高介电填料的含量不宜过高。随着电子工业的快速发展，人们对材料提出了更多、更高的要求，高介电常数、高击穿电场和高储能密度的陶瓷/聚合物复合材料成为广大研究人员关注的热点，而陶瓷颗粒的填充效果很大程度上决定了陶瓷颗粒/聚合物储能复合电介质的介电储能特性。

传统的高介电材料为铁电陶瓷材料，其虽具有高达数千的介电常数，然而陶瓷的制备往往需要较高的烧结温度（约为1000℃），大量浪费电能，对环境产生一定的污染。此外，极差的脆性和加工性能也使其大面积直接应用受限。近年来，许多研究工作者致力于制备以聚合物为基体的两相或多相复合材料，力争在保持聚合物基体优异力学性能的同时得到优异的介电性能。

为了进一步提高聚合物体系的介电常数，以满足电子工业的要求，研究人员常将重点放在聚合物复合材料上，由于复合材料的制备方法相对简单，可采用各种颗粒作为填料，分散到聚合物基质中以制备高介电常数聚合物储能复合材料。通常使用高介电常数的陶瓷颗粒或导电颗粒作为填料，这两种填料在改善聚合物复合材料的介电常数方面起着不同的作用。目前，根据填料种类的不同，主要有两种聚合物基介电复合材料：介电陶瓷/聚合物复合材料和导电颗粒/聚合物复合材料。理想的聚合物基复合材料应具有优异的介电性能和力学性能，然而在实际研究和应用中，导电颗粒/聚合物复合材料虽然具有极高的介电常数，但较高的介电损耗限制了它的应用，而介电陶瓷/聚合物复合材料虽然具有较低的介电损耗，但其介电常数难以大幅度提高。因此，通过一定方法提高介电陶瓷/聚合物复合材料的介电常数是介电陶瓷/聚合物复合材料应用于电容器电介质材料的关键。

各种高介电常数的陶瓷常被作为填料填充到聚合物基体中，用以获得高介电常数的聚合物基复合材料。绝缘陶瓷填料/聚合物复合材料的介电常数对频率的依赖性相对较弱。复合材料的高介电常数特性主要取决于复合材料的界面极化和陶瓷填料本身电极化两个方面，其中陶瓷材料本身具有很高的介电常数，且对频率有弱的依赖性。缓慢降低的介电常数可能与高频的介电弛豫现象有关。当半导电陶瓷填料用于制备聚合物复合材料时，其介电常数能够显著地改善，这是由于陶瓷有非常高的介电常数和相对较高的电导率。在大多数情况下，这类材料介电性能的频率依赖性较为显著。在半导电陶瓷填料含量较低的情况下，复合材料的介电常数无频率依赖性，随着半导电陶瓷颗粒含量的增加，介电常数对频率的依赖性逐步增加。复合材料的电导率随频率的增加呈线性趋势增加，而介电损耗的频率依赖性情况较为复杂。

低电导率陶瓷颗粒填充的聚合物基复合材料介电常数的提高主要可归因于陶瓷颗粒本征的高介电常数特性。此外，复合体系内界面极化对介电常数和介电损耗的影响巨大，而陶瓷颗粒的组成及填充量会引起填料与聚合物基体之间界面的增加，从而导致复合电介质介电性能的改变。此外，聚合物基体和陶瓷填料界面区域的介电常数不同于陶瓷颗粒或者聚合物基体本身，故复合材料的有效介电常数往往取决于复合材料中每一相的介电常数、各组分的体积分数、填料的形状及尺寸、孔隙率、界面极化及界面区域的体积分数。这些因素导致有效介电常数不具有线性变化的特征，同时，这些因素导致理论预测与实际情况产生偏差，即在高负载填料的情况下，介电常数的实验值和理论值产生偏差。因此，研究复合电介质介电性能与其组成之间的依赖性，对调控复合材料的介电性能具有重要意义。

陶瓷颗粒是由陶瓷多晶体内的晶相、晶界、玻璃相及气孔组成。其组织结构一般指上述组成的数量、大小、形状及分布情况，也包括晶粒取向、晶粒均匀度、晶界性质、应力状态和杂质分布等。晶相是陶瓷材料的基本组成，陶瓷材料的性能很大程度上取决于主晶相。因此，陶瓷中主晶相是最基本、最重要的组成部分。例如，氧化铝的氧离子具有六方最密堆积，且其离子键的强度极大，在外电场作用下只有电子和离子位移极化，没有离子松弛极化，其电导和介电损耗极小，已成为理想的电工和超高频绝缘材料。性能优良的氧化铝瓷含量高达99%以上。再如钛酸钡具有钙钛矿型结构，具有自发极化和很高的介电常数，成为高介陶瓷的主晶相，一般含量占90%以上。主晶相越多，越能突出材料主晶相的性能，主晶相往往决定了材料的基本性能。陶瓷中一般都含有5%～10%的气孔。气孔可分为与外界相连的开口气孔和与外界不相连的闭口气孔。气孔严重影响材料的力学性能、介电性能、热性能、化学稳定性和光学性能等，除了作为多孔制品，如隔热材料、气敏陶瓷、湿敏陶瓷外，气孔都属陶瓷的薄弱环节，是结构不均匀性的一种表现，对宏观性能影响极大。气孔对陶瓷的耐电强度和局部放电性能影响极大，气孔越大、越多，则耐电强度越差，局部放电性能越显著，气孔还导致高场强游离损耗增大，即气孔的大小及数量的增加致使体系的介电常数下降，这可归因于空气的低介电常数特性。此外，气孔对陶瓷的透光性有极坏的影响，气孔是光的散射中心，新发展的透明陶瓷就是靠采取某种措施消除气孔而实现的。裂纹可理解为某种形式的气孔，对材料的力学性能及电性能也有影响，应在陶瓷制造和使用中努力防止气孔的出现。

为了在一定填料浓度下进一步提高陶瓷颗粒/聚合物复合材料的介电常数，可以采用两种主要方法。一种是通过设计和优化制备过程以降低复合材料的孔隙率，从而提高复合材料介电常数。另一种方法是通过掺杂金属氧化物，形成边界层电容微结构的巨介电常数陶瓷颗粒填料，可实现在同样体积分数填充情况下，复合材料具有高介电常数。对于常用的铁电陶瓷填料来说，随着颗粒尺寸的减小，其铁电性逐渐下降甚至消失，使其电性能趋于顺电相，大大降低了极化现象，严重影响了复合电介质的介电性能，这种尺寸效应已成为制约纳米粒子在储能纳米复合材料中应用的主要因素之一。

陶瓷颗粒/聚合物复合电介质材料的主要问题在于介电损耗较大和击穿电场较低。填料颗粒与有机基体在介电常数、电导率上的显著差异，使得无机-有机界面电场集中，损耗增大，击穿性能恶化。填料颗粒与基体之间介电、电导性能的均匀过渡是提高材料储能密度的关键。两相界面的结合特性严重影响着材料的力学性能和使用寿命。为此，需要对填料颗粒进行改性。例如，无机填料有机基体复合材料往往需要使用偶联剂。但是，偶联剂使用量少时，两相润湿特性较差；而使用量大时，材料的介电损耗增加。故往往通过特殊结构（如核壳结构、三明治层状结构等）来提高陶瓷颗粒与聚合物基体的界面相容性，从而提高复合材料的击穿电场，降低损耗。材料的电击穿主要是由于气孔、电极边缘和结构缺陷附近的电场集中。因此，提高陶瓷颗粒/聚合物复合电介质材料的击穿电场是提高储能密度的主要途径。例如，在复合薄膜材料中可以通过降低缺陷实现高的储能密度。但由于尺寸限制，总储存的能量不高。因此，需使用新工艺、新方法进一步提高复合材料的储能密度。

介电陶瓷颗粒/聚合物复合材料是储能聚合物复合电介质领域近年来研究力量较为集中的一个方向，协同调控复合电介质材料的介电性能，实现对复合电介质介电常数和击穿电场的解耦调控是该领域的关键问题。结合该领域的研究实例，系统总结了介电陶瓷颗粒/聚合物复合电介质的特征、复合电介质介电性能的频率和温度依赖性、复合电介质介电性能与组成的依赖性、复合电介质介电性能与陶瓷填料尺度的依赖性、复合电介质与陶瓷颗粒形貌的依赖性，以及其他因素对复合电介质介电性能和储能特性的影响规律。所述部分结果或结论仍不具有普适性，甚至出现一些相互矛盾的结果。因此，该领域仍然需要进行深入细致的研究工作，但可以肯定的是，介电陶瓷颗粒/聚合物复合材料是最有可能进入实际应用的高储能复合电介质材料之一，当前的重点是应结合规模化制备工艺进行系统性的研究工作。

2.6.6 不同维度颗粒/聚合物复合电介质材料

目前，人们常根据填料形貌对其进行简单分类，主要根据填料的尺寸及其表面的原始形态分类，这两种特性都可直接测量并可作为系统的填充函数，但这种分类方式在某种程度上是不规范的。而根据维度，填料的形态可分为三种：

① 零维材料：三个维度上都进入纳米尺度的材料，在高介电复合材料领域应用的零维材料有球形 BT、CCTO、TiO_2 等纳米颗粒。

② 一维材料：两个维度进入纳米尺度的材料，在该领域应用的材料有碳纳米管及 BT、TiO_2 等纳米线。

③ 二维材料：一个维度进入纳米尺度的材料，在该领域应用的材料有石墨烯、BN 等纳米片。

与填料的尺寸一样，填料的形貌对复合材料的介电性能至关重要。一方面，不同形状的填料拥有不同的表面积，将其填充到复合材料中，体系内部会产生不同的界面帮合区域，导致不同的界面极化作用，最终致使复合体系不同的介电特性。另一方面，不同形貌的填料会导致复合材料中不同类型的连通性。通常来说，当填料是球形颗粒时，可形成 0-3 连通型复合材料；当填料是纤维或者管状时，可形成 1-3 连通型复合材料。现阶段，不同形貌的填料包括球形、立方体、纤维和薄片等，均已被用于制备高介电的聚合物基复合材料。此外，填料粒子本身的原始形态与经过加工后填充至复合体系内的最终形态相差较远，这与复合材料的加工及制备方式有关。故研究复合电介质介电性能与填充颗粒形貌的依赖性不能仅关注填料颗粒的原始形貌，而应结合复合电介质的制备过程进行具体问题的具体分析。

一维材料由于具有非常大的长径比，在较小的含量下就可以在聚合物基体中相互搭接，因此其渗流阈值远比零维材料/聚合物复合材料要低，可以在更小的填料含量下，实现高介电常数的同时保持材料的柔性，是一种新兴的用于提高介电性能和储能密度的材料，用作高介电填料的一维纳米陶瓷材料主要为一些纳米线，如 BT 和 TiO_2 纳米线等。

与零维、一维线/棒状填料相比，二维片状填料具有更大的比表面积，将二维片状颗粒密集地堆积到聚合物基体中，可形成致密的网络微结构，成为电荷传导的有效屏障，从而有效防止漏导电流的产生，改善复合电介质的储能特性。为提高复合电介质的介电性能，人们常使用熔融挤压或拉伸的方法将其加工成复合薄膜。

下面将依据导电颗粒的形貌种类分别介绍其复合电介质材料的结构与性能。

2.6.7　核壳填料/聚合物复合电介质材料

无机颗粒填充的聚合物基纳米复合电介质相较于单一组分材料，具有显著改善介电性能的优势。然而，填料介电常数和聚合物基体介电常数的巨大差异使得电场分布不均匀，且两相之间的相互作用较差，导致在两相界面易于形成各种缺陷，对复合材料的介电性能产生重要影响。为了解决这些问题，通过对功能填料进行特定的表面包覆，进而形成核-壳结构的改性功能填料，这类改性填料被证明是提高纳米复合电介质材料介电性能的重要手段之一。在此将介绍核壳结构填料的设计与制备，并讨论这类改性功能填料/聚合物复合电介质显微结构与介电性能和储能特性的关系，用以理解核壳结构填料在改善复合材料介电性能与储能特性中的作用。

界面源自聚合物基体中掺入无机纳米颗粒。过去几十年，界面区域组分和宏观结构引起了很多研究者关注。2004 年，Lewis 提出双层模型界面理论，自此，许多基于该模型的研究工作被发表。在带电颗粒周围形成了 Stern 紧密层和扩散层。纳米颗粒和聚合物基体介电常数的差异，在电场作用下可能使颗粒表面带上电荷。对应的异号电荷在颗粒周围发展，以补偿颗粒表面的电荷。异号电荷通过电化学的重组过程而形成，如极化或者聚合物基体的离子迁移紧邻着颗粒表面的是所谓的 Stern 紧密层或者亥姆霍兹（Helmholtz）层。这一层可能具有较高的电荷密度，其厚度大概为 1nm。这一层的 A 侧主要由吸附的离子或者偶极子组成，而 B 侧（外侧亥姆霍兹面，the outer Helmholtz plane，HOP）性质则由最近的颗粒所决定。Gouy-Chapman 扩散层在 HOP 之上的 B 侧。正负电荷分散在这区域，其厚度取决于 B 中离子浓度。当 B 是高电导的基体时，扩散层被压缩到 HOP 内，而 B 是绝缘体时，弥散层约有 10nm 或者更厚。形成的复合材料的分散性介电性能和导电性能等受到来自这一层移动电荷的影响。

著名纳米复合电介质专家 Tanaka 提出了多核模型。模型详细讨论了填充颗粒和基体之间界面的结构。在多核模型中，颗粒表面形成具有不同物化性质的三层结构。附在颗粒表面的第一层是键合层，对应于常用的偶联剂（如硅烷）所紧密连接填料的过渡层，硅烷偶联剂广泛用于纳米颗粒的表面修饰。每一单层通过氢键耦合。第一层的厚度约为 1nm。第二层是束缚层，其受到第一层和纳米颗粒表面的强烈的相互作用和限制。由聚合物链组成的这一层厚度为 2～9nm，其数值大小决定了聚合物和颗粒间相互作用的强度。相互作用越强，束缚层所占界面区域的比例就越大。第三层名为松散层，其和束缚层相互作用较松弛。总体上认为这一区域的分子链构象、移动性、自由体积和结晶度不同于聚合物基体，松散层的厚度为几十纳米。

多核结构模型可以用于解释多种不同宏观性质，如自由体积、介电常数、介电损耗、低场和高场电导、空间电荷、热刺激电流（thermally stimulated current，TSC）、击穿电场、局部放电、电阻、玻璃态转变温度和热导率等。对于介电性能，当填料的介电常数高于基体的介电常数时，复合材料的介电常数通常随着填料含量的增加而增加，且高于基体的介电常数。Jayasundere-Smith 方程、Maxwell-Garnett 方程和 Lichtenecker-Rother 方程等被广泛应用于预测聚合物基复合材料的介电常数。有趣的是，当所添加的纳米尺寸填料被控制在几个特定质量分数时，介电常数反而下降了。但是大多数情况下，所得到的纳米复合材料介电常数都高于基体介电常数。纳米复合材料介电常数的大小差异，可能归因于制备纳米复合材料的技术难题：分散和合成时的聚合缺陷。因此，纳米效应和复合材料分散态的竞争结果决定了复合材料表现出的介电常数。介电常数出人意料地下降，归因于聚合物分子链移动受限和界面处偶极子转动受限。Tanaka 指出，多核模型的第一层和第二层对于介电常数下降起到了关键作用。第三层内包含偶极子和离子载流子，它比其他部分有更大的自由体积，如图 2-22 所示。因此第三层在提高介电常数方面发挥正面作用。而如果第三层俘获离子，则将会提高复合介质的介电损耗。

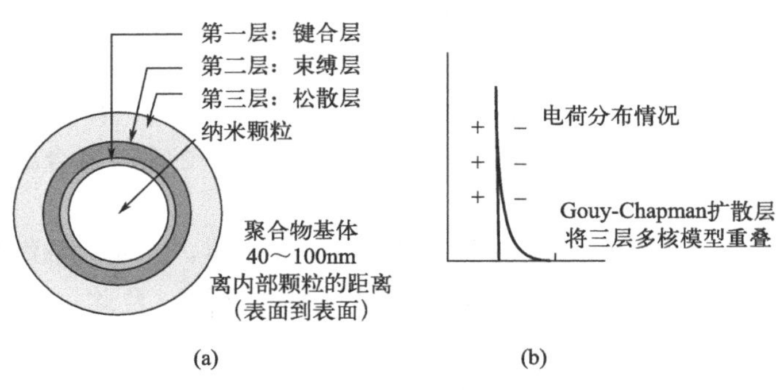

图 2-22 纳米粒子填充聚合物复合材料界面的多核模型

获得高介电常数纳米复合材料的常用方法，是向聚合物基体添加高介电常数的陶瓷填料。然而，由于铁电填料随机分布导致的铁电极化屏蔽效应，复合材料的介电常数提升比例有限。具有渗流特征的纳米复合材料含有导体填料，在渗流阈值处达到超高的介电常数。然而由于逾渗时漏导电流的存在，高介电损耗常不可避免。为优化聚合物基纳米复合材料介电性能，绝缘材料常被用于包覆无机填料（介电填料或导电填料）的表面，用于限制纳米复合材料中漏导路径的形成，ZnO、Al_2O_3、NiO、TiO_2、SiO_2 和 $BaTiO_3$（BT）等被用作包覆导体颗粒的壳层。氧化物壳层可以由导体金属颗粒原料通过热处理或者化学沉积得到。例如，ZN@ZnO 核壳颗粒由 Zn 颗粒原料在 400～650℃大气煅烧 2～5h 得到。而 Ni@NiO 结构颗粒形成于 550℃大气下 2h 煅烧。铝作为活性金属，在大气下自动氧化形成 Al@Al_2O_3。对于金属颗粒形成核壳结构，热处理方法非常容易实现。而对于无机非金属颗粒，无机包覆层则需要通过化学沉积法形成。例如，Yao 等报道了另一种生成 Al_2O_3 层的方法。其在 BT 表面的 $Al_2(SO_4)$ 发生沉淀反应，之后以 600℃烧结 2h。前面提到的核壳结构颗粒透射电子显微镜（transmission electron microscope，TEM）图像显示如图 2-23 所示。

在无机颗粒表面形成有机壳层，有两种策略可以采用。一种是大分子链化学接枝（graftingto）策略，预制聚合物分子链，通过聚合物末端基团和纳米粒子表面官能团反应接枝到纳米颗粒表面。另一种是表面单体聚合接枝（graftingfrom）策略，也称为表面单体聚合。在“graftingfrom”包覆技术中，广泛使用原位原子转移自由基聚合（ATRP）和可逆加成-断裂链转移（RAFT）聚合。两种方法如图 2-24 所示。较“graftingto”策略，采用“graftingfrom”策略可以达到相对高包覆密度和更容易控制包覆层的厚度。但是采用“graftingto”策略，能更精确控制分子组成和分子量。

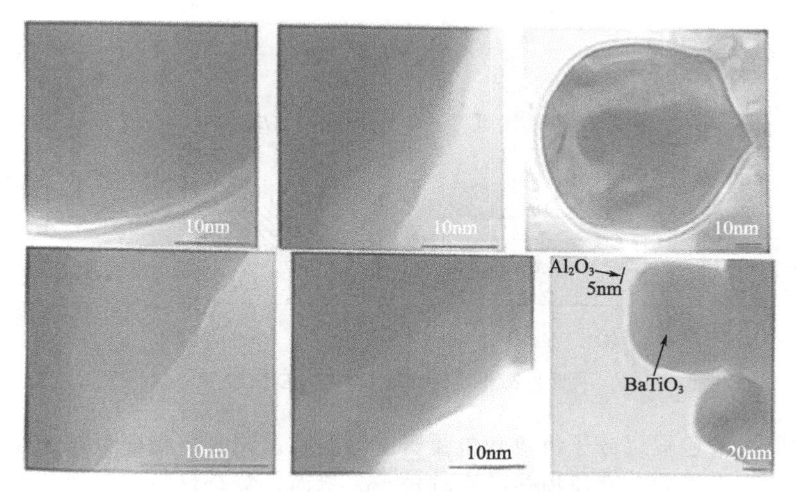

图 2-23　不同成分的颗粒及其核壳结构颗粒的 TEM 电镜图

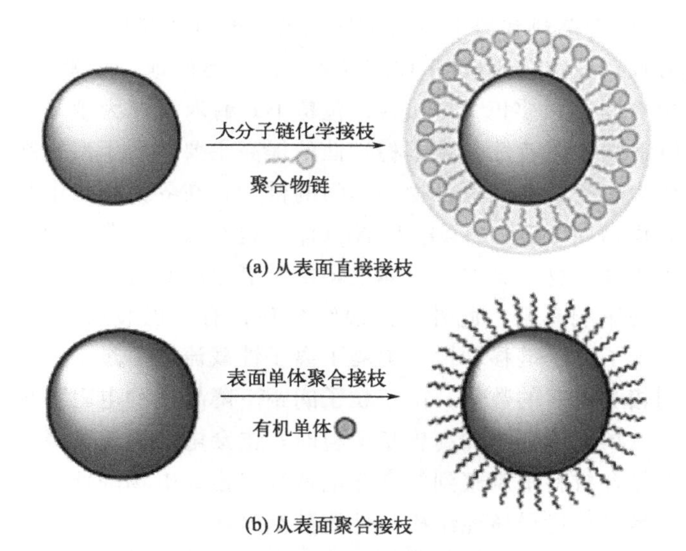

(a) 从表面直接接枝

(b) 从表面聚合接枝

图 2-24　纳米颗粒表面聚合物壳层的形成过程

储能密度反映了外电场下电介质储能能力。高储能密度意味着单位体积介质能够储存更多电能。介质基于外电场和介质电位移（D）的关系被笼统分为线性电介质和非线性电介质。储能密度 U_e 参见图 2-25 中灰色区域，能量损耗参见图 2-25 中阴影区域。对于线性电介质，电位移随外电场增加而线性增加。ε 是线性介质的介电常数，$\varepsilon=\varepsilon_r\varepsilon_0$。式中，$\varepsilon_r$ 是相对介电常数；ε_0 是真空介电常数，约等于 8.85×10^{-12}F/m。因此 D 随 E 线性变化，即 $D=\varepsilon_r\varepsilon_0E$。相对介电常数不随外电场变化。因此最大电位移受击穿电场主导。介电常数和击穿电场是影响储能密度的关键参数。通过引入高介电常数填料并控制界面区域相态，将得到高介电常数和高击穿电场的材料。然而，向基体中掺入填料也会带来许多问题，如填料聚集、气隙、裂缝及其他缺陷等。这些都会导致泄漏电流形成和复合材料击穿电场的下降。此外，填料和基体介电常数的显著差异会对击穿电场造成负面效果。

聚合物包覆陶瓷填料复合材料介电常数表现为比纯陶瓷填料复合材料的介电常数更低。

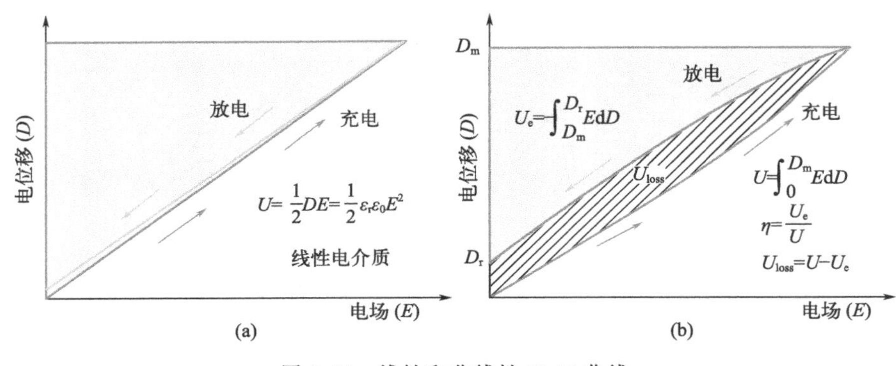

图 2-25 线性和非线性 D-E 曲线

介电常数变化取决于包覆层分子组成和包覆密度等因素。同时，陶瓷颗粒表面形成的聚合物层对复合材料的介电常数和介质损耗的影响较小。然而，复合材料介电常数的稳定性增强显著。例如，未处理 BT 填充 PVDF 复合材料从 10Hz 到 100kHz 的介电常数衰减 35.7%；而含有 PMMA 包覆 BT 核壳填料和聚甲基丙烯酸三氟乙酯（PTFEMA）包覆 BT 核壳填料的复合材料，其介电常数衰减率分别降到 10.7%和 4%。类似地，偏氟乙烯-六氟丙烯共聚物[P（VDF-HFP)］复合材料以多巴（DOPA）包覆 BT 纳米线作为填料，显示出比 BT 填充复合材料更低的介电常数衰减特性。频率稳定性的提高主要归因于陶瓷颗粒的表面绝缘化修饰。聚合物包覆层作为陶瓷填料和聚合物基体间的桥梁，在界面积聚电荷的移动性受到包覆层的限制。此外，氧化物如 SiO_2、TiO_2 和 Al_2O_3 等也常被选作陶瓷填料颗粒包覆层。氧化层对介电性能的作用和聚合物层类似。总体上，由于氧化层具有较低的介电常数，其对材料介电常数和介质损耗的影响有限。此外，共混纤维和含有多巴胺层的 P（VDF-HFP）基体间的强相互作用，减少了分子链移动性，削弱了离子性载流子通过松散分子链的迁移。将填料含量进一步增加到相对很高的数值，由于粒子间距下降导致的电阻下降及复合材料的电导损耗增加，最终击穿电场下降。添加高含量填料时，击穿电场快速下降。但是高介电常数需要高填充，这意味着复合材料中观察到的高介电常数以击穿电场降低作为其代价。为突破这一限制，首要策略就是设计优异核壳结构与性能的纳米颗粒。

采用核壳结构填料有利于提高复合材料的介电常数，减少介质损耗，并提高复合材料的击穿电场和减小能量损耗，结果都是对放电能量密度有正面效果。因此，相较于未经处理的填料，采用核壳结构填料可以取得更高的充放电能量密度。

界面在聚合物基复合材料中发挥了重要作用。在此总结了界面模型和相关界面特征，如 Lewis 双层介电模型、Tanaka 多核介电模型。界面重要性在向聚合物基体引入核壳结构无机填料时得以体现。详细回顾了不同核壳结构颗粒的制备和性质。为了提升聚合物基纳米复合电介质材料的介电性能和储能性能，设计核壳结构功能填料是一种强有力和广泛适用的策略。对于聚合物包覆纳米填料，由于包覆层的桥接效应，核壳结构填料的分散得到了提高。均匀分布的核壳结构填料提高了纳米复合材料的稳定性。积聚电荷的迁移性在界面区域受到限制，这样减少了复合材料电导，尤其是在高电场强度下的电导。由于核壳结构填料/聚合物复合电介质材料中界面极化的减少，介质损耗和低频衰减率也随之减少；而复合材料的击穿电场和充放电效率的提高归因于较低的漏导电流。

尽管核壳结构填料/聚合物复合电介质材料在高介电常数和放电能量密度性能改善方面

效果显著，但同时面临许多挑战。包覆层介电常数低，减小了介质损耗，对介电常数影响很小。引入包覆的核壳结构增加了击穿电场，但是对充放电效率改善有限。为了向着高介电常数、低介质损耗、高击穿电场和高充放电效率储能复合电介质持续迈进，探索设计和制备具有优异性能的核壳结构是该领域需要不懈努力的方向。

2.6.8　多层结构复合电介质材料

多层结构复合电介质能够综合不同复合电介质的优异性能，是储能聚合物复合电介质研究的重要方向之一。三明治结构复合电介质在许多研究结果中展现了十分优良的性质，是近期的热点研究内容之一。

三明治结构复合电介质的典型结构如图 2-26 所示，中间层为一种电介质或复合电介质，两侧为另一种电介质或复合电介质。

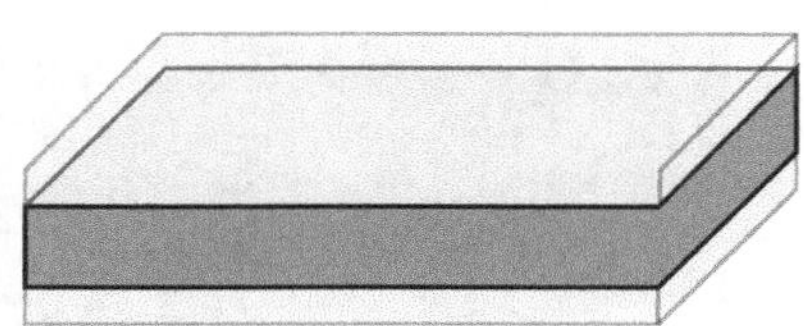

图 2-26　三明治结构示意图

三明治结构存在多种不同的组合形式。另外，三明治结构中的单层也可选择不同的基体、填料种类、填料浓度等不同参数，因而三明治结构复合电介质形式多样、性能各异、不一而足，下面选取一些研究中的三明治结构加以说明。

为了获得高储能的聚合物基复合电介质材料，提高材料的介电常数是非常重要的途径。为此，许多研究总是采取增加填料含量的方式实现提高材料相对介电常数的目的，然而，单纯地增加填料带来的结果是材料的电击穿电场下降。相反，有研究结果表明，如果想要提高复合材料的击穿电场，则只需要少量的无机纳米颗粒掺杂，但在该状态下，材料介电常数的增加微乎其微。因此，需要新的复合材料结构实现在较低无机填料填充的情况下，获得复合材料体系的介电常数和击穿电场的同步提高。一些研究工作发现，基于不同物理特征薄膜层构成多层结构可以充分发挥各层的物理特性，是一种已经被证明比较有效的同步实现高介电常数和高击穿电场的方法，原因在于这种结构可以结合每层的优点创造出新型的复合材料。根据多层结构复合材料中间层的性质，一般可以将多层结构材料进一步划分为高耐压中间层、高介电中间层和梯度层状结构三种类型。

为便于介绍高耐压中间层结构，这里以三明治多层结构的复合材料为例做详细介绍。Wang 等报道的具有三明治结构的复合材料具有明显提升材料击穿电场和储能密度的特征，其制备过程如图 2-27 所示。在这种结构中，体积分数为 1%的 BT/PVDF 纳米复合材料层充当高耐压中间层。这是因为较小体积分数的纳米粒子可以产生陷阱来俘获自由电子，从而使引发电子崩的概率减小，因此提高击穿电场；而三明治结构的两侧外层由具有填料高含量的 BT/PVDF 纳米复合材料组成，因此两侧的外层有高的介电常数。当外层的 BT 纳米颗粒的填充量达到 20%时，整个三明治结构的相对介电常数大约可以达到 17；与此同时，三明治复合体系的击穿电场不降反升，达到了 470MV/m，这比纯 PVDF 材料的击穿电场高了大约 1.5 倍。

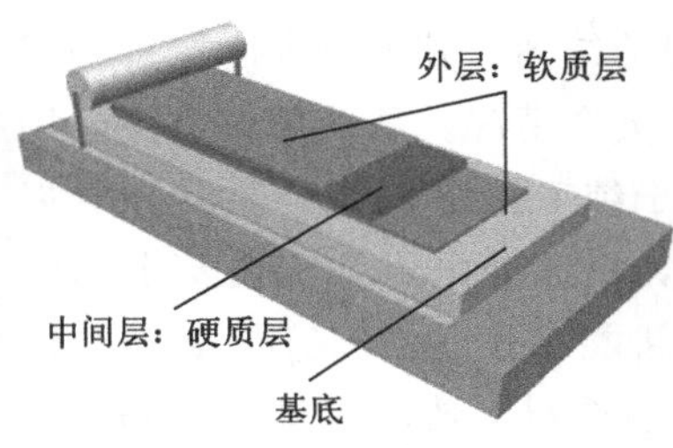

图 2-27　三明治结构 BT/PVDF 复合材料的制备示意图

聚合物膜的破坏机制之一是通过电场发射或隧道效应导致的从电极引发的电荷注入。在三明治结构聚合物材料中，如果复合材料中高耐压层和抗电子冲击层放置在电极外部邻近电极的位置，它将起到屏蔽作用以防止形成击穿的导电通路。Liu 等提出了一种三层结构，如图 2-28 所示，三明治结构外侧两层由分散在 PVDF 基体中的氮化硼纳米片（BNNS）组成，以提供高击穿电场，而 PVDF 与 BST 纳米线形成高介电常数中心层。研究结果显示，BNNS 的体积分数为 10%时的单层 PVDF/BNNS 纳米复合材料可以达到最大击穿电场 672MV/m。然而，当中心层中的 BST 纳米线体积分数从 6%变为 14%时，三层结构的纳米复合材料的相对介电常数单调增加，并且在中心层中具有 14%（体积分数）BST 纳米线时，复合体系的介电常数达到其最大值 14.2（测试频率为 1kHz）。对于击穿电场，BST 纳米线的体积分数为 8%时，复合体系的击穿电场为 588MV/m，随后随着 BST 纳米线含量继续升高，击穿电场会略微下降。

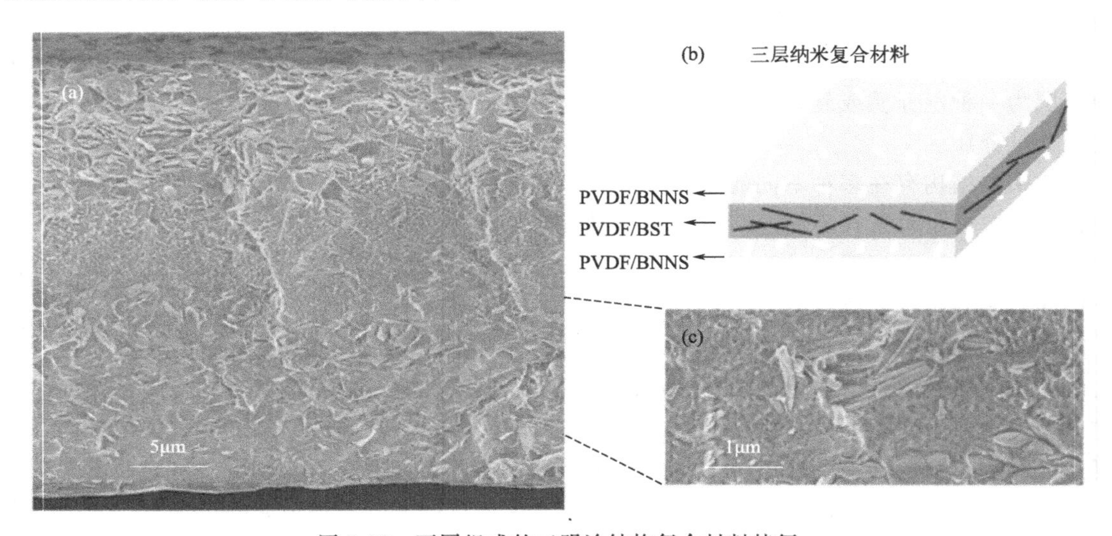

图 2-28 不同组成的三明治结构复合材料特征

（a）在中心层中具有 8%体积分数 BST 纳米线的三层结构的纳米复合材料横截面 SEM 图像；（b）由作为外层的 PVDF/BNNS 和作为中间层的 PVDF/BST 纳米线组成的三层膜的示意图；（c）PVDF/BNNS 和 PVDF/BST 纳米线层之间的界面区域的 SEM 图像

多层结构的其中一个好处就是平均场强在每一层之间可以通过设计介电参数的方式进行调节。在这些多层结构中，还有一种结构被称为梯度层状结构。梯度层状结构复合材料中对电场分布的调节非常灵活，它可以将相邻层之间电场强度的变化控制到很低的水平，从而有利于阻止导电通路的产生，以阻止电击穿的发生。Wang 等提出了一种新的梯度层状 BT/PVDF 复合材料的设计，其中 BT 纳米粒子填料的含量逐层增加，如图 2-29 所示。

结果显示，这种梯度层状三明治结构复合材料的最大击穿电场可以达到 390MV/m，比纯 PVDF 材料及单层的膜结构都要高，材料击穿电场的结果如图 2-30（a）所示。通过对介电击穿的仿真模型进行研究可以知道，对于这种梯度层状三明治结构，其电场强度在每相邻层之间的梯度变化比一般的多层结构要小，因此可缓和场强的突变情况，从而导致击穿电场的增大，最终测得复合材料的相对介电常数为 12.5，略微高于纯 PVDF 材料，且其介电损耗反而比纯 PVDF 材料及简单的单层复合材料都要低。同时，由于介电常数和击穿电场同时都有明显提升，这种梯度层状三明治结构复合材料最大储能密度为 16.5J/cm^3，而纯 PVDF 材料的储能密度只有 8.5J/m^3。不同材料组成和结构的复合材料放电能量密度和放电效率的比较如图 2-30（b）所示。

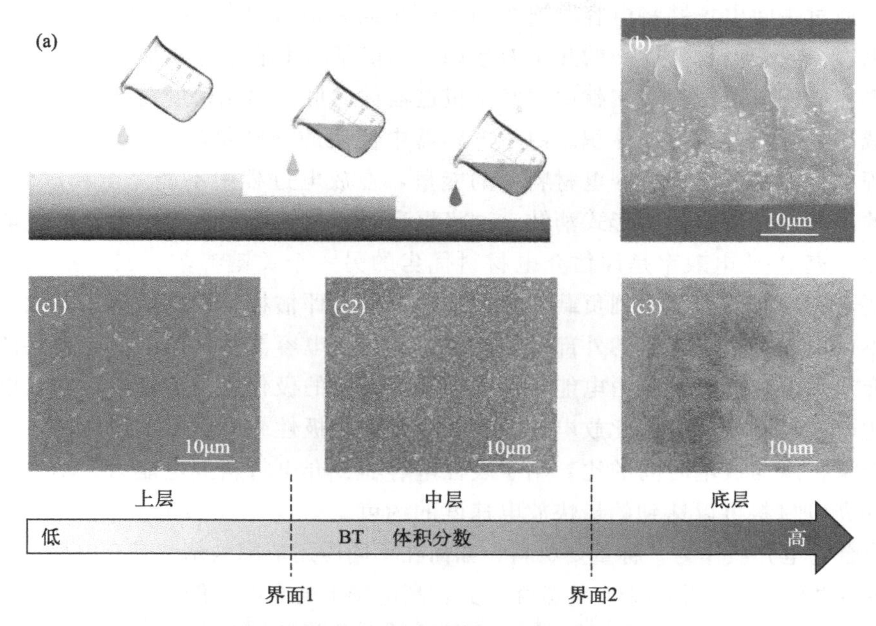

图 2-29　梯度层状三明治结构复合材料制备工艺及特征

（a）梯度层状三明治结构纳米复合材料的制备过程示意图；（b）20-10-1 的截面 SEM 图像，即从底部到上部的三层的 BT 体积分数分别为 20%、10%和 1%，平面扫描电镜 SEM 图，含有 1%体积分数的 BT 对应（c1）上层，含有 10%体积分数 BT 的对应（c2）中间层，含有 20%体积分数的 BT 对应（c3）下层

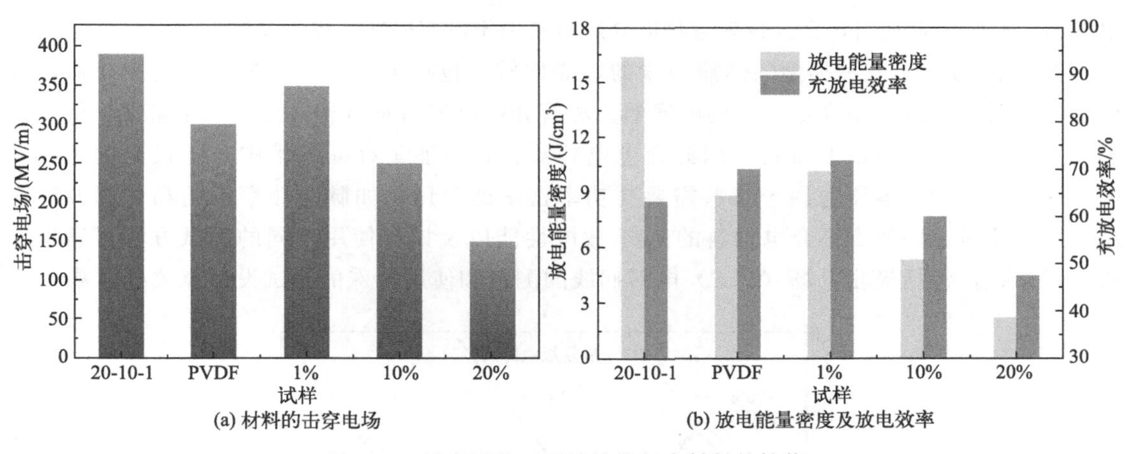

图 2-30　梯度层状三明治结构复合材料的性能

2.7　电介质储能器件

2.7.1　概述

对于能量存储应用，可以通过向电容器或介电材料施加电场引入电极化（充电过程）来

存储电能；通过去除电场并将电容器连接到外部负载释放存储的能量（放电过程）。用于评估应用的电容器或介电材料性能的几个参数如下。能量密度表示单位体积或单位质量电容器或介电材料存储的电能量。在文献中，经常报道器件的最大储能密度需要更高储能密度的介质材料来减小电容器的质量或体积。由于电容器中使用的介电材料的介电损耗或泄漏电流，在充电过程中存储在电容器或介电材料中的能量，在放电过程中不能完全释放到外部负载。无法放电的能量通常以热量的形式消散，这将提高电容器的温度，对电容器的性能产生不利影响。因此，充电-放电效率是评估介电材料优劣的另一个关键参数。在一些应用中，存储的能量需要在一定时间内释放到负载，并且放电速度是评估材料性能的第三参数。电容器的放电速度不仅由连接到电容器的外部负载控制，而且与电容器中使用的介电材料的固有特性有关。电介质放电速度的上限由电能存储中涉及的材料的极化过程确定。对于铁电材料，由于偶极极化响应相对较慢，因此放电速度本质上慢于非极性介电材料的放电速度。通常，功率密度（能量密度与放电时间的比）用于表征电容器或介电材料放电能力。功率密度受最大能量密度和介电材料可以达到的最快放电速度的约束。

储能聚合物电介质作为一种重要材料，如何在不同应用范围内调节其介电性能是制备新型储能薄膜电容器的关键。根据聚合物极性及其在高电场下的介电性能，聚合物电介质可分为普通铁电、弛豫铁电、反铁电和线性四大类，通过铁电分析仪测试的电位移-电场强度（D-E）回线可以清晰地区分。根据介电特性与施加外电场的关系，介电聚合物可分为两类：铁电材料和非铁电材料。铁电材料中有电畴结构，而非铁电材料在聚合物基体中不存在电畴。其中电畴是指自发极化方向一致的特定区域，沿特定方向排列并保持稳定。普通铁电、弛豫铁电和反铁电材料均属于铁电材料，而线性聚合物电介质材料由于没有电畴，属于非铁电材料。

图 2-31 显示了三种类型的储能装置的性能比较，包括电池、基于电化学机制或双层效应的电容器，以及使用介电材料的电容器。尽管介电电容器具有相对低的能量密度，但是它们的固有放电时间可以非常短，因此介电电容器在这些能量存储技术中具有最高的功率密度。这种类型的电容器适用于某些需要高功率密度的应用，如脉冲功率应用和功率调节应用。后续将讨论如何表征介电材料的充电-放电性能以及如何使用不同的测试方法可靠地获得上述参数，包括极化电场（P-E）电滞回线的测量和使用特殊的测试设计充放电电路。

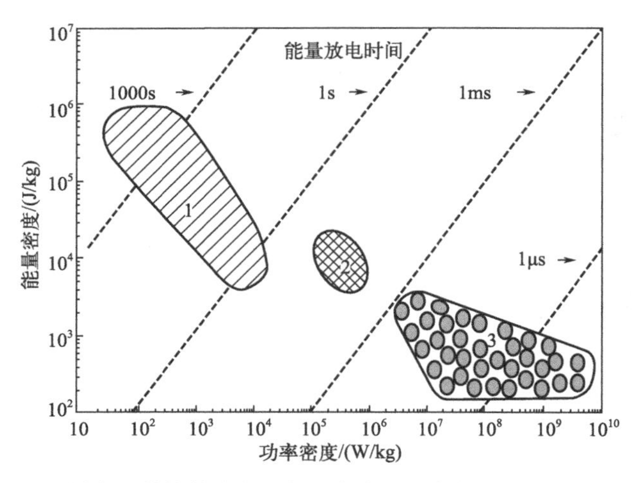

图 2-31 不同类型储能技术之间能量密度、功率密度和放电速度的比较

1—电池；2—化学双层电容器；3—介电电容器

2.7.2 电容器及工作原理

介质电容器的瞬间充电电荷包括几何电容的充电电荷和位移极化所引起的电荷。由于几何电容的充电和位移极化都是在瞬间完成的，所以相应的电流称为瞬间充放电电流。而在充、放电时逐渐增加或逐渐减少的电荷称为介质的极化电荷或者吸收电荷。

利用弥散性相变铁电体制成的登层式电致伸缩施动计可在800V的工作电压下提供100pm的位移，推动负载达1000kg，滞后小于2%，响应时间小于1ms，且无剩余应变弥散性相变铁电体的实用性能不限于电致伸缩，它同时是电容率高且温度稳定性好的电容器材料，在多层电容率（MLC）等方面已广泛应用。此外，它还具有很大的二次电光系数，这方面的代表性材料透明铁电陶瓷，即锆钛酸镧铅（PLZT）陶瓷在电控光阀和电光显示方面有重要应用。

如果再从应用角度考虑的话，对于电容器材料，其居里温度应该设计为在室温附近；对于储存材料，其居里温度应该高于室温100℃左右；对于热感应器，其居里温度应该刚好高于室温；典型的压电换能器应用，其居里温度应该比室温高200℃；对于电-光和电致伸缩器件，因为需要利用的是顺电相，其居里温度应该低于室温。换言之，需要根据每一种具体用途来设计实用材料的居里温度点。

对于电容器电介质，我们需要利用在相变（居里温度，T_e）温度附近的高介电常数；对于存储材料来说，在室温条件下材料必须具有铁电性；根据铁电材料靠近、但在T_e以下时，其自发极化随着温度有较大的变化特性，可用于热释电传感器。反热释电效应其实就是电卡效应（电场致温度降低），正成为节能时代的一个研究热点。

目前蓄电池储能已被应用于电力部门的大规模储能，但蓄电池自身并不完善，循环寿命短、污染环境、对环境温度要求高、充电时间长和瞬时功率输出小等缺陷制约了发电系统的大规模发展，增加了系统发电成本。

电容器的发展：目前所应用的大量聚合物薄膜电容器是采用卷绕装置将薄膜卷绕成电容芯子，封装后进行各种连接方式的使用，电容器具有绿色环保、使用寿命长、充电时间短和功率密度大的优点，非常适合作为未来的储能装置。例如，在脉冲功率装置中，作为储能元件的电容器在整个设备中占有很大的比重，是极为重要的关键部件，广泛应用于脉冲电源、医疗器材、电磁能武器、粒子加速器及环保等领域。我国现有的大功率脉冲电源中采用的电容器基本上是按照电力电容器的生产模式制造的箔式结构的电容器，存在储能密度低、发生故障后易爆炸的缺陷。由于电介质材料介电性能的限制，目前储能薄膜电容器的致命缺点就是储能密度小，要想与其他电容器达到相同储能水平，需要更大的体积和质量，但是在很多应用情况下，储能设备的体积和质量的大小受到制约，必须尽可能小型化和轻量化。为了减小系统的体积和质量，就必须研究更高储能密度的新型电介质材料以满足高储能电容器设备研制的需要。

电容器储能的特点是将能量以电容器极板间的富集电荷电势场的形式储存。这种方式没有物质的扩散过程，因此可以采用大电流充电，其充放电速度只受传输线负荷的影响，可以在极短的时间完成能量的存储、释放过程。同时，由于电极上没有发生决定反应速度与限制电极寿命的活性物质的相变化，因此具有很好的循环寿命和耐高温高压等极端环境的特性。此外，储能电容器具有绿色环保的优点，符合新时期能源利用的要求，在电力、电子系统中扮演着越来越重要的角色，而且在车辆和船舶的新型动力电源系统中具有非常好的应用前景。目前世界各国都非常重视高性能储能电容器在军工和民用方面的研究及其应用。另外，储能介质电容器能够提供高的功率密度，在这些新型动力电源系统中的峰值功率调节方面可发挥重要作用。

传统的陶瓷电容器有两种：一种是以 TiO_2 为基本材料，用于电路的温度补偿；另一种是用 BaTiO 或 $Pb(TiZr)O_3$ 制成的高介电常数电容器。更精确地讲，基本的电介质有四种：

① 高 Q 值低 k（100，k 为介电常数）的温度补偿材料。

② 中级 k（3000）材料，如 X7R 或 BX（15%）。

③ 高 k（10000）材料，如 Z5U 或 Z5V（20%～50%）。

④ 非均匀的势垒层材料，有效 k 值可高达 100000。

图 2-32 总结了各种电容器的类型，并突出了它们的尺寸和工作频率范围。单层的平行板陶瓷电容器仍是最流行的，但多层的陶瓷电容器大小只有单层的 1/20～1/30，半导体电容器展示出更大的电容，它是在以半导体为基础的陶瓷里加入很薄的介电层制成的。微芯电容是用于高频区的超小型电容器。

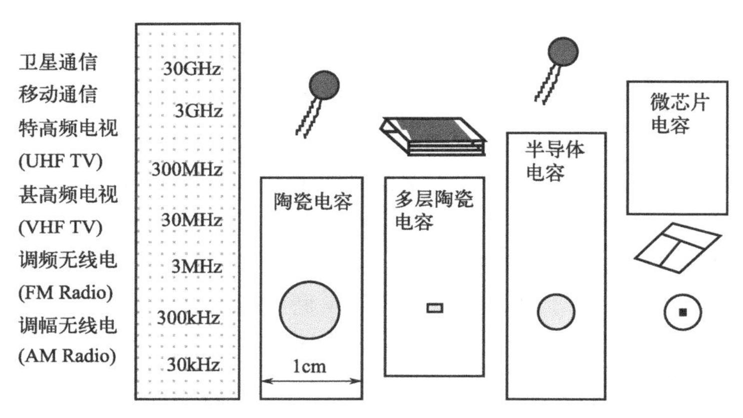

图 2-32 按照尺寸与响应频率分类的各种电容器

电容器的基本规格要求有：

① 小尺寸，大电容。为达到这一点，需要高介电常数的材料。

② 高频率特性。高介电常数的铁电材料常与介电色散有关，在实际应用时必须进行考虑。

③ 温度特性。需要设计材料使其具有稳定的温度特性。

2.7.3 器件与设备运行

电能的俘获、存储、转换以及传输是现代高科技领域应用的重要方面。由于电能或电力对于当代日常生活的作用越来越显著，高储能的电力装备或者元器件受到多个领域的高度重视。鉴于介质电容器在电能储存方面具有的方便性和经济性，国内外许多研究者在有效储存和收集电能的领域中做出了大量创新的研究工作，特别是对于高储能电介质材料和高储能电容器的研究。

电池储能是将电能以化学能的形式储存起来，而电介质储能不涉及化学变化，其实质是以物理形式进行储能。电介质充放电过程中，电容器上下两端是导电极板，中间部分是电介质材料。在充电前，极板上没有电荷的存在，电介质中的偶极子方向随机分布。接通电源后，与电源正极相连的极板上的电子在电场力的作用下，流向与电源负极相连的极板，与电源正极相连的金属极板失去电子带正电，与电源负极相连的金属极板得到电子带负电。随着上下两个极板上电荷的不断增多，两极板间的电场强度逐渐增大，原本随机排布的偶极子在极板间电场作用下逐渐进行定向排布，定向排布的偶极子有储存能量的作用，并会在放电的过程中以电能的形式释放出来，然后电介质的偶极子又重新回到随机分布的状态，直到再次充电。

储能密度是指单位体积或单位质量某种储能材料中所容纳的能量。对于电介质材料储能来说，存储在电介质中的能量一般不能全部释放，只有释放出的能量才有使用的价值，电介质材料的储能密度一般是指单位体积下电介质可释放的电能，一般用 J/cm^3 来表示。

显然介质材料储存的能量密度受介电常数（ε_r）和外加电场（E）的强烈影响，并且随着 ε_r 和 E 值的增加而迅速增加。因此，在相同的工作条件（场强）下，具有最佳储能能力的材料是具有最高介电常数的材料。另外，最大储能密度由电介质发生击穿的电场值所决定。因此，为了提高电容器的能量储存密度，需要同时具有高介电常数和高击穿电场的电介质材料。对于非线性电介质材料来说，由于介电常数受电场强度的影响，电场强度与电位移呈非线性关系。以铁电材料为例，因为材料存在剩余极化现象和电滞效应，电位移-电场强度曲线中的充电曲线和放电曲线不能重合，存储在材料中的一部分能量（闭合曲线所包围的区域）不能被释放出来，仅部分才是有效的储能，也就是可利用的储能能量。此外，充放电效率也是衡量电介质材料储能性能的一项指标，它代表电容器能量转换的效率，而且不能以电能释放出来的能量一般会转化成热能，不仅会造成能源的浪费，而且由于聚合物的导热性能较差，积累的热量会使电容器的温度升高，一旦温度超过电容器的使用温度，电容器很容易会被毁坏。

2.7.4 电介质储能器件展望

就其本质而言，储能就是在能量富余的时候，利用特殊的装置把能量储存起来，并在能量不足时释放出来，从而调节能量供求在时间和强度上的不匹配性。有时可通过在能量输入与输出环节之间设置一个可储蓄能量的中间环节来实现，该中间环节既能吸收不稳定的输入能量，又能稳定地输出能量。例如，对于电力工业而言，电力需求的最大特点是昼夜负荷变化很大，巨大的用电峰谷差使峰期电力需求紧张，而谷期电力过剩。

随着材料科学的发展，储能介质电容器具有较大的发展空间，改善其储能特性的关键是研发高储能密度的电介质材料。由于这类材料具有良好的储存电能的特性，因而在电机、电子和发电、输变电等行业中都有着非常重要的应用。特别是具有特殊介电特性的先进介质材料，在微电子器件和纳米电子器件的研究领域正日益受到人们重视。这种高性能的电介质材料在先进电子设备中起着举足轻重的作用。在军事应用方面，定向能武器、电磁炮、电气化发射平台以及综合全电力推进舰艇等负载都需要高达 100000A 的工作电流，如此高的电流只能由高储能密度电容器提供。在民用方面，太阳能、风能和潮汐能等新能源发电系统以及混合动力汽车的逆变设备中，储能介质电容器是不可或缺的组成部分。但目前的介电材料储能密度较低，使得储能电容器占整个逆变设备体积的 40%。

在高电场和高湿度条件下应用的致动器、光电器件和存储器件内存在严重的银电极渗透问题，这个问题可以用贵金属（铂）摩尔分数大于 20% 的银（铂）合金电极来解决。为同时解决原子迁移和生产成本高两个问题，我们需要引入一种基础金属电极，如铜或镍。但是这种金属基体要求陶瓷的烧结温度低于 900℃，且烧结废气排出量要少，以避免氧化问题。尽管钛酸钡基陶瓷能够在低温下烧结且基本没有废气排出，多层电容器也已广泛采用镍电极，但锆钛酸铅（PZT）基致动器陶瓷的铜电极还在开发中以便商业化应用。

双层和多层器件存在的另一个可靠性问题是内电极的分层。为提高黏结强度，可以使用金属和陶瓷粉的复合电极材料、陶瓷电极，还可通过孔洞调整电极结构。为减小器件初始裂纹处的内应力集中，几种电极结构被提出，即电极铺满型、缝插入型和浮动电极插入型。减小片层的厚度可以延长使用寿命的原因现在还不清楚。

利用故障检测技术来进行寿命预测和性能检测，对一些器件来说也是很重要的，有一种声发射信号检测的智能致动器系统由两个反馈机制控制：位移反馈（能补偿位置漂移和滞后）和故障检测反馈［不对系统产生任何严重的损伤，能让系统（如车床等）安全地停止工作］。压电致动器在循环电场下的声发射测试是预测器件使用寿命的一种有效方法。声发射信号主要是裂纹在器件内以很快的速度扩展时检测到的。100 层的压电致动器在正常条件下驱动时，可计算声发射信号的个数，并在完全失效前会检测到信号有 3 个数量级的增强。应注意的是，部分压电器件也可以应用在声发射传感器中。

针对储能聚合物复合电介质若干关键问题的阐述，结合该领域的基础研究现状与工程需求，总结分析出储能聚合物复合电介质领域的研究内容主要包括如下几个方面。

① 采用材料基因工程的方法学开展储能聚合物复合电介质多尺度结构与性能的理论模拟研究，从理论上给出聚合物电介质及其聚合物复合电介质多尺度结构（埃尺度、纳尺度、介尺度、微尺度等）与宏观性能（介电性能、导热性能、储能性能等）精确定量化关系。

② 开展储能聚合物复合电介质介电性能参数解耦调控及其他性能协同调控的有效方法学研究，进一步揭示储能聚合物电介质材料组成、结构、性能、效能之间的关系，建立储能聚合物复合电介质复杂体系宏观性能调控的理论基础，获得具有高储能、长寿命、低成本、高效充放电特性的聚合物电介质及聚合物复合电介质。

③ 开展储能聚合物复合电介质制备方法学的研究，重点探索制备工艺参数对储能电介质材料的结构和性能的影响规律，特别是基于双轴拉伸工艺，规模化制备具有精细结构控制的储能聚合物电介质薄膜工艺条件，批量获得高性能储能介质薄膜。

④ 开展储能聚合物复合介质薄膜在复杂环境条件（交直流、过电压、宽温域、应力作用等）下，薄膜性能的短时与长时宏观性能和多层次结构演变规律的研究，结合理论模拟与实验研究，提出储能聚合物复合介质薄膜在多种环境条件下材料结构与性能的依赖关系，为这类高储能薄膜电容器的介质选型提供物质支撑。

⑤ 基于储能聚合物复合电介质高储能密度的特点，开展基于高性能介电弹性体的机-电能量转换的电致驱动器（柔性电动机）和绿色能源的高效能（柔性发电机）的研究是储能聚合物电介质材料应用的延伸和拓展。例如，由于储能复合电介质中具有自身建立的长时间的静电场，利用其静电场特性亦可以开展其对于生物组织修复或生长的影响研究。

总之，基于储能聚合物电介质的特点可以拓展许多新的研究领域和研究内容。

习题

1. 解释价带、导带、禁带的含义。
2. 描述 P 型半导体和 N 型半导体的区别。
3. 描述电介质的定义及分类。
4. 描述电介质极化的定义及类型。
5. 描述介电常数的含义及定义式。
6. 描述电介质损耗危害。
7. 画出不同温度下 ε 与 $\tan\delta$ 的频率特性。
8. 电介质电导有哪些形式？
9. 简述肖特基缺陷和弗仑克尔缺陷的形成过程。
10. 简述电子崩的形成过程。
11. 描述电介质击穿的分类。
12. 简述液体电击穿的理论。
13. 描述影响击穿电压的环境因素。
14. 描述电容器的工作原理。
15. 描述逆变器的工作原理。

扫码获取答案

第 3 章

电化学储能材料与器件

3.1 储能电池概述

根据人类对能源的把控能力是将人类社会划分为不同发展阶段的标志，从上古时代的钻木取火，到近代两次工业革命，极大推动生产力的发展，无不体现着利用能源资源的重要性。特别是第二次工业革命以来，内燃机和交直流输变电技术的应用和发展，可控核聚变技术的应用，标志着人类文明进入崭新的阶段。生产力的提高让相当多一部分人彻底从靠天吃饭的农业社会脱离出来，这进一步促进了相关研究的进行，“技术爆炸”的时代已经悄然到来。汽车、高铁、飞机的出现让人们“日行千里”“飞跃天堑”的美梦成真；产生于 20 世纪 50 年代，最初用于测算导弹弹道的计算机技术，在几十年后的今天，也早已进入千家万户，让地球变成了“地球村”，在将人类联系起来的同时，社会的发展也随之进入新形态。支撑人类社会引擎运转的关键就是能源技术，尽管能够初步利用核能，但可靠的能源仍然大规模依赖于煤、石油、天然气等化石燃料。尽管化石燃料所能提供的动力更加高效，但是这种供能方式会导致大量温室气体（如 CO_2、CH_4 等）的排出，导致全球变暖，海平面上升。同时，化石燃料的不充分燃烧会释放大量的可吸入颗粒，引发雾霾天气，严重的（如伦敦的红色烟雾事件）甚至给人类的生存环境带来极大的负面影响。此外，除了环境污染问题，化石燃料的不可持续性导致的能源枯竭问题日益严重，寻找可替代的优质能源迫在眉睫。

清洁、高效、可持续的一次能源也并非无迹可寻，太阳朝升夕落，大海翻涌碧波，江河滚滚长流，清风徐徐而来。太阳能、潮汐能、风能等在未来都将会是能源的重要来源，但是这些能源最显著的问题是无法直接储存，因此需要将这些能量转化为可靠的二次能源储存起来。电能作为目前最稳定的二次能源，它既方便生产，又能有效供能，同时转化方便，交直流调制技术等早已成熟。然而电能的存储成本较高，这也是当今电网等输配电行业一直奉行“用多少发多少”的主要原因。同时，清洁的二次能源的使用不像化石燃料那般可以预测，例如太阳能只能在晴朗的白天才能被有效利用，用于水力发电的水坝发电效能要受河流枯水期的限制，风力资源也并非时时刻刻符合规格。因此，有效存储电能的储能设备的研究便显得十分重要，一方面可以弥补电能在时间上的不匹配问题，将可发电资源充沛时得到的多余电能储存起来，来满足用电高峰的需要。另一方面也可满足空间资源分布不均衡的调配问题。目前的电力储能设备主要有两大类。第一类是主要提供短时储能，用于电路中耦合、滤波之需的电容储能设备，主要用于瞬时供电。第二类是以可逆化学反应为基础的电池储能设备，可用于长时间储存电能。

蓄电池是以化学反应为基础的储能设备，按照结构顺序，它主要由活性正极、电解液以及负极三大部分组成。放电时电池发生氧化反应，电池内部的阳离子向正极迁移，由此将化学能转化为电能，并通过连通的外电路将电能导出。充电过程正好与之相反，充电过程中电池会发生还原反应，此时的充电得到的电能将被重新转化为化学能储存起来。理论上，电池内部的可逆化学反应可以达到100%，在长达千百次的充放电循环中，电池都能够有效供电。电池的这种成本低、占地小、环境友好的特点，使得其在电能存储方面备受青睐。自从1799年物理学家伏特发明世界上第一个可用电池，即伏特电堆以来，电池技术经过数百年的发展，性能不断得到改进，已经走进人们生活的方方面面，给人类社会的生产生活带来了极大的便利。

目前的电池种类多种多样，通常有如下几大类：

① 根据电池的正负极材料区分，有以锂金属元素为核心的锂电池，以铅元素为核心的铅酸电池，以镍元素为核心的镍镉电池和镍氢电池，以及用空气作正极的金属-空气电池等。

② 根据电解液的种类，电池可以分为碱性电池、酸性电池、中性电池和有机电解质电池。目前最为常见的碱性电池主要以碱性KOH溶液为主，代表性的有碱性锌锰电池、镍铬电池和镍氢电池。与碱性电池相反，酸性电池主要以酸性的硫酸溶液作为电解液，代表电池有目前应用最为广泛的铅酸电池。中性电池的电解液以盐溶液为主，例如锌锰电池和海水电池等。采用有机电解质溶液的电池为代表的，目前来看主要是锂离子电池、锂电池，以及类似金属化合物的电池。同时不局限于电解液，有些固态金属氧化物，如石榴石型LLTO，也已被研究表明拥有较为理想的离子导电能力、较高的理论能量密度，有作为下一代电解质的极大潜力。

③ 按照电池的工作机理与储存方式，电池又可被划分为一次电池、二次电池、燃料电池等。一次电池即通常所说的原电池，指那些无法进行再次充电的电池，锌锰电池和锂电池就属于这一范畴。与之对应，二次电池可以进行多次的充放电循环，又被叫作蓄电池，铅酸电池、锂离子电池、镍镉电池、镍氢电池等都属于二次电池。燃料电池也是目前研究较为火热的方向之一，与常规电池不同，燃料电池的正负极并不拥有活性电极材料，活性物质需要从电池外部源源不断地导入来维持电池的运转，这类电池通常成本较高。另外一种电池，像海水电池，它的电解质在不使用时通常不在电池内部，只有在使用时才被注入电解液，这类电池通常叫作储存电池。

3.1.1 原电池

原电池中化学反应的结果是在外线路中产生电流供负载使用，即原电池本身是一种电源。原电池中的氧化还原反应则是自发产生的。原电池的阳极上，因氧化反应而有了电子的积累，故电位较负，是负极；阴极上则因还原反应而缺乏电子，故电位较正，是正极。在外线路中，电子就由阳极流向阴极，即电流从阴极（正极）流出，经外线路流入阳极（负极）。整个原电池回路也是由第一类导体和第二类导体串联组成的。原电池的重要特征之一是通过电极反应产生电流供给外线路中的负载使用。

为了研究工作的方便，在电化学中规定了一套原电池的书写方法。主要规定如下：

① 负极写在左边，正极写在右边，溶液写在中间。溶液中有关离子的浓度或活度、气态物质的气体分压或逸度都应注明。固态物质可以注明其物态。所有这些内容均排成一横排。

② 凡是两相界面，均用“|”或“,”表示。两种溶液间如果用盐桥连接，则在两溶液间用“‖”表示盐桥。

③ 气体或溶液中同种金属不同价态离子不能直接构成电极，必须依附在惰性金属（如铂）做成的极板上。此时，应注明惰性金属种类。例如氢浓差电池的书写如下：

$$\mathrm{Pt}, \mathrm{H_2}(p_1=101325\mathrm{Pa}) \,|\, \mathrm{HCl}(a) \,|\, \mathrm{H_2}(p_2=10132.5\mathrm{Pa}), \mathrm{Pt}$$

④ 必要时可注明电池反应进行的温度和电极的正负极性。按以上规定书写原电池表达式时，当电池反应是自发进行时，电池电动势为正值。所以，对自发进行的电池反应，若求得的电池电动势是负值，就说明所书写的原电池表达式中，对正极和负极的判断是错误的。

(1) 电池的可逆性

化学热力学是反映平衡状态的规律的。因此，用热力学原理来分析电池性质时，必须首先区别电池的反应过程是可逆的还是不可逆的。电池进行可逆变化，必须具备以下两个条件：

① 电池中的化学变化是可逆的，即物质的变化是可逆的。这就是说，电池在工作过程（放电过程）所发生的物质变化，在通反向电流（充电过程）时，有重新恢复原状的可能性。例如，常用的铅酸蓄电池的放电和充电过程恰好是互逆的化学反应。而将金属锌和铜一起插入硫酸溶液所组成的电池就不具备可逆性。放电时，锌电极是阳极（负极）；充电时，铜电极是阳极（正极）。由于所发生的电池反应不同，因而经过放电—充电这样一个循环之后，电池中的物质变化不可能恢复原状。

② 电池中能量的转化是可逆的。也就是说，电能或化学能不转变为热能而散失，用电池放电时放出的能量再对电池充电，电池体系和环境都能恢复到原来状态。

实际上，电池在放电过程中，只要有可察觉的电流产生，电池两端的电压就会下降；而在充电时，外加电压必须提高一些，才能有电流通过。可见，只要电池中的化学反应以可察觉的速度进行，则充电时外界对电池所做的电功总是大于放电时电池对外界所做的电功。这样，经过放电—充电的循环之后，正逆过程的电功不能相互抵消，外界环境恢复不了原状。其中，有一部分电能在充电时消耗于电池内阻而转化为热能，在放电时这些热能无法再转化为电能或化学能了。

那么，在什么情况下，电池中的能量转换过程才是热力学的可逆过程呢？只有当电流为无限小时，放电过程和充电过程都在同一电压（这时电池的端电压等于原电池电动势，由于电流无限小，电池内阻上的压降也无限小）下进行，正逆过程所做的电功可以相互抵消，外界环境才能够复原。显然，这样一种过程的变化速度是无限缓慢的，电池反应始终在接近平衡的状态下进行。由此可见，电池的热力学可逆过程是一种理想过程。在实际工作中，只能达到近似的可逆过程，所以，严格地讲，实际使用的电池都是不可逆的，可逆电池只是在一定条件下的特殊状态。这也正反映了热力学的局限性。

(2) 原电池电动势

原电池是将化学能转化为电能的装置，可以对外做功。那么用什么参数来衡量一个原电池做电功的能力呢？通常用原电池电动势这一参数。电池电动势是一个容易精确测定的、但含义复杂的参数。一般可以定义为：在电池中没有电流通过时，原电池两个终端相之间的电位差叫作该电池的电动势，用符号 E 表示。

由于电动势 E 与电量 Q 的乘积即为电功，所以原电池电动势 E 可以作为度量原电池做电功能力的物理量。

原电池电动势的大小取决于什么呢？我们已经知道，原电池的能量来源于电池内部的化学反应。若设原电池反应可逆地进行时所做的电功 W 为：$W=EQ$。式中，Q 为电池反应时通过的电量。按照法拉第定律，Q 又可写成 nF，n 为参与反应的电子数，所以 $W=nFE$。

从化学热力学知道，恒温恒压下，可逆过程所做的最大有用功等于体系自由能的减少。因此可逆电池的最大有用功 W 应等于该电池体系自由能的减少（$-\Delta G$），即 $W=-\Delta G$，所以 $-\Delta G=nFE$。式中，E 的单位为 V（伏特）；ΔG 的单位为 J（焦耳）。

3.1.2 电解池

由两个电子导体插入电解质溶液所组成的电化学体系和一个直流电源接通时，外电源将源源不断地为该电池体系输送电流，而体系中的两个电极上分别持续地发生氧化反应和还原反应，生成新的物质。这种将电能转化为化学能的电化学体系就叫作电解电池或电解池。

电解池和原电池是具有类似结构的电化学体系。当电池反应进行时，都是在阴极上发生得电子的还原反应，在阳极上发生失电子的氧化反应，但是它们进行反应的方向是不同的。在原电池中，反应是向自发方向进行的，体系自由能变化 $\Delta G<0$，化学反应的结果是产生可以对外做功的电能。在电解池中，电池反应是被动进行的，需要从外界输入能量促使化学反应发生，故体系自由能变化 $\Delta G>0$。所以，从能量转化的方向看，电解池与原电池中进行的恰恰是互逆的过程。在回路中原电池可作电源，而电解池是消耗能量的负载。

由于能量转化方向不相同，在电解池中，阴极是负极，阳极是正极。在原电池中，阴极是正极，阳极是负极，与电解池恰好相反。这一点，需特别注意区分，切勿混淆。

3.2 锂离子电池

锂离子电池，顾名思义，是以电池内部锂离子的迁移运动为工作机理的一种电池。作为蓄电池的一种，它同样由正极、负极和电解质组成。如图 3-1 所示，与其他储能设备相比，锂离子电池能够更好地满足动力电池的能量密度要求。锂离子电池通常以金属锂作为负极，锂金属的理论能量密度高达 3860mA・h/g，即使除去利用率低的问题，其能量密度也远高于目前常规正极材料，因此在能量密度匹配上不会出现问题。锂离子电池的正极一般采用含锂的可脱嵌锂离子的活性正极材料，如磷酸铁锂和钴酸锂等。对电解质而言，目前较为成熟的技术方案是以电解液＋隔膜的方式，电解液能够提供锂离子迁移的路径，多孔隔膜则有效地将电池的正负极隔开，防止短路的发生。另外随着电动汽车市场的火热，新型的电解质方案，即固态电解质的研究也正在如火如荼地进行。

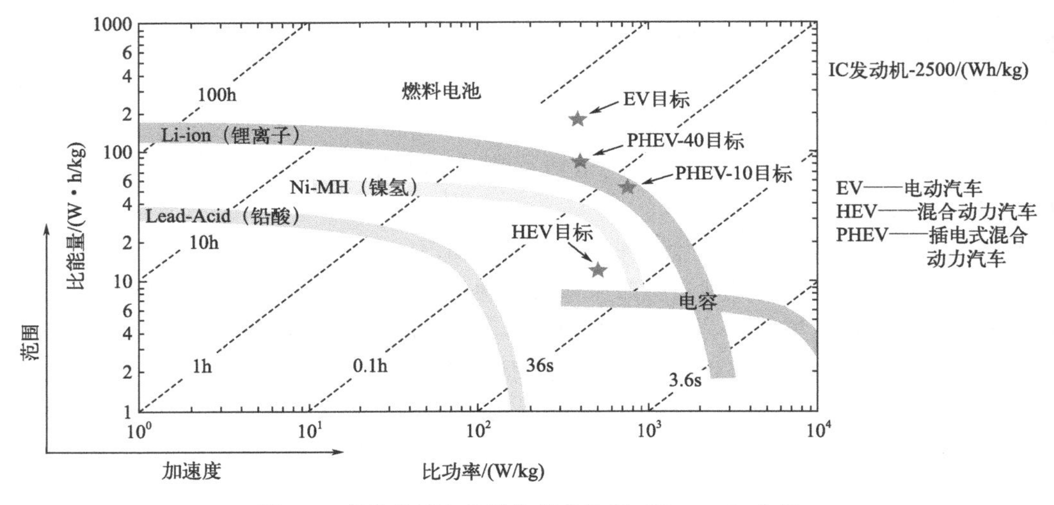

图 3-1　各种类型电化学装置的拉贡（Ragone）曲线

锂离子电池工作原理如图 3-2 所示，锂离子电池的正极材料（阴极材料）和负极材料（阳极材料）通常采用插入型的含锂材料，这类电极材料能够为锂离子提供非常稳定的离子插入位置。在一个新组装的尚未开始供电的电池内部，离子形态的锂都位于正极材料的晶体结构中。在对电池进行充电时，锂离子将从阴极材料中脱出，以离子溶剂化的形态进入到有机电解液中，随着电流的移动迁移到阳极，在金属锂表面发生还原反应，沉积到锂金属阳极的表面。此时外电路中电子由阴极向阳极转移，形成连接的通路，电能以这样一种形式被转化为化学能在电池内部储存起来。而当电池需要对外供电时，反应过程恰好与充电过程相反，储存的化学能将变为电能释放出来。在电池的两个电极之间，电解液充当着离子传输的通道，但是由于液态的电解液无法有效地隔开正负极，为防止引发短路危险，需要在电解液中引入隔膜，隔膜能够在确保锂离子通过的前提下将两电极隔开，使得电池能够在寿命内持续地充放电循环。

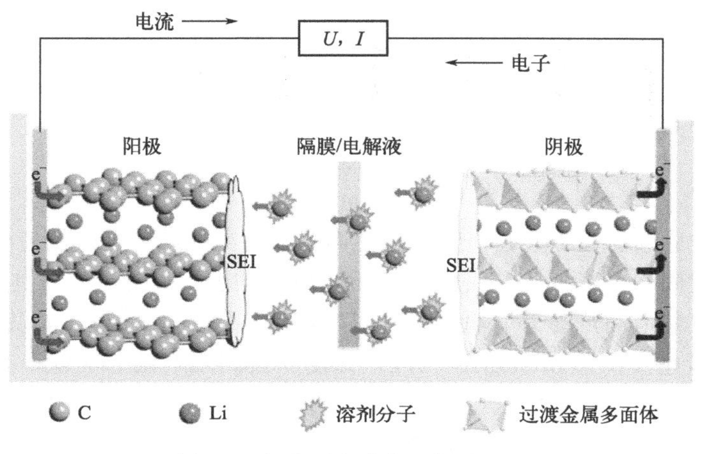

图 3-2　锂离子电池的工作原理图

锂离子电池之所以能够获得人们的青睐，主要源自它的几个优点：

① 能量密度高。无论是体积比能量（体积能量密度）还是重量比能量（质量能量密度），锂离子电池的表现都非常出色，分别能达到 450W·h/dm^3 和 150W·h/kg，这是普通锌锰电池的 2～5 倍，而且这一数值仍在不断提高之中，发展潜力非常大。

② 放电电压平稳且工作电压较高。单个锂离子电池的放电电压可以达到 3.9V，与之对比，镍镉电池的电压仅有 1.2V 左右，普通锌锰电池的电压也只有 1.5V。同时大多数锂离子电池拥有极为稳定的充放电平台，如采用磷酸铁锂材料作正极，金属锂作负极的锂离子电池拥有在 3.2V 处近乎直线的放电平台。

③ 工作温度范围宽，拥有较为理想的低温性能。锂离子电池的工作温度范围一般在 −40～70℃之间，能够满足大多数供电需求。

④ 快速充电能力较好。目前便携式充电设备（如手机）对快速充电能力的要求增高，锂离子电池通常拥有在 1C 速率下得到 80%标称容量的能力。

⑤ 存储寿命长。由于在锂金属表面可能会存在钝化层，这种钝化层能够有效地防止锂金属进一步受到腐蚀，因此锂离子电池的存储时间一般都比较长，甚至能达到十年之久。

在满足使用需求的同时，锂离子电池目前也有一些较为常见的弊端：

① 不可控的树枝状锂枝晶生长问题。在电池的内部，由于各种不同的扰动因素，微观状态下的锂离子在迁移过程中必然会存在密度差异，而这种差异会导致锂离子发生还原反应后在负极锂金属表面不均匀地沉积，此后，更加不均匀的锂表面形貌又会导致局部电荷聚集，加剧锂枝晶的生长。尖锐的枝晶可能会在生长过程中刺穿隔膜，导致正负极相连发生短路，引发火灾等重大安全问题。同时脱落的枝晶会形成不可重复参与循环的“死锂”，导致活性材料电极利用效率的降低。

② 金属锂会与电解液发生不同程度的反应。金属锂过于活泼的化学性质，决定了它极易被氧化，容易与不同的有机金属电解液发生反应。反应产生的气体成分会使电池内部压力上升，极易发生爆炸，有一定程度上的安全隐患。

③ 成本较高。主要指目前广为使用的钴酸锂电极材料以及包含钴酸锂的高镍三元电极材料。成本问题也是锂离子电池在商用过程中不得不考虑的一个重要问题。

如图 3-3 所示为锂离子电池的主要优缺点。

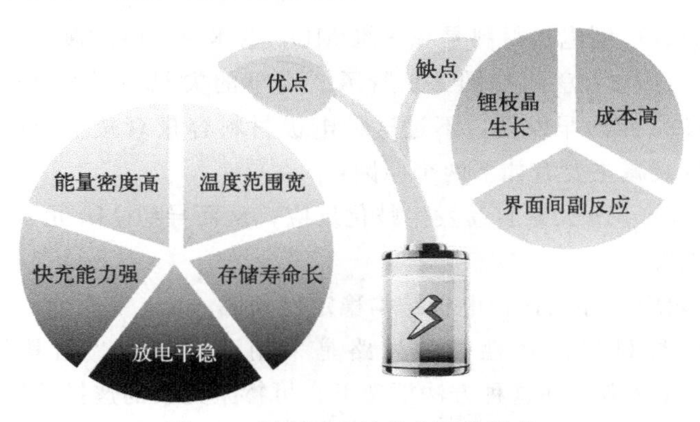

图 3-3 锂离子电池的主要优缺点

针对锂离子电池的诸多弊端，一系列的性能改进方法被提出。这些方案主要是针对电池的两大功能部件——电极和电解质提出的。

对于电池的正极材料而言，自 1980 年 Goodenough 首先发明稳定的钴酸锂材料以来，正极材料的种类越来越多，主要有以 $LiCoO_2$、$LiMnO_2$、$LiNiO_2$ 等为代表的层状化合物，以 $LiFePO_4$ 等为代表的橄榄石化合物，以 $LiMn_2O_4$ 为代表的尖晶石化合物三大类。

$LiMO_2$（M＝Co、Mn 等）型层状化合物是由氧阴离子和阳离子密集堆积成的面心立方晶体，由 MO_2 层和锂层相互交替层叠，如图 3-4 所示。有这种相结构的 $LiCoO_2$ 是目前最常见的一种正极材料，其商业化进程已经超过了 20 年，它有着约 270mA・h/g 的理论比容量，但在实际应用中只能提供仅 140mA・h/g 的比容量，这种情况显然不算太理想。这种材料的层状结构随着锂离子的不断迁出而变得愈发不稳定，在接近半数的锂离子都迁移出去之后，容量便会急剧衰减。另外在全球更加注重环保的同时，$LiCoO_2$ 中有毒的金属元素 Co 给环境保护带来了不小的压力；其较高的开采难度也无形之中提高了锂离子电池的生产成本。经过科研工作者多年的研究，层状化合物结构中的 Co 完全可以由其他金属元素，如 Ni、Mn 等来进行替代。这些衍生物的储量通常更加丰富，同时对环境也更加友好。采用这些元素构成的新型 Li-Co-Ni-Mn-O 系层状化合物构成了目前商用较广的 NMC 型电极材料，根据其中三种元素的不同配比，NMC 型材料有 NMC811、NMC532、NMC622 等多种选择。层状氧化物 $LiMO_2$ 的电压窗口通常较高，在高达 4V 的电压下也能被有效激活而不至于分解，因此这种材料通常具有更高的能量密度。当然这种材料也存在着锂浓度较低时结构不稳定的问题，造成不可逆的容量衰减；同时对于不含 Co 元素的层状镍锰酸锂化合物，较差的低倍率性能也极大地阻碍该种材料在锂离子电池商业化中的应用。

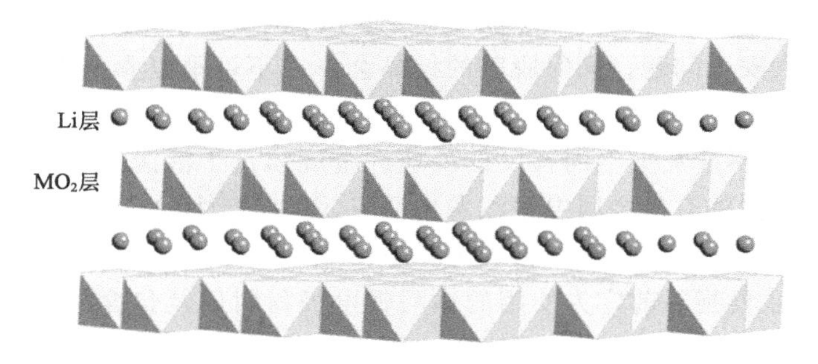

图 3-4 层状 $LiMO_2$ 材料的晶体结构示意图

尖晶石结构 LiM_2O_4 型电极材料是在三维 MO_2 主体中，由过渡金属层中的空位形成三维立体的扩散通道，结构示意图如图 3-5 所示。最早的尖晶石结构 $LiMn_2O_4$ 正极材料由 Thackeray 等人于 1983 年最早发现，不过这种电极材料容量衰减十分严重，无法直接商业化。这种材料的容量衰减主要有如下两个原因：

① 处于中间价态的 Mn 元素容易发生歧化反应，从而导致 Mn 元素在电解液中的溶解，使得电极质量受到损失。

② Jahn-Teller 效应会导致该种电极结构稳定性降低。

最常用于提高该种材料循环性能的思路是采用元素替代，用其他金属离子来替代 LiM_2O_4 材料中的 Mn 元素。在这种方法框架下，可掺杂元素的选择性较多，包括像 Mg^{2+}、Al^{3+}、Zn^{2+} 的非活性离子，以 Ti^{4+}、Cr^{3+}、Fe^{3+}、Co^{3+}、Ni^{2+} 和 Cu^{2+} 等为代表的过渡金属离子，以及一些稀土金属离子，比如 Nd^{3+} 和 La^{3+}。通过元素替代，能显著改善尖晶石 LiM_2O_4 结构材料的电化学性能。目前最为常用的一种尖晶石电极材料 $LiNi_{0.5}Mn_{1.5}O_4$，有着较高的能量密度和极强的结构稳定性，这种构型的电极材料经过掺杂改良后其循环稳定性得到极大提升。不过受限于当前电解液较低的电化学稳定性窗口，正极材料表面会被电解质分解生成不稳定的 SEI 膜包覆，性能会有较大程度的下降。目前这种正极材料的可逆容量仅相当于 0.5 个 Li，尽管这接近于 $LiCoO_2$ 材料的容量，但却仍然低于 NMC 层状化合物的容量。

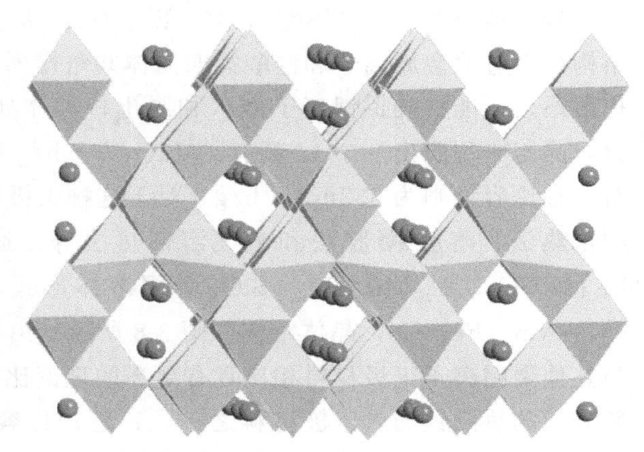

图 3-5 尖晶石 LiM_2O_4 材料的晶体结构示意图

1989 年，Manthiram 团队发现采用聚合阴离子的正极将产生更高的电压。1997 年 Goodenough 开发出了低成本的聚合阴离子正极材料 $LiFePO_4$，$LiFePO_4$ 的结构如图 3-6 所示。此后的许多年，聚合阴离子材料得到了愈加广泛的研究。与传统的层状氧化物电极材料相比，这种聚合阴离子基团结构稳定性更强，这使得其能够最大程度地减少氧损失。橄榄石构型的 $LiFePO_4$ 有着优异的电化学性能，同时它成本低廉、对环境友好的特点使其受到人们的青睐。采用该种电极材料的电池在实验室中甚至能达到 2000 次的循环，长循环性能的表现十分优异。但是其放电电压窗口通常不超过 3.8V，同时其用于联系外电路的电子导电能力较差，这使得其能量密度不高，且在大电流下由极化导致高倍率循环性能不佳。目前解决这些弊端的方法有：

① 用诸如 Co、Mn、Ni 等其他过渡金属元素替代 Fe 来提高工作电压。

② 通过对电极材料表面进行包覆，采用高导电性材料，如碳、导电聚合物等，提高其电子电导率。

③ 精细化生产工艺，以纳米材料代替微米结构缩短锂离子扩散路程。

④ 对晶格中 Li 或 Fe 元素所在的位置进行离子掺杂来提高材料的本征电导率。

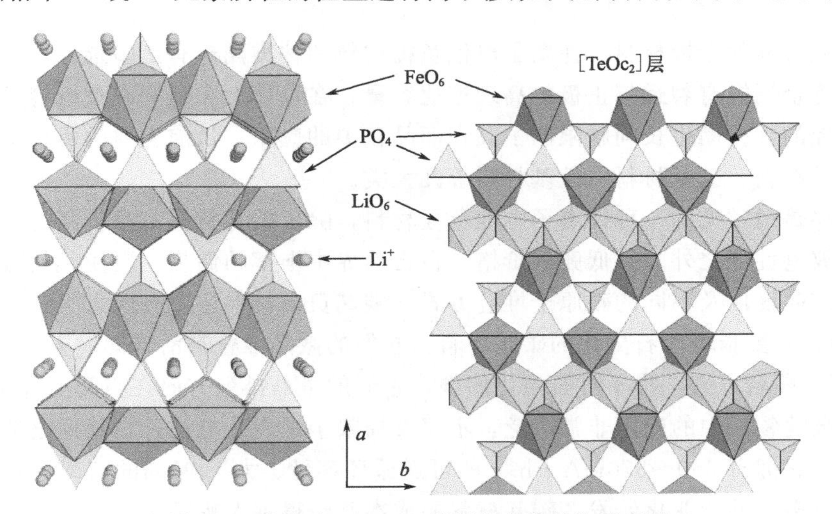

图 3-6 橄榄石 $LiFePO_4$ 材料的晶体结构示意图

尽管 $LiFePO_4$ 型电极材料有较低的电压和低于 $LiCoO_2$ 的能量密度，但凭借它低成本、长循环寿命、对环境友好的特点，依然有成为下一代商业化正极材料的极大潜力。

硅酸盐材料（Li_2MSiO_4，M＝Fe、Mn）是目前最新型的一种插入型正极材料。其晶体结构是由过渡金属离子和硅酸盐四面体共角排列构成的层状结构，它有着二维锯齿状的离子扩散通道，能够确保锂离子嵌入和脱出，具体如图 3-7 所示。对于这种硅酸盐正极材料而言，晶胞中每脱出一个 Li 就有约 166mA・h/g 的理论比容量产生，当脱出的 Li 达到两个时，理论容量则为 333mA・h/g。对于这种正极材料，目前已经探索有多种合成工艺，如采用水热法、溶胶-凝胶法和微波溶剂热法等，运用这些方法成功合成了诸如 Li_2FeSiO_4、Li_2MnSiO_4、$Li_2Mn_{0.5}Fe_{0.5}SiO_4$ 等固溶体形式的硅酸盐正极材料。硼酸盐材料 $LiMBO_3$（M＝Mn、Fe、Co，晶体结构如图 3-8 所示）由于其含有最轻的阴离子基团 BO_3，这使得它与其他聚阴离子正极材料相比具有更高的理论比能量，同样受到人们关注。$LiMBO_3$ 也是最新一代的热门锂插入正极材料之一，其理论比容量能够达到 220mA・h/g 的水准。不过这类正极材料的缺点也十分明显，较差的电化学性能限制了其大规模的应用。尽管一些研究表明，其最大的限制因素是动力学极化和湿度敏感性，但研究尚不成熟，依然需要更多的研究工作来探明其质变机理以及找寻更加可靠的制备与合成方法。

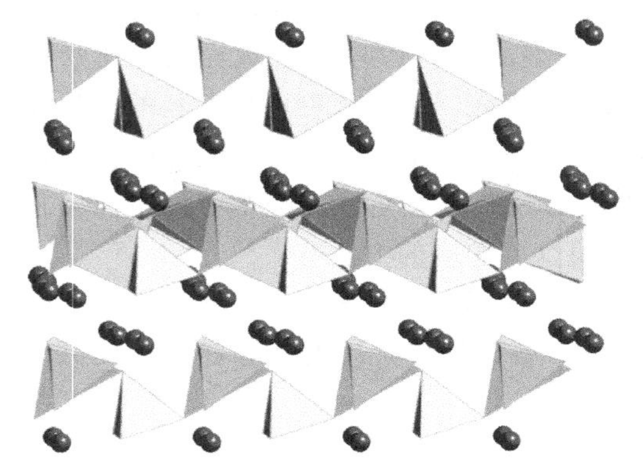
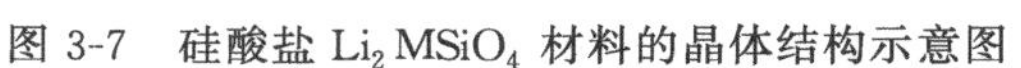
图 3-7　硅酸盐 Li_2MSiO_4 材料的晶体结构示意图

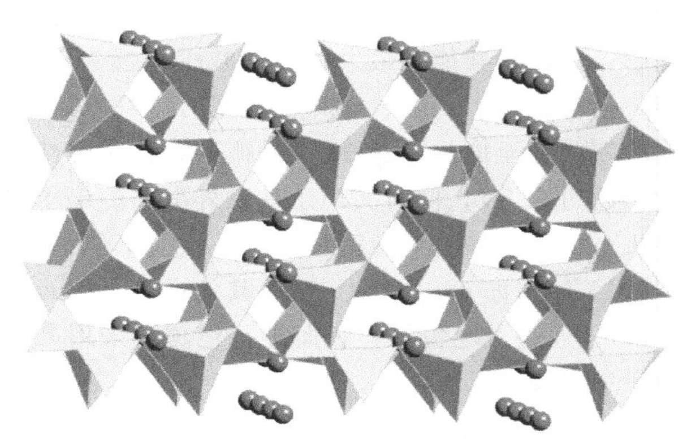
图 3-8　硼酸盐 $LiMBO_3$ 材料的晶体结构示意图

除了形式各异的正极材料，锂离子电池负极材料的种类同样有诸多选择。对于锂离子电池而言，尽管金属锂有着远超正极的高理论比容量，在设计上无须担心负极容量不匹配的问题，但不可控的锂枝晶生长问题限制了其在商品化中的应用。目前主要的负极材料主要有碳基材料、锡基材料、硅基材料、钛基材料等几大类。

碳基材料是最常见的一种锂离子电池负极材料，除了碳基材料本身较高的热稳定性、强大的可逆充放电性能之外，其低廉的价格，在自然界中丰富的储量，更使其具有无可替代的优势。根据结晶度以及不同的碳原子堆叠方式，碳基负极材料主要有两大类：

① 软碳，主要指可以石墨化的碳基材料，它们的微晶堆叠都沿着同一方向。

② 硬碳，顾名思义，指不可石墨化的碳，它们的微晶排列方向在空间上都是无序的。

软碳在电池领域中的应用非常广泛，不仅仅局限于锂离子电池，在其他电池中也能够看到它的应用。它拥有 350～370mA・h/g 的可逆循环容量、大于 90%的高库仑效率以及长循环寿命。经过多年的产业化研发，碳基材料的成本已经得到大幅度降低，市面上已经有如中间相碳微球（MCMB）、气相生长碳纤维（VGCF）、中间相沥青基碳纤维（MCF）、气相生长碳纤维（VGCF）和人造石墨（MAG）等多种形式的碳基负极材料。碳基负极材料的比容量较低，在一些大功率用电设备，如纯电动汽车、混动型汽车上的应用还存在着明显的短板，无法满足单次充电长续航的要求。因此碳基材料在负极上的应用仅限于一些如相机、手机、电脑（计算机）这般的小功率设备。同时与金属锂作负极时类似，石墨作为电池的负极材料时也会遭遇锂枝晶的生长问题，在过充的情况下尤为明显，有不小的安全隐患。此外，石墨本身较低的锂氧化还原电位，会与电解液发生反应形成 SEI 膜，破坏原始的负极表面，使得电池的容量急剧下降。目前锂离子电池在电动汽车行业以及智能电网中的市场份额不断扩大，提高碳基材料的比容量是谋求进一步发展的当务之急。对于容量焦虑问题，目前的研究主要集中在以多孔碳替代石墨的方向。一些多孔碳基材料，如碳纳米管（CNT）、石墨烯（graphene）和碳纳米纤维（CNF）等，都是十分有希望的备选材料之一。微观尺寸的减小和多孔的形貌结构可以很大程度上地提高电极材料的比容量。一种外径 20nm、壁厚 3.5nm 的碳纳米环（CNRS）被用作锂离子电池的负极时，电化学性能表现十分优异（图 3-9），该电极在 0.4A/g 的电流密度下循环数百次后比容量依然超过 1200mA・h/g，是常规石墨电极的 3～4 倍，即使是在更高的电流密度（45A/g）下，比容量也能够达到惊人的 500mA・h/g，这种极佳的倍率性能和容量性能表现主要归因于减小的锂离子扩散距离与增多的锂离子存储点位。精细化的纳米结构造就了这一系列的功能提升。

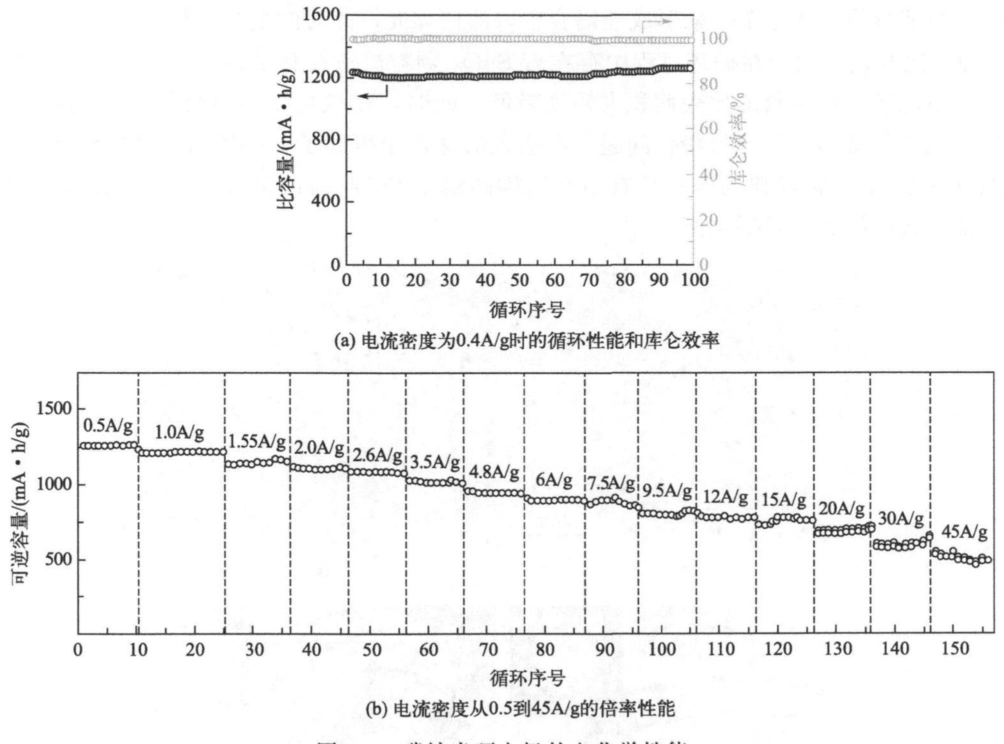

(a) 电流密度为0.4A/g时的循环性能和库仑效率

(b) 电流密度从0.5到45A/g的倍率性能

图 3-9　碳纳米环电极的电化学性能

锡基材料中单质金属锡的理论比容量能够达到 994mA・h/g，约是采用石墨负极理论比容量的三倍。锡金属更偏向于与锂金属形成合金，经过合金化处理后，新型的锂锡合金 $Li_{17}Sn_4$ 的最大理论比容量依然有 959.5mA・h/g，仍远高于常规的碳基石墨负极。此外，锡基负极的电位要高于石墨负极，这使得其在快速的充放电过程中更能避免金属锂的沉积，减轻枝晶生长的问题。当然，锡基负极材料也有其固有缺陷，随着锂离子的不断嵌入、脱出，金属锡会发生极为明显的体积变化，甚至能够达到其常态体积的 360%，晶格的膨胀和收缩会导致电极材料发生断裂扭曲以及电池阻抗的增加，这将严重限制电极活性材料与集流体之间的电子交换。这种体积的变化无疑会减少电池的循环寿命，甚至会引发严重的安全问题。纳米化纯锡电极是解决一系列技术难题的手段之一。将锡金属纳米化，导致锂离子的扩散路径缩短，大大降低电极在循环过程中由发生体积变化致使的错位可能，使电极更难发生破碎和裂解，最终来提高锂离子电池的电化学性能。将纯锡纳米颗粒分散在不易形变的复合材料基体上制作复合电极也能有效防止电极的这种体积变化。

除了锡金属外，锡的稳定二氧化物二氧化锡（SnO_2）也是一种重要的锡基负极材料，作为负极它与锂的反应机理主要按照如下两个步骤进行：

$$SnO_2 + 4Li^+ + 4e^- \longrightarrow Sn + 2Li_2O \tag{3-1}$$

$$Sn + xLi^+ + xe^- \leftrightarrow Li_xSn \tag{3-2}$$

在反应式（3-1）中，SnO_2 发生还原反应，被还原成 0 价的金属锡，整个反应存在副反应，会导致部分的永久不可逆容量产生。反应式（3-2）是锡和锂的合金化过程，这个反应步骤可逆性非常高。假设整个电化学过程可逆化程度为 100%，那么填满一个 SnO_2 单元需要 8.4 个 Li^+，这将为电池提高约 1491mA·h/g 的理论比容量。但如果仅反应式（3-2）完全可逆，反应最多只能提供 4.4 个 Li^+ 来形成锂锡合金，即便如此，此时的电极仍然能够贡献 781mA·h/g 的理论比容量。然而在循环过程中存在着 SnO_2 颗粒严重粉化的问题，反应过程中的颗粒团聚会导致电极活性材料的比表面积大幅度降低，此时，锡氧化物的电化学活性也随之下降。为了改善颗粒聚集结块、颗粒粉化问题，在前人的探索中得到了一些较为巧妙的纳米 SnO_2 颗粒形态（图 3-10），最经典的当属具有中空结构的纳米 SnO_2 活性负极材料，该结构由此可以提供更加广阔的锂离子扦插空间。

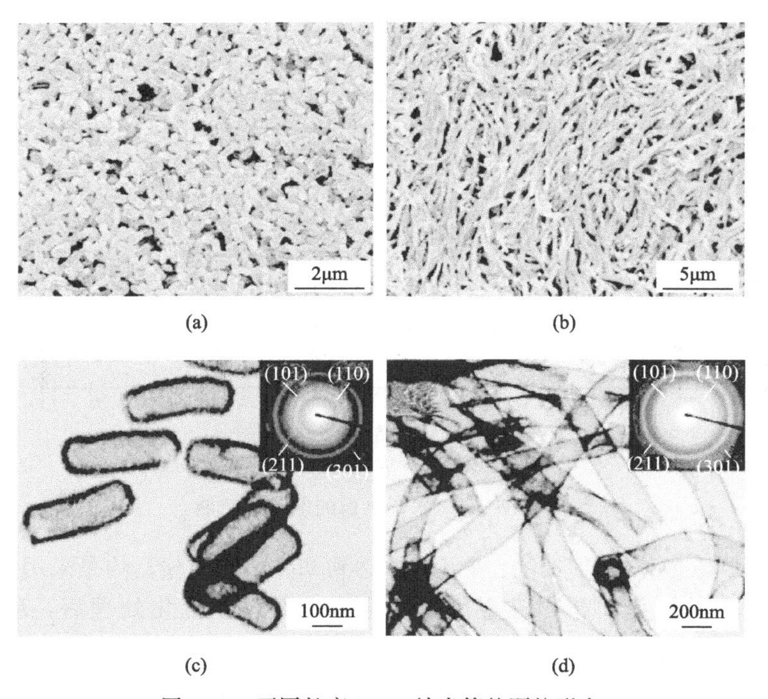

图 3-10 不同长度 SnO_2 纳米管的颗粒形态

(a) 2μm 的扫描电镜（SEM）照片；(b) 5μm 的 SEM 照片；
(c) 100nm 的透射电镜（TEM）照片；(d) 200nm 的 TEM 照片

硅基材料中，单晶硅是一种较为理想的可用电极材料，其拥有着高达4200mA·h/g的理论比容量。但与锡基负极材料相同的是，纯硅在循环过程中也会发生巨大的体积膨胀，体积膨胀程度甚至能达到原始体积400%的水平，毫无疑问这几乎是合金化的负极材料中体积变化最为剧烈的一类。微米级的硅电极在首次循环后就会产生极高的不可逆容量衰减，从而使得可用容量逐次降低。更加精细的纳米级形态的硅是改进电极性能的有效方法，同时硅与碳进行复合也是备选技术手段之一。

Li等人在工作中指出，利用激光诱导硅烷气体反应的方式可以制备得到纳米级别的单质硅，运用这种方法，他们得到了直径78nm的硅颗粒。这种硅基负极材料在0～0.8V电压区间内，循环15次后容量也能达到1700mA·h/g的较高水准。除了激光诱导的手段，在高温高压下也能得到纳米硅颗粒。利用这种方式制备的硅单质的粒径可以通过选择不同的表面活性剂来调控。已经能够用这种方法制备出5nm、10nm和20nm的硅颗粒。这种硅基材料在0.2C倍率下，0～1.5V的电压区间中，经过40次的循环，也能得到约2500mA·h/g的放电比容量。除了在颗粒大小上做文章外，将硅用碳进行包覆可以有效防止硅体积变化导致的SEI膜破裂，且碳原子的表面积要大于纳米级别的硅颗粒，这会有效减少负极与电解液间副反应的发生。用这种手段得到的多孔硅碳复合负极材料中的碳纳米网络能够提供一个有效的锂离子传输空间和电子导电网络，这种结构有着极高的孔隙率，能充分适应反应中硅的体积变化。如在Magasinski的工作中，制备的15～30μm的C-Si多孔性复合材料在C/20的放电倍率下比容量达到1950mA·h/g，如图3-11所示，去掉碳含量单独硅纳米颗粒的比容量约为3670mA·h/g，已经十分接近该种材料的理论值。作为单质碳的一种，石墨烯也可以作为基质与硅纳米颗粒进行复合，这同样能够对硅的体积剧烈变化起到遏制作用。Lee等人工作中制备的硅/石墨烯复合材料在经过200次循环后仍有1500mA·h/g的容量保持，足以说明其极高的循环稳定性和离子存储容量。

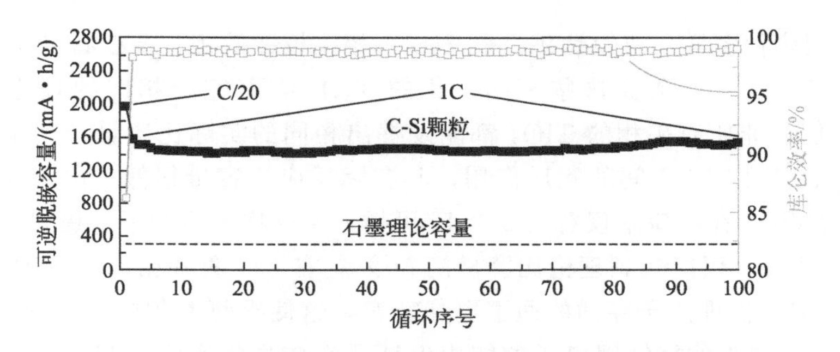

图3-11 C-Si复合材料的循环性能和库仑效率及其与石墨理论容量对比

钛基负极材料被认为是下一代负极材料的可靠备选，尽管有着较低的理论比容量，但钛基材料的优势也很明显。与碳基材料相比，钛基材料的结构能够在1～3V的电压区间内稳定工作，具有较高的电压工作平台，这能够有效避免由电解液电位过低发生副反应导致的分解，同时对锂枝晶的生长问题也能做到一定程度的规避，安全性较高。与锡基材料、硅基材料相比，钛基材料的结构稳定极佳，它在反应中发生的体积变化通常非常小（小于4%），功率密度也比前两者高。一系列的特性使得钛基负极材料无论是在便携式电子产品，还是在固定储能装置、电动汽车领域，都有良好的发展前景。目前，钛基负极材料主要有两大类，即尖晶石$Li_7Ti_5O_{12}$和多种矿相的TiO_2。

钛酸锂 $Li_4Ti_5O_{12}$ 是一种内部具有三维的锂离子迁移通道的尖晶石矿相负极材料。它的特殊结构使其能够容纳 3 个锂离子，此时材料的分子式将变为 $Li_7Ti_5O_{12}$，如图 3-12 所示。它有着 1.55V 左右的电压平台和约 175mA·h/g 的理论比容量。该种负极材料最显著的优点就是其抗形变的能力强，在多次的充放电循环后自身的体积变化仅有 0.2%，鉴于它的这种特性，钛酸锂通常也被称为零应变材料，这种特性保证了它的循环稳定性。美中不足的是，钛酸锂作为一种半导体材料，自身的电子绝缘性质抑制了其高倍率性能。因此大大提高钛酸锂的电子电导率是目前研究亟待突破的方向，通常采用离子掺杂或将其与导电性更好的材料复合来提高它的离子电导率。除此之外，细化颗粒大小，将其制备为纳米材料也能明显缩短离子迁移路径，提高其高倍率性能，这种适用于其他电极材料的方法对钛酸锂电极材料也同样适用。

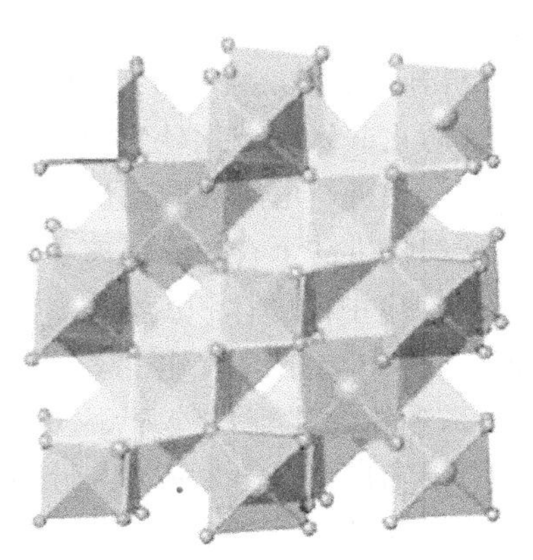

(a) 尖晶石$Li_4Ti_5O_{12}$的晶体结构

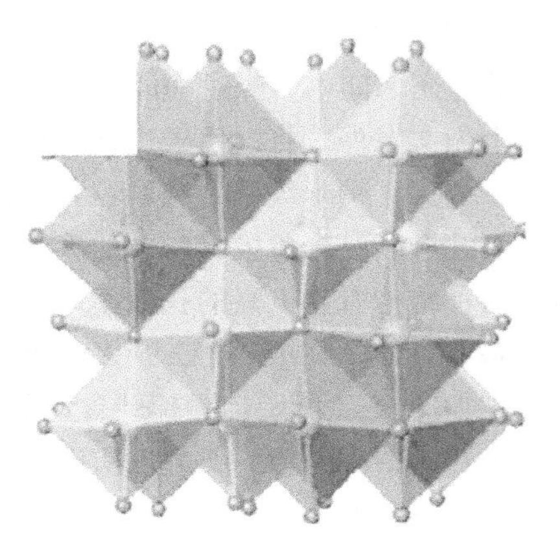

(b) 岩盐$Li_7Ti_5O_{12}$的晶体结构

图 3-12 晶体结构

TiO_2 的晶型多种多样，有锐钛矿（anatase）相、板钛矿相、金红石（rutile）相和青铜（bronze）矿相（TiO_2-B）等。这些不同矿相的 TiO_2 有着完全相同的理论比容量，均为 335mA·h/g。但并非所有矿相的 TiO_2 都能发挥出相同的实际比容量，其中金红石相和锐钛矿相的 TiO_2 由于 Li-Li 之间的互斥作用，其实际反应比容量很低。由于这种排斥作用的影响，每分子的 TiO_2 在反应中仅有 0.5 个 Li 可插入，这样的机制下电极材料实际比容量往往仅有 168mA·h/g，仅能达到理论比容量的 50%左右。与两者相比，青铜矿相的 TiO_2-B 有着开放式的架构，供锂离子穿插的通道更加宽广，这使得每摩尔的 TiO_2-B 锂离子插入量能够大于 0.9mol，更强的接纳锂离子的能力保证了它较高的实际比容量。当然，仅从晶体大小来评判其能够嵌入锂离子的能力未免太过局限，实际上该性能还与晶体自身形貌以及晶体的生长取向有关。比如通过制备具有介孔形貌的纳米电极材料可有效增强材料表面存储 Li 的能力；而且对于金红石矿相的 TiO_2，锂离子在 c 轴方向上的扩散速率要远高于沿 ab 面扩散的速率，因此沿 c 轴方向生长的纳米棒会为金红石矿相的 TiO_2 带来更为优异的性能。

TiO_2 系列负极材料作为负极拥有循环寿命长、环境友好、安全的诸多优势，在新型电极材料的研发中占据了一席之地。同时 TiO_2 的 Li^+/Li 氧化-还原反应电位更高，高于石墨电极的 1.6V，因此在锂离子电池中可以起到过充保护作用。此外其方便被制备为纳米材料，能显著提升快速充放电的能力。TiO_2 材料目前最主要的短板在于其工作电压高，这会大大降低锂离子电池的能量密度。诸如 $LiMn_2O_4$ 和 $LiNi_{0.5}Mn_{1.5}O_4$ 等高电压正极材料可在一定程度上解决这个困扰。同时，与钛酸锂材料类似，TiO_2负极材料也存在着较差的电子导电性问题，不够理想的高倍率性能限制了它的大规模应用。

对于承担锂离子迁移的电解质部分，目前大规模使用的电解液多为一些有机电解液，实际上，绝大多数商用电解液在底层设计方案上已无太大秘密可言，提高电解液性能的关键在于提纯技术和配方技术。高性能电解液的生产对纯度要求高，因此对锂离子电池公司生产工艺和过程控制提出较高要求。有机电解液有着一大弊端，它的非水有机配方，决定了其易燃的特性，有较大的安全隐患。同时电解液加隔膜的形式（图3-13）也从根本上限制了采用电解液的锂离子电池的能量密度。基于此，固态电解质方案应运而生。

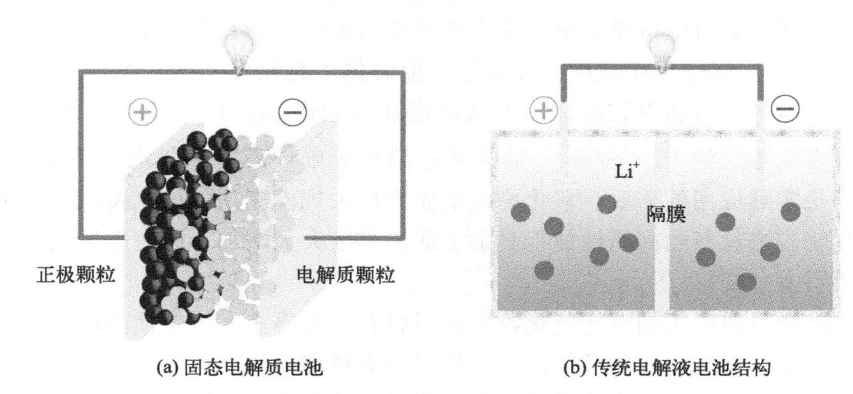

(a) 固态电解质电池　　(b) 传统电解液电池结构

图3-13　电池结构

最早的固态电解质可以追溯到1975年，PEO被证明是一种能够传导锂离子的有机聚合物，但用于电池中时，它较差的循环稳定性限制了其进一步的应用。固态电解质在随后的几十年间一直不温不火，直到电动汽车市场的火热催动了它的研究。众所周知，电动汽车相比传统汽车最大的缺点就是其续航能力的不足；同时，商用锂电解液多采用易燃的有机成分做溶剂，有着较大的安全隐患。对比传统电池电解液＋隔膜的电解质模式，固态电解质本身也能够有效地将正负极隔开并阻止锂枝晶的生长，这就从根源上决定了采用固态电解质的锂离子电池不像传统电池那般“臃肿”，理论上，这种新型电池的能量密度会更高。然而固态电解质的商业化之路仍有两大问题亟待解决。一个是电极和电解质间“固-固”界面的接触问题，不似电解液能够浸入正负极材料的特性，固态电解质无法有效地浸润电极，这种固态间的刚性接触将导致固态电解质与电极间的阻抗上升，影响锂离子迁移的效率，增加发热。固态电解质材料的另一大缺点在于其极低的室温离子电导率，如聚合物电解质在室温下往往只有$10^{-7}\sim10^{-6}$S/cm的极低水平。这种低离子电导率会让电池在高充放电速率下产生极高的极化，导致电池的高倍率性能极差甚至没有容量。

目前的固态电解质研究主要有三大类：硫化物固态电解质、氧化物固态电解质、有机聚合物固态电解质（表3-1）。

表3-1　不同类型固态电解质性能比较

种类	室温离子电导率/（S/cm）	力学性能	稳定性
硫化物	$10^{-4}\sim10^{-3}$	柔韧性强	易发生副反应
氧化物	$\leqslant10^{-4}$	硬度高、脆性大	较好
有机聚合物	$10^{-8}\sim10^{-7}$	柔韧性较好	较好

硫化物固态电解质是最接近商用的一种固态电解质，这类材料室温离子电导率高，甚至能够接近电解液的水平（10^{-3}～10^{-2}S/cm），同时该种类型的固态电解质与电极间的界面接触较好，使得电池阻抗较低，有更高的充放电效率。然而，硫化物电解质在实际应用中有许多棘手的问题需要解决。一个是硫化物通常不稳定，无论是空气中的 O_2、H_2O 还是 CO_2，都极容易与它发生反应，这就提高了对密封条件的要求。硫化物电解质的另一大弊端在于充放电过程中的循环稳定性不佳，以硫化物电解质材料 $Li_{10}SnP_2S_{12}$（LSPS）为例，该材料在循环老化之后检测到 S^{2-} 的出现，反应继续进行，醇氧化物与多硫化物反应形成亚硫酸盐和其他低分子量的化合物将导致电池的不可逆损伤。

与之对比，同属无机电解质的氧化物电解质在稳定性上的表现则要好得多，尽管某些类型的氧化物也存在与 CO_2 发生反应的可能性，但总体上稳定性更强。同时，氧化物固态电解质自身的离子电导率也相对较高，如钙钛矿型钛酸镧锂 $Li_{0.5}La_{0.5}TiO_3$（LLTO）的晶粒室温离子电导率能够达到 10^{-3}S/cm，尽管其室温离子电导率参数与电解液相比仍有差距，但完全能够满足实际应用的需要。氧化物电解质无法大规模应用的最主要原因在于它的高脆性，这些氧化物陶瓷材料的高脆性使得其加工成型难度大大增加，同时也导致了它们无法承受电池因外力引发的变形。

聚合物电解质材料的柔韧性比氧化物电解质材料要好得多。可塑性的增强使得其能够更好地应对外力形变，同时较好的柔韧性使该种材料更易加工成型。另外，聚合物材料相对更轻，同时较低的成本也是未来高能量密度电池能够成功商用的关键。尽管对聚合物材料的研究最早，然而该种电解质材料较差的离子导电能力会使得电池在循环过程中的极化严重，虽然能够小部分商用，但采取的方案都是在原锂离子电池之外添加额外的辅助加热装置，以提高材料的离子电导率。这种方式导致的能量损失也是不可忽视的。另外，在聚合物材料中加入增塑剂是一种有效增大离子电导率的手段，但增塑剂的加入会导致聚合物本身的柔韧性与机械强度大大下降，这也是人们所不愿看见的。

因此，保证电解质力学性能与离子导电能力之间的平衡至关重要。既然单一电解质材料无法有效满足人们的需要，多种材料复合的方式逐渐被探索出来。目前普遍采用的是无机陶瓷与有机聚合物复合的方式。用这种手段可以实现一定程度上的平衡。此外，固态电解质在实际应用过程中也还面临着电化学稳定性窗口过低、无法有效浸润电极材料的诸多问题，此处不再详细说明。

3.3 二氧化钛晶体结构表征概述

TiO_2 在自然界中有几种同素异形体，分别是锐钛矿相、金红石相、板钛矿相和青铜矿相 TiO_2-B，TiO_2 作为负极材料循环寿命长、环境友好、安全隐患小，是一种关键的金属离子电池负极材料。这四种晶型 TiO_2 的晶体结构如图 3-14 所示。尽管有着不同的晶体结构，但四种矿相的 TiO_2 离子嵌入/脱出机制都是一致的，其具体的反应机理可用下面的公式简化描述，即

$$TiO_2 + xLi^+ + xe^- \leftrightarrow Li_xTiO_2 \tag{3-3}$$

公式中 x 的数值会因 TiO_2 的具体形貌、结构以及生长方向的不同而变化，随着氧化还原反应的不断进行，电子会发生相应的定向迁移。每有 Ti^{4+} 受到还原反应变为三价的 Ti^{3+} 的同时，为了维持晶体结构自身的电中性，便会有一个 Li^+ 进入到 TiO_2 的晶格当中，随着 Li^+ 的不断嵌入，TiO_2 会发生一系列的相转变过程。这种相变过程不只可以通过实验验证，随着计算机仿真技术的发展，也可以通过理论计算模型来实现。当然由于四种 TiO_2 的具体晶胞结构有着一定程度上的差别，锂离子在不同矿相的 TiO_2 中插入的位置也会相应不同。

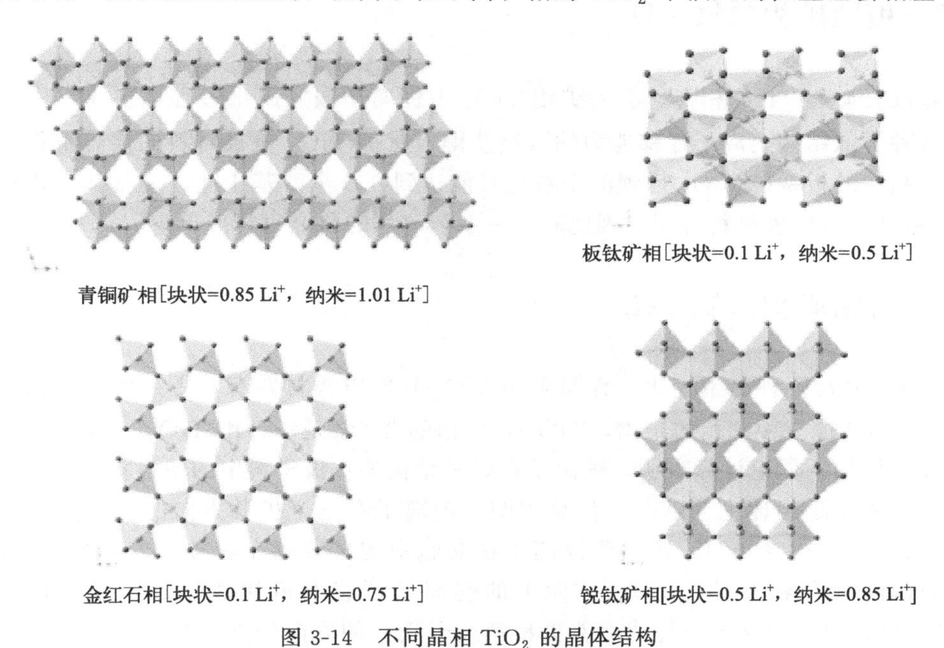

图 3-14　不同晶相 TiO_2 的晶体结构

3.3.1　锐钛矿相二氧化钛

锐钛矿相 TiO_2 的晶体结构是一种在平面上的一维锯齿状的链结构，锂离子在这种矿相的 TiO_2 中扩散所需的能量较少。其晶胞是由八面体 TiO_6 沿着平面 a 和 b 轴方向堆叠而成的，这种空间结构为锂离子的扩散提供了一个“之”字形的通道。这种宽广的内部结构为锂离子的脱嵌提供了极大的便利。在维持锂离子传输的同时，该种矿相的 TiO_2 的晶胞体积变化仅有不到 4%的水平，这种极强的抗形变能力是合格的正极材料所必需的。结构的稳定保证了采用该种材料的电极具有极长的循环寿命。

3.3.2　金红石相二氧化钛

金红石相 TiO_2 晶胞的晶体结构是一种八面体的空间结构，TiO_6 八面体经过共棱和共顶点排列构成，这种结构让金红石相的 TiO_2 成了 TiO_2 众多晶型中最为稳定的一种。但是这种较为致密的空间结构会造成锂离子在其中嵌入脱出的困难，这也是这种矿相的 TiO_2 的 Li^+ 扩散系数较低的原因。另外，锂离子在金红石相中的各个空间方向上的扩散能力差异性也非常大，主要表现在 Li^+ 在 c 轴方向上扩散速度远超其在 ab 面上的扩散速度。Li^+ 在 c 轴上的离子扩散系数约为 $10^{-6}cm^2/s$，而在 ab 面上这个数值则下降为 $10^{-14}cm^2/s$。这种 Li^+ 扩散能力的差异将会导致 Li^+ 在 ab 面和 c 轴方向上的数量有较大的差别。然而，尽管锂离子在 c 轴方向上的扩散速度远超 ab 平面，但在 ab 面上被束缚住的 Li^+ 会对 c 轴方向上迁移的锂离子产生一种强烈的排斥作用，这种斥力会导致 c 轴方向上锂离子的扩散达不到理论预期，从而使得整体的金红石相的 TiO_2 锂离子的扩散系数非常低。

3.3.3 板钛矿相二氧化钛

与金红石矿相 TiO_2 相似，板钛矿相 TiO_2 中锂离子嵌入脱出过程也主要发生在 c 轴方向上，这种类似结构上离子迁移能力的限制使得板钛矿 TiO_2 电极材料的比容量很低，设置采用纳米结构的板钛矿 TiO_2 插锂的个数也只能达到 0.5 个。基于此，通常认为该种矿相的 TiO_2 不适合作为电极材料应用，因此对它一系列改性的研究也相应较少。

3.3.4 青铜矿相二氧化钛

与 TiO_2 其他三种晶型相比，青铜矿相 TiO_2-B 的电极材料有着更高的理论比容量。不同于 TiO_2 的其他三种矿相的结构，TiO_2-B 矿相的 TiO_2 是一种由 TiO_6 八面体共边和共角排列而成的结构。理论计算表明，锂离子在该种结构的负极材料中的快速扩散主要在 b 轴方向上进行。密度泛函理论（DFT）计算表明，锂离子在三个扩散方向的能量势垒大小排列为：(010)＜(001)＜(100)。这表明锂离子在晶胞中的扩散存在着各个方向维度上的不同。锂离子更倾向于沿着 b 轴［010］方向上的锂离子迁移通道快速扩散。基于此，在设计 TiO_2-B 正极材料的时候要设计成沿着更易锂离子迁移的方向伸展的形貌，以获得更好的电池性能表现。而且 TiO_2-B 在锂离子扩散动力学过程中存在明显的赝电容性质，这将使它的倍率性能更加优异。

3.4 离子扩散动力学性能分析

3.4.1 恒流间歇滴定法

恒电流间歇滴定法（GITT）是一种测定化学扩散系数的常用方法，它主要描述的是物质的扩散过程与电荷转移之间的关系。具体的测试基于热力学稳态过程，并采用菲克（Fick）定律来研究电极材料的动力学性质。在稳态扩散的过程中，各处扩散微元的浓度只随距离变化而变化，可以用菲克第一定律来描述，其具体表达式可以表示为

$$J=-\frac{Dx\,\mathrm{d}C}{\mathrm{d}x} \tag{3-4}$$

式中，J 指的是在单位时间内通过垂直于扩散方向的单位截面积的扩散物质流量；D 被称为扩散系数；C 表示的是发生扩散的物质的体积浓度；负号主要表示离子的扩散方向与

浓度梯度反向，因为扩散部分总是由高浓度侧向着低浓度侧进行。然而大多数扩散过程都是在非稳态的情况下发生的，C 在随距离变化的同时，往往也随着时间变化。这种情况可以用菲克第二定律来描述，菲克第二定律的表达式较为复杂，具体如下：

$$\frac{\partial C}{\partial T}=D\frac{\partial^2 C}{\partial x^2} \tag{3-5}$$

式中，T 为时间变量。

GITT 测试数据在实际测试中是由一系列的脉冲、恒电流和弛豫时间数据组成的。弛豫时间指没有电流通过的时间，因此 GITT 在实际测试中只需要设定两个主要参数，即电流 i 和弛豫时间 τ 就可以实现对上述过程的控制。对于一个测试循环，首先要在被测材料上施加一个正电流脉冲，此时由于材料电阻 R 的存在，电池的电势会快速升高。在脉冲电流未消失的时间内，电势会由陡增变为缓慢上升。随后充电电流中断，材料电势迅速下降然后进入弛豫过程。也正是在这个过程中，离子扩散使得电极中的组分逐渐趋向于均匀分布。重复上述过程便能得到一系列的 GITT 测试数据。GITT 测试的核心公式通常被写为

$$D=\frac{4}{\pi}\left(\frac{iV_{\mathrm{m}}}{z_{\mathrm{A}}FS}\right)^2\left(\frac{\mathrm{d}E/\mathrm{d}\delta}{\mathrm{d}E/\mathrm{d}\sqrt{t}}\right)^2 \tag{3-6}$$

式中，i 是人为设定的电流值；V_{m} 为电极材料的摩尔体积；F 为法拉第常数；z_{A} 是单个迁移离子所带的电荷数（如锂离子的 z_{A} 为 1，镁离子的 z_{A} 为 2）；S 是电极和电解质界面间的接触面积；$\mathrm{d}E/\mathrm{d}\delta$ 代表的是库仑滴定曲线的斜率；$\mathrm{d}E/\mathrm{d}\sqrt{t}$ 表示的是电势与时间的相对关系。工程应用中这个公式过于复杂，而且施加的脉冲电流 i 往往较小，弛豫发生的时间也很短，此时 $\mathrm{d}E/\mathrm{d}\sqrt{t}$ 呈现出线性关系，那么公式便可以进一步简化为

$$D=\frac{4}{\pi\tau}\left(\frac{n_{\mathrm{m}}V_{\mathrm{m}}}{S}\right)^2\left(\frac{\Delta E_{\mathrm{S}}}{\Delta E_{\mathrm{t}}}\right)^2 \tag{3-7}$$

式中，τ 指弛豫时间；n_{m} 是物质的量；ΔE_{t} 是施加恒电流 i 在时间 τ 内总的暂态电位变化；ΔE_{S} 是由恒电流 i 的施加而引起的电流稳态电压变化量。知道了这一公式，便可以通过计算机设备来记录 GITT 曲线，测算出相应的扩散系数。

3.4.2 恒压间歇滴定法

与 GITT 测试一样，恒压间歇滴定法（PITT）也是用于测定电极材料中 Li^+ 离子扩散系数的重要手段。GITT 测试是通过改变电流来测定电压变化的测试方法，PITT 的过程则与之相反，它通过给出不同的电位来测量电流的变化。PITT 测试的结果是在轻微偏离平衡条件下获得的，在这种条件下得到的电流与时间之间的关系会更加精确，得到的离子迁移数据也会更加可靠。其核心公式可以表述为

$$i=\frac{2FS(C_{\mathrm{s}}-C_0)}{L}\mathrm{e}^{-\frac{\pi^2 Dt}{4L^2}} \tag{3-8}$$

式中，i 是电流；F 仍然是法拉第常数；S 为电极与电解质界面间的面积；C_{s} 是 t 时刻电极表面离子的浓度；C_0 是电极表面的离子浓度；L 指的是电极的厚度。这个公式依然十分复杂，该公式的简化形式为

$$D=\frac{\mathrm{dln}i}{\mathrm{d}t}\times\frac{4L^2}{\pi^2} \tag{3-9}$$

利用这个公式，便可得到扩散系数与电流的关系。

3.4.3 循环伏安法

循环伏安法（CV）也是一种常用的电化学研究方法，它采用控制电极以不同的扫速进行一次或多次的扫描，然后记录电流随电势的变化曲线。正常的标准电阻的伏安曲线应是一条线性的直线，对于电极材料而言，由于在充放电过程中发生了氧化还原反应，此时CV曲线的不规律变化便可以成为表征电极材料反应特点的依据。可以根据CV曲线的峰型及面积等信息来判断电极材料的反应可逆性，CV曲线氧化还原峰的位置可以反映电极材料发生氧化和还原反应的电位以及判断材料的相变化信息。另外也可以对电极材料进行变扫速的CV测试，以得到电极材料的极化信息、插/脱机制以及电化学动力学特性。

3.4.4 电化学阻抗谱法

电化学阻抗谱（EIS）的最早应用是在电学中，一开始是用来研究线性电路网络频率特性的一种常用方法，后来被引进到电极材料等的研究过程中。它采用三电极测试系统，测量工作电极的阻抗。EIS测试是研究电池内阻、电荷转移电阻以及离子于电池内部迁移的动力学扩散系数等进行数量表征的重要方法。常见的电化学阻抗谱有三种表示类型，分别是奈奎斯特图、波特图和相位图。在电极材料的测试中，更多地采用相位图。应用相位图可以对电极材料的阻抗信息进行等效电路分析，将整个系统抽象为电路模型中的电阻、电容等。通过对电路器件参数的不断修正，来分析反应过程。具体测试时将施加有一定电压幅值的电位微扰信号作用在电池体系上，同时在不同的频率范围内进行测试，最后将产生的响应信号及其与扰动信号之间的关系记录下来，就能得到交流阻抗谱。交流阻抗测试对被测系统本身的干扰很小，而且可以从多个不同角度对材料的界面以及内部的电子与离子的传输状态进行表征，测试方法简单，成为电化学性能测试的一种重要方法。

3.5 电化学超级电容器

3.5.1 超级电容器概述

随着人类社会、科学技术和全球经济日益发展，人类对能源的需求越来越大，传统能源难以满足人类需求，能源短缺问题越来越严重。因此，寻求环境友好、可持续使用的新能源（太阳能、风能、氢能等）显得尤为重要。如何高效地转换与存储新能源成为了新能源使用过程中亟待解决的问题。目前，新型电化学储能器件（如电池、超级电容器等）的开发正在被研究人员高度重视与关注。二次电池（铅酸电池、锂离子电池等）在相对小的体积和质量下，具有储存容量大的优点，成为最常见的电能源存储器件之一，被广泛应用于人类日常生活、工业、军事等众多领域。锂离子电池虽然能够达到180Wh/kg的高能量密度，但是供电速度慢、功率密度低。同时，锂离子电池的寿命较短，废弃后处理不合理会造成环境的污染。因此，锂离子电池的使用受到了限制，而发展快速充放电、绿色环保的储能器件迫在眉睫。

与普通传统电池相比，超级电容器（supercapacitor or ultracapacitor）以其充放电速率快、能量转换效率高、循环使用寿命长以及环境友好等优点已经成为被深入研究的储能器件之一。它是一种介于蓄电池和传统电容器之间的新型储能装置，已经成功应用到众多领域。它既可作车辆快速启动电源，也可用作起重装置的电力平衡电源；既可用作混合电动汽车、内燃机、无轨车辆的牵引能源，还可作为其他设备的电源。

3.5.2 超级电容器的特点

超级电容器具有以下几方面的优点：

① 大容量。超级电容器采用活性炭粉或活性炭纤维作为可极化电极，与电解液接触的面积大大增加，同时两极间的距离缩小到微米级。两极板的表面积越大、间距越小，则超级电容器电容量越大，从而使电容的容量范围骤然跃升3～4个数量级。目前有机系超级电容器单体的容量可达5000F。

② 长寿命。充放电寿命很长，可达500000次或90000小时。

③ 高功率放电特性。可以提供很高的放电电流（如2700F的超级电容器额定放电电流不低于950A，放电峰值电流可达1680A），一般蓄电池通常不能达到如此高的放电电流。

④ 快充特性。可以在数十秒到数分钟内快速充电，而蓄电池在如此短的时间内充满电是极危险甚至是不可能的。

⑤ 高低温特性。可以在－40～70℃温度范围内正常工作，而蓄电池很难在低温环境下工作。

⑥ 绿色环保。超级电容器用的材料是安全的和无毒的，而铅酸蓄电池、镍镉蓄电池等均具有毒性。

⑦ 全寿命免维护。有机系超级电容器采用全密封结构，没有水分等液体挥发，在使用过程中不需维护。

(1) 与传统电容的差别

电容是以将正负电荷分隔开的方式储存能量的。储存电荷的面积越大，分隔的距离越小，电容量越大。传统电容是从平板状导电材料得到其储存电荷面积的，只有将一根很长的材料缠绕起来才能获得大的面积，从而获得大的电容量。另外传统电容是用塑料薄膜、纸张或陶瓷等将电荷板隔开的，这类绝缘材料的厚度也是阻碍传统电容容量急剧增大的瓶颈。

超级电容器是从多孔碳基电极材料得到其储存电荷面积的。这种材料的多孔结构使它每克重量的表面积可达2000m^2，而超级电容器中电荷分隔的距离是由电解质中的离子大小决定的，其值小于10Å。巨大的表面积加上电荷间微小的距离，使得超级电容器的电容量剧增。一个有机系超级电容器单体的电容值，可以从1F至几千法拉。总之，与传统电容相比，超级电容器容量远远大于传统的电容。

(2) 与蓄电池的比较

① 与同样大小的蓄电池相比，超级电容器所能储存的能量小于蓄电池，但其功率性能却大大优于蓄电池。因为超级电容器可以高速率放电，且尖峰电流仅受内阻和超级电容器大小的限制，所以在储能装置的尺寸大小由功率决定时，采用超级电容器是较优方案。

② 超级电容器在其额定电压范围内可以充电至任意电压值，放电时可以放出所储存的全部电量，而蓄电池只能在很窄的电压范围内工作，而且过放电会造成蓄电池性能损坏。

③ 超级电容器可以安全、频繁地释放能量脉冲，但蓄电池频繁地释放能量脉冲则会大大降低其使用寿命。

④ 超级电容器有极快速充电特性，而快速充电则会加快蓄电池损坏。

⑤ 超级电容器充放电循环寿命可达几十万次，而蓄电池充放电循环寿命一般只有数百次。

(3) 特性

超级电容器在分离出的电荷中存储能量，用于存储电荷的面积越大、分离出的电荷越密集，其电容量越大。

庞大的表面积再加上非常小的电荷分离距离，使得超级电容器较传统电容器而言，有巨大的静电容量，这也是其“超级”所在。

3.5.3 超级电容器的结构

如图 3-15 所示，超级电容器的结构主要由阴极、阳极、电解液和隔膜构成。根据储能机理的不同，可以将超级电容器分为三类：一种是双电层超级电容器（electrical double layer capacitor，EDLC），参见图 3-15（a）；一种是赝电容超级电容器，参见图 3-15（b）；一种是混合型的超级电容器，参见图 3-15（c）。

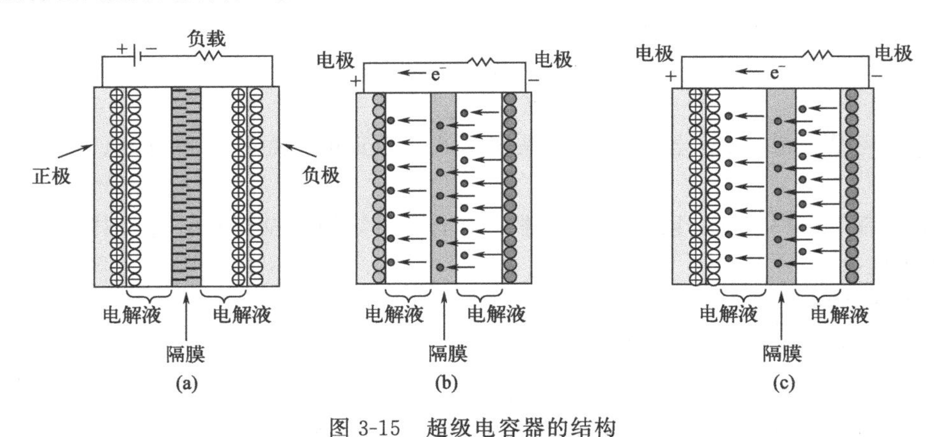

图 3-15 超级电容器的结构

3.5.4 超级电容器工作原理

(1) 双电层超级电容器

在电场作用下，超级电容器电解液中数量相当的阴、阳离子分别向电极的正、负极移动，形成电势差，从而在电极材料与电解液间形成双电层。撤离该电场后，由于电荷异性相吸作用，该双电层可以稳定存在并稳住电压。在超级电容器接入导体后，两极上吸附的带电离子将发生定向移动并在外电路形成电流，直到电解液重新变回电中性。如此往复，可多次充放电使用。该双电层理论最早是在 1853 年，由亥姆霍兹（Helmholtz）提出，电容值的大小由式（3-10）决定。

$$C=\frac{\varepsilon_r\varepsilon_0}{d}A \tag{3-10}$$

式中，C 是电容值；ε_r 是电解质介电常数；ε_0 是真空介电常数；d 是双层的厚度（电荷分离距离）；A 是电极材料的比表面积。亥姆霍兹双电层模型考虑的因素相对单一［见图3-16（a）］，后来由 Gouy 和 Chapman 等人进一步优化，考虑了热动力下电解液阴阳离子在电解液中的连续分布，提出了扩散层，即 Gouy-Chapman 模型［见图 3-16（b）］。然后 Stern 进一步改进，结合 Gouy-Chapman 模型，认为在电极-电解液界面存在两个离子分布区域，分别为扩散层和致密层［Stern 层，见图 3-16（c）］。在扩散层，电解质离子在热运动作用下产生的电容用 C_{diff} 表示。致密层由特殊的吸附离子（在大多数情况下，它们都是阴离子，而不考虑电极的电荷性质）和非特殊吸附的反离子组成。在内层致密区域，离子吸附在电极表面，产生的电容用 C_{H} 表示。因此，整个双电层电容 C_{dl} 与致密层电容和扩散层电容关系如式（3-11）所示。

$$\frac{1}{C_{\text{dl}}}=\frac{1}{C_{\text{H}}}+\frac{1}{C_{\text{diff}}} \tag{3-11}$$

式中，C_{dl} 代表整个电极体系双电层电容；C_{H} 代表紧密层的电容；C_{diff} 代表扩散层的电容。

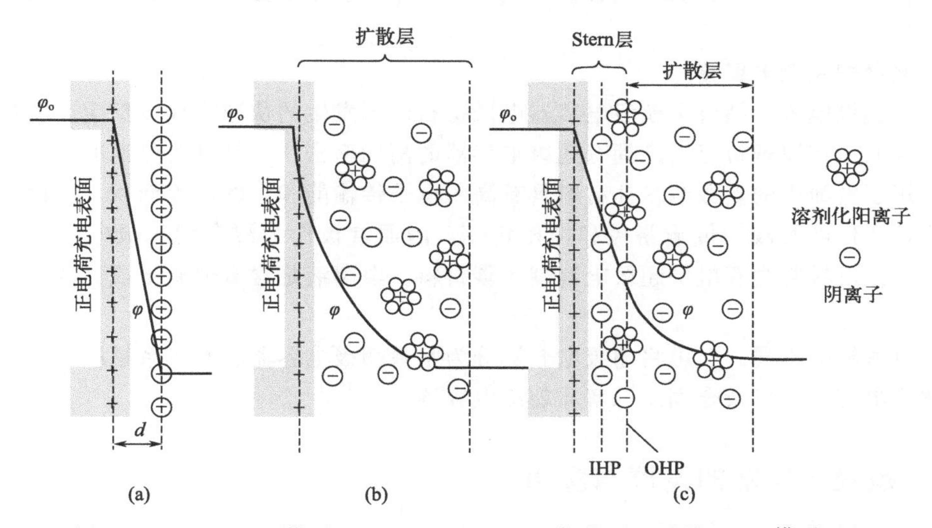

图 3-16 Helmholtz 模型（a）Gouy-Chapman 模型（b）以及 Stern 模型（c）

Stern 模型包括内部亥姆霍兹层（IHP）和外部亥姆霍兹层（OHP）。IHP 是指距离最接近的特定吸附离子（通常为阴离子）组成的层，OHP 是指非特异性吸附离子组成的层。OHP 也是漫射层开始的平面。d 表示亥姆霍兹模型描述的双层距离。φ_o 和 φ 分别是电极表面和电极/电解质界面处的电势。

从双电层电容器工作原理来看，其充放电过程没有涉及化学反应，只是有离子在电极材料表面脱吸附的物理过程，电极材料没有发生相变，所以具有良好的循环使用寿命，但是比电容值比较低。相关研究得出，其电容值与电容器电极材料的活性比表面积、孔隙度、电极表面与电解液的可接触性，以及电解液的酸碱性等因素有关。目前，适用于双电层电容器的电极材料最多的是具有优异导电性能的碳材料（石墨烯、洋葱型石墨烯、多孔碳、碳纳米

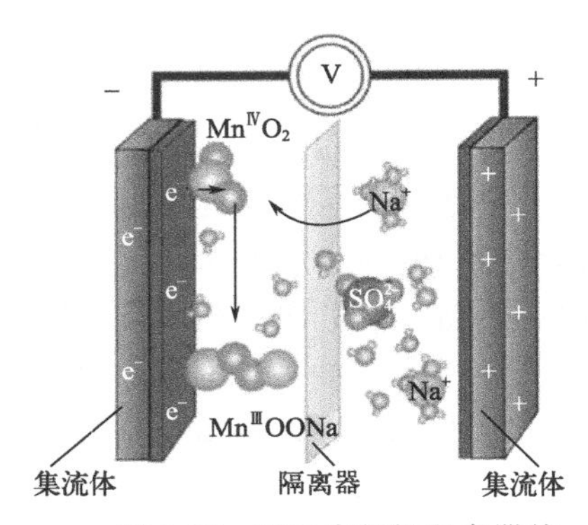

图 3-17 赝电容超级电容器的工作示意图

管、二维层状碳材料等)。

(2) 赝电容超级电容器

赝电容超级电容器的工作原理是:在具有电化学活性的电极材料的表面或体中的二维或准二维空间里进行欠电位沉积,发生高度可逆的化学吸脱附或氧化原反应,产生与电极充电电位有关的电容,从而进行能源存储(见图 3-17)。在水系电解液中,其充放电反应过程如下:

电解液为酸性时:

$$MO_x + H^+ + e^- \rightleftharpoons MO_{x-1}(OH) \tag{3-12}$$

电解液为碱性时:

$$MO_x + OH^- - e^- \rightleftharpoons MO_x(OH) \tag{3-13}$$

另外,通过在电解液中加入具有氧化还原反应活性的离子,也可以增加赝电效应。因此,一般情况下,赝电容超级电容器往往要比双电层超级电容器具有更优的电容量和能量密度。但是伴随着氧化还原反应的发生,尤其是表面的赝电效应,电极材料体相会发生变化或电解液组分发生改变,因此,赝电容超级电容器的电化学稳定性不如双电层超级电容器,其循环使用寿命不如双电层电容器的长。目前,赝电容超级电容器高效电极材料有导电型高分子,过渡金属氧化物/氢氧化物/化合物,氮、氧、硼等杂原子掺杂的炭材料和多孔炭中的化学吸附氧等。

(3) 混合型超级电容器

混合型超级电容器结合了超级电容器电极材料内部发生的快速充放电反应、电池内部发生插层反应的工作原理特点,既拥有超级电容器的高功率密度,又具有电池的高能量密度的特点。应用于电池中的多级纳米孔材料具有高的电子传输能和大的比表面积,从而有利于电子的传输,降低电解液的传输路径和抑相转变,因而常被作为混合型超级电容器的一方电极。而另一方电极常为双电层超级电容器的碳材料。电解液是含有锂离子或钠离子的电池用电解液。

根据电解液的不同,又可将超级电容器分为水系超级电容器、有机系超级电容器、离子液体型超级电容器,以及全固态电解质超级电容器。

3.5.5 超级电容器的发展与应用

(1) 薄膜电容将逐渐取代铝电解电容

以风力发电、太阳能发电、电动汽车为代表的新能源市场日益繁荣,极大地拉动了电容器的市场需求。薄膜电容在新能源领域的应用开发使得行业迎来新的产业机遇。随着薄膜电容技术的不断发展,其因具有耐高电压、滤波能力强、寿命长、使用温度范围宽、能在恶劣的环境下工作等优点,特别适合在新能源领域应用,因而越来越受到新能源行业的关注。

薄膜电容在风力发电、太阳能发电领域的应用主要在电力设备变频、电流变换、电源控制、功率因数校正等方面。以前基本上都是以使用铝电解电容为主,但薄膜电容在这个领域的优势越来越明显。随着薄膜电容价格的下降,在风能、光伏发电领域,薄膜电容取代铝电解电容将是未来的发展趋势。同时,变频技术应用领域不断推广,通信设备更新换代周期缩短,多重利好因素作用下,高端电容器市场迅速发展。

(2) 可在解决电动汽车充电问题上发挥重要作用

随着汽车技术的发展及环保政策趋严，新能源汽车得到迅速发展，市场需求量不断扩大。但电动汽车实际应用的充电问题一直得不到解决，仍然存在充电桩数量不足、布局不合理、维护不到位、老旧小区建桩难等问题。现阶段公众在选择纯电动汽车和传统能源汽车产品消费时，充电的便捷程度（包括充电桩分布位置和充电所需时间）是重点关注方向。

由于充电设施前期投入较大，充电设施企业运营盈利差，市场化的参与单位参与意愿低，使得充电设施配套少。其次电动车平均每次充电需要一到三个小时，且电池需要做专门的定期维护，使用三到五年后还需更换新电池，更新费用较高，这些条件严重制约了电动汽车的实际推广和应用。

超级电容器可在解决电动汽车充电问题上发挥重要作用。超级电容器具备功率密度大、充放电速度快、瞬间输出功率大的优势，不仅可在汽车启动的时候为汽车提供峰值电流，为瞬间大负荷的工作提供充足的能源保障，而且也可以达到降低燃油成本、降低排放、提高汽车性能的效果。因此，超级电容器是一种理想的电动汽车储能设备。如再将普通的储能电池和超级电容器组合成混合储能单元，结合两者优势，必将大大提升超级电容器在电动汽车领域的应用优势。

(3) 超级电容器的应用

超级电容器良好的脉冲功率性能、较长的应用产品寿命、能够在极端的温度环境中可靠操作的特点，完全适合那些需要在几分之一秒至几分钟时间的重复电能脉冲的应用产品，使其成为运输、可再生能源、工业与消费电子以及其他应用产品的首选蓄能与电力传输解决方案，例如在电动汽车、军工、轻轨、航空、电动自行车、后备电源、发电（风能发电、太阳能发电）、通信、消费和娱乐电子、信号监控等领域的电源应用方面具有广阔的市场前景。

近年来，由于能源问题和环境保护的要求，世界上对电动汽车的需求越来越多，电动汽车的关键部分是蓄电池，但蓄电池的峰值功率特性无法满足汽车在启动、加速和爬坡等特殊情况下对功率的需求。超级电容器在电动汽车中与蓄电池并联作辅助电源的应用，可以弥补蓄电池在功率特性方面的不足。当汽车处于正常行驶状态时，超级电容器处于充电状态；在加速或载重爬坡特殊情况下，由超级电容器实现高功率放电；突然制动时，则通过超级电容器的高功率充电吸收制动过程中产生的能量。超级电容器的使用可以满足电动汽车的启动、制动和爬坡时对高功率放电的需求，起到平衡蓄电池负载的作用，可以延长蓄电池的使用寿命。

3.6 固态电池

3.6.1 概述

全固态锂离子电池是最有前景的电池系统，拥有比目前可用的锂离子电池更高的体积能量密度。全固态电池通过串联堆叠以及双极结构设计，能够提升电芯容量，并且极大地提升电池的封装效率。因此，减少传统锂离子电池电芯之间的无效空间可以获得高能量密度。

固态锂离子电池的另外一个优点是没有液体电解质泄漏的风险，从而增加了电池的安全性；此外由于电解液是不易燃的无机固态电解液，所以增加了热稳定性。关于电池性能，可以说全固态电池很大的一个优点是其长循环寿命。

3.6.2 固态电池的结构

固态锂电池从宏观方面看，也是由固态正电极材料、固态电解质、固态负电极材料构成的，其工作原理和液态锂电池类似。

根据固态电解质用量，可以将其细分为半固态电池和全固态电池两大类。

① 半固态电池：电解质采用固液混合形态，电池中液体（电解液）质量占比为5%～10%左右。本质上是液态锂电池和全固态电池的折中方案。

② 全固态电池：完全使用固态电解质代替电解液。

一般将"电池内液体质量占比10%"作为半固态电池和液态电池的分界线。

半固态电池：保留部分电解液和隔膜结构。半固态电池出于提高导电能力的需求，在加入固态电解质的同时，仍保留了少量电解液，也因此需要隔膜作为分隔正负极的结构。另外根据不同的技术路线，固态电解质也有颗粒状和膜状等多种结构。

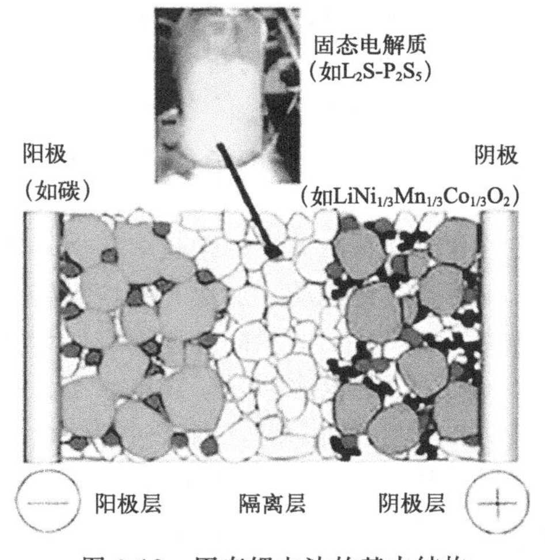

图 3-18 固态锂电池的基本结构

全固态电池：不保留电解液，隔膜不确定。在全固态电池中，电解液将被固态电解质完全替代。隔膜是否被替代，要视不同技术路线而定。在一些固态电池技术方案中，隔膜被保留作为支撑极片的架构；而在另外一些方案中，隔膜则被安全取消。

图3-18是目前固态锂电池的基本结构，其中的缓冲层是为了让固态电极和固态电解质能够有效地相容结合所使用的；隔离层是为了防止内部的正负极短路而设置的，如果技术再进步，就可以去掉隔离层。简单地说，固态锂电池和液态锂电池在宏观结构方面是一样的，根本的区别在于固态锂电池的电解质是固态的。

3.6.3 固态电池工作原理

固态电池的工作原理基本上与传统液体电池相似，但存在一些关键的差异。

固态电池的主要组件包括正极、负极、固态电解质和电池壳体。正极和负极通常由特定的电化学材料构成，而固态电解质是一种固体材料，用于分离正负极并导电。

以下是固态电池的基本工作原理。

充电过程：在充电过程中，电流通过外部电路从正极流向负极。在固态电解质中，正离子（通常是锂离子）从正极迁移到负极。正极材料在此过程中发生氧化反应，而负极材料发生还原反应。这些电化学反应导致电子流动，产生电能。

储能：正离子在固态电解质中移动，并嵌入到负极材料的晶格结构中。这个过程是储存电能的关键。由于使用固态电解质，这些电化学反应通常比液体电解质中的反应更快速。

放电过程：当需要释放储存的电能时，电池通过外部电路连接负载（例如电动车或手机），电流开始从负极流向正极。在这个过程中，正离子离开负极并移回正极，从而导致电池放电。这时，正极材料还原，而负极材料氧化。

电解质的作用：固态电解质的主要作用是允许正离子传输，并阻止电子流动。由于固态电解质是固体材料，它通常比液体电解质更稳定、更安全，不容易泄漏或爆炸。

固态电池的主要优势包括高安全性、高能量密度、较快的充放电速度和宽温度工作范围。然而，目前固态电池仍然面临一些挑战，例如生产成本较高、界面问题、循环寿命和大规模生产等。因此，研究人员一直在努力改进固态电池技术，以实现更广泛的应用，如电动汽车、可再生能源储能和便携式电子设备中的应用等。

3.6.4 固态电池电解质

这里所说的是固态电池电解质，它要求能够离解锂盐，顺利传导锂离子，还要对正负极材料是相容的。目前比较成熟的有3类：一是聚合物固态电解质，二是氧化物固态电解质，三是硫化物固态电解质。

(1) 聚合物固态电解质

聚合物固态电解质是由有机的聚合物基体和锂盐构成的，它具有质量较小、黏弹性好、机械加工性能优良等特点。

常用的锂盐有 $LiClO_4$、$LiAsF_4$、$LiPF_6$、$LiBF_4$ 等。

常用的聚合物基体有聚环氧乙烷（PEO）、聚丙烯腈（PAN）、聚偏氟乙烯（PVDF）、聚甲基丙烯酸甲酯（PMMA）、聚环氧丙烷（PPO）、聚偏氯乙烯（PVDC）等。

这些聚合物基体的优点是能够很好地解离锂盐，缺点是离子电导率较低，所以要做改性处理。最为简单有效的改性方法是掺杂 MgO、Al_2O_3、SiO_2 等金属氧化物纳米颗粒，这样就可以增加锂离子传输通道，提高电导率。

用这种掺杂聚合物和锂盐可做成多孔的聚合物固态电解质。

(2) 氧化物固态电解质

按照分子结构，可以将氧化物固态电解质分为晶态和非晶态两类。

晶态氧化物电解质，例如 LISICON，有晶格结构，在室温下化学稳定性高，有利于全固态电池的规模化生产。

非晶态氧化物电解质，例如 LiPON，分子结构像玻璃一样，无晶格结构，室温离子电导率高，电压高，热稳定性较好，已经得到了商业化应用。

(3) 硫化物固态电解质

一般采用非晶态硫化物固态电解质及硫化物陶瓷固态电解质。

对于非晶态硫化物固态电解质，例如 $Li_2S\text{-}P_2S_5$、$Li_2S\text{-}SiS_2$、$Li_2S\text{-}B_2S_3$，室温离子电导率高，同时具有热稳定高、安全性能好、电化学稳定窗口宽（5V以上）的特点，在高功率以及高、低温固态电池方面优势突出，是极具潜力的固态电池电解质材料。

全固态电池没有隔膜，替代隔膜的是电解质隔离层，所以固态电解质既要传导离子又需具备隔膜功能，为了全面普及固态电池，开发具有高离子电导率的固态电解质非常重要。此外良好的固固界面接触、优异的化学稳定性、低成本、机械强度好、环境友好等也是固态电解质产业化不可或缺的。当前各大机构着重关注的固态电解质有如下三种，按照离子电导率排序：硫化物>氧化物>聚合物。目前也有针对复合固态电解质的研究，复合固态电解质是由硫化物/氧化物和聚合物电解质复合得到的电解质。综合了无机和有机固态电解质的优点，兼具高锂离子电导率和电化学稳定性。

3.6.5 固态电池正极材料

固态电池正电极材料要求离子活性强，为了让正电极材料与电解质材料相容并有利于离子传导，一般采用复合电极，即在电极活性材料中掺入一些固态电解质和导电剂。

正电极活性材料应用较为普遍的有 $LiCoO_2$、$LiFePO_4$、$LiMn_2O_4$ 等氧化物。

正电极材料中，目前越来越多地使用三元锂材料，如锂、镍、钴、锰材料，锂、镍、钴、铝材料。因为三元锂正极材料电位高（5V）、电导率高、比容量大。

3.6.6 固态电池负极材料

负电极材料也是锂合金，其基本要求是：

① 活性低（低电位）。

② 嵌入锂离子强（高容量）。

③ 充放电过程中体积变化小。

有很多锂合金材料可以使用，例如锂和 In、B、Al、Ga、Sn、Si、Ge、Pb、As、Bi、Sb、Cu、Ag、Zn 的合金，能够满足①和②的要求，但是不满足要求③，在循环过程中电极体积变化大，会粉化失效。为了克服这个缺点，应多采用纳米合金的多孔结构的新型材料。

用石墨做负电极材料是可行的，就是比容量稍低。用石墨烯、碳纳米管做成的负电极材料已出现在市场上，可以使电池容量扩大到之前的 2～3 倍。

总之，越来越多的新技术用到正负电极的设计方面。很多高性能的正负极材料正在不断地被研发出来。

习题

1. 什么是原电池?
2. 什么是电解池?
3. 简述锂电池的工作原理。
4. 简述锂电池的优缺点。
5. 简述锂电池常用的正负极材料。
6. 描述离子掺杂的意义。
7. 简述恒流间歇滴定法。
8. 简述恒压间歇滴定法。

9. 简述循环伏安法。
10. 简述电化学交流阻抗法。
11. 简述超级电容器的特点。
12. 简述超级电容器与传统电容的差别。
13. 简述双电层电容器的工作原理。
14. 试画出固态电池结构。
15. 简述固态电池工作原理。

扫码获取答案

第4章

太阳能储能材料与器件

4.1 太阳能储能基础

4.1.1 概述

光伏电池是太阳能电池（solar cell）的一种，是指能够把太阳光辐射能量直接转换为电能的器件。由于商业化的太阳能电池多为光伏太阳能电池，因此太阳能电池和光伏电池通常情况下可以互用。本书除特殊说明外，太阳能电池均指光伏太阳能电池（photovoltaic solar cell)。随着科技的进步，非光伏电池的研究越来越火热，其应用前景非常乐观，其中之一就是染料敏化太阳能电池（dve-sensitized solar cell，DSC)，该电池利用光电化学效应在阳光照射下产生宏观电流。太阳光全波段辐照分类如图 4-1 所示。

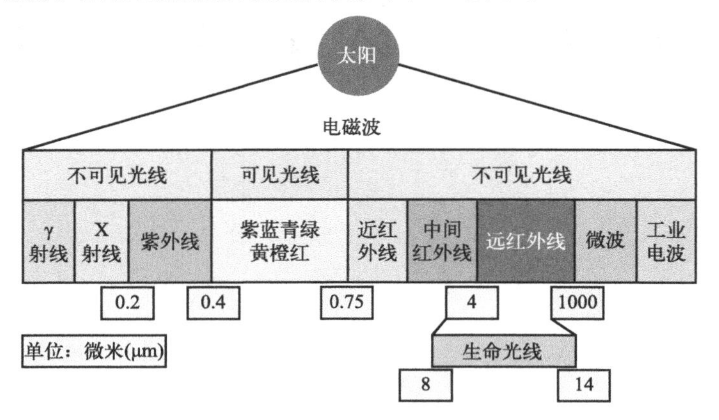

图 4-1　太阳光全波段辐照分类

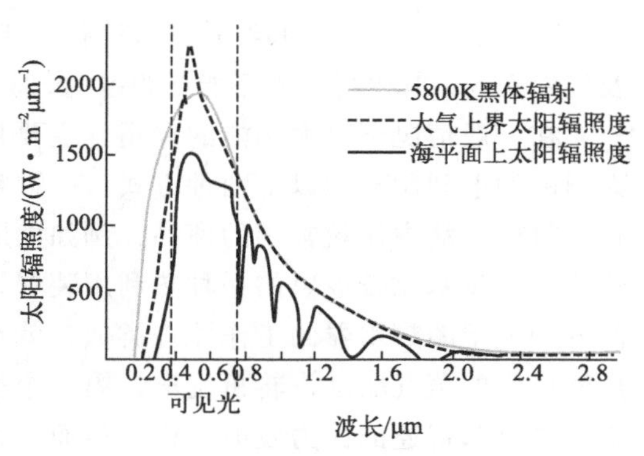

图4-2　太阳光谱辐照图

能源是世界经济和社会发展的基础，随着传统化石能源的消耗以及人类生存环境的恶化，发展清洁可再生能源引起世界各国政府的高度重视。清洁可再生能源包含太阳能、风能、水能、地热能等。太阳是一个通过其中心的核聚变反应产生热量的气体球，内部温度高达1.57×10^7K。图4-2是太阳光谱辐照图，辐射强度接近于温度为5800K的黑体辐射。太阳内部不断发生核聚变反应，源源不断地向外辐射能量，所以太阳能取之不尽，用之不竭，是21世纪人类解决能源短缺问题的最佳选择。太阳能的利用主要分为光热转换和光电转换两种方式。光热转换是将太阳能转换成热能进行利用；光电转换是将太阳能转换成电能进行利用，即光伏发电。

全球性的能源短缺、环境污染、气候变暖正日益严重地制约着人类社会的发展。寻求绿色替代能源，实现可持续发展，已成为世界各国共同面临的严峻问题。发展绿色替代能源，实现传统能源向新能源的转化是解决我国能源供需瓶颈以及减轻环境压力的有效途径。从全球形势来看，常规能源都是有限的，而中国的一次能源储量总量远远低于世界平均水平，大约只有世界总储量的10%。因此，从长远来看，可再生能源将是人类未来的主要能量来源。

可再生能源是指自然界中可以不断再生并有规律地补充或重复利用的能源，对环境无害或危害极小，而且资源分布广泛，适宜就地开发与利用。可再生能源主要包括太阳能、风能、水能、地热能、海洋能、生物质能等。其中太阳能是资源最丰富、分布最广泛的洁净能源，更重要的是其绿色清洁，而其他大部分的可再生能源其实都是太阳能的储存和转化。此外其他可再生能源最大的制约因素是地域限制，但太阳能受地域限制并不明显。因此，太阳能是最具有应用潜力的可再生能源。

太阳是距离地球最近的恒星，直径约1.392×10^6km，是地球直径的109倍，而它的体积和质量分别是地球的130万倍和33万倍。它是由炽热气体构成的一个巨大球体，中心温度约为1.57×10^7K，表面有效温度约6000℃，主要成分为氢和氦，其中氢占80%，氦占19%。太阳内部处于高温高压［压力相当于2500亿个标准大气压（$1atm\approx1.01\times10^5Pa$）］状态，不停地进行着热核反应，由氢核聚变为氦核。巨大的能量不断从太阳向宇宙辐射，其中约22亿分之一的能量辐射到地球上，经过大气层的反射、散射和吸收，这部分能量约有70%辐射到地面。尽管只有很少一部分太阳能辐射到地面，但能量仍然是非常庞大的，每年辐射到地球表面的太阳能能量约为1.68×10^{24}cal（1cal=4.184J），比全世界每年消耗的能量总和还要大3万倍。太阳能光谱见图4-3，是按照太阳光各色光的频率或波长大小顺序依次排列形成的光带。整个太阳光谱主要分为三个区域：紫外区（波长小于400nm）、可见光区

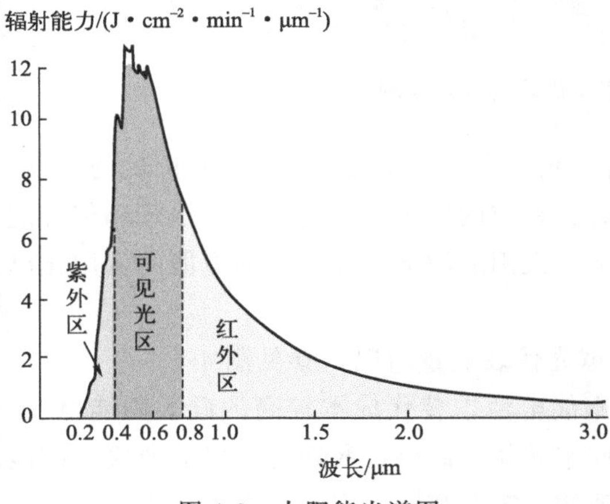

图4-3　太阳能光谱图

(波长为 400～760nm) 和红外区 (波长大于 760nm)。而太阳光辐射的能量主要集中在可见光及红外光区，其中可见光区能量约占 40.3%，红外区约占 51.4%，紫外区约占 8.3%。

在一般情况下对太阳能的利用，主要是指太阳能的热利用和太阳能的电利用两种形式。太阳能的电利用分为以下两种方式：一种是光-热-电的转换方式，另一种是光-电直接转换形式。目前生活中比较常用的商品，例如太阳能热水器，就是将太阳光辐射能直接转化为水的热能，是技术比较成熟的一种热利用装置。电利用形式的第一种即光-热-电转换方式的前半部分和太阳能热水器的工作原理类似，就是首先将太阳光通过集热器转化为热能，然后再用热能产生的蒸气驱动汽轮机发电。第一个过程是光-热转换过程，第二个过程是热-电转换过程，这就和普通的火力发电一样。然而，太阳能热发电存在的问题是效率很低而成本很高，在现阶段只能小规模地应用于特殊场合，大规模的产业化在经济上还很不合算，无法与普通的火力发电形成竞争。

光-电直接转换方式就是利用光生伏特效应 (光伏效应，photovoltaic effect)，将太阳辐射能直接转化成电能。最常见的典型装置是太阳能电池，简单来说其就是一个半导体光电二极管。当太阳光照射到光电二极管上时，光电二极管就会把太阳的光辐射能变成电能，从而形成电流。根据实际应用需要 (一般是提高输出电压)，将多个电池串联或并联起来，就可以成为太阳能电池阵列，这样就会有比较大的输出功率。太阳能电池作为最有前途的新型能源之一，它有以下几个优点：永久性、清洁性和灵活性。太阳能电池的寿命很长，只要太阳存在，太阳能电池就会产生电流，并且可以长期使用。与火力发电、原子核发电相比，太阳能电池具有不会产生环境污染、一次投资长期使用、基本不需要维护等优点。在太阳能的有效利用中，太阳能光电利用是近些年来发展最快、最具活力的研究领域，是最受瞩目的研究方向之一。近年全球不同国家光伏装机量及未来预测装机量参见图 4-4。

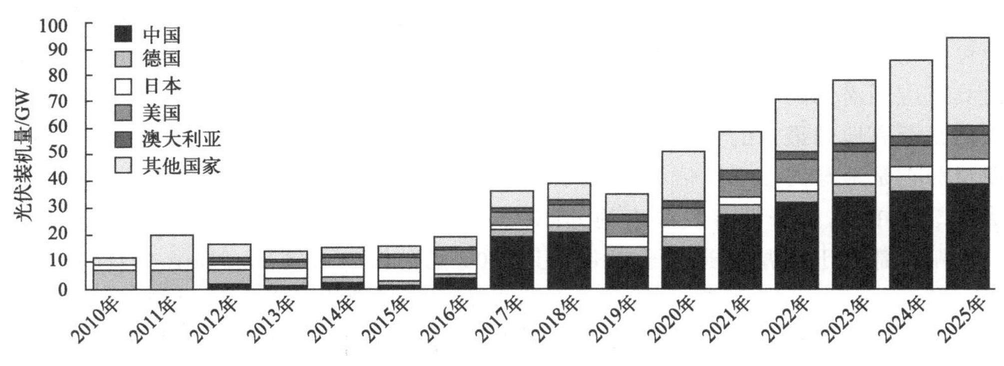

图 4-4 近年全球不同国家光伏装机量及预测

从图 4-4 中的数据可以看出，在世界范围内，光伏产业在近 10 年得到了长足的发展。总装机容量得到了迅速的提高，在产能扩大的同时，相应的成本在迅速下降，尽管和传统能源相比还有很大的差距，但是在各国政府的推动下，太阳能清洁能源转换为电能的实用化已经初见端倪。

太阳能发电量将持续增大，2010—2030 年全球光伏装机量情况，参见图 4-5。

近年来，人们致力于开发成本较低的薄膜太阳能电池，替代成本较高的硅太阳能电池。与硅太阳能电池相比，非硅薄膜太阳能电池更具成本效益。此外，我们还可以对薄膜太阳能电池进行调整优化，以提高性能，而硅太阳能电池的参数调整空间有限，在提高性能方面难

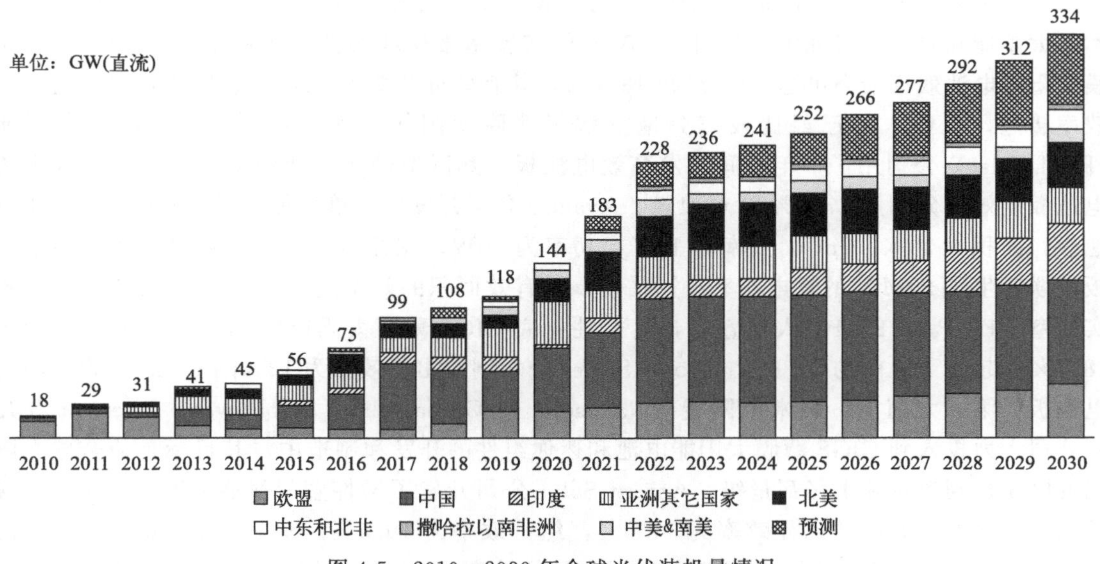

图 4-5　2010—2030 年全球光伏装机量情况

度相对较大。硅太阳能电池的主要缺点是：它是一种间接带隙半导体，需要一层厚度达 180～300μm 的材料来吸收光子。带隙为 1.1eV 的硅材料最多只能吸收 50%的可见光谱，即蓝光和绿光区域。这些因素限制了硅太阳能电池成本的降低。这就需要开发低成本、高质量的硫族化合物薄膜太阳能电池，以实现将太阳能产品制造成本的降低。

寻找合适带隙的材料对于太阳能电池的应用至关重要。因此，研究人员开始寻找地球上储量较大的太阳能材料，制造全新的吸收层，以降低薄膜太阳能电池的成本。研究人员开发出了基于 $Cu(In_{1-y}Ga_y)(S_{1-x}Se_x)_2$（CIGSS）的薄膜太阳能电池，用 Zn/Sn 替代了 In/Ga，从而在一定程度上降低了太阳能电池板的成本。用 Zn/Sn 替代 In/Ga 后，$Cu(In_{1-y}Ga_y)(S_{1-x}Se_x)_2$ 变成了 $Cu(In_{1-y}Ga_y)(S_{1-x}Se_x)_4$。由于市场对 In 和 Ga 的需求量很大，因此产品的成本每年都近乎翻倍。在地壳中，Cu、Zn、Sn、S 和 Se 的含量分别为 50×10^{-6}、75×10^{-6}、2.2×10^{-6}、260×10^{-6} 和 0.05×10^{-6}，而 In 的含量只有 0.049×10^{-6}（如图 4-6 所示）。据研究，要想获得 1GW 的电量，需要 30 吨 In。氧化铟锡（ITO）在光电屏幕显示领域发挥着重要作用，其中 In 是氧化层中的主要成分，Ga 在光发射器件中的使用率也很高。因此，光电子行业对 In 和 Ga 的市场需求影响很大。在这种背景下，人们需要寻找替代性的太阳能材料，以降低成本，太阳能行业的主要目标是在初期制造出效率高于 15%、规格小于 $1cm^2$ 的实验室级钠钙玻璃（SLG）/Mo/$Cu_2(ZnSn)S_4$/CdS/ZnO/ZnO：Al 薄膜太阳能电池，进而制造出原型薄膜太阳能电池组件，将实验室技术运用到工业生产中。目前的研发水平既能够开发多层结构的电池组件，也能够开发单片集成式电池组件，这是在实验室或工业领域制造薄膜太阳能电池时解决技术问题的一个主要途径。

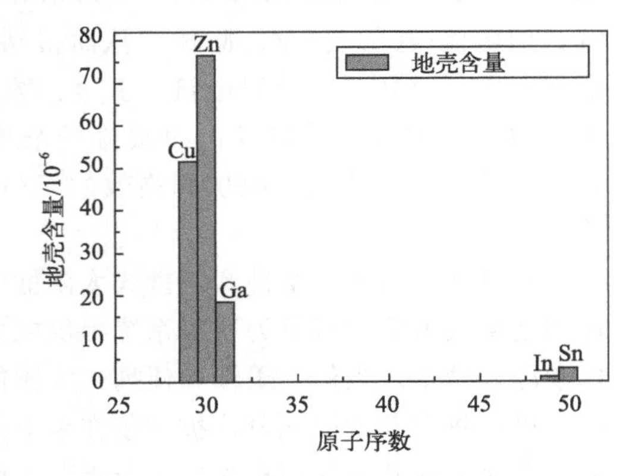

图 4-6　Cu、Zn、Sn、In 和 Ga 在地壳中的含量估计值

薄膜太阳能电池的发电成本高于1美元/W，大大超出了0.37美元/kW的常规发电成本。太阳能和氢能源研究中心公司（ZSW）的实验室玻璃和柔性底的铜铟镓硒（CIGS）薄膜太阳能电池效率最高可达20.3%和18.7%，其有效面积为0.5cm。这与硅太阳能电池的效率接近，说明人们已经比较充分地了解了薄膜太阳能电池的各层结构。第一太阳能（First Solar）公司用了十年时间开发高效电池板，其巨型碲化镉薄膜太阳能电池和太阳能电池板的效率分别为17.3%和14.4%。Avancis公司开发出了单片集成CIGS薄膜太阳能电池板，面积为30×30cm^2，效率为12%，功率为30W。在托尔高，一定数量的太阳能电池板串联产生了20MW的发电功率。据估计，其有效面积的效率达15.5%。材料科学与技术实验室（EMPA）的研究人员宣布，其柔性衬底CIGS薄膜太阳能电池的效率最高达到了18.7%，超出了之前的17.6%。HondaSoltec公司制造出了效率为13%的CIGS薄膜太阳能电池板。第一太阳能、纳米太阳能（Nanosolar）、Globalsolar、SoloPower、Solexant等几家公司大力投入到CIGS薄膜太阳能电池和迷你组件的开发和制造中，其目标是使全球太阳能发电量达到每年几十亿瓦量级。Ascent Solar公司开发了柔性塑料衬底CIGS单片互连薄膜太阳能电池，其组件孔径效率为11.9%，组件效率为10.5%。SoloPower公司则制造出了金属柔性衬底CIGS薄膜太阳能电池板，孔径效率为11%。但是，在伦敦金属交易市场上，这些公司在CIGS电池中使用的金属In和Ga非常昂贵。一种巧妙的方法是用Zn和Sn（或Ge）代替In和Ga，以降低材料成本。太阳能电池板产生的能量是无污染的，而燃煤热电厂或核反应堆则会造成二氧化碳等含碳温室气体污染或辐射危险。另外，太阳能领域的发展可以创造更多的就业岗位，促进经济的稳健增长，这也是政府和私营领域大力开发低成本可再生能源的一个原因。

与在CIGS薄膜太阳能电池方面进行的大量研究相比，在CZTS薄膜太阳能电池方面进行的研究非常有限。为了提高太阳能电池的效率，有必要对新型廉价材料进行研究。发展CZTS薄膜太阳能电池是因为其与CIGS薄膜太阳能电池是有可比性的。在实验室使用Cu靶材、ZnS靶材和SnS靶材或其复合靶材，通过两级工艺射频（RF）溅射系统可使CZTS薄膜吸收层在镀玻璃衬底上生长。在第一阶段，需要对生长的CZTS吸收层进行几次测试，总结出组分等级、表面、结构、光学和电学等方面的性质。在第二阶段，开始制备CZTS薄膜太阳能电池。通过化学水浴法沉积CdS用作窗口材料，并通过射频工艺依次在SLG/Mo/CZTS上生长i-ZnO和ZnO：Al窗口层。最终，形成金属网格，完成薄膜太阳能电池结构。对制成的SLG/Mo/CZTS/CdS/i-ZnO/ZnO:Al薄膜太阳能电池需要进行几次测试，如电流-电压（I-V）测量，从而得到此类电池的效率。另外，还要测试光电参数，包括开路电压（V_{oc}）、短路电流（J_{sc}）、填充因子（FF）。通过电容-电压（C-V）测量可测出电池受主的载流子浓度，而载流子浓度决定薄膜太阳能电池的质量，主要目标是制备高质量的CZTS薄膜吸收层和高效的CZTS薄膜太阳能电池，从而进一步提高太阳能电池的效率。

在日常生活中，柔性和便携式太阳能电池板的应用比较广泛。例如，在偏远地区利用柔性和便携式太阳能板可为通信系统提供电力，如图4-7所示。柔性太阳能电池板重量轻，可以卷起来携带。当然，柔性和便携式太阳能电池板还可以用于为笔记本电脑和手机充电。有时，可以将柔性太阳能电池板加装在伞形结构表面，利用阳光给电气设备充电。可再生能源的近期研究和开发促使科学界不断提高太阳能技术，旨在将温室效应降到最低、保护环境并尽量避免使用核能源。另外，可再生能源可缓和世界各地的核能源危机。因此，太阳能利用方面的技术创新赢得了政府部门和私人投资者的广泛关注，他们投入精力，致力于开发薄膜太阳能电池。太阳能电池板的使用寿命为25年左右。在其使用寿命期限内，1g硅的发电量为3300kWh，而1g铀的发电量为3800kWh。硅太阳能电池发电是一个持续不断的过程，可持续数年。

太阳能电池板一般只安装在建筑物顶部，但现在也可以安装在建筑物侧壁上。安装在建筑物侧壁上的太阳能电池板与安装在顶部的太阳能电池板在结构性能方面有所不同。据推测，安装在建筑物侧壁上的太阳能电池板中，电池的串联电阻较高，将太阳能电池板安装在建筑物侧壁上还能大大降低占地面积。

图4-7 柔性薄膜太阳能板

4.1.2 光电转换原理

太阳能光伏发电的历史始于1839年，当时物理学家埃德蒙·贝克雷尔（Edmond Becquerel）发现了光伏效应。他将氯化银浸入酸性溶液中，提供光照，并将其连接到两个电极，在两个电极之间产生了电压。贝克雷尔还注意到，当他使用蓝光或紫外线照射时，会获得较好的结果，这是一种他无法解释的现象

40年后，威洛比·史密斯（Willoughby Smith）发现如今被称为半导体的硒材料，在光照下变得更具导电性。伦敦国王学院的研究人员将硒暴露在烛光下，然后突然屏蔽蜡烛，以验证这一发现；根据硒的导电性立即下降，他们得出结论，导电的主要原因是快速移动的光，而不是缓慢作用的热能。这种现象对当时的科学家来说是匪夷所思的，但这并没有阻止查尔斯·弗里茨（Charles Fritts）在1884年用硒制造出第一块太阳能电池板，并将其安装在纽约市的建筑屋顶。

又过了20年，阿尔伯特·爱因斯坦才最终揭开了这个谜团，并解释了光是如何转化为电能的。在1905年的一篇论文中，爱因斯坦推测光是由微小的能量包或光子组成，这篇论文最终为他赢得了诺贝尔物理学奖。他解释说，有时光子的能量足以使金属或半导体中的电子脱离其围绕原子核运转的常规轨道，这样电子就可以自由移动。通过释放足够的电子，光子流就可以产生电流。

光电效应实验原理如图4-8所示，主要包括金属阴阳极、电流表、电压表。一般而言，光电效应指光照射到金属材料表面，金属内的自由电子吸收了光子的能量，脱离金属束缚，成为真空中自由电子，而该自由电子在外加电场的作用下移动到金属阳极，形成光电流。通常把这种在光的照射作用下，物质材料中电子逸出其表面形成光电流的现象称为外光电效应（external photoelectric effect）。外光电效应主要应用到光电管、光电倍增管中。而把在光照射作用下，物质吸收光子能量并激发自由电子的现象称为内光电效应（internal photoelectric effect）。内光电效应主要是改变物质的电化学性质，特别是电导率。内光电效应主要包括光电导效应和光伏效应。当入射光子入射到半导体材料表面时，半导

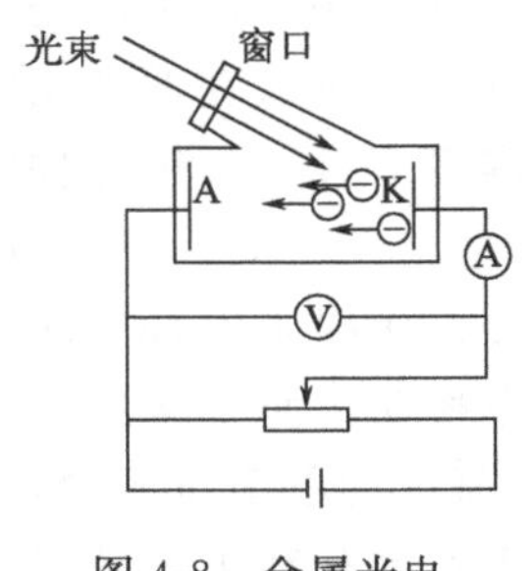

图4-8 金属光电效应原理图

体吸收入射光子产生电子-空穴对，使其自身电导率增大的现象称为光电导现象，光敏材料（光导管）就是利用此原理制作的光电子器件。光伏效应是指一定波长的光照射非均匀半导体（特别是PN结），在内建电场作用下，半导体内部产生光电压的现象。硅太阳能电池就是利用了光伏效应，所以又叫作光伏电池。

一般而言，太阳能电池的利用应该包括以下三个过程：

① 半导体中电子吸收太阳光光子能量，受激产生电子-空穴对，且这些非平衡载流子有足够的寿命，在分离前不会复合消失。

② 产生的非平衡载流子在内建电场作用下完成电子-空穴对分离，电子集中在一边，空穴集中在另一边，在PN结两边产生异性电荷积累，从而产生光生电动势。

③ 把PN结用导线连接，形成电流并通过外电路向负载供电，即获得有效功率输出。

同时，这也是光伏效应电子元件工作的三个必要步骤，这三要素也是决定太阳能电池转换效率高低的重要因素。

太阳能电池由PN结构成，在P区、空间电荷区和N区都会产生电子-空穴对，这些电子-空穴对由于热运动，会向各个方向移动。在空间电荷区产生的光生电子-空穴对会被内建电场分离，光生电子被推向N区，光生空穴被推向P区。因此，空间电荷区域边界处总的载流子浓度近似为零。在N区产生光生电子-空穴对，光生空穴便会向PN结边界扩散，一旦到达PN结边界，便立即受到内建电场作用，在电场力作用下做漂移运动，越过空间电荷区进入P区，而光生电子为多子，则被留在N区。同样，P区产生的电子也会向PN结边界扩散，并在到达PN结边界后，受到内建电场的作用，做漂移运动进入N区，而光生空穴则被留在P区。

光生电子、空穴的扩散、漂移运动造成电子在N区积累，空穴则在P区积累，形成与内建电场方向相反的光生电场 E。该光生电场一部分用以抵消内建电场（降低势垒），剩余电子和空穴则使P型层带正电、N型层带负电，因此在光照作用下PN结产生了光生电动势，这就是光伏效应的过程。

当入射光照射到半导体表面时，光子被吸收产生电子与空穴对，由于表面电子和空穴浓度的增大，会产生向内部扩散的运动，但是由于两者扩散系数不同，故会在空间产生电子和空穴分离的区域，这样也就产生了光照面与遮光面之间的光伏现象，该现象被称为丹伯效应，也被称为光扩散效应（photo diffusion effect），相应电压即为丹伯电压。但是对一般半导体而言，丹伯效应不显著，如果半导体中有其他电压，测量值与丹伯真实值有很大误差，甚至是不正确的。

导体材料中虽然有大量的自由电子，但材料本身并不带电。同样，无论是P型半导体，还是N型半导体，它们虽然有大量的载流子，但它们本身在没有外界条件作用下，仍然是不带电的中性物质。但是，如果把P型半导体和N型半导体紧密结合起来，那么在两者交界处就形成PN结。PN结是构成太阳能电池、二极管、三极管、可控硅等多种半导体器件的基础。

如果把PN结接上正向电压（外部电压正极接P区，负极接N区），如图4-9（a）所示，这时的外电场的方向与内电场方向相反。外电场使N区的电子向左移动，使P区的空穴向右移动，从而使原来的空间电荷区的正电荷和负电荷得到中和，电荷区的电荷量减少，空间电荷区变窄，即阻挡层变窄，因此外电场起削弱内电场的作用，这大大有利于扩散运动。于是，多数载流子在外电场的作用下顺利通过阻挡层，同时外部电源又源源不断地向半导体提供空穴和电子。因此电路出现较大的电流，叫作正向电流。所以，PN 结在正向导通时的电阻是很小的。

相反，如果把 PN 结接上反向电压（外部电压负极接 P 区，正极接 N 区），如图 4-9（b）所示。这时的外电场的方向与内电场方向一致加强了内电场，使空间电荷区加宽，即阻挡层变宽。这样，多数载流子的扩散运动变得无法进行下去。不过，漂移运动会因内电场的增大而加强。但是，漂移电流是由半导体中少数载流子形成的，它的数量很小。

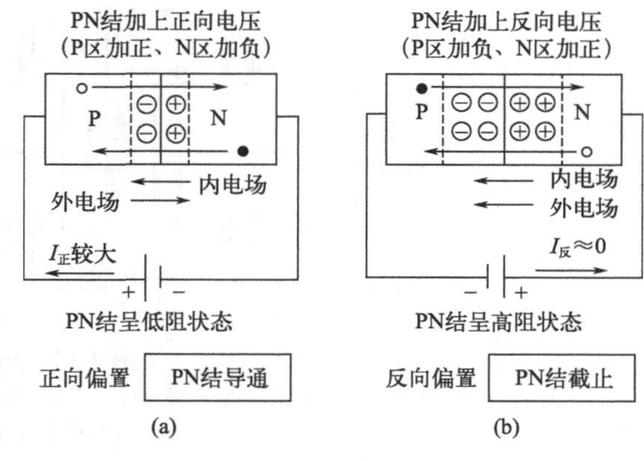

图 4-9　PN 结单向导电特性

因此 PN 结加反向电压时，反向电流极小，呈现很大的反向电阻，基本上可以认为没有电流通过，将这种现象称为截止。由于 PN 结具有上述单向导电特性，所以半导体二极管广泛使用在整流、检波等电路方面。

以辐射照射半导体也可以产生载流子，只要辐射光子的能量大于禁带宽度，电子吸收了这个光子就足以跃迁到导带中去，产生一个自由电子和一个自由空穴。辐射所激发的电子或空穴，在进入导带或满带后，具有迁移率。因而辐射的效果就是使半导体中的载流子浓度增加。相比于热平衡载流子浓度，增加出来的这部分载流子称为光生载流子，相应增加的电导率称为光电导。实际上每个电子吸收一个光子而进入导带后，就能在晶体中自由运动。如有电场存在，这个电子就参与导电。但经过一段时间后，这个电子就有可能消失掉，不再参与导电。事实上任何光生载流子都只有一段时间参与导电。这段时间有长有短，其平均值就称为载流子寿命。

太阳能电池的工作原理是基于半导体的光伏效应的。光伏效应是指光照时不均匀半导体（或半导体）与金属结合的部位产生电位差的现象。当太阳光照到太阳能电池上后，可在 PN 结及其附近激发大量的电子-空穴对，如果这些电子-空穴对产生在 PN 结附近的一个扩散长度范围内，便有可能在复合前通过扩散运动进入 PN 结的强电场区内。在强电场的作用下，电子扩散到 N 区，空穴扩散到 P 区，从而使 N 区带负电，P 区带正电。若在 PN 结两侧引出电极并接上负载，则负载中就有光电流流过，从而获得功率输出，光能就直接变成了实用的电能，这就是太阳能电池的基本工作原理。

光电流如图 4-10 所示，主要包括两个关键的步骤。第一个步骤是半导体材料吸收光子产生电子-空穴对，并且只有当入射光子的能量大于半导体的禁带宽度时，半导体内才能产生电子-空穴对。P 型半导体中的电子和 N 型半导体中的空穴处在一种亚稳定的状态，复合前存在的时间是很短暂的，若扩散前载流子发生了复合，则无法产生光电流。第二个步骤是 PN 结对载流子的收集。当电子-空穴对扩散到 PN 结时，PN 结的内电场能立即将电子和空穴在空间上分隔开来，从而阻止了复合的发生，电子-空穴对会被扫到相应的区域，这样就从光生少数载流子变为多数载流子，若此时负载与太阳能电池接通，则就会有电流产生。

下面介绍有机/聚合物太阳电池原理。

有机/聚合物太阳电池的基本原理是利用光入射到半导体的异质结或金属半导体界面附近产生的光伏效应。光伏效应是光激发产生的电子-空穴对，被各种因素引起的静电势能分

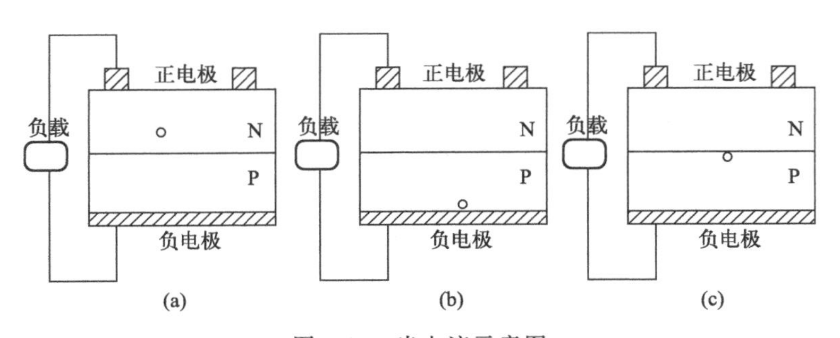

图 4-10 光电流示意图

(a) 吸收光子产生电子-空穴对；(b) 少数载流子通过 PN 结成为多数载流子（以空穴为例）；
(c) 电子通过负载后与空穴复合，完成一次循环

离而产生电动势的现象。当光子入射到光敏材料时，光敏材料被激发产生电子和空穴对，在太阳能电池内建电场的作用下分离和传输，然后被各自的电极收集。在电荷传输的过程中，电子向阴极移动，空穴向阳极移动，如果将器件的外部用导线连接起来，这样在器件的内部和外部就形成了电流。对于使用不同材料制备的太阳能电池，其电流产生过程是不同的。对于无机太阳能电池，对其光电流产生的过程研究得比较成熟，而有机半导体体系的光电流产生过程尚有很多值得商榷的地方，也是目前研究的热点内容之一。在光电流的产生原理方面，很多是借鉴了无机太阳能电池的理论（比如说其能带理论），但是也有很多独特的方面，一般认为有机/聚合物太阳电池的光电转换过程包括：光的吸收与激子的形成、激子的扩散和电荷分离、电荷的传输和收集。对应的过程和损失机制如图 4-11 所示。几种典型的聚合物电池结构如图 4-12 所示。

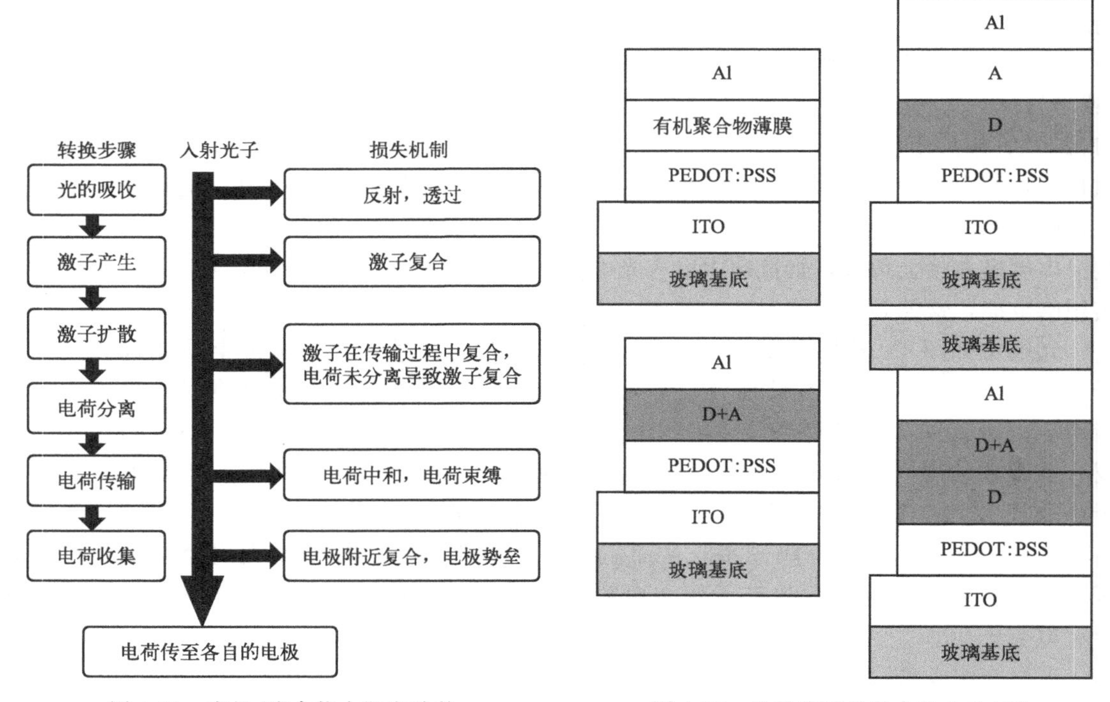

图 4-11 有机/聚合物太阳电池的光电转换过程和损失机制

图 4-12 几种典型的聚合物电池结构

当能量高于吸收层带隙的光子到达太阳能电池时，就会在吸收层中形成电子-空穴对。这些电子-空穴对在 PN 结的空间电荷区被电场分离，如图 4-13 所示。能量低于吸收层带隙的光子将通过吸收层传输，如图 4-14 所示。生成的载流子浓度增加，开路电压也随之增加。当结在费米能级的位置发生变化时，就会进入非平衡状态。与电子电路中的二极管不同，结偏置对于太阳能电池来说不是必要的。电极将生成的电荷载流子从太阳能电池上收集起来。在传统的薄膜太阳能电池中，吸收层由 P+和 P 组成的双层构成。在该双层中，使铂层顶部的 CZTS/Se 样品中 Cu 含量略高或使用化学计量的 Cu 量，可以获得 P+。P+层能够使晶粒尺寸增加或使层生长速率提高。紧挨着 P+的是 P 吸收层，P 层比 P+层的电阻高，可使用 N－缓冲层作为整流结。吸收层中的 P+和 P 层还有另外一个优势，那就是 P+的带隙略高于 P，即带隙存在递变，也就是说，在太阳能电池中，吸收层的带隙从后至前是逐渐减小的。当光子到达太阳能电池时，价带上的电子被激发到导带，再进入较低的潜在边缘区，然后到达空间电荷区。背场作用可能阻止电子扩散到背表面参与复合。电场靠近铂层会使得太阳能电池中少数载流子的密度增加。在薄膜太阳能电池中，缓冲层通常由 CdS 构成，其电阻可高达千兆欧姆。事实上，PN 结产生于 P-CZTS 层和 N-CdS 层之间。靠近 CdS 缓冲层，形成了 N 和 N+ZnO 层。要从薄膜太阳能电池上收集电荷载流子，N+层是必不可少的。由于 CdS 的电阻较高，为了达到适当的电传导，要将具有中度电阻的 N-ZnO 层涂覆在 CdS 上。高效薄膜太阳能电池能够有效地降低成本和增加电池的使用寿命。太阳能电池的电流（J）和电压（V）的关系可以表示为

$$J=J_{o}\left[\exp\frac{q}{Ak_{B}T}(V-JR_{s})-1\right]+\left(\frac{V-R_{s}J}{R_{sh}}\right)-J_{L} \tag{4-1}$$

$$J_{o}=J_{oo}\exp\left(\frac{-E_{a}}{Ak_{B}T}\right) \tag{4-2}$$

式中，R_s 为串联电阻；R_{sh} 为并联电阻；J_L 为光照辐射所产生的电流；J_o 为反向饱和电流；J_{oo} 为反向饱和电流系数；A 为二极管因子，k_B 为玻尔兹曼常数；T 为绝对温度；E_a 为缺陷态激活能。

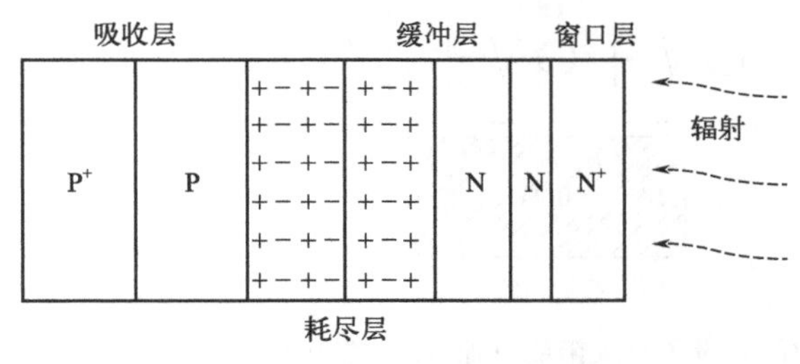

图 4-13　常规 PN 结薄膜太阳能电池

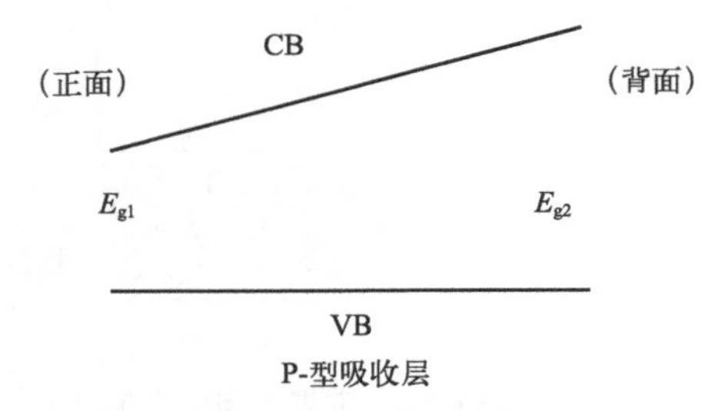

图 4-14　CZTS/Se 薄膜太阳能电池正递变带隙剖面示意图

假定 $J=0$ 和 $J_L=J_{sc}$，太阳能电池的开路电压（V_{oc}）可以根据式（4-1）和式（4-2）得出，如下所示：

$$V_{oc}=\frac{E_{a}}{q}+\frac{Ak_{B}T}{q}\ln\left(\frac{J_{sc}}{J_{oo}}\right) \tag{4-3}$$

为了测试电池的效率（η），应求出短路电流（J_{sc}）、开路电压（V_{oc}）、最大电压（V_m）和最大电流（I_m）［如式（4-4）所示］。

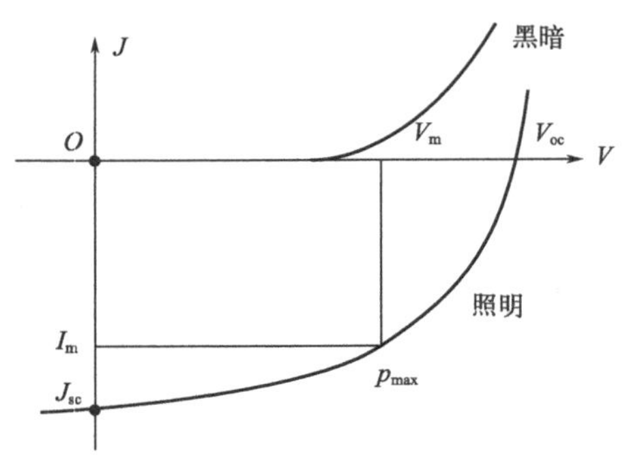

图 4-15 黑暗条件和照明条件下太阳能电池的 J-V 特性

$$\eta = V_m I_m / V_{oc} J_{sc} \tag{4-4}$$

将量子点和等离子体纳入常规太阳能电池，可提高太阳能电池的效率。此外，黑暗条件和照明条件下太阳能电池的 J-V 特性也会有所不同，如图 4-15 所示。

模拟工作有助于开发和设计实验性量子点太阳能电池，即 P-I-N 结太阳能电池。Luque 和 Marti 首次开发出了中间带量子点太阳能电池。中间带量子点太阳能电池的物理原理为：当光子撞击常规太阳能电池时，如果光子能量（$h\nu$）大于 P-吸收层的带隙（E_g），则价带上的电子被激发到导带，而在 P-吸收层/QD/N-窗口层量子点太阳能电池中，电子吸收了能量小于吸收层带隙的光子（ⅰ），从价带跃迁到中间带。同理，电子吸收光子（ⅱ）后会从中间带跃迁到导带。这说明在中间带量子点太阳能电池中会发生多个跃迁。这意味着在低能光子（能量低于 P 型吸收层的带隙）中，会产生多个电子-空穴对，如图 4-16 所示。此外，对于高能光子（ⅲ），电子会从价带跃迁到导带。因此，中间带量子点太阳能电池的效率得以提高。中间带层必须以未填充的密度状态进行隔绝光子（ⅰ），这样的密度状态能够接收来自吸收层价带的电子。最终结果表明，P-I-N 结太阳能电池的光电参数值可能高于常规太阳能电池。在 $2E_g < h\nu < 3E_g$ 条件下，中间带量子点太阳能电池的预期效率为 40%～45%。至于常规的太阳能电池，其缺点是低能光子通过太阳能电池传输而未用于吸收。

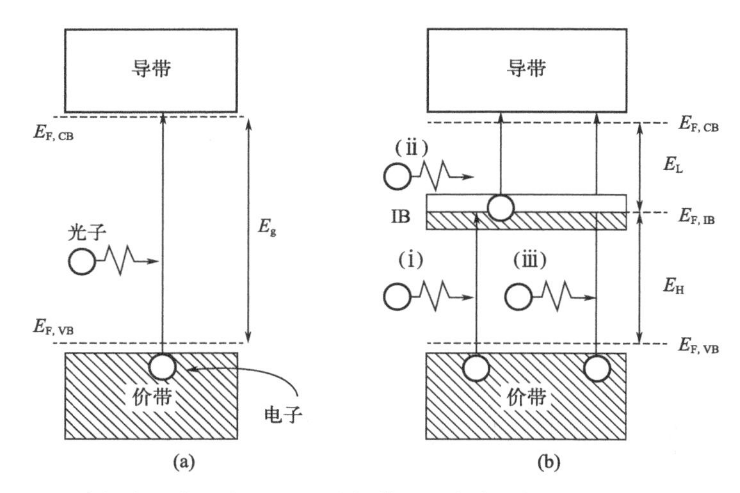

图 4-16 常规太阳能电池（a）和中间带量子点太阳能电池（b）能带示意图

GaAs/InAs 量子点太阳能电池一直是研究的焦点，但这种电池具有一定的毒性且价格昂贵。因此，在制作量子点太阳能电池时，应尽可能选择便宜而且无毒的替代性太阳能材料。下面给出了量子点太阳能电池光电参数的推导，与常规太阳能电池稍有不同。此外，常规太阳能电池的最终效率（U）可采用下述 Shokley-Oueisser 方法估算。

$$U = \text{生成的光子能量/输入功率} = h\nu_g Q_s / P_s \tag{4-5}$$

式中，Q_s 为黑体辐射温度下单位时间单位面积上入射频率大于 ν_g 的量子数量；P_s 为总入射功率。例如，最终效率与带隙的对比发现，带隙为 1.08eV 时的最高效率为 44%，但在实际中，效率被限制在33.3%。需通过改变太阳能电池结构来提高电池效率。因此，应采用P-I-N结构提高开路电压或短路电流密度，或使两者同时提高，从而提高电子-空穴对的产生率。从热力学的角度来看，开路电压（V_{oc}）和短路电流（J_{sc}）的关系可以表示为

$$eV_{oc}=E_o+kT\ln(h^3c^2/2\pi kT)(N_{incident}/E_o^2) \tag{4-6}$$

式中，$N_{incident}=J_{sc}/q$；E_o 是半导体和中间带材料激发能级（量子限域 E_s）的合并带隙，而其他符号也有各自的通常意义。在P-I-N结太阳能电池中，激发能级发挥了巨大的作用。P-I-N结太阳能电池的电流-电压关系可以表示为

$$J=J_L-J_{rec}-J_o[\exp(qV/nkT)-1] \tag{4-7}$$

式中，J_{rec} 是 J 的函数。针对硅进行的试验结果显示，$J_{rec}\approx 0.8J$。电池的效率随着量子点的不断增加而提高，这是因为电池中的光电流增加了。

因此，量子点的增加起到了重要的作用。但是，在某些情况下，由于俄歇复合的参与，不带量子点的太阳能电池效率比带量子点的电池效率更高。

4.1.3 太阳能电池的结构

图4-17是太阳能电池的基本结构，主要包括P型半导体基板（substrate），在其表面制作绒面（surface texturization），P掺杂扩散（phosphorous diffusion）形成PN结，制作抗反射膜（anti-reflective coating），最后分别在N型和P型半导体表面做丝网印刷（screen printing）正面电极和背面电极。

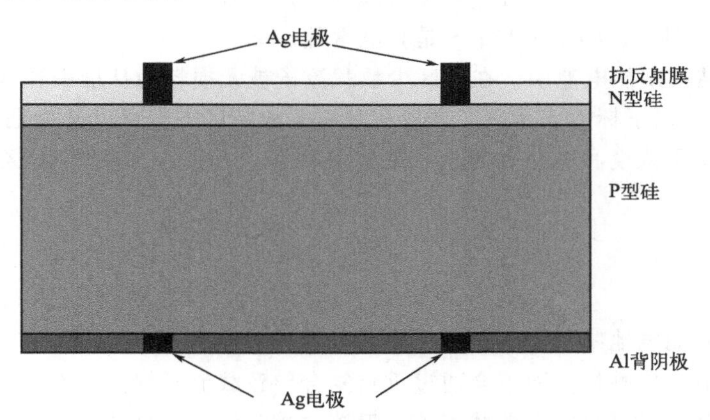

图4-17　太阳能电池基本结构

太阳能电池可大致分为三个区域：发射区（emitter）、结区（collector）、基区（base）。发射区和基区在电池工作时表现为中性，即准点中性区域，是吸收入射光的主要部分，并且将光生少子输送到结区。结区即空间电荷区域，包含强电场和固定的空间电荷，将由发射区和基区收集来的少子分开。

图4-18为平衡状态下太阳能电池PN结电子能量示意图。无光照时，处于平衡状态，有统一的费米能级，势垒高度可表示为 $qV_i=E_{Fn}-E_{Fp}$。稳定光照时，PN结处于非平衡状态，光生载流子积累出现光电压，使结处于正向偏压，费米能级分裂为两个准费米能级：电子的费米能级 E_{Fn} 和空穴的费米能级 E_{Fp}。准费米能级间是平行的，且相应的电势为 $\varphi_n=E_{Fn}/q$ 和 $\varphi_p=E_{Fp}/q$。如果电池开路时，费米能级分裂宽度为 qV_{oc}，则剩余势垒高度为

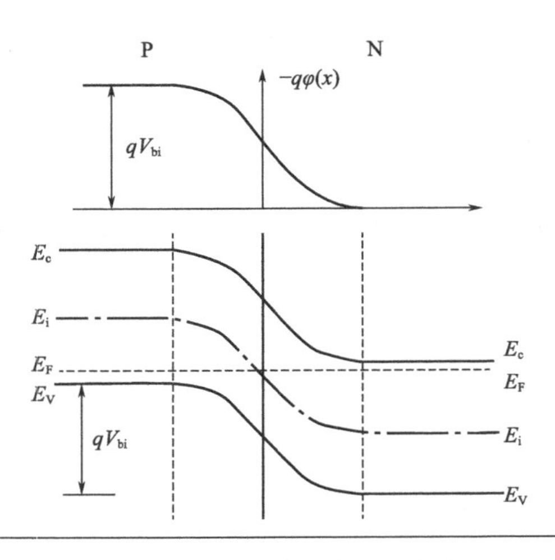

图 4-18 平衡状态下太阳能电池 PN 结电子能量示意图

$q(V_{bi}-V_{oc})$；如果电池处于短路状态，则在 PN 结两端积累的光生载流子通过外电路复合，光电压消失，势垒高度为 qV_{bi}，各区中的光生载流子被内建电场分离，流进外电路形成短路电流：如果外接负载时一部分光电流在负载上建立电压，另一部分光电流和 PN 结在正向偏压 V 下形成的正向电流抵消，费米能级分裂宽度正好等于 qV，而此时剩余的结势垒高度为 $q(V_{bi}-V)$。因此，光伏电池在结两边的静电势差 $\Delta\varphi$ 为平衡内建电势 V_{bi} 和在结边缘的电压 V 之差，即

$$\Delta\varphi=V_{bi}-V \tag{4-8}$$

$$qV_{bi}=k_BT\ln\left(\frac{N_DN_A}{n_i^2}\right) \tag{4-9}$$

式中，N_A、N_D 分别为结区 P 侧和 N 侧的受主杂质浓度和施主杂质浓度。在没有电压损耗的情况下，V 等于电池两端测得的电压。结区宽度 W_j 由下式决定：

$$W_j=L_D\sqrt{2q\Delta\varphi/k_BT} \tag{4-10}$$

$$L_D=\sqrt{\varepsilon k_BT/q^2N_B} \tag{4-11}$$

$$N_B=N_AN_D/(N_A+N_D) \tag{4-12}$$

式中，L_D 为德拜（Debye）度；ε 是介电常数。

在理想 PN 结太阳能电池中，在结区少数载流子被无损耗地从准中性区［发射区（以下标 e 表示）、基区（以下标 b 表示）］提取和分离。故结区方程可以认为是边界条件的形式，它将结区一边的多子浓度和另一边的少子浓度关联在一起。在 N 型发射区和 P 型基区满足下列关系，即

$$n_b=n_{0b}e^{qV/k_BT}=n_{0e}e^{q(V-V_{bi})/k_BT} \tag{4-13}$$

$$p_e=p_{0e}e^{qV/k_BT}=p_{0b}e^{q(V-V_{bi})/k_BT} \tag{4-14}$$

在理想的太阳能电池中，光生载流子在吸收层中存在足够长的时间，因此可以扩散/漂移到收集它们的适当接触处，而不会通过重新复合导致载流子损失；而且载流子选择性接触产生不对称的势垒，可以收集多数载流子，阻挡少数载流子［见图 4-19（a)］。

在实践中，太阳能电池被设计成接近这种理想化的结构，以实现光生载流子的有效提取。根据具体的载流子提取方法，太阳能电池可大致分为 3 类［图 4-19（b）～图 4-19（d)]：

① 扩散同质结太阳能电池，例如商业扩散结硅太阳能电池。

② P-I-N 同质结太阳能电池，例如 a-Si:H 薄膜太阳能电池。

③ 异质结太阳能电池，例如 CdTe、CIGS 和 CZTS 薄膜太阳能电池以及 SHJ 太阳能电池。

在典型的扩散同质结太阳能电池中，光生载流子主要通过吸收层准中性区中的扩散到达各自的接触，为了有效收集，该过程需要较长的载流子扩散长度，因此需要品质极高的吸收层、载流子选择性（用于电子收集的 N 型掺杂，用于空穴收集的 P 型掺杂）以及实现低电阻率接触（由接触区的重掺杂来实现，但是重掺杂带来的俄歇复合以及光学损失是器件性能的一个重要限制因素）。

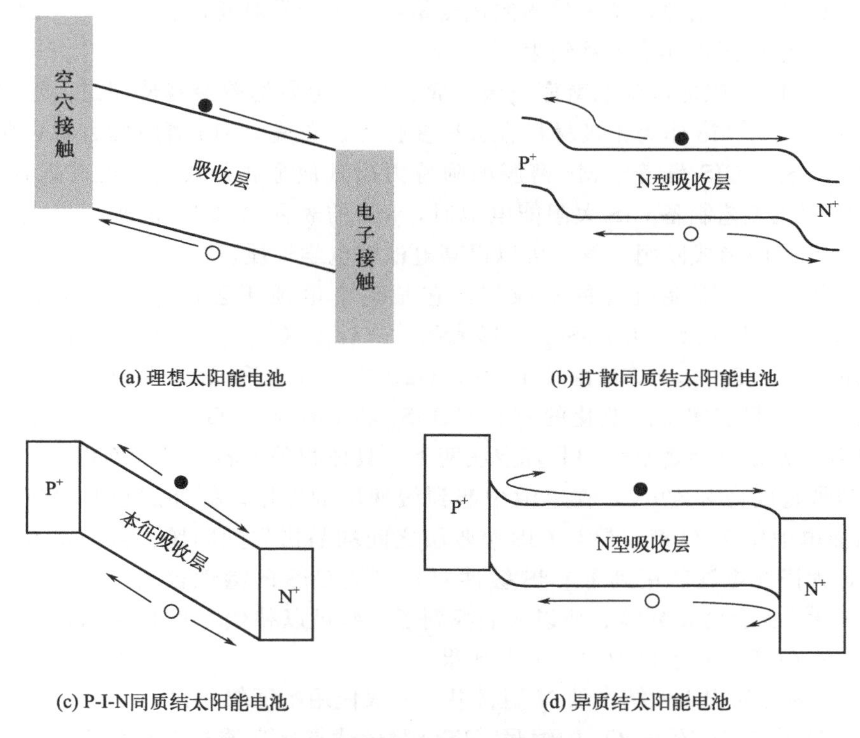

(a) 理想太阳能电池　(b) 扩散同质结太阳能电池

(c) P-I-N同质结太阳能电池　(d) 异质结太阳能电池

图 4-19　能带结构与载流子输运方向示意图

P-I-N 同质结太阳能电池概念通常应用于低成本的 PV 吸收层，这些吸收层中缺陷较高，导致载流子扩散长度非常短。在这种情况下，由于内置电场的影响，光生载流子对（电子和空穴对）在内在吸收层中产生时几乎瞬间分离，然后漂移到适当的接触区再被有效地收集。由于吸收层材料品质差，接触区的复合通常不是限制因素。

新兴的异质结太阳能电池技术一般涉及两种或更多种不同的材料，参见图 4-19。在这些太阳能电池中，通过沉积薄膜来实现载流子的选择性，薄膜提供与吸收层费米能级不同的功函数，因而在吸收层表面产生电势差，从而实现载流子收集，这种薄膜通常称为电子传输层（ETL）和空穴传输层（HTL）。在 SHJ 太阳能电池中，接触还包含插入在 ETL 和 HTL 下方的非常薄的缓冲层，用于表面钝化，避免费米能级钉扎。如果不经过仔细优化，异质结载流子收集率可能会非常低。SHJ 是第一种钝化接触技术，持续的工艺改进使得松下公司在 2014 年创造了世界纪录。Kaneka 进一步将效率提升至 26.6%。

铜铟硒（CIS）太阳能电池属于薄膜太阳能电池的一种，其典型结构为玻璃/Mo/CIS/CdS/i-ZnO/ITO/Al，如图 4-20 所示。

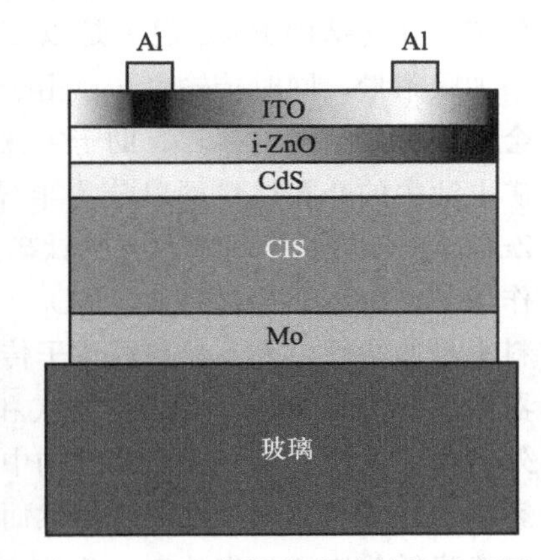

图 4-20　CIS 太阳能电池结构示意图

玻璃：通常采用的是钠钙玻璃。Rockett 等人研究后发现，钠钙玻璃中的钠离子会偏聚在 CIS 薄膜的表面，抑制晶界缺陷的产生，减少复合中心，有效地延长载流子的寿命，从而提高电池的效率。另外，近几年对柔性衬底的研究也有所进展，Odersun 公司采用铜或不锈钢等金属带为衬底制备 CIS 太阳能电池，这种技术的优点是可以采用卷对卷连续化生产，能有效降低成本，而且电池的组件面积几乎不受约束。

Mo：作为 CIS 太阳能电池的背底电极，W、Ti 等金属均曾经被使用过。经过长时间的探索，人们最终发现 Mo 作为正极材料有着很多优点。首先，Mo 薄膜的方块电阻较小，电学性质优越；另外，CIS 薄膜与 Mo 薄膜的附着力比其他金属都要好，能有效提高成品率；再者，在使用硒化工艺制备 CIS 太阳能电池时，Mo 的表面会和 Se 反应，生成一层薄薄的 $MoSe_2$，与 CIS 薄膜形成欧姆接触，可以提高电池的电学性质。

CIS：作为 CIS 太阳能电池的吸收层，它是整个电池工艺的核心。除了 $CuInSe_2$ 和 $CuInS_2$ 以外，还有将镓掺入 $CuInSe_2$ 中形成的 $Cu(In_{1-x}Ga_x)_2Se_2$ 和将硫掺入 $CuInSe_2$ 中形成的 $CuIn(Se_{1-x}S_x)_2$，以及由 Cu、In、Ga、Se、S 五种元素组成的 $Cu(In_{1-x}Ga_x)(Se_{1-y}S_y)_2$。但是目前实现产业化的只有 $CuInS_2$ 和 $Cu(In_{1-x}Ga_x)_2Se_2$。制备 CIS 薄膜的方法也有很多，大致分为真空法和非真空法两类，具体相关内容参见后面内容。

CdS：禁带宽度为 2.42eV，在电池中起到缓冲层的作用。缓冲层也叫过渡层，用来解决 CIS 太阳能电池中 ZnO 窗口层与 CIS 吸收层之间的晶格失配问题，目前世界上转换效率最高的 CIGS 太阳能电池就用到了 CdS 缓冲层。但是 CdS 的毒性较大，对人体有害，并且重金属离子 Cd^{2+} 也会污染环境，所以人们找到了一些可以替代 CdS 的无毒缓冲层材料，如 ZnS、ZnSe、ZnO 等，目前已取得了一些成果。

i-ZnO：作为电池内 PN 结中的 N 型材料，一般使用本征氧化锌。

ITO：ITO 是掺 Sn 的 In_2O_3 的缩写，ITO 膜的优点是高透过率和优良的导电性能，而且容易在酸液中蚀刻出细微的图形，其中透光率最为优异，可达 90%以上。上述 i-ZnO 和 ITO 两层合称为 CIS 太阳能电池的窗口层。

Al：负电极一般使用 Al，用真空蒸镀的方法将高纯度的 Al 蒸镀到电池表面，电极面积不宜过大，以免阻挡太阳光的射入影响电池的效率。

钙钛矿太阳能电池的器件结构主要有以下几种：介孔结构、平面结构、无电子传输层结构、无空穴传输层结构、无空穴传输层碳电极结构。其中平面结构又根据电荷传输方向可以分为正置结构和倒置结构。图 4-21 为钙钛矿太阳能电池的几种典型结构。

(1) 介孔结构

介孔结构是钙钛矿电池研究初期主要的一类结构，这种结构主要借鉴了全固态染料敏化太阳能电池，一般由 FTO 导电玻璃、ETL、介孔层、钙钛矿（光吸收层）、HTL、对电极组成。传统的介孔结构 PSCs 通常是以 TiO_2 作为介孔材料，其主要作用是作为支架承载吸光材料、增加吸附量，同时传输电子。由于介孔材料能够在基底上形成骨架结构，钙钛矿在沉积过程中会进入骨架结构内部，有助于钙钛矿成膜质量的提高。按介孔材料的导电性能进行分类，钙钛矿电池中的介孔材料可以分为半导体介孔材料和绝缘体介孔材料。半导体介孔材料如 TiO_2、ZnO、NiO 等纳米材料，在钙钛矿太阳能电池中，除辅助钙钛矿成膜外，还起到载流子传输的作用。绝缘体介孔材料如 Al_2O_3、ZnO_2、SiO_2 等纳米材料，可以辅助钙钛矿成膜，但由于材料本身的特性，并不参与载流子传输过程。介孔结构的主要优势在于经过反射等作用延长光在器件中的传播路径，并减少空穴和电子复合，从而使得钙钛矿太阳能电池效率飞速发展。另外，由于钙钛矿填充在介孔结构中，形貌主要取决于介孔层，因此钙钛矿沉积技术对电池整体影响相对较小，重复性较好。然而，为了保证充分的吸光，介孔层厚度通常达到 500mm 以上，可能降低载流子收集效率。此外，介孔层制备通常需要高温烧结，对于大面积制备不利。

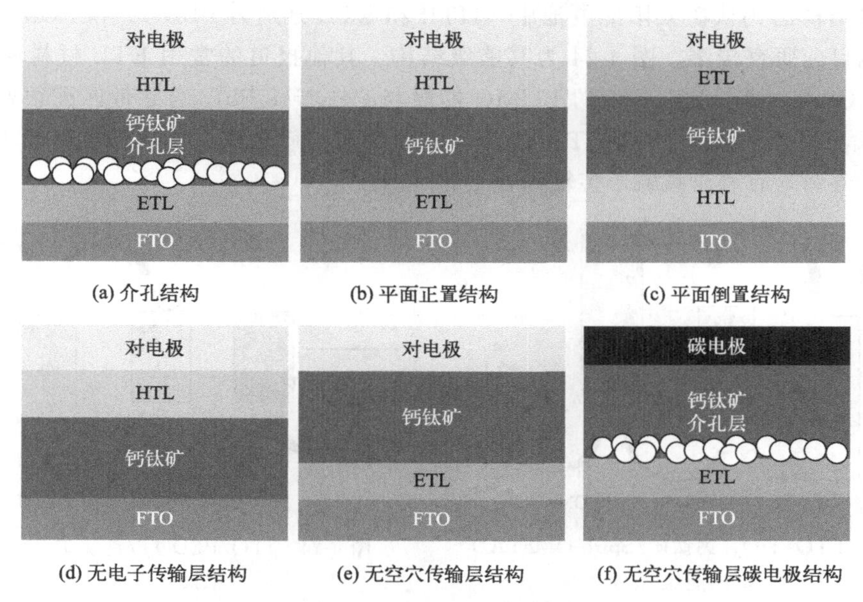

图 4-21　几种典型的钙钛矿太阳能电池结构

（2）平面结构

相比于介孔结构器件，平面型结构的钙钛矿电池没有使用介孔骨架，而是将钙钛矿层与两侧的 P 型半导体和 N 型半导体直接接触。这避免了介孔骨架对电池制备工艺方面的一些限制，简化了电池结构，使钙钛矿太阳能电池在材料体系、制备工艺等方面得到了很大的应用拓展，并且有助于实现钙钛矿电池在柔性等功能化器件方面的应用。因此，相比于介孔结构钙钛矿太阳能电池，平面型钙钛矿太阳能电池虽然发展较晚，但得到了更广泛的研究。

平面结构电池又分为正置结构（N-I-P 结构）和倒置结构（P-I-N 结构）两类，正置结构器件的光线入射穿过的功能层先后顺序分别为电子传输层、钙钛矿吸收层、空穴传输层。倒置结构器件的先后顺序分别为空穴传输层、钙钛矿吸收层、电子传输层，如图 4-22 所示。

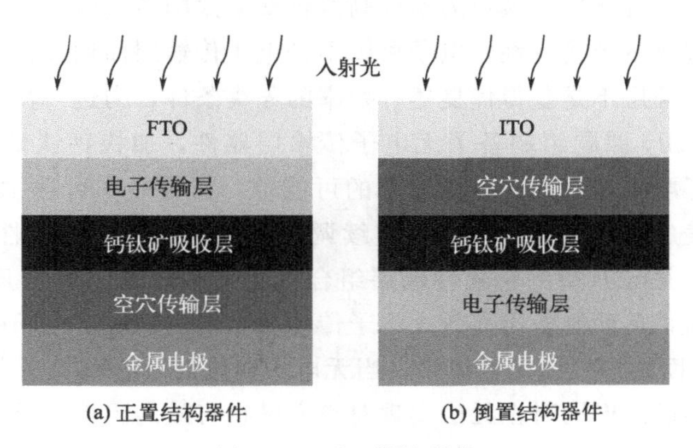

图 4-22　平面结构器件

正置结构器件中最常用的电子传输材料（ETM）和空穴传输材料（HTM）分别是 TiO_2 和 Spiro-OMeTAD，其电池能级示意如图 4-23 所示。

在倒置结构的钙钛矿太阳能电池中，HTL 和 ETL 分别为 PEDOT 和 PCBM 的钙钛矿太阳能电池目前研究较多，图 4-24 为其能级结构。其他报道的常用 ETL 材料还包括 C_{60}、$PC_{61}BM$、ICBA，其中 $PC_{61}BM$ 的 LUMO 能级与 $CH_3NH_3PbI_3$ 的导带匹配很好，激子在钙钛矿/$PC_{61}BM$ 和钙钛矿/PEDOT 界面均可有效解离。$PC_{61}BM$ 膜厚通常小于 100nm，可提高载流子寿命，有利于载流子传输和收集。

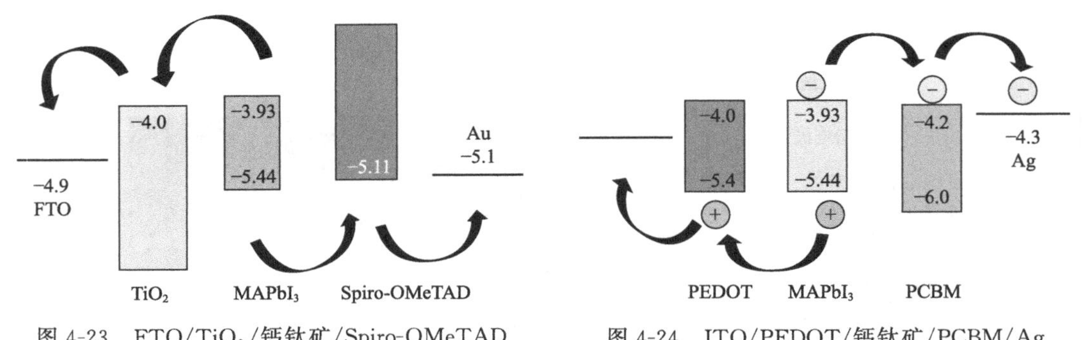

图 4-23 FTO/TiO_2/钙钛矿/Spiro-OMeTAD 电池能级

图 4-24 ITO/PEDOT/钙钛矿/PCBM/Ag 电池各层能级

李等人通过在 PEDOT 中掺杂的 MoO_x 纳米点来改善钙钛矿薄膜的覆盖，减少分流路径；并且在钙钛矿退火过程中，MoO_x 纳米颗粒可以作为钙钛矿晶核的生长位点，改善薄膜接触。此外，MoO_x 增加了空穴传输层的功函数，使能级更好地匹配钙钛矿，同时增强载流子的传输能力。

氧化镍（NiO）也是倒置结构电池中常用的空穴传输材料之一，NiO 晶格中容易出现 O^{2-} 填隙而形成 Ni^{2+} 空位，是一种具有高化学稳定性和高空穴迁移率的 P 型半导体，其空穴迁移率高达 $47.05cm^2/(V \cdot s)$。NiO 的逸出功可以通过改变 O^{2-} 填隙或 Ni^{2+} 空位的浓度，在 4.5～5.6eV 范围内进行调整，从而实现与钙钛矿材料能级结构的良好匹配。另外，NiO 较高的导带能级（－1.8eV）还能够有效地阻挡电子从钙矿材料向正极的泄漏。

(3) 无电子传输层结构

到目前为止，电子传输层已被视为实现高效钙钛矿太阳能电池的基本要求，但由于钙钛矿材料具有电子空穴双重传输特性，电子可以不经电子传输层而通过钙钛矿层直接传输至对电极，这表明电子传输层不是获得优良器件效率的先决条件，为进一步简化器件结构和制备过程提供了可能。Kelly 课题组制备了无电子传输层器件，加快钙钛矿层/空穴传输层界面的空穴提取，降低了电子和空穴在界面复合的可能性，器件效率可达 13.5%，图 4-25 为电池结构示意图。李美成课题组通过自掺杂连续调控钙钛矿的半导体特性，获得了 N 型的高质量的钙钛矿薄膜，并与 P 型的空穴传输层组合构建了有效的 P-N 异质结，实现光生载流子的有效抽取与分离，从而制备出高效无电子传输层结构的钙钛矿太阳能电池，光电效率达到了 15.69%。在平面结构钙钛矿电池中，当无电子传输层存在时，工艺流程的简化有利于电池商业化进程的推进。但同时也无法实现对空穴进行有效的阻挡，导致器件界面处的电子和空穴复合严重，器件效率低下。

(4) 无空穴传输层结构

无论是 N-I-P 正置结构钙矿太阳能电池还是 P-I-N 反置结构钙矿太阳能电池，为保证激子的高效分离，在钙钛矿两侧都具有完整的 N 型和 P 型半导体层分别传输电子和空穴。虽然钙钛矿材料成本较低且器件制备成本也较低，但是目前使用的很多电子传输材料（PCBM）和空穴传输材料（Spiro-OMeTAD）成本较高，这极大地提高了钙钛矿太阳能电池的成本，限制了钙钛矿太阳能电池的大规模应用。在正置结构中，如 TiO_2 致密层等低成本无机 N 型半导体可以制备出高效器件，而不必依赖高成本的有机电子传输材料，但对于空穴传输材料而言，诸如 CuSCN、CuI 等无机 P 型半导体仍无法替代有机空穴传输材料 Spiro-OMeTAD。因此，制备无高成本空穴传输层的钙钛矿太阳能电池是降低电池成本的最佳途径。幸运的是，钙钛矿材料本身具有电子空穴双重传输特性，并且载流子扩散距离很长，因此空穴可以不经空穴传输层而通过钙钛矿层直接传输至对电极。基于以上设想，Etgar 等使用钙钛矿材料既作为吸光材料，又作为空穴传输材料，所制备电池的效率为 5.5%（图 4-26），证明了无空穴传输层器件制备的可行性。通过掺杂改性等手段进一步优化钙钛矿的表面形貌后，器件效率已突破 11%。

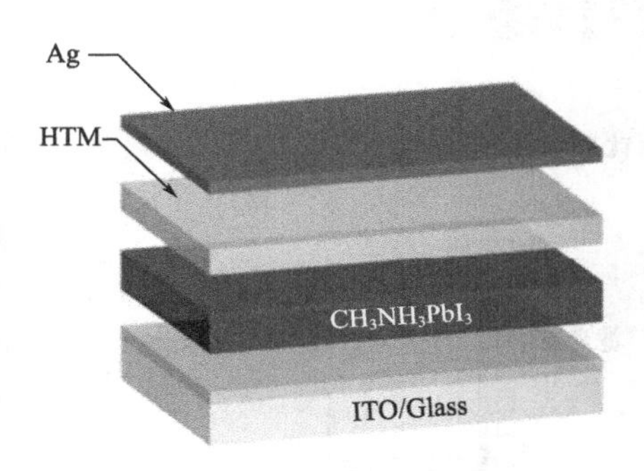

图 4-25　无电子传输层结构钙钛矿太阳能电池结构示意

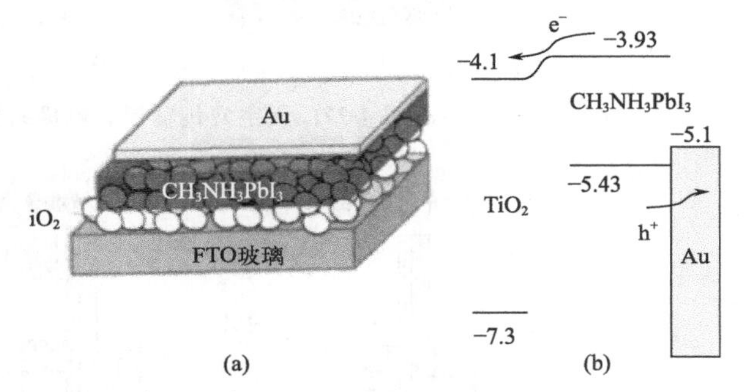

图 4-26　无空穴传输层结构钙钛矿太阳能电池示意

(5) 无空穴传输层碳电极结构

在摆脱对高成本空穴传输材料的依赖后，金、银等贵金属对电极就成为了限制器件成本进一步降低的主要因素。碳材料广泛应用于染料敏化太阳能电池中充当对电极材料，并且与金具有近似的逸出功，具有在钙钛矿太阳能电池方面取代金、银等贵金属对电极的潜力。因此，在无空穴传输层结构的基础上，人们发展了一系列碳对电极钙钛矿太阳能电池。如图 4-27 所示，通过打印碳电极的方法，制备的器件效率为 6.6%。而经过进一步改善薄膜制备工艺后，所制备的无空穴传输层碳电极结构钙钛矿太阳能电池的效率可以达到 14%，并且表现出了优异的器件稳定性。碳材料是一类地球资源丰富、成本低廉、环境稳定的材料，有利于推动低成本商业化进程。

以下介绍几种创新的太阳能电池结构。

(6) 钙钛矿叠层太阳能电池结构

叠层电池的结构可以分为顶电池和底电池直接接触串联的 2-T 叠层结构以及顶电池和底电池机械堆叠或光耦合的 4-T 叠层结构，如图 4-28 所示。

以钙钛矿电池为顶电池的 4-T 机械堆叠叠层电池具有其独特的优势。该结构模式下，顶电池和底电池是分别独立制备的，每个子电池可以采用其最优的工艺进行制备，而不必相互妥协。此外，由于每个电池独立工作，叠层电池的效率是两个子电池效率之和，电流匹配问题无须考虑，且可以自由选择顶电池的光线入射端（沉积的半透明电极端或透明导电玻璃端）。对于典型的半透明钙钛矿电池，沉积的半透明电极的透过率通常略低于底部的透明导

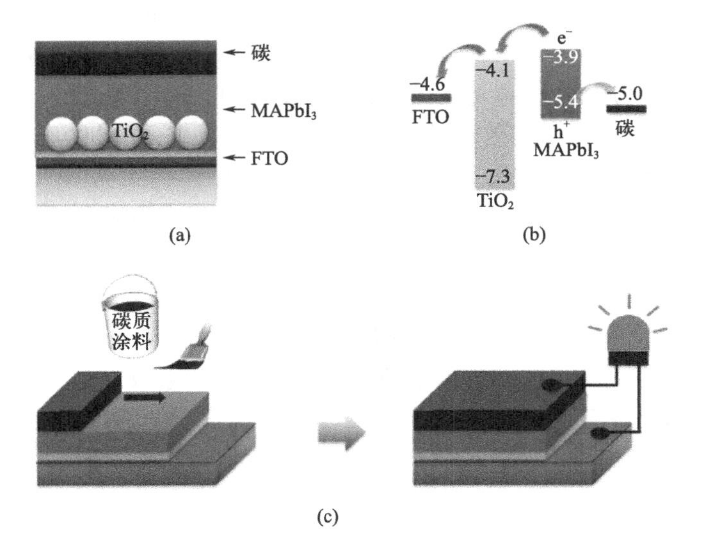

图 4-27 无空穴传输层碳电极结构钙钛矿太阳能电池

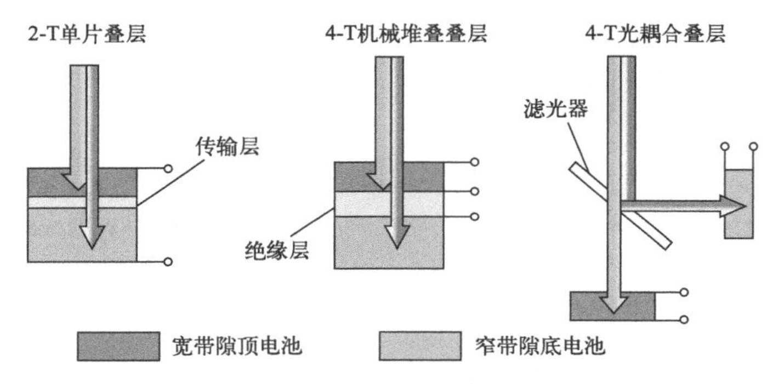

图 4-28 叠层电池三种常见的结构

电薄膜玻璃基底的透过率，光线从玻璃基底端射入比从沉积的半透明电极端能够具有更高的光电流和光电转换效率。因此，4-T 机械堆叠叠层电池能够充分发挥顶电池的优势，最大限度地降低电流损失，从而提高叠层电池整体的效率。

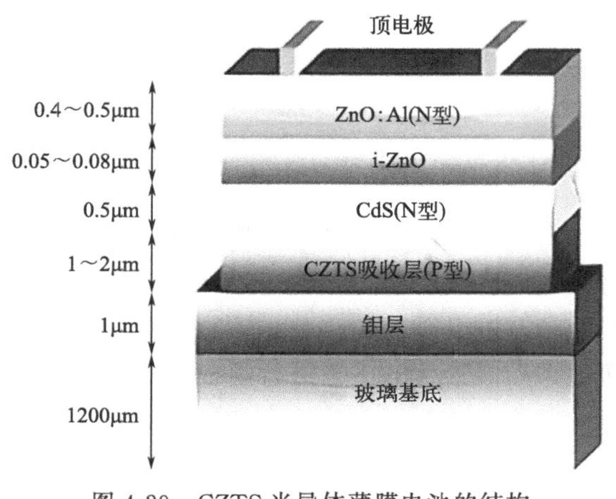

图 4-29 CZTS 半导体薄膜电池的结构

(7) CZTS 电池结构

CZTS 电池的结构如图 4-29 所示，从下到上分别为背电极、吸收层、缓冲层、窗口层与顶电极。CZTS 制备过程中需要经过高温硫化，所以背电极的选择尤为特殊，既要满足与吸收层之间的晶格匹配，又要满足在高温硫化过程中不易被硫化和腐蚀，在现有的体系中一般以能够满足上述条件的金属 Mo 作为背电极，金属 Mo 层上面就是吸收层，然后是缓冲层。目前使用最广泛的缓冲层为 CdS。窗口层包括两层，即本征氧化锌（i-ZnO）与透明导电层（TCO）。

考虑到 CZTS、CdS 和 ZnO 的光学带隙分别是 1.5eV、2.43eV 和 3.29eV（这些数值与文献中的大小一致），由此得出 CdS/CZTS 异质结的导带偏移量是（0.13±0.1）eV，并且得到 CdS/ZnO 异质结的导带偏移量是（1.00±0.1）eV。CZTS/CdS/ZnO 的界面处能带如图 4-30 所示，可以明显看出 CZTS 的导带底高于 CdS 的导带底，且 CdS 的导带底高于 ZnO 导带底。CdS/CZTS 异质结和 CdS/ZnO 异质结界面处的能带排列是Ⅱ型对齐结构。这种对齐方式可以减少电子在界面处传输的障碍。在 CZTS/CdS 异质结界面处的电子-空穴对很容易分开，而且电子很容易通过 CZTS/Cds 和 Cds/ZnO 异质结，很窄的 CdS 导带底到 CZTS 价带顶的距离增加了界面复合，因为Ⅱ型能带对齐结构会导致很低的开路电压和很小的填充因子。所以 CZTS/CdS 异质结Ⅱ型对齐是不利于太阳能电池提高效率的。

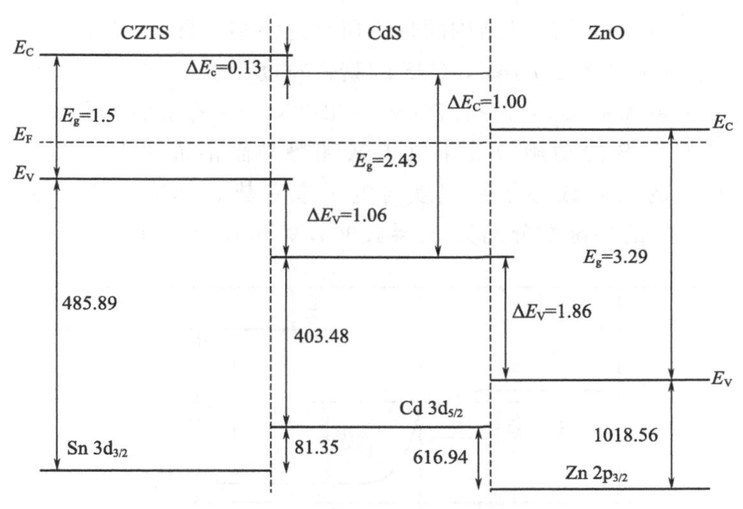

图 4-30　CZTS 薄膜电池的能带图

（8）CIS 电池结构

CIS 电池从底层到顶层分别是衬底、背接触层、吸收层、缓冲层、窗口层和电极，其经典结构如图 4-31 所示。常规的制备过程是先在玻璃衬底上沉积一层 Mo 作为背电极，接着沉积 P 型 CIS 吸收层和 CdS 缓冲层，然后沉积高阻本征 ZnO 和 N 型重掺杂 ZnO 来作为窗口层，最后沉积 Ni-Al 顶电极。为了减少太阳光的反射损失，可在窗口层上沉积一层抗反射膜 MgF_2。

在选择衬底时，必须考虑衬底的热膨胀系数与 CIS 薄膜是否匹配，避免薄膜内产生过大的应力。衬底一般采用碱性钠钙玻璃，主要是由于这种玻璃含有金属钠离子。Na 通过扩散可以进入电池的吸收层，有助于薄膜晶粒的生长。近年来，地面光伏建筑物的曲面造型和移动式的光伏电站等要求太阳能电池具有柔性、可折叠性和不怕摔碰等特性，催生了柔性衬底的产生。采用金属衬底如不锈钢、铝、铜等金属箔材料和聚合物衬底如聚酰亚胺等可制造柔性电池，但目前此类柔性电池的光电转换效率还有待提高。由于各类柔性衬底如聚酰亚胺和不锈钢都不能像钠钙玻璃那样向吸收层提供钠，因

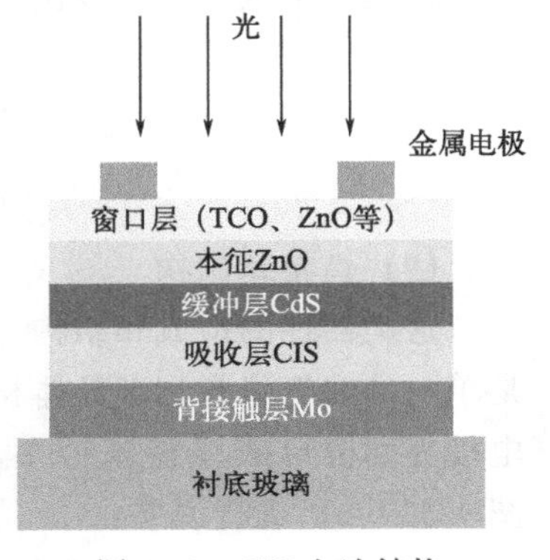

图 4-31　CIS 电池结构

此为提高柔性衬底 CIS 薄膜太阳能电池的性能，可在薄膜生长时将 Na 与其他元素一起蒸发，或者在沉积 CIS 薄膜之前，在 Mo 背接触层上预先沉积含钠的预制层，如 NaF、Na_2S 和 Na_2Se 等化合物。

作为 CIS 电池的背电极，应该具有低的接触电阻、良好的附着性能、后续工序的良好稳定性、良好的热传导性能、低的杂质含量以及与 CIS 相匹配的热膨胀系数。背电极材料一般采用金属 Mo，这是因为 Mo 可以与吸收层 CIS 薄膜之间形成良好的欧姆接触。Mo 作为电池的底电极，要求具有比较好的结晶度和低的表面电阻；制备过程中要考虑的另一个主要问题是电池的层间附着力，一般要求 Mo 层具有鱼鳞状结构，以增加上、下层之间的接触面积。此外，Mo 反射率高，能够将太阳光反射回吸收层，从而使得太阳光可有多次机会被吸收层吸收。

对于 CIS/CdS 异质结电池能带结构的理论研究还不多。图 4-32 给出了 CIS/CdS 异质结能带结构，CIS 的禁带宽度为 1.04eV，CdS 的禁带宽度为 2.42eV。CIS 的电子亲和势 $\chi_1=4.35\text{eV}$，CdS 的电子亲和势 $\chi_2=4\sim4.79\text{eV}$。CIS 和 CdS 的激活能分别为 $E_{a1}=0.486\text{eV}$，$E_{a2}=0.044\text{eV}$。N 型 CdS 的功函数等于电子亲和势与激活能之和，即 $\varphi_2=\chi_2+E_{a2}$（取 $\chi_2=4\text{eV}$）。P 型 CIS 的功函数势禁带宽度与电子亲和势之和减去激活能，即 $\varphi_1=(E_g+\chi_1)-E_{a1}$。CIS 和 CdS 的功函数分别为 $\varphi_1=4.904\text{eV}$ 和 $\varphi_2=4.044\text{eV}$。

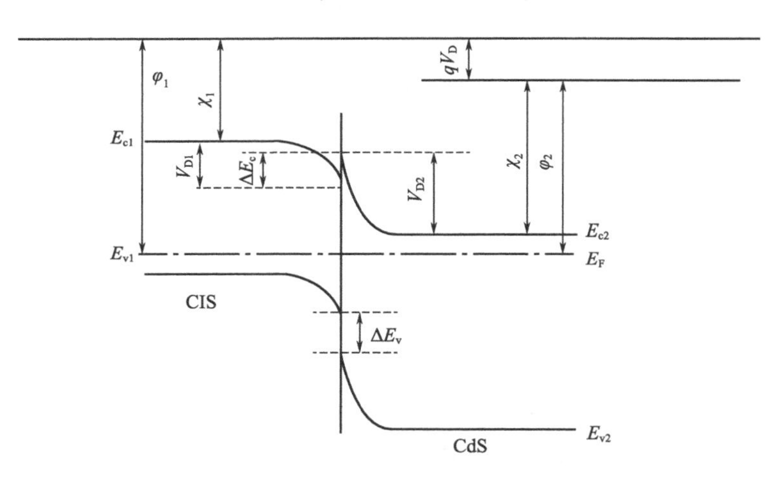

图 4-32 CIS/CdS 异质结能带结构

根据以上数据可以算出

$$V_D=\varphi_1-\varphi_2=0.86\text{eV} \tag{4-15}$$

$$\Delta E_c=\chi_1-\chi_2=0.35\text{eV} \tag{4-16}$$

$$\Delta E_v=(E_{g2}-E_{g1})-\Delta E_c=1.03\text{eV} \tag{4-17}$$

(9) 肖特基结构

这类器件的组成和结构［图 4-33 (a)］与聚合物发光二极管（PLED）相同，其活性层是单一的共轭聚合物半导体材料，但它的工作过程与 PLED 相反。由于这类器件的半导体/电极界面会形成肖特基势垒，因此称为肖特基型太阳能电池。这类电池的工作原理可用图 4-33 (b) 进行说明：

① 活性层半导体吸收光产生激子（未分离的电子-空穴对）。

② 激子在活性层内进行扩散，非常低的概率发生电荷分离。

③ 激子扩散至半导体/电极界面，非常低的概率发生电荷分离。

④ 发生电荷分离的电子和空穴分别被铝电极和ITO电极收集，形成光电压和光电流。

这种电池的光电转换效率十分低下（一般低于0.1%），主要是由于激子难以发生电荷分离，而且其扩散距离很短（一般在10nm左右），在尚未扩散至半导体/电极界面时就发生复合，即使少数激子扩散至半导体/电极界面，电荷分离仍然难以发生。

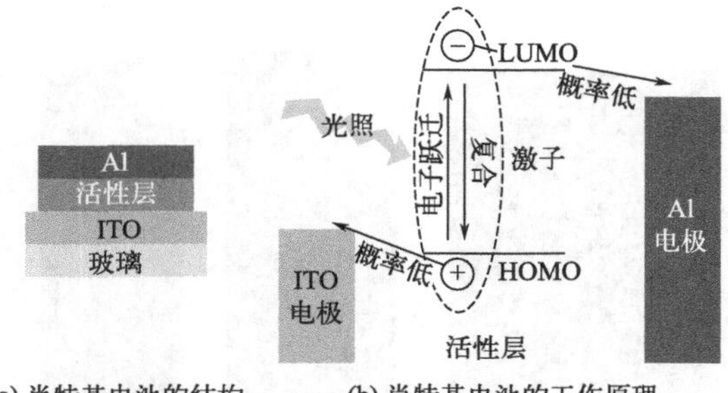

(a) 肖特基电池的结构 (b) 肖特基电池的工作原理

图4-33 肖特基电池

4.1.4 太阳能电池组件的封装

(1) 组件

太阳能电池的基本单位是太阳能电池片（cell），又被称为太阳能电池单体，由于单个太阳能电池片尺寸是固定的，有几种固定标准（表4-1），所以单个电池片的工作电压只有0.4～0.5V，工作电流为20～25mA/cm^2，使得单个太阳能电池片的功率很小（1～2W），远不能满足很多用电设备对电压、功率的要求，因此需要根据要求将一些太阳能电池片进行串、并联，实现功率为几瓦、几十瓦，甚至100～300W的功率输出。此外，太阳能电池片机械强度很小，很容易破碎。太阳能电池若是直接暴露在大气中，水分和一些气体会对太阳能电池片产生腐蚀和氧化，时间长了甚至会使电极生锈或脱落，而且还可能会受到酸碱、灰尘等的影响。因此，太阳能电池片需要与大气隔绝，需要封装在能够抵御上述损伤的薄膜盒子中形成太阳能电池组件（module）。图4-34、图4-35分别为多晶硅、单晶硅电池组件。

表4-1 太阳能电池片的规格尺寸

硅电池片类型	边长/mm	对角线/mm	厚度/μm
125单晶硅片	(125±0.5)×(125±0.5)	175±0.5	200±20
156单晶硅片	(156±0.5)×(156±0.5)	220±0.5	200±20
125多晶硅片	(125±0.5)×(125±0.5)	175±0.5	200±20
150多晶硅片	(150±0.5)×(150±0.5)	212±0.5	200±20
156多晶硅片	(156±0.5)×(156±0.5)	220±0.5	200±20

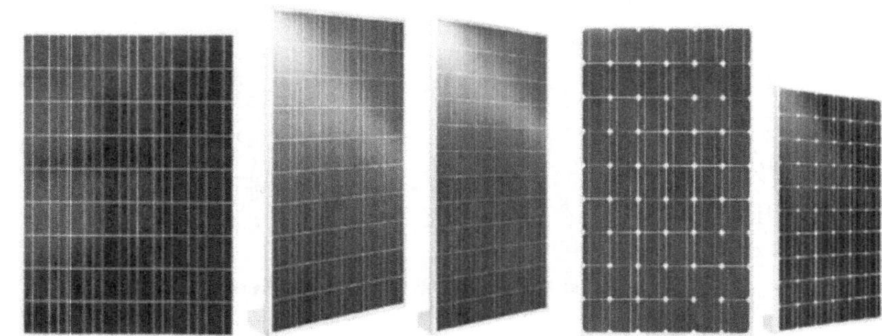

图 4-34 多晶硅电池组件

图 4-35 单晶硅电池组件

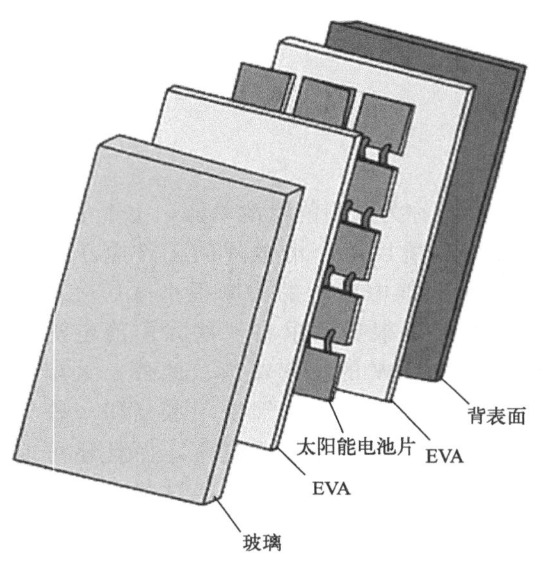

图 4-36 太阳能电池组件结构示意图

(2) 封装

太阳能电池组件的封装即是将太阳能电池片的正面和背面各用一层透明、耐老化、黏结性好的热熔型 EVA 胶膜包封，用透光率高且耐冲击的低铁钢化玻璃做上盖板，用耐湿抗酸的聚氟乙烯复合膜（TPT）或玻璃等其他材料做背板，通过相关工艺使 EVA 胶膜将太阳能电池片、上盖板和背板黏合为一个整体，从而构成一个实用的太阳能电池发电器件，即太阳能电池组件或光伏组件，俗称太阳能电池板（图 4-36）。

EVA 是乙烯和乙酸乙烯酯的共聚物，是目前常用的太阳能电池封装、电子电器元件封合、汽车装饰等方面的材料。EVA 与聚乙烯（PE）相比，提高了透明性、柔韧性、耐冲击性，以及气密封性。EVA 上述特征符合太阳能电池密封材料的选择要求，但是其耐热性差、易延伸而弹性低、内聚强度低，易热收缩使密封失效，甚至会使太阳能电池破碎。此外，EVA 在室外太阳光，特别是紫外线和热的影响下，也会出现龟裂、变色等问题。这些特点会降低太阳能电池的转化效率，缩短太阳能电池使用寿命。在 EVA 制备过程中常使用添加剂（紫外光吸收剂、紫外光稳定剂、热稳定剂等）来改善其耐老化性能；另一种改性方法是添加有机过氧化物交联剂提高 EVA 的耐热性，并减少其热收缩性。当 EVA 膜加热到一定温度后，交联剂分解产生自由基，引发大分子间的反应，形成三维网格结构使 EVA 胶层交联固化。一般来说，当交联度大于 60%时，EVA 胶膜就能承受大气的变化不再出现太大的热收缩现象，从而满足太阳能电池密封的需要。交联度指 EVA 大分子经过交联反应后达到不溶的凝胶固化的程度。

用于太阳能电池封装的 EVA 通常厚度为 0.3～0.8mm，宽度有 600mm、800mm、1100mm 等多种规格，其性能指标为：

① 透光率大于 90%。

② 交联度在 70% ± 10%范围内，且与接触材料剥离强度：玻璃/EVA 大于 30N/cm，

TPT/EVA 大于 15N/cm。

③ 在工作温度（−40～90℃）范围内性能稳定，抗老化，具有较高的耐紫外和热稳定性，具有较好的电气绝缘性。

环氧树脂封装太阳能电池组件工艺简单、成本低，在小型组件封装上使用较多。但是，环氧树脂黏结力强、耐老化性能差，容易老化，致使材料发脆、发黄，影响太阳能电池使用效果、使用寿命。通过环氧树脂改性可在一定程度上改善其耐老化性能。环氧树脂为高分子材料，分子间距为 50～200nm，该值超过水分子的直径，即水分子能够通过树脂分子间隙渗透到其内部。因此，提高环氧树脂的疏水性是有效提高其耐蚀性的方法。环氧树脂封装太阳能电池时，由于与硅片膨胀系数的差异，在成型固化过程中的收缩以及热收缩产生热应力，造成强度下降、老化龟裂、封装开裂、空洞、剥离等失效现象的出现。

有机硅胶是一类具有特殊结构的封装材料，兼有有机材料与无机材料的优点，如耐高温、耐低温、耐老化、抗氧化、电绝缘、有疏水性等。但是在光、热、空气、潮气等老化条件下，聚硅氧烷的侧基极易氧化，从而发生大分子的侧链或有机自由基的耦合等副反应，使物理性能发生明显的变化。因此，有机硅胶在封装太阳能电池时需要加入适量的添加剂来改善其抗老化性能。

低铁钢化玻璃是常用的太阳能电池封装正面盖板材料，又被称为超白玻璃，该玻璃具有光透过率高、强度高、性能稳定、颜色一致等特点（图 4-37）。太阳能电池用低铁玻璃厚度约为 3mm，在晶体硅太阳能电池相应波长范围（300～1100nm）透光率达 91%以上，对于红外线等长波（约 1200nm）有较高的反射率，同时该玻璃能耐太阳紫外线的辐射，这也是该玻璃广泛应用到防紫外线场所的主要原因，如博物馆、纪念馆等。图 4-38（a）为用紫外-可见光谱仪测得的普通玻璃光谱透过率，其在波长 700～1100nm 波段透过率有明显下降；而图 4-38（b）低铁玻璃透过率在 300～1100nm 波段基本保持稳定。

图 4-37　超白玻璃

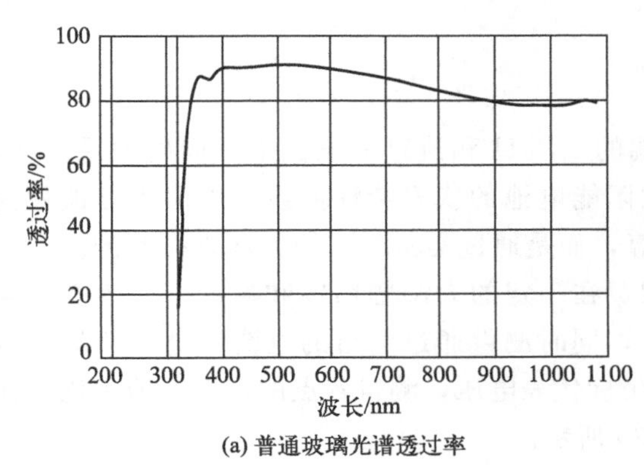

(a) 普通玻璃光谱透过率

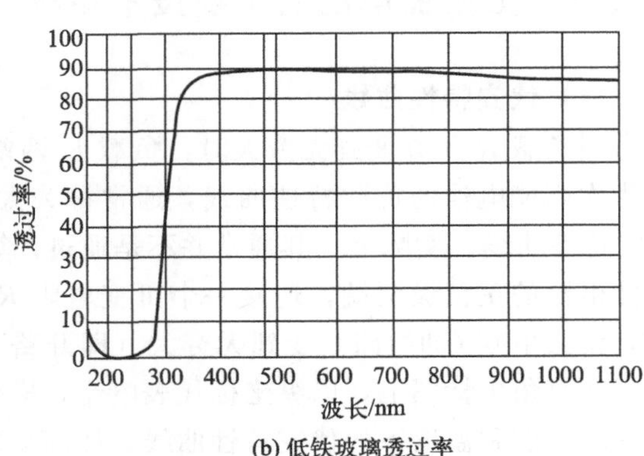

(b) 低铁玻璃透过率

图 4-38　玻璃透过率

对于太阳能电池用玻璃，降低铁含量、防太阳光表面反射、增强玻璃强度，以及延长其使用寿命一直是玻璃行业研究课题。对玻璃进行物理或化学钢化处理，能够使玻璃强度提高为普通玻璃的3～4倍。在太阳能电池中使用薄钢化玻璃能有效降低玻璃中铁含量，提高光透过率，以及减轻太阳能电池组件自重、降低成本。除此之外，玻璃表面涂层薄膜形成减反射玻璃，也能明显提高玻璃表面光透过率。

除了低铁玻璃外，聚氟乙烯、聚甲基丙烯酸甲酯（PMMA，俗称有机玻璃）、聚碳酸酯（PC）也可以作为太阳能电池组件的正面盖板材料。Tedlar是一种具有高透过率的透明材料，也可根据需要制成蓝色、黑色等多种颜色。Tedlar还具有耐老化、耐腐蚀、密封性好、强度高、防潮性能好等优点，是可以直接使用的太阳能电池盖板材料。PMMA板和PC板透光性能好、材质轻，但耐温性差，表面易刮伤，因此在太阳能电池组件封装应用方面受到限制，目前主要用于室内或便携太阳能电池组件封装。

背板材料可选择性较大，主要取决于应用场所和用户需要。对于小型太阳能电池组件，如太阳能庭院灯、玩具等，背板多采用电路板、耐温塑料或玻璃钢板等；而对于大型太阳能电池组件，更多的是使用Tedlar复合材料或玻璃。常用的是Tedlar复合薄膜，如TPT（Tedlar/Polyester/Tedlar）。TPT薄膜有更好的防潮、抗湿和耐候性能，具有强度较高、阻燃、耐久、自洁等优点。TPT呈现白色，对太阳光有反射作用，能提高组件效率，同时对红外光有较高反射率，可以降低组件的工作温度。但该薄膜价格较高（约10美元/m^2），且不容易黏合。TPE是在TPT基础上发展而来的，由Tedlar、聚酯、EVA三层材料构成，与太阳能电池接触面（EVA面）呈现与太阳能电池颜色相似的深蓝色，因此，封装后组件更美观。由于TPE少了一层Tedlar，所以耐候性能不及TPT，但是价格相对便宜（约5美元/m^2），与EVA黏合性能好。TPE越来越受到太阳能电池厂家的青睐，特别是在小型太阳能电池组件封装上应用得越来越多。

近些年，随着国内外光伏建筑一体化（BIPV）的推广，各组件封装厂商纷纷推出双面玻璃太阳能电池组件。与普通组件结构相比，双面玻璃组件用玻璃代替TPE（或TPT）作为组件背板材料。这种组件有美观、透光的优点，在光伏建筑上应用非常广泛，如太阳能智能窗、太阳能凉亭和光伏建筑顶棚、光伏幕墙等。光伏电池与建筑结合是太阳能光电发展的一大趋势，预计双面玻璃光伏组件商业市场前景良好。

4.1.5 太阳能电池的主要技术参数

（1）伏安特性曲线

当负载R从0变到无穷大时，负载R两端的电压U和流过的电流I之间的关系曲线，即为太阳能电池的负载特性曲线，通常称为太阳能电池的伏安特性曲线，以前也习惯称为I-V特性曲线。实际上，其通常并不是通过计算，而是通过实验测试的方法来得到的。在太阳能电池的正负极两端，连接一个可变电阻R，在一定的太阳辐照度和温度下，改变电阻值，使其由0（即短路）变到无穷大（即开路），同时测量通过电阻的电流和电阻两端的电压。在直角坐标图上，以纵坐标代表电流，横坐标代表电压，测得各点的连线，即为该电池在此辐照度和温度下的伏安特性曲线，如图4-39所示。

（2）最大功率点

在一定的太阳辐照度和工作温度条件下，太阳能电池伏安特性曲线上的任何一点都是工作点，工作点和原点的连线称为负载线，负载线斜率的倒数即为负载电阻 R_L 的值，与工作点对应的横坐标为工作电压 U，纵坐标为工作电流 I。电压 U 和电流 I 的乘积即为输出功率。调节负载电阻 R_L 到某一值时，在曲线上得到一点 M，对应的工作电流 I_m 和工作电压 U_m 的乘积为最大，即

$$P_m = I_m U_m = P_{max} \tag{4-18}$$

称 M 点为该太阳能电池的最佳工作点（或最大功率点），I_m 为最佳工作电流，U_m 为最佳工作电压，R_m 为最佳负载电阻，P_m 为最大输出功率。

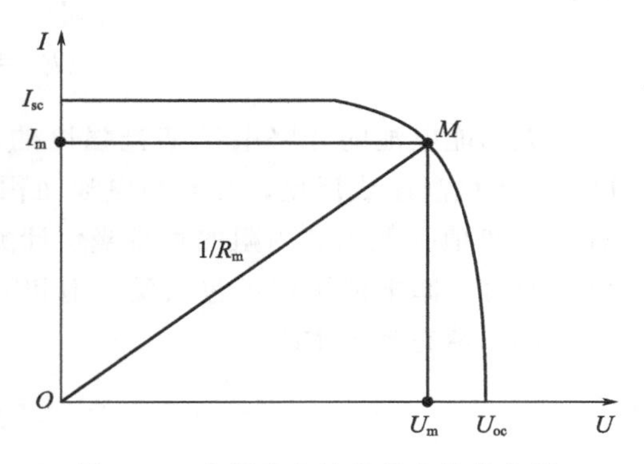

图 4-39 太阳能电池的伏安特性曲线

也可以通过伏安特性曲线上的某个工作点作一条水平线，与纵坐标相交点为 I；再作一垂直线，与横坐标相交点为 U。这两条线与横坐标轴和纵坐标轴所包围的矩形面积，在数值上就等于电压 U 和电流 I 的乘积，即输出功率。伏安特性曲线上的任意一个工作点，都对应一个确定的输出功率。通常，不同的工作点输出功率也不一样，但总可以找到一个工作点，其包围的矩形（OI_mMU_m）面积最大，也就是其工作电压 U 和电流 I 的乘积最大，因而输出功率也最大，该点即为最佳工作点。

由图 4-39 看出，如果太阳能电池在最大功率点左边工作，也就是电压从最佳工作电压下降时，输出功率要减小；而超过最佳工作电压后，随着电压上升，输出功率也要减小。

通常太阳能电池所标明的功率，是指在标准工作条件下最大功率点所对应的功率。而在实际工作时往往并不是在标准测试条件下工作，而且一般也不一定符合最佳负载的条件，再加上太阳辐照度和温度随时间在不断变化，所以真正能够达到额定输出功率的时间很少。有些光伏系统采用最大功率跟踪器，可在一定程度上增加输出的电能。

(3) 短路电流

在接有外电路的情况下，若将外电路短路，则负载电阻、光电压和光照时流过 PN 结的正向电流均为零。此时 PN 结中的电流等于它的光电流，称为短路电流，用 I_{sc} 表示。当 $U=0$ 时，$I_{sc}=I_L$。I_L 为光电流，正比于光伏电池的面积和入射光的辐照度。$1cm^2$ 光伏电池的 I_L 值为 16～30mA。升高环境的温度，I_L 值也会略有上升。一般来讲，温度每升高 1℃，I_L 值上升 78μA。

一个理想的光伏电池，因串联的 R_s 很小，并联电阻的 R_{sh} 很大，所以进行理想电路计算时，它们都可忽略不计。短路电流随着光强的增加而呈线性增长。

当负载被短路时，$U=0$，并且此时流经二极管的暗电流非常小，可以忽略，则上式可变为

$$I_{sc} = I_L - I_{sc}\frac{R_s}{R_{sh}} \Rightarrow I_{sc} = \frac{I_L}{1+\dfrac{R_s}{R_{sh}}} \tag{4-19}$$

由此可知，短路电流总是小于光电流 I_L，且 I_{sc} 的大小也与 R_s 和 R_{sh} 有关。

(4) 开路电压 U_{oc}

开路时，即负载电阻无穷大，则流过负载的电流为零。负载处的电压称为开路电压，用 U_{oc} 表示，即

$$U_{oc}=\frac{k_BT}{q}\ln\left(\frac{I_L}{I_s}+1\right) \tag{4-20}$$

太阳能电池的开路电压随光强度的增加而呈现出对数上升趋势，并逐渐达到最大值。U_{oc} 与环境温度成反比，并且与电池面积的大小无关。环境温度每上升 1℃，U_{oc} 值下降 2～3mV。该值一般用高内阻的直流毫伏计测量。另外 U_{oc} 还与暗电流有关。然而，对于太阳能电池而言，暗电流不仅仅包括反向饱和电流，还包括薄层漏电流和体漏电流。

(5) 填充系数 *FF*

$$FF=\frac{U_mI_m}{U_{oc}I_{oc}} \tag{4-21}$$

填充系数 FF 对于太阳能电池来说，是一个十分重要的参数，其可以反映太阳能电池的质量。太阳能电池的串联电阻越小，并联电阻越大，填充系数也就越大，反映到太阳能电池的电流-电压特性曲线上则是接近正方形的曲线，此时太阳能电池可以实现很高的转换效率。

(6) 转换效率 η

转换效率的公式为

$$\eta=\frac{I_mU_m}{P}=\frac{FFI_{oc}U_{oc}}{P} \tag{4-22}$$

式中，P 为太阳辐射功率。从上式可以得到：填充系数越大，太阳能电池的转换效率也就越大。

(7) 电流温度系数

当温度变化时，太阳能电池的输出电流会产生变化，在规定的实验条件下，温度每变化 1℃，太阳能电池短路电流的变化值称为电流温度系数，通常用 α 表示，有

$$I_{sc}=I_0(1+\alpha\Delta T) \tag{4-23}$$

对于一般的晶体硅太阳能电池，I_0 为初始短路电流；$\alpha=\pm0.1\%/℃$。短路电流和温度成正比，根据式 (4-23) 所示，温度升高时，短路电流会略有上升。

(8) 电压温度系数

当温度变化时，太阳能电池的输出电压也会产生变化，在规定的实验条件下，温度每变化 1℃，太阳能电池开路电压的变化值称为电压温度系数，通常用 β 表示，有

$$U_{oc}=U_0(1+\beta\Delta T) \tag{4-24}$$

对于一般的晶体硅太阳能电池，U_0 为初始开路电压；$\beta=-(0.3\sim0.4)\%/℃$，这表示温度升高时，开路电压要下降。

4.1.6 影响电池效率的一些因素

(1) 光吸收率

太阳能电池并不能将照射在其上的所有太阳光全部吸收，有一部分会被反射或散射，也有一部分会透射过去。所以提高电池对太阳光的吸收是至关重要的，目前主要有两个解决思路。一个思路是减少对太阳光的反射和散射，通常的做法是将窗口层的表面做成绒面状，使光的入射角度增大，从而有效地减少光的反射和散射。另一个思路是减少太阳光的透射，增加电池吸收层的厚度就可以有效地提高对太阳光的吸收率。太阳能电池对光的吸收能力与厚度的关系式如下：

$$Q = Q_0 e^{-\alpha x} \tag{4-25}$$

式中，Q_0 为入射光的总能量；Q 为距离物体表面 x 处光的能量；α 为材料的吸收系数。从上式可以看出，当厚度增加到一定程度时，就可以吸收几乎全部的太阳光。

(2) 带隙类型

半导体材料分为直接带隙半导体和间接带隙半导体两种。直接带隙半导体的电子在跃迁时，由于导带底的最小值和价带顶的最大值有着相同的波矢量，电子可以直接跃迁而不发生其他任何变化。间接带隙半导体的电子在跃迁时则不同，因为间接带隙半导体材料的导带底最小值和价带顶的最大值具有不同的波矢量，电子在跃迁的同时还要发射或吸收声子，这使得间接带隙半导体的吸收系数比直接带隙半导体要低很多，一般在 2～3 个数量级。

(3) 载流子的寿命

太阳能电池在吸收太阳光产生电子空穴对之后，若电子或空穴未能及时导出，就会发生复合，电子空穴对从产生到复合的这段时间，叫作载流子寿命，又叫复合寿命。对于太阳能电池来说，载流子的寿命越长越好，这样可以增加电池的短路电流，从而提高电池的转换效率。在理想的情况下，一种材料的载流子寿命是固定的。但是在现实情况下，由于材料的纯度不够高以及制造过程中产生的一些缺陷都可能形成复合中心。复合中心的存在对于延长载流子的寿命来说是一个很大的障碍，所以在电池的制备过程中，应采取必要的工艺处理，减少载流子的复合中心，延长载流子的寿命。

(4) 光照强度

阴天的时候太阳能电池产生的能量要远远小于晴天时太阳能电池产生的能量。太阳光的入射强度直接制约了太阳能电池的工作效率。广泛所使用的 AM1.5 标准光照条件是指天顶角约为 48.2°时太阳光入射的情况，光强是 $100mW/cm^2$。在实际使用时，可以使用增大光照强度的方法提高太阳能电池的功率，最简单的方法就是将太阳光聚焦于太阳能电池之上。因为 $P = IU$，I 与光强成一倍的正比关系，U 则与光强的对数成正比关系，此时太阳能电池输出功率的增加将远远超过光强的增加，从而大大提高太阳能电池的使用效率。

4.2 太阳能电池材料

4.2.1 硅太阳能电池

太阳能电池能源不仅是常规能源危机下的替代能源，也是社会可持续发展的必然需要。因此太阳能电池材料选择应该遵循以下几个原则：

① 半导体材料必须容易取得。只有原料易得才能保证太阳能电池成本的稳定，甚至随着工艺的完善，成本呈现逐渐降低的趋势，只有稳定的价格才有利于太阳能电池持续发展和太阳能电池产业普及。

② 半导体材料必须环保无毒，且具有长期的稳定性。目前，全球温室效应、环境污染等问题给人们生活带来的危害已经到了触目惊心的地步。各国都在强调节能减排、低碳生活，我国更是宁愿以放慢经济发展为代价来降低污染气体的排放。因此，太阳能电池产业的

发展和普及也要以环保为前提。

③ 半导体材料应该具有较高的光电转换效率。较高的能量转化效率是提高单位成本发电效率的一条途径。因此，半导体材料禁带宽度应该在1.5eV附近，而且以直接禁带半导体为最佳。

④ 制造工艺成熟、简单，成本较低。未来太阳能电池片的发展趋势是厚度越来越薄、面积越来越大，因此，要求制造工艺能够制造大面积太阳能电池片。

根据以上太阳能电池材料选择原则，可以用来制造太阳能电池的原料有硅材料（单晶硅、多晶硅、非晶硅）、GaAs、InP、CdTe、$CuInSe_2$ 等。

硅（silicon）是一种非金属元素，是一种重要的半导体材料，在地壳中丰度约为25.8%，是仅次于氧的最丰富的元素。硅在地壳中不存在单质状态，基本上都是以氧化状态（主要是硅酸盐矿和石英矿）的形式存在。硅在自然界的同位素及其所占比例分别为：^{28}Si 为 92.23%，^{29}Si 为 4.67%，^{30}Si 为 3.10%。

硅原子序数为14，原子量为28.085，核外电子占据三个轨道，每个轨道上电子数分别为2、8、4，电子排布为 $1s^2 2s^2 2p^6 3s^2 3p^2$。常压下，硅材料晶体具有金刚石的结构（图4-40），晶格常数 $a=0.5430$nm；加压至15GPa，则变为面心立方晶体，$a=0.6636$nm。常压下，硅金刚石结构晶胞可以看作是两个面心立方晶胞沿对角线方向上位移1/4相互套构而成。1个硅原子与4个相邻硅原子由共价键连接，这4个硅原子恰好在正四面体的4个顶角上，而四面体的中心是另外一个硅原子（彼此夹角为109°28′），这种四面体称为共价四面体。原子在晶胞中排列方式是8个原子位于立方体的八个顶角上，6个原子位于六个面心上，晶胞内部有4个分别位于四条体对角线的原子。立方体顶角和面心上的原子与晶胞内4个原子情况不同，所以硅晶体结构是由相同原子构成的复式晶格。

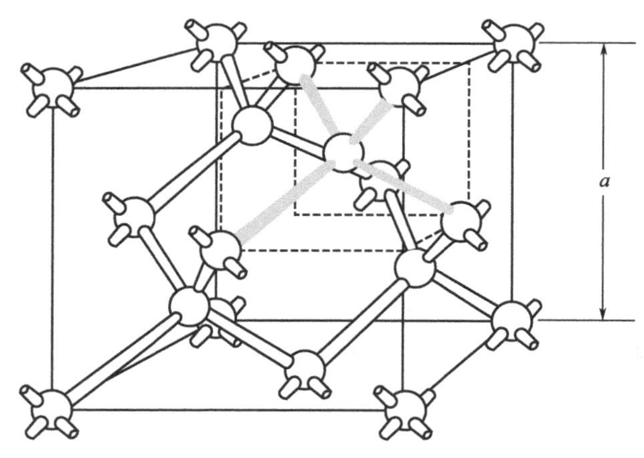

图4-40 硅晶体结构

硅电阻率在 $10^{-4}\sim10^{10}\Omega\cdot cm$ 范围内，且电导率和导电类型对杂质和外界因素高度敏感，当掺入极微量电活性杂质时，其电导率将会显著增大，例如硅中掺入亿分之一的硼，其电阻率降为原来的千分之一。当硅中掺入的杂质以磷、砷、锑等施主杂质为主时，该半导体以电子导电为主；当硅中掺入的杂质以硼、铝、镓等受主杂质为主时，则以空穴导电为主。

硅作为元素半导体，没有化合物半导体那样的化学计量比和多组元提纯的复杂性问题，因此工艺上比较容易获得高纯度和高完整性的单晶。硅禁带宽度比锗大，所以相对而言硅器件的结漏电就比较小，工作温度较高（250℃，而锗器件工作温度不高于 150℃）。同时，硅地球丰度比锗要高得多。所以硅半导体材料供给可以说是取之不尽的。20 世纪 60 年代开始人们对硅做了大量研究，在电子工业中，硅逐渐取代了锗，占据了主要地位。自 1958 年发明半导体集成电路以来，硅的需求量逐年增大，质量也相应提高。现在半导体硅已成为生产规模最大、单晶直径最大、生产工艺最完善的半导体材料，是固态电子学及相关信息技术的重要基础。但是，硅半导体也存在不足之处，即电子迁移率比锗小，尤其比 GaAs 小，所以简单硅器件高频下的工作性能不如锗或 GaAs 高频器件。此外，硅是间接带隙材料，光发射效率很低，不能作为可见光器件（激光器、发光管等）材料；硅也没有线性光电效应，不能做调制器和开关。而 GaAs 为直接带隙材料，光发射效率高，是光电子器件的重要材料。但是用分子束外延（molecular beam epitaxy，BME）、金属有机化合物化学气相沉积（metal organic chemical vapor deposition，MOCVD；又称金属有机物气相外延 metal-organic vapor phase epitaxy，MOVPE）等技术在硅衬底上生长 SiGe/Si 应变超晶格量子阱材料，可形成准直接带隙材料，并具有线性光电效应。此外，在硅衬底上异质外延 GaAs 或 InP 单晶膜，可构成复合发光材料。

硅室温下禁带宽度为 1.12eV，光吸收处于红外波段。人们利用超纯硅对 1～7μm 红外光透过率高达 90%～95%这一特点制作红外聚焦透镜。硅单晶在红外波段折射率约为 3.4，其表面光反射损失较高（小于锗的 45%），通常在其表面镀膜进行减反射，比如硅太阳能电池氮化硅减反射膜。硅室温下无延展性，属脆性材料。但在 700℃具有热塑性，在应力作用下会呈现塑性形变。硅抗拉应力远大于抗剪应力，所以硅片容易碎裂。

硅在 1410℃时熔化，熔化时体积缩小，这是直拉单晶后剩余熔体凝固时会导致石英堆埚破裂的原因。熔硅有较大的表面张力（736mN/m）较小的密度（2.5g/cm^3），这也是悬浮区熔法生长硅棒的原因，而锗（张力为 150mN/m，密度为 5.3g/cm^3）只能采用水平区熔法。

硅具有室温下禁带宽度为 1.12eV、为间接带隙半导体、表面对太阳光的平均反射率高达 30%以上等特征，并不是十分理想的太阳能电池材料首选。但是硅元素地球含量丰富，材料易取、无毒，其氧化物性能稳定、不溶于水，这是硅作为太阳能电池材料的优点。

硅按照内部原子排列方式的不同可分为单晶硅（mono crystalline silicon）和非晶硅（amorphous silicon）、多晶硅（polycrystalline silicon）。单晶硅原子排列规则，缺陷少；多晶硅晶粒之间会出现晶界缺陷；而非晶硅原子排列无规则，为非晶体结构。多晶硅按照纯度来分类，可以分为冶金级硅（metallurgical-grade silicon，MG-Si）、太阳能级硅（solar grade silicon，SG-Si）、电子级硅（electronic grade silicon，EG-Si）。

晶体硅太阳能电池分为单晶硅太阳能电池和多晶硅太阳能电池。

单晶硅太阳能电池原子排列长程有序，且缺陷少，因此自由电子与空穴复合概率小，单晶硅太阳能电池有较高的光电转化效率，其理论值约为 27%。同时，完整的结晶结构使原子与周围其他四个原子结合稳定，太阳光照射下不容易产生共价键的断裂等现象，较少的悬挂键是保证单晶硅太阳能电池性能稳定的一个因素。然而，由于单晶硅棒制造过程中较大的能耗，以及原料的损耗（锅底料 15%，头尾料 20%，边料 10%～13%）和切片工艺中材料的切损等因素，使得单晶硅太阳能电池片制造成本较高。

多晶硅太阳能电池相比单晶硅太阳能电池而言，成本较低。降低成本、追逐利润一直是商家追求的目标，因此这也就促进了多晶硅太阳能电池迅速发展。目前，多晶硅太阳能电池市场份额略高于单晶硅太阳能电池，而且随着多晶硅锭制造技术的进步以及电池片工艺的完善，多晶硅太阳能电池市场份额将会继续增大。多晶硅太阳能电池另一个优点是：多晶硅锭结晶速率快，产出高。但是，与单晶硅太阳能电池相比，多晶硅太阳能电池的光电转化效率较低，理论值约为20%。这主要是受以下两个因素影响：

① 多晶硅内部晶界，晶界处会存在较多悬挂键，因此电子与空穴的移动受阻，增加了电子与空穴复合的概率，导致电流下降。

② 晶界处会有很多杂质聚集，这也会增加电子与空穴的复合概率。

多晶硅太阳能电池不完整的结晶结构，使得硅原子与周围原子的结合性能较差。因此，在太阳光照射下比较容易产生共价键的断裂，特别是对于高能量的紫光，随着照射时间的增加，悬挂键数量增多，多晶硅太阳能电池光电转化效率将会衰退。

因此，考虑到价格因素以及发电效率，实际上单晶硅太阳能电池和多晶硅太阳能电池单位成本的发电效率是非常接近的。

对硅太阳能电池而言，基体材料就是单晶硅片或多晶硅片。基体材料是影响太阳能电池效率的最主要因素，它不仅和材料种类有关，还受到材料性能的影响，比如杂质及缺陷多少、基板电阻率高低、基板厚薄等。

硅太阳能电池基板可以是单晶硅或者多晶硅。单晶硅有较好的品质，其中以FZ单晶硅最佳，CZ单晶硅次之。在对光电转化效率要求不高的情况下，考虑到制造成本，多晶硅基板被广泛应用到太阳能电池制造中。基板一般是使用掺杂后的杂质半导体，即P型掺杂半导体或N型掺杂半导体，通常以P型掺杂基板居多。

少数载流子的寿命是影响太阳能电池光电效率的重要因素，基板中杂质越多，少子寿命越短，特别是金属杂质。太阳能电池工艺中金属杂质的控制除了在太阳能级硅制造过程中外，在太阳能电池制造工艺中通过吸杂技术去除金属杂质也是一个方法。反向饱和光电流越大，开路电压越小，少子寿命τ_n越小，因此理想的太阳能电池基板应该是低电阻率和高少子寿命的。目前，实验室制备的高效率太阳能电池大多使用的硅片是电阻率为0.01～0.19Ω·cm、少子寿命高达几毫秒的FZ单晶硅基体。但是为了降低光致衰减现象，目前晶体硅有向高电阻率发展的趋势。理论和实践证明，电阻率在0.5～32Ω·cm的单晶硅及多晶硅都有很好的效果。现在广泛使用的CZ单晶硅中，由于存在掺杂原子B与杂质原子O相互作用，以及其他杂质的作用，少子寿命直接与掺杂浓度和电阻率有关。

硅基板厚度也会影响太阳能电池的光电转化效率。较厚的基板不仅浪费材料，增加成本，而且会增大载流子的传输距离，提高电子与空穴复合概率。由于透射光穿过硅基板时会发生衰减，以及硅对太阳光吸收系数较小的缘故，所以硅片也不宜太薄，否则会造成光的吸收不充分。

某单色光强度随透射距离呈指数衰减，该规律在太阳能电池基板设计中很重要，通过该规律可以确定太阳光在硅中的吸收距离，以及电池片最小厚度。对晶体硅而言，基板不能低于100μm。事实上，目前普遍使用的线切割工艺达不到100μm以下的切割技术，因此，就目前来说，基板厚度对晶体硅太阳能电池效率的影响还没有显现出来，但是随着切割技术的发展，切割硅片会越来越薄，综合考虑硅电池片发展的趋势（硅片越来越大、厚度越来越薄）等因素，基板厚度的负面影响必然会出现。

发射极和背面钝化太阳能电池（PERC电池）结构最早于1989年由新南威尔士大学Martin Green所领导的研究小组提出，电池结构图如图4-41所示。该电池正面采用光刻工艺制备“倒金字塔”陷光结构，双面生长高质量氧化硅层，正面氧化硅层作为减反射膜(ARC)，进一步改善正面的陷光效果。背面氧化硅层作为钝化膜，避免背面金属电极与硅片全接触。背面采用光刻工艺对背面钝化层进行开孔，然后蒸镀铝电极。在 FZ 硅片上制备的面积为 $4cm^2$ 的电池，转换效率为 23.1%，开路电压 V_{oc} 为 688mV，短路电流密度 J_{sc} 为 40.8mA/cm，填充因子为 82.1%。相对传统电池，PERC 电池结构有很多创新：

① 倒金字塔陷光结构搭配减反射氧化硅层增强正面陷光，提高 J_{sc}。同时，正表面氧化硅层对绒面结构进行表面缺陷钝化。

② 选择性发射极。金属接触区采用重掺杂，改善接触，降低 R_s；发射区采用低表面浓度浅结，降低表面复合，改善短波光谱响应，提高 V_{oc} 和 J_{sc}。

③ 正面采用光刻法制作细密电极栅线，降低正面遮光面积和电流横向传导电阻。

④ 采用 SiO_2 作为背面钝化层，叠加氢注入工艺，降低背面与硅接触的缺陷密度，避免金属电极与硅全接触，大大降低表面复合速率。而 SiO_2/Al 作为背反射器，能提高背面反射率，从而提高长波响应。

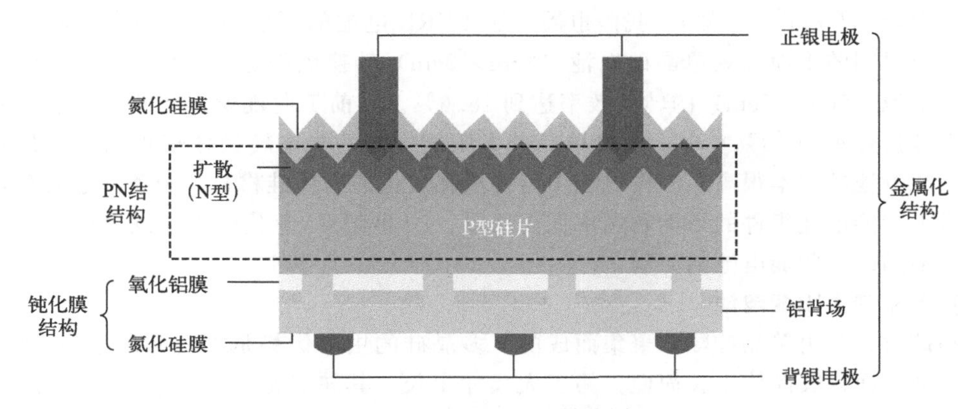

图 4-41　PERC 电池结构图

常规晶体硅太阳能电池采用均匀高浓度掺杂的发射极。发射区掺杂浓度对太阳能电池转换效率的影响是多方面的，较高浓度的掺杂可以改善硅片和电极之间的欧姆接触，降低电池的串联电阻。但是在高浓度掺杂的情况下，电池的顶层掺杂浓度过高，会造成俄歇复合严重，少子寿命也会大大降低，使得发射区所吸收的短波长效率降低，降低短路电流。同时重掺杂表面浓度高，会造成表面复合提高，降低开路电压，进而影响电池的转换效率。为了解决均匀高浓度发射极对电池效率的限制，研究人员提出了选择性发射极（SE），即在金属栅线（电极）与硅片接触部位及其附近进行高浓度掺杂深扩散，而在电极以外的区域进行低浓度掺杂浅扩散。图 4-42、图 4-43 显示了常规太阳能电池和选择性发射极太阳能电池的结构图。

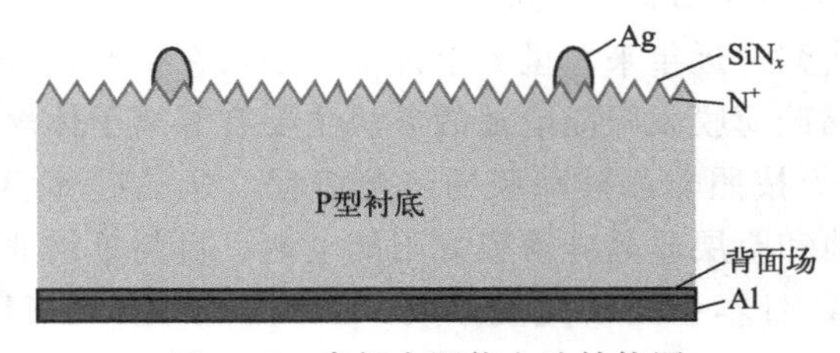

图 4-42　常规太阳能电池结构图

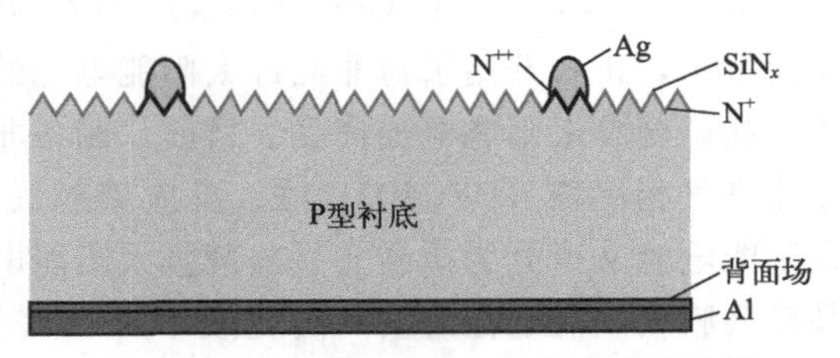

图 4-43　选择性发射极太阳能电池结构图

晶体硅太阳能电池是目前市场上的主导产品。晶体硅太阳能电池的工作原理是硅半导体材料的光伏效应。一般基于PN结的结构，在N型结上面制作金属栅线，作为正面电极；在整个背面制作金属膜，作为背面欧姆接触电极，形成晶硅太阳能电池。一般在整个表面上再覆盖一层减反射膜或在硅表面制作绒面用来减少太阳光的反射。晶体硅太阳能电池主要有以下几种。

(1) 单晶硅太阳能电池

自太阳能电池发明以来，对单晶硅太阳能电池研究的工作时间最长，其在硅太阳能电池中转化效率最高，理论上转换效率可以达到24%～26%，从航天到日常生活，已经应用在国民经济的各个领域。在此基础上，人们一直致力于晶体硅电池的研发工作。夫朗霍费莱堡太阳能系统研究所系统研究改进了单晶硅电池的表面制造工艺，采用光刻照相技术将电池表面制成倒金字塔结构，并在表面将13nm厚的氧化物钝化层与两层减反射涂层相结合，制得的电池转换效率超过了23%。新南威尔士大学在高效晶体硅太阳能电池（PERI电池）中做了倒锥形表面结构，成功研制出了转换效率为25%的单晶硅太阳能电池（测试条件为AM1.5、100mW/cm^2、25℃）。我国也展开了PERL电池的相应研究，国家新能源工程技术研究中心研制的平面高效单晶硅电池（2cm×2cm）转换效率达到19.79%，刻槽埋栅电极晶体硅电池（5cm×5cm）的转换效率达到18.6%。目前工业规模生产的单晶硅太阳能电池的光电转换效率为18%左右。虽然单晶硅太阳能电池的光电转换效率很高，但是制作单晶硅太阳能电池的成本很高，制作过程中需要消耗大量的高纯硅材料，制备工艺复杂，电耗大，而且太阳能电池组件的平面利用率低。所以，20世纪80年代以来，欧美一些国家把目光投向了多晶硅太阳能电池的研制。

(2) 多晶硅太阳能电池

多晶硅材料是由单晶硅颗粒聚集而成的。多晶硅的主要优势是材料利用率高、能耗低、制备成本低，而且其晶体生长简便，易于大尺寸生长。其缺点是含有晶界、高密度的位错、微缺陷及相对较高的杂质浓度，其晶体质量低于单晶硅，这些缺陷和杂质的引入影响了多晶硅电池的效率，导致其转换效率要低于单晶硅电池的效率。多晶硅太阳能电池光电转换效率的理论值为20%，实际生产的转化效率为12%～14%。其工艺过程是：首先选择电阻率为100～300Ω·cm的多晶块料或单晶硅头尾料，经破碎、腐蚀、用去离子水冲洗至中性、烘干等工序；然后用石英坩埚装好多晶硅料，加入适量硼硅，放入浇铸炉在真空状态中加热熔化；最后注入石墨铸模中，待慢慢凝固冷却后得到多晶硅锭。这样可以将多晶硅铸造成制作太阳能电池片所需要的形状，由于制作多晶太阳能电池工艺简单、节约电耗、成本低、可靠性高，因此多晶硅太阳能电池得到了广泛的应用。

图4-44为单晶硅电池和多晶硅电池的制作工艺流程图。

(3) 非晶硅薄膜太阳能电池

早在20世纪70年代初，Carlson等人用辉光放电分解甲烷的方法实现了氢化非晶硅薄膜的沉积，正式开始了对非晶硅太阳能电池的研究。近年来，世界上许多家公司在生产相应的非晶硅薄膜太阳能电池产品。目前，制备非晶硅薄膜太阳能电池的方法主要有等离子体增强化学气相沉积（PECVD）法、反应溅射法等。按照非晶硅薄膜的工艺过程，非晶硅薄膜太阳能电池又可分为单结非晶硅薄膜太阳能电池和叠层非晶硅薄膜太阳能电池。目前单结非晶硅薄膜太阳能电池的最高转化效率为13.2%。日本中央研究院采用一系列新措施，制得的非晶硅电池的转换效率为13.2%。我国关于非晶硅薄膜太阳能电池，特别是叠层太阳能

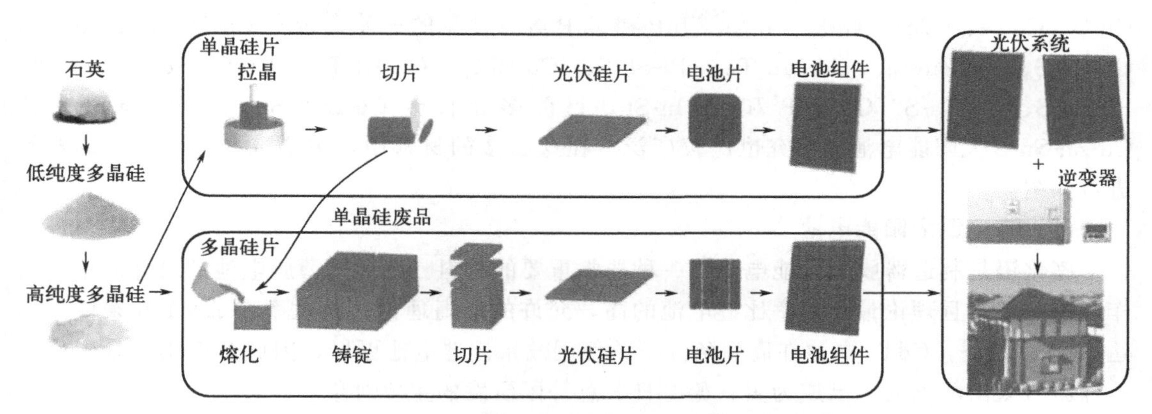

图 4-44　单晶硅电池和多晶硅电池的制作工艺流程图

电池的研究并不多，南开大学的耿新华等采用工业用材料，以铝作为背电极制备出面积为 $20\times20cm^2$、转换效率为 8.28%的 α-Si/α-Si 叠层太阳能电池。由于非晶硅太阳能电池具有成本低、质量小等优点，目前已经在计算机、钟表等行业广泛应用，具有一定的发展潜力。图 4-45 为非晶硅薄膜太阳能电池的制备流程。

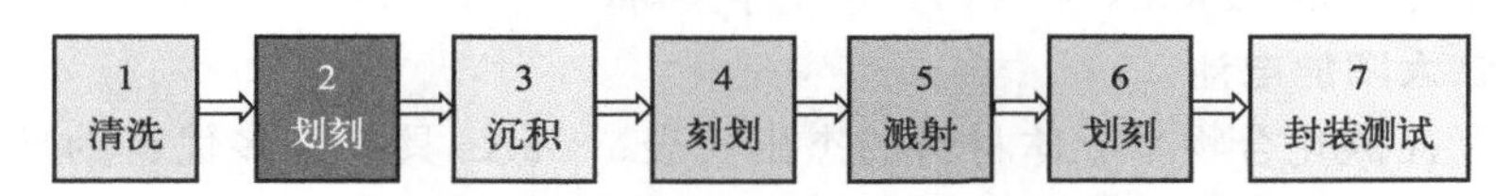

图 4-45　非晶硅薄膜太阳能电池的制备流程

(4) 多晶硅薄膜太阳能电池

从 20 世纪 70 年代人们就已经开始在廉价衬底上沉积多晶硅薄膜，通过对其生长条件的不断摸索，现已经能够制备出性能较好的多晶硅薄膜太阳能电池。目前制备多晶硅薄膜太阳能电池大多数采用低压化学气相沉积（LPCVD）法、溅射沉积法、液相外延（LPE）法。化学气相沉积主要是以 SiH_4、SH_2Cl_2、$SiHCl_3$ 或 $SiCl_4$ 为反应气体，在一定的保护气氛下反应生成硅原子并沉积在加热的衬底上，衬底材料一般选用 Si、SiO_2、Si_3N_4 等。研究发现，可以首先在衬底上沉积一层非晶硅层，经过退火使晶粒长大，然后在这层较大的晶粒上沉积一层较厚的多晶硅薄膜。该工艺中所采用的区熔再结晶技术是制备多晶硅薄膜中重要的技术。多晶硅薄膜太阳能电池的制作技术和单晶硅太阳能电池相似，前者通过再结晶技术制得的太阳能电池的转换效率明显提高。夫朗霍费莱堡太阳能系统研究所采用区熔再结晶技术在 FZSi 衬底上制得的多晶硅薄膜太阳能电池的转换效率为 19%，三菱公司用该方法制备了转换效率为 16.42%的电池，Astropower 公司采用 LPE 法制备的多晶硅薄膜太阳能电池，其转换效率达到 12.2%。国家新能源工程技术研究中心采用快速热化学气相沉积（RTCVD）法在重掺杂的单晶硅衬底上制备了多晶硅薄膜太阳能电池，效率达到 13.61%。鉴于多晶硅薄膜太阳能电池可以沉积在廉价衬底上，且无效率衰减问题，因此与非晶硅薄膜太阳能电池相比，具有转换效率高、成本低廉等优点，所以具有很大的市场发展潜力。

4.2.2　化合物半导体太阳能电池

能够作为无机半导体纳米晶薄膜电池的材料有很多，常见的二元合金有 Cu_2S、Cu_2O、

Cu-C、CdTe、CdSe、GaP、GaAs、InP 和 ZnP 等，常见的三元合金有 Cu-In-S、Cu-In-Se、Cu-Zn-S、Cd-Zn-Se、Cd-Mn-Te、Bi-Sb-S、Cu-Bi-S、Cu-Al-Te、Cu-Ga-Se、Ag-In-S、Pb-Ca-S、Ag-Ga-S、Ga-In-P 和 Ga-In-Sb，目前多元合金 Cu-In-S-Se、Cu-In-Ga-S-Se 和 Cu-Zn-Sn-S 太阳能电池的研究也比较广泛。在这么多的材料中，主要选择几种典型的材料进行介绍。

（1）碲化镉太阳能电池

碲化镉是制造薄膜太阳能电池的一种非常重要的材料。碲化镉薄膜电池的设计简单，制作成本低，并且理论最高效率比硅电池的高，允许的最高理论转换效率在 AM1.5 条件下高达 27%。此外，CdTe 电池在高温条件下的使用效果比硅电池更好，因此是应用前景较好的一种新型太阳能电池，已成为美、德、日、意等国研发的主要对象。

碲化镉电池在成本上有一定的优势，但是同时也存在很多缺点。第一，在制备电池和使用过程中如果不幸发生火灾，有可能将电池中包含的毒性较大的 Cd 元素释放出来，将会造成环境危害。第二，Te 的价格较高，使 CdTe 的制造成本一直居高不下。许多公司正在深入研究 CdTe 薄膜太阳能电池，优化薄膜制备工艺，提高组件的稳定性，防范 Cd 对环境和操作者健康的危害，以实现大规模生产，其中，First Solar 公司是当仁不让的领跑者，另外还有 Antec Solar、Solar Fields 和 AVATech 等公司。

（2）砷化镓太阳能电池

作为ⅢA-ⅤA 族化合物半导体材料的杰出代表，GaAs 具有许多优良的性质，对 GaAs 太阳能电池的广泛研究使得其转换效率提高得很快，现已超过了其他各种材料制备的太阳能电池的效率。GaAs 的晶格结构与硅相似，属于闪锌矿晶体结构；但是与硅材料不同的是，GaAs 属于直接带隙材料，而硅材料是间接带隙材料。GaAs 的带隙宽度为 $E=1.42\text{eV}$（温度为 300K 时），正好位于最佳太阳能电池材料所需要的能隙范围，所以具有很高的光电转换效率，是非常理想的太阳能电池材料，其主要特点为：

① GaAs 属于直接带隙材料，所以它的光吸收系数比较大。因此它的有源区只需要 3～5μm 就可以吸收 95%的太阳光谱中最强的部分，而对于有些材料，则需要上百微米的厚度才能充分吸收阳光。

② GaAs 太阳能电池的温度系数比较小，能在较高的温度下正常工作。众所周知，温度升高会引起开路电压下降，短路电流也略有增加，从而导致电池效率下降。但是 GaAs 的带隙比较宽，要在较高的温度下才会产生明显的本征激发，因而它的开路电压减小较慢，效率降低较慢。

③ GaAs 属于直接带隙材料，它的有源区很薄，因此成为空间能源装置的重要组成部分之一。随着技术的发展，聚光太阳能电池已获得较高的转换效率，在地面上的应用已有可能成为现实。

④ 和硅太阳能电池相比，GaAs 太阳能电池具有更高的光电转换效率，单结 GaAs 太阳能电池的理论效率最高为 27%，而多结 GaAs 太阳能电池的最高效率可以达到 63%，都高于硅太阳能电池的最高理论效率。而且 GaAs 太阳能电池的优势明显，在可见光范围内，GaAs 材料的光吸收系数远高于 Si 材料。同样吸收 95%的太阳光，GaAs 太阳能电池只需 5～10μm 的厚度，而硅太阳能电池的厚度则需大于 150μm。因此，GaAs 太阳能电池能制成薄膜结构，质量大幅度减小。此外，GaAs 具有良好的抗辐射性能、更好的耐高温性能。GaAs 还可制备成效率更高的多结叠层太阳能电池。

(3) 铜铟硒太阳能电池

CIS 是一种ⅠB-ⅢA-ⅥA 族化合物半导体，具有黄铜矿、闪锌矿两种晶体结构。CIS 中的 S 代表着ⅥA 族的 Se 和 S 两种元素，是 $CuInSe_2$ 和 $CuInS_2$ 的总体简称。CIS 太阳能电池是目前光伏界公认的将来有望获得大规模应用的化合物薄膜电池。多年来，众多的光伏研究者投身其中，在吸收层薄膜制备方法和技术、电池组件的工业化技术路线等方面都取得了巨大的成果。铜铟硒薄膜电池材料的吸收系数很高，不存在光致衰退问题，非常适合制备光电转换器件，其转换效率和多晶硅一样，商品电池组件的效率一般在 12%，同时具有价格低廉、稳定性好、可以大规模产业化生产等优点。

在室温下 $CuInS_2$ 的晶体结构为黄铜矿结构，其晶体结构图如图 4-46 所示。从图 4-46 中可知，黄铜矿的结构与 ZnS 的闪锌矿类似，只是 Cu 和 In 原子规则性地填入到原来第ⅡA 族原子的位置。这种结构可以看作由两个面心立方晶格套构而成：一个为阴离子 (S) 组成的面心立方晶格，另一个为阳离子 (Cu、In) 对称分布的面心立方晶格，即阳离子次晶格上被 Cu 和 In 原子占据的概率各为 50%，这种晶胞的 c/a 值一般约为 2。高温下这种结构的化合物原子容易移位，尤其是 Cu 和 In 原子，当超过一定温度后就不再规则地排列，因而晶体呈现立方体结构。$CuInS_2$ 具有较大的化学组成区间，即使严重偏离定比组成，依然具有黄铜矿结构以及相同的物理和化学特性。这些化合物一旦偏离定比组成，就会产生点缺陷，ⅠB-ⅢA-ⅤA 族化合物的本征点缺陷（如空位、间隙和错位）种类达 12 种之多。这些点缺陷会在禁带中产生新能级，因此适当调节 $CuInS_2$ 的化学组成可以得到 P 型（富铜）或 N 型（富铟）半导体，由于不必引入外加杂质，所以其导电特性、抗干扰性能、抗辐射性能都很稳定，制成的光伏晶体使用寿命也比较长，一般可长达 30 年。

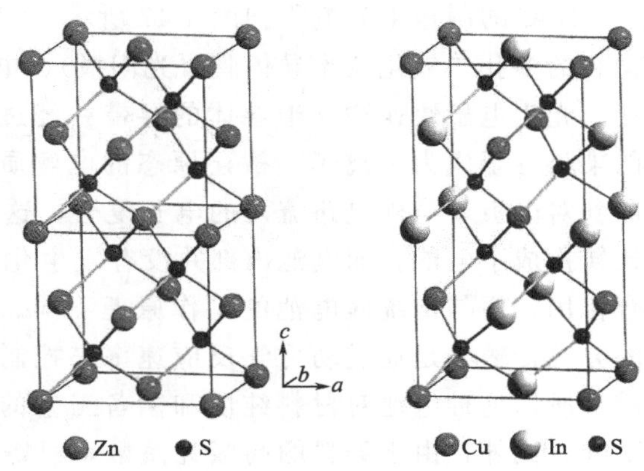

图 4-46 黄铜矿 $CuInS_2$ 的晶体结构图

CIS 太阳能电池的优点如下：

① 高吸收系数。CIS 是直接带隙半导体材料，是目前已知太阳能电池吸收层材料中吸收系数最大的。

② 性能稳定。CIS 制成的太阳能电池没有光致衰减效应（SWE），抗辐射能力强。某公司曾经对一块 CIGS 电池组件进行室外测试，结果发现这块电池在使用 7 年后仍保持原有性质。另有实验结果表明其使用寿命比单晶硅电池（一般为 40 年）要长很多，可达 100 年。

③ 带隙可调。$CuInSe_2$ 具有 1.04eV 的带隙宽度，小于 1.40eV 的太阳光最佳吸收带隙。

④ 效率/成本比高。虽然 CIGS 19.9%的实验室最高转化效率小于单晶硅 25%的实验室最高转化效率，但是 CIGS 量产电池器件 15%的转化效率已经非常接近多晶硅太阳能电池组件的转化效率。

⑤ CIS 的 Na 效应。微量的 Na 能提高电池的转换效率和成品率，因此使用钠钙玻璃作为 CIS 的基板，除了成本低、膨胀系数相近以外，还考虑到 Na 掺杂这个因素。

各种不同的太阳能电池因为制备方法不同，性能差异很大。但是对于能源需求来说，有三个重要的因素来评价和考量不同电池体系的优劣：光电转换效率、制备成本和环境保护因素。综合起来，薄膜太阳能电池和传统电池相比，有着自己独特的优势。不断深入地研究各种薄膜电池的机理，提高薄膜电池的效率和改善制备工艺是各个相关课题组和厂商研究和开发的着力点。

4.2.3 染料敏化太阳能电池

DSC 的制作工艺流程如图 4-47 所示，结构如图 4-48 所示，主要包括三部分：吸附了染料的多孔二氧化钛半导体膜（光阳极）、电解质和对电极。染料吸收光子后发生电子跃迁，光生电子快速注入半导体的导带并经过集流体进入外电路而流向对电极。失去电子的染料分子成为正离子，被还原态的电解质还原再生。还原态的电解质本身被氧化，扩散到对电极，与外电路流入的电子复合，这样就完成了一个循环。在 DSC 中，光能被直接转换成了电能，而电池内部并没有发生化学变化。DSC 的工作原理类似于自然界的光合作用，而与传统硅电池的工作原理不同。它对光的吸收主要通过染料来实现，而电荷的分离传输则是通过动力学反应速率来控制的。电荷在半导体中的运输由多数载流子完成，所以这种电池对材料纯度和制备工艺的要求并不十分苛刻，从而使得制作成本大幅下降。此外，由于染料的高吸光系数，只需几到十几个微米厚的半导体薄膜就可以满足对光的吸收，使 DSC 成为真正的薄膜电池。DSC 是光阳极、染料、电解质和对电极的有机结合体，缺一不可。

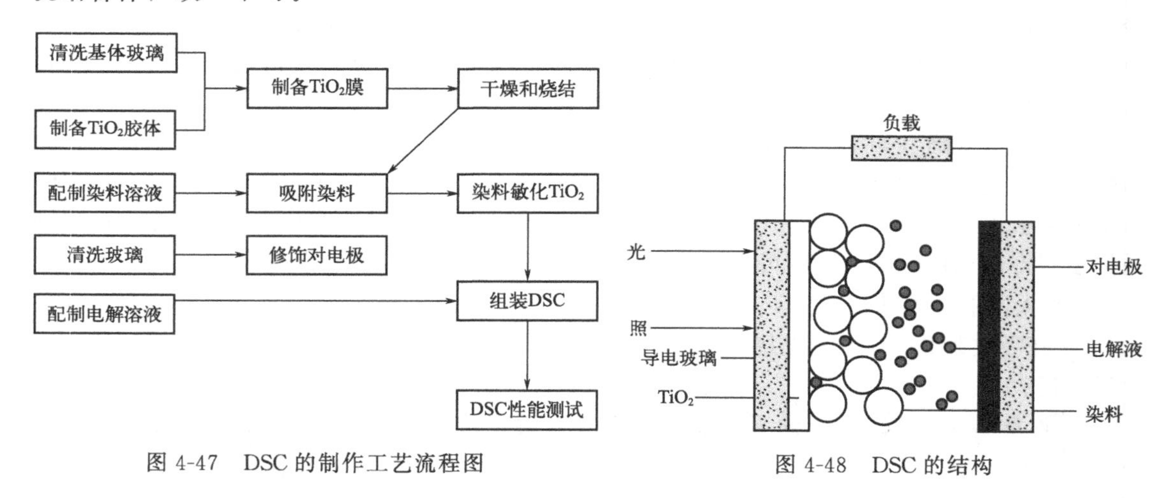

图 4-47 DSC 的制作工艺流程图

图 4-48 DSC 的结构

4.2.4 有机薄膜太阳能电池

1977 年，Heeger 小组通过将绝缘体聚乙炔用掺杂的方法将 AsF_5、I_2 加入到聚合物中，研究发现掺杂后的聚乙炔的电导率从 10^{-6}S/cm 增加到 10^{-2}～10^3s/cm，同时绝缘体出现了导体和半导体的光电性质，从而打破了传统意义上的绝缘体不可以导电的理论，开创了聚合物导电的新时代。1980 年，Weinberger 小组用聚乙炔制造出了第一块有机太阳电池，但是当时的转换效率极低。随后，Glenis 等人通过各种聚噻吩衍生物制备了太阳能电池，但是极低的光电转换效率是阻碍当时有机太阳能电池发展的主要问题。在 1986 年，Tang 等首次将 p 型半导体和 n 型半导体引入到双层结构的器件中，才使得光电流得到了极大程度的增大，从此有机聚合物太阳能电池的研究开始蓬勃发展起来。此外，在聚合物太阳能电池的稳定性方面，研究人员也取得了一定的进展。聚合物太阳能电池的寿命已经从开始的若干小时、若干天，到现在的一年或者更久。虽然如此，与无机光伏电池长达 25 年的寿命相比，聚合物太阳能电池的使用寿命目前相对还比较短。导致聚合物太阳能电池性能降低的因素很多，如水和氧对光敏层组分的氧化作用、共轭聚合物和铝电极之间的光致还原反应、光辐照所引起的聚合物降解等。所以从根本上来说，把具有共轭主链的聚合物暴露在强的紫外-可见光、持续高温、电流、高反应性的电极、氧、潮湿的环境中发生化学变化是不可避免的。研究人员应详细了解其变化的过程，采取适当的措施来减缓这一过程的发生，从而有效地延长电池的使用寿命，同时柔性基底的聚合物太阳能电池也有较大的发展。全溶液自动生产线生产柔性聚合物太阳能电池也已经面世。除此之外，聚合物太阳能电池的吸收光谱也有了显著的进步，其可吸收的最大波长延展到 900nm。

4.2.5 钙钛矿太阳能电池

钙钛矿型太阳能电池主要由导电玻璃基底（FTO、ITO）、电子传输层（ETL）、钙钛矿光吸收层、空穴传输层（HTL）以及对电极（Au、Ag、Al 等）等几部分组成。图 4-49 为报道的常用钙钛矿电池功能层材料。

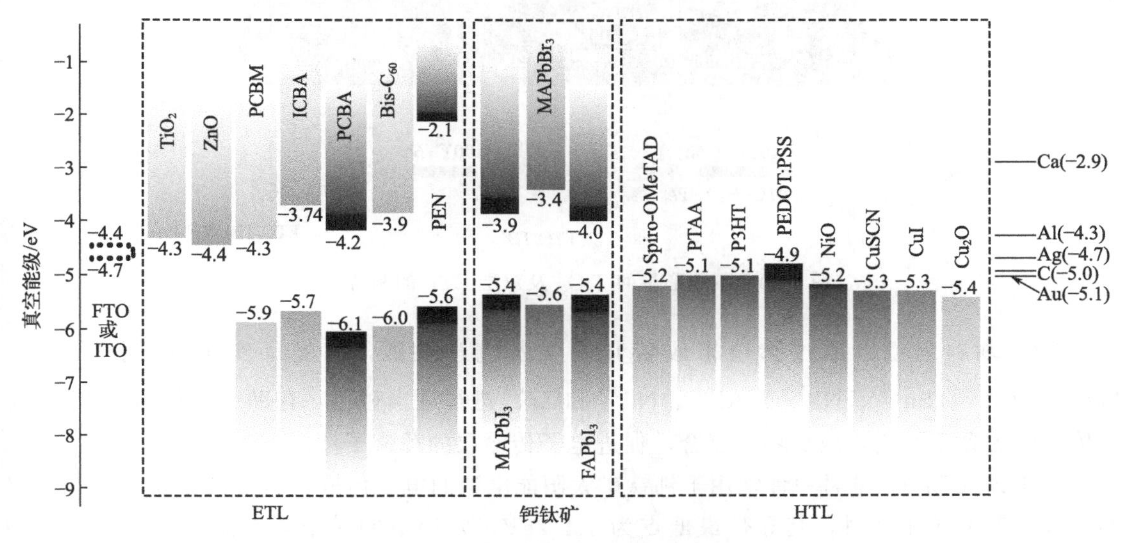

图 4-49 钙钛矿电池功能层材料图

电子传输材料（ETM）是指一种能够接受电子并传输电子的材料，通常电子传输材料需要有高的电子亲和能和离子势。在钙钛矿太阳能电池中，电子传输材料能级需要与钙钛矿材料能级匹配，收集钙钛矿层光激发产生的电子，传输到电极上，并有效地阻挡空穴向电极的传输。钙钛矿太阳能电池中最常用的 ETM 为 TiO_2，TiO_2 的导带最低点（CBM）为－4.0eV 左右，稍低于 $CH_3NH_3PbI_3$ 的最低未占分子轨道（LUMO）能级，有利于电子注入。宽带隙（锐钛矿相为－3.2eV，金红石相为－3.0eV）使其价带最高点

(VBM) 处于一个较深的位置，能有效阻挡空穴的注入。TiO_2 电子传输层可以采用不同的工艺方法制备，如溶胶-凝胶法、高温烧结法、旋涂法、喷雾热解法、原子层沉积(atomic layer deposition，ALD) 法、磁控溅射法等，器件性能也会受到不同制备方法的影响。TiO_2 一般分锐钛矿型、金红石型和板钛矿型。在钙钛矿电池的应用中，需要通过对不同的制备方法、掺杂、形貌等调节进一步优化 TiO_2 的能级、电子传输等属性以提高电池性能。

Wu 课题组在透明导电玻璃基底上制备了不同形貌的 TiO_2 层应用于平面结构钙钛矿电池，包括零维纳米颗粒 (TNP)、一维纳米线 (TNW)、二维纳米片 (TNS)。结果表明，TiO_2 层可以增强 FTO 的光学透过率，并提高器件的光伏性能。TNW 或 TNS 结构有助于钙钛矿的成膜，促进 TNW/钙钛矿或 TNS/钙钛矿界面上的电子传输和电荷提取，降低界面处电子和空穴复合损失。并且使用由 TiO_2 致密层 (TBL) 和 TNW 构成的双层 ETL 薄膜(图 4-50)，制备出的器件效率超过 16%。这种双层 ETL 薄膜可以同时阻挡空穴的注入并增强电子提取，从而提高器件性能。

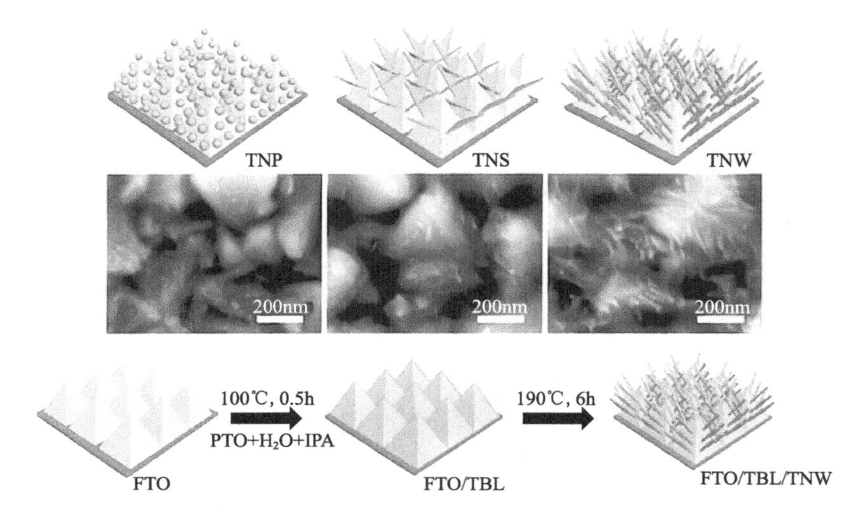

图 4-50 不同形貌的 TiO_2 及双层 ETL 的制备工艺

TiO_2 材料也可以通过掺杂来改善其光学及电学性能，已经证实了 Ti 可与 Y^{3+}、Mg^{2+}、Zn^{2+}、Sn^{4+}、Nb^{5+}、Al^{3+}、Nd^{3+} 和 Zr^{4+} 进行适当替代，有助于优化钙钛矿层/电子传输层的界面性能，减少界面复合，促进电子传输层的载流子注入。

氧化锌 (ZnO) 是另一种常用于钙钛矿太阳能电池的电子传输材料，禁带宽度为 3.3eV 的直接带隙半导体材料，其导带最低点为－4.2eV，常温下的激子束缚能为 60meV。ZnO 在能级上与 $CH_3NH_3PbI_3$ 的 LUMO 能级 (－3.6eV) 和 HOMO 能级 (－5.2eV) 相匹配，能保证电子的提取效率。ZnO 的优点是无须高温烧结，易于大面积制备，相比于 TiO_2 具有更高的电子迁移率。与 TiO_2 类似，应用于器件中的 ZnO 形貌结构主要有致密薄膜和纳米棒。其典型的电池结构和各层材料能级分布情况如图 4-51 所示。

在钙钛矿层和电极之间选择合适的空穴传输材料 (HTM) 有助于改善肖特基接触，促使受束缚的电子-空穴对在功能层界面分离成自由电荷，减少电子-空穴对的复合，同时有助于空穴向阳极的传输。高效的空穴传输材料需要满足以下条件：

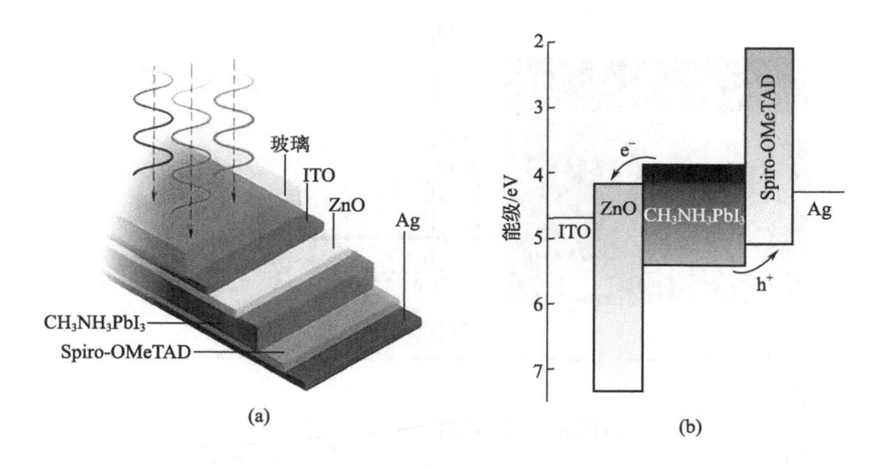

图 4-51　FTO/ZnO/钙钛矿/Spiro-OMeTAD/Ag 电极电池结构和各层材料能级分布示意图

① 合适的能级。空穴传输材料的 HOMO 能级要高于钙钛矿的价带，以保证空穴的有效传输，而 LUMO 能级要高于钙钛矿的导带，阻挡电子的传输。

② 适当的吸收范围。研究表明空穴传输材料的吸收范围与钙钛矿的吸收范围（300～800nm）叠加时，可能导致寄生光吸收，影响钙钛矿的光吸收性能。在这种情况下，空穴传输材料在近紫外区有较强的吸收是有益的，因为钙钛矿在紫外区的捕光性能较低。或者，空穴传输材料可以吸收较低能量的光（红外至近红外光），这样将有助于获得更多的太阳光，提高电池的整体表现。

③ 较高的迁移率，以保证把钙钛矿层的空穴快速传递到背电极。

④ 膜具有良好的热稳定性，有助于提高电池的稳定性；良好的疏水性，有利于延缓钙钛矿的水化和降解，提高电池的稳定性。

⑤ 在常见的有机溶剂中有良好的溶解性，从而容易成膜以及制备器件。

（1）N-I-P 型柔性钙钛矿太阳能电池

N-I-P 结构是最为常见的钙钛矿结构，一般用金属氧化物作为电子传输层，如 TiO_2、ZnO 和 SnO_2 等，其重点在于实现低温制备电子传输层。

Sang Hyuk Im 课题组使用溶胶-凝胶的方法制备了 ZnO 纳米溶胶，旋涂后在 150℃下退火 15min，使用聚三芳胺（PTAA）作为空穴传输层，最终得到的柔性器件的能量转换效率达到了 15.96%，几乎没有迟滞现象，弯曲到曲率半径为 4mm 时仍然能够保持初始效率的 90%以上（图 4-52）。除了使用 ZnO 替换 TiO 作为电子传输层以外，科研人员还研究了其他可以低温制备的电子传输材料。

（2）P-I-N 型柔性钙钛矿太阳能电池

P-I-N 型太阳能电池结构是有机太阳能电池（OPV）的基本结构，2013 年 Snaith 课题组首先把这样的器件结构应用于钙钛矿电池中，其电池结构为 PET-ITO/PEDOT/CHNHPbI-Cl/PCBM/TiO/Al，在柔性基底上其器件效率可以达到 6%。该项工作开创了 P-I-N 型钙钛矿太阳能电池的先河，使 OPV 中使用的材料、制备工艺能够被轻易地转移到钙钛矿电池的制备中，也促进了柔性钙钛矿太阳能电池的快速发展。由于 P-I-N 型钙钛矿太阳能电池不再需要 TiO_2 等金属氧化物作为电子传输材料，PEDOT：PSS、PCBM 等有机材料

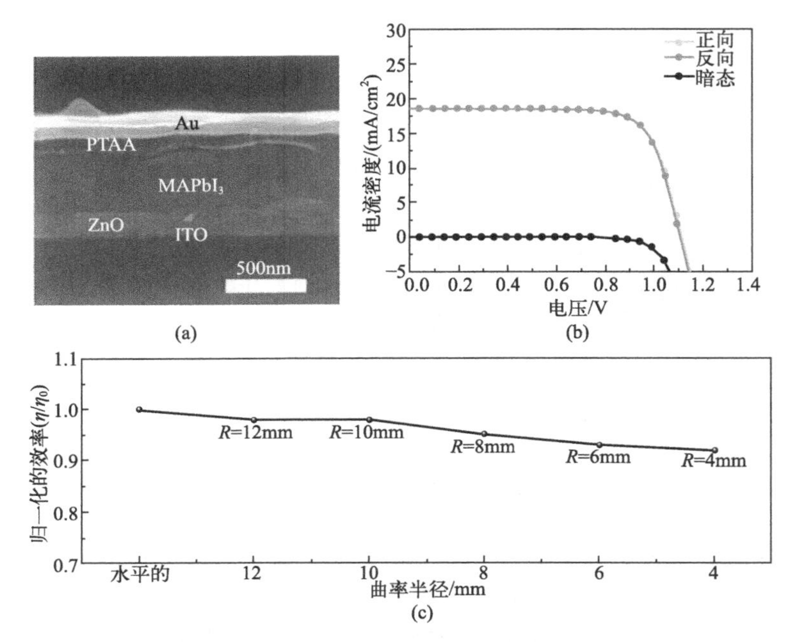

图 4-52 Sang Hyuk Im 课题组制备的器件

(a) 器件截面图；(b) PEN/ITO/ZnO/$MAPbI_3$/PTAA/Au 结构柔性器件的 J-V 曲线；(c) 不同弯曲半径下的电池效率（归一化）

可以被广泛使用，因此不再需要高温烧结过程，使 P-I-N 型结构更加适合柔性钙钛矿电池的制备。

与 N-I-P 型钙钛矿电池相比，最初的 P-I-N 型钙钛矿太阳能电池的效率相对较低，因此研究人员不断改进制备工艺来提高能量转换效率，如硫氰酸铵（NH_4SCN）后处理结晶过程，参见图 4-53。

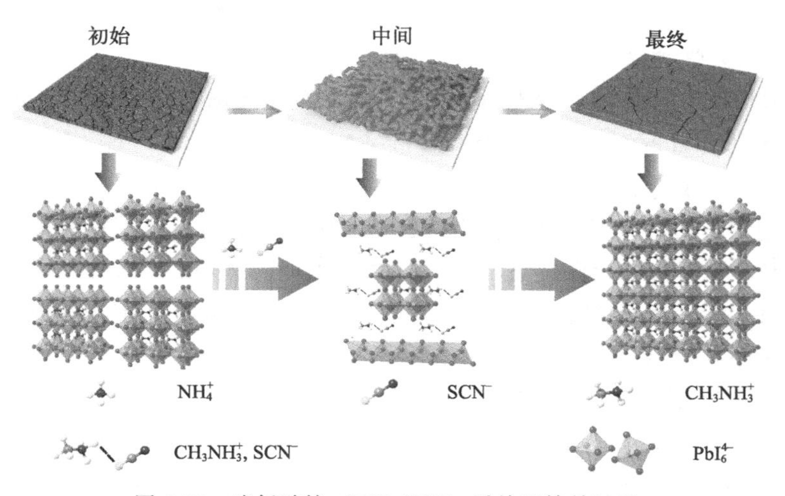

图 4-53 硫氰酸铵（NH_4SCN）后处理结晶过程

目前，普通电源对可穿戴电子产品的户外使用性、大面积贴合性和安全性有较大限制。柔性可穿戴是未来钙钛矿电池发展的热点方向，因此抗弯折性是衡量其性能的重要方面，如研制出具有自支撑性的超薄柔性钙钛矿太阳能电池（图 4-54）。又如利用可剥离的硬化 PET

薄膜作为柔性基底保护膜（图4-55），减少因热退火导致的柔性基底形变对器件性能产生的影响。以此电极作为钙矿太阳能电池的柔性电极，并采用钙钛矿晶体两步合成法成功实现钙钛矿晶体薄膜在柔性电极上的可控生长，最终获得了与刚性基底电池性能相当的柔性钙钛矿太阳能电池，效率突破了14%。与此同时，该柔性电池具有超强的耐弯曲性，不同弯曲程度下电池效率基本不发生变化，经过5000次以上充分弯曲，依然能保持原有效率的95%以上，首次明确地展示出钙钛矿晶体薄膜适合在柔性光电子器件中应用。

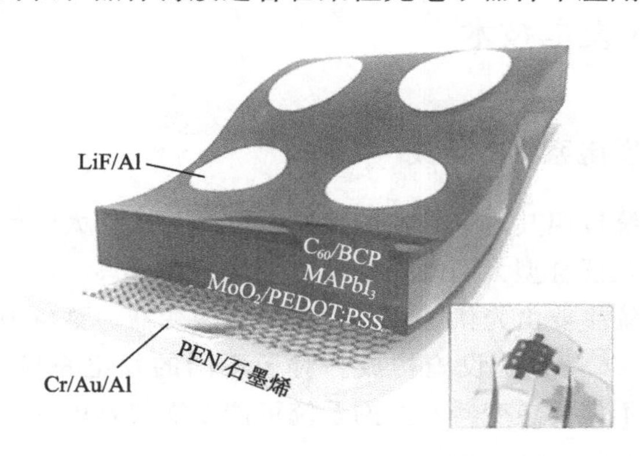

图4-54　PEN/石墨烯基底上制备反式结构的柔性钙钛矿太阳能电池结构

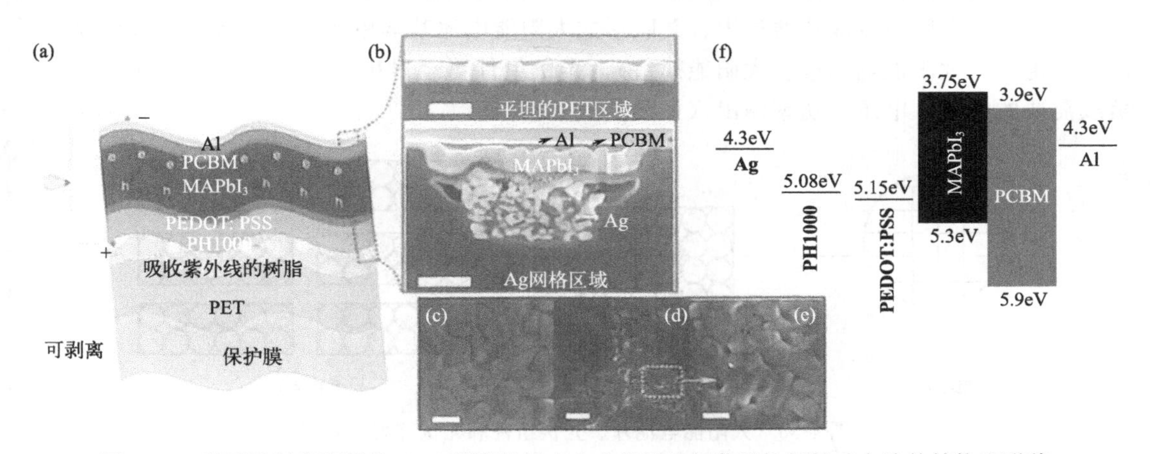

图4-55　利用可剥离的硬化PET薄膜的具有自支撑性的超薄柔性钙钛矿电池的结构和形貌

(3) 有机-无机杂化钙钛矿太阳能电池

有机-无机杂化钙钛矿太阳能电池具有高效、固态和溶液制备等显著特点，成为柔性、轻质、非液态光伏纤维的候选之一。纤维状太阳能电池并非钙钛矿体系独创，在染料敏化太阳能电池、有机太阳能电池体系中皆有相当数量的报道。借鉴之前相关工作思路，2014年Qiu等报道了不锈钢丝上同轴结构的钙钛矿纤维电池，其以多孔二氧化钛负载钙钛矿材料为吸光层，以多壁碳纳米管薄膜为透明导电电极，器件效率达3.3%。此外，Deng等研究了具有弹性的纤维型钙钛矿太阳能电池，可以在250个拉伸循环下保持95%以上的效率，但是整体效率较低，仅有1%左右。Li等以碳纳米管纤维为双缠绕电极的基底，分别构筑钙钛矿纤维光阳极和P3HT/单壁碳纳米管纤维阴极。该柔性纤维电池取得了3.03%的效率，可承受千次弯折。

4.3 太阳能能量转换技术及应用

4.3.1 太阳能光伏发电技术

4.3.1.1 太阳能光伏发电系统的组成

太阳能光伏发电系统按照其运行方式的不同，可分为独立太阳能光伏发电系统、并网太阳能光伏发电系统，以及混合型太阳能光伏发电系统。

太阳能光伏发电系统主要由光伏阵列、控制器、逆变器、蓄电池组、负载和安装固定结构（mounting structures）等周边设施构成。对于不同的发电系统，其组成要素不完全相同，比如，直流系统则不需要逆变器，并网系统可能不需要蓄电池组等。

（1）光伏阵列

光伏阵列（太阳能电池阵列）是太阳能光伏发电系统的核心部件，它能够将太阳能直接转换成电能。太阳能电池片通过串、并联形成太阳能电池基本单元——光伏组件（也称太阳能电池组件、太阳能电池板、太阳能模组），光伏组件再经过串、并联形成光伏阵列，实现负载需要的电流、电压、功率输出（如图 4-56 所示）。

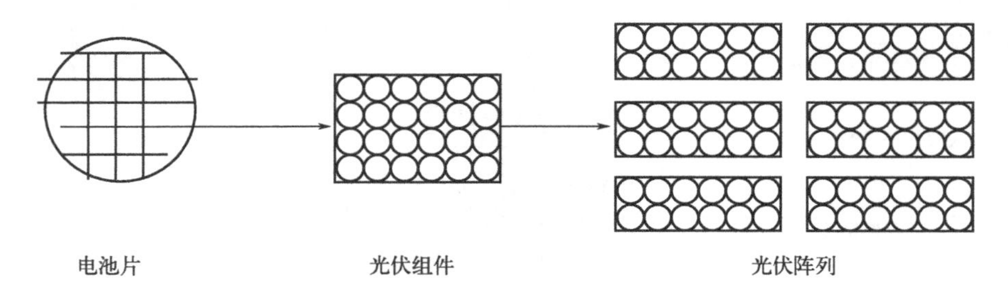

图 4-56 太阳能电池片、光伏组件和光伏阵列示意图

（2）控制器

光伏发电系统在控制器的管理下运行，控制器（controller）主要对储能元件（蓄电池）的充放电以及对负载的电能输出进行控制，如图 4-57 所示。控制器可以采用多种技术方式实现其控制功能，比较常见的有逻辑控制和计算机控制两种方式，智能控制器多采用计算机控制方式。随着进一步的发展，它的功能将逐渐变多，款式越来越多。

太阳能发电控制器一般具有如下功能：

① 信号检测。检测光伏发电系统各种装置和各个单元的状况和参数，为对系统进行判断、控制、保护等提供数据。需要检测的物理量有输入电压、充电电流、输出电压、输出电流以及蓄电池温升等。

② 蓄电池最优充电控制。控制器根据当前太阳能资源情况和蓄电池荷电状态，确定最佳充电方式，以实现高效、快速的充电，并充分考虑该充电方式对蓄电池寿命的影响。

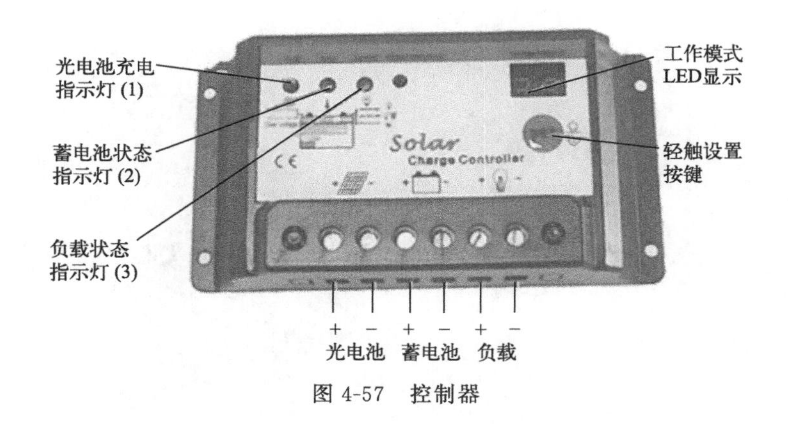

图 4-57　控制器

③ 蓄电池放电管理。对蓄电池放电过程进行管理，如负载控制自动开关机，实现软启动、防止负载接入时蓄电池端电压突降而导致的错误保护等。

④ 设备保护。光伏系统所连接的用电设备，在有些情况下需要由控制器来提供保护，如系统中因逆变电路故障而出现的过电压和由负载短路而出现的过电流等，若不及时加以控制，就有可能导致光伏系统或用电设备损坏。

⑤ 故障诊断定位。当光伏系统发生故障时，可自动检测故障类型，指示故障位置，为对系统进行维护提供方便。

⑥ 运行状态指示。通过指示灯、显示器等方式指示光伏系统的运行状态和故障信息。

(3) 蓄电池

蓄电池（storage battery）是整个系统的储能元件，它将光伏电池产生的电能储存起来，当需要时就将电能释放供负载使用（图 4-58）。太阳能电池发电系统对蓄电池组的基本要求是：自放电率低；使用寿命长；深放电能力强，充电效率高；少维护或免维护；工作温度范围宽；价格低廉。目前我国与太阳能电池发电系统配套使用的蓄电池主要是铅酸蓄电池。配套 200A·h 以上的铅酸蓄电池，一般选择固定式或工业密封免维护铅酸蓄电池；配套 200A·h 以下的铅酸蓄电池，一般选择小型密封免维护铅酸蓄电池。

(4) 逆变器

逆变器（DC to AC inverter）的作用是将光伏电池产生的直流电逆变成交流电，供交流负载使用。逆变器（图 4-59）按照输出波形可分为方波逆变器和正弦波逆变器。方波逆变器电路简单，造价低，但谐波分量大，一般用于几百瓦以下且对谐波要求不高的发电系统。正弦波逆变器成本高，但可以适用于各种负载，从长远发展来看，正弦波逆变器将成为发展的主流。按照运行方式来分，逆变器可分为独立发电系统逆变器和并网发电系统逆变器。

太阳能电池发电系统对逆变器的基本要求是：

① 电压、频率稳定输出。无论是输入电压出现波动，还是负载发生变化，逆变后的交流电压都要达到一定的稳定精确度，静态时一般为＋2%。静态时，频率精确度一般控制在＋0.5%。

② 输出电压、频率可调性。一般输出电压可调范围为＋5%，输出频率可调范围为＋2Hz。

③ 输出电压波形含谐波成分应尽量小。一般输出波形的失真率应控制在 7%以内，以利于缩小滤波器的体积。

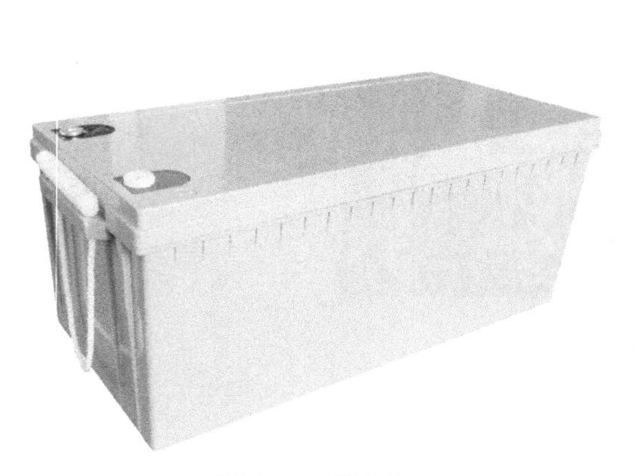

图 4-58 蓄电池

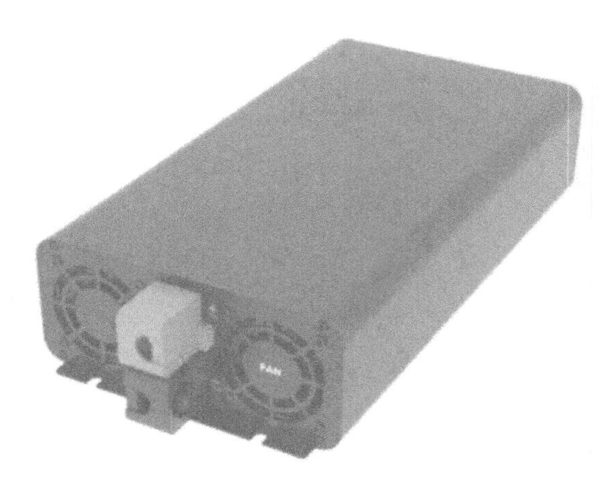

图 4-59 逆变器

④ 具有一定的过载能力，一般能过载到 125％～150％。当过载到 150％时，应能持续 30s；过载到 125％时，持续 1min 以上。对于更大的过载，逆变器要有保护功能和报警功能。同样，对于短路、过热、过电压、欠电压等也要有保护功能和报警功能。

⑤ 启动平稳，启动电流小，运行稳定可靠，逆变效率高（＞0.8），动态响应快。

对于并网太阳能发电系统，逆变器有更高的要求。不仅要将太阳能电池阵列发出的直流电转换为交流电，并且还应对转换的交流电频率、电压、电流、相位、有功与无功、同步、电能品质（电压波动、高次谐波）等进行控制，具有如下功能：

① 自动开关。根据从日出到日落的日照条件，尽量发挥太阳能电池阵列输出功率的潜力，在此范围内实现自动开始与停止。

② 最大功率点跟踪控制。对跟随太阳能电池阵列表面温度变化和太阳辐射变化而产生的输出电压与输出电流的变化进行跟踪控制，使阵列经常保持在最大输出的工作状态，以获得最大的功率输出。

③ 防止单独运行。单独运行（孤岛效应）情况时本已经无电的配电线上又有了电，而检修人员却是难以察觉的，因此对检修人员是危险的，因而并网发电系统需要设置防止单独运行功能。

④ 自动电压调整。在剩余电力馈入电网时，因电力逆向输送而导致送电点电压上升，有可能超过商用电网的运行范围，为保持系统的电压正常，运转过程中要能够自动防止电压上升。

⑤ 异常情况排解与停止运行。当系统所在地电网或逆变器发生故障时，及时查出异常，安全加以排除，并控制逆变器停止运转。

防反充二极管又称为阻塞二极管（blocking diode），其作用是避免太阳能电池阵列在阴雨天和夜晚不发电时或出现短路故障时，蓄电池组通过太阳能电池阵列放电。如果控制器没有这项功能的话，就要用到防反充二极管。防反充二极管通过串联在太阳能电池阵列电路中，起到单向导通作用。该二极管既可以加在每一并联支路，又可加在阵列与控制器之间的干路上，但是当多条支路并联成一个大系统时，则应在每条支路上用防反充二极管，以防止由支路故障或遮蔽引起的电流由强电流支路流向弱电流支路的现象。在小系统中，考虑到防反充二极管引起的压降（0.4～0.7V）损耗，所以在干路上用一个二极管就可以。对防反充二极管的要求是能够承受足够大的电流，而且正向压降要小，反向饱和电流要小，一般可选用合适的整流二极管。

除此之外，还需要对太阳能电池发电系统很多参数进行测量监控，这就需要一些外围测量设备。对于小型的太阳能电池发电系统，可能只需要测量蓄电池电压、充放电电流，因此其电压表和电流表简单集中到控制器上即可。但是对于比较大型的发电系统，特别是光伏电站，需要测量的参数就很复杂，如太阳辐照数据、环境温度、充放电电量等，甚至要求具有远程数据传输、数据打印等处理能力，以及远程遥控，这就要求为太阳能电池发电系统配备数据采集系统和微机监控系统等。

4.3.1.2 太阳能光伏发电系统的设计

光伏系统的设计包括两个方面：容量设计和硬件设计。

光伏系统容量设计的主要目的是计算出系统在全年内能够可靠工作所需的太阳能电池组件和蓄电池的数量，同时要注意协调系统工作的最大可靠性和系统成本两者之间的关系，在满足系统工作的最大可靠性基础上尽量地减少系统成本。光伏系统硬件设计的主要目的是根据实际情况选择合适的硬件设备，主要包括太阳能电池组件的选型、支架设计、逆变器的选择、电缆的选择、控制测量系统的设计、防雷设计和配电系统设计等。在进行系统设计的时候需要综合考虑系统的容量和硬件两个方面。此处主要分析太阳能光伏系统容量设计。

针对不同类型的光伏系统，容量设计的内容也不一样，针对独立系统、并网系统和混合系统的设计方法和考虑重点都会有所不同。

在进行光伏系统的设计之前，需要了解并获取一些进行计算和选择必需的基本数据：光伏系统现场的地理位置，包括地点、纬度、经度和海拔；该地区的气象资料，包括逐月的太阳能总辐射量、直接辐射量以及散射辐射量，年平均气温和最高、最低气温，最长连续阴雨天数，最大风速以及冰雹、降雪等特殊气象情况等。

(1) 蓄电池容量设计

蓄电池的容量设计要求对于确定的安装地点一年内连续太阳辐射最差的时间内负载仍然可以正常工作，即依靠蓄电池供电可以满足的最长时间。为了避免蓄电池的损坏，蓄电池放电过程只能够允许持续一定的时间，直到蓄电池的荷电状态到达指定的最大放电深度(depth of discharge，DOD)。

在进行蓄电池设计时，系统在没有任何外来能源的情况下，其负载仍能正常工作的天数被称为自给天数。一般来讲，自给天数的确定与两个因素有关：负载对电源的要求程度，以及光伏系统安装地点的气象条件即最大连续阴雨天数。通常可以将光伏系统安装地点的最大连续阴雨天数作为系统设计中使用的自给天数，但还要综合考虑负载对电源的要求。对于负载对电源要求不是很严格的光伏应用系统，在设计中通常取自给天数为 3～5d；对于负载要求很严格的光伏应用系统，在设计中通常取自给天数为 7～14d。所谓负载要求不严格，通常是指用户可以稍微调节一下负载需求从而适应恶劣天气带来的不便；而严格系统指的是用电负载比较重要的系统，例如通信、导航或者重要的健康设施（如医院、诊所等常用设施）等用电系统。此外还要考虑光伏系统的安装地点，如果是在很偏远的地区，必须设计较大的蓄电池容量，因为维护人员到达现场需要花费很长时间。

光伏系统中使用的蓄电池有镍氢电池、镍镉电池和铅酸蓄电池，但是在较大的系统中考虑到技术成熟性和成本等因素，通常使用铅酸蓄电池。

蓄电池容量设计需要的几个参数是自给天数，蓄电池放电深度、标称电压，负载耗电量，系统直流电压。蓄电池容量设计公式如下：

$$\text{蓄电池容量(A·h)}=\frac{\text{负载耗电量(kW·h)}}{\text{系统直流电压(V)}}\times\frac{\text{自给天数}}{\text{逆变效率}\times\text{放电深度}} \tag{4-26}$$

$$\text{蓄电池容量串联数}=\frac{\text{负载标称电压}}{\text{蓄电池标称电压}} \tag{4-27}$$

$$\text{蓄电池容量并联数}=\frac{\text{蓄电池设计容量}}{\text{蓄电池单体容量}} \tag{4-28}$$

蓄电池的容量随着放电率的改变而改变，随着放电率的降低，蓄电池的容量会相应增加。通常，生产厂家提供的蓄电池额定容量是10h放电率下的蓄电池容量。但是在光伏系统中，因为蓄电池中存储的能量主要是为了自给天数中的负载需要，蓄电池放电通常较慢，光伏供电系统中蓄电池典型的放电率为100～200h。

在设计时要用到蓄电池技术中常用的平均放电率的概念，其计算公式如下：

$$\text{平均放电率(h)}=\frac{\text{自给天数}}{\text{放电深度}}\times\text{负载工作时间} \tag{4-29}$$

上式中，对于多负载系统，负载工作时间采用加权平均负载时间计算：

$$\text{加权平均负载工作时间(h)}=\frac{\sum\text{负载功率}\times\text{负载工作时间}}{\sum\text{负载功率}} \tag{4-30}$$

根据以上两式就可以算出光伏系统的实际平均放电率，然后根据蓄电池生产商提供的该型号蓄电池在不同放电率下的蓄电池容量进行蓄电池容量设计。如果在没有详细的有关容量-放电速率资料的情况下，可以粗略地估计，在慢放电（C/100～C/300）的情况下，蓄电池的容量要比标准状态多30%。

蓄电池的容量会随着蓄电池温度的变化而变化，当蓄电池温度下降时，蓄电池的容量会下降。通常，铅酸蓄电池的容量是在25℃时标定的，在0℃时的容量大约下降到额定容量的90%，而在−20℃的时候大约下降到额定容量的80%，因此必须考虑蓄电池的环境温度对其容量的影响。

（2）光伏阵列设计

光伏阵列设计的基本思想就是满足年平均日负载的用电需求。用负载平均每天所需要的能量（A·h）除以一块太阳能电池组件在一天中可以产生的能量（A·h），这样就可以算出系统需要并联的太阳能电池组件数。考虑电池组件衰减因子及蓄电池库仑效率后，太阳能电池组件并联数计算公式如式（4-31）所示。系统的标称电压除以太阳能电池组件的标称电压，就可以得到光伏阵列需要串联的太阳能电池组件数，如式（4-32）所示。

$$\text{太阳能电池组件并联数}=\frac{\text{日平均负载(A·h)}}{\text{库仑效率}\times[\text{组件日输出(A·h)}\times\text{衰减因子}]} \tag{4-31}$$

$$\text{太阳能电池组件串联数}=\frac{\text{系统标称电压(V)}}{\text{组件标称电压(V)}} \tag{4-32}$$

① 衰减因子。在实际情况下工作，太阳能电池组件的输出会受到外在环境的影响而降低。泥土、灰尘的覆盖和组件性能的慢慢衰变都会降低太阳能电池组件的输出，另外光伏供电系统的运行还依赖于天气状况，所以有必要对这些因素进行评估和技术估计，因此设计上

留有一定的余量将使得系统可以年复一年地长期正常使用。通常的做法是在计算的时候减少太阳能电池组件输出的10%来解决上述的不可预知和不可量化的因素，在工程设计上该10%被称为光伏系统设计的安全系数。

② 库仑效率。在蓄电池的充放电过程中，铅酸蓄电池会电解水，产生气体逸出，也就是说在太阳能电池组件产生的电流中将有一部分不能转化储存起来而是被耗散掉。所以可以认为必须有一小部分电流用来补偿损失，通常用蓄电池的库仑效率来评估这种电流损失。不同的蓄电池其库仑效率不同，损失一般为5%～10%，所以保守设计中有必要将太阳能电池组件的功率增加10%以抵消蓄电池的耗散损失。

4.3.1.3 太阳能光伏发电系统设计方法

(1) 混合系统设计

对于混合系统，因为有备用能源，蓄电池通常会比较小，自给天数一般为2～3d。当蓄电池的电量下降时，系统可以启动备用能源如柴油发电机给蓄电池充电。在独立系统中，蓄电池是作为能量的储备，该能量储备必须能随时满足天气情况不好时的能量需求。而在混合系统中，蓄电池的作用稍有所不同。它的作用是使得系统可以协调控制每种能源的利用。通过蓄电池的储能，系统在充分利用太阳能的同时，还可以控制发电机在最适宜的情况下工作。好的混合系统设计必须在经济性和可靠性方面把握好平衡。

除此之外，混合系统设计还要考虑发电机和蓄电池充电控制匹配、发电机与太阳能电池组件能量贡献等问题。理论上，可以选择发电机的功率为系统负载的75%～90%。这样就可以有比较低的系统维护成本和较高的系统燃油经济性。太阳能电池组件的能量贡献则应该在总负载需求的25%～75%之间，系统的初始成本和维护成本就会比较低。在确定了燃油发电机发电与太阳能电池组件能量贡献的分配之后，就可以根据负载每年的耗电量，计算出太阳能电池组件的年度供电量和燃油发电机的年度供电量。由太阳能电池组件的年度供电量就可以计算出需要的太阳能电池组件容量；由发电机的年度供电量可以计算出每年的工作时间，从而估算燃油发电机的维护成本和燃油消耗。

(2) 并网系统设计

对于纯并网光伏系统，系统中没有使用蓄电池，太阳能电池组件产生的电能直接并入电网，系统直接给电网提供电力。目前很多的并网系统采用具有UPS功能的并网光伏系统，这种系统使用了蓄电池，所以在停电的时候，可以利用蓄电池给负载供电，还可以减少停电造成的对电网的冲击。蓄电池只是在电网故障的时候供电，因此系统蓄电池的容量可以选择比较小的，考虑到实际电网的供电可靠性，蓄电池的自给天数可以选择1～2d；该系统通常使用双向逆变器处于并行工作模式。

(3) 并网光伏混合系统

除了上述系统外，还有并网光伏混合系统。它不仅使用太阳能光伏发电，还使用其他能源形式，比如风力发电、柴油机发电、水力发电等。这样可以进一步地提高负载保障率。系统是否使用蓄电池，要根据实际情况而定。太阳能电池组件的容量同样取决于投资规模。

4.3.1.4 光伏组件的放置形式和放置角度

在光伏供电系统的设计中，光伏组件的放置形式和放置角度对光伏系统接收到的太阳辐射有很大的影响，从而影响光伏供电系统的发电能力。光伏组件的放置形式有固定安装式和自动跟踪式两种。

与光伏组件放置相关的两个角度参量：太阳能电池组件倾角、太阳能电池组件方位角。太阳能电池组件倾角是太阳能电池组件平面与水平地面的夹角，光伏组件的方位角是组件的垂直面与正南方向的夹角（向东偏设定为负角度，向西偏设定为正角度）。一般在北半球，太阳能电池组件朝向正南（即方阵垂直面与正南方向的夹角为0°）时，太阳能电池组件的发电量是最大的。

对于固定式光伏系统，一旦安装完成，太阳能电池组件倾角和太阳能电池组件方位角就无法改变。而安装了跟踪装置的太阳能光伏供电系统，光伏组件方阵可以随着太阳的运行而跟踪移动，使太阳能电池组件一直朝向太阳，增加光伏组件方阵接收的太阳辐射量。但是由于跟踪装置比较复杂，初始成本和维护成本较高，安装跟踪装置获得额外的太阳能辐射产生的效益无法抵消安装该系统所需要的成本等原因，目前太阳能光伏供电系统中使用跟踪装置的相对较少。

下面主要讨论固定安装的光伏系统最佳倾角的设置问题。

最佳倾角的概念对于不同的光伏发电系统意义是不一样的。在独立发电系统中，由于受蓄电池荷电状态的限制，一般要求最佳倾角能使冬天和夏天太阳能辐照量差异尽可能小，而全年总辐照量尽可能大。如果选择当地纬度为最佳倾角，则在夏季太阳能电池组件发电远大于蓄电池容量而造成浪费，相反，冬季蓄电池不能充分充电而使蓄电池处于欠充电状态；同样，以冬季太阳辐照量为依据，则会导致夏季太阳辐照量减少，造成全年太阳辐照总量偏小，太阳辐照能利用率降低。

对于混合发电系统，由于冬季可采用柴油机等形式给蓄电池充电。因此不用考虑冬季蓄电池欠充电问题，所以混合系统最佳倾角的确定与独立发电系统有所不同。混合系统电池组件最佳倾角一般设置为当地纬度，这样可以使太阳能电池组件获得最大的全年太阳总辐照量。但是，混合系统需要考虑的一个问题是夏季发电的充分利用问题。由于混合系统储能单元蓄电池容量一般较小，因此对于光伏能量贡献占比较大的光伏系统，就有可能在太阳辐照较强的夏季无法完全将光伏发电进行存储，造成浪费，导致能源利用率降低，影响系统经济性。所以，在混合系统设计中，应将太阳辐照最好月份的太阳能贡献率控制在90%左右。对于并网发电系统就是要求太阳能电池全年接收到的太阳辐照量最大，产生最多的电能输出，因此，理论上太阳能电池组件倾角应设置为当地纬度。但是考虑到并网发电形式具有多样性，倾角要根据实际情况、安装地点的限制确定，比如BIPV工程。

最佳倾角的确定首先要求利用水平面上太阳辐照数据选择合适的数学模型，计算出太阳能电池方阵面上接收到的太阳辐射。由于计算过程非常复杂，只能根据数学模型编制计算机程序进行计算。表4-2为计算机计算（步长为1°）的我国大部分城市独立系统最佳辐射倾角。如果不使用计算机进行倾角优化设计，也可以根据当地纬度进行粗略估算，如表4-3所示。

太阳能电池方阵间距：当光伏电站功率较大时，需要前后排布太阳能电池方阵。当太阳能电池方阵附近有高大建筑物或树木时，需要计算建筑物或前排方阵的阴影，以确定方阵间的距离或太阳能电池方阵与建筑物的距离。一般的确定原则为冬至当天9:00至15:00，太阳能电池方阵不应被遮挡。

表 4-2　独立系统最佳太阳能电池倾角

城市	纬度 φ/(°)	最佳倾角	城市	纬度 φ/(°)	最佳倾角
哈尔滨	45.63	φ+3°	合肥	31.85	φ+9°
长春	43.90	φ+1°	杭州	30.23	φ+3°
沈阳	41.77	φ+1°	南昌	28.67	φ+2°
北京	39.80	φ+4°	福州	26.08	φ+4°
天津	39.10	φ+5°	成都	30.67	φ+2°
上海	31.17	φ+3°	郑州	34.72	φ+7°
南京	32.00	φ+5°	武汉	30.63	φ+7°
太原	37.78	φ+5°	长沙	28.20	φ+6°
济南	36.68	φ+6°	广州	23.13	φ−7°
兰州	36.05	φ+1°	海口	20.03	φ+12°
西宁	36.75	φ+1°	南宁	22.82	φ+5°
西安	34.30	φ+14°	昆明	25.02	φ−8°
银川	38.48	φ+2°	贵阳	26.58	φ+8°
乌鲁木齐	43.78	φ+12°	拉萨	29.70	φ−8°
呼和浩特	40.78	φ+3°			

表 4-3　独立系统最佳倾角估算方法

纬度 φ/(°)	太阳能电池组件倾角	纬度 φ/(°)	太阳能电池组件倾角
0～25	φ	41～55	φ+（0°～15°）
26～40	φ+（5°～10°）	>55	φ+（15°～20°）

4.3.1.5　太阳能系统的相关产业

太阳能光伏发电系统的核心是太阳能电池板（在业内也称为太阳能模组）。图 4-60 展示了太阳能电池板的组件。夹在玻璃和聚合物层之间的是太阳能电池片的阵列，它们通常由硅制成，就是它们将阳光转化为电能。

图 4-61 描绘了一个典型的住宅式太阳能系统。安装在屋顶上的太阳能电池板吸收阳光并将其转化为直流电（DC）。然而，由于电网使用交流电（AC）供电，太阳能电池板的电流输出通过一个名为逆变器的设备运行，该设备可以将直流电转变为交流电。部分交流电可以为家用电器提供电力。如果太阳能电池板在任意特定时间产生的电量超过了家庭所需，多余的电量就可以卖给主电网。当太阳直射头顶时，太阳能电池板每秒产生的能量即为它的发电能力，以 W 为单位。单块电池板通常可以发电 250～350W，而家用太阳能系统的平均功率约为 5000W，即 5kW。住宅式太阳能系统只是太阳能的一种用途。按照标准尺寸来进行划分，太阳能系统主要有以下

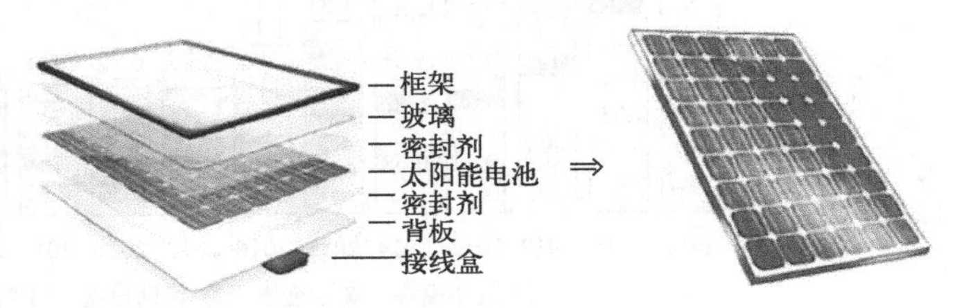

图 4-60　标准太阳能电池板组件

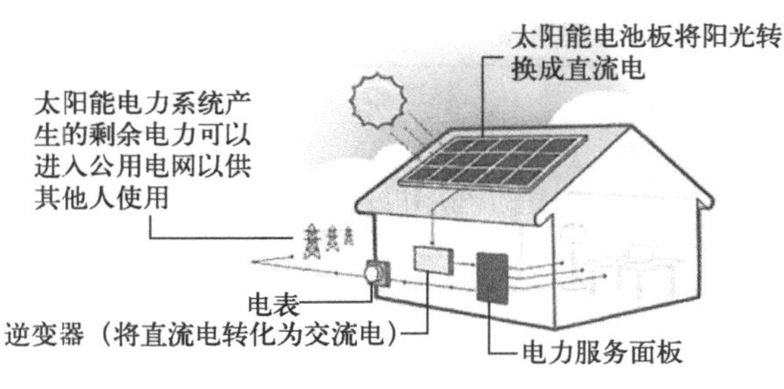

图 4-61 住宅式太阳能系统示意

四个市场：

a. 公用太阳能电池板的装机容量从几兆瓦到数百兆瓦不等。

b. 商业和工业用途的装机容量通常小于 2MW。

c. 住宅用的装机容量通常低于 50kW。

d. 在中央电网无法到达的地方，离网安装系统可以小到只有一块电池板。

如图 4-62 所示，太阳能行业可以划分为太阳能电池板的上游制造以及其对应的四个下游市场部署。太阳能电池板的制造首先要从多晶硅的开采和精炼开始，然后将多晶硅熔融成长圆柱形的锭并切成薄片（晶圆）。这些高纯度的硅晶圆随后被制作成太阳能电池片，将光能转化为电能。最后将太阳能电池片排列成阵列，然后密封在一块太阳能电池板中。

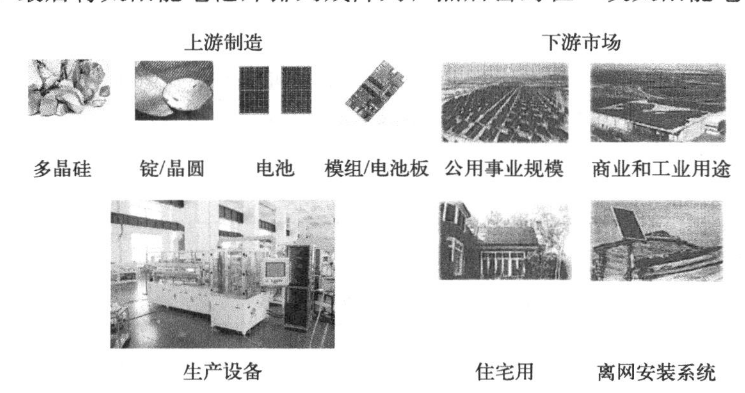

图 4-62 太阳能电池板上游制造以及下游市场

太阳能产业由各种各样的公司构成。其中一个重要的类别是太阳能设备、组件和电池板的上游生产商（或者也可以称之为制造商），另一类是下游开发商，它们引导太阳能项目完成设计、融资、建设和运营的各个阶段。一些垂直整合的公司执行多个上游制造的流程，甚至有一些部门将太阳能电池板部署到下游市场。近年来，太阳能光伏发电成本大幅下降，而且似乎还有继续下降的趋势，参见图 4-63。

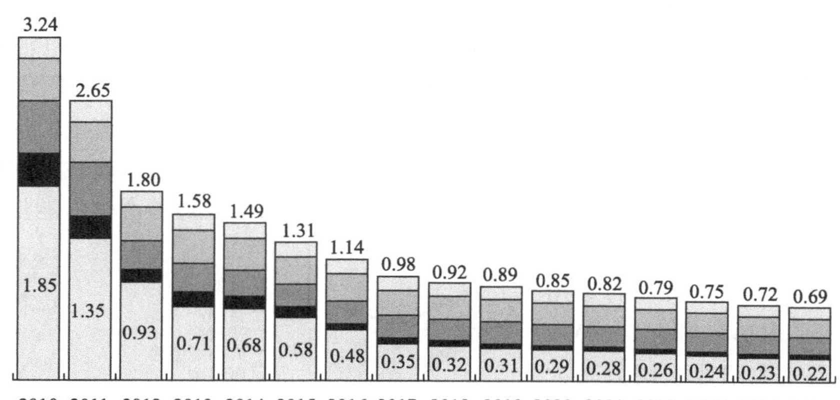

图 4-63 太阳能光伏发电成本下降

2016 年，公用事业规模的太阳能发电成本在某些情况下低于 50 美元/MW 时，与最便宜的化石燃料（天然气）发电成本相当。然而，如果太阳能发电的成本超过其提供的价值，即使每千瓦时的成本很低，也无法使其具备竞争力。

4.3.2 太阳能光热发电技术

近年来，太阳能光热发电技术的应用与发展备受瞩目，该技术采用集热系统采集汇聚太阳光，并利用吸热器将太阳能转化为热能，再通过蒸汽动力循环的热功转化过程发电，如图 4-64 所示。目前该技术发展非常迅速，成为可再生能源开发利用领域的优先发展主题，国家能源局也为推动太阳能光热发电技术的发展，组织实施了一批示范电站的建设。

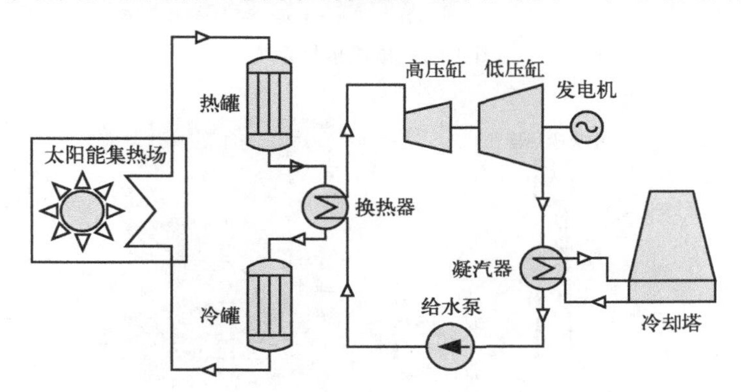

图 4-64　太阳能光热发电系统的工作原理

根据聚光集热方式的不同，太阳能光热发电集热系统主要有 4 种类型：槽式集热系统、塔式集热系统、碟式集热系统，以及线性菲涅耳式集热系统。

（1）槽式集热系统

槽式集热系统主要由槽式抛物面聚光镜（槽式聚光器）与真空集热管等构成，如图 4-65 所示。位于抛物面聚光镜焦线处的真空集热管接收槽式抛物面聚光镜的聚焦能流，传热工质（通常采用导热油）在真空集热管的吸热管中流动并吸收热量，吸热管表面镀有选择性涂层，以最大化吸收辐射能流，减少热损失。槽式集热系统在跟踪方式上通常采用东西向单轴跟踪，结构简单，安装维护方便，而且相比于其他集热系统，具有最佳的土地利用率。然而聚光器的线聚焦方式决定了其聚光比较低，聚光比通常在 50～90，系统的运行温度最高也只约 400℃，导致太阳能转化效率受限，适用于太阳能中低温利用。

（2）塔式集热系统

塔式集热系统主要由定日镜场、吸热塔以及位于塔顶的中央吸热器等部分构成，其通过定日镜场采集汇聚太阳能到中央吸热器，再通过传热工质（通常采用熔融盐水或空气）吸收能量进行光热转化，如图 4-66 所示。定日镜面具有一定曲率，可以将太阳光聚焦到吸热器，由于塔式集热技术采用点聚焦方式，定日镜阵列需采用双轴跟踪，结构更加复杂。相比于其他几种集热技术，塔式集热系统对镜场的跟踪聚光性能要求高，且占地面积更大，因此塔式集热系统的建设成本高、运行维护难度大。然而塔式集热系统在规模化应用中（50～100MW）经济效益更高，而且系统具有更高的聚光比（600～1000）和集热温度（可达 1000℃），因而太阳能转化效率的提升潜力更大。塔式镜场由定日镜阵列构成，其聚光效率

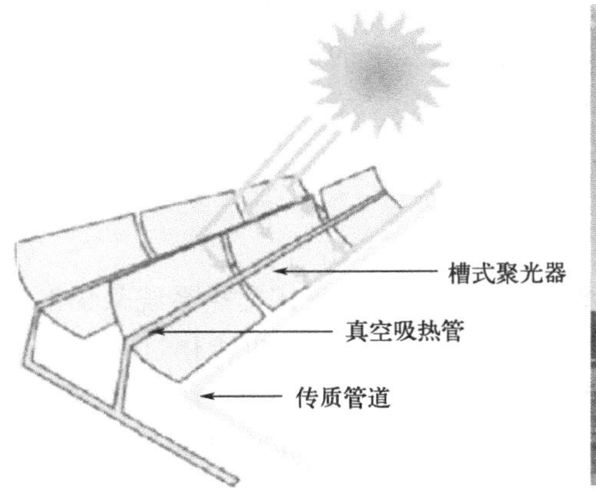

图 4-65 槽式集热系统

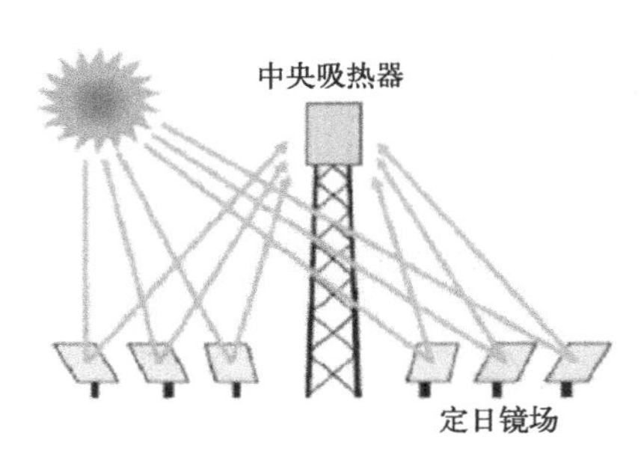

图 4-66 塔式集热系统

主要受到余弦效应、阴影遮挡效应、镜面反射率、大气衰减效应、吸热器溢出效应等因素的影响。

(3) 碟式集热系统

碟式集热系统主要由碟式抛物面聚光镜（碟式聚光器）与斯特林发动机等构成，其结构如图 4-67 所示。碟式聚光器在跟踪过程中始终朝向太阳并将太阳光聚焦到位于焦点的斯特林发动机中。碟式聚光器采用双轴跟踪方式，聚光器在不同姿态下都需维持较高的镜面精度和结构强度。碟式吸热器内部的传热工质吸收太阳辐射能，并直接作为斯特林发动机的做功工质。碟式集热属于点聚焦，聚光比最高可以达到 3000，集热温度可达到 1000℃，能量转化效率高，但碟式集热系统结构复杂、储热困难，更适用于分布式太阳能发电。

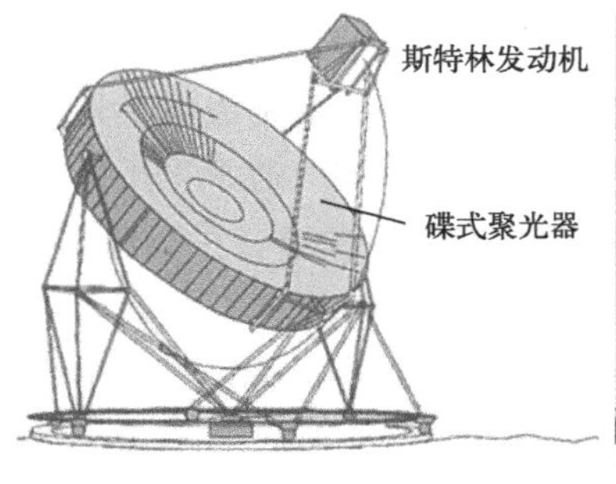

图 4-67 碟式集热系统

(4) 线性菲涅耳式集热系统

线性菲涅耳式集热系统与槽式集热系统类似，采用线聚焦方式，主要由条形反射镜阵列、柱形抛物面镜以及吸热器等构成，如图 4-68 所示。条形反射镜阵列通过太阳跟踪将太阳光反射到柱形抛物面镜表面，镜面将太阳光再次反射聚焦到位于焦线的长管形吸热器中。线性菲涅耳式系统建设成本低，安装维护方便，然而太阳能转化效率较低。

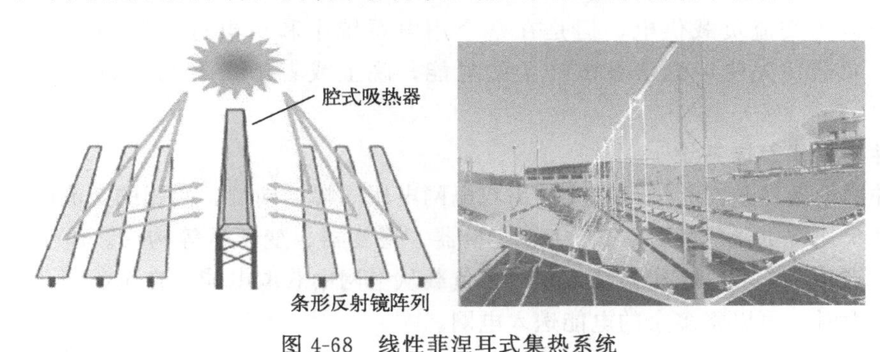

图 4-68　线性菲涅耳式集热系统

4.3.3　光伏系统及应用

(1) 独立光伏发电系统

独立光伏发电系统主要应用在电网不方便或者无法进入的偏远地区，一般用来解决远离电源点地区居民的简单用电需求。由于用电需求小，电气设备的功率比较低，所以系统的容量通常在几百瓦之内。对于草原牧区、偏远山区等远离电源点，居住特别分散的特点，独立光伏发电系统可以很好地满足大电网地区发展不平衡的弊端。但是由于光伏阵列的特性，其输出电流和输出电压的稳定性会受到工作地的环境温度、日照强度、负载大小等因素的影响，所以基本都会给供电系统加装控制系统、蓄电池和能量管理环节。

在对光伏电池工作原理分析时，可以了解到光伏阵列输出的都是直流电，系统中只有搭配逆变器才能为交流负载供电。因此独立光伏发电系统又可以根据系统能否为交流负载供电来划分，只要能为交流负载供电，那就称为交流独立光伏发电系统，否则就是直流独立光伏发电系统。

① 直流独立光伏发电系统。由于系统构成中没有逆变器，因此该系统只能为直流负载供电。在实际应用中通常会在系统中加有蓄电池，白天系统为蓄电池充电，晚上换蓄电池对负载供电。但也有些不需要加蓄电池，比如太阳能水泵，阳光充足时，系统为水泵供电，阴雨天或者晚上系统不工作。

系统包含蓄电池之后，其工作时间范围大大增加，能很好地解决阴雨天气和晚上系统不能工作的问题，而且通过蓄电池储存电能的方式，可以避免能源的浪费。这种系统的常见应用很多，常见的有路灯、微波中转站等。

不带蓄电池的系统相对来说便携性更好，设备成本也比前者小很多。但是由于缺少蓄电池组，所以系统发的电没办法储存，仅支持随发随用。在阴雨天或者晚上，光伏阵列的特性决定了系统无法正常工作，所以此系统适用于负载主要在白天工作的场景。比如在阴雨天和晚上基本没有工作需求的太阳能水泵。

② 交流独立光伏发电系统。系统由于包含逆变器可以输出交流电，所以应用范围比单纯为直流负载供电的系统要大很多。根据是否有市电进行补充又可以将交流独立光伏发电系统分为两种：一种是无市电互补的交流独立光伏发电系统；另一种则是市电互补型光伏发电系统。

前者与直流类型发电系统相似，只是为了给交流负载供电，需要给系统安装逆变器。后者同样可以为交流负载供电，但是在整个用电系统中和市电进行互补工作：在阳光充足的时候，负载优先使用光伏发电产生的电能，晚上或者阳光不充足的时候则由市电进行补充。

(2) 并网光伏发电系统

系统并网的条件是在并网侧需要输出与电网电压同幅、同频、同相的交流电，所以并网光伏发电系统通常由光伏阵列、DC/DC 变换器、逆变器、变压器等构成。由于该系统具有并网特性，当环境不适合光伏系统工作时，负载从电网中获取电能，在负载消化不完光伏系统产生的电力时，可以将多余的电能送入电网。

4.3.4 太阳能热电站的发展

(1) 中国太阳能热发电行业发展现状

中国太阳能热发电行业的早期发展基本是以传统的太阳能热利用方式为主，如利用太阳能热水器和太阳能集热器发电，由于这种方式效率低下、太阳能利用率低，发电效益很难达到较好程度。后来，根据国家对新能源发展的要求，中国便引进太阳能热-光发电工程技术、太阳能聚变发电技术和空气太阳能技术等，使得太阳能热发电行业发展得更加宏大。目前，太阳能热-光发电工程技术已成为主流；而太阳能聚变发电技术也得到了广泛推广，成为前沿技术；此外，空气太阳能技术也得到了投资者的青睐。

(2) 中国太阳能热发电市场发展机遇

太阳能热发电在国家战略层面上得到了越来越多的支持，政府在政策、资金等方面为太阳能热发电行业提供了充足的帮助，使得太阳能热发电行业的发展有了前所未有的机遇。在政府支持下，行业资本有意识地布局太阳能发电业务，从而推动行业的发展，充分发挥投资的功效。

另外，太阳能发电在国际上已经有很多成功案例，中国政府也积极借鉴和学习国外先进成熟的技术和管理模式，有利于提升国内太阳能发电行业的整体素质。

(3) 中国太阳能热发电行业未来发展方向

中国太阳能热发电行业未来发展应当从如下几个方面考虑：

① 加大投入力度，促进技术更新。依靠技术更新，不断优化太阳能发电的设备，降低经济成本。

② 加大开发投资，拓宽市场渠道。通过拓展太阳能发电开发投资，为太阳能发电行业的市场拓展渠道，寻求更多的应用空间。

③ 优化政策环境，推进太阳能发电行业规范化。太阳能发电行业应当按照市场规律发展，政府可以做出政策调整，出台健康可持续的未来政策，以期太阳能发电行业的持续发展。

4.3.5　太阳能发电站的发展

我国光伏发电产业于 20 世纪 70 年代起步，20 世纪 90 年代中期进入稳步发展时期。太阳电池及组件产量逐年稳步增加。其后，经过 30 多年的努力，已迎来了快速发展的新阶段。在“光明工程”先导项目和“送电到乡”工程等国家项目及世界光伏市场的有力拉动下，我国光伏发电产业迅猛发展。

我国太阳能资源非常丰富，从全国太阳年辐射总量的分布来看，西北地区，华北地区，东北大部，以及云南、广东、海南等部分低纬度地带均为太阳能资源丰富或较丰富的地区。

我国太阳能发电产业的应用空间也非常广阔。第一，我国有荒漠面积 100 余万平方千米，主要分布在光照资源丰富的西北地区，如果利用荒漠安装并网太阳能发电系统，则可以提供非常可观的电量。第二，太阳电池组件不仅可以作为能源设备，还可作为屋面和墙面材料，既可供电节能，又能节省建材，具有良好的经济效益。第三，太阳能发电无需架设输电线路，且建设周期短，可以有效解决边远地区用电的难题。

习题

1. 画图说明太阳能电池工作原理。
2. 太阳能电池有哪些结构？每种结构有何特点？
3. 硅片表面的材料蚀刻的目的是什么？
4. 太阳能电池的单体是什么？为什么要将太阳能电池单体组装起来？
5. 太阳能电池组件可使用哪些材料进行封装？各材料的优点是什么？
6. 画出太阳能电池的伏安特性曲线，说明各个参数含义。
7. 说明影响太阳能电池效率的因素有哪些，并叙述原理。
8. 太阳能电池转换率低下，产生损失的主要原因是什么？
9. 按照材料的不同，太阳能电池分为哪几类？
10. 简述硅太阳能电池中单晶硅和多晶硅材料各自的优点。
11. 画出染料敏化太阳能电池的结构，并说明其工作原理。
12. 太阳能光伏发电系统中控制器和逆变器的作用是什么？
13. 太阳能光伏发电系统有哪些类型？
14. 太阳能光伏发电和光热发电有何不同？

扫码获取答案

第5章

氢能储能材料与器件

5.1 氢能源制备

5.1.1 化石燃料制氢

化石燃料（煤炭、石油、天然气等）是地球上含量丰富的一次能源，如果利用化石燃料制氢，其原料丰富且成本低廉，但是化石燃料在制氢过程中排放出的大量CO却是温室气体的主要成分。如果可以解决化石燃料清洁、高效利用等问题，化石燃料制氢应该成为一次能源储量丰富国家实现氢经济战略的首选。目前化石燃料的清洁高效利用已经得到了我国的重视，化石燃料制氢技术的研究已经取得了一些成果，但是仍然存在很多问题，比如：现实的化石燃料制氢技术还比较落后，能源的转换率比较低，不足50%，生产成本较高；能源技术研究和开发的高水平人才短缺等。因此，在我国实现化石燃料的清洁高效利用任重道远。

（1）煤炭制氢原理

煤炭制氢是以煤炭为还原剂，水蒸气为氧化剂，在高温下将炭转化为CO和H_2为主的合成气，然后经过煤气净化、CO转化以及H_2提纯等主要生产环节生产氢气。煤炭可以经过各种不同的汽化处理，如流化床、喷流床、固定床等实现煤炭制氢。煤炭制氢的基本原理可用化学反应方程式表示为

$$C(s)+H_2O+热 \longrightarrow CO+H_2 \tag{5-1}$$

此反应过程为吸热过程，重整过程需要额外的热量，煤炭与空气燃烧放出的热量提供了反应所需要的热量。产物中CO再通过水煤气变换反应被进一步转化为CO_2和H_2。

$$CO+H_2O \longrightarrow CO_2+H_2+热 \tag{5-2}$$

煤炭制氢技术已经相当成熟，已经商业化，但是这种制氢过程比较复杂，制氢成本高，

制备过程中产生的 CO_2 会造成地球的温室效应。但是由于世界煤炭储量丰富，这种方法仍作为氢气的主要制取方法。

(2) 天然气制氢原理

天然气制氢主要采用如下3种不同的化学处理过程。

① 甲烷水蒸气重整（steam methane reforming，SMR）。水蒸气重整是甲烷和水蒸气吸热转化为 H_2 和CO。

$$CH_4+H_2O+热\longrightarrow CO+3H_2 \tag{5-3}$$

反应所需热量由甲烷燃烧产生的热量来供应。发生这个过程所需温度为700～850℃，反应产物为CO和 H_2，其中CO气体占总产物的12%左右。CO再通过水煤气变换反应进一步转化为 CO_2 和 H_2。

② 部分氧化（partial oxidation，POX）。天然气部分氧化制氢过程是通过甲烷与氧气的部分燃烧释放出CO和 H_2。化学反应过程如下：

$$CH_4+\frac{1}{2}O_2\longrightarrow CO+2H_2+热 \tag{5-4}$$

这个过程为放热反应，需要经过严密的设计，反应器不需要额外的供热源，反应产生的CO会进一步转化为 H_2。

③ 自热重整（autothermal reforming，ATR）。自热重整是结合水蒸气重整过程和部分氧化过程，总的反应是放热反应。反应器出口温度可以达到950～1100℃。反应产生的CO再通过煤气变换反应转化为 H_2。自热重整过程产生的氢气需要经过净化处理，这大大增加了制氢的成本。表5-1比较了上述3种制氢方法的优缺点。

表5-1　三种制氢方法的比较

制氢技术	优点	缺点
甲烷水蒸气重整	应用最为广泛；无需氧气；最低的过程温度；对制氢而言，具有最佳的 H_2/CO 比例	通常需要过多的蒸气；需要多的设备投资；能量需求高
自热重整	需要低能量；比部分氧化的过程温度低；H_2/CO 比例很容易受到 CH_4/O_2 比例的调整	商业应用有限；通常需要氧气
部分氧化	给料直接脱硫不需要蒸气；低的 H_2/CO 自然比例，对于比例小于20的应用很有利	低的 H_2/CO 自然比例对于需求比例大于20的应用不利；非常高的过程操作温度；通常需要氧气

5.1.2 生物及生物质制氢

生物质制氢就是以碳水化合物为供氢体，利用光合细菌或厌氧细菌来制备氢气，并用微生物载体、包埋剂等细菌固定化手段将细菌固定下来，实现产氢。根据生物在制氢过程中是否需要阳光，将生物质制氢的方法分为两类：光合生物制氢和生物发酵制氢。

(1) 光合生物制氢

光合细菌是能在厌氧光照或好氧黑暗条件下利用有机物作供氢体兼碳源，进行光合作用的细菌，而且具有随环境条件变化而改变代谢类型的特性。能够实现光合生物制氢的微生物有3类：绿藻、蓝细菌和光合细菌。这些微生物将光作为能源，充分利用太阳能，进行只放氢不产氧活动。其中光合细菌比蓝细菌和绿藻的产氢纯度和产氢效率要高。同时，光合细菌产氢条件温和，能利用多种有机废弃物作底物进行产氢，实现能源生产和废弃物利用双重效果，故光合细菌制氢被认为是未来能源供给的重要形式和途径。但是实际的产氢率比最大的理论产氢率低得多。在藻类和蓝细菌中涉及产氢酶，如氢化酶和固氮酶，体系产生的氧气使其活性迅速降低。利用紫色光合细菌进行产氢的优势在于没有氧气的干预，但是氢化酶的吸收使整个过程的产氢率降低。

原理：光合微生物的生理功能和新陈代谢作用是多样化的，因此其具有不同的产氢路径。光合生物制氢路径如图5-1所示。蓝细菌和绿藻通过直接光合作用和间接光合作用都可以产生氢气。

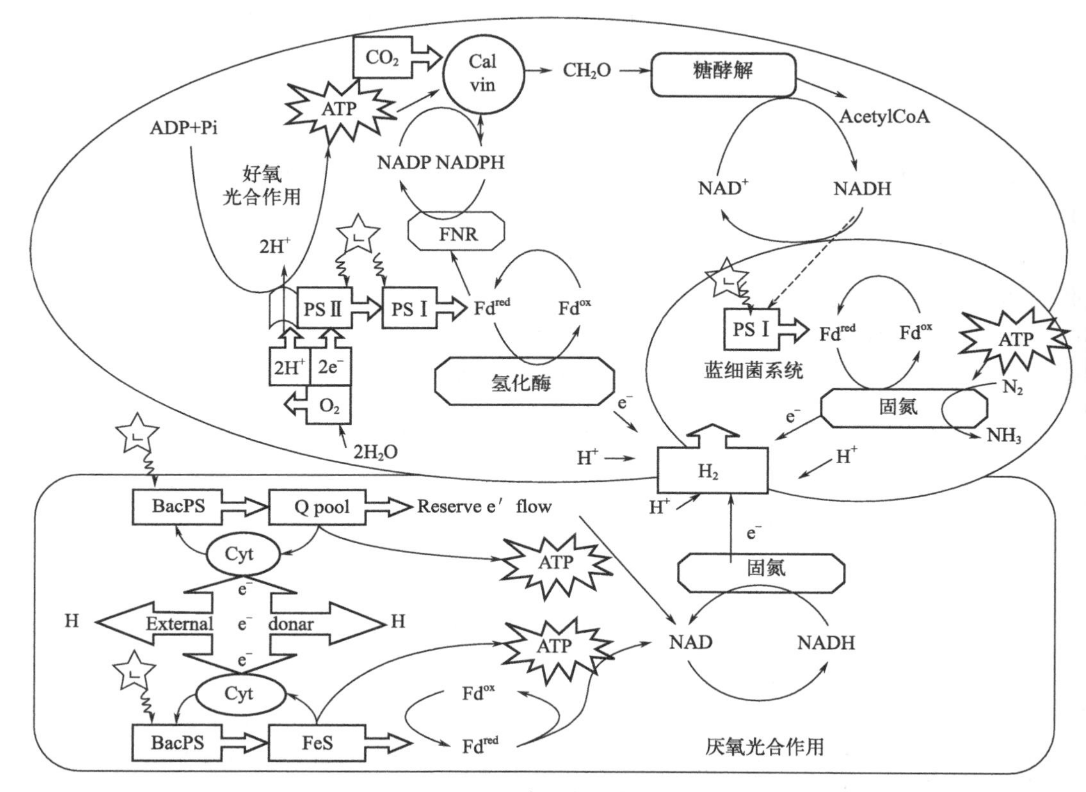

图5-1 光合生物制氢路径

路径包括好氧光合作用和厌氧光合作用两部分。氧化型辅酶Ⅰ（NAD^+/NAD）转化成为还原型辅酶Ⅰ（NADH）；NADPH是还原型辅酶Ⅱ；NADP是NADPH的氧化形式

蓝细菌和绿藻的直接光合作用产氢过程是利用太阳能直接将水分解生成氢气和氧气。在捕获太阳能方面显示出类似高等植物一样的好氧光合作用，其中包含两个光合系统（PSⅠ和PSⅡ）。当氧气不足时，氢化酶也可以利用来自铁氧化还原蛋白中的电子，将质子还原，产生氢气。在光反应器中，细胞的光合系统PSⅠ受到部分抑制会产生厌氧条件，因为只有少量水被氧化生成氧气，残余的氧气通过呼吸作用被消耗了。化学反应流程示意图为

$$2H_2O+h\nu \longrightarrow O_2\uparrow +4H^+ +Fd^{red}(4e^-)\longrightarrow Fd^{red}(4e^-)+4H^+\longrightarrow Fd_{ox}+2H_2 \quad (5\text{-}5)$$

间接的生物光合作用是有效地将氧气与氢气分开的过程，尤其在蓝细菌中最常见。存储的碳水化合物被氧化，而产生氢气。化学反应式为

$$12H_2O+6CO_2 \longrightarrow 2C_6H_{12}O_6+6O_2 \tag{5-6}$$

$$C_6H_{12}O_6+6H_2O \longrightarrow 12H_2+6CO_2 \tag{5-7}$$

在厌氧的黑暗条件下，丙酮酸盐铁氧化还原蛋白的氧化还原酶使丙酮酸盐失去碳酸基，乙酰辅酶 A 通过铁氧化还原蛋白的还原作用生成气。丙酮酸脱氢酶（PDH）会在酮酸盐的代谢过程中产生脱氢酶的辅酶（NADH），在阳光较少的地方，铁化还原蛋白被 NADH 所还原。固氮的蓝细菌主要通过固氨酶产生氢气（将 N_2 定为 NH_3），而不是通过有双向作用的氢化酶。然而在很多没有固氮的蓝细菌中，通过具有双向作用的氢化酶，也能观察到氢气的生成。

两类主要的光合细菌是紫色细菌和绿色细菌，只利用一个光合系统进行光合作用。绿色细菌具有 PSⅠ型反应中心。无机/有机的底物被氧化，给出电子，通过 FeS 蛋白将铁氧化还原蛋白还原。对于暗反应以及产氢反应而言，被还原的铁氧化还原蛋白直接作为电子给体。相比较而言，紫色细菌含有类似反应中心的 PSⅡ体系，它不能还原铁氧化还原蛋白，但是可以通过循环电子流产生 ATP。固氮酶促成的氢气释放过程所需要的电子来自无机/有机的底物。通过反应中心，细菌叶绿素进入苯醌池。苯醌的能垒不足够负，去直接还原 NAD^+。因此，来自苯醌池的电子会被迫反过来还原 NAD^+ 为 NADH。这个过程所需要的电子被称为逆电子流。在整个过程中并没有氧气的生成，所产生的氢气净总量受氢化酶活性的影响。有研究表明，在生物光合作用产氢方面，紫色细菌的光合作用被认为是最好的，因为紫色细菌可以利用工业废物和发酵过程的副产物（比如有机酸等）。

(2) 生物发酵制氢

人们以碳水化合物为供体，直接以厌活性污泥为天然产氢微生物，通过厌氧发酵成功制备出了氢气。目前，生物发酵制氢主要分 3 种：纯菌种与固定化技术相结合，其发酵制氢的条件相对比较苛刻，现处于实验阶段；利用厌氧活性污泥对有机废水进行发酵制氢；利用高效产氢菌对碳水化合物、蛋白质等物质进行生物发酵制氢。生物发酵制氢所需要的反应器和技术都相对比较简单，使生物制氢成本大大降低。经过多年研究发现，产氢的菌种主要包括肠杆菌属（Enterobacteria）、梭菌属（Clostridia）、埃希菌属（Escherichia）和杆菌属（Bacillus）。除了对传统菌种的研究和应用之外，人们试图能寻找到具有更高产氢效率和更宽底物利用范围的菌种。

原理：生物发酵制氢过程，不依赖光源，底物范围较宽，可以是葡萄糖、麦芽糖等碳水化合物，也可以用垃圾和废水等。其中葡萄糖是发酵制氢过程中首选的碳源，发酵产氢后生成乙酸、丁酸和氢气，具体化学反应如下：

$$C_6H_{12}O_6+2H_2O \longrightarrow 2CH_3COOH+2CO_2+4H_2 \tag{5-8}$$

$$C_6H_{12}O_6+2H_2O \longrightarrow CH_3CH_2COOH+3CO_2+5H_2 \tag{5-9}$$

传统的生物发酵制氢工艺有活性污泥生物制氢法、发酵细菌固定化制氢法；目前又研究出了生物发酵与微生物电解电池组合法。

① 活性污泥生物制氢法。活性污泥生物制氢法是利用驯化的厌氧污泥发酵有机废水来制取氢气。经过发酵后末端的产物主要为乙醇和乙酸。利用活性污泥生物制氢的设备工艺相对比较简单，成本较低，但是产生的氢气比较容易被活性污泥中混有的耗氢菌消耗掉，从而影响产氢效率。

② 发酵细菌固定化制氢法。在发酵制氢的研究中，人们为了增加细菌在反应器中的生物持有量，使发酵细菌有效地聚集起来，较高的细菌浓度可以使细菌的产氢能力充分发挥出来，通常利用细胞固定化技术。发酵细菌固定化制氢法是将发酵产氢菌固定在木质纤维素、琼脂、海藻盐等载体上，再将其进行培养，最后用于发酵制氢。研究表明，固定化细胞与非固定化细胞相比，能耐较低的pH值，持续产氢时间长，能抑制氧气扩散速率等。虽然固定化技术使单位体积反应器的产氢速率以及运行稳定性得到了很大提高，但是所用的载体对发酵细菌具有不同程度的毒性，载体占据的较大空间限制了产氢细菌浓度的提高，同时存在机械强度和耐用性差的缺点。

③ 生物发酵与微生物电解电池组合法。生物发酵与微生物电解电池可以结合起来提高总体系统的产氢量。首先通过生物发酵作用，细菌将木质纤维素等生物质转化为甲酸、乙酸、乳酸、乙醇、二氧化碳、氢气。然后通过微生物电解电池，将酸类和醇类转化为氢气。这样的组合可以大大提高发酵制氢的产氢率。

影响生物发酵制氢反应器工艺运行的因素很多，例如温度、溶液的pH值、底物、水利停留时间等。

① 温度。温度影响生物发酵细菌产氢代谢的速度，不同发酵产氢细菌的产氢温度存在较大差异。研究结果表明，大部分发酵产氢菌属于嗜温菌，目前还没有常温发酵产氢菌的报道，而高温发酵产氢菌的报道也很少，最高的温度为55℃时，可以达到较好的产氢效果。

② 溶液的pH值。溶液的pH值是影响生物发酵制氢工艺的重要参数之一，原因是pH值会对细菌微生物的代谢造成影响，直接影响到产氢微生物细胞内部氢化酶的活性、细胞的氧化还原电位、代谢产物的种类和形态、基质的利用性。大部分的研究报道表明，生物发酵微生物通常在弱酸性的条件下，可以发挥较高的产氢效率。pH值的高低直接影响到代谢的产物，当pH值较高时，发酵代谢产物以酸类为主，当pH值较低时，发酵代谢产物主要是酮类和醇类。乙醇型发酵最佳的产氢pH值为4.2～4.5，丁酸型的发酵最佳产氢pH值为6.0～6.5。

③ 底物。底物对生物发酵制氢效率的影响是很明显的，理论研究时所采用的底物通常有葡萄糖、蔗糖、淀粉、纤维素等，这些碳水化合物分子结构比较简单。而以有机废弃物作为底物的生物发酵制氢就变得非常复杂，废水的来源不同，底物的成分就会千差万别。对于利用有机废弃物进行生物发酵制氢，首先对这些成分复杂的废弃物进行预处理，使废弃物中的有机物可以或者易被产氢微生物所利用，通常的预处理方法有5种，即超声波振荡处理、酸处理、灭菌处理、冻融处理处理和添加甲烷菌抑制剂。研究结果表明，冻融处理和酸处理的产氢效果最好，其次是灭菌处理。底物中无机营养元素对发酵制氢菌细胞的生长是必需的，无机营养元素的添加可以直接影响生物发酵制氢的进程。例如Fe，作为细胞内酶活性中心的重要组成部分，可以维持生物大分子和细胞结构的稳定性，氢化酶的活性随着铁的消耗而下降，铁也是铁氧化还原蛋白的重要组分。

④ 水利停留时间。如果采用连续型发酵产氢装置，水利停留时间就成为很重要的影响因素。由于发酵制氢反应器的类型不同，水利停留时间会存在差异，通常情况下，水利停留时间为2～24h。

研究发现，光合细菌产氢的能量利用率比发酵细菌高，可以将产氢、光能利用、有机物的去除有机地结合在一起，使其成为最具潜在应用前景的方法之一。生物发酵细菌的产氢速率较高，其对外界条件要求较低，具备较好的应用前景。至目前为止，对藻类及光合细菌的研究要远多于对发酵产氢细菌的研究。传统的观点认为，微生物体内的产氢系统（主要是氢化酶）很不稳定，只有进行细胞固定化才可能实现持续产氢。从国内外研究结果来看，生物质制氢研究的困境主要体现在如下几个方面：

① 菌种的选择：天然厌氧微生物的菌种来源有限，大多来自于活性污泥；光合作用产生氢气的菌类种类有限，筛选困难。

② 供氢体：生物质制氢的供氢体仍只局限于简单的碳水化合物。

③ 菌种的固定化技术：尚无优良的包埋剂、菌种的包技术复杂、固定化细胞活性衰减快，更换周期变短，增加了运行成本。菌种细胞固定化之后形成的颗粒内部传质阻力较大，主要是产物在颗粒内积累，会对生物产生反馈抑制作用，从而降低生物的产氢能力。同时固定剂会占据大量的空间，从而减少生物的保有量，将直接影响产氢率的提高。

如果实现生物制氢工业，人们要在生物制氢机理的研究上、生物制氢菌种的筛选上，以及生物制氢反应器的研究上都有所突破。

5.1.3　太阳能光解水制氢

在传统的制氢方法中，通过化石燃料制备氢气占90%，电分解水制氢也占了一定的比例。传统方法获取的氢气成本比较高，为了获得廉价的氢气，试图利用可再生能源，将一次能源转化为二次能源。利用太阳能来光催化分解水制备氢气是获取氢气最廉价的方法。太阳能分解水制氢可以通过4种途径来进行，即光电化学电池、半导体光催化、光助络合催化和人工模拟光合作用分解水，其中半导体光催化分解水制氢是最简便的方法。人们已经发现了多种类型的光催化剂可以实现光催化制氢，但是到目前为止，还没有找到可以达到实际应用标准的光催化剂。光催化剂的光量子产率、产氢速率、对可见光的吸收等指标都有待进一步提高，由此制氢光催化剂的研究已经成为热点。从太阳能利用的角度而言，光催化分解水制氢过程中利用的是太阳能中的光能，可见光占太阳能总量的43%；而紫外光仅占4%。因此在光催化分解水的过程中，应先考虑尽可能多地利用太阳光谱中的可见光部分，这要求半导体的吸收波长必须落在可见光区，因此合成在可见光区有强吸收的、高量子产率的光催化剂依然是光催化分解水的主要研究热点和难点。

原理：半导体的电子结构是决定半导体光催化剂性能的重要因素之一。半导体是由价带和导带构成的；半导体的价带和导带之间的能量差为带隙能量（E）。当没有受到光的激发时，半导体的电子和空穴都位于半导体的价带中；当半导体受到光的激发，且光的能量大于或等于半导体的带隙能量时，价带中的电子吸收来自光子的能量，被激发到半导体的导带上，而在半导体的价带上留下带正电荷的空穴。

$$\text{半导体} \longrightarrow e^- + h^+ \tag{5-10}$$

在很短的时间内，光生电子和光生空穴会在半导体体相内或表面上迅速复合，同时释放出热能或光能，迁移到催化剂表面，而没有发生复合的光生电子和光生空穴分别还原或氧化吸附在催化剂表面的反应物。在催化剂表面发生的还原反应就是光催化制氢的原理，而在催化剂表面发生的氧化反应就是光催化净化空气的原理。

半导体光催化分解水的过程分为3个部分：光催化剂吸收能量大于带隙能量的光子，产生光生电子-空穴对；光生载流子分离，并迁移到催化剂的表面，没有复合；吸附在催化剂表面的组分被光生电子或光生空穴还原或氧化，分别产生氢气和氧气。前两个步骤取决于催化剂的结构和电子性质。通常情况下，较高的结晶度对光催化的性能起到正面的作用，当结晶度增加时，作为光生载流子复合中心的缺陷密度降低。第三个步骤可以由固态的共催化剂的存在使催化剂的活性得到提高。共催化剂可以是贵金属（Pt、Rh 等）或者金属氧化物（NiO、RuO_2），它们的纳米颗粒分散在催化剂的表面上，生成活性点，降低气体产生的活化能。所以说，设计材料本身的性质和材料表面的性质，对于提高光催化反应的活性是非常重要的。

对于光催化制氢反应，半导体的能带结构必须满足如下条件，才能实现半导体光催化分解水制氢。半导体的导带电位应该比水的还原电位更负（pH＝0 时，$E_{H_2/H_2O}=0.0V/NHE$；pH＝7 时，$E_{H_2/H_2O}=-0.41V/NHE$），才能将水还原成氢气；而半导体的价带电位应该比水的氧化电位更正（pH＝0 时，$E_{O_2/H_2O}=1.23V/NHE$；pH＝7 时，$E_{O_2/H_2O}=0.82V/NHE$），才能将水氧化成生成氧气，实现光催化分解水。

$$H_2O \longrightarrow \frac{1}{2}O_2 + H_2;\quad \Delta G = +237kJ/mol \tag{5-11}$$

根据上述的数据，可以推测理想的半导体带隙宽度约为 1.23eV，可以实现水的分解。虽然满足光催化分解水制氢条件的催化剂已经有 130 多种，但是光催化制氢的效率并不高。光催化分解水制氢效率主要和以下因素有关：半导体材料禁带宽度的大小决定了其能够吸收太阳光的范围；催化剂的晶相、晶化程度以及表面积；光生电子-空穴对的存活寿命以及催化剂表面进行氧化还原反应的速率；H_2 和 O_2 生成水逆反应的强度。

目前光催化制氢的产率离实际工业化还有很大的距离。太阳能光催化分解水制氢工业化的标准为催化剂能够利用 600nm 以下波长的太阳光，量子效率大于 30%，催化剂的寿命在 1 年以上；而达到实际应用的标准是催化剂的量子效率至少为 10%。实现此目标的关键是半导体材料的研究和开发。

目前，在可见光催化制氢的研究中，很多半导体光催化剂不具备合适的禁带宽度，或光量子产率不高，或半导体的导带和价带的能带位置与水的还原电位和氧化电位不匹配；光生电子和空穴的寿命、催化剂表面进行还原反应的速率以及 H_2 和 O_2 生成水逆反应的强度等问题都亟待解决。到目前为止，还没有发现一种可见光催化剂的量子效率达到 10%。

利用太阳能光电化学过程制氢由光电化学电池实现。光电化学电池（photo electrochemical cell，PEC）由光阳极、阴极以及电解质组成，通过光阳极吸收太阳能并将光能转化为电能。光阳极通常为光半导体材料，受光激发可以产生电子-空穴对。在电解质存在下，光阳极吸光后在半导体带上产生的电子通过外电路流向阴极，水中的质子从阴极上接受电子产生氢气。理论上，光电极组成有三种情况：

① 光阳极为 N 型半导体，阴极为金属。

② 光阳极为 N 型半导体，阴极为 P 型半导体。

③ 光阴极为 P 型半导体，阳极为金属。

图 5-2 所示是太阳能光电化学电池制氢的基本结构。它包括一个光阳极（一般是金属氧化物）和阴极（一般是 Pt），在电解液中，氧化和还原反应分别在阳极和阴极发生。

光电化学电池分解水涉及了光电极之间以及光电极与电解液界面之间的反应过程。

① 光致半导体材料（光阳极）的离子化，形成了以电子为主的载流子（自由电子和电子-空穴对）。

$$h\nu \longrightarrow e^- + h^+ \tag{5-12}$$

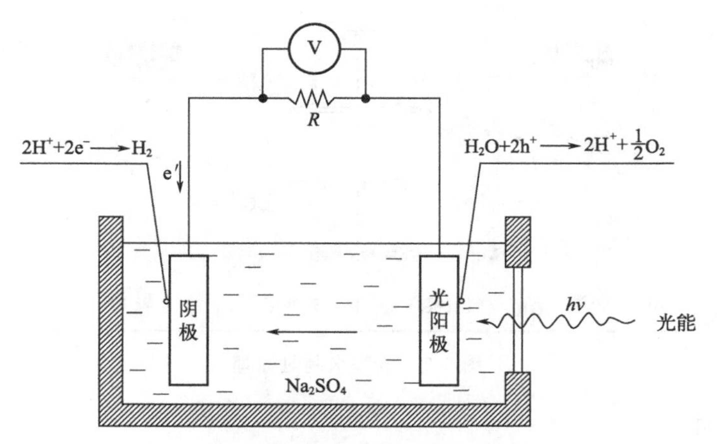

图 5-2　太阳能光电化学电池分解水示意图

式中，h 为普朗克常数；v 为频率；e^- 代表电子；h^+ 表示空穴。

当光子能量（hv）大于等于半导体的禁带宽度时都会发生此过程，在电极-电解质界面需要外加电场来避免电子-空穴对的复合。

② 光阳极上发生空穴氧化水的反应，即

$$2h^+ + H_2O \longrightarrow \frac{1}{2}O_2(g) + 2H^+ \tag{5-13}$$

③ H^+ 通过电解质从光阳极迁移至阴极，电子通过外电路从光阳极流向阴极。

④ 阴极发生 H^+ 的还原反应，即

$$2H^+ + 2e^- \longrightarrow H_2(g) \tag{5-14}$$

总的反应方程式为

$$2h\nu + H_2O(l) \longrightarrow \frac{1}{2}O_2(g) + H_2(g) \tag{5-15}$$

5.1.4　电解水制氢

电解水制氢是传统的制氢方法之一，应用相对比较成熟，发展历史有 80 多年。电解水制氢就是利用电能来分解水，获取氢气。通过电解水方法得到的氢气纯度较高，可以达到 99.99%，但是这个过程所耗费的电量很高，据计算，每生产 1000g 的氢气，需要消 60kW·h 左右的电量。目前电解水制氢的电解效率不高，为 50%～70%。为了提高制氢的效率，电解通常在高压环境下进行，采用的压力多为 3.0～3.5MPa，因此利用这种方法制备氢气很不经济，从而限制了电解水制氢的大规模应用。

原理：在电解水时，由于纯水的电离度很小，导电能力低，属于弱电解质，所以需要加入电解质，以增加溶液的导电能力，使水能够顺利地电解成为氢气和氧气。在电解质水溶液中通入直流电时，分解出的物质与原来的电解质完全没有关系，被分解的物质是溶剂水，而电解质仍然留在水中。例如硫酸、氢氧化钠、氢氧化钾等均属于这类电解质。电解水制氢的原理如图 5-3 所示。以氢氧化钾为例说明：在电解氢氧化钾溶液时，在电解槽中通入直流电时，氢氧化钾等电解质不会被电解，水分子在电极上发生电化学反应，阳极上放出氧气，阴极上放出氢气。

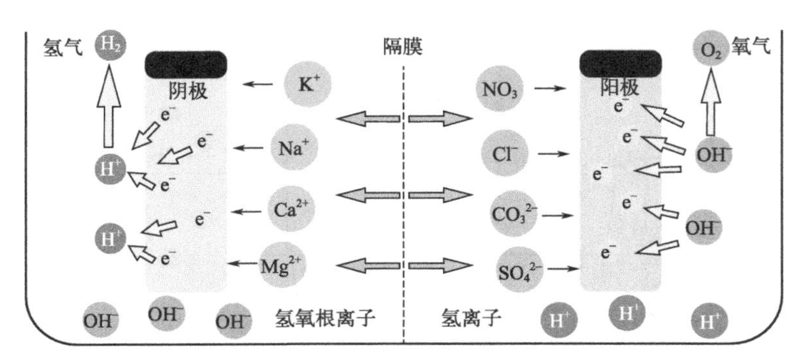

图 5-3 电解水制氢原理

化学反应式如下：

阴极
$$2H_2O+2e^- \longrightarrow H_2\uparrow+2OH^- \tag{5-16}$$

阳极
$$2OH^- -2e^- \longrightarrow \frac{1}{2}O_2\uparrow+H_2O \tag{5-17}$$

总反应式
$$H_2O \longrightarrow H_2\uparrow+\frac{1}{2}O_2 \tag{5-18}$$

氢氧化钾是强电解质，溶于水后即发生电离过程，于是水溶液中就产生了大量的 K^+ 和 OH^-。水是一种弱电解质，难以电离。而当水中溶有 KOH 时，在电离的 K^+ 周围围绕着极性的水分子，形成水合钾离子，K^+ 的作用使水分子有了极性方向。在直流电作用下，K^+ 带着有极性方向的水分子一同迁向阴极。在水溶液中同时存在 H^+ 和 K^+ 时，H^+ 将在阴极上首先得到电子而变成氢气，而 K^+ 则仍将留在溶液中。

电解水制氢已经工业化。电解水制氢设备的核心部分是电解槽，目前常用的电解槽有碱性电解槽、质子交换膜［PEM，或者固体高分子电解质（SPE)］电解槽和固体氧化物电解槽。

(1) 碱性电解水制氢

碱性电解水制氢是最简单的制氢方法之一，其广泛应用的挑战在于减少能源消耗成本，提高其持久性和安全性。碱性电解槽是目前常用的电解水制氢电解槽。但是，其存在严重的渗碱问题。电解水制氢过程对环境会造成潜在的危害，例如碱性电解槽，利用强烈腐蚀性的 KOH 溶液作为电解液，如果在生产过程中发生泄漏或者使用后处理不当，强碱溶液会对周围环境造成污染。碱性电解槽中的隔膜多采用石棉，其具有致癌性。

(2) 质子交换膜电解水制氢

质子交换膜电解池主要由高分子聚合物电解质膜和两个电极构成，质子交换膜与电极为一体化结构，参见图 5-4。质子交换膜电解槽将以往的电解质由一般的强碱性电解液改为固体高分子离子交换膜，它可起到电解池阴阳极隔膜的作用。质子交换膜作为电解质，与以碱性或酸性液体作为传统电解质相比，其具备效率高、机械强度好、化学稳定性高、质子传导快、气体分离性好、移动方便等优点，使质子交换膜电解槽在较高的电流下工作，其制氢效率却没有降低。采用纯水电解避免了电解液对槽体的腐蚀，其安全性比碱性电解水制氢要高。目前常采用固态 Nafion（全氟磺酸）膜（杜邦公司生产）作为电解质的电解槽。电极采用具有催化活性的贵金属或者贵金属氧化物；将这些贵金属或者贵金属的氧化物制成具有较大比表面积的粉体，利用Teflon粘合并压在Nafion膜的两面，形成一种稳定的膜与电极的结合体。

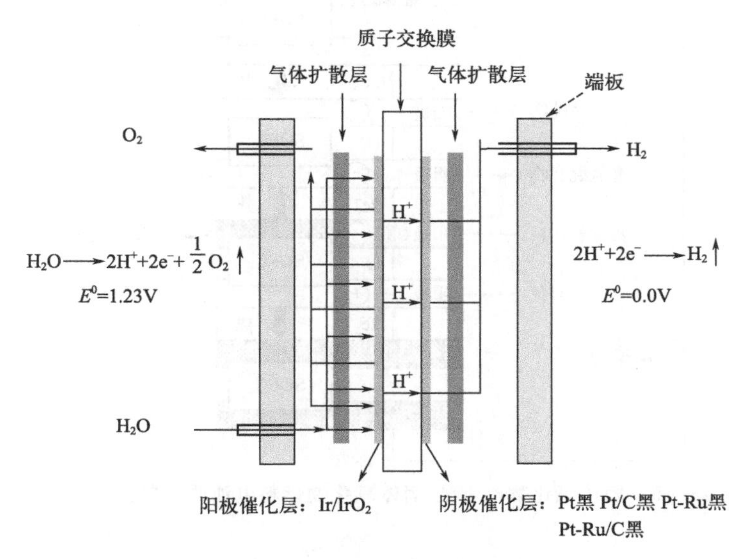

图5-4　质子交换膜电解水制氢示意图

目前比较成功的质子交换膜为全氟磺酸高分子膜，商品名有Nafion膜、Flemion膜、Aciple膜和Dow膜，其中杜邦公司生产的Nafion膜效果最好，但是价格昂贵，会增加制氢的成本。为了降低质子交换膜电解水制氢的成本，可以尝试价格比较便宜的聚合物，如聚苯并咪唑（PBI）、聚醚醚酮（PEEK）、聚苯乙烯（PS）等，这些聚合物的共同点是不具备质子传导能力或者质子传导能力很低，但是都具有良好的力学性能、化学稳定性和热稳定性。通过对这些聚合物进行质子酸掺杂，使其具有良好的质子传导能力，最终能作为质子交换膜应用到电解水制氢工艺中。对这些高分子聚合物膜的研究还仍处于实验阶段。

质子交换膜电解槽在实际工作中，虽然不会发生腐蚀性液体的泄漏，但是其工作温度较高（150℃）时，高分子离子交换膜就会发生分解，产生有毒气体。

(3) 固体氧化物电解水制氢

固体氧化物电解槽通过提高操作温度（600～1000℃），来减少在电解槽内的总损失，将固体氧化物电解槽需要的部分电能用其他过程产生的热能所取代，但是如此高的操作温度需要昂贵的材料来解决，这需要较高的投资成本。降低操作温度，使其在所谓的中等温度（550～800℃）下进行，以及阴极平面电池设计可以降低生产成本，降低电池的电阻。将固体氧化物燃料电池（SOFC）与固体氧化物电解池（SOEC）结合起来进行制氢反应，固体氧化物燃料电池中注入天然气，为固体氧化物电解池提供电能，在固体氧化物燃料电池中发生不可逆过程产生的热量也是有用的，将提供给固体氧化物电解池；固体氧化物燃料电池产生的电能和热能会增加能源的转化效率。在实际中，固体氧化物燃料电池和固体氧化物电解池之间是分开的，分别是两个独立的反应槽，通过中间介质的热循环途径，将固体氧化物燃料电池中产生的热量传输给固体氧化物电解池，钠热管技术对于600～900℃温度区间是有效的；或者将固体氧化物燃料电池与固体氧化物电解池合并为一个槽体，两者之间就像三明治一样，使热和电在两种池体之间的传输更加有利。图5-5为固体氧化物电解池-固体氧化物燃料电池联合制氢示意图。

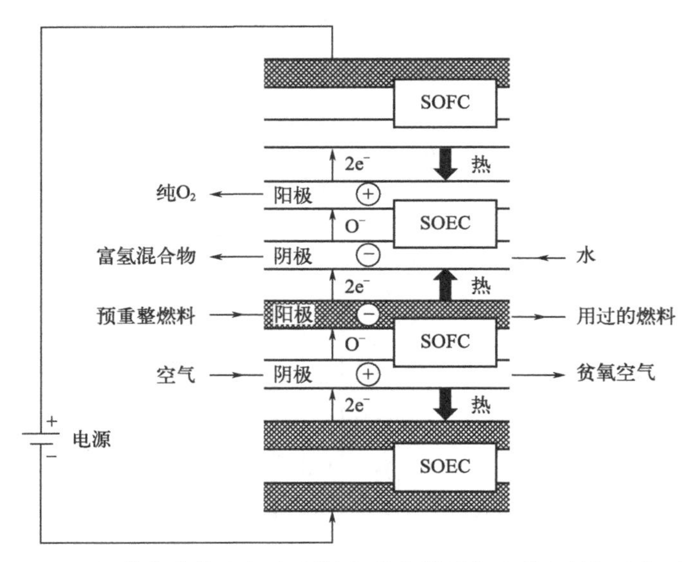

图 5-5 固体氧化物电解池-固体氧化物燃料电池联合制氢示意图

5.2 氢能源储存技术

5.2.1 气态储氢

常温、常压下，氢气的密度只有 0.08988g/L。氢气的体积能量密度非常低，如储存 4kg 气态氢需要 $45m^3$ 的容积。为了提高压力容器的储氢密度，往往通过提高压力来缩小储氢罐的容积。因此，氢气通常加压、减小体积，以气体形式储存于特定容器中，一般为钢制耐压气瓶。根据压力大小的不同，气态储存又可分为低压储存和高压储存。

气态高压储存是最普通和最直接的储存方式，通过减压阀的调节就可以直接将氢气释放出来。采用这种高压储存方法具有压力容器容易制造、制备压缩氢的技术简单、成本较低等优点，但缺点也很突出。首先，高压储氢能耗高，需要消耗别的能量形式来压缩氢气；其次，高压对钢制材料强度要求高，钢瓶壁厚，容器笨重，材料浪费多，造价较高，同时运输难度加大，如果通过加大氢气压力来提高携氢量将有可能导致氢分子从容器壁逸出或产生氢脆现象；最后，高压储氢的单位质量储氢密度，也就是储氢单元内所有储氢质量与整个储氢单元的质量（含容器、储存介质材料、阀及氢气等）之比依然很低。我国使用的容积为 40L 的钢瓶，在 15MPa 高压下也只能容纳大约 0.5g 氢气，还不到高压钢瓶质量的 1%，储氢量小，运输成本太高，而且高压储氢还存在不安全的问题。

高压储氢对容器材料要求高，压力容器材料的好坏决定了压力容器储氢密度的高低。储氢容器先后经历了从钢制、金属内衬纤维缠绕到新材料的发展过程。目前，国际上正积极开发压力更高的轻质储氢压力容器。如通用汽车氢能-3 燃料电池汽车的车载氢源采用的是碳纤维增强的复合材料制作的超高压容器（氢气压缩至 700bar），这种电动汽车在 700bar 下携带3.1kg的氢，可使汽车运行270km。但值得注意的是：尽管压力和质量储氢密度提高了很多，但体积储氢密度并没有明显增加。

5.2.2　液态储氢

液态储氢是一种深冷的氢气存储技术。氢气经过压缩后，深冷到21K以下使之变为液氢，然后存储到特制的绝热真空容器中。常温、常压下液氢的密度为气态氢的845倍，液氢的体积能量密度比压缩储存高好几倍，这样，同一体积的储氢容器，其储氢质量大幅度提高。但是，由于氢具有质轻的特点，所以在作为燃料使用时，相同体积的液氢与汽油相比，含能量少（即体积能量密度低，见表5-2）。这意味着将来若以液氢完全替代汽油，则在行驶相同里程时，液氢储罐的体积要比现有油箱大得多（约3倍）。

表5-2　氢燃料与其他燃料在发热量上的差异（高热值）

燃料	氢元素含量/%	质量能量密度/(MJ/kg)	体积能量密度（液态）/(MJ/L)
氢气	100	120	0.012
液氢	100	120	8.4～10.4①
甲烷	25	50（43）	21（17.8）②
乙烷	20	47.5	23.7
丙烷	18	46.4	22.8
汽油	16	44.4	31.1
乙醇	13	26.8	21.2
甲醇	12	19.9	15.8

① 高值为三相点处的液氢密度。
② 括号内为天然气的值。

而且，降温所需要消耗的能量为液氢本身所具有的燃烧热的1/3。因为液化温度与室温之间有200℃以上的温差，加之液态氢的蒸发潜热比天然气小，所以不能忽略从容器渗进来的侵入热量引起的液态氢的汽化。罐的表面积与半径的二次方成正比，而液态氢的体积则与半径的三次方成正比，所以由渗入热量引起的大型罐的液态氢汽化比例要比小型罐的小。因此，液态储氢适用条件是存储时间长、气体量大、电价低廉。

液氢汽化是液氢存储技术必须解决的问题。若不采取措施，液氢储罐内达到一定压力后，减压阀会自动开启，导致氢气泄漏。

此外，还可能出现热溢的现象。主要原因如下：

① 液体的平均比焓高于饱和温度下的值，此时液体的蒸发损失不均匀，形成不稳定的层化，导致气压突然降低。常见情况为下部的液氢过热，而表面液氢仍处于饱和状态，可产生大量的蒸汽。

② 操作压力低于维持液氢处于饱和温度所需的压力，此时仅表面层的压力等同于储罐压力，内部压力则处于较高水平。若由于某些因素导致表面层的扰动，如从顶部重新注入液氢，则会出现热溢现象。

解决层化和热溢问题的办法之一是在储罐内部垂直安装一个导热良好的板材以尽快消除储罐上、下部的温差；另一方案为将热量导出罐体，使液体处于过冷或饱和状态，如使用磁力冷冻装置。

5.2.3 固态储氢材料

与化学储氢材料相比，物理储氢的吸附热低，一般数量级在 10kJ/mol 以下，作用力弱只是分子之间的范德瓦耳斯力小，不涉及化学键的断裂和生成，一般只能在低温下达到较大的储氢量。物理储氢活化能很小，吸放氢速度较快，一般可逆，循环性好。在比表面积增大的同时，提高材料与氢气的作用力，进而提高储氢温度，是物理储氢材料发展的方向。在此将对典型的几种物理储氢材料进行分类讨论和比较，特别是金属有机骨架（metal-organic framework，MOF）材料，以其均一的孔结构、巨大的比表面积、易于调控的晶体结构，已经成为最有研究和应用潜力的物理储氢材料之一。化学吸附与物理吸附的比较见表 5-3。

表 5-3 化学吸附与物理吸附的比较

项目	化学吸附	物理吸附
吸放氢作用力	化学键的生成与断裂	范德瓦耳斯力
吸附热	较大	较小
吸附速率	一般需活化，慢	快
发生温度	高温	低温
选择性	特征选择性	一般选择性较弱
吸附层	单层	多层

吸附是指气体与固体表面发生作用，固体表面气体的浓度高于气相的现象。其中的固体称为吸附剂，气体称为吸附质。根据吸附质与吸附剂作用方式的不同，将吸附分为物理吸附和化学吸附。化学吸附中气体分子与固体的作用方式是化学键；物理吸附中的作用力是范德瓦耳斯力。本小节介绍气体物理吸附的原理和特点，并重点描述氢气的物理吸附特点及对储氢材料的要求。

气体的吸附和材料表面的性质密切相关，表面粗糙深度大于直径的小坑就称为孔。固体根据孔性质的不同，可以分为微孔（<2nm）、介孔（2～50nm）、大孔（50nm 以上）材料。在同一温度下，测定不同压力下吸附平衡时的气体吸附量，得到吸附等温线，不同类型的吸附等温线反映固体材料表面的性质。1985 年，IUPAC 提出将吸附等温线分为六种类型（见图 5-6）。

Ⅰ型吸附等温线又称为 Langmuir 等温线，随着力的增大，吸附量的增加先快后慢，出现一个转折点，这个点可以认为是吸附质中的小孔被填满时的点。微孔材料的等温吸附常常表现为这一类型的吸附曲线。

Ⅱ型吸附等温线近似 S 形，在较低压力下的拐点，可以认为是单分子层的饱和点；随着压力的增加，出现第二层及多层吸附。非多孔和大孔固体材料的等温吸附常常表现为这一类型的吸附曲线。

Ⅲ型吸附等温线的形状与Ⅰ型相反，又称为反 Langmuir 等温线，随着压力的增大，吸附量的增加先慢后快，向下凹，这是因为气体分子与吸附质的相互作用较弱，单分子层的吸附热比多层吸附小，在气压较大时，气体出现冷凝现象，吸附量大大增加。当固体材料与气体分子的相互作用很弱，小于气体分子之间的相互作用时，呈现出这一类型的吸附曲线。

Ⅳ型吸附等温线在低压区与Ⅱ型曲线很像，在低压下有一个单层吸附与多层吸附之间的拐点。随着压力的增大，发生毛细凝聚现象，吸附量迅速增加，之后出现一个转折点，曲线趋于平坦，这个点可以认为是所有孔均发生毛细凝聚的点。毛细凝聚现象也会导致吸附曲线出现滞回，即脱附曲线在吸附曲线的上方。介孔材料的吸附常常表现为这一类型的吸附曲线。

Ⅴ型吸附等温线在低压区与Ⅲ型曲线很像，较高压力下跟Ⅳ型曲线一样，会出现由毛细凝聚导致的滞回现象。Ⅴ型吸附等温线很少见，发生于固体材料与气体相互作用力很弱，而气体分子之间相互吸引力很大的情况。

Ⅵ型吸附等温线表现为阶梯状，非孔材料表面均匀时才会发生这一类型的吸附，也很少见。

通过等温线的形状可以初步判断材料表面和孔性质的信息，并且可以通过等温线计算出材料的比表面积、孔体积、孔径分布等。

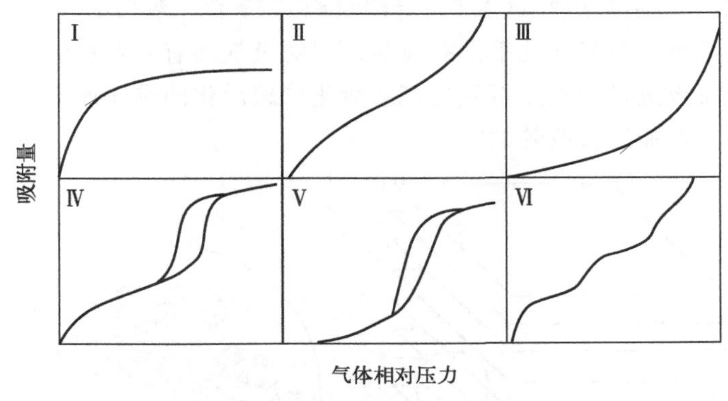

图 5-6 六种吸附等温线类型

5.3 储氢材料与制备方法

5.3.1 碳基多孔材料

碳材料具有很长的研究历史，并且在实际应用中其制作成本也较低廉，在吸附催化等领域有广泛的应用。碳材料也因其优良的物理储氢性质受到人们的关注，包括活性炭、碳纤维、单壁和多壁碳纳米管、石墨烯等，并且可以通过对改进合成方法和改性等手段改变碳材料的组成、比表面积、孔大小和形状等，来提高氢气的吸附量。

(1) 活性炭

活性炭是一种常用的商品化吸附剂，内部的大量不规则的孔结构，使其具有很大的比表面积。形貌（粉末、纤维和颗粒等）不同的活性炭对氢气的吸附速度和吸附量不同。活性炭的吸氢量与它的比表面积和孔体积成正比，符合 Langmuir 单层吸附模型。商品化的活性炭及其改性材料的储氢性能研究有很多，但一般只能在 77K 下达到较大的储氢量。除了比表面积之外，活性炭的吸氢性质主要与表面的官能团有关，官能团可以通过合成方法、活化过程及改性反应等进行设计和调控。

(2) 碳纤维

碳纤维（carbon fiber，CF）是含碳量达 90%以上的无机高分子纤维，长度一般可达几厘米。大量理论和实验表明碳纤维在低温下具有一定的储氢量，通过对合成方法及样品的改性，可以进一步提高碳纤维的储氢量。

1998 年报道了石墨纳米纤维（Graphitenanofibers）的储氢性质，这种材料由 300～500Å 宽的石墨片堆积而成［图 5-7（a)］，在 120atm、25℃下，每克碳原子对应 20L 氢气分子的吸附量，比传统石墨高很多，石墨片层堆积时形成的纳米级孔道起到了重要的作用［图 5-7（b)］。用不同组成的 Fe/N/Cu 催化乙烯反应制备碳纤维，并对这些样品的储氢性质进行研究，发现在室温和 12MPa 下最大储氢量可达 6.5%（质量分数）。对活化粘胶基碳纤维（ARCF）、活化青基碳纤维（APCF）、活化中间相碳微球（AMCMB）、活化及中间相碳泡沫（APMCF）、碳纳米管（CNT）等碳材料进行了一系列的改性，结果表明石墨化的样品比表面积都很小，对氮气几乎没有吸附，但对氢气却有一定量的吸附。碳材料的非晶化程度、比表面积及吸氢量都按照石墨化＜水活化＜碱活化的顺序递增，因此碱活化是比较有效的对碳材料储氢性能进行改善的方法。

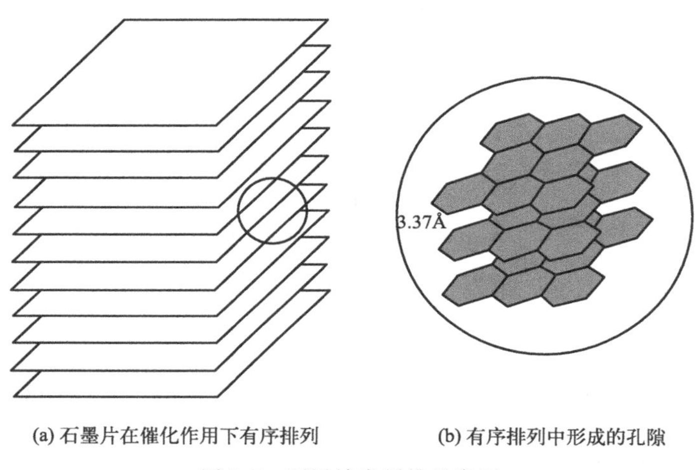

(a) 石墨片在催化作用下有序排列　　(b) 有序排列中形成的孔隙

图 5-7　石墨纳米纤维示意图

(3) 碳纳米管

单壁碳纳米管（single wall nanotube，SWNT）的储气性质：其内部的孔道可以吸附气体，管道的曲率也使其相比于石墨等材料与氢气的作用力更强。将直径约 12Å 的 SWNT 在低温下暴露在高压氢气气氛中，并进一步冷却到 90K 抽真空，之后进行程序升温脱附（TPD）实验。结果表明，在同样条件下，SWNT 比活性炭的放量大了约 10 倍，并且表现出很好的循环性，吸附热为 19.6kJ/mol。对碳纳米管直径和形貌的控制是进一步提高其储氢性能的有效手段。平均直径为 1.85m 的 SWNT 在室温下的吸量为 4.2%（质量分数，原子比 H/C＝0.52)，80%的氢气可以在室温下放出，表现出良好的室温储氢性能。

(4) 石墨烯及石墨烯型材料

石墨烯作为二维原子晶体，与传统碳材料相比表现出很多独特的性质，受到人们的广泛关注，对其储氢性质的研究也较多。单层石墨片粉末，在 77K、100kPa 下吸氢量为 0.4%（质量分数），在室温和 6MPa 下，吸氢量小于 0.2%（质量分数），由于结构的原因氢气与材料表面的作用很弱。有研究采用还原溶胶分散的石墨氧化物制备了有一些聚集和卷曲性质的石墨烯型纳米片，这一材料的 BET 比表面积为 $640m^2/g$，在 77K 和 298K、10bar 下吸氢量分别为 1.2%（质量分数）和 0.1%（质量分数），吸附热为 5.9～4kJ/mol。比较目前报道的碳材料的储氢性质，大多数碳材料的吸氢量与 BET 比表面积存在近似正比的关系，而石墨烯型纳米片具有较高的吸氢量/比表面积比。

5.3.2 金属有机物多孔材料

金属有机骨架（MOF）材料是金属离子通过刚性有机配体配位连接，形成的 3D 骨架结构，具有结构可设计、骨架密度低、比表面积和孔体积大、空间规整度高等特点，其中的多孔结构在多个领域表现出良好的应用前景，如可以选择性地吸附小分子，对客体分子的交换表现出光学、磁学等性质的响应。与碳材料和分子筛材料相比，MOF 材料可以通过改变金属离子和有机配体实现对孔大小和性质的设计，具有丰富的结构多样性。因此，MOF 材料在催化、小分子吸附及分离、气体存储、光磁功能材料等领域受到广泛的关注，近十几年来逐渐成为材料科学中的研究热点。MOF 材料最受关注的性质之一是对气体分子的存储能力，对其储氢性质的研究很多。

MOF 空间的拓扑结构维持不变，只是原子间距离和晶胞体积发生变化，这一现象被形象地称为呼吸现象（图 5-8），呼吸现象与客体分子和骨架之间的相互作用强弱有关。

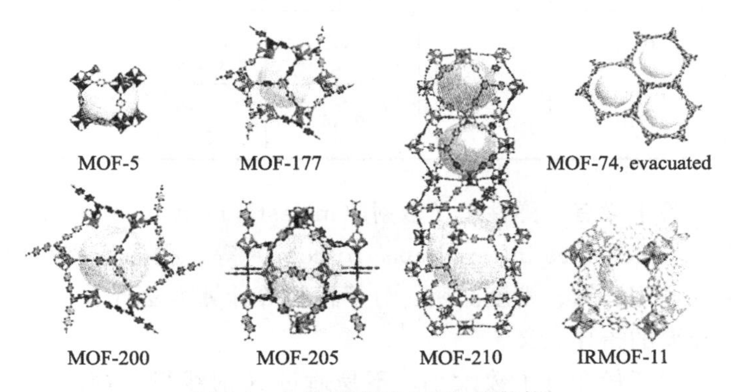

图 5-8 一系列典型 MOF 的结构

绝大多数 MOF 在储氢方面脱去客体分子活化空穴后，对气体的吸附和脱附几乎没有滞回，是一个可逆的物理吸附过程。MOF 结构中的金属位点、配体、骨架结构（互穿等）都可能对氢气吸附作用有影响。

此外，由共价键连接的有机配体组成的一类与 MOF 结构相似的材料，称为共价有机骨（covalent organic framework，COF）材料。这种材料结构中不存在金属离子，但与 MOF 一样具有较大的比表面积，如 COF-102 和 COF-103 的比表面积分别为 $3472m^2/g$ 和 $4210m^2/g$。COF 较 MOF 更轻，由于不存在金属离子配位，而表现出不同的作用机理，也是一种具有良好应用前景的储氢材料，典型 MOF 材料的储氢性质如表 5-4。

表 5-4 典型 MOF 材料的储氢性质

材料名称	比表面积/(m^2/g)		孔体积/(cm^3/g)	吸氢量		吸附热/(kJ/mol)
	Langmuir	BET		77K	298K	
HKUST-1	2175	1464	0.75	3.6 (10bar)	0.35 (65bar)	6.8
MIL-53 (Al)	1540	1100	0.59	3.8 (16bar)		—
MIL-100	2800		1.0	3.28 (26bar)	0.15 (73bar)	6.3
MIL-101	5500		1.9	6.1 (60bar)		9.5
Mn (btt)		2100	0.80	6.9 (90bar)	1.4 (90bar)	10.1
MOF-5	4170		—	5.2 (48bar)	0.45 (60bar)	4.8
MOF-74	1132		0.39	2.3 (26bar)	—	8.3
MOF-177	5640	4239	—	7.5 (70bar)	—	3.7
MOF-210	10400	6240		8.6 (50bar)	—	—
IRMOF-11	2180		—	3.5 (34bar)	—	—
IRMOF-20	4580		—	6.7 (70bar)	—	—
ZIF-8	1810		0.66	3.1 (55bar)	—	—

目前多采用的实验手段有非弹性中子散射（inelastic neutron scattering，INS）、扩散反射红外光谱（diffuse reflectance infrared spectroscopy）等。很多研究小组也建立了大量的理论模型，采用第一原理计算、密度泛函、分子模拟等计算方法计算了 MOF 与氢气的作用机理，对实验有很重要的指导意义。

由于氢气分子的原子量和电子数太小，不易通过 X 射线衍射探测其位置，而中子散射的能量与元素所含的电子数无关，使其更适合于探测氢原子及其同位素氚原子等在储氢材料中的位置，中子比 X 射线的穿透力强，更适合对体相材料的表征。因此中子散射是目前研究氢气与 MOF 作用过程的一种较为直观的手段。通过非弹性中子散射实验研究 MOF-5 结构中的氢分子吸附位点分布，发现低吸附量下的两个强吸附位点分别在金属节点和配体周围。随着氢气量的增加，单个晶胞的氢气吸附量从 4 个氢分子增加到 24 个，增加的氢气吸附在 BDC 配体周围。低温下的中子散射实验发现 HKUST-1 的结构中有 6 种类型的直接附氚分子的位点（见图 5-9 和图 5-10），首先吸附发生在配位不饱和的 Cu 离子处，为不饱和配位的金属离子对吸附的促进作用提供了直接的证明，接着吸附发生在较窄的孔道处，进一步吸附发生在较大的孔道处。

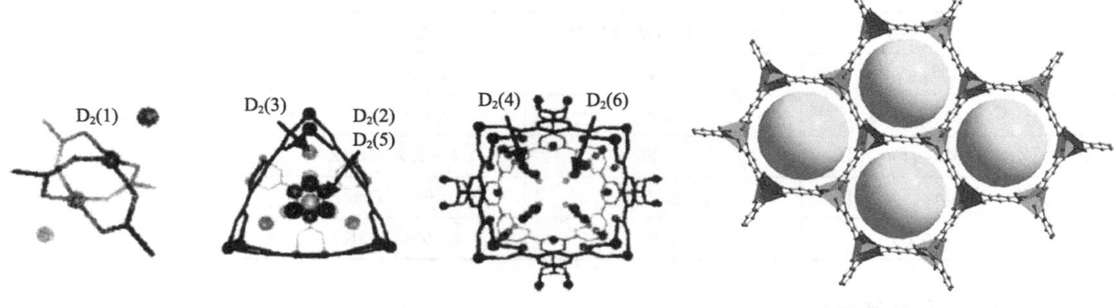

图 5-9 HKUST-1 结构的 D_2 吸附

图 5-10 离子周围的氢气吸附位点

5.3.3 金属氢化物储氢材料

(1) Mg 和 MgH 基储氢材料

镁基储氢材料主要包括 Mg、Mg-Ni、Mg-Co、Mg-Cu、Mg-Fe 等体系。由于镁材料质量小、吸氢量大［Mg_2NiH_4、Mg_2CoH_5 和 Mg_2FeH_6 的吸氢量分别达到了 3.6%（质量分数）、4.5%（质量分数）和 5.4%（质量分数），而单质 Mg 的吸量则达到了 7%（质量分数)］、储量丰富、价格便宜等而吸引了众多的研究兴趣。单质镁由于较高的吸氢量，得到了广泛的研究关注。

Mg-Co 体系储氢材料存在的化合物主要有 $MgCo_2$、MgCo 和 Mg_2Co。以前一些文献报道了 Mg_2Co 的存在，但是后来此化合物被认为是 MgCo 组分。Mg-Co-H 体系报道存在的氢化物主要有 Mg_2CoH_5、Mg_3CoH_5、$Mg_6Co_2H_{11}$ 等。Mg_2CoH_5 氢化物的含氢量为 4.5%（质量分数），超过 Mg_2NiH_4 的含氢量。但是其吸放氢需要在比较苛刻的温度条件下进行，影响了其作为储氢材料的实用化研究。

(2) Ti 基合金储氢材料

纯 Ti 可以吸氢形成 TiH 和 TiH_2 化物，在氢同位素的储存中具有重要作用。此外利用氢化钛的脆性，可以用来制备 Ti 粉。利用氢化钛在高温下的分解，在粉末冶金和焊接工艺中作为 Ti 源向体系提供钛，或在制造泡沫金属时提供氢源。

Ti-Cr 基合金储氢材料与 Ti-Mn 基合金储氢材料相似，也具有 Laves 相的晶体结构。Ti-Cr 合金具有两种 Laves 相的晶体结构：一种是低温型立方晶系 $MgCu_2$（C15）结构；一种是高温型立方晶系 $MgZn_2$（C14）结构。Ti-Cr 合金最大的特点是在很低的温度下可以吸放，如 C14 结构的 $TiCr_2$ 在 213K 时平衡压为 0.1MPa，在低温条件有较好的特性。通过元素取代可以调节 Ti-Cr 基合金的吸放特性。将合金中的部分 Ti 置为 Zr，PCT 曲线的平台压降低，平台宽度变宽；并且随着 Zr 含量的增加，反应焓的绝对值变大，氢化物变得越来越稳定。将合金中的部分 Cr 换为 Fe，随 Fe 含量的增加，PCT 曲线的平台压上升，且平台宽度有所增加。将合金中的部分 Cr 换为 Mn，PCT 的平台有所下降，吸氢量有所增加。研究表明，在 Ti-Cr 基储氢合金中，当 Zr、Mn 取代部分元素时，晶格常数有增大的趋势，而 Fe 取代部分元素时，晶格常数有减小的趋势，这解释了元素添加对体系热力学性质的影响。几种 Ti-Cr 基储氢合金的性能见表 5-5。

表 5-5 几种 Ti-Cr 基储氢合金的性能

储氢材料氢化物	储氢量/%（质量分数）	平衡压/MPa	反应焓/(kJ/mol) H_2
$TiCr_{1.8}H_{3.6}$	2.4	0.2～5（195K）	−20.1
$Ti_{1.2}Cr_{1.2}Mn_{0.8}H_{3.2}$	2.0	0.7（263K）	−25.9
$Ti_{0.8}Zr_{0.2}CrMn_{0.8}Fe_{0.2}H$	1.88	0.7～1.2（293K）	−4.23
$Ti_{0.8}Zr_{0.2}CrMn_{0.8}Co_{0.2}H$	1.75	1.0～5.0（293K）	−6.29
$Ti_{1.2}Cr_{1.2}V_{0.8}H_{4.8}$	3.0	0.405（413K）	−38.1

（3）Zr 基合金储氢材料

① Zr-V 基合金体系。ZrV_2 合金具有 C15 型立方 Laves 相结构，空间群为 $Fd3m$，晶体结构属于立方 $MgCu_2$ 型，不需要活化，室温下就可吸氢形成 $ZrV_2H_{5,3}$ 化合物。氢主要存在于合金的晶格间位置，由于氢的作用，ZrV_2 吸氢后晶格常数变化较大，但主相结构没有发生变化。

纯相的 ZrV_2 比较难于制备，在 1573K 以上会首先形成富 V 的固溶相，而在共熔点则会形成富 Zr 的固相和 ZrV_2 的混合物。目前制备 ZrV_2 合金通常有两种方法：一种是通过合适配比的 Zr 和 V 的金属粉末，充分混合后真空熔炼成合金，然后再通过热处理得到纯相的 ZrV_2 合金；一种是通过机械合金化的方法得到纯相的 ZrV_2 合金。

② Zr-Cr 基合金体系。$ZrCr_2$ 合金的储氢量较大，可以形成 $ZrCr_2H_{4.1}$ 氢化物，氢存在于合金的晶格间隙位置，氢化物有 C14 和 C15 两种类型的结构。$ZrCr_2$ 具有较好的循环性能，活化性能较差，氢化物比较稳定，因此在电化学方面的应用受到了限制。通常通过其他金属元素掺杂来提高其储氢性能，尤其是通过 Ni 对 Cr 的部分替代形成 Zr-Cr-Ni 合金，大大提高了 $ZrCr_2$ 的电化学性能，且保持了较高的储氢量。对 Zr-Cr-Ni 合金体系进行成分优化研究表明，对于 $Zr(Cr_{1-x}Ni_x)_2$（$x=0.2$～0.6）体系，$x=0.65$ 时合金具有最高的放电容量。通过在 Zr-Cr-Ni 合金中添加微量 La 和 Nd 等稀土元素，则可以大大改善合金的活化性能，而添加金属 Ti 则可以提高合金的最大放电容量和循环稳定性。

③ Zr-Mn 基合金体系。$ZrMn_2$ 合金也具有较高的储氢量，吸氢形成 $ZrMn_2H_{3.9}$ 的氢化物。与 ZrV_2、$ZrCr_2$ 合金相比，$ZrMn_2$ 合金具有放电容量高、活化性能好的优点，但循环性能一般。研究表明，合金中 Mn 的含量越高，对合金的活化性能、电容量和高倍率放电能力越有利，但电极的循环稳定性却会降低。因此为了改善 $ZrMn_2$ 合金的储氢性能，掺入替代一系列金属元素，通过调整合金中的金属元素配比改善合金的综合性能。经过研究优选，成分为 $ZrMn_{0.3}Cr_{0.2}V_{0.3}Ni_{1.2}$ 主相具有 C15 结构的合金，实际放电容量达 360mAh/g，已用于松下电器公司的 C_s 型 Ni-MH 电池。

Zr-Mn 基合金储氢材料由于其具有比 $LaNi_5$ 等稀土类合金更大的储氢量，且电化学容量高和循环寿命长等特点而备受关注，一些公司已经将其研发制作出各种类型的 Ni-MH 电池，并建立了大规模电池生产线。但是 Zr-Mn 基储氢材料由于氢化物比较稳定，活化较困难、高速放电能力较差，且成本较高等因素，制约了其市场应用。近年来，研究工作者通过碱处理憎水处理、氟处理、还原剂 KBH_4 碱处理以及热充电处理等表面处理方法来提高合金的活化性能，通过多元合金化、制备工艺、复合化等方法提高 Zr-Mn 基储氢材料的综合性能。

(4) $LaNi_5$ 基 AB_5 型储氢材料

$LaNi_5$-AB_5 型稀土类合金是目前研究最广泛、最深，已经应用最多的储氢合金。它是1969年荷兰飞利浦实验室在研究永磁材料 $SmCo_5$ 时首先发现并研究的。$LaNi_5$ 一般形成的稳定氢化物为 $LaNi_5H_6$。其吸氢量为1.38%（质量分数），此合金在室温下可以很容易吸放氢，而且其吸放氢平衡压差小，初期活化容易，抗毒化性能好。它主要作为镍氢电池材料使用，由于其稀土价格昂贵，吸放容量低以及吸氢后形成氢化物时体积膨胀23.5%而出现严重粉化现象等特点限制了其更加广泛的应用。

5.3.4 配位氢化物储氢材料

配位氢化物是指由金属阳离子（如 Li^+、Na^+、Mg^{2+} 等）和含配位阴离子（如 AlH_4^-、NH_2^-、BH_4^- 等，见图5-11）构成的结构复杂的氢化物。根据配位离子的不同，配位氢化物可分为不同的种类。配位氢化物（$NaAlH_4$ 等）、金属氮化物（$LiNH_2$ 等）和金属硼化物（$LiBH_4$ 等）等，因其储氢度高受到了更多的关注。这几类化合物的放氢过程伴随着吸热反应，理论上可通过调节温度和氢气压力实现可逆储氢。比如 $LiBH_4$，储氢密度达到18.36%（质量分数）和122.5kg/m^3，加热至熔点（268℃）之上，逐渐分解放出氢气；可逆吸氢反应在600℃及35MPa氢压下进行。

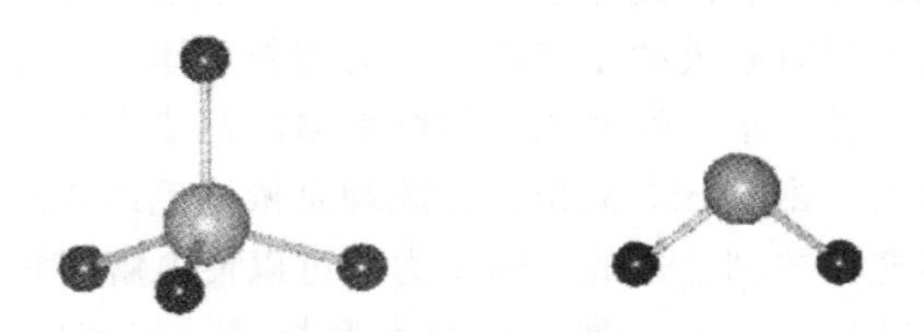

(a) AlH_4^-, BH_4^-(中心原子代表Al或B)　(b) NH_2^-(中心原子代表N)

图5-11 配位阴离子 AlH_4^-、BH_4^- 和 NH_2^- 的晶体结构模型
氢原子位于中心原子周围

5.4 氢能的应用

5.4.1 燃料电池

(1) 燃料电池概述

燃料电池是通过燃料与氧化剂的电化学反应，将燃料储藏的化学能转化为电能的装置。相比于燃料直接燃烧释放的热能，电能转化不受卡诺循环的限制，转化效率更高，同时应用更为方便，对环境更为友好，因此通过燃料电池能实现对能源更为有效的利用。燃料电池是氢能利用的最重要的形式，通过燃料电池这种先进的能量转化方式，氢能源能真正成为人类

社会高效清洁的能源动力。

相对于其他能源提供形式，燃料电池体现出了诸多优点，如高效率、安全可靠、低排放，在当前全球面临能源、环境、气候等诸多挑战的大背景下，燃料电池的应用范围迅速扩大，成为未来清洁高效能源的有力竞争者，体现了巨大的发展潜力，燃料电池的研究也成为能源领域研究的热点。燃料电池的优势主要体现在：

a. 高效率。燃料电池的电转换效率为 40%～60%，大大高于普通热机转化效率，如果将运行过程中产生的热量加以合理利用，其总效率更是可以达到 90%以上，这无疑是一个十分吸引人的数字。

b. 安全可靠。相比其他发电形式，燃料电池的转动部件很少，因此工作时非常安全，同时运行噪声较小，可以在用户附近装备，从而大大减小在电能输送过程中的损耗，适用于公共场所、居民家庭以及偏远地区的供电。

c. 清洁。由于所用的燃料都经过了脱硫脱氮处理，并且转化效率较高，燃料电池排放的粉尘颗粒、硫和氮的氧化物、二氧化碳以及废水、废渣等有害物质大大低于传统的火力发电或是热机燃烧。这种良好的环境效应使燃料电池符合未来能源的需要，具有长久的发展潜力。

(2) 燃料电池的基本构造

① 电极。与通常的化学电池等不同，燃料电池的电极材料在电极反应中并不参与电化学反应。燃料电池的燃料多为气体，电极的作用是收集在电化学反应中生成的电荷，并且在一些情况下作为催化剂的载体。因此除了具有良好的导电性，在电解质环境中有较高的稳定性等的要求之外，还需要具有较大的比表面积，为燃料气体、电解质和电极三相反应提供充分接触的空间。为适应这种要求，燃料电池的电极多制备成多孔气体扩散电极。一类重要的气体扩散电极是双孔电极，由 Bacon 提出，其原理是依据毛细作用，直径较小的孔更容易被具有浸润性的电解液填充。控制合适的气体压力，可以使电解液填充小孔，反应气体填充大孔，并且使反应界面保持稳定。一类是利用憎水型物质［如聚四氟乙烯（PTFE)］与亲水性的导电材料和电催化剂复合，从而使电极同时包含亲水区域和憎水区域，两者分别被电解液和气体占据，从而保证足够大的三相界面，同时 PTFE 还有一定的粘接性能。还有一类电极称为薄层亲水电极，是在质子交换膜燃料电池开发过程中由 Willson 等人设计制造的，其中可以没有由憎水剂构成的气相扩散传质通道，而依靠反应气在电解质中溶解扩散传质到达电极。这种电极称为亲水电极，其催化层很薄，一般为几微米。

② 催化剂。电催化剂的作用是使电极与电解质界面上的电荷转移反应得以加速。通过电化学反应降低反应活化能，可以有效地提高交换电流密度。电催化不同于普通多相催化的一个主要特点是：电催化的反应速度不仅仅由电催化剂的活性决定，而且还与双电层内电场及电解质溶液的性质有关。由于双电层内的电场强度很高，对参加电化学反应的分子或离子具有明显的活化作用，使反应所需的活化能大幅度下降。所以大部分电催化反应均可在远比通常的化学反应低得多的温度下进行。例如在铂黑电催化剂上，丙烷可在 150～200℃完全化为二氧化碳和水。用作燃料电池的电催化剂的材料除了有高的催化活性之外，还需要在电池运行条件下（如浓酸、浓碱、高温）有较高的稳定性，如果催化剂本身导电性较差，则需要搭载在导电性较好的基质上。当前最为有效也是使用最为广泛的电催化剂为贵金属催化剂，Pt 是首选的催化剂，此外 Ru、Pd 以及 Ag、Au 等贵金属有较好的化学性能。这些贵金属不仅化学性能好，且性能稳定，缺点是费用较高。因此一方面通过催化剂颗粒细化，扩大电极表面积等方式以较少的催化剂实现同样的催化性能，当前 Pt/C 催化研究的进展为可

以使 Pt 量降至 0.1mg/cm^2 以下。另一方面也积极地寻找廉价的替代催化剂，方法之一是使用贵金属与过渡金属合金催化剂，如 Pt-V、Pt-Cr、Pt-Cr-Co 等，此外 Ni 基催化剂是一种有效的廉价催化剂。

③ 电解质和隔膜。不同类型的燃料电池使用不同类型的电解质。对电解质的要求是具有良好的导电性，在电池运行条件下具有较好的稳定性，反应气体在其中具有较好的溶解性和较快的氧化还原速率，在电催化剂上吸附力合适以避免覆盖活性中心等。出于设计的考虑，在燃料电池中电解质本身不具有流动性，使用液体电解质时通常使用多孔基质固定电解质：在碱性燃料电池（AFC）中，KOH 溶液吸附在石棉基质中；磷酸燃料电池（PAFC）中的磷酸由 SiC 陶瓷固定；在熔融碳酸盐燃料电池（MCFC）中的熔融碳酸盐固定在 $LiAlO_2$ 陶瓷中。另外一种是近年取得较大进展的钙钛矿型固体氧化物电解质。

④ 双极板。双极板是将单个燃料电池串联组成燃料电池组时分隔两个相邻电池单元正负极的部分，起到集流、向电极提供气体反应物、阻隔相邻电极间反应物渗漏以及支撑加固燃料电池的作用。在酸性燃料电池中通常用石墨作为双极板材料，碱性电池中常以镍板作为双极板材料。采用薄金属板作为双极板，不仅易于加工，同时有利于电池的小型化。然而在 PAFC 等强酸型的燃料电池中，金属需经过表面抗腐蚀处理，常规的方法是镀金、银等性质稳定的贵金属。在燃料电池的制作成本中，双极板占相当大的比例。目前人们正在致力于开发廉价有效的表面处理技术。

(3) 燃料电池系统

燃料电池的核心部件是电极和电解质，然而为了使燃料电池真正实现应用，还需要许多辅助性的设施，构成燃料电池系统。燃料电池系统包括由单个电池构成的电池堆（图 5-12），以及实现燃料重整、空气（氧气）供给、热量和水管理，以及输出电能的调控等功能的辅助设施。这些辅助设施的设计取决于燃料电池类型、应用场合以及燃料的选择，对实现燃料电池的应用有重要作用。

图 5-12　燃料电池堆的外观图

将单电池整合成电池堆时通常有单极和双极两种形式，如图 5-13、图 5-14 所示。在单极的连接方式中，每一路气体由两个单电池公用，单电池通过边缘串联形成电池堆。这种连接方式的好处是各单电池相对独立，可根据电压要求决定是否接入，而且当某一单电池失效时，整个系统所受影响也较小；不足之处在于电流在电池组内部的路径很长，因此电极需要有很好的导电性以降低因内阻造成的电压损失，此外由于每个单电池的不均匀性，在大电流密度情况下会产生电流密度分布不均。双极的连接方式将每个单电池的电极通过双极板面对面地连接，可以有效地降低内阻，因此即使对于导电性相对较差的碳电极和氧化物电极，由内阻造成的损失也较小；但问题是其中任一单电池的损坏都将使整个电池堆停止工作。当前大多数燃料电池堆采用双极连接方式，主要原因是这种连接方式对电极的面积没有限制，可以使用 $400cm^2$ 以上的电极面积而不会产生很大的内阻损耗。在电池堆中通过分支管实现燃料气、氧气的供给以及产物气体的引出，可分为外部和内部构型的分支管两种方式。在外部构型的分支管系统中，气流方向与单电池平面平行；在内部构型的分支管系统中，气流方向与单电池平面垂直，通过双极板或膜上的孔和沟槽实现气体供给和收集。

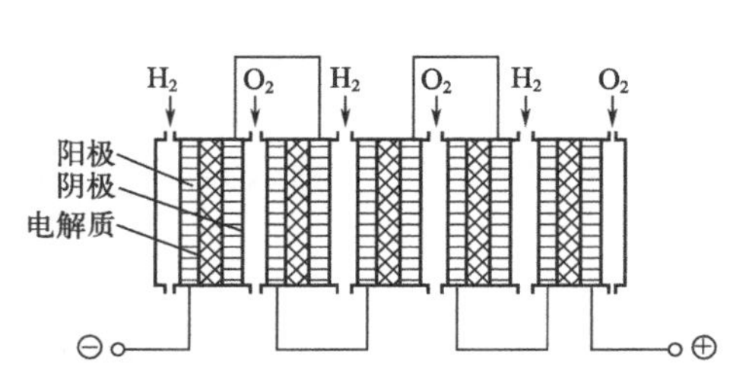

图 5-13 电池堆的单极连接方式示意图

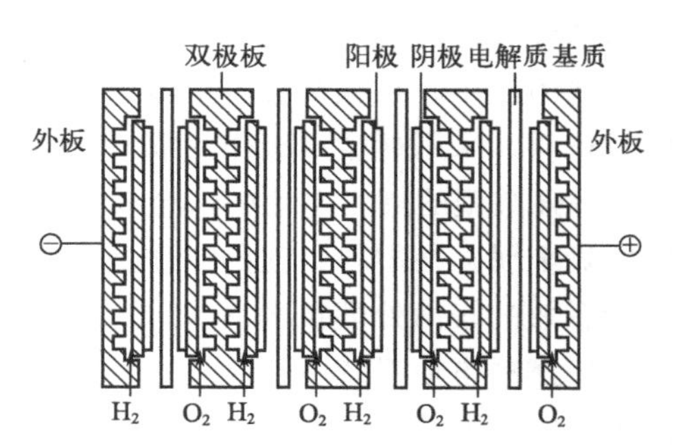

图 5-14 电池堆的双极连接方式示意图

(4) 工作原理

氢燃料电池发电过程表现为：电子从阳极到阴极，在外电路的连接下形成电流，输出电能。

① 碱性燃料电池的工作原理。碱性燃料电池是最早进入实用阶段的燃料电池之一，也是最早用于车辆的燃料电池。其工作原理是：把氢气和氧气分别供给阳极和阴极，氢气在阳极的催化剂作用下电解为氢离子并放出电子，氢离子经电解质层发生扩散和传递到达阴极，电子从阳极经外回路达到阴极，氢离子和氧气在阴极得到电子并发生反应而生成水，电子从阳极到阴极形成外电路发电。其中电解质层采用的为浸泡氢氧化钾的石棉膜。

直接氢燃料电池电化学反应具体过程包括以下步骤：

a. 氢气通过管道或导气板到达阳极。

b. 在阳极催化剂的作用下，一个氢分子电解为两个氢离子，并释放出两个电子，阳极反应式如下：

$$H_2 \longrightarrow 2H^+ + 2e^- \tag{5-19}$$

氢离子穿过电解质到达阴极，电子通过外电路也到达阴极。

c. 在电池的另一端，氧气（或空气）通过管道或导气板到达阴极。

d. 在阴极催化剂的作用下，氧气和氢离子与从阳极经外电路传导过来的电子发生反应，生成水，阴极反应如下：

$$\frac{1}{2}O_2 + 2H^+ + 2e^- \longrightarrow H_2O \tag{5-20}$$

总的化学反应为

$$H_2+\frac{1}{2}O_2 \longrightarrow H_2O \tag{5-21}$$

碱性燃料电池是第一个得到实际应用的燃料电池，首先由科学家 Francis Thomas Bacon 研制成功，并在军事和航天领域得到了应用，包括海军潜艇、Apollo 登月飞船（图 5-15）以及 Gemini 航天飞机等，并表现出了非常稳定的性能。

图 5-15 Apollo 登月飞船

AFC 的结构和工作原理如图 5-16 所示。电极反应和相应的电极电势分别如下。

阳极反应： $H_2+2OH^- \longrightarrow 2H_2O+2e^-$ $-0.828V$

阴极反应： $\frac{1}{2}O_2+H_2O+2e^- \longrightarrow 2OH^-$ $0.401V$

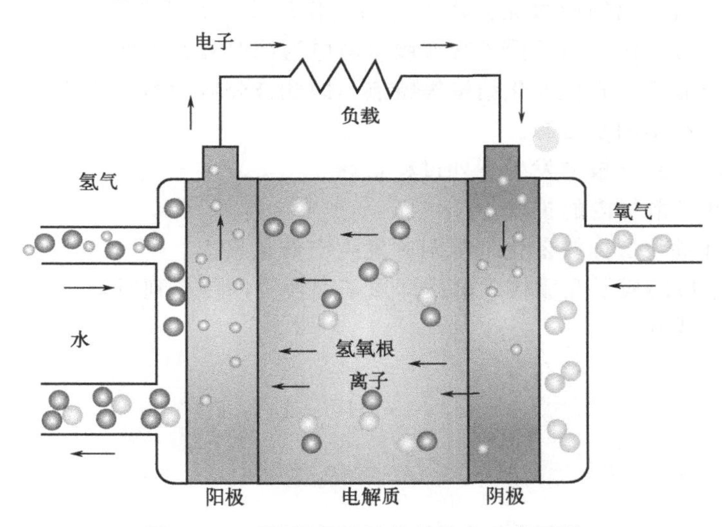

图 5-16 碱性燃料电池的结构和工作原理

电池以强碱溶液（通常为 KOH）作为电解质，利用 OH^- 作为电池内部的载流子。由于极化作用，一个单电池的工作电压仅为 0.6～1.0V。为满足用户的需要，需将多节单电池组合起来，构成一个电池组。

② 磷酸燃料电池的工作原理。图 5-17 所示为磷酸燃料电池的工作原理示意图。采用氢气和氧气分别作为阳极和阴极的原料，在阳极和阴极发生的反应同碱性燃料电池。

阳极反应：
$$H_2 \longrightarrow 2H^+ +2e^- \tag{5-22}$$

阴极反应：
$$\frac{1}{2}O_2+2H^+ +2e^- \longrightarrow H_2O \tag{5-23}$$

总反应：
$$H_2+\frac{1}{2}O_2 \longrightarrow H_2O \tag{5-24}$$

磷酸燃料电池发电原理和碱性燃料电池一样。其与碱性燃料电池不同的是，磷酸燃料电池中的电解质层采用碳化硅多孔隔膜，并饱浸磷酸水溶液。

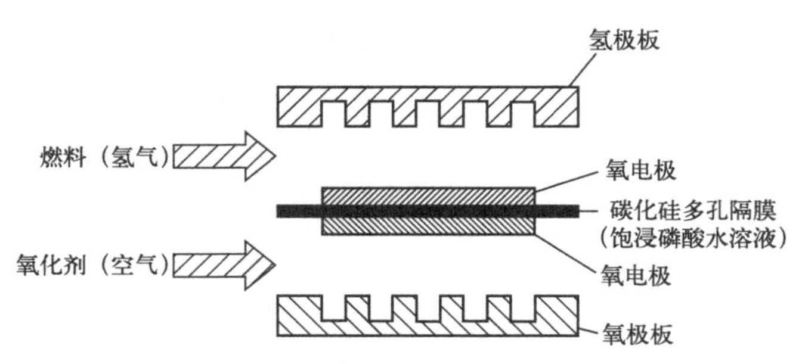

图 5-17 磷酸燃料电池的工作原理示意图

PAFC是目前使用最多的燃料电池。它的综合热效率可达到70%～80%。采用PAFC的50～250kW的独立发电设备可用于医院、旅馆等，可作为分散的发电站。但是磷酸燃料电池的问题是酸性介质对阴极材料的极化和腐蚀。

③ 质子交换膜燃料电池的工作原理。质子交换膜燃料电池（PEMFC）的特点是：效率高、结构紧凑、重量轻、比功率大、无腐蚀性、不受二氧化碳的影响、燃料来源比较广泛等。质子交换膜燃料电池的最大优势在于它的工作温度。其最佳工作温度为80～90℃，但在室温下也可以正常工作。由于质子交换膜燃料电池同时具有无污染、高效率、适用广、低噪声、可快速补充能量、有模块化结构等特点，因此被公认为是替代传统内燃机的最理想的动力装置，可作为汽车的动力源。

当电池工作时，膜电极内发生下列过程：

a. 反应气体在扩散层内的扩散。

b. 反应气体在催化层内被催化剂吸附并发生电催化反应。

c. 阳极反应生成的质子在固体电解质即质子交换膜内传递到对侧，电子经外电路到达阴极，同氧气反应生成水。

电极反应式如下。

阳极（负极）反应：
$$H_2 \longrightarrow 2H^+ + 2e^- \tag{5-25}$$

阴极（正极）反应：
$$\frac{1}{2}O_2 + 2H^+ + 2e^- \longrightarrow H_2O \tag{5-26}$$

电池反应：
$$H_2 + \frac{1}{2}O_2 \longrightarrow H_2O \tag{5-27}$$

反应物 H_2 和 O_2 经电化学反应后产生电流；反应产物为水及少量热。

④ 熔融碳酸盐燃料电池的工作原理。熔融碳酸盐燃料电池的工作原理和结构分别如图5-18和图5-19所示。电极反应式如下。

阳极（负极）反应：
$$2H_2 + 2CO_3^{2-} \longrightarrow 2CO_2 + 2H_2O + 4e^- \tag{5-28}$$

阴极（正极）反应：
$$O_2 + 2CO_2 + 4e^- \longrightarrow 2CO_3^{2-} \tag{5-29}$$

电池反应：
$$2H_2 + O_2 + 2CO_2(\text{阴极}) \longrightarrow 2H_2O \tag{5-30}$$

不同于前面介绍的燃料电池，熔融碳酸盐燃料电池的导电离子是碳酸根离子 CO_3^{2-}，在阳极和阴极之间的隔膜层主要由碳酸锂和氧化铝组成。隔膜层提供在高温下可以传导的碳酸根离子。熔融碳酸盐燃料电池以碳酸盐为电解质，在阴极，氧气和二氧化碳一起在催化剂的作用下被氧化成碳酸根离子，在电解液中迁移到阳极，与氢气作用生成二氧化碳和水。燃料本身的能量转换效率高，余热利用率也高，主要用作电厂发电。MCFC燃料电池可用煤、天然气作燃料，是未来绿色大型发电厂的首选模式。

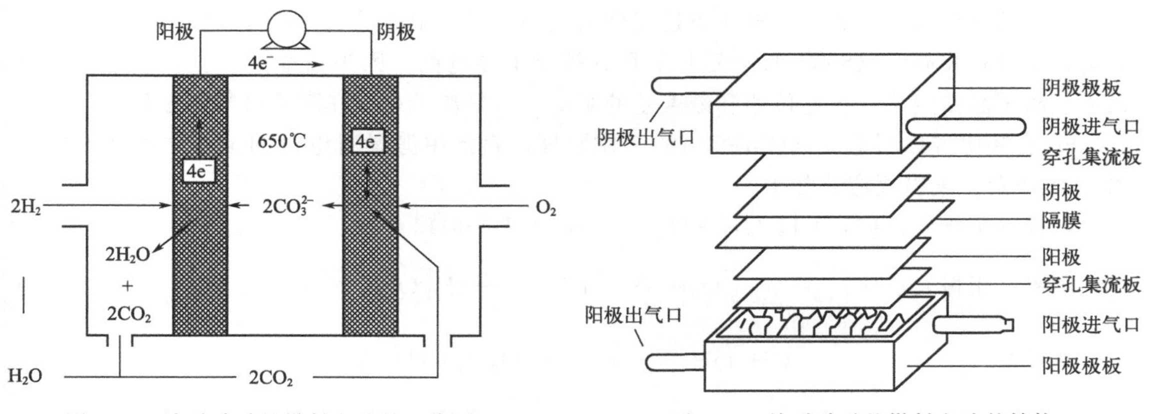

图 5-18　熔融碳酸盐燃料电池的工作原理　　　图 5-19　熔融碳酸盐燃料电池的结构

熔融碳酸盐燃料电池是 20 世纪 50 年代后期发展起来的一种中高温燃料电池，工作温度在 600～650℃。它具有明显的优势：

a. 可以使用化石燃料，燃料重整温度较高，可以与温度较高的电池实现热量耦合，甚至可以直接在电池内部进行燃料的重整，使系统得到简化。

b. 温度较高的电池产生的废热具有更高的利用价值，可以实现热电联供。

c. 在低温下 CO 容易造成催化剂中毒，而在高温下 CO 却是一种燃料。

d. 在较高温度下，氢气的氧化反应和氧气的还原反应活性足够高，不需要使用贵金属作为电催化剂。

e. 电池反应中不需要水作为介质，能避免低温电池复杂的水管理系统。

⑤ 固体氧化物燃料电池的工作原理。固体氧化物燃料电池的工作原理和结构如图 5-20 所示。电极反应式如下。

阳极（负极）反应：　$2H_{2a}+2O_e^{2-} \longrightarrow 2H_2O_a+4e^-$　(5-31)

阴极（正极）反应：　$O_{2c}+4e^- \longrightarrow 2O_e^{2-}$　(5-32)

总反应：　$2H_{2a}+O_{2c} \longrightarrow 2H_2O_a$　(5-33)

反应式中，下标 a 表示在阳极中的状态；下标 c 表示在阴极中的状态；下标 e 表示在电解液中的状态。

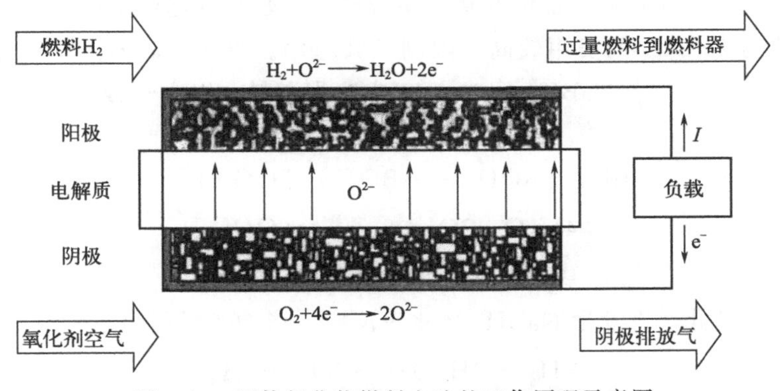

图 5-20　固体氧化物燃料电池的工作原理示意图

固体氧化物燃料电池也是一种全固体燃料电池。固体氧化物燃料电池的工作原理是：氧气在阴极被还原成氧离子，在电解质中通过氧离子空穴导电从阴极传导到阳极，氢气在阳极被氧化，结合氧离子生成水。电解质是复合氧化物，最常用的是氧化钙掺杂的氧化锗，这样的电解质材料在高温（800～1000℃）下具有氧离子导电性，因为在掺杂的复合氧化物中形成了氧离子晶格空位，在电位差和浓度差的驱动下，氧离子可以在陶瓷材料中迁移。

⑥ 直接甲醇燃料电池（DMFC）的工作原理。直接甲醇燃料电池的工作原理和结构如图 5-21 所示。电极反应式如下。

阳极（负极）反应：$CH_3OH+H_2O \longrightarrow CO_2\uparrow+6H^++6e^-$ (5-34)

阴极（正极）反应：$\frac{3}{2}O_2+6H^++6e^- \longrightarrow 3H_2O$ (5-35)

总反应：$CH_3OH+\frac{3}{2}O_2 \longrightarrow CO_2\uparrow+2H_2O$

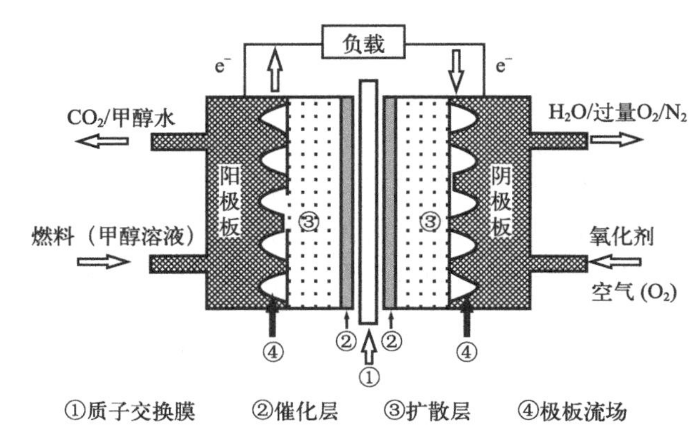

图 5-21 直接甲醇燃料电池的工作原理示意图

直接甲醇燃料电池采用质子交换膜传递氢离子。但由于原料使用甲醇与水的反应，导致催化过程可能产生众多稳定和不稳定的中间物，成为研究的热点。

燃料电池是氢能利用的最安全、高效、理想的使用方式，它是电解水制氢的逆反应。相较于燃料直接燃烧释放的热能，电能转化不受卡诺循环的限制，转化效率更高，同时应用更加方便，对环境更为友好，因此，通过燃料电池能实现对能源更为有效的利用。

⑦ 硼氢化钠燃料电池。硼氢化钠（$NaBH_4$）是一种研究较多的非碳燃料，其能量密度高，氧化时没有温室气体排放，能够在接近室温时产生较高的电流密度；然而其问题是将氧化产物硼酸转化为 $NaBH_4$ 的费用较高，限制了其应用。直接 $NaBH_4$ 燃料电池是一种碱性燃料电池，以含 10%～20%$NaBH_4$ 的 NaOH 溶液为燃料，以空气或 H_2O 为氧化剂，电极反应如下。

阳极反应：$BH_4^-+8OH^- \longrightarrow BO_2^-+6H_2O+8e^-$ (5-36)

阴极反应：$4H_2O+2O_2+8e^- \longrightarrow 8OH^-$

总反应：$BH_4^-+2O_2 \longrightarrow BO_2^-+2H_2O$

随着溶液 pH 降低，将发生 $NaBH_4$ 的水解反应，影响燃料利用率。

$$BH_4^-+2H_2O \longrightarrow BO_2^-+4H_2 \quad (5\text{-}37)$$

⑧ 微生物燃料电池。当前绝大多数的燃料电池都是基于化学物质（主要是无机材料）构筑的，其中贵金属催化剂是造成燃料电池高成本的重要因素。自然存在的微生物和酶往往体现出远高于简单化学物质的催化活性，将生物催化应用于燃料电池无疑是一个极具吸引力

的课题。利用微生物作为燃料氧化催化剂的燃料电池称为微生物燃料电池（microbial fuel cell，MFC）。

MFC 的工作原理如图 5-22 所示，具有催化活性的微生物附着于阳极上，MFC 的燃料可以是传统的醇类或糖类燃料，也可以是含有机物的废水，阳极池的微生物通常为厌氧型，能够催化分解阳极池中的有机物产生电荷。在图 5-22 中阴极浸没在溶液中，阴极池中的微生物则是好氧型的，能够促进氧化还原反应。

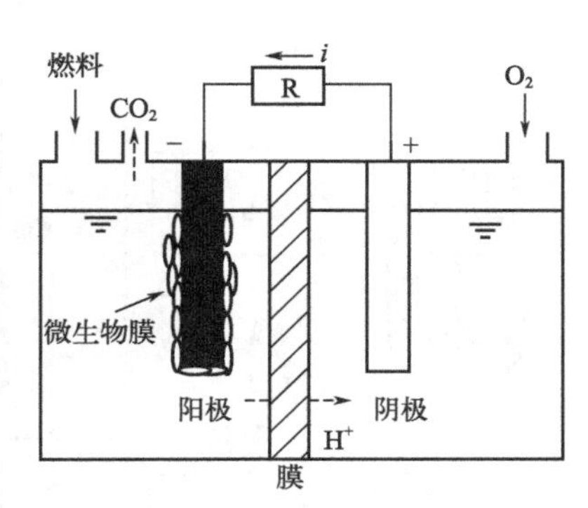

图 5-22　微生物燃料电池结构示意图

MFC 的阳极通常为具有较高比表面积和较好导电性的炭纸，微生物通过电子传递介质或直接附着于阳极。阴极可以直接浸没于好氧微生物溶液中，但此时起氧化作用的是溶解氧；此外也可以像 PEMFC 中一样将阴极与膜压在一起作为呼吸式阴极（airbreathing cathode），采用传统的 Pt-C 催化剂，直接以空气作为氧化剂。阴阳两极之间的隔膜并非是必需的，相反膜的引入会增加内阻，但隔膜的存在能够使两个电极之间的距离更近，避免短路以及阳极产生的少量 H_2 的扩散。当前在多数 MFC 设计中仍然保留了隔膜，但并非是 PEMFC 中的质子交换膜 MFC。微生物燃料电池是极具吸引力的一种燃料电池类型，可以全部采用微生物催化剂而不需要贵金属，同时能利用廉价的燃料（例如富营养的工业和生活污水）作为原料，是一种将污水变废为宝的手段。当前 MFC 的功率密度已能达到 0.1～1mW/cm^2，正处于从实验室走向商业化的阶段。MFC 的长时间运行效果还有待于考察，包括微生物寿命、代谢产物以及分解产物产生的淤泥等因素对电池性能的影响。

5.4.2　氢冶金

氢冶金因其巨大的减排潜力，已成为龙头钢企志在必得的制高点，国内外多家钢铁公司正在大力布局氢能冶金、绿氢制备和氢能供应等项目。从碳冶金到氢冶金，钢铁工业有望摘掉高碳排放、高污染、高能耗的帽子。图 5-23 为氢冶金工艺与其他技术联动生产线。

氢冶金即用氢气取代碳作为还原剂和能量源炼铁，还原产物为水，可实现零碳排放（基本反应式为 $Fe_2O_3+3H_2 \xlongequal{} 2Fe+3H_2O$，还原剂为氢气，产物为铁和水）。

目前主流的氢冶金技术路线为高炉富氢还原冶炼与气基直接还原竖炉炼铁两种。

（1）高炉富氢还原

高炉富氢还原即通过喷吹天然气、焦炉煤气等富氢气体参与炼铁过程，参见图 5-24。相关实验表明，高炉富氢还原炼铁在一定程度上能够通过加快炉料还原，减少碳排放，但由于该工艺是基于传统的高炉，焦炭的骨架作用无法被完全替代，氢气喷吹量存在极限值，一般认为高炉富氢还原的碳减排幅度可达 10%～20%，效果不够显著。

（2）气基直接还原竖炉

通过使用氢气与一氧化碳混合气体作为还原剂，将铁矿石转化为直接还原铁，再将其投入电炉进行进一步冶炼。氢气作为还原剂的加入使碳排放得到了有效控制。这种方式更适合用于氢冶金。高炉富氢减碳幅度为 10%～20%，效果有限；气基直接还原竖炉工艺是直接还原技术，不需要炼焦、烧结、炼铁等环节，能够从源头控制碳排放，相较于高炉富氢还原，减碳幅度可达 50%以上，减排潜力较大，是迅速扩大直接还原铁生产的有效途径。但

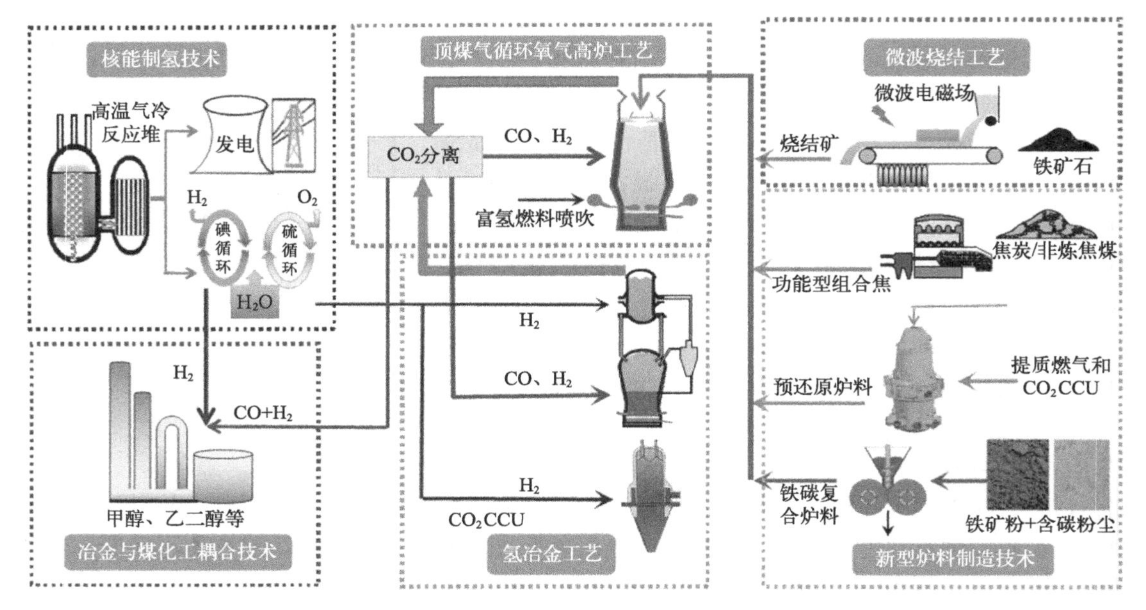

图 5-23 氢冶金与其他技术联动生产线

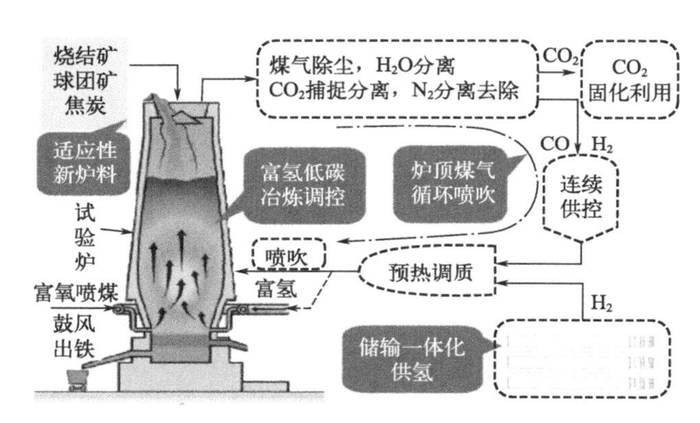

图 5-24 氢冶金示意图

气基竖炉存在吸热效应强、入炉氢气量增大、生产成本升高、H_2 还原速率下降、产品活性高和难以钝化运输等诸多问题。无论是高炉炼铁还是气基竖炉直接还原铁，采用氢冶金方式均具备明显的减碳作用。

习题

1. 氢气的制备方法有哪些？

2. 写出各种化石燃料制氢化学式。

3. 电解水制氢已实现工业化，电解槽是电解水制氢设备的核心部分，目前常用的电解槽有哪些？

4. 什么是氢能源的可再生制备方法？
5. 生物质发酵制备氢气的原料有哪些？过程是怎样的？
6. 氢能源的储存技术有哪几种？
7. 储氢技术中化学吸附和物理吸附有何不同？
8. 目前常用的储氢材料有哪些？它们的储氢性能如何？
9. 碳基多孔储氢材料有哪些？各有什么优点？
10. 金属有机骨架材料是一种新型的储氢材料，它是如何储氢的？
11. 氢燃料电池的结构有哪几部分？
12. 请展开叙述氢燃料电池的优点。
13. 氢燃料电池有哪些类型？
14. 简述碱性燃料电池、微生物燃料电池工作原理。
15. 目前主流的氢冶金有哪两种技术路线？

扫码获取答案

第6章

其他能源转换与存储技术

6.1 生物质能转换技术

6.1.1 概述

生物质能是蕴藏在生物质中的能量，是绿色植物通过叶绿素将太阳能转化为化学能而储存在生物质内部的能量，即以生物质为载体的能量。生物质能是可再生能源，通常包括农业废弃物、林业废弃物、水生植物、油料植物、城市和工业有机废弃物以及动物粪便。在全球能耗中，生物质能约占14%。目前全世界约25亿人的生活能源90%以上是生物质能，且主要利用方式为直接燃烧。生活用能的生物质直接燃烧热效率仅为10%～30%，且污染排放严重。因此，开发高效、环境友好、低成本的生物质能源技术并研究相关的理论成为全球关注的热点，也是亟待解决的国际性难题。

目前，全球能源危机和环境污染两大问题日趋严重。在迫切需要解决这两大问题的压力下，越来越多的国家将发展高效生物质能作为部分替代化石能源、保障能源安全的重要战略措施，并积极推进生物质能的开发利用。生物质能在许多国家能源供应链的作用正在不断增强。“十一五”时期，我国生物质能产业快速发展，开发利用规模不断扩大，部分领域已初具产业化规模，在替代化石能源、促进环境保护、带动农民增收等方面发挥了积极作用。“十二五”时期是转变能源发展方式、加快能源结构调整的重要阶段，是完成2020年非化石能源发展目标、促进节能减排的关键时期，生物质能面临重要的发展机遇。因此，国家能源局制定了《生物质能发展“十二五”规划》，对生物质能的研究重点和发展规划进行了更为明晰的诠释，生物质能技术与产业模式有望更加清晰。

生物质能具有挥发性和碳活性高，N、S含量低，灰分燃烧过程二氧化碳零排放的特点。目前，全球每年形成的生物质达 1800 亿吨，相当于 3×10^{22}J 的能量，为全球实际能源消费的 10 倍。在理想状态下，地球上的生物质资源潜力可达到实际能源消费的 180～200 倍。我国每年的生物质资源达 6 亿吨标准煤以上，可开发为能源的生物质资源达 3 亿多吨标准煤。随着人类大量使用矿物燃料带来的环境问题日益严重，各国政府开始关心重视生物质能源的开发利用。虽然各国的自然条件和技术水平差别很大，对生物质能今后的利用情况千差万别，但总的来说，生物质能今后将在整个一次能源消费体系中占据稳定的比例和重要的地位。作为新世纪的可替代能源之一，生物质能利用占到全世界总能耗的 15%，相当于 12.57 亿吨石油。在发展中国家生物质能占总能耗的 35%，相当于 11.88 亿吨石油，数量相当巨大，是 21 世纪能源供应中最具潜力的能源。

按照其能源转化方式以及最终产品的不同，生物质能源技术可以分为生物燃气生产技术、液体燃料生产技术、固体燃料生产技术，分别对应着以代替电力与天然气、石油以及燃煤为目标。根据其转化方式的不同（图 6-1），又可分为沼气技术、燃料乙醇技术（非粮纤维素）、微藻产油技术、微生物燃料电池技术、生物柴油技术、气化发电技术、热解制生物油技术、合成液体燃料技术、水相催化制取烷烃技术以及生物质成型技术等。

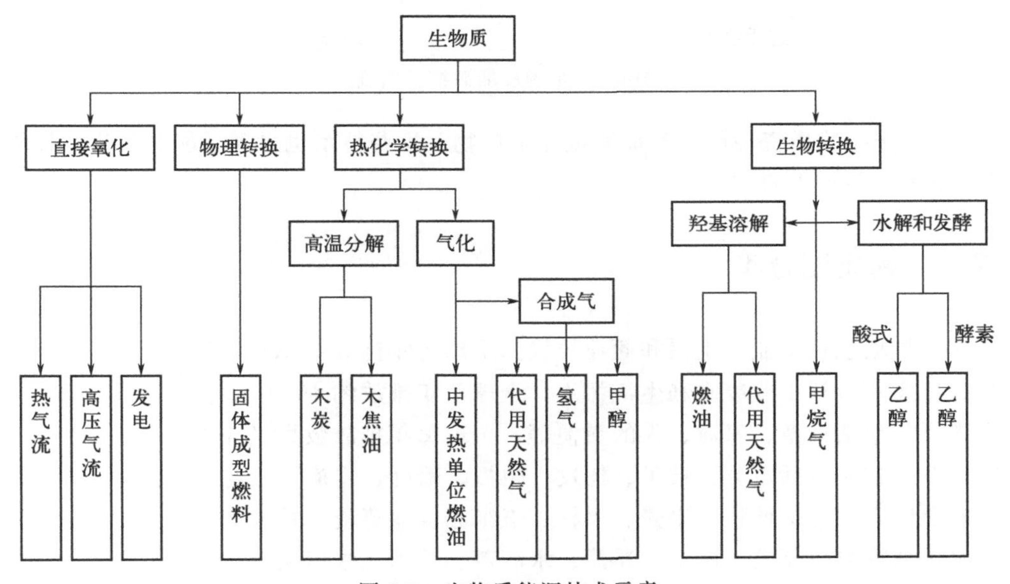

图 6-1　生物质能源技术示意

生物质能高效转换技术不仅能够大大加快村镇居民实现能源现代化进程，满足农民富裕后对优质能源的迫切需求，同时也可在乡镇企业等生产领域中得到应用。由于我国地广人多，常规能源不可能完全满足广大村镇日益增长的需求，而且由于国际上正在制定各种有关环境问题的公约，限制 CO_2 等温室气体排放，这对我国以煤炭为主的能源结构是很不利的。因此，立足于村镇现有的生物质资源，研究新型转换技术，开发新型装备，既是村镇发展的迫切需要，又是减少排放、保护环境、实施可持续发展战略的需要。生物质能源技术路线如图 6-2 所示。

生物质能是绿色植物通过光合作用存储下来的太阳能，也是唯一以有机物形式存在的可再生能源。地球上每年通过光合作用形成的生物质能资源量巨大，而我国作为农业大国，拥有丰富的生物质资源，包括各种农作物秸秆、林业废弃物、能源植物、工业有机废弃物和生活垃圾等。现代研究人员开发了热化学转化等多种生物质转化技术，由此可将生物质能源进

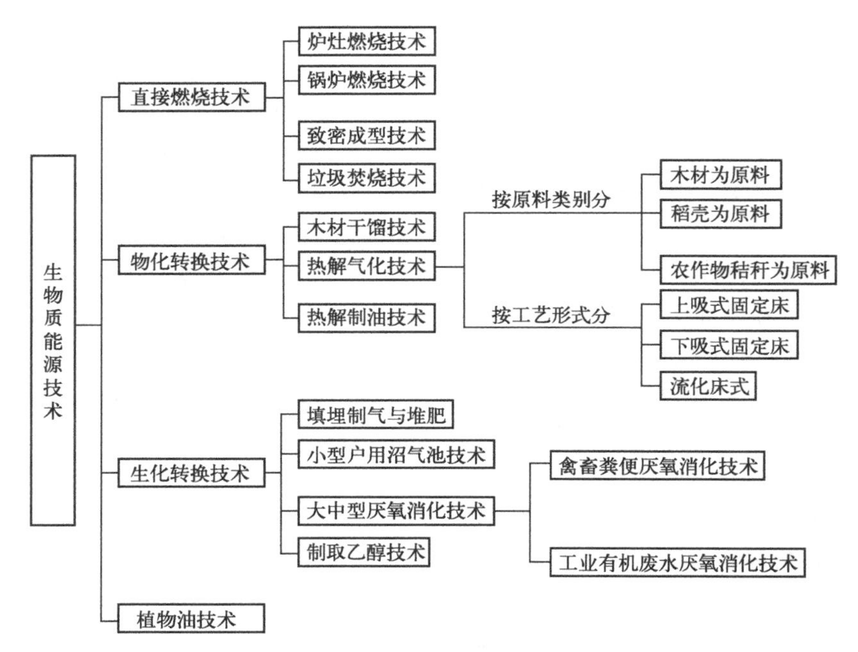

图 6-2 生物质能源技术路线

一步转化为基于生物质资源的各种能源或化工产物，这些技术也得到了能源与化工领域研究人员的广泛关注与深入研究。

6.1.2 生物质能分类

① 城市垃圾包括工业、生活和商业垃圾，全球每年排放约 100 亿吨。

② 有机废水包括工业废水和生活污水，全球每年排放约 4500 亿吨。

③ 粪便类包括牲畜、家禽、人的粪便等，全球每年排放数百亿吨以上。

④ 林业生物质包括薪柴、枝丫、树皮、树根、落叶、木屑、刨花等。

⑤ 农业废弃物包括秸秆、果壳、果核、玉米芯、甜菜渣、甘蔗渣等。

⑥ 水生植物包括藻类、海草、浮萍、水葫芦、芦苇、水培风信子等。

⑦ 能源植物包括生长迅速、轮伐期短的乔木、灌木和草本植物，如棉籽、芝麻、花生、大豆等。

依据来源的不同，可以将适合于能源利用的生物质分为五大类。

(1) 林业资源

是指森林生长和林业生产过程提供的生物质能源，包括薪炭林、在森林抚育和间伐作业中的零散木材、残留的树枝、树叶和木屑等；木材采运和加工过程中的枝丫、锯末、木屑、梢头、板皮和截头等；林业副产品的废弃物，如果壳和果核等生物质能。

(2) 农业资源

是指农业作物（包括能源作物）；农业生产过程中的废弃物，如农作物收获时残留在农田内的农作物秸秆；农业加工业的废弃物，如农业生产过程中剩余的稻壳等。能源植物泛指各种用以提供能源的植物，通常包括草本能源作物、油料作物、制取碳氢化合物植物和水生植物等几类。

(3) 生活污水和工业有机废水

生活污水主要由城镇居民生活、商业和服务业的各种排水组成，如冷却水、洗浴排水、盥洗排水、洗衣排水、厨房排水、粪便污水等。工业有机废水主要是酿酒、制糖、食品、制药、造纸及屠宰等行业生产过程中排出的废水等，其中都富含有机物。

(4) 城市固体废物

城市固体废物主要是由城镇居民生活垃圾，商业、服务业垃圾和少量建筑业垃圾等固体废物构成。其组成成分比较复杂，受当地居民的平均生活水平、能源消费结构、城镇建设、自然条件、传统习惯以及季节变化等因素影响。

(5) 畜禽粪便

它是其他形态生物质（主要是粮食、农作物秸秆和牧草等）的转化形式，包括畜禽排出的粪便、尿及其与垫草的混合物。

6.1.3 生物质能的转换技术

(1) 生物质压缩成型技术

生物质压缩成型技术是在一定温度与压力作用下，将各类原来分散的、没有一定形状的生物质废弃物压制成具有一定形状、密度较大的各种成型燃料的技术。产品生物质成型燃料具有成本低、便于储存和运输、易着火、燃烧性能好、能量密度和质量密度大、颗粒均匀、含水量稳定、热效率高等优点，与传统化石燃料相比，具有良好的政策、环保和价格优势；可作为炊事、取暖燃料，也可以作为工业锅炉和电厂燃料。对生物质资源丰富的贫油、贫煤国家来说，生物质成型燃料是一种发展前景非常可观的替代能源。生物质成型燃料产品主要分为棒状、块状和颗粒状三大类，如图 6-3 所示。

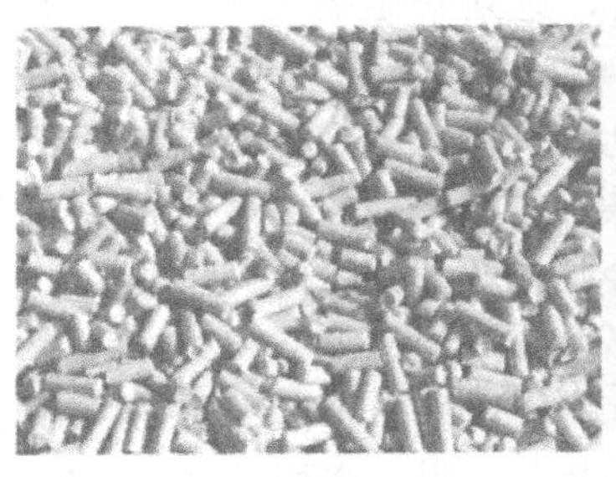

(a) 颗粒状成型燃料

(b) 块状成型燃料

(c) 棒状成型燃料

图 6-3　生物质成型燃料产品

我国从 20 世纪 80 年代起开始致力于生物质压缩成型技术的研究，引进成套设备，并以螺杆挤压机为主。“七五”计划开始，国内的一些科研院所和企业开始对生物质致密成型机及生物质成型理论进行研究。但由于设备螺杆磨损快和产品没有市场，其发展缓慢。1990 年前后，一些单位先后研制和生产了几种不同规格的生物质成型机和炭化机组，这些设备包括机械冲压式成型机、液压驱动活塞式成型机、电加热螺杆成型机等。但这些设备存在着一些诸如成型筒及螺杆磨损严重、寿命较短、电耗大等缺点。进入 21 世纪，化石能源价格连续攀升，环境污染日益加剧，国家开始重视开发各种可再生清洁能源，生物质成型燃料也进入了良好的发展阶段，颗粒状、小方块状成型燃料引起高度关注。目前，包括国内很多企业和高等院校、科研院所成功开发出挤压式、液压冲击式、螺杆式成型燃料生产设备，并在生物质发电、气化、取暖炉、锅炉、机制木炭生产等方面广泛使用。

(2) 生物质直接燃烧技术

生物质在燃烧过程中可燃组分和氧气在一定的温度下进行化学反应，将化学能转变为热能，使燃烧产物的温度升高。该过程质量和能量的平衡可根据化学方程式进行计算，这样可以很好地对反应前后的状态进行描述，而不必考虑复杂的化学反应过程。热能利用效率和能量品位的提高是生物质燃烧研究中主要关注的对象。

下面介绍生物质燃烧基本过程。生物质水分含量大，氢含量多，含碳量比化石燃料少，碳与氢结合成的小分子量化合物，在燃烧过程中更容易挥发，因而着火点低。燃烧的初期，需要足够的空气以满足挥发分的燃烧，否则挥发分易裂解，产生炭黑而造成不完全燃烧。生物质燃烧过程可分为干燥阶段、挥发分析出阶段、挥发分燃烧阶段、固定碳的燃烧和燃尽阶段。

生物质干燥阶段：生物质在被加热后，温度不断升高，当温度达到 100℃时，其表面的外在水分和内含的内在水分开始受热蒸发，随着温度升高，生物质被干燥。由于其中的水分含量较高，干燥需要消耗的热量多，需要的时间也延长，会推迟挥发分的析出和着火燃烧。

生物质挥发分析出阶段：当温度持续升高，达到一定温度时，生物质中挥发分开始析出。

生物质挥发分燃烧阶段：随着温度升高，达到一定温度后析出的挥发分开始着火，此时温度称为着火温度。由于挥发分的组成成分复杂，其燃烧反应也很复杂。挥发分中的可燃气燃烧后，开始释放出热量，温度进一步升高，会加快挥发分的析出并燃烧，挥发分燃烧释放出生物质 70%以上的热量。

生物质固定碳的燃烧和燃尽阶段：一方面，由于挥发分析出和燃烧，消耗气体中大量氧气，从而使氧气扩散的能力降低，限制固定碳的燃烧；另一方面，挥发分燃烧会提高固定碳表面温度，气流通过对流、传导和辐射加热固定碳。当达到固定碳的着火温度时，固定碳开始燃烧。固定碳燃烧的后段称为燃尽阶段。该阶段灰分不断产生，将未燃尽的炭粒包裹，阻止氧气扩散，影响炭粒的进一步燃烧，且灰分与炭粒升温需要消耗一定的热量。由于生物质碳含量较低，因此固定碳燃尽时间将缩短，最终燃尽生成灰。

(3) 生物质气化发电技术

生物质气化发电的基本原理是把生物质转化为可燃气，再利用可燃气推动燃气发电设备进行发电。气化发电过程包括三个方面。一是生物质气化，把固体生物质转化为气体燃料。二是气体净化，气化出来的燃气都含有一定的杂质，包括灰分、焦炭和焦油等，需经过净化。系统把杂质除去，以保证燃气发电设备的正常运行。燃气净化包括除尘和除焦油等过程。除尘可采用多级除尘技术，如惯性除尘器、旋风分离器、文氏管除尘器、电除尘等。燃气中的焦油可采用吸附和水洗的办法进行清除。三是燃气发电，利用燃气轮机或燃气内燃机进行发电，为了提高发电效率，发电过程可以增加余热锅炉和蒸汽轮机。

近年来，以生物质燃气进行发电有较快的发展，有三种基本类型：一是内燃机/发电机机组；二是蒸汽轮机/发电机机组；三是燃气轮机/发电机机组。可将前两者联合使用，即先利用内燃机发电，再利用系统的余热生产蒸汽，推动蒸汽轮机做功发电。由于内燃机发电效率较低，单机容量较小，应用受到一定限制，所以也可将后两者联合使用，即用燃气轮机发电系统的余热生产蒸汽，推动蒸汽轮机做功发电。

(4) 生物质热解技术

不同于前面所述的燃烧和气化技术，热解的显著特点就是在隔绝空气（氧化剂）的条件下，生物质被加热到300℃以上而发生分解。根据加热速率的不同，生物质热解可分为慢速热解（加热速率低，传统称为干馏）、快速热解（加热速率约500K/s）和闪速热解（加热速率＞1000K/s）。

不同的产物需要对应于不同的热解技术。以固定碳为主要产物时，采用慢速热解（干馏）技术，获得的不定型碳可以作为活性炭原料（杏核炭、椰子壳炭等）、烧烤炭和取暖炭。当以液体产物——生物油为主要产物时，采取快速热解或者闪速热解，一般能够获得50%以上的液体生物油。当闪速热解的最终温度在900℃以上时，产物以气体为主，热值较高，可以作为合成气。

目前，国际上已开展了各种类型热解装置的开发，如流化床、旋转锥、真空热解、下降管、烧蚀热解装置等。

(5) 生物质厌氧发酵技术

生物质能将成为未来可持续能源系统的重要组成部分，地球上由于光合作用生成的生物质有机物每年大约4000亿吨，其中大约有5%在厌氧环境下被微生物分解掉。沼气是有机物在厌氧条件下经多种微生物发酵转化生成的一种可燃性混合气体，其主要成分是CH_4和CO_2，通常情况下CH_4约占60%，CO_2约占40%，此外还有少量的H_2、CO、H_2S和NH_3等。人们利用这一自然规律进行沼气发酵，既可以生产沼气用作燃料，又可以处理有机废弃物保护环境，同时沼气发酵后产生的沼液、沼渣又是优质的有机肥料。沼气技术是一种综合利用有机废物，保护生态环境，促进人类生产、生活可持续发展的重要方式之一。沼气燃烧后生产的二氧化碳，通过光合作用再生成植物有机体，转变为可发酵的优质原料。因此，沼气作为一种清洁可再生能源，沼气技术的发展与能源产业的建立对人类解决能源和环境问题具有重要的意义。

(6) 生物质直燃发电

生物质直接燃烧发电技术的原理是将农作物秸秆、稻壳、林木废弃物等生物质与过量空气在锅炉中燃烧，产生的热烟气和锅炉的热交换部件换热，产生出高温高压蒸汽在蒸汽轮机中膨胀做功发出电能。燃烧后产生的灰粉可作为钾肥返田，该过程将农业生产原本的开环产业链转变为可循环的闭环产业链，是完全的变废为宝的生态经济。

生物质直燃发电的优势在于：

① 原料丰富且可再生。原料可以来自农林废弃物生活垃圾、沼气等。燃烧发电也为垃圾处理提供了一条出路。

② 废弃物的资源化。利用生活垃圾、秸秆等生产生活过程中的废弃物来燃烧发电，既

可解决废弃物处理问题，又能带来新的能源。

③ 适用范围广。水电、风电及太阳能发电对地理环境有一定要求，存在区域局限性，而生物质直燃发电只需解决原料输送问题，限制较少。

④ 技术要求相对简单。原理与煤电基本相同，发电过程单一。与水电等相比，锅炉等前期成本相对较低。

(7) 生物质热解制氢

热作用下生物质原料发生的分解反应叫作热解。温度超过200～250℃时，碳水化合物发生热解反应，裂解成为较小分子的气态物质，从固体中释放出来。随着温度的升高，气态物质被进一步裂解，最后残留的固体由固定碳和灰分组成。气态挥发物质中含有常温下不可凝结的气体，如 H、CO、CO_2、CH_4 等，也含有常温下凝结为液体的物质，如水、酸和碳氢化合物等，因此生物质热解同时得到固体、气体和液体三种形态的产物，三种产物的获得率取决于温度、加热速率等工艺参数。所有生物质热化学过程，如燃烧和气化的反应温度都高于热解起始温度，因此热解是这些过程必经的初始阶段。生物质总质量的60%～80%是挥发分，热解反应在热化学过程中起着非常重要的作用，大部分物质向气体的转化是在热解阶段完成的。生物质热解还可以作为独立工艺，采用不同温度和加热速率，生产木炭、热解气或热解油。

独立的生物质热解过程是在一定温度和隔绝氧气两个基本条件下进行的，实质上就是隔绝氧气的加热过程，过程简单而且成本低。可贵之处在于不必使用氧气、水蒸气等介质就能够得到能量密度较高的能源产品。

(8) 生物质热解气化

生物质热解气化是通过热化学过程转变固体生物质的品质和形态，使其应用起来更加方便、高效和清洁的技术。形形色色的生物质热解气化技术都是从热解和气化两个基本技术形式派生出来的，反应过程中不供应足够的氧气，以获得含有化学能的可燃烧产物为目的，如图 6-4 所示。

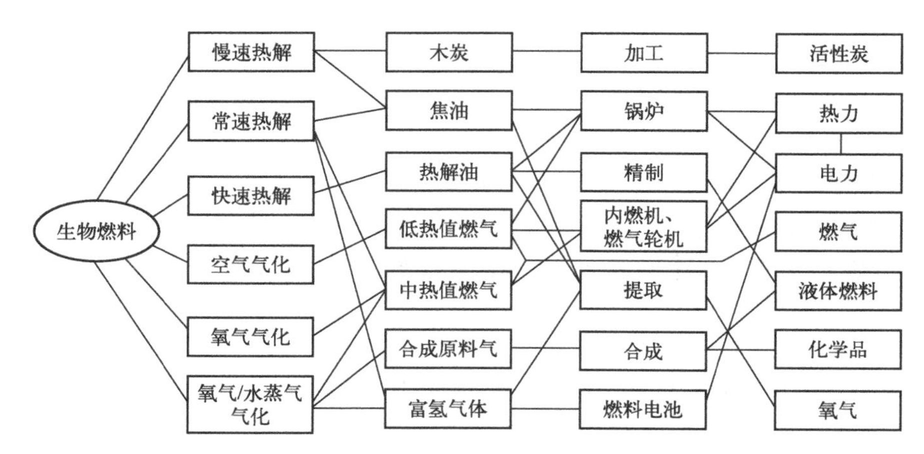

图 6-4 生物质热解气化的主要技术路线

由于热解和气化在反应过程和产物等方面有很多相似之处，在实际生产中，人们对热解和气化的概念一般并不做严格的区分，两者常混淆在一起使用。热解不仅仅是一种独立的热化学转化技术，也是生物质气化过程中的必经阶段。因此，此处中提及的热解气化，是将两者结合起来后的总称，一般定义如下：热解气化是指在无氧或缺氧条件下，使物料在高温下分解，最终转化为可燃气、有机液体和固体残渣的热化学过程。

(9) 生物质化学液化

化学液化是一种高效的生物质综合利用技术，它是在适当的温度、压力、溶剂和催化剂的作用下，将生物质转化为液体产物的一种热化学过程。根据生物质转化为液体产物的途径，化学液化可分为直接液化和间接液化，根据液化过程压力大小，化学液化又可分为高压液化和常压液化。

6.1.4 生物质能的应用

以生物燃油替代石化燃油以减少碳氢化物、氮氧化物等对大气的污染，将对于改善能源结构、提高能源利用效率、减轻环境压力贡献巨大。无论是传统的煤燃料还是石油燃料，在使用过程中都不可避免地产生多种有害物质并向环境排放，如煤燃烧产生的 SO_2、NO_x 和煤灰；汽车尾气中的碳氢化合物、NO 等。生物质能原料硫含量和灰分都比煤低，而氢元素含量较高，因此比煤清洁。此外，矿物燃料在燃烧过程中排放出的 CO_2 气体在大气层中不断积累，其在大气中的浓度不断增加，导致气候变暖。而生物质既是低碳燃料，又由于其生产过程中吸收 CO_2 成为温室气体的汇（sink）。因此，随着国际社会对温室气体减排联合行动的实施，大力开发生物质能资源，对于改善我国以化石燃料为主的能源结构，特别是为农村地区因地制宜地提供清洁方便能源，具有十分重要的意义。

生物质产业的多功能性进一步推动了农村经济发展。生物质产业是以农林产品及其加工生产的有机废弃物，以及利用边际土地种植的能源植物为原料进行生物能源和生物基产品生产的产业。中国是农业大国，生物质原料生产是农业生产的一部分，生物质能源的蕴藏量很大，每年可用总量折合约5亿吨标准煤，仅农业生产中每年产生的农作物秸秆，就折合1.5亿吨标准煤。中国有不宜种植粮食作物，但可以种植能源植物的土地约1亿公顷，可人工造林土地有311万公顷。按这些土地20%的利用率计算，每年约可生产10亿吨生物质，再加上木薯、甜高粱等能源作物，据专家测算，每年至少可生产燃料乙醇和生物柴油约5000万吨，农村可再生能源开发利用潜力巨大。生物基产品和生物能源产品不仅附加值高，而且市场容量几近无限，这为农民增收提供了一条重要的途径；生物质能源生产可以使有机废弃物和污染源无害化和资源化，从而有利于环保和资源的循环利用，可以显著改善农村能源的消费水平和质量，净化农村的生产和生活环境。生物质产业的这种多功能性使它在众多的可再生能源和新能源中脱颖而出和不可替代，这种多功能性对拥有8亿农村人口的中国和其他发展中国家具有特殊的重要性。目前，我国主要的生物质能源的企业和行业有很多。

6.2 风能转换与存储技术

6.2.1 概述

风能是可再生的清洁能源，储量大、分布广，但它的能量密度低（只有水能的1/800），并且不稳定。在一定的技术条件下，风能可作为一种重要的能源得到开发利用。风能利用是综合性的工程技术，通过风力机将风的动能转化成机械能、电能和热能等。

世界风能总量为2×10^{13}W，大约是世界总能耗的3倍。如果风能的1%被利用，则可以减少世界3%的能源消耗；风能用于发电，可产生世界总电量的8%～9%。风能是一种无污染的可再生能源，它取之不尽，用之不竭，分布广泛。随着人类对生态环境的要求和能源的需要，风能的开发日益受到重视，风力发电将成为21世纪大规模开发的一种可再生清洁能源。

风能是一种最具活力的可再生能源，它实质上是太阳能的转化形式，因此可以认为是取之不尽的。风能的利用将可能改变人类长期依赖化石燃料和核燃料的局面。到2002年底，世界总的风力发电设备有61000台，总装机容量为3200万千瓦。风力发电技术在不断成熟，单机容量由500～750kW量级增大到1000～2000kW量级，目前已研制成功单机容量为5000kW的风力机。

人类对风能的利用已有数千年的历史，在蒸汽机发明之前，风能一直被用来作为碾磨谷物、抽水、船舶航行等机械设备的动力。当今，风能可以在大范围内无污染地用于发电，提供给独立用户或输送到中央电网。由于风能资源丰富，风电技术相当成熟，风电价格越来越具有市场竞争力，故风电是世界上增长最快的能源。近几年来，风电装机容量年均增长超过了30%，而每年新增风电装机容量的增长率则达到了35.7%。同时，风电装备制造业发展迅猛，恒速、变速等各类风力发电机组逐步实现了商品化和产业化，而大型风力发电在世界各地进入产业化。

6.2.2 风能利用技术

风能利用就是将风的动能转化为机械能，再转换成其他形式的能量。风能利用有很多种形式，最直接的用途是风帆助航、风力提水、风车制热、风力发电等，参见图6-5。

风能利用最主要的用途是风能发电。风的动能通过风轮机转换成机械能，再带动发电机发电，转换成电能。风轮机有多种形式，大体可分为水平轴式风力机和垂直轴式风力机。

风的特性是随机的，风向、风速大小都是随时随机在变化，因此风能发电就有区别于化石燃料发电的不同特点。例如，功率调节、变速运行、变速恒频问题、对风调节问题、变桨距问题等。

下面介绍新型风力发电技术。

① 海上风力发电。与陆地风电相比，海上风电风能资源的能量效益比陆地风力发电场（简称风电场）高20%～40%，还具有不占地、风速高、沙尘少、电量大、运行稳定以及粉尘零排放等优势，同时能够减少机组的磨损，延长风力发电机组的使用寿命，适合大规模开发。例如，浙江沿海安装1.5兆瓦风机，每年陆地上可发电1800～2000小时，海上则可以达到2000～2300小时，海上风电一年能多发电45万千瓦时。

② 高空风力发电。风力可以像旋转磁体一样被用于发电，并随其速度快慢而变化。所以，小幅增加风速可以令机械能大大增加。高空风速很快，可以在全球范围内迅速蔓延，同时比地面风更易于预测。在20世纪70年代爆发能源危机时，各类新的能源概念不断涌现，工程师和发明者申请了多项利用高空风设计的专利。高空风力发电机，是利用地球在距地面1600～4万英尺（1英尺=0.3048米）的高空的风力来发电的装置，由于其具有环保、无污染的优点，科学家正尝试通过这种技术给整座城市供电。从理论上讲，安装在城市上空数千

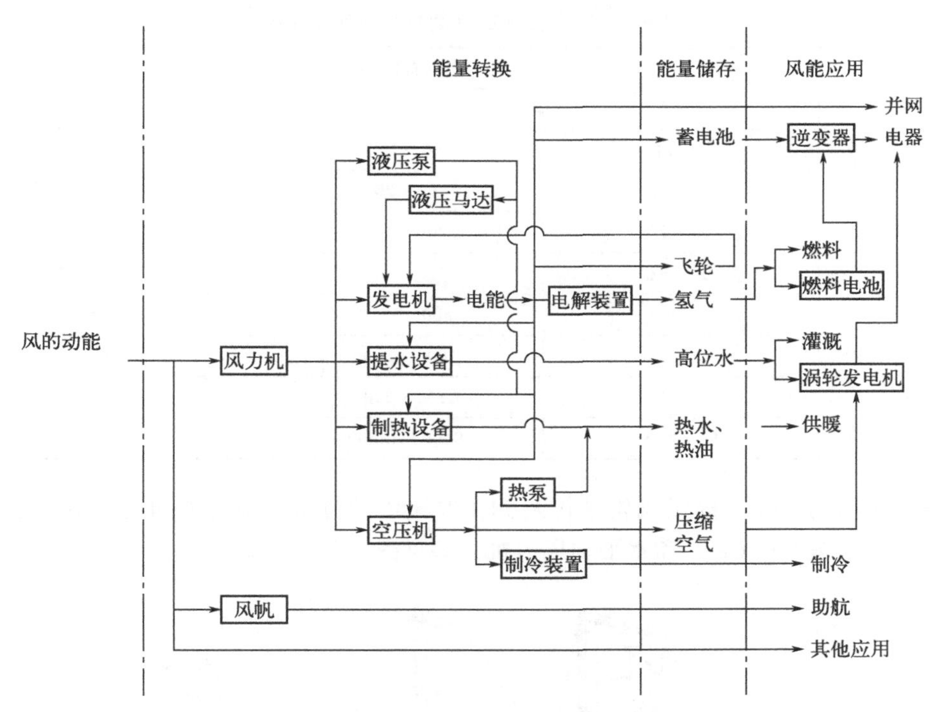

图 6-5　风能利用的分类

英尺处的风力发电机可以做到这一点。高空风的这些特点最终促使发明者和科学家将希望寄托在高空，那里的风力向来十分强劲。由于还在构想中，因此还需要克服众多的困难后才可以投入运营。

③ 低风速风力发电技术。它的发电成本是火力发电的一半左右，风力发电场的设置地点不再要求苛刻，实现了低风速启动发电。设置地点灵活、成本低，使区域性调节电力输出成为了可能。

④ 涡轮风力发电技术。风力涡轮机是一种采用风能做动力的涡轮机。某航空航天研究机构已经研发了一种风力涡轮机，其发电时的成本仅为常规涡轮机的一半。该风力涡轮机借鉴喷气发动机技术的设计克服了存在于传统风力涡轮机的一个基本缺陷。该风力涡轮机的叶片周围罩上遮蔽物，引导空气通过叶片并使其加速，这增加了电力产量。该风力涡轮机就像喷气发动机的进气口。当空气进入时，首先会遇到一套固定的叶片（被称为定子），它能把空气引导进一套可转动的叶片，即转子。空气推动转子并出现在另一边，此时空气流动的速度比在涡轮机外流动的速度更慢。遮蔽物做成合适的形状，以便其引导在外面相对流动较快的空气进入转子后面的区域。快速流动的空气加速缓慢移动的空气，使涡轮机叶片后的区域变成低气压，以吸纳更多的空气通过它们。

目前主要的风能利用领域是风力发电，特别是并网发电。风力提水、风力制热也可以利用电能间接实现。风力发电的设备是风力发电机组。风力发电机组是将风的动能转换成电能的系统。

风力机的分类有以下几种方式。

a. 按容量划分。现有风力机组的容量，从百瓦级到兆瓦级不等。按照容量的大小可以分为大型、中型、小型三种，如表 6-1 所示。单机容量越大，桨叶越长。

表 6-1 风力机额定容量与风轮旋转直径

项目	风轮直径/m	扫风面积/m^2	额定功率/kW
小型	0～8	0～50	0～10
	8～11	50～100	10～25
	11～16	100～200	30～60
中型	16～22	200～400	70～130
	22～32	400～800	150～330
	32～45	800～1600	300～750
大型	45～64	1600～3200	600～1500
	64～90	3200～6400	1500～3100
	90～128	6400～12800	3100～6400

b. 按风轮结构划分。按照风轮结构及其在气流中的位置，风力机可分为两大类：垂直轴风力机［参见图 6-6（a）］和水平轴风力机［参见图 6-6（b）］。

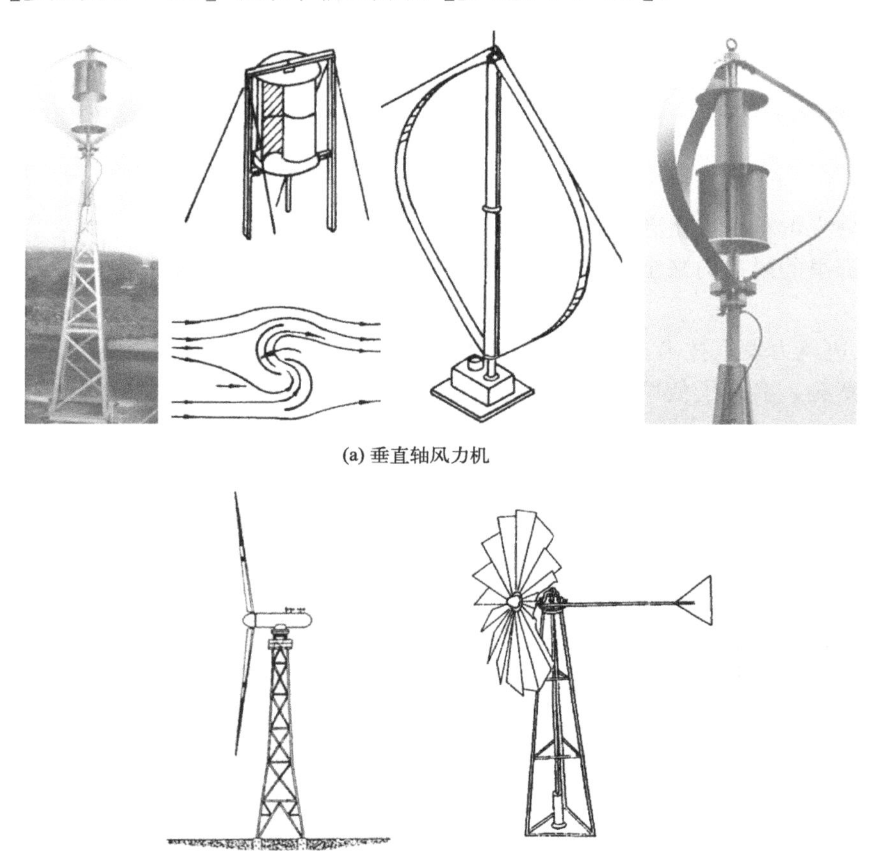
(a) 垂直轴风力机

(b) 水平轴风力机

图 6-6 风力机

c. 按功率调节方式划分。按照功率调节的方式，水平轴风力机有定桨距风力机、变桨距风力机和主动失速型风力机。

d. 按传动形式划分。按照传动方式，风力机可分为高传动比齿轮箱型风力机、无齿轮箱（也叫直驱型风力机）和半直驱型风力机。

e. 按发电机转速变化划分。按照发电机的转速，风力机可以分为恒速型、变速型和多态定速型。目前，主流的大型风力发电机组基本都采用变速恒频运行方式。

6.2.3 风力发电系统

风力发电包含了由风能到机械能和由机械能到电能两个能量转换过程，风力机发电系统承担后一种能量转换，参考图 6-7。风力发电机组由风机和发电机组组成，一般包括叶片（集风装置）、发电机（包括传动装置）、调向器（尾翼）、塔架、限速安全机构和储能装置等构件。风力发电有三种运行方式。一是独立运行方式，通常由风力发电机、逆变器和蓄电池三部分组成。一台风力发电机向一个或几个用户提供电力；蓄电池用于蓄能，以保证无风时的用电。二是混合型风力发电运行方式，除了风力发电机外，还带有一套备用的发电系统，通常采用柴油机，在风力发电机不能提供足够的电力时，柴油机投入运行。三是风力发电并入常规电网运行，向大电网提供电力，通常是一处风电场安装几十台甚至几百台风力发电机，这是风力发电的主要方式。发电系统直接影响这个转换过程的性能、效率和供电质量，还影响前一个转换过程的运行方式、效率和装置结构。因此，研制和选用适合于风电转换用的发电系统是风力发电技术的一个重要部分。

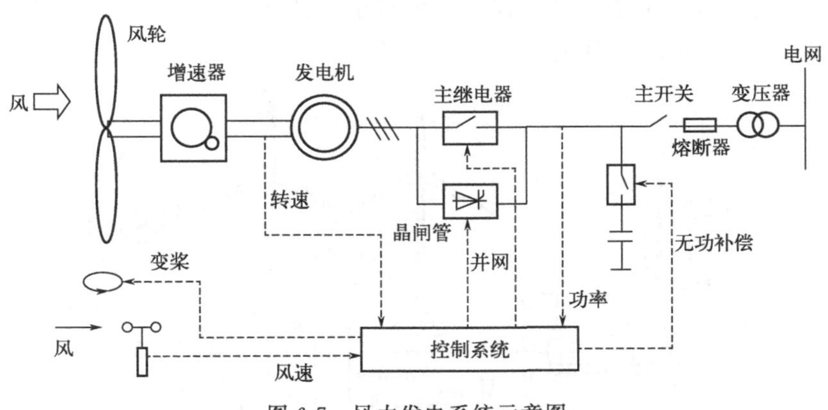

图 6-7 风力发电系统示意图

风力发电系统有以下几种分类方式。

(1) 按风机类型分类

风力发电系统可以根据所采用的风机类型进行分类，主要分为以下几种：

a. 垂直轴风力发电系统。垂直轴风力发电系统又称为直立轴风力发电系统，其特点是转子垂直于地面，能够适应复杂的、常变化的风向。垂直轴风力发电系统还分为两种不同类型：升力型和阻力型。

b. 水平轴风力发电系统。水平轴风力发电系统又称为桨型风机，其特点是转子平行于地面，在风场中旋转以产生电能。水平轴风力发电系统普遍应用于工业用途和大型风力发电场。

(2) 按功率分类

按照风力发电系统额定功率的不同，可将其分为以下几种：

a. 小功率风力发电系统。小功率风力发电系统一般指额定功率在数千瓦以下的小型风力发电系统，主要应用于分布式能源系统、农牧区电力供应和露天热水供应等。

b. 中等功率风力发电系统。中等功率风力发电系统一般指额定功率在数千瓦到数十万瓦之间的风力发电系统，主要用于多台风机组成的风力发电场。

c. 大功率风力发电系统。大功率风力发电系统一般指额定功率在数十万瓦以上的企业级风力发电系统，主要用于大型工业用电和大型城市电网接入。

(3) 按风轮数分类

按照风力发电系统风轮数的不同，可将其分为以下几种：

a. 单风轮风力发电系统。单风轮风力发电系统一般指由单个风轮驱动的风力发电系统，其结构简单、造价低，主要应用于小功率风力发电系统。

b. 双风轮风力发电系统。双风轮风力发电系统一般指同时由两个风轮驱动的风力发电系统，适用于高海拔、冰雹等严酷环境，且输出功率更高。

c. 多风轮风力发电系统。多风轮风力发电系统一般指由多个风轮组成的风力发电系统，能够适应更为复杂的环境要求，输出功率更高，主要应用于大型风力发电场。

(4) 按供需关系分类

可分为独立运行的离网型和接入电力系统运行的并网型。离网型的风力发电规模较小，通过蓄电池等储能装置或者与其他能源发电技术相结合（如风电/水电互补系统、风电-柴油机组联合供电系统），可以解决偏远地区的供电问题。

① 独立的风电系统。独立运行的风力发电机组，又称为离网型风力发电机组。典型的离网型风力发电系统示意图如图 6-8 所示。

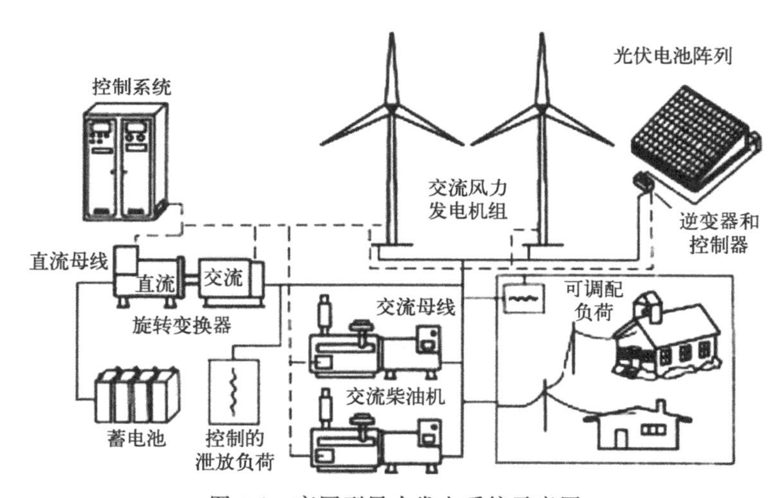

图 6-8 离网型风力发电系统示意图

按照用户类型分类，离网型风力发电机组可以分为以下几种：用于离网用户供电的离网风力发电机组（如电解铝产业）；用于村落、农牧场供电微小型风力发电机组。目前，我国微小型风力发电机组按额定功率分，主要有 10 种：100W、150W、200W、300W、500W、1kW、2kW、3kW、5kW、10kW。其形式为 2～3 叶片，水平轴，上风向，多为永磁低速发电机，多数为定桨距机组，叶片材料多样，设计寿命 15 年。风轮功率系数在 0.4 左右，发电机组的效率在 0.8 左右。

② 并网的风电机组。并网型的风力发电是规模较大的风力发电场，容量为几兆瓦到几百兆瓦，由几十台甚至成百上千台风电机组构成，参见图 6-9。并网运行的风力发电场可以得到大电网的补偿和支撑，更加充分地开发可利用的风力资源，是国内外风力发电的主要发展方向。在日益开放的电力市场环境下，风力发电的成本也将不断降低，如果考虑到环境等因素带来的间接效益，则风电在经济上也具有很大的吸引力。

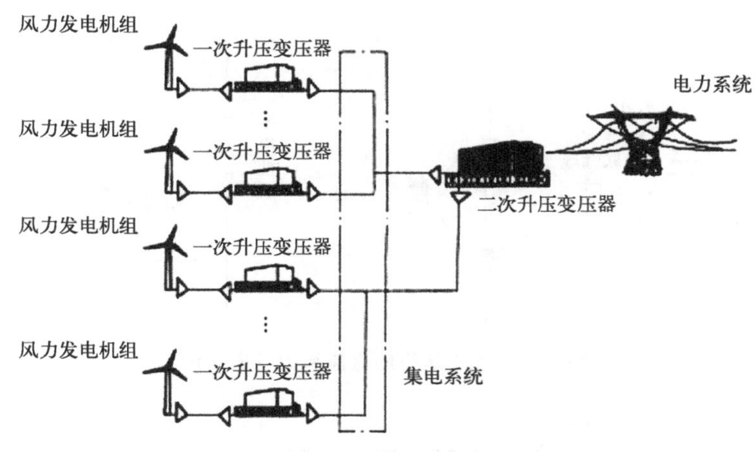

图 6-9　并网风力发电系统示意图

并网运行的风力发电场之所以在全世界范围获得快速发展，除了能源和环保方面的优势外，还因为其本身具有下列优点：

a. 建设工期短。风电机组及其辅助设备具有模块化的特点，设计和安装简单，单台风机的运输及安装时间不超过三个月，一个 10MW 级的风电场建设工期不超过一年，而且安装一台即可投产一台。

b. 实际占地面积小，对土地质量要求低。风电场内设备的建筑面积仅约占风电场的 1%，其余场地仍可供农、牧、渔使用。

c. 运行管理自动化程度高，可做到无人值守。但是，风力发电受到一次能源——风能的限制。

恒速恒频发电机系统是指在风力发电过程中保持发电机的转速不变，从而得到和电网频率一致的恒频电能。恒速恒频发电机系统一般来说比较简单，所采用的发电机主要有两种：同步发电机和笼形感应发电机。前者运行于由电机极对数和频率所决定的同步转速，后者则以稍高于同步转速的转速运行。

变速恒频发电机系统是指在风力发电过程中，发电机的转速可以随风速变化，而通过其他的控制方式来得到和电网频率一致的恒频电能。变速恒频系统风力机除有高的能量转换效率外，在结构上和实用中还有很多的优越性。利用电力电子装置是实现变速运行最佳化的最好方法之一，与恒速/恒频系统相比，可能使风/电转换装置的电气部分变得较为复杂和昂贵，但电气部分的成本在中、大型风力发电机组中所占比例并不大，因而发展中、大型变速恒频风电机组受到很多国家的重视。变速运行的风力发电机有不连续变速和连续变速两大类。

直流发电系统大都用于 10kW 以下的微、小型风力发电装置，与蓄电池储能器配合使用，参见图 6-10。虽然直流发电机可直接产生直流电，但由于直流发电机结构复杂、价格贵，而且带有整流子和电刷，需要的维护也多，不适合风力发电机的运行环境。所以，在这种微、小型风力发电装置系统中，所用的发电机主要还是交流永磁发电机和无刷自励发电机，经整流器整流后输出直流电。交流发电机向直流负载供电示意参见图 6-11。同时，交流发电机向交流负载供电需要借助逆变器，先转换成交流后，再加载到交流负载上使用，参见图 6-12。

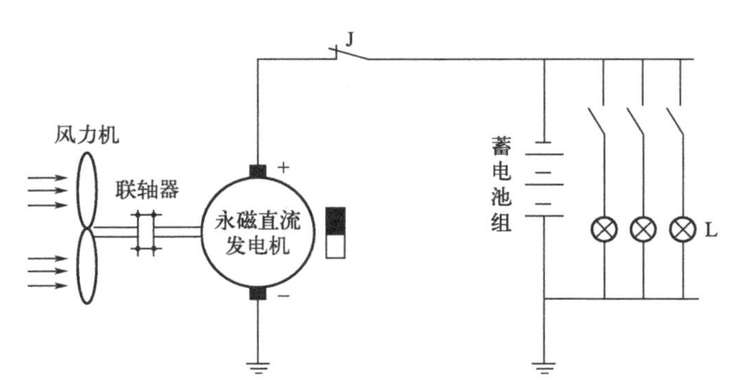

图 6-10 独立运行的直流风力发电系统

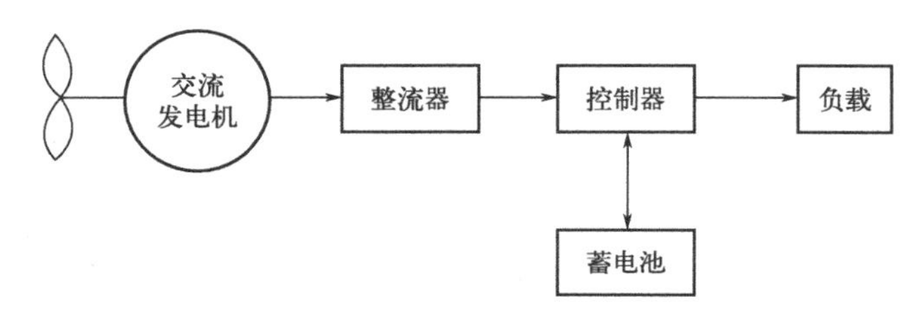

图 6-11 交流发电机向直流负载供电

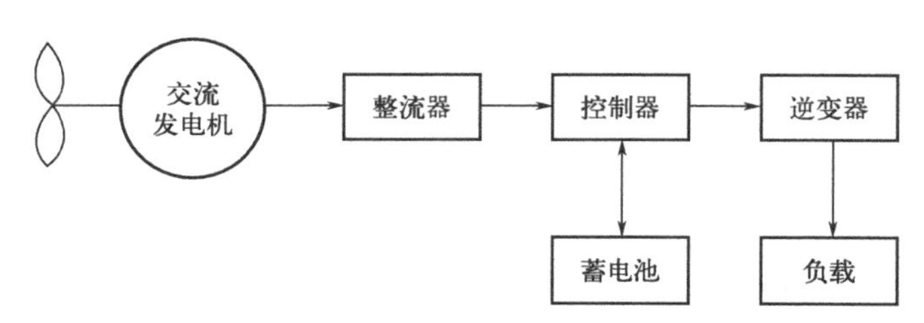

图 6-12 交流发电机向交流负载供电

6.2.4 风能的应用与发展

助航就是借助风帆使船在水上航行。风力磨坊是最具代表性的利用风能的风力机械之一。风力制热是一个后发的风能应用领域。从 20 世纪 70 年代开始，世界各国先后开展了风力制热的研究和应用。例如，人类生产了利用搅拌液体方式制热的风力制热机组，还研制了挤压液体式制热装置等。有的风力制热技术已进入实用阶段。除了上述应用以外，风能还被用于其他场合。例如，放风筝（不仅是一种文化现象，还可以用于传递信息）、用自然风清选谷物、建筑物通风等。目前主要的风能利用领域是风力发电，详细内容见 6.2.3 小节。

风力提水机组也是早期人们广泛使用的风力机械，参见图 6-13。风力提水是指把风能变成水的势能，用于风力提水的设备是风力提水机组。风力提水机组通常是由风力机和提水设备两大基本部分组成的，提水设备里有与水直接相互作用的元件，把能量传递给水。

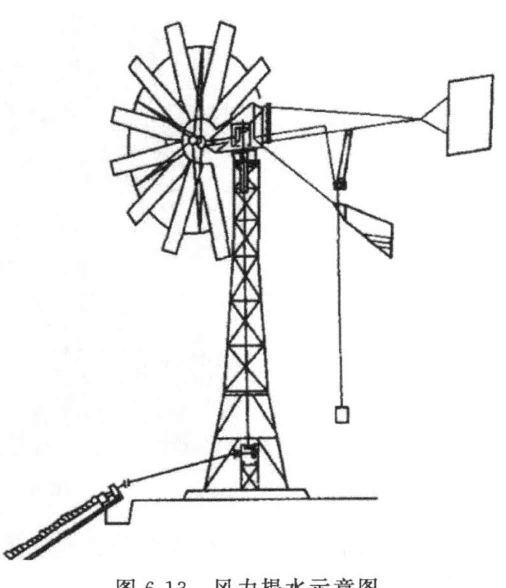

图 6-13　风力提水示意图

风力制热是将风能直接转换成热能，用于风力制热的设备是风力制热机组，常见设备参见图 6-14。风力制热机组一般由风力机、传动机构、制热设备、储热设备及换热器等部件组成。制热设备里有与介质直接相互作用的元件，把能量传递给介质。风力直接制热与风力发电间接制热比较具有以下优点：系统总效率较高；制热设备的结构比较简单，易实现较合理的匹配；直接制热装置对风况质量要求不高，对不同风速范围有较好的适应性。

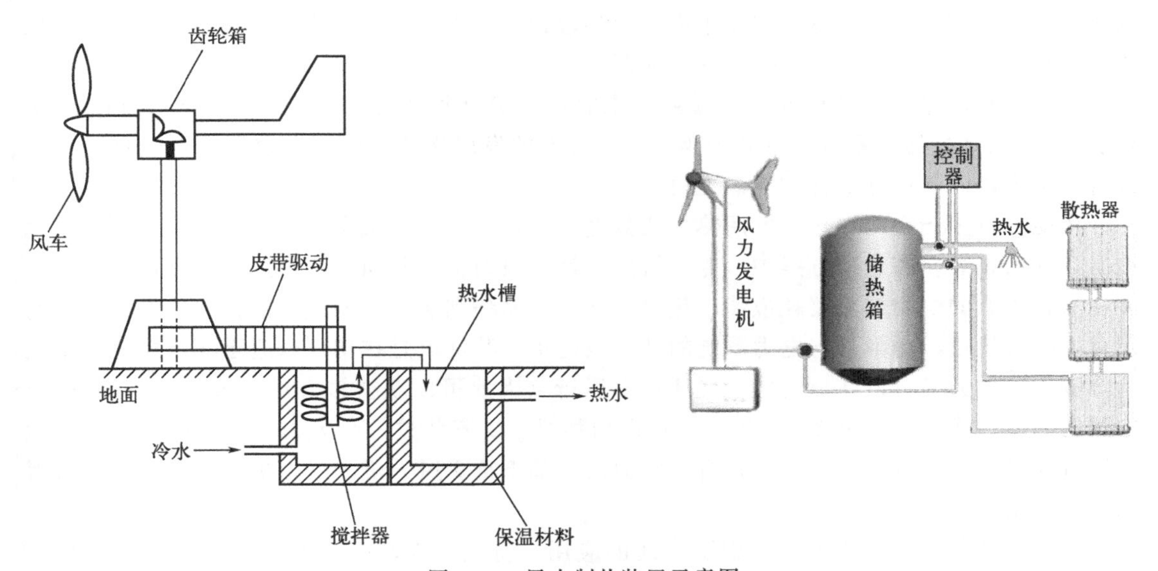

图 6-14　风力制热装置示意图

风帆助航是利用帆将风力转换成推进船舶航行动力的过程，参见图 6-15。海上风能，顾名思义是指离岸安装在海洋（或湖中）的风力机产生的电能。最近二十年，这一技术已被给予很大的关注。这一技术发展的主要原因是缺乏风力资源良好的安装风力机的土地，特别是在北欧地区。历史上风能用于广泛的特殊目的应用，从磨面到锯木，以及其他许多应用。最近至少有四个方面的特殊应用或研究。它们包括抽水、脱盐淡化、加热和制冰。全世界有数百万人不能获取他们全部所需的水。其中许多情况是井里或地层中有水，但必须从这些水源中把水抽出来才能用。风力用于抽水已经有几百年的历史，而且目前仍然在这一方面发挥着重要的作用。历史上风力水泵纯粹是一种机械装置。目前机械抽水仍然是一种可行的选择，但也有几种其他可能的方案，包括风力/电力水泵，以及在混合电力系统中的常规水泵。

图 6-15　风帆助航示意图

风力水泵主要的应用形式分别是家庭用水、灌溉用水、牲畜用水、排水，还有一种是用于海水淡化中的高压抽水。

世界很多地方没有饮用水源，然而，其中很多地方是有半咸水或咸水的，可以通过咸水淡化转化成饮用水。淡化是个能量集中消耗的过程，通常在没有经济的常规能源来供应淡化过程的很多情况下，风能是一个较好的能源。

淡化常常通过热力过程或者薄膜处理来完成。最常见的方法是反渗透（reverse osmosis，RO）或蒸发压缩系统。近几十年，薄膜技术的发展逐渐使得反渗透技术在淡化上更加具有吸引力，而与用什么样的能源无关。

风能可以用于空间加热、家用热水或其他类似用途。一个概念性方案于 20 世纪 80 年代提出，称为风炉。在这个方案中，专门特殊设计的风力机用于向住宅供热。风力机的电能用装在水箱内部的电阻加热器耗散掉。热水从储水箱循环到房间需要热量的其他地方。其目的是直接提供热量，而不是与电力系统的动力线连接。其优点是在切入风速至额定风速整个运行范围内，风力机可以在恒定的叶尖速比下运行（因此可以获得最大功率系数），而不需要中间的功率转换器。20 世纪 90 年代，在保加利亚至少安装过一个风力加热系统。芬兰也做过这方面概念性的研究工作。尽管有这些尝试，基于特殊风力机的风力机加热系统并没有得到广泛应用。

然而，各种风力加热概念得到了广泛的应用，特别是在混合电力系统中。在这些情况下，常规的风力机用于提供常规的电力负荷，同时也用于提供空间加热和家用热水。此时，加热通常具有某种形式的热存储功能，因而加热系统可以起到负荷管理的作用。当风力机的能量多余时，多余的部分就用于加热热存储介质。需要加热时，如果风能足够，可以直接用风力机电力来加热，也可以使用存储的热量。

风能可以用于制冰。这个概念的前提与风能直接用于满足某种特殊需求有些类似。这里的特殊需求为制冰，或由此获得的制冷能力。

风能制冰的原理是用来自风能的电力驱动朗肯循环冷冻机。冰既可以分批生产也可以连续生产。如果分批生产，在取走冰时过程就必须中断。在理想情况下，风力机风轮和冷冻压缩机应该变速运行。这有利于使风能转换成机械能的效率最大，并且不必维持电流的恒定频率。

地球上的风能资源非常丰富，开发潜力巨大，全球已有不少于70个国家在利用风能。风力发电是风能的主要利用形式。近年来，全球范围内风电装机容量持续较快增长。到2009年底，全球风电累计装机总量已超过15000万千瓦，中国风电累计装机总量突破2500万千瓦，约占全球风电的1/6。中国风电装机容量增长迅猛，年度新增装机容量增长率连续6年超过100%，成为风电产业增长速度最快的国家。经过多年的技术积累，中国风电设备制造业逐步发展壮大，产业链日趋完善。风电机组自主化研发取得丰硕成果，关键零部件市场迅速扩张。内资和合资企业在2004年前后还只占据不到三分之一的中国风机市场，到2009年，这一市场份额已超过了6成。中国对风电的政策支持由来已久，政策支持的对象由过去的注重发电转向了注重扶持国内风电设备制造。随着国产风电设备自主制造能力的不断加强，2010年国家取消了国产化率政策，提升了准入门槛，加快了风电设备制造业结构优化和产业升级，进一步规范了风电设备产业的有序发展。

太阳照射地球表面形成空气对流，产生了风。3000多年前，人们已经学会将风所储存的风能转换成机械能，利用风力来提水、碾米等，但直到100多年前，人们才开始将风能转换为电能，实现风力发电。和其他发电形式相比，风力发电具有以下特点：

① 风力发电清洁、可再生。

② 风力发电技术成熟，发电成本已具备竞争力。

③ 风力发电具有明显的间歇性和波动性。

由于担忧环境和化石资源匮乏等问题日益剧增，世界各国已经将风力发电作为能源安全、环境保护和社会可持续发展的重要内容，经过多年的研究与应用，风力发电技术得到了快速发展。

相比陆上风力发电，海上风力发电具有资源丰富、发电利用小时数高、不占土地、对环境影响小、适宜大规模开发等优点，且海上风电场一般靠近传统电力负荷中心，便于风电的消纳，无需远距离送电。因此，海上风电的开发与利用越来越受到人们的关注。海上风电的特点如下：

① 海上年平均风速明显大于陆上。研究表明，由于海面的粗糙度小于陆地，离岸10km的海上风速比陆上高25%，离岸70km的风速比陆上大60%～70%。

② 单机容量更大。目前，绝大部分海上风力发电机组的单机容量为2～6MW，机型特点为三叶片、变桨控制，发电机有异步感应发电机、双馈异步发电机和永磁直驱（直驱、半直驱）发电机。

③ 海上风电场离岸距离较远，以海底电缆与陆地电网连接并网，相当于增长了电气距离，并且需要设置海上升压站，组成海上电网。高压的海上电网技术难度大，建设费用高，运行经验很少，缺少成熟的技术支撑。高压海底电缆和海上升压站设备受到各方面因素的制约，当前欧洲海上风电场海上交流变电站的最高电压等级为150kV，而我国已建设220kV的海上交流变电站。

④ 随着海上风电场容量和离岸距离的增加，风电并网方式从交流并网发展到柔性直流并网（VSC-HVDC），在技术方面和经济方面都具有一定的优越性。VSC-HVDC设置海上换流站和高压直流海底电缆，是当前输变电领域的新技术。

⑤ 海上环境恶劣，对电气设备的防腐有很严苛的要求，严重影响运行可靠性且运维困难，施工难度大，费用高昂。设计方案要适应海上环境的要求，设备配置应兼顾考虑可靠性和经济性，除了需选用高可靠性的电气设备外，还应配套可靠的辅助系统、安全系统、应急系统等。

⑥ 海上风电场一般实行“无人值守”的管理模式，自动化程度高，监控、保护、通信系统的功能和作用比较重要，远程监控是运行管理的主要手段。

6.3 海洋能转换与存储技术

6.3.1 概述

海洋能储量丰富，据权威机构估算：全球约有 30 亿 kW 潮汐能、700 亿 kW 波浪能、500 亿 kW 温差能、50 亿 kW 海流能和 300 亿 kW 盐差能。我国因为海域面积大，海洋能源也十分丰富，目前可开发的海洋能源中，潮汐能 1.9 亿 kW、波浪能 1.3 亿 kW、温差能 1.5 亿 kW，海洋海流能和盐差能分别有 0.5 亿 kW 和 1.1 亿 kW。海洋能的具体应用领域参见图 6-16。

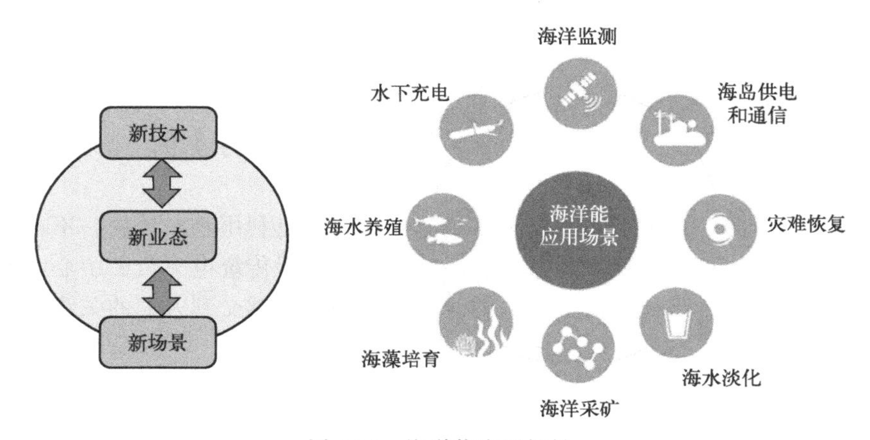

图 6-16 海洋能应用场景

我国首个海洋能发展专项规划为《海洋可再生能源发展“十三五”规划》（以下简称《规划》）。《规划》定位为“十三五”期间海洋能工作的部门专项规划，包括潮汐能、潮流能、波浪能、温差能等海洋能和海岛可再生能源。同时《规划》坚持四个基本原则。一是坚持需求牵引，服务海岛开发、海洋产业转型升级。二是坚持创新引领，突破技术瓶颈，推进海洋能技术从原理创新向工程化应用转变。三是坚持企业主体，培育龙头骨干企业，推进形成涵盖设计、制造、施工、运维等全链条的海洋能产业链。四是坚持国际视野，共享全球创新资源和市场，服务“一带一路”建设。海洋领域方面的公司大部分以海洋石油为主，目前致力于海洋能源领域的公司有：中国海洋集团有限公司和中国远洋海运集团股份有限公司。他们在海洋资源开发、海洋能源利用等深耕多年。中国海洋大学是中国最重要的海洋科技高等学府之一，成立于 1952 年。该大学的主要业务包括海洋科学和技术研究、人才培养和教育等领域。中国海洋大学在海洋科技研究和人才培养方面具有重要的作用，为服务于海洋能源方面做出了突出贡献。

海洋能的开发利用，可以减轻沿岸发达区域以及密集型区域的化石能源供给压力。海洋能的优势：海洋能在海洋总水体中蕴藏量巨大；海洋能是可再生资源，取之不尽，用之不竭；海洋能属于清洁能源，对环境的污染小。

下面介绍海洋能的应用。

海洋能主要是以潮汐、波浪、海流、温度差、盐度差、海水生物质能等为主要形式的新能源。潮汐能和海流能源自地球和其他星体之间的引力；波浪能是因大气运动而产生的，其与波浪高度的二次方和波动水域面积成正比；海水温差能是一种热能，产生的原因是低纬度的海面接受太阳辐射使得海水的表面温度较高，与深层水之间形成的温度差产生热交换，其能量与温差大小成正比；海水盐差能（或称海水化学能）是在河口水域由于入海径流的淡水与海洋盐水间存在盐度差而产生的。海洋能中，温差能、盐差能和海流能是稳定能源，潮汐能是不稳定但有规律的能源，波浪能既不稳定也不规律，能源可根据其形式和规律，最大效率地利用。

潮汐能利用涨潮与退潮高低变化来发电，与水力发电原理类似。涨潮时海水自外流入，推动水轮机产生动力发电；退潮时海水退回大海，再一次推动水轮机发电。每天早晚可以发电 4 次。

波浪能实质上是由风能和太阳能转化而成的。波浪起伏造成水的运动包括波浪运动的位能差、往复力或浮力，由此产生的动力可以用来发电。

海流能利用海洋中的洋流流动推动水轮机发电，目前中国海流能发电已攻克稳定难题，成为世界上可以实现海流能发电并网的国家。

海水温差能是指海洋表层海水和深层海水之间水温差的热能，是海洋能的一种重要形式。理论上来说，只要有温差存在即可抽取能量，并且利用海洋温差能进行发电还可以同时获得淡水，解决我国部分淡水需求。海水温差能利用的最大困难是温差小、能量密度低，其效率至今只有 3%左右，而且换热面积大，建设费用高。

海洋盐差能是利用海水和淡水之间盐浓度不同的化学电位差能，是以化学能形态出现的海洋能，主要存在于河流与海水之间。它地域要求高，而且需要保持交界处的海水浓度。

海洋生物质能是海洋中生长着的大量植物（绝大多数为藻类）中蕴含的巨大能量。海洋面积广，生物资源丰富，是发展生物质能源的绝佳环境。而微藻作为海藻的一种，光合作用效率高、生长繁殖快、生长周期短，并自身可以合成油脂。它可以用海水作为天然培养基，以简单的矿物质、营养盐、空气为基质，太阳光为能源，大量繁殖不断产能，还能固定二氧化碳，进而与二氧化碳的处理和减排相结合，起到减少温室效应的作用。

海洋能技术是将海洋能转换成电能或机械能的技术。

地球表面积的 70.8%是海洋。表面积为 $3.6\times10^{8}\text{km}^{2}$ 的浩瀚海水受月球、太阳等天体的吸引，日复一日地潮涨潮落，蕴藏着难以比拟的潮汐能。潮汐水位的变化产生海水的流动，这就是潮流。在海峡、水道，潮流能是很可观的。由于地球转动、风的吹动、海水密度的差异，海洋中有巨大的海流，形成海流能。风与海面摩擦产生波浪，巨浪的能量能冲毁海堤、倾覆巨轮。海面附近海水被太阳能加热，与深海海底冷水间温差的能量，以及河口流出的淡水与海洋含盐海水间的盐差的能量都是稳定的、巨大的能源。这些能源都是天体的万有引力、太阳能等自然界的能源形成的，是完全可以再生的，取之不尽，用之不竭。

开发海洋能可与围垦种植、水产养殖、海水淡化、晒盐、海水化学资源提取、交通、旅游等产业同时进行，综合经济、社会、环境效益很高，可一举多得。南海中的东沙群岛、西沙群岛、中沙群岛、南沙群岛等远离大陆，没有淡水和常规能源，但有丰富的温差能资源。

开发温差能可以为岛上军民提供淡水、电源，巩固国防，维护海上主权。开发海洋能源对人类也是一个挑战。海洋的风、浪、流既有巨大的能量，也有令人生畏的破坏力，海水中的盐对金属结构的腐蚀作用非常强，海洋生物有惊人的生命力，能迅速长满海水中的工程建筑物表面，使它失效。开发海洋可再生能源就要解决这些难题。因此，在开发的初级阶段，海洋能电站与常规的化石燃料电站、水电站，甚至核电站相比都是昂贵的，似乎不可行。但是正像海洋油开发等高技术一样，需要有一个风险投资阶段。突破关键的技术问题，形成开发规模后，成本会随之下降。全面考虑到综合利用海洋能开发的经济社会环境效益是有竞争力和光明前景的。

海洋能源的一个普遍的共性是可以再生的。星球的万有引力和太阳辐射是无穷无尽的，不受人类活动的影响。

海洋能源非常丰富，普遍存在于浩瀚的海洋水体中。我国海洋能源存在于海岸线附近，正是人口密集、产业发达、耗能多且远离传统能源的地区。尤其是孤悬的岛屿更是只有海洋能这一种能源资源。海洋能还富集了自然界的能源，如波浪能富集了海面上的风能，潮汐能、潮流能集中了引力能，温差能富集了太阳辐射能。这样一来，开发海洋能就比开发那些能源密度低的能源更有效率。海洋能源是清洁能源，用它发电不必消耗燃料，也不产生废物、废液、废气，无须运输。开发海洋能源不会产生新的污染，对环境的影响小于传统的能源开发产业，而且利大于弊。有人把海洋能源誉为绿色能源，是当之无愧的。开发海洋能源还可以与种植（围海造田）、水产养殖、旅游、交通综合考虑，经济、社会、环境效益可以提高。海洋能源及其开发也有它的弱点和局限性，所以虽然近代海洋能源开发已经有百余年历史，却仍然没有在新的替代能源中占据应有的位置。

海洋能利用技术包括潮汐能利用技术、波浪能利用技术、海水温差利用技术、海水盐度差利用技术等。

6.3.2 潮汐能发电技术

(1) 潮汐发电的原理

利用高、低潮位的落差带动水轮机转动原理：通过水库涨潮时将海水储存在水库内，以势能的形式保存，在落潮时放出海水，利用高、低潮位之间的落差，推动水轮机旋转，带动发电机发电。与河水相比，蓄积的海水落差不大，但流量较大，并且呈间歇性，从而潮汐发电的水轮机结构要适合低水头、大流量的特点。

(2) 潮汐发电方式

按能量形式划分，潮汐发电有以下两种形式：

① 一种利用潮汐的动能发电，利用涨落潮水的流速冲击水轮机发电。

② 一种利用潮汐的势能发电，利用坝内外涨潮、落潮时的水位差来发电。

(3) 潮汐发电的特点

优点：潮水来去有规律，不受洪水或枯水的影响；以河口或海湾为天然水库，不会淹没大量土地；不污染环境；不消耗燃料等。综合经济比较结果，潮汐发电成本低于火电。

缺点：潮汐电站也有工程艰巨、造价高、海水对水下设备有腐蚀作用等缺点。

人们在港湾或出海河口地区建造闸坝形成潮汐电站水库，并控制潮水进出，使库内外产生水位差，在一定水位差下，水流通过水轮发电机组发电。但因潮位时刻变化，将不免出现库内外水位差趋零情况，此时水流无力推动水轮发电机组发电，电站发电便发生间断，使电力用户供电中断，影响生产和生活，这是一大缺点。但应说明，这种间断发电情况只有在电站采用单库开发方式时才会发生，而不是潮汐电站固有的以致无法解决的问题。解决这一问题可有多种办法。其中一个方法是让潮汐电站投入电力系统运行，以便与系统中的火电站、抽水蓄能电站或水电站互补发电，即当潮汐电站发电间断时，由这些电站补充发电，效果亦现实可用。但也存在一些缺点，如与火电站互补发电，因火电机组启闭不灵便，须提前升温及延后熄火，增加煤耗，不经济；与抽水蓄能电站互补发电，虽其机组启闭方便，但抽水需耗电能，亦欠经济；与水电站互补发电，水电机组启闭灵敏，无耗水问题，属较好互补办法，但潮汐电站装机仍无法起系统替代容量效用；因潮汐涨、落有着严格规律性，发电、停电时间可预先掌握，故可用调整用户用电时间以相适应，这需视用户用电时间特点而定，仍不免给用户带来不便。当然，最好的办法还是利用潮汐电站本身的天然条件和工程条件加以解决。

近海潮汐发电（offshore tidal power generation，OTP）是在20世纪90年代提出的一种无须占用宝贵天然港口或海湾的潮汐发电技术，图6-17为潮汐能应用示意图。传统的潮汐能发电需在港口、海湾筑坝，形成水库拦截潮汐。在建成朗斯潮汐电站之后，因有成本高和影响环境的问题，虽论证、设计了很多潮汐电站，都没有建造。成本难以降下来的主要原因是潮汐电站水头低、流量大，需要直径相当大的水轮机发电。环境问题包括妨碍航运、隔断某些鱼类的产卵洄游、改变潮间带的面积和位置、缩减湿地面积、增加沉积、减小对污染的自净能力、改变大坝外的潮沙等。近海潮汐发电是在距离海岸线数千米的浅滩，用毛石（碎石粗砂）堆砌防波堤形成蓄水库，其闸门在涨潮时纳水，在落潮时泄水。浅滩深度在数米之内，蓄水库的防波堤可不必建得很高。库址应选有可供开发的潮差、滩底平坦、底质比较稳定（砂底或泥沙底）的浅滩。蓄水库应建成圆形（相同面积下，周长最短）。建防波堤的材料宜选廉价、松散、易运输、填筑的材料。运行方式可单库单向发电，也可单库双向发电。把圆形蓄水库制成3个库，可延长潮汐发电时间。负荷因数达62%，运行时间达81%。近海潮汐发电可用与传统潮汐电站一样的贯流式水轮发电机机组，发出的电能用水下电缆输至岸上与电网连接。

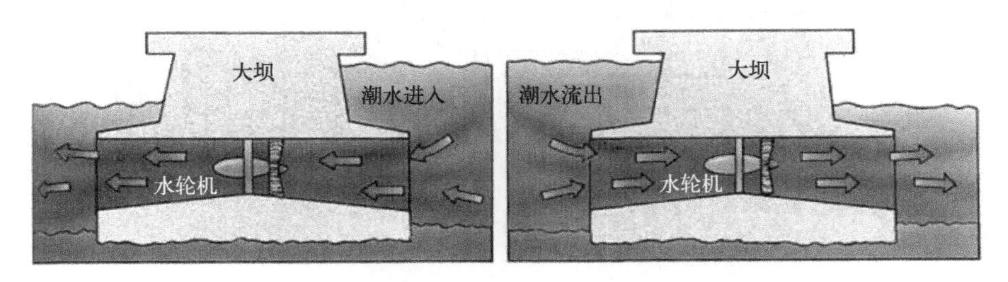

图6-17　潮汐能应用示意图

潮汐发电与普通水力发电原理类似，差别在于海水与河水不同，蓄积的海水落差不大，但流量较大，并且呈间歇性，从而潮汐发电的水轮机结构要适合低水头、大流量的特点。潮水的流动与河水的流动不同，它是不断变换方向的。

6.3.3　波浪能发电技术

对于波浪能发电装置（参见图6-18），目前各国研制的多半是用于航标灯、浮标等电源

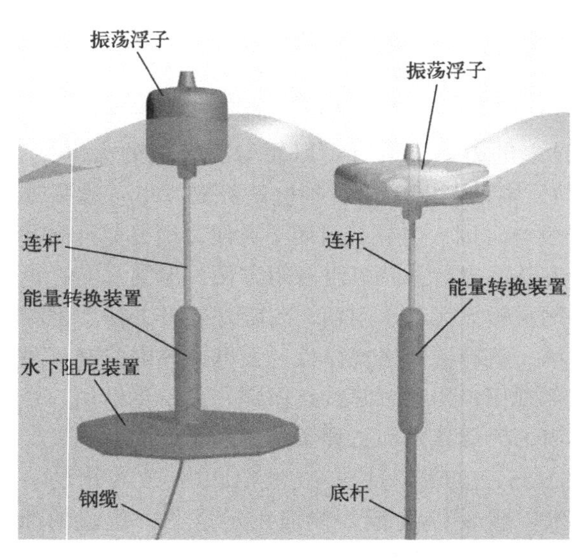

图 6-18 波浪能发电装置示意图

使用的小型波浪能发电装置。据统计，全世界约有数千座该类波力发电装置在运转，我国有 500 台左右该类装置已被投入到实际运行中。另外中大型波力发电装置也已在部分国家和地区得到发展，并涌现出一批较为成功的波力示范装置。鉴于波浪能利用在成本及其技术方面仍难以和常规能源相竞争，波力发电装置在近期内还不能得到广泛推广，但在某些不便利用常规能源的地区，如海岛和海上设施的能源供应，波力发电就显示出了其特有的优越性和生命力。随着波力发电中某些关键技术的逐步解决，波力发电必将在世界能源结构中占据重要位置。

波浪能利用的早期想法产生于人们对波浪运动的观察。这种观察告诉人们，波浪是往复运动的，因此，设计的波浪能装置也应该是往复运动的，让波浪在波浪能装置运动的过程中做正功，才能将波浪能有效地转换成有用的能量。根据这种想法，人们构思了许多波浪能装置，图 6-19 是波浪能工作原理图。这些装置的工作原理具有如下共同点。

① 具有一个在浪中运动的物体 1。

② 具有一个与物体 1 相对运动的物体 2。

③ 具有一个能量转换器将物体 1 与物体 2 之间相对运动的机械能转换成所需的能量。

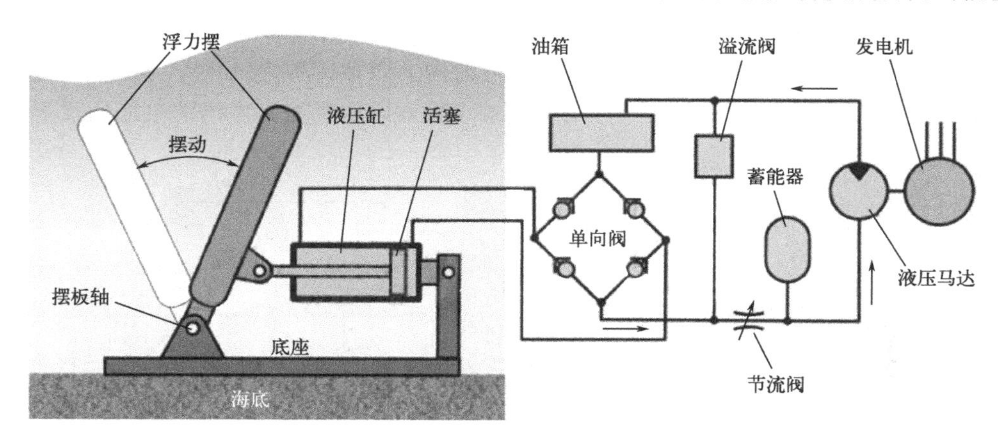

图 6-19 波浪能工作原理图

波浪能发电是波浪能利用的主要方式，此外，波浪能还可以用于抽水、供热、海水淡化以及制氢等。我国沿岸波浪理论平均功率约 1285 万千瓦。其中，台湾地区沿岸最多，占全国总量的 1/3；其次是浙江、广东和山东省沿岸，占全国总量的 55%。

到目前为止，世界上已有一些国家相继在海上建立了波浪能发电装置。波浪能是可再生能源中最不稳定的能源，波浪不能定期生产，且具有能量强，但速度慢和周期变化的特点。现有的有关波浪能发电技术的不足在于，采能的效率低，被转换的二次能量不稳定，以及对海域环境的适应性差。

6.3.4 温差能发电技术

海洋温差发电（ocean thermal energy conversion，OTEC）涉及的海洋热能主要来自于太阳能。世界大洋的面积宽广，热带海洋面积也相当宽广。海洋热能用过后即可得到补充，很值得开发利用。据计算，从南纬 20°到北纬 20°的区间海洋洋面，只要把其中一半用来发电，海水水温仅平均下降 1℃，就能获得 600 亿千瓦的电能，相当于目前全世界所产生的全部电能。

海洋温差能具有储量巨大，以及随时间变化相对稳定的特点，因此，利用海洋温差能发电有望为一些地区提供大规模的、稳定的电力。温差发电是指利用海水的温差进行发电。海洋不同水层之间的温差很大，一般表层水温度比深层或底层水高得多。据估算，海洋温差能一年约能发电 15 亿千瓦时。

海水温差发电技术，是以海洋受太阳能加热的表层海水（25～28℃）作高温热源，而以 500～1000m 深处的海水（4～7℃）作低温热源，用热机组成的热力循环系统进行发电的技术，参见图 6-20。从高温热源到低温热源，可能获得总温差 15～20℃的有效能量，最终可能获得具有工程意义的 11℃温差的能量。温差发电技术是一种利用高、低温热源之间的温差，采用低沸点工作流体作为循环工质，在朗肯循环（Rankine cycle，RC）基础上，用高温热源加热并蒸发循环工质产生的蒸汽，推动透平发电的技术，其主要组件包括蒸发器、冷凝器、涡轮机以及工作流体泵。通过高温热源加热蒸发器内的工作流体并使其蒸发，蒸发后的工作流体在涡轮机内绝热膨胀，推动涡轮机的叶片，从而达到发电的目的，发电后的工作流体被导入冷凝器，并将其热量传给低温热源，因而冷却并恢复成液体，然后经循环泵送入蒸发器，形成一个循环。

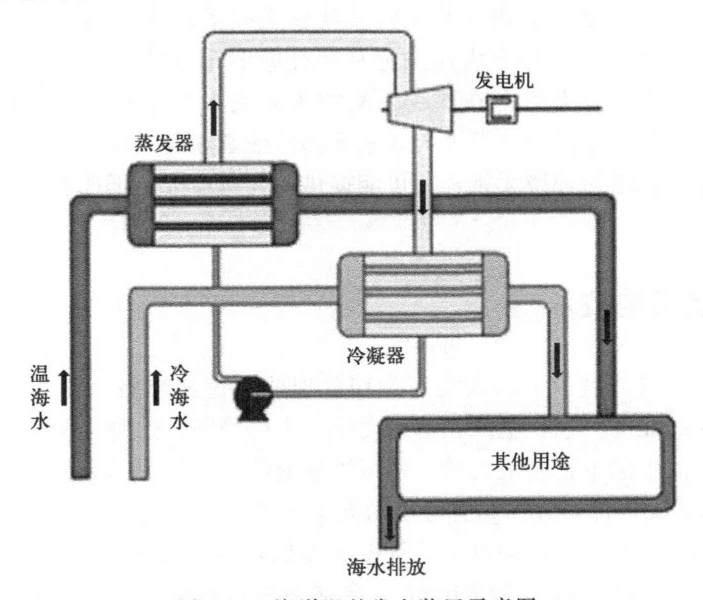

图 6-20 海洋温差发电装置示意图

遵从汤姆逊效应，其物理学机理解释如下：金属中温度不均匀时，温度高处的自由电子比温度低处的自由电子动能大。像气体一样，当温度不均匀时会产生热扩散，因此自由电子从温度高端向温度低端扩散，在低温端堆积起来，从而在导体内形成电场，在金属棒两端便形成一个电势差。这种自由电子的扩散作用一直进行到电场力对电子的作用与电子的热扩散平衡为止。

海洋温差发电过程：

① 将海洋表层的温水抽到常温蒸发器，在蒸发器中加热氨水、氟利昂等流动媒体，使之蒸发成高压气体媒体。

② 将高压气体媒体送到透平机，使透平机转动并带动发电机发电，同时高压气体媒体变为低压气体媒体。

③ 将深水区的冷水抽到冷凝器中，使由透平机出来的低压气体媒体冷凝成液体媒体。

④ 将液体媒体送到压缩器加压后，再将其送到蒸发器中去，进行新的循环。

海洋温差能的特点：

① 海洋占地球表面的70.8%。由于海洋温差能来自太阳，可以说是取之不尽，用之不竭的。

② 海水温度差只有20℃，且属于低品位能量，最大转换效率只有4%左右。

③ 属于自然能源，不会造成环境污染，与其他自然能源相比，可以不分昼夜，不受时间、季节、气候等条件的限制，能量供应稳定。

④ 由于海水具有腐蚀性、生物污损性，因此设备应考虑使用耐腐蚀、少污染材料，同时要考虑耐生物污损的对策。由于深海抽上来的海水含有较多的营养成分，有利于提高海洋渔业产量。

海洋热能转换装置最大的优点是可以不受潮汐变化和海浪影响而连续工作。另外，它不但不产生空气污染物和放射性废料，而且它的副产品是优质的淡化海水。热带海面的水温通常约在27℃，深海水温则保持在冰点以上几度。这样的温度梯度使得海洋热能转换装置的能量转换只达3%～4%。因此，海洋热能转换装置必须动用大量的水，方可弥补自身效率低的缺点。实际上20%～40%的电力用来把水通过进水管道抽入装置内部和热能转换装置四周。尽管海洋温差发电装置仍存在不少工程技术和成本方面的问题，但它毕竟有很大潜力。未来学家认为，它是全世界从石油向未来无污染的氢燃料过渡的重要组成部分。有的科学家认为，海洋温差发电对环境无害，并可能提供人类所需的全部能量，且可以实现并网供电需求，参见图6-21。

6.3.5 盐差能发电技术

海洋资源是大自然储量巨大、人类可利用的能源，比如矿藏、石油和生物资源等。然而，还有一种特殊的能源，它就蕴藏在海水之中，十分隐蔽，这种能源就是盐差能。

盐差能是海洋能中能量密度最大的一种可再生能源。在江河的入海处，一般海水含盐度为3.5%，河水的盐度很低，大约只有海水的五十分之一，盐度差导致海水对于淡水存在着渗透压以及稀释热、吸收热、浓淡电位差等浓度差能，这种能量可以转换成电能。理论上，河海交汇处的盐差能密度约为0.8kWh/m^3，全球各河口区盐差能总储量高达30TW，可能利用的有2.6TW，我国的盐差能估计为1.1×10^8kW。

据估算，地球上存在的可利用的盐差能，其能量甚至比温差能还要大。海洋盐差能发电的设想是1939年提出的。盐差能发电的原理是：当把两种浓度不同的盐溶液倒在同一容器

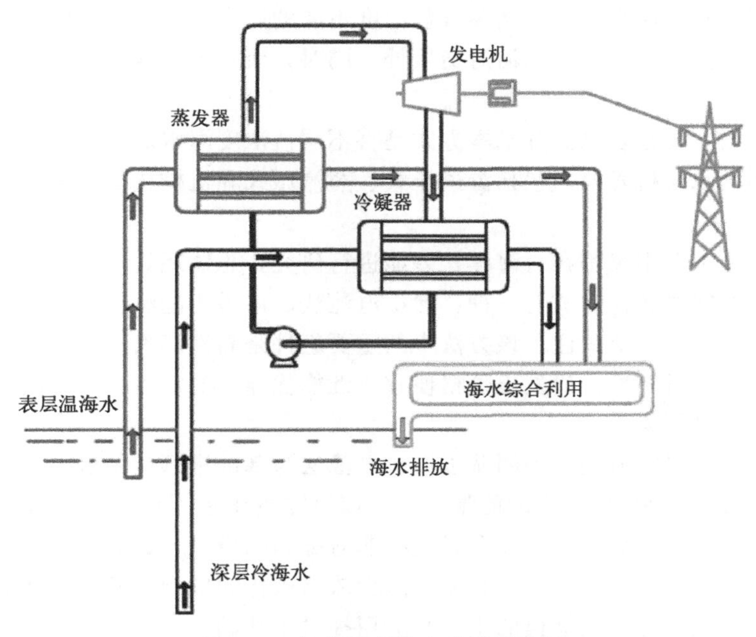

图 6-21　海洋温差发电并网示意图

中时，那么浓溶液中的盐类离子就会自发地向稀溶液中扩散，直到两者浓度相等为止。所以，盐差能发电，就是利用两种含盐浓度不同的海水化学电位差能，并将其转换为有效电能，参见图 6-22。

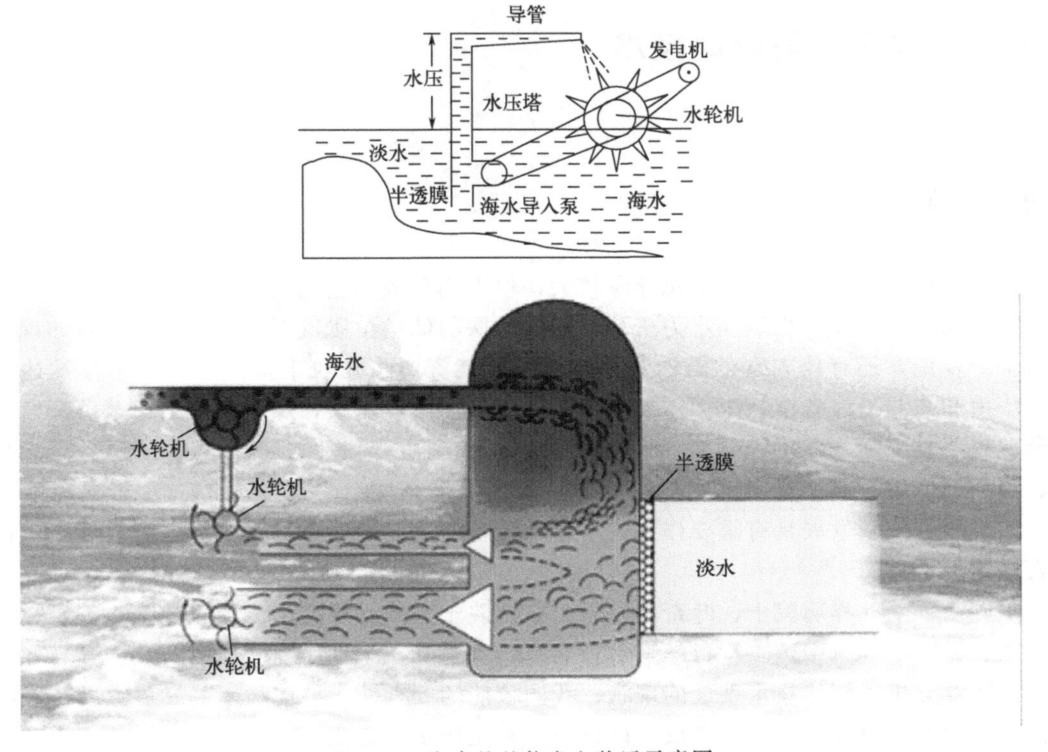

图 6-22　海水盐差能发电装置示意图

盐差能是指海水和淡水之间或两种含盐浓度不同的海水之间的化学电位差能，是以化学能形态出现的海洋能，主要存在于河海交接处。同时，淡水丰富地区的盐湖和地下盐矿也可以利用盐差能。

盐差能的利用主要是发电。其基本方式是将不同盐浓度海水之间的化学电位差能转换成水的势能，再利用水轮机发电，包括渗透压式、蒸汽压式和机械化学式等，其中渗透压式方案最受重视。

目前，世界上很多国家都在对海洋盐差能进行研究，总体还处于初期阶段。现在比较成熟的盐差能发电的能源转换方式有三种：渗析电池法、渗透压能法、蒸汽压能法。其中，渗透电池法受到科学家们广泛关注。该方法中的重要组件是高性能离子交换膜，它的作用是进行离子传输，实现能量转换。研发出价格便宜、性能优异、稳定性良好的离子交换膜是实现盐差能量转换的关键因素。

中科院理化技术研究所闻利平团队以渗析电池法为基础进行相关研究，制备出了高性能离子交换膜，实现了 2.86 W/m^2 的能量输出。该研究主要是利用天然的蚕丝与大规模生产的阳极氧化铝组装成异质结构。该复合膜具有非对称的孔道尺寸、非对称的电荷极性，以及非对称的化学行为。这种非对称结构有助于减少浓差极化的影响；而且天然的蚕丝以及规模化的氧化铝成本较低，这为大规模的生产与应用提供了基础。

盐差能发电是一项新兴的绿色能源技术，目前盐差能发电还处在初级阶段，但随着高效、耐久且经济的渗透膜的研制，以及其他相关技术的协同发展，盐差能发电成本将会不断降低，成效会不断提高，相信未来盐差能发电会得到更好的发展。

6.4 核能转换与存储技术

6.4.1 概述

我国幅员辽阔，能源资源的总储量较大，但人均资源储量低于世界平均水平，分布也不太平衡。我国有丰富的煤炭和水力资源，煤炭的探明储量位居世界第三，水力资源的理论储量占世界首位，还有较丰富的石油和天然气，核能资源也比较丰富。在经济比较发达的华东、华南和东北沿海省市，电力需求量很大，但能源严重短缺，煤炭资源缺乏，可开发的水力资源也不足。近几年的冰雪灾害，更加凸显了我国电煤紧张导致的供电问题。核能是安全、清洁、低碳、高能量密度的战略能源。我国发展核能（参见图 6-23）对于保障能源安全、实现绿色低碳发展具有重要作用，对带动装备制造业走向高端、推动经济发展、确保能源安全意义重大。

中国工程院杜祥琬院士、叶奇蓁院士、徐銤院士、万元熙院士、彭先觉院士等研究人员在中国工程院院刊《中国工程科学》2018 年第 3 期发表《核能技术方向研究及发展路线图》一文。文章分析了核能技术发展的现状、我国核能的安全性、核能技术的发展方向，并给出了核能技术发展路线图。文章建议，以第三代自主压水堆为依托，安全、高效、规模化发展核能；加快第四代核能系统研发，解决核燃料增殖与高水平放射性核素嬗变；积极发展模块

图 6-23 核能工业

化小堆，开拓核能应用范围；努力探索聚变能源。

从长远来看，煤炭、石油、天然气等资源正在逐渐减少。按照现在的发展速度计算，未来几十年，石油、天然气将枯竭，同时煤电受到节能减排等方面的限制，风电、水电、太阳能、核电等清洁能源的发展迫在眉睫。发展核电是改善能源供应最为有效的一条途径。核能发展对保障安全，实现碳达峰碳中和目标具有重大意义。国家能源局、科学技术部编制的《“十四五”能源领域科技创新规划》体现了科技引领、创新驱动、自立自强的精神，为贯彻“在确保安全的前提下积极有序发展核电”的方针提供科技支持。

电力生产一直以来是火力发电占主导地位，由此消耗了大量的化石燃料资源，其中，石油和天然气占 60%，煤占 25%。据国际能源资料统计，世界石油总资源量为 140.9×10^{9} t；世界天然气总量是 144.76×10^{12} m^{3}；世界煤炭总量为 10.32×10^{11} t。按照目前的消耗水平，全世界已探明的石油和天然气可能在未来几十年内耗尽，煤炭也只能用几百年，如果将裂变堆采用铀钚循环技术路线，发展快中子增殖堆，则世界铀资源将可供人类数千年使用。如果聚变反应堆核电技术发展成熟，投入商用，将会解决人类几亿年的能源需求。

核能作为一种清洁能源，在降低煤炭消费、有效减少温室气体排放、缓解能源输送压力等方面具有独特的优势和发展潜力，是实现碳达峰碳中和目标的重要能源组成。近年来核能发电为以安全、高效、清洁的方式供应电力，同时又解决环境和气候变化问题，提供了极其现实的选择。核能能够现实可靠地供应可调度电力，与发电波动性强、不易调度以适应电力需求的可再生能源（如风能或太阳能）形成很好的补充。核电站既可作为基荷、供应可调度电力，又可参与调峰，响应电能需求，在没有风和阳光时，与间断性的可再生能源（如风能或太阳能）形成很好的补充和支撑。

截至 2021 年 6 月 30 日，我国在运核电机组 51 台，全球第三；我国在建核电站 15 台，全球第一；核能发电量超过法国，为全球第二。全球首台三代核电机组均在中国建成发电，我国自主设计的三代核电“华龙一号”，包括出口巴基斯坦的，均已按计划建成投运；自主设计的三代核电“国和一号”正按计划进行建设。在总结设计建设和运行经验基础上，吸取新的科技创新成果，“华龙一号”和“国和一号”将不断优化升级，“华龙系列”和“国和系列”将是我国核电建设的主要机型。我国核电技术与国际核电大国同处国际先进行列，但核电占比尚只有个位数，发展空间宽阔，核电科技研发需求巨大。

核能是一次能源的重要组成部分，核反应放出的能量，与常规化石燃料相比是巨大的：1kg 铀-235（^{235}U）核裂变放出的能量相当于2000t汽油的能量或2800t标准煤，1kg 氘核聚变放出的能量相当于4kg铀。

发展核电可以节省煤、石油、天然气等大量的、日益宝贵的化石燃料，使其作为化工原料得到更有效的利用。当核聚变发电成为可能时，人类的能源利用将产生重大的突破。

十部门联合发布的《北方地区冬季清洁取暖规划（2017—2021年）》将核能纳入了清洁取暖能源之一，同时还提出加强清洁供暖科技创新，研究探索核能供暖，推动现役核电机组向周边供暖，安全发展低温泳池堆供暖示范。目前，在我国城镇集中供热中，燃煤热电联产占48%，燃煤锅炉占33%，清洁热源不超过4%；清洁供热、低碳发展要求取缔散煤燃烧和小锅炉、压减大型燃煤锅炉已经成为能源结构转型的大趋势，核电站热电联供具有重要的意义。山东烟台海阳核电站，通过抽气供热，为7000多户居民、约70万平方米的居民提供了源自核能的热能。据测算，核能供热项目首个供暖季（五个月）累计对外供热28.3万吉焦，节省标准煤9656吨，减排烟尘92.67吨、二氧化硫158.9吨、氮氧化物151吨以及二氧化碳2.41万吨，环保效益显著；并使海阳核电厂热效率从36.69%提高3.25%，达到39.94%。目前其已完成二期供热工程，为450万平方米的居民供热，取代了当地12台燃煤锅炉，节约原煤约10万吨，减排18万吨二氧化碳。海阳核电站正在加快推进以核电热电联产方式进行的核能供热，1、2号机组稍加改造后，即可具备3000万平方米供热能力。随着后续机组建成投运，预计最终可提供超过1亿平方米供热能力，供热半径达130km，每年可节约标煤约数百万吨。

核电站海水淡化：利用二回路低压缸抽汽经换热生成120～100℃热水（中间介质），以热水为动力，采用低温闪蒸技术，通过多效蒸馏、多级闪蒸两套独立的海水淡化装置，生产95℃热淡水8t/h的耗电量为1.5kWh/t淡水，热效率为82%。所生产的热淡水可为居民供热，同时为缺水地区提供淡水。

由于放射性物质主要保存在燃料元件内部，要从设计上实际消除大量放射性物质释放，最佳选择是将事故序列中止在燃料元件破损之前。现有的三代核电主要在安全系统的改进上提升核电站的安全性，核电燃料发展新概念——耐事故燃料（accident tolerant fuel），提供更长的事故应对时间、缓解事故后果，在尽量不降低经济性的前提下提高电站安全性，特别体现在燃料的事故安全性能上。主要表现在降低堆芯（燃料）熔化的风险，缓解或消除锆水反应导致的氢爆风险，提高事故下裂变产物的包容能力，进而从根本上提升核电站的安全性，简化核电站的系统，提高核燃料的燃耗，降低核燃料的费用，提高核电站的可利用率，有利于进一步提高核电的经济性。

核工业是高科技战略产业，是国家安全重要基石，因此，人工智能在核工业中的应用具有重要意义。落实新一代人工智能在核能行业发展，需深入并广泛应用以工业机器人、图像识别、深度自学习系统、自适应控制、自主操纵、人机混合智能、虚拟现实、智能建模等为代表的新型人工智能技术。

人工智能的应用将提高核电运行安全性，例如数字孪生（digital twin），就是将实体对象以数字化方式在虚拟空间“复制”，模拟其在现实环境中的运行轨迹。利用数字孪生技术，可以对实体核电站和孪生核电站的数据进行交换分析，促进核电站的运行管理和监测，指导操作员操作和事故处理，更好地确保反应堆运行安全。

人工智能和大数据的应用将加强核电关键系统和设备的自动运行监控，及时发现异常或故障，提前进行预防性维修，从而提高系统设备的可靠性，以及核电站运行的可利用率和经济性。

对人不可达区域进行机器人维修，能减少工作人员的受照剂量。核工业机器人的要求如下：耐高辐照、耐高温、耐腐蚀性液体和气体，特别是其摄像头、集成电路器件等；由于人员不能接近，机器人，包括机器人系统需有高度的可靠性、自诊断能力，自动识别故障并采取相应的应对措施，即具备必要的人工智能；在发生核事故时，核设施附近的环境非常复杂，机器人需有能自动识别、爬行或水潜的能力。核工业机器人和机器人系统的开发为严重事故处理、核电站退役创造技术条件。

小型模块化反应堆（small modular reactor，SMR）技术。SMR被设想用于小型电力或能源市场，特别是长距离输电到不了的边远地区或孤立电网，对于这些用户，大型反应堆是不可行的。SMR可以满足更广泛用户和应用灵活的发电需求，包括取代退役的化石发电厂，为发展中国家或偏远地区和离网地区提供小型电力的热电联产，以及实现混合核能/可再生能源系统。高度创新的SMR可以提供新的解决方案，进一步提高灵活性，推广分布式发电。要切实满足市场需求，新的小型模块化反应堆必须真正采用创新理念，绝对不能是目前的第三代反应堆的缩小版。创新的设计包括固有安全特性、模块化设计（根据需要，单个或多个反应堆模块集成）、多功能用途（供电、供热、海水淡化）、工厂集成、整体运输、整体安装等；以及其他先进技术的应用，诸如使用高性能燃料，燃耗增加，膨胀和裂变气体释放量有限；使用耐事故燃料，能承受高温不熔化，发生事故时防止或限制氢的产生；使用改进的堆芯内仪表，准确性更高，减少设计分析和运行保守性；数字化技术和人工智能的应用；低压回路系统采用新型复合材料以取代钢材；采用高力学性能和抗渗性能的先进混凝土等，均可明显提升小型模块化反应堆在经济上的竞争力。与间歇性风电、太阳能发电、天然气发电和用于特定应用的柴油发电机相比，小型模块化反应堆是有竞争力的。如果类似于即插即用、设计完全独立于安装地点的解决方案得到证实，有可能使核电工程在短短的2～3年内完成，它们可以成为满足市场需求，从而为能源转型作出贡献的最佳选择。

下面给出我国正在开发的各类小型堆。

① 多功能模块化小型堆。ACP100是由中国核工业集团公司（CNNC）开发的模块化压水堆设计，旨在产生125 MW的电力。ACP100基于现有的压水堆技术，采用非能动安全系统；通过自然对流冷却反应堆。ACP100将反应堆冷却剂系统（RCS）主要部件安装在反应堆压力容器（RPV）内。ACP100是一种多用途动力反应堆，设计用于发电、加热、蒸汽生产或海水淡化，适用于能源或工业基础设施有限的偏远地区。

② 浮动核电站。海上浮动核电站是将小型核反应堆和船舶结合，使核电站移动化。一般采用小型核反应堆，安全性高。浮动核电站可为海洋平台提供能源，包括电力、蒸汽、热源，并可进行海水淡化，以供给海上平台淡水等，为海洋开发提供支持。浮动核电站还可为孤立海岛、封闭海湾提供电力和能源。

③ 移动核电站。移动核反应堆将建成100kW和1MW两种，该核电站可以在公路、铁路、海上或空中安全快速移动，并能快速设置和关闭，以支持沙漠地区、边远地区、无人区的各种任务。

④ 泳池式低温供热堆。泳池式低温供热堆系统简单，主要包括反应堆系统、一回路系统、二回路系统、余热冷却系统、换料及乏燃料贮存系统、辅助工艺系统。热量经两次热交

换后进入热网，确保放射性物质不进入热网。泳池式低温供热堆固有安全性好，泳池热容量大，即使不采取任何余热冷却手段，1800多吨的池水可确保堆芯不会裸露，即使没有任何干预，也可实现26天堆芯不熔毁；抗外部事件能力强，水池全部埋入地下，避免因自然原因及人为原因造成重要设备损坏而发生核事故；易退役，放射性源项小，仅为常规核电站的百分之一，且系统简单，退役时间短；环保效益显著，一座400MWt的低温供热堆可替代32万吨燃煤，或16000万立方米的天然气。

泳池式低温供热堆还可以进一步发展，例如冬季供暖，夏季供冷，在用户端设置溴化锂吸热式制冷机，就可为用户提供冷冻水；生产同位素或单晶硅中子掺杂；利用退役燃煤热电联供厂址建设池式低温供热堆，既能减少投资，又保持热网供热。

下面介绍新一代核电技术。

核能的广泛利用必然要考虑到核资源的优化和充分利用。第四代核能系统国际论坛（GIF）发起了有关未来核能系统的联合研究。中、法、韩、日、俄、美、欧盟之间由此展开了积极合作。GIF提出了六大领域的技术目标和相关评估指标：可持续性、经济性、安全与可靠性、废物最小化、防扩散和实体保护。六类最有前景的核系统被选中，其中两类为气体（氦）冷却反应堆，两类是液态金属（钠、铅合金）冷却反应堆，一类为超临界水冷堆，一类是熔盐冷却反应堆。

① 钠冷快中子反应堆。在这些被选中的反应堆系统中，几乎所有的GIF合作国都认为，使用混合（铀、钚）氧化物（MOX）燃料的先进钠冷快中子反应堆（SFR，快中子反应堆简称快堆）在21世纪投入商用的可能性最大。我国已建成钠冷快中子实验堆，正在建设600MWe（CFR600）钠冷快中子示范核电站。CFR600将设计为采用MOX燃料的池式快堆；其热功率为1500MW，电功率为600MW；一回路中有两个环路，二回路的每个环路有8个模块化蒸汽发生器；三回路是安装一个汽轮机的典型水-蒸汽系统，蒸汽的参数为14MPa、480℃；反应性控制由两套停堆系统、一套独立补充停堆系统实现；一套非能动余热导出系统与热池相连。CFR600将在2025年以前建成。CFR600的目的是示范燃料闭路循环，为大型钠冷快堆制定标准和规范。

开发快堆的主要目的是增殖核燃料，使铀-238裂变或将其高效地嬗变成钚-239（^{239}Pu）、缓解天然铀资源可能的短缺。钠冷快堆燃料具有更高的燃耗，使其在堆中停留的时间达到热堆中的两倍，也降低乏燃料中次锕系核素的含量；钠冷快堆还可设计用来嬗变长寿命核素，以及镅等超钚元素。

在启动钠冷快堆系列项目前，需要解决此类反应堆的布置、掌握相应的燃料闭式循环等很多科学、技术问题。要解决的主要难题是对钚含量较高的钠冷快堆MOX燃料进行工业化后处理，将周转期缩短为几年。为此国际上正在研究用金属燃料替代MOX燃料，以提高燃料的增殖比；研究干法后处理技术，以克服湿法后处理所带来的难题；研究快中子反应堆、干法后处理、金属燃料制备的集成化布置（或称一体化钠冷快中子堆核能系统），以缩短燃料转运的距离和时间。

② 超高温气冷堆。我国于20世纪70年代中期开始研发高温气冷堆，HTR-10高温气冷堆实验堆于20世纪90年代建成。作为国家科技重大专项的200MWe HTR-PM示范核电站已进入装料调试。HTR-PM示范核电站由两个球床反应堆模块组成，外加一个210 MWe的汽轮机组。反应堆芯入口/出口的氦气温度分别为250/750℃，蒸汽发生器出口的蒸汽参数为13.25 MPa/567℃。2005年，一条原型燃料元件生产线在清华大学核能与新能源技术

研究院（INET）建成，每年可生产10万个燃料元件。此后，一个具备年产30万个燃料元件产能的燃料元件厂在中国北方的包头建成。

2014年GIF更新的第四代技术路线图显示，超高温气冷堆可在700～950℃（未来还可能超过1000℃）的堆芯出口温度范围内供应核热和电力。新技术路线将进一步提升反应堆出口氦气温度达1000℃，采用氦气透平循环，提高热效率；同时使核能生产延伸到为工业提供高温工艺热，包括利用核能的高温制氢，以提高制氢的效率。核能制氢（nuclear production of hydrogen）就是将核反应堆与采用先进制氢工艺的制氢厂耦合，进行氢的大规模生产。为此要研究先进的制氢工艺，诸如正在发展的新技术——热化学循环工艺（S-I、HyS、Cu-Cl等）。

③ 钍基熔盐堆。钍基熔盐堆核能系统以Li、Be、Na、Zr等的氟化盐与溶解的U、Pu、Th（钍）等的氟化物熔融混合后作燃料，在600～700℃的高温低压下运行，其中LiF、NaF、BeF_2和ZrF_4为载体盐，UF_4和PuF_3为裂变材料，ThF_4和UF_4为增殖燃料，吸收中子后产生新的裂变材料U和Pu。熔盐堆使用低能量的热中子进行裂变反应。熔盐堆的结构材料（设备和管道）采用抗高温、抗腐蚀的镍基合金，即哈斯特镍基合金-N来制造。熔盐将堆芯核裂变反应所产生的热量通过中间回路传送到热电转换系统。

我国具有丰富的钍资源，钍基熔盐堆亦被视为增殖核燃料的一条途径。为此我国正在研究设计2MW的试验反应堆和20MWe模块化钍基熔盐堆研究堆及科学设施。钍基熔盐堆技术仍有很多问题有待解决，而且要建立一套以铀钍循环为基础的核燃料循环工业体系。

④ 铅冷快堆。铅或铅合金中子吸收和慢化能力弱，反应堆中子经济性好，使其具有更高的核废物嬗变和核燃料增殖能力。铅基材料熔点低、沸点高，反应堆可以在低压运行并获得高出口温度，避免高压系统带来的冷却剂系统丧失问题，同时可实现高热电转化效率。铅基材料化学稳定性高，与空气和水反应弱，可避免起火或爆炸等安全问题。铅基材料的载热和自然循环能力强，可依靠自然循环排出余热，大大提高反应堆的非能动安全性。

当前研究进展如下：

a. 铅铋工艺技术：实现吨级规模高纯铅铋合金熔炼。

b. 氧控技术：实现高温液态铅铋合金中氧浓度在10^{-8}～10^{-6}%（质量分数）范围内的稳定控制。

c. 燃料组件技术：开展了不锈钢包壳管在高温液态铅铋环境下的腐蚀、力学性能实验，以及液态铅铋腐蚀与中子辐照协同作用实验。

d. 不同氧浓度下候选结构材料的腐蚀界面行为研究，分析氧浓度对腐蚀速率的影响及腐蚀机理，以确定CLEAR-I最佳氧浓度运行工况。

铅冷快堆比功率高，体积小，稳定性好，是核动力和移动式反应堆的可行选择。

下面介绍乏燃料后处理及放射性废物处理与处置。

要实现核燃料的增殖和循环利用必须开展乏燃料的后处理，首先是压水堆乏燃料的后处理，我国已建成并投运了乏燃料后处理中间试验厂，正在建设示范工程，有关后处理技术的各项科研试验正在进行。

放射性废物的安全管理是发展核电必须解决的一个关键问题，要做到合理可行且废物量尽量低，需要开展大量的科研试验，比如等离子熔融、蒸汽重整等技术。处置最终的长寿命放射性废物需要克服许多重大障碍，深地质处置库是处置此类放射性废物的公认方法。

6.4.2 核能发电技术

核能发电（特别是核聚变能发电）是人类最现实和有希望的能源方式。核能是可裂变原子核（例如铀-235）在减速中子轰击下产生链式反应释放出来的能量（热反应堆发电站）。1kg 铀-235 变时放出的能量相当于 2000t 汽油的能量或 2800t 标准煤。但是天然铀中铀-235 的含量仅占 0.7%，其余 99.3%为铀-238。而铀-238 为非裂变元素，不能直接作为热堆核燃料。因此，用热中子反应堆发电，地球上有的核燃料资源将不能供应很长时间。常规核能发电系统和并网用电示意图如图 6-24 所示。

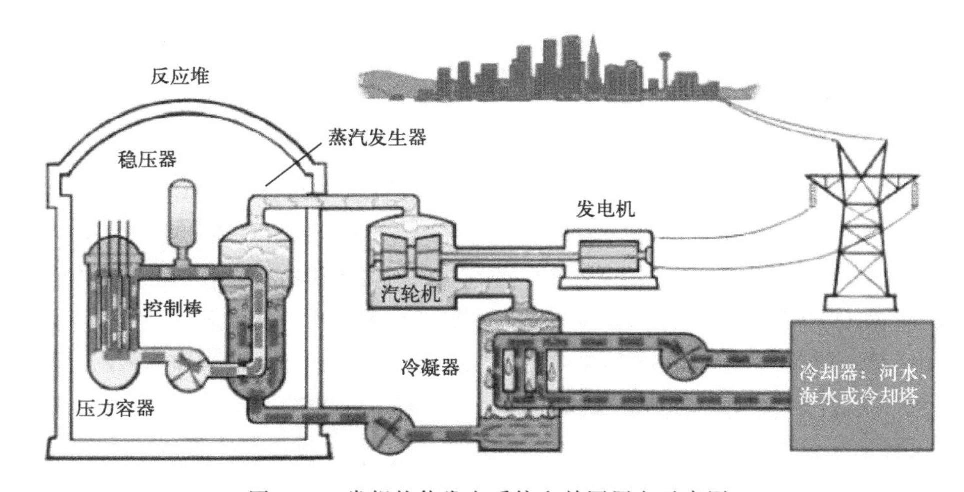

图 6-24 常规核能发电系统和并网用电示意图

(1) 核裂变

核裂变，又称核分裂，是指由重的原子核（主要是指铀核或钚核）分裂成两个或多个质量较小原子的一种核反应形式。原子弹或核能发电厂的能量来源就是核裂变。其中铀裂变在核电厂最常见，热中子轰击铀-235 原子后会放出 2～4 个中子，中子再去撞击其他铀-235 原子，从而形成链式反应。

只有一些质量非常大的原子核像铀、钍和钚等才能发生核裂变。这些原子的原子核在吸收一个中子以后会分裂成两个或更多个质量较小的原子核，同时放出二个到三个中子和很大的能量，又能使别的原子核接着发生核裂变……裂变持续进行下去，这种过程称作链式反应。原子核在发生核裂变时，释放出巨大的能量，这些能量被称为原子核能，俗称原子能。1kg 铀-235 的全部核的裂变将产生 20000MWh 的能量，与燃烧至少 2000t 煤释放的能量一样多，相当于一个 20MW 的发电站运转 1000h。

核裂变也可以在没有外来中子的情形下出现，这种核裂变称为自发裂变，是放射性衰变的一种，只存在于几种较重的同位素中。不过大部分的核裂变都是一种有中子撞击的核反应，反应物裂变为二个或多个较小的原子核。核反应是依中子撞击的机制所产生，不受自发裂变中相对较固定的指数衰减及半衰期特性所控制。

铀裂变在核电厂最常见，热中子轰击铀原子会放出 2～4 个中子，中子再去撞击其他铀原子，从而形成链式反应而自发裂变。撞击时除放出中子外，还会放出热，如果温度太高，反应炉会熔掉，而演变成反应炉熔毁造成严重灾害，因此通常会放控制棒（中子吸收体）去吸收中子以降低分裂速度。

核裂变示意参见图 6-25。

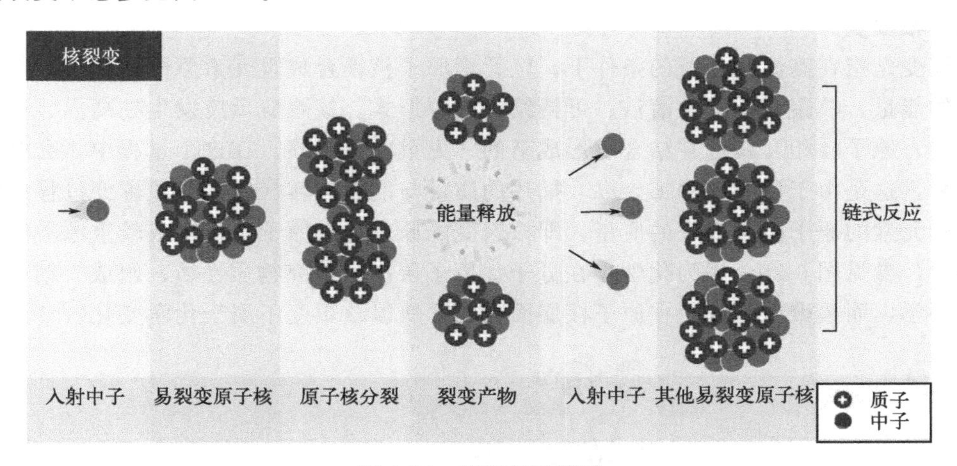

图 6-25 核裂变示意图

原子核裂变反应是指铀-235，钚-239、铀-233 等元素在中子作用下分裂为两个碎片，同时释放出中子和大量能量的过程。裂变释放能量是与原子核中质量-能量的储存方式有关。从最重的元素一直到铁，能量储存效率基本上是连续变化的，所以，重核能够分裂为较轻核（到铁为止）的任何过程在能量关系上都是有利的。如果较重元素的核能够分裂并形成较轻的核，就会发生质量亏损，并转变为能量释放出来（需要注意，核裂变本身并不释放能量）。

然而，很多这类重元素的核一旦在恒星内部形成，即使在形成时要求输入能量（取自超新星爆发），它们却是很稳定的。不稳定的重核，比如铀-235 的核，可以自发裂变。快速运动的中子撞击不稳定核时，也能触发裂变。由于裂变本身释放分裂的核内中子，所以如果将足够数量的放射性物质（如铀-235）堆在一起，那么一个核的自发裂变将触发近旁两个或更多核的裂变，其中每一个至少又触发另外两个核的裂变，依此类推而发生所谓的链式反应。这就是称之为原子弹（实际上是核弹）和用于发电的核反应堆（通过受控的缓慢方式）的能量释放过程。

对于核弹，链式反应是失控的爆炸，因为每个核的裂变引起另外好几个核的裂变。对于核反应堆，反应进行的速率用插入控制棒来控制，使得平均起来每个核的裂变正好引发另外一个核的裂变。核裂变所释放的高能量中子移动速度极高（快中子），因此必须通过减速，以增加其撞击原子的机会，同时引发更多核裂变。一般商用核反应堆多使用慢化剂将高能量中子速度减慢，使其变成低能量的中子（热中子）。商用核反应堆普遍采用镉棒、石墨和较昂贵的重水作为慢化剂。

核电站和原子弹是核裂变能的两大应用，两者机制上的差异主要在于链式反应速度是否受到控制。核电站的关键设备是核反应堆，它相当于火电站的锅炉，受控的链式反应就在这里进行。核反应堆有多种类型，按引起裂变的中子能量可分为热中子堆和快中子堆。热中子的能量在 0.1eV（电子伏特）左右，快中子能量平均在 2eV。运行的是热中子堆，其中需要有慢化剂，通过它的原子与中子碰撞，将快中子慢化为热中子。慢化剂用的是轻水、重水或石墨。堆内还有载出热量的冷却剂，冷却剂有轻水、重水和氦等。根据慢化剂、冷却剂和燃料不同，热中子堆可分为轻水堆（用轻水作慢化剂和冷却剂，稍加浓铀作燃料）、重水堆（用重水作慢化剂和冷却剂，稍加浓铀作燃料）和石墨水冷堆（石墨慢化，轻水冷却，稍加浓铀作燃料），轻水堆又分压水堆和沸水堆。

（2）核聚变

核聚变是指在高温和高压的条件下，轻元素原子核聚合成重元素原子核的过程，并释放出大量的能量。核聚变是一种清洁、可持续的能源形式。核聚变反应发生在高温、高压的等离子体中，原子核相互靠近并结合，形成新的、更重的原子核。在这个过程中，会释放出巨大的能量，这是由于质能方程 $E=mc^2$ 描述的质量与能量的转换原理。核聚变过程中的能量来源于轻元素的原子核所损失的质量，即核聚变的原理是轻原子核结合成较重原子核时放出巨大能量，参见图 6-26。因为化学是在分子、原子层次上研究物质性质、组成、结构与变化规律的科学，而核聚变是发生在原子核层面上的，所以核聚变不属于化学变化。

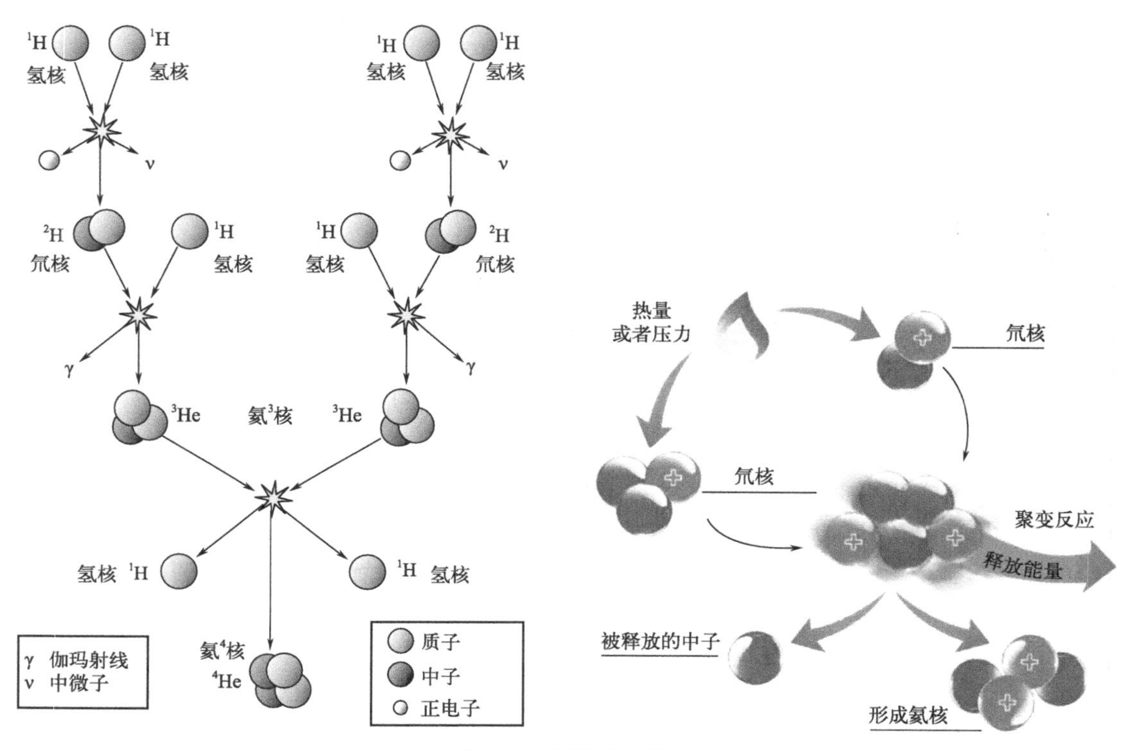

图 6-26　核聚变示意图

① 核聚变反应类型

a. 氘-氚反应（地球上最容易实现）。

$$\text{D(氘)}+\text{T(氚)}\longrightarrow {}^{4}\text{He(氦)}+\text{n(中子)}+17.6\text{MeV}$$

$$\text{n(中子)}+{}^{6}\text{Li(锂)}\longrightarrow {}^{4}\text{He(氦)}+\text{T(氚)}+4.79\text{MeV}$$

$$\text{n(中子)}+{}^{7}\text{Li(锂)}\longrightarrow {}^{4}\text{He(氦)}+\text{T(氚)}+2.47\text{MeV}$$

b. 氘-氘反应。

$$\text{D(氘)}+\text{D(氘)}\longrightarrow \text{T(氚)}+\text{p(质子)}+4.04\text{MeV}$$

c. 氘-氦反应。

$$\text{D(氘)}+{}^{3}\text{He(氦)}\longrightarrow {}^{4}\text{He(氦)}+\text{p(质子)}+18.14\text{MeV}$$

d. 氢-硼反应。

$$p(质子)+{}^{11}B(硼)\longrightarrow 3({}^{4}He)+18.6MeV$$

② 核聚变类型

a. 热核聚变。如果要进行热核聚变反应，首先就必须提高物质的温度（几百万摄氏度以上的高温），使原子核和电子分开，处于这种状态的物质称为等离子体。核力是一种非常强大的力量，但其力量所涉及的范围仅止于 10^{-15}m 左右，当质子和中子互相接近至此范围时，核力就会发挥作用，因而发生核聚变反应。

b. 冷核聚变。冷核聚变是指常温、常压下发生的核聚变反应的假说。冷核聚变不同于恒星内部、热核武器和实验性聚变反应堆中高温、高压的“热”核聚变，也不包括常温的 μ 子催化聚变。目前，并不存在被主流物理学共识接受的冷核聚变理论或现象。

③ 核聚变的发展历程　核聚变的研究始于20世纪40年代，从最初的基本原理研究逐渐发展到各种实验装置的建设和探索。核聚变研究的目标是实现可控核聚变反应，为人类提供无尽的清洁能源。

④ 核聚变能的优势

a. 能源丰富：核聚变所需的原料氘和氚非常丰富，分别存在于海水和锂矿中，足够支撑地球数百亿年的能源需求。

b. 环境友好：核聚变反应生成的废物主要为氦气，对环境无害。此外，核聚变反应没有产生大量温室气体，有助于缓解全球气候变暖问题。

c. 安全性高：核聚变反应不会产生核爆炸的可能性，因为反应过程中的等离子体温度很高，难以维持长时间的反应。此外，聚变反应的控制更为容易。

⑤ 核聚变能的挑战

a. 技术难题：实现核聚变反应需要高温高压的条件，现有技术难以实现稳定的核聚变等离子体。

b. 经济性问题：核聚变实验装置的建设和运行成本非常高，目前还不能实现商业化运行。

⑥ 核聚变实验装置

a. 托卡马克装置：这是一种环形磁约束聚变装置，通过强磁场将高温等离子体约束在环形结构中，实现核聚变反应。

b. 激光惯性约束核聚变装置：激光惯性约束核聚变装置利用高能激光束将燃料球压缩至极端条件，引发核聚变反应。

c. 磁约束惯性核聚变装置：磁约束惯性核聚变装置结合了磁约束和惯性约束的技术，旨在实现可控核聚变的突破。

⑦ 核聚变的商业化前景　尽管核聚变研究面临诸多挑战，但随着技术进步，实现核聚变商业化运行的前景越来越明朗。一旦核聚变能成功实现商业化应用，它将为人类提供几乎无限的清洁能源，有望彻底改变全球能源格局。

实现核聚变能源的商业化应用需要解决以下几个关键问题：

a. 等离子体的稳定性：可控核聚变需要在长时间内维持稳定的高温等离子体状态，以实现持续的能量输出。目前，研究人员尚未找到一种有效的方法来稳定高温等离子体。

b. 反应条件的控制：核聚变反应需要极端的高温高压环境。目前的托卡马克装置等实验设备虽然可以实现一定程度的核聚变反应，但还难以满足商业化应用的能量产出需求。

c. 材料问题：核聚变反应产生的高能中子会对反应器内的材料造成极大的损伤。目前尚未找到一种能够承受长时间高强度辐射的材料。

d. 经济性问题：目前的核聚变实验装置建设和运行成本非常高，尚未达到足够的经济效益。要实现核聚变能源的商业化应用，还需要降低成本，提高能源产出效率。

⑧ 核聚变与核裂变的区别 详细内容参见表 6-2。

a. 能量密度：核聚变的能量密度远高于核分裂，单位质量产生的能量要大得多。

b. 放射性废物：核聚变产生的废物主要为氦气，对环境无害；而核分裂产生的放射性废物具有很高的辐射危害，处理和储存难度较大。

c. 安全性：核聚变的安全性优于核分裂，不会发生核爆炸或者大规模放射性物质泄漏的事故。

d. 能源来源：核聚变所需的原料氘和氚非常丰富，可从海水和锂矿中提取；而核分裂所需的铀资源相对有限。

表 6-2 核聚变与核裂变的优、劣势

核聚变优势	核裂变劣势
释放的能量远大于核裂变	反应放能效率不如核聚变
无难以处理的核废料，无污染	反应后的乏燃料放射性大，难以处理
不会产生放射性射线	一旦发生事故，放射性物质对环境污染严重
燃料供应充足，提取相对容易，地球上有 10 万亿吨重氢	燃料开采提取需要大量成本，地球上接近 600 万吨的铀矿，少于重氢
核聚变劣势	**核裂变优势**
反应要求与技术要求极高	反应比较容易达到
对核反应程度控制难度大	中子吸收棒可对核反应进行控制
没有成熟的技术和商用经验	技术条件成熟，已大规模商业化

⑨ 核聚变在国际合作中的地位

a. 国际热核聚变实验堆（ITER）：ITER 是一个国际核聚变能源研究和工程项目，旨在证明核聚变能源的可行性和可持续性。该项目由美国、欧盟、日本、俄罗斯、中国、韩国和印度共同参与。

b. 国际原子能机构（IAEA）：该机构负责核聚变研究的国际合作和技术交流，推动全球核聚变技术的发展。

⑩ 核聚变的应用前景

a. 能源领域：核聚变作为清洁能源，有望在未来替代化石燃料，满足人类的能源需求。

b. 空间科技领域：核聚变的高能量密度使其成为未来深空探测任务的理想能源。

c. 环保领域：核聚变能源的开发将有助于减少温室气体排放，缓解全球气候变暖问题。

⑪ 核聚变技术的研究进展 近年来，核聚变技术取得了一系列重要突破，包括托卡马克装置的温度和压力记录刷新、激光惯性约束核聚变装置的能量产出增加等。这些进展为实现核聚变能源的商业化应用奠定了基础。

⑫ 核聚变技术的前景挑战

a. 等离子体的稳定性：为了实现核聚变反应，等离子体需要在极端条件下保持稳定，这是目前核聚变研究的一大挑战。

b. 材料问题：核聚变反应过程中产生的高能中子对材料的损伤极大，需要研发新型耐辐射材料。

c. 核聚变反应的触发和控制：如何有效触发和控制核聚变反应，以实现可持续的能量输出，仍然是一个亟待解决的问题。

⑬ 核聚变技术的国际竞争　随着全球能源需求的增长和环境问题的加剧，各国纷纷加大对核聚变技术研究的投入，以争取在未来能源革命中占得先机。美国、欧盟国家、中国等都在核聚变领域取得了重要进展，竞争愈发激烈。核聚变具有巨大的发展潜力和广阔的应用前景。尽管目前核聚变技术仍面临许多挑战，但随着国际合作和技术创新的加速，核聚变能源的商业化应用指日可待。在未来，核聚变能源有望成为人类解决能源危机和环境问题的重要途径。

(3) 核电厂

核电厂就是利用核能发电的电厂。核能是指原子核结构发生变化时释放出的能量，包括裂变能和聚变能。核电厂与火电厂一样由两大部分组成：蒸汽供应系统和汽轮发电机系统。这两种电厂的蒸汽供应系统有较大的差异，其汽轮发电机系统基本相似。核电厂的蒸汽供应系统是核蒸汽供应系统，由核燃料在反应堆内发生可控链式裂变反应，放出核能加热水来产生蒸汽；而火电厂的蒸汽供应系统是由煤或石油在锅炉内燃烧，放出化学能加热水来产生蒸汽。核电站的主体包括反应堆、蒸汽发生系统及汽轮发电机；此外，还有稳压器、冷凝器、各类泵、加热器、再热器、管道、变电和输电系统等，参见图6-27。核电厂的心脏是核反应堆。所谓反应堆是指对链式反应加以控制，使其能量缓慢释放出来以便于为人类所利用的核反应装置。现阶段一般专指裂变堆。在核反应堆中，将中子减速（成为热中子），使其更容易击中核燃料的原子核引起裂变的物质称为慢化剂或减速剂；将核裂变产生的热量带出反应堆的介质称为冷却剂或载热剂。

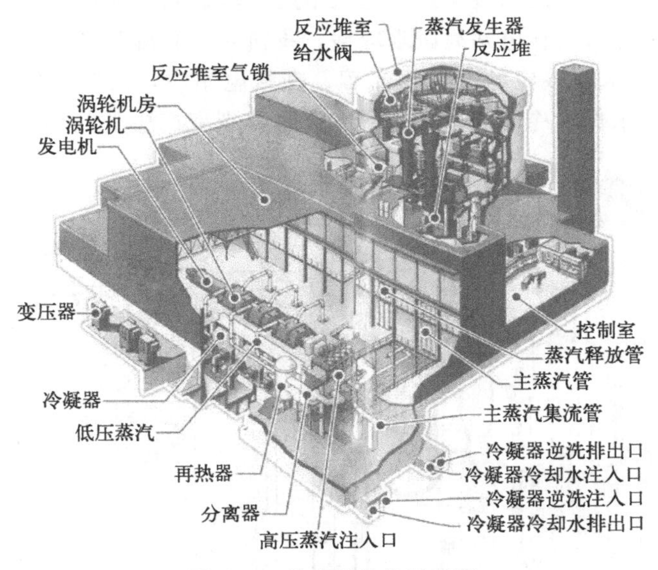

图6-27　核电站结构示意图

从前述可知，反应堆是利用易裂变的原子核，使之产生可控的、自持的、链式裂变反应的装置。裂变的同时，产生大量的核能、新的核素以及次级中子。反应堆中有燃料、慢化剂、结构材料和控制材料等。反应堆一旦运行后，堆内中子要与这些原子核发生各种类型的相互作用，产生新核，发生一系列的放射性衰变现象。因此反应堆是一个强大的各种粒子

（中子、α粒子、β粒子和γ粒子）辐射场。同时，反应堆的运行是建立在中子与堆内物质相互作用的基础上。

现在使用最普遍的民用核电站大都是压水堆核电站，流程参见图 6-28，它的工作原理是：用铀制成的核燃料在反应堆内进行裂变并释放出大量热能；高压下的循环冷却水把热能带出，在蒸汽发生器内生成蒸汽，推动发电机旋转，从而产生电能。

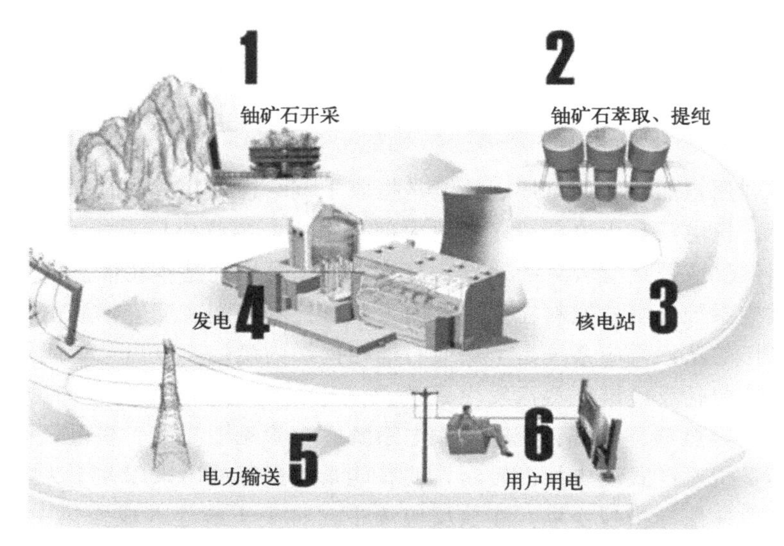

图 6-28 核电厂核能应用及并网示意图

压水堆以普通水作冷却剂和慢化剂，是从军用堆基础上发展起来的最成熟、最成功的堆型。目前大多数商业运行的核电站为压水堆型，我国的核电站大部分属于压水堆核电站。

图 6-29 所示为压水堆核电站的原理流程。在核电站中，反应堆的作用是进行核裂变，将核能转化为热能。水作为冷却剂在反应堆中吸收核裂变产生的热能，成为高温高压的水，

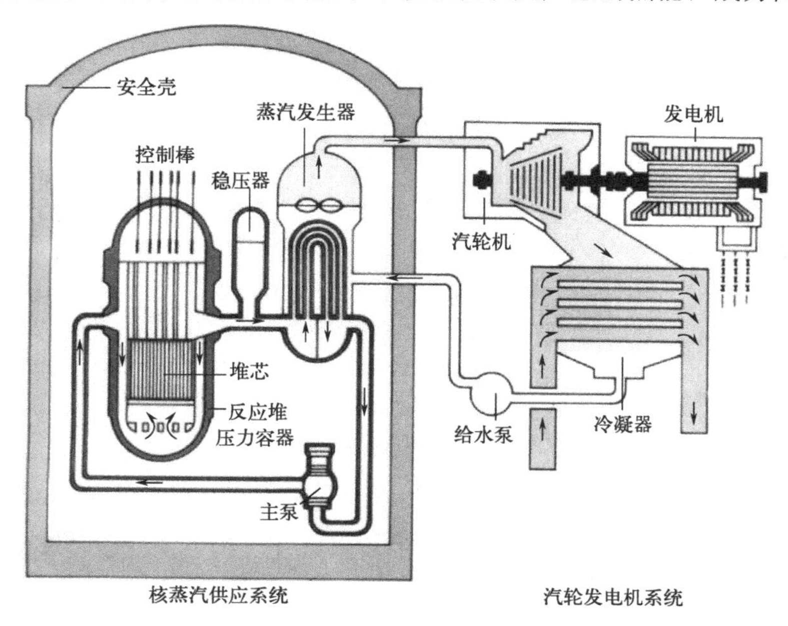

图 6-29 压水堆核电站示意图

然后沿管道进入蒸汽发生器的U形管内，将热量传给U形管外侧的汽轮机工质（水），使其变为饱和蒸汽。被冷却后的冷却剂再由主泵打回到反应堆内重新加热，如此循环往复，形成一个封闭的吸热和放热的循环过程，这个循环回路称为一回路，也称核蒸汽供应系统。一回路的压力由稳压器控制。由于一回路的主要设备是核反应堆，通常把一回路及其辅助系统和厂房统称为核岛。

6.4.3　核能的应用及发展

(1) 核能应用的发展现状

① 压水堆是核电开发的首要选择　当前，全球现役核电机组共450台，总装机容量为394GW，其中有294台是压水堆；在建机组为55台，其中45台是压水堆。我国商用核电机组为38台，其中36台是压水堆；在建核电机组为19台，其中17台是压水堆。压水堆仍将在相当长时间内占据主导地位。

② 现役机组性能不断改善　1980—2016年，全球核电平均负荷因子从60%提高到了80.5%。约1/3机组的负荷因子超过90%，高龄机组的负荷因子几乎和新机组相当，并没有出现由于服役时间增加而性能显著下降的情况。我国核电负荷因子从2014年的86.32%降低至2017年的81.14%，主要原因是辽宁和福建核电消纳能力不足。我国核电正面临着参与调峰的压力。目前，我国正在运行的核电机组参见表6-3。

表6-3　我国正在运行的核电机组

机组名称	所在地	额定功率/kW	并网时间
秦山核电站	浙江海盐	30万	1991.02
大亚湾核电站1号机组	广东深圳	90万	1993.08
大亚湾核电站2号机组	广东深圳	90万	1994.02
秦山二期1号机组	浙江海盐	90万	2002.02
岭澳核电站1号机组	广东深圳	60万	2002.04
岭澳核电站2号机组	广东深圳	98.4万	2002.12
秦山三期1号机组	浙江海盐	98.4万	2002.11
秦山三期2号机组	浙江海盐	72.8万	2003.06
秦山二期2号机组	浙江海盐	60万	2004.03
田湾核电站1号机组	江苏连云港	100万	2007.05
田湾核电站2号机组	江苏连云港	100万	2007.08
岭澳二期3号机组	广东深圳	100万	2010.09
秦山二期3号机组	浙江海盐	65万	2010.10

③ 高龄机组延寿成为趋势　当前全球约有300台机组运行超过30年，其中约100台超过40年。从20世纪90年代开始，实施运行机组的延寿改造，经寿命评估、安全分析和系统技术改造后，设备性能提升成效显著，99台机组中有84台已经被授权许可延寿到60年。

④ 核电建设迎来热潮，第三代堆将成为主流技术　全球有15个国家共55台机组在建（其中包括白俄罗斯共和国和阿拉伯联合酋长国两个无核电国家的2台机组）。此外，有42个国家正在规划或者考虑建设核电（含26个无核电国家）。国际原子能机构预测，到2030

年全球将新建核电 101～206GW，核电装机容量约为 345～554GW。福岛事故后，国际社会对新建核电机组的安全性提出了更高的要求，第三代先进压水堆被寄予厚望。但 2014 年在建的 18 个第三代压水堆（8 个 AP1000，6 个 AES-2006，4 个 EPR）中，有 16 个存在不同程度的延期情况，首堆经济性有待提高。我国自主开发的“华龙一号”国内外示范工程建设进展顺利。

⑤ 小型模块化反应堆研发掀起热潮　SMR 具有固有安全性好、单堆投资少、用途灵活的特点。从 20 世纪 90 年代以来被资助开发的 SMR，被希望可以替代大量即将退役的小火电机组。全球范围内提出了约 50 种 SMR 设计方法和概念。正在建设的示范工程包括阿根廷的 CAREM-25（一体化压水堆）、中国的 HTR-PM（高温气冷堆）、俄罗斯的 KLT-40S（海上浮动堆）。近期可能会批准建设的包括美国的 mPower 和 NuScale，以及韩国的 SMART 等小型模块化压水堆。中国提出了 ACP100、CAP150、ACPR50S 等小型压水堆概念，其中 ACP100 成为世界上首个通过 IAEA 安全审查的小堆。

⑥ 乏燃料管理压力增大，核燃料循环后端需求日益迫切　截至 2016 年底，全球储存乏燃料约 2.73×10^5t，且每年新增 7000t，乏燃料储存压力日益增加；另外，高水平放射性废物地质处置工作进展缓慢，不少国家面临公众反对压力，只有芬兰、法国、瑞典已经宣布预计运行时间，实现技术可行、社会可接受的深地质处置库。我国部分核电厂乏燃料水池储存能力接近饱和，乏燃料运输和离堆储存能力也很有限；后处理和废物处置需求日益迫切。

⑦ 第四代先进核能系统初现端倪　第四代核能系统最显著的特点是强调固有安全性，这是解决核能可持续发展问题的关键环节。GIF 提出六种堆型，包括钠冷快堆、铅冷快堆、气冷快堆、超临界水堆、超高温气冷堆和熔盐堆。行波堆和加速器驱动的次临界系统（ADS）也可以满足第四代堆的要求。

上述 8 种堆型处在不同的发展阶段，详见表 6-4。其中钠冷快堆和高温气冷堆基础较好。超高温气冷堆和行波堆适宜采用燃料一次通过，其他几种堆型都适宜采用闭式燃料循环。

表 6-4　第四代反应堆发展现状

堆型	主要优势	技术发展阶段
钠冷快堆	闭式燃料循环	俄罗斯 BN-800 示范快堆建成；我国钠冷快堆示范工程开工
铅冷快堆	小型化、多用途	关键工艺技术研究
气冷快堆	闭式燃料循环	出现关键技术难以克服的情况
超高温气冷堆	核能的高温利用	我国高温气冷堆示范工程开工
超临界水堆	在现有压水堆的基础上提高经济性与安全性	关键技术和可行性研究
熔盐堆	钍资源利用	关键技术和可行性研究
ADS	嬗变	关键工艺技术研究
行波堆	提高铀的利用率	关键工艺技术研究

(2) 核能技术的发展方向

① 核能领域科技发展存在的重大技术问题

a. 热堆规模化发展需要解决的技术问题。铀矿勘查、采冶开发需要加强。根据我国新一轮铀矿资源潜力评价的结果，在不考虑引入 MOX 燃料元件、发展快堆技术的前提下，国内

天然铀只能满足近 1×10^8kW 压水堆核电站全寿命周期（60 年）运行需求。我国铀资源勘查程度低，考虑到从地质勘查到获得天然铀，再通过铀的转化、铀同位素分离和制造出核燃料元件入堆，至少需要 15 年，必须从现在开始加强地质勘查和采冶开发，以保证我国核电的可持续发展。

核燃料组件制造产能不足。我国目前的燃料组件产能为 1400tU/a。按照每个压水堆约需 30tU 测算，到 2020 年，总的燃料元件需求约 1800tU/a，供需缺口达到 400tU/a。

第三代先进压水堆的安全性和经济性需要优化平衡。目前国内外在建的三代压水堆如 AP1000、EPR 都有不同程度的延期，造成首堆经济性较差，从而引发公众质疑核电经济性逐步变差。这是关系第三代核电规模化推广的重大问题，亟待开展系统性的研究工作。

在核能规模化发展阶段，核设施运行与维修技术需要升级。当存在大量高龄机组时，必须全面升级运行维修技术，实现从低端手工式作业到高端智能式作业的转变；核电设备的可靠性、老化管理技术及应急响应技术都需要尽快完善和提高。

核电软件能力建设急需加强。近几年，我国核电软件自主化开发取得关键突破，结束了我国核电没有自主设计软件的历史。美国和欧盟正在开发数值核反应堆技术，旨在以高性能计算技术为基础，利用多物理、多尺度耦合技术建立一个具有预测反应堆性能的虚拟仿真环境。国内应该联合优势力量，争取在新一轮的核能软件研发领域赶上欧美发达国家的步伐。

急需开展后处理能力建设，并配套发展离堆储存技术，解决目前的核电乏燃料后处理和堆内储存矛盾。高水平放射性废物处置工作需要尽快展开。

b. 快堆和第四代堆发展需要解决的技术问题。

一是裂变燃料的增殖。虽然短期内不存在铀资源制约问题，但我国核电长期规模化发展仍面临燃料供应不足的风险。快堆理论上可以将铀资源利用率提高到 60%以上，有望成为一种千年能源。钠冷金属燃料快堆增殖比高，配合先进干法后处理和元件快速制造技术可以实现较短的燃料倍增时间，有利于核能快速扩大规模，因此应该及早开展相关的基础研究。

二是超铀元素分离与嬗变。超铀元素含有宝贵的核燃料，也是乏燃料长期放射性的主要来源，它的处理是影响公众对核电接受度的重要问题。分离和嬗变是处理超铀元素的有效途径，需要发展先进的分离技术、废物整备技术、含 MA 元件/靶件制备技术，加快研发关键设备与材料。超铀元素的嬗变需要开发专用嬗变快堆或者 ADS。

三是先进核能的多用途利用。除了发电，核能在供热（城市区域供热、工业工艺供热）、海水淡化和核动力领域都很有发展潜力。开发模块化压水堆、超高温气冷堆、铅冷快堆等小型化多用途堆型，可以作为核能发展的重要补充。

四是第四代堆型的定位和取舍。第四代堆型众多，且处于不同的发展阶段，一个国家没有必要、也没有能力全面发展。因此，应该加强核能战略研究，明确各种堆型的独特优势、技术成熟度和发展的空间。

c. 聚变科学需要解决的技术问题。

实现受控聚变主要有磁约束和惯性约束两种途径，二者均处于不同探索阶段，距离聚变能源的要求还比较远。磁约束聚变界正在联合建造国际热核聚变实验堆，将在 ITER 上研究稳态燃烧等离子体各类物理与技术问题，验证开发利用聚变能源的科学可行性和工程可行性。Z 箍缩惯性约束聚变首先需要解决点火问题。

实现大量聚变反应所需的关键技术，对磁约束聚变而言是加热、约束（实现聚变）和维持（长时间或平均长时间的聚变反应）；对惯性约束而言则是压缩、点火和高重复频率点火。

未来的磁约束聚变装置必须以长脉冲或者连续方式运行，以便获得可实用的聚变能量并稳定输出；惯性约束聚变要能获得大量聚变能量必须实现以高重复频率点火方式运行，具有相当大的挑战。

聚变能源在商业应用前还需研制能耐高能中子辐照的材料，建立能够实现氚自持的燃料循环等诸多工程技术挑战。发展聚变裂变混合堆有可能促进聚变能提前应用，其在未来能源中的竞争力应该和第四代堆及纯聚变堆比较。

② 核能领域科技发展态势　压水堆将是2030年前我国核电发展的主力。核电总体发展方向是围绕核能利用的长期安全稳定及效能最大化。安全性仍然是核电发展的前提，实现安全性与经济性的优化平衡是第三代核电发展面临的现实挑战。压水堆乏燃料的干式储存、运输、后处理、高水平放射性废物处置需要统筹考虑和合理布局。

快堆及第四代堆是核能下一步的发展方向。预计2030年前后将有部分成熟第四代堆推向市场，之后逐渐扩大规模。钠冷快堆是目前第四代堆中技术成熟度最高、最接近商用的堆型，也是世界主要核大国继压水堆之后的重点发展方向。钠冷快堆首先需要通过示范堆证明其安全性和经济性。快堆配套的燃料循环是关系快堆规模化发展的关键，涉及压水堆乏燃料后处理、快堆燃料元件生产、快堆乏燃料后处理等环节。如果非常规铀开发取得突破，如海水提铀技术，那么快堆能源供应的需求会弱化，嬗变超铀元素和长寿命裂变产物的需求会强化。即使快堆的定位从增殖转向嬗变，发展规模相应减少，但快堆及其燃料循环发展还是必需的。

考虑到快堆燃料循环的建立需要数十年的时间，应该及早开展相关研究工作，加强技术储备。我国的高温气冷堆技术世界领先，在此基础上发展超高温气冷堆，将是核能多用途利用的重要方式之一；其他第四代堆技术尚处于研发阶段，在某些技术上具有一定的优势，但也存在着需要克服的工程难题，应该首先加强共性基础问题研究。

聚变能是未来理想的战略能源之一。在磁约束聚变领域，托卡马克的研究目前处于领先地位。我国正式参加了ITER项目的建设和研究；同时正在自主设计、研发中国聚变工程试验堆（CFETR)。在惯性约束领域，Z箍缩作为能源更具有潜力，我国提出的Z箍缩驱动的聚变-裂变混合堆更有可能发展成具有竞争力的未来能源。实现聚变能的应用尚未发现任何捷径，但需要继续关注国际聚变能研究的新思想、新技术和新途径。

③ 核能技术发展路线图　我国核能发展近中期目标是优化自主第三代核电技术；中长期目标是开发以钠冷快堆为主的第四代核能系统，积极开发模块化小堆，开拓核能供热和核动力等利用领域；长远目标则是发展核聚变技术。

根据课题研究成果，凝练出如下时间节点预期实现的关键技术：

a. 创新性技术（已完成)：自主第三代核电形成型谱化产品，带动核电产业链发展；模块化小型压水堆示范工程开工。

b. 前瞻性技术（到2030年)：以耐事故燃料为代表的核安全技术研究取得突破，全面实现消除大规模放射性释放，提升核电竞争力；实现压水堆闭式燃料循环，核电产业链协调发展；钠冷快堆等部分第四代反应堆成熟，突破核燃料增殖与高水平放射性废物嬗变关键技术；积极探索模块化小堆（含小型压水堆、高温气冷堆、铅冷快堆）多用途利用。

c. 颠覆性技术（到2050年)：实现快堆闭式燃料循环，压水堆与快堆匹配发展，力争建成核聚变示范工程。

按照压水堆、快堆及第四代堆、聚变技术三个领域的技术成熟度，核能技术发展路线如图6-30所示。

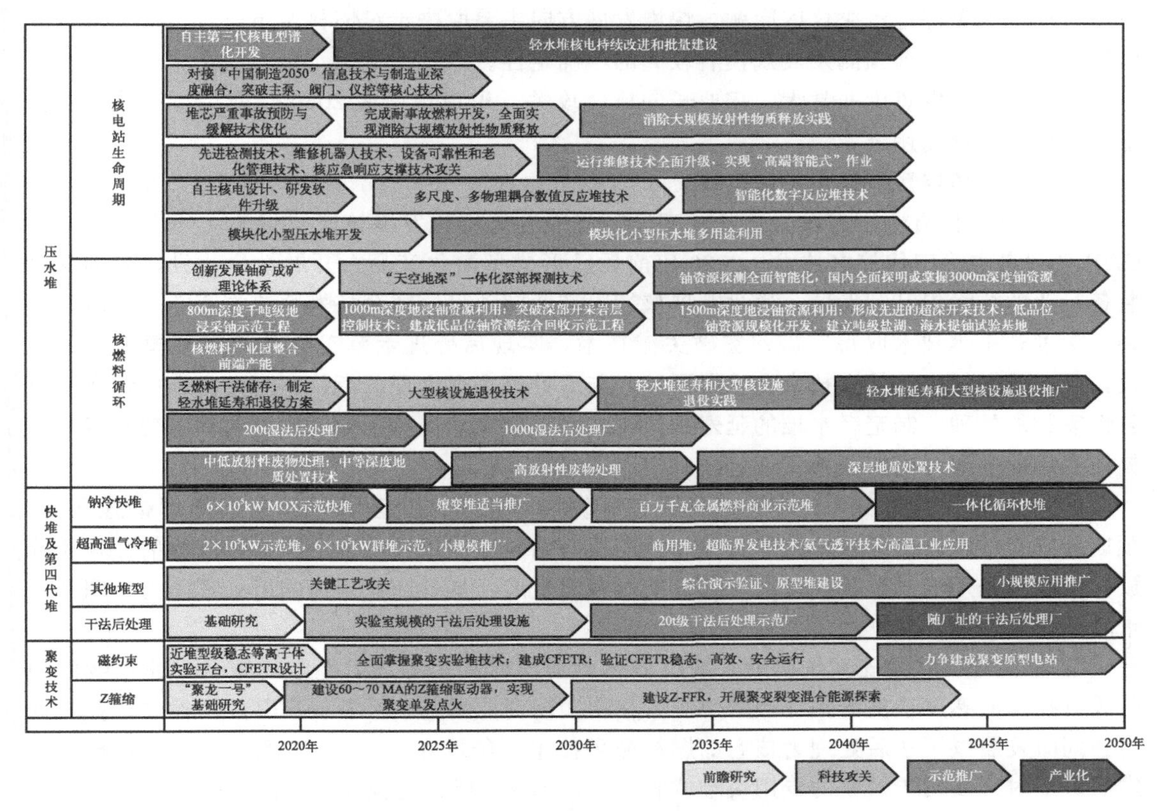

图 6-30 核能技术发展路线图

福岛核事故后，美国、欧盟等对境内的核电厂开展了压力测试，我国也开展了核电厂安全大检查，切实吸取事故经验反馈。世界核电增长的总趋势没有改变，核电仍然是理性、现实的选择。我国专家所做的分析表明，无论从堆型、自然灾害发生条件和安全保障方面来看，类似福岛的事故序列在我国不可能发生，我国核电的安全性是有保障的。

核能是安全、清洁、低碳、高能量密度的战略能源。发展核能对于我国突破资源环境的瓶颈，保障能源安全，实现绿色低碳发展具有不可替代的作用。我国核电发电量占比只有3.94%，远低于10.7%的国际平均水平。核电必须安全、高效、规模化发展，才能成为解决我国能源问题的重要支柱之一。

根据我国政府宣布的到2030年我国非化石能源将占一次能源消耗20%左右的承诺，结合国内核电设计、建造、装备供应能力，预计届时核电运行将达到1.5×10^8 kW，在建为5×10^7 kW，发电量约占10%～14%。2030～2050年，预期我国将实现快堆和压水堆匹配发展。

我国核电发展具有后发优势，在运机组安全水平和运行业绩均居国际前列。以“华龙一号”和CAP1400为代表的自主先进第三代压水堆系列机型，可实现从设计上实际消除大规模放射性物质释放，是未来核电规模化发展的主力机型。铀资源供应不会对我国核电发展形成根本制约。

核能发展仍面临可持续性（提高铀资源利用率，实现放射性废物最小化）、安全与可靠性、经济性、防扩散与实体保护等方面的挑战。国际上正在开发以快堆为代表的第四代核能系统，期待能更好地解决这些问题。快堆发展方向主要取决于对燃料增殖或者超铀元素嬗变紧迫性的认识，目前预测发展规模有较大的不确定性。

聚变能源开发难度非常大，需要长期持续攻关，乐观预计在2050年前后可以建成示范堆，之后再发展商用堆。

(3) 我国核电重点技术发展建议

① 以第三代自主压水堆为依托，安全、高效、规模化发展核能　优化“华龙一号”和CAP系列自主第三代核电技术，2020年前后已形成型谱化产品，开展批量建设，带动核电装备行业的技术提升和发展；通过开展核燃料产业园项目，整合核燃料前端产能，使海水提铀、深度开采等技术取得突破；突破关键技术，实现后处理示范工程及商业规模工程的建设，开展乏燃料中间储存技术和容器研制，与后处理实现合理的衔接；全面实施中低水平放射性废物的处理，制定轻水堆的延寿和退役方案，积极推进核废物地质处置和嬗变技术，使核能利用的全生命周期能够保证公众和生态安全。

2030年前后，完成耐事故核燃料元件开发和严重事故机理及严重事故缓解措施研究，预期核安全技术取得突破，在运行和新建的核电站全面应用，实现消除大规模放射性物质释放；海水提铀形成产业化规模，支持核能规模化发展；具备商业规模的后处理能力，闭合压水堆核燃料循环，建立地质处置库。

② 加快第四代核能系统研发，解决核燃料增殖与高水平放射性废物嬗变　建议我国现阶段以技术成熟度最高的钠冷快堆为主，尽快实现商业示范，不断提高其经济性并产业化推广，同时发展以干法后处理为核心的燃料循环技术，争取在2050年实现快堆与压水堆匹配发展。适时开发用于嬗变的专用快堆或者ADS，紧密跟踪行波堆燃料研发情况。

③ 积极发展模块化小堆，开拓核能应用范围　小型模块化压水堆、高温气冷堆、铅冷快堆等堆型，固有安全性好，在热电联产、供热（城市区域供热、工业工艺供热）、海水淡化、浮动核电站、开拓海洋资源等特殊场合有独特优势。

④ 努力探索聚变能源　深入参加ITER计划，全面掌握聚变实验堆技术；积极推进CFETR主机关键部件研发，适时启动CFETR全面建设。鼓励Z箍缩尽快实现点火，探索Z箍缩驱动惯性约束聚变裂变混合堆，加强聚变新概念的跟踪。

6.5 地热能转换与存储技术

6.5.1 概述

地热能是45亿年前地球形成时的余热，也是天然放射性同位素衰变产生的热。地热能足够驱动板块构造运动，大陆和洋底缓慢移动形成地壳和上地幔。地热能也为大陆板块和大洋板块碰撞发生的造山运动提供能量。地热能足以熔化岩石，产生火山喷发，加热水形成温泉，以及为建筑物的地下室保温。地热能是一种永久的、可再生的、取之不尽且用之不竭的能源。

20世纪上半叶之前，地热能没有在与发电或其他应用有关的能源结构中发挥显著作用之后，人们对能源生产和利用的环境、经济和社会问题越来越感兴趣，促进了对能减少依赖化石燃料的能源的勘探。在此将介绍这些变化的背景以及开发地热能的意义，本节其余部分将详细讨论。总体而言，本节将为地热能的利用提供一个综合的知识架构。

人口和能源使用的增加，以及由此产生的环境影响，使人们对寻找可再生且能减少温室气体排放的新能源产生了兴趣。地热能是一种能用于许多情况且满足这些条件的通用资源，它不需要燃料供给和相关基础设施，可以运用在不同环境中。地热能可以用于为采暖通风系统（HVAC）提供热量或是其他目的，也可以用于发电。它可能在化石燃料向产生更小环境影响的能源过渡的过程中起到重要作用，但是，可再生能源的成功运用需要将资源与正在开发的应用精心匹配。

事实上，浅层地热能是一种温差能，更接近势能的特点，就如同水力能是一种高差能一样。它之所以有价值，是因为它与大气环境之间存在温差，冬季温度高于大气环境温度，夏季温度低于大气环境温度，其品位始终高于大气环境，否则，就没有必要从地下取能了，直接利用环境大气中的能量将更为直接和便捷。所以，从浅层地热能利用的角度讲，浅层地下与大气环境之间的温差越大越好。供热时高于环境温度越多越好，制冷时低于环境温度越多越好。

浅层地热能接近常温，品位较低，需要通过热泵技术将其品位提升后加以利用。浅层地热能既可以作为热泵的低温热源用于供热，也可以作为热泵的冷却源用于制冷。通过热泵技术将浅层地热能用于建筑的供热和制冷具有很多优势，同时也存在很多需要注意的问题。

浅层地热能属于一种可再生的清洁能源，分布广泛，获取方便，利用热泵技术只需要消耗少量的电，就可以为建筑供热和制冷。利用它可以避免远距离输送和管网的建设，可以迅速有效地解决城市周边郊区、新城区和开发区等热网尚未覆盖地区的建筑供热问题，还可以解决大型公用建筑的冬季供热和夏季制冷问题，可以成为城市集中供热的重要补充。利用浅层地热能可以为各地区的城镇化发展提供能源保证，并进一步推动和促进我国的节能减排和环境保护工作。

深部地热能是一种特殊的矿产资源，其功能多、用途广，是一种清洁的可再生资源。随着对地热资源的不断开发与研究，深部地热能将成为继水力、风力和太阳能之后又一种重要的可再生能源。地热能对于人类未来的重要性和现实性将大于其他可再生能源。

太阳能和风能受到自然条件的严重制约，不能完全、连续、稳定地供应，生物质能受到四季变化的影响，其产生具有周期性，将来对替代化石能源能够起到关键作用的新能源可能不是太阳能、风能等目前受到社会普遍重视的可再生能源，而是地热能和核能这些储量巨大并且不受自然条件的限制而能够稳定供应的能源。但是，现阶段对于核能的应用还仅限于核裂变，产生的核废料目前还无法有效处理，对环境仍有潜在的威胁，应用前景更好的核聚变仍然处于研究阶段，何时能进入试用阶段还不得而知。深部地热能的开发和利用在技术上已经比较成熟，进一步的技术突破也比较容易，所以，应该站在人类未来发展的高度，对利用深部地热能逐步替代化石能源做出长远的规划并付诸实践。

但是，目前整个社会对于深部地热能的优点和作用认识不足，对其开发利用的重视不够，对替代化石能源这一对人类和地球的长期生存至关重要的工作是十分不利的。

地热能的利用可分为地热发电和直接利用两大类。高温地热资源通常用于地热发电；而中低温地热资源（主要是地热水）通常用于建筑物供暖、洗浴、医疗、工业品烘干、制冷、农业育秧、温室种植、水产养殖等方面。

地热能之所以是可再生能源，是因为其具备可再生能源的三大特性：一是地热能资源具有再生性；二是地热能不排放二氧化碳，不会造成或增加温室效应；三是全球地热能资源丰富，分布面积广，比较安全，能不断再生，能长久利用，适宜就地开发，对保持和发展优质的生态环境有重要的意义。因此世界各国都纷纷创造条件来开发地热能。据科学家测算，全球潜在地热能资源总量相当于每年生产 493 亿吨标准煤。

除地热能外，还有太阳能、风能、生物质能和海洋能等可再生能源。其中地热能是最受欢迎的可再生能源之一，这主要取决于地热能的资源类型多、品质好、安全性好、能量大、利用率高和经济价值无可估量等。

地热能主要来自地球内部放射性同位素的热核反应。如果将地球内部的放射性同位素当作地球上核裂变的燃料（铀等），即使世界上每年消耗的能量是现在消耗总能量的 1000 倍，地球内部这些燃料也足够人类使用 100 亿年。因此，地热能资源的开发利用前景非常广阔。

地热资源具有一定的经济价值，是能为人类所利用的地球内部的热资源。每年地球内部热能向地表传输的量是很大的，但它区域范围较小，而且分散，在目前的技术经济条件下，许多地区仍无法提取和利用，因此还构不成可利用的资源。在地球地壳内岩浆活动和年轻的造山运动带上，能够将地球内热在有限的地域内富集，并具有为人类开发和利用的程度，这种地热能才构成地热资源。

世界地热资源利用很广，主要用于地热发电，其次利用地热资源发展温泉、医疗、洗浴、取暖，建立农作物温室，养殖水产，以及烘干谷物等。用地热生产大量电力是世界各国的主要目标，也是解决世界能源危机的头等大事。

6.5.2 地热发电技术

地热发电（geothermal power generation）是利用地下热水和蒸汽为动力源的一种新型发电技术，它涉及地质学、地球物理、地球化学、钻探技术、材料科学和发电工程等多种现代科学技术。其基本原理与火力发电类似，也是根据能量转换原理，首先把地热能转换为机械能，再把机械能转换为电能。地热发电示意参见图 6-31。

图 6-31 地热发电示意图

地热发电利用地下蒸汽或热水等地球内部的热能资源来发电。地下的干蒸汽可直接引入汽轮发电机组发电。地下的热水可用减压扩容的方法，使部分热水汽化，产生蒸汽以驱动汽轮发电机发电；或利用地下热水的热量来加热低沸点的有机化合物液体（如氯乙烷、异丁烷等），使其沸腾汽化，再将气体引入汽轮发电机发电。

在20世纪，对电力的需求导致人们考虑将地热能用作发电源。皮耶罗·吉诺里·孔蒂（Piero Ginori Conti）王子于1904年7月4日在意大利拉德瑞罗地热田测试了第一台地热发电机。它成功点亮了四个灯泡。后来在1911年，世界上第一个商业地热电站（Larderello地热电站）在那里建立。20世纪20年代建造了实验发电机，直到1958年，地热发电工业生产使用的技术包括干蒸汽发电站、闪蒸蒸汽发电站和二元循环发电站。目前有26个国家使用地热发电，而有70个国家使用地热加热。2010年全球地热装机容量为9998MW，到2019年增长到13931MW，十年间增长约39.3%。

利用地热能发电系统采用的技术，从根本上同绝大多数其他发电设施并没有什么区别，具体说来，发电机是由涡轮机将热能或者动能转化为电能。在化石燃料发电厂，热能驱动涡轮机运转；而在水电站，则是流水带来的动能驱动涡轮机运转。但是在两个重要的方面上，地热发电的优势是其他发电方式望尘莫及的。首先，地热发电相比于化石燃料发电厂、生物反应器或者核反应堆，在提供基本负荷电力的过程中不需要燃料循环来产生热量，因为这些热量本身已经存在于地球的内部。其次，相比于其他不需要燃料循环产生热量的可再生能源发电技术，例如风能、太阳能、潮汐能或者海洋波浪能，地热能可以不间断地稳定提供，基本负荷能力超过90%。在此涉及与特定地热资源相关的地热发电的生产和设计的物理学问题。

地热发电的一个重要属性是不需要外部燃料。因为用于发电的热能是发电厂周围地下的天然资源，没有必要为了提取能量而运输燃料或者处理燃料。这个巨大的优势使得地热发电在环境和经济造价上更有吸引力。

没有燃料循环也不需要充注燃料就可以发电，以及每时每刻不间断供热，这就使地热发电设施在每时每刻都可以保证电站的基本负荷电力。基本负荷电力是维持大多数输电设施运转的基础，是一种可靠的电力来源。与此形成对比的是间歇性能源，例如风能和太阳能发电，随当地风速和气候条件，以及一天中的太阳辐射量的变化而变化。因此，地热发电可以作为混合能源发电技术的重要组成部分，它能够维持一个稳定的电力供应。

利用地热资源发电不需要燃料，并且能够提供容量因数高于0.9的真正的基本负荷能源。工程和运营战略的进步使得利用地热发电更加便捷。利用地热资源需要有效将热量从储层中提取出来，并在电厂转换成电能。生产井穿透数百至几千米地下的储层，为储层流体从深部提升提供流动路径。注入井利用回收冷凝水或其他水源来补充储层（如果需要的话）。储层有很多种，其中干蒸储层具有足够的焓值来蒸发所有可用的水。这种系统对于工程师来说是最简单的，并且对地热资源的利用率最高，但是这种资源在地质上却是很少见的。相比来说，水热系统就更常见一些。这样的系统具有足够的热能（温度在160～250℃范围内），在其接近井筒和涡轮机的时候压力升高，水汽化为蒸汽。干蒸汽和水热发电厂利用蒸汽在流经涡轮机膨胀冷却的过程中，尽可能多地将热能转化为涡轮机的动能来发电。现在，已经有许多利用蒸汽的开发设计，包括单闪、双闪以及多级的涡轮机。较低温度的地热资源可以利用沸点低于水的流体（通常是如异戊烷或丙烷，或氨水的溶液）通过二元设备发电。在二元设备中，地热水流经热交换器，通过热传导将热量传递给工作流体，然后冷却的水再被回注到储层。二元发电系统正在成为地热能源市场中增长最快的部分。它们对地热资源的温度要求更宽泛，低温也可以工作，并且实现对大气的零排放，与此同时，它们可以实现模块化的工作。

地热发电自发现以来，被认为是一种基荷资源。这种方法已成为一个可靠的发电技术。然而，从技术上来说，地热发电是可以通过灵活的方式来操作的，使它在电网内能够遵循需求周期。同其他资源在本质上是可变的一样，地热发电的这一优势变得日益重要，例如太阳能和风能都已用来发电。虽然之前化石燃料也可以根据不同的需求灵活发电，但地热发电在这方面却做得极为出色，这是因为一些新的灵活技术加入到地热发电中。

最近的研究已经证明了灵活地热发电是可实现的。灵活发电可以通过利用旁通阀改变地热流体流入涡轮的总量来实现，这一步操作是同时打开旁通阀，并调小喷射阀，来改变通过涡轮机的流速，这就能使功率输出与需求一致。可能也有实现该目的的其他手段，如控制井口流速或暂时排出蒸汽到其他应用中。地热发电技术调高或调低发电功率的响应时间，等同于或者优于现有的化石燃料发电系统。在这种情况下，有地热资源的地方使用该装置灵活发电是最有利的一种发电方式，并可以控制发电成本在较低水平。可以预期的是，随着该技术广泛实施，它们将成为多种发电技术中的重要组成部分。

地热发电，实质上是将热能转化为机械能，再转化为电能的过程。实现热能转化的最实用方法是热力循环。利用不同的工质，或不同的热力过程，可以组成各种不同的热力循环。目前，使用较多的是双工质发电，较成熟的有两种：有机朗肯（organic Rankine）循环和卡利纳（Kalina）循环。地热发电一般可分为高温（$>150℃$）地热发电、中温（90～150℃）地热发电和低温（$<90℃$）地热发电三大类。前者主要集中在板块边缘和板块内活动带（如大陆裂谷区），而后者不太受构造背景的限制，只要地下水循环到一定深度，即可获得相应温度的地下热水。

地热发电技术与燃煤电站技术的区别主要是采用了不同的热源，用地热能代替了锅炉，减少了由化石能源燃烧产生大量 CO_2、SO_2 和粉尘造成的环境污染，从而实现低碳的能源利用。但地球的构造复杂，地热田的情况各异，在开发前必须要摸清地热田的热储构造、类型、储量、钻探深度等。在发电系统生产运行后还应考虑成井的科学管理、自动监测、废水处理可持续开发，以及结垢与腐蚀的解决等。这些问题都是地热电厂必须考虑的特殊但很实际的问题。

地热发电主要利用高温地热资源。利用高温热水和蒸汽作为动力而发电。一般情况下，地热能在200～350℃的高温热水或蒸汽时带动锅炉发电。

地热发电的热水是天然热水液，有地热的地区在地下深1～4km处通过打井或钻井就能获得。按常理来说，当井孔在25cm深时，可取得沸水和蒸汽20万～80万千克。如用5～6口井眼生产蒸汽，就能使一个发电装置生产55MW的电能。

(1) 地热发电站类型

地热发电站与其他蒸汽轮机热力发电站相似，由燃料源（在地热的情况下，是地球的核心）产生的热量用于加热水或其他工作流体。然后，使用工作流体来转动发电机的涡轮，从而产生电力。随后，流体被冷却并返回到热源。地热发电站常见三种类型，即干蒸汽发电站、闪蒸发电站和二元循环发电站，参见图6-32。

① 干蒸汽发电站（dry steam power station） 干蒸汽发电站是最简单、古老的设计。

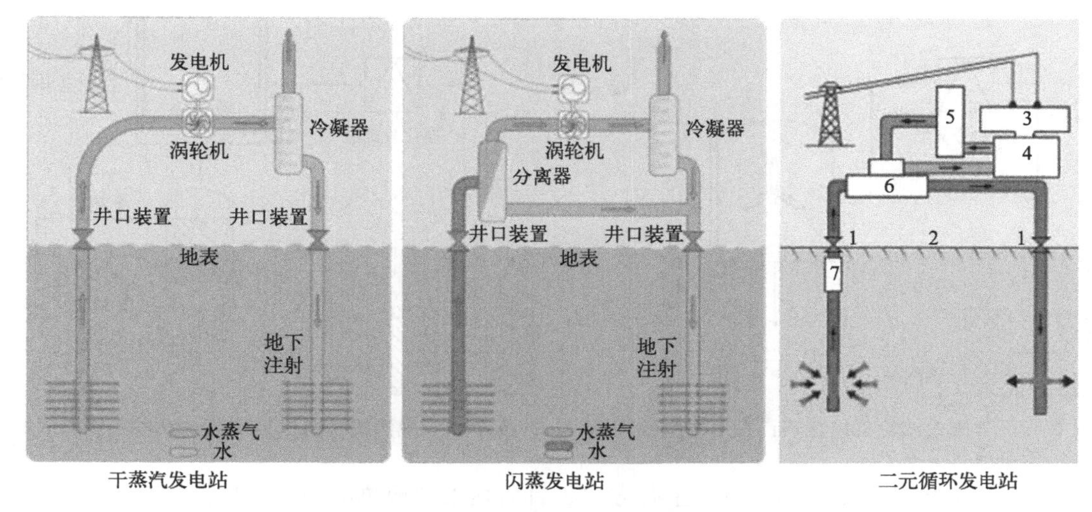

图 6-32　地热发电站常见三种类型

这种类型的电站并不常见，因为它需要一种能产生干蒸汽的资源，但是其效率最高，设施最简单。在这些地方，储层中可能有液态水，但没有水产生，只有蒸汽产生。干蒸汽发电直接使用 150℃或更高的地热蒸汽来转动涡轮机。当涡轮旋转时，它为发电机供电，然后发电机发电并增加功率场。接着，蒸汽被排放到冷凝器。在这里，蒸汽变回液体，然后冷却水。水冷却后，它沿管道向下流动，将冷凝水导回深井，在那里可以将其重新加热并再次生产。在加利福尼亚州的间歇泉，在发电的头三十年后，蒸汽供应已经耗尽，发电量大大减少。为了恢复以前的能力，在 20 世纪 90 年代和 21 世纪初开发了补充注水技术，包括利用附近市政污水处理设施的废水。

干蒸汽是从地下喷出的无热水的纯蒸汽。地热干蒸汽发电是直接将蒸汽从井中传输到发电机组进行发电。干蒸汽从蒸汽井中引出，经过分离器分离出固体杂质（$\geqslant 10\mu m$）后，就进入汽轮机做功，驱动发电机发电。干蒸汽电站所用发电设备基本上与常规火电设备相同。

背压式汽轮机发电：首先把干蒸汽从蒸汽井中引出，先加以净化，然后把蒸汽通入汽轮机做功，驱动发电机发电。做功后的蒸汽，可直接排入大气；也可用于工业生产中的加热过程，参见图 6-33。这种发电方式大多用于地热蒸汽中不凝结气体含量很高的场合，或者综合利用于工农业生产和生活用水。

凝汽式汽轮机发电：在该系统中，由于蒸汽在汽轮机中能膨胀到很低的压力，因而能做出更多的功。做功后的蒸汽排入冷凝器，并在其中被循环水泵打入冷却水所冷却而凝结成水，然后回灌或排放，参见图 6-34。这种系统适用于高温 160℃的地热田的发电，系统简单。

② 闪蒸发电站（flash steam power station）　闪蒸发电站将深的高压热水吸入低压罐，并使用产生的闪蒸蒸汽驱动涡轮机。这要求流体温度至少为 180℃，通常更高。这是当今运行中最常见的地热发电站类型。闪蒸发电厂使用的地热水库的温度高于 182℃。热水在自身压力下流经地下的水井。随着向上流动，压力降低，一些热水沸腾成蒸汽。然后将蒸汽与水分离，并用于驱动涡轮/发电机。任何剩余的水和冷凝的蒸汽都可以注入到储层中，从而成为潜在的可持续资源。

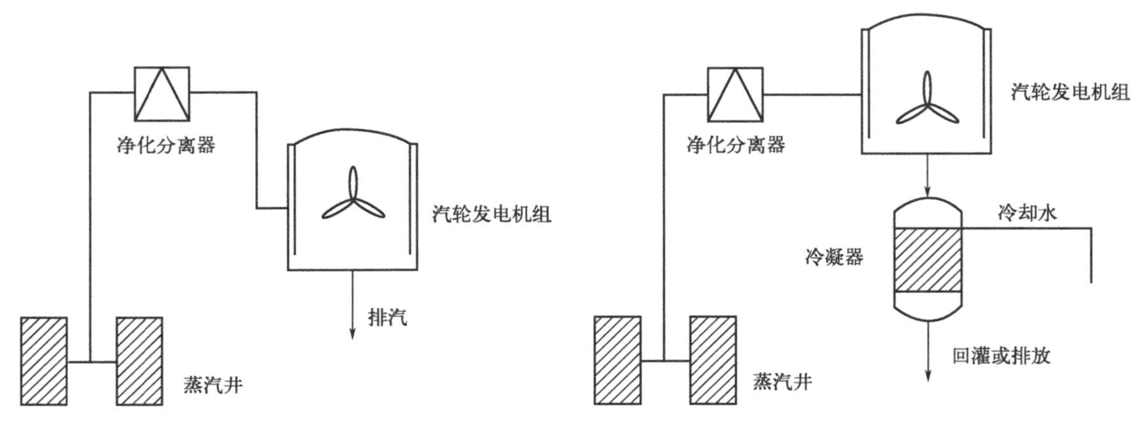

图 6-33 背压式汽轮机地热蒸汽发电系统原理图　　图 6-34 凝汽式汽轮机地热蒸汽发电系统原理图

热水型地热发电是地热发电的主要方式。目前热水型地热电站有两种循环系统。

a. 闪蒸系统。当高压热水从热水井中抽至地面，于压力降低部分，热水会沸腾并闪蒸成蒸汽，蒸汽送至汽轮机做功；而分离后的热水可继续利用后排出，当然最好是再回注入地层，参见图 6-35。

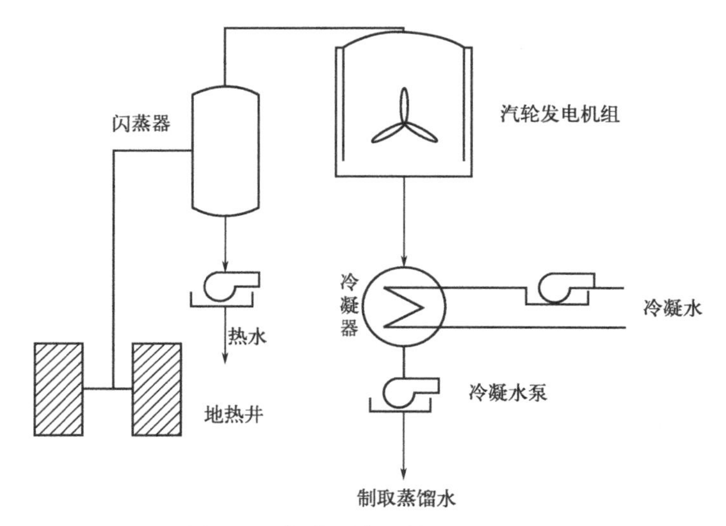

图 6-35 闪蒸系统地热发电原理图

闪蒸法地热发电原理：闪蒸器中进行降压闪蒸（或称扩容），使其产生部分蒸汽；引入到常规汽轮发电机组做功发电；蒸汽冷凝成水，送往冷却器；剩下的含盐水排入环境或打入地下，或引入第二级低压闪蒸分离器中，分离出的低压蒸汽再引入汽轮发电机组做功。

b. 双循环系统。地热水首先流经热交换器，将地热能传给另一种低沸点的工作流体，使之沸腾而产生蒸汽；蒸汽进入汽轮发电机组做功；蒸汽进入凝汽器，完成发电循环；地热水则从热交换器回注入地层（参见图 6-36）。

这种系统特别适合含盐量大、腐蚀性强和不凝结气体含量高的地热资源。发展双循环系统的关键技术是开发高效的热交换器。

双循环系统地热发电原理：通过热交换器利用地下热水来加热某种沸点的工质，使之变

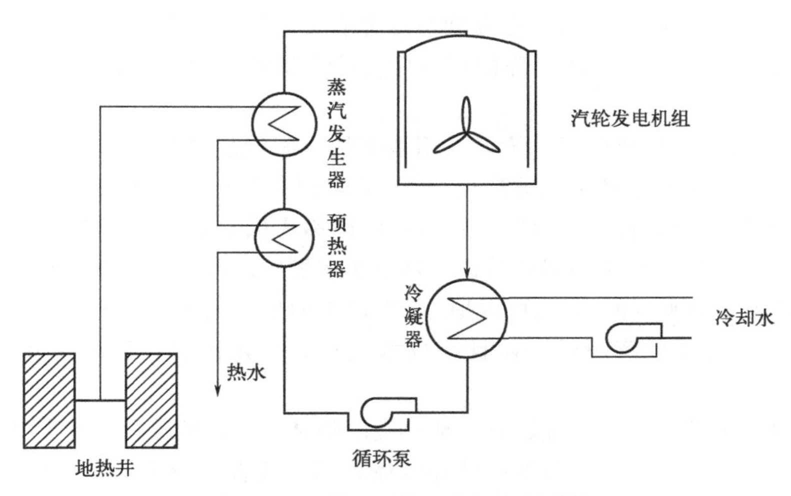

图 6-36 双循环系统地热发电原理图

为蒸汽，然后以此蒸汽去推动汽轮机，并带动发电机发电。因此，在此种发电系统中，采用两种流体：一种是采用地热流体作为热源，它在蒸汽发生器中被冷却后排入环境或打入地下；另一种是采用低沸点工质流体（如氟利昂、异戊烷、异丁烷、正丁烷等）作为一种工作介质，这种工质在蒸汽发生器内由于吸收了地热水放出的热量而汽化，产生的低沸点工质蒸汽送入汽轮发电机组。做完功后的蒸汽，由汽轮机排出并在冷凝器冷凝成液体，然后经循环泵打回蒸汽发生器再循环工作。

③ 二元循环发电站（binary cycle power station） 二元循环发电站是最新的发展，其可以接受低至57℃的流体温度。中等热的地热水由沸点比水低得多的二次流体通过。这导致二次流体闪蒸，然后驱动涡轮。这是当今正在建造的最常见的地热电站。使用有机朗肯循环和卡利纳循环。这类地热电站的热效率通常为10%～13%。

综上所述，地热发电是利用地球内部热量产生的蒸汽或热水，将热能转换成机械能，进而转换成电能的发电方式。地热发电具体主要包括以下几种类型（参见表6-5）。

表 6-5 地热发电具体分类

（干）蒸汽型		热水型					
		闪蒸地热发电			双循环地热发电		
背压式汽轮机发电	凝汽式汽轮机发电	单级闪蒸	两级闪蒸	全流法	单级双循环	两级双循环	闪蒸双循环联合

(2) 地热发电方法

地热发电是把地下热能转换为机械能，然后再把机械能转换为电能的生产过程。根据地热能的贮存形式，地热能可分为蒸汽型、热水型、干热岩型、地压型和岩浆型等五类。从地热能的开发和能量转换的角度来说，上述五类地热资源都可以用来发电，但目前开发利用得较多的是蒸汽型及热水型两类资源。地热发电的优点是：一般不需燃料，发电成本在多数情况下都比水电、火电、核电要低，设备的利用时间长，建厂投资一般都低于水电站，且不受季节变化的影响，发电稳定，可以大大减少环境的污染等。利用地下热水发电主要有降压扩容法和中间介质法两种。

① 降压扩容法　根据热水的汽化温度与压力有关的原理而设计的，如在 0.3 绝对大气压下水的汽化温度是 68.7℃。通过降低压力而使热水沸腾变为蒸汽，以推动汽轮发电机转动而发电。

② 中间介质法　采用双循环系统即利用地下热水间接加热某些低沸点物质来推动汽轮机做功的发电方式。如在常压下水的沸点为 100℃，而有些物质如氯乙烷和氟利昂在常压下的沸点温度分别为 12.4℃及－29.8℃，这些物质被称为低沸点物质。根据这些物质在低温下沸腾的特性，可将它们作为中间介质进行地下热水发电。利用中间介质发电方法，既可以用 100℃以上的地下热水（汽），也可以用 100℃以下的地下热水。对于温度较低的地下热水来说，采用降压扩容法效率较低，而且在技术上存在一定困难，利用中间介质法则较为合适。

这两种方法都有它们各自的优缺点。地热发电仍是一个新的课题，其发电的方法仍在不断探索中。地下热水往往含有大量的腐蚀性气体，其中危害性最大的是硫化氢、二氧化碳、氧等，它们是导致腐蚀的主要因素，这些气体进入汽轮机、附属设备和管道，使其受到强烈的腐蚀。此外，地下热水中含有结垢的成分，如硅、钙、镁、铁等，以及对结垢有影响的气体，如二氧化碳、氧和硫化氢等，产生的结垢经常以碳酸钙、二氧化硅等化合物形式出现。因此，在利用地下热水发电中，要充分注意解决腐蚀和结垢问题。

(3) 地热装机容量

地热发电占全球发电份额很少，来支撑国家经济的还没有，但有的国家地热发电份额很可观，地热发电可满足一些国家的电力需求。靠地热发电占本国一次能源消费最多的国家是肯尼亚（51%）、冰岛（30%）、菲律宾（27%）、萨尔瓦多（25%）、新西兰（14.5%）、尼加拉瓜（9.9%），其中，地热发电能满足冰岛 90%以上的供热需求。地热发电的主要优点是不受天气条件件的影响，并且具有很高的容量系数；由于这些原因，在某些情况下，地热发电厂有能力提供基本负荷的电力，并提供短期和长期灵活性的辅助服务。

中国最早最大的地热发电站是羊八井地热田（Yangbajain Geothermal Field），位于中国西藏自治区当雄县附近，占地 40km^2。在地面上传递的自然热能高达 107000kcal/s（1cal＝4.184J）。它成立于 1977 年，是西藏第一座地热电站，也是中国最大的地热蒸汽发电厂，参见图 6-37。从 1981 年 4000kW 电力开始沿着一条沿着堆龙河向东南延伸的输电线路输送到拉萨。它是拉萨的主要电力来源，直到羊卓雍湖抽水蓄能电厂在 1998 年投入运行。钻孔内的最高温度为 125.5℃。到 2000 年底，羊八井地热站已安装了 8 台蒸汽涡轮发电机，每台

图 6-37　羊八井地热电站

的容量为3000kW，总功率为25181kW。地热田地向南部的拉萨市提供25181千瓦，或每年1亿千瓦。截至2000年，羊八井发电厂每天使用的浅水库水量为1200t，但压力迅速下降，涡轮机无法满负荷运转。目前，正在钻较深的井，以开采较低层的导热液。

6.5.3 地热能的应用

地热能的一个主要应用是地热供暖。采用地热供暖既能保持室温恒温，又能不污染环境。地热抽水使用的机械设备要比发电的机械设备简单、成本低、运行费用少、经济效益和社会效益十分明显。地热采暖的成本只相当于煤或石油锅炉的四分之一，尤其在我国的高寒山区和西北、东北、华北等地区，地热用于供暖，是十分理想的绿色能源。

地热能的应用可分为地热发电和直接利用两大类。而对于不同温度的地热流体，可能利用的范围如下：

① 200～400℃：直接发电及综合利用。

② 150～200℃：双循环发电、制冷、工业干燥、工业热加工。

③ 100～150℃：双循环发电、供暖、制冷、工业干燥、脱水加工、回收盐类、罐头食品加工。

④ 50～100℃：供暖、温室、家庭用热水、工业干燥。

⑤ 20～50℃：洗浴、水产养殖、饲养牲畜、土壤加温、脱水加工。

必须指出很重要的一点，即地热资源远不止用于发电。温暖的地热水被用于加热和一系列其他用途，地热热泵的部署也是利用地热能的重要方式。将地热能用于上述应用能取代电力需求并提高能源效率。上述应用尽管不总是包含在地热能的讨论中，但是对全球能源利用和用于能源生产有重要影响。

不同于地热发电（热能被转换成电能），直接利用技术能够将热能直接应用到广泛用途中。这些应用需要的温度范围为10～150℃之间。鉴于此温度范围在浅层非常常见，这些地热能利用设备几乎可以安装在任何有足够流体的地方。利用地热采暖最典型的当数冰岛。冰岛全国有一百多座火山，地热资源极为丰富，利用地热采暖遍及全国，其首都雷克雅未克利用地热全部实现了天然暖气化。近年来，我国地热采暖有很大的增长，尤其在北方，如北京、天津、大港、任丘、大庆、西安、咸阳、开封等地，取得了良好效果，既节约了常规能源，又减少了环境污染。我国利用地热制冷和其在空调制冷系统中的研究也比较早，于1980年建成第一套试验设备，在福州试验成功。

(1) 用于工业加热、采暖、制冷和空调系统

工业上可以利用地热能的领域有很多，如纺织、印染、烘干、皮革加工、造纸、食品加工、木材加工等。我国在这方面综合利用较早的是北京、天津两地。如棉纺厂用地下热水直接送入空调设备，调节车间温度和湿度，既改善了劳动条件，又提高了产品质量，每年可节约大量的水、电、煤等费用。地热水在工业中应用很广泛，纺织厂用地热水喷雾，使纺织线条保持湿度而不发生断裂。如天津纺织厂等，用热水保持水温，使印染、缫丝和纺织中保持产品颜色鲜艳、着色率高、手感柔软、富有弹性。用地热水喷雾不但能保证纺织质量，而且也能降低废品率，提高生产效率和经济实效。在造纸和制革皮件生产中利用地热水能节约软化水的费用，大大降低成本。冰岛的硅藻土厂和新西兰纸浆加工厂是目前世界上最大的两家应用地热加工的工厂。它们既达到了节能的目的，提高了经济收益，也改善了区域环境，成为世界上改造工业污染成功的典范。

(2) 用于农业和水产养殖业

地热在这方面的应用在我国有着十分广阔的前景。利用地热不仅可以育种、育秧、温棚供暖、养殖水生绿肥和饲料，还可用来直接灌溉，以提高土壤温度，使作物早熟增产。利用地热水养殖热带鱼等水产品，可以促进渔业发展，还可以用来加温沼气、孵化鸡鸭等。

地热水在农业的应用范围更广。利用地热温室种植蔬菜和名贵花卉，一年四季都能保障百姓的“菜篮子”，改善城市生活，活跃农村经济，促进农村经济效益，使农民早日富裕起来。据不完全统计，现在我国地热温室面积约有133万平方米，利用地热水已超过地热资源年开采总量的3.3%。

在水产养殖业方面，东北地区采用地热水养殖，提高鱼的繁殖和生长能力，保证安全越冬，使北方百姓在寒冬腊月也能吃到活鲜鱼。全国已有20多个省（区、市），300多个地热养殖场，鱼池面积已超过1400万平方米，养殖鱼类多，如鲤鱼、草鱼，还有牛蛙、虾类、甲鱼等，在供应国内市场的同时，还大量出口日本等国。此外，还利用地热水养殖水浮莲、满江红等饲料作物，开拓了更广阔的市场前景。

(3) 用于洗浴保健

地热温泉热浴，不仅可以使人的肌肉放松，消除疲劳；还可以扩张血管，促进血液循环，加速人体新陈代谢。温泉往往还是人们休闲、娱乐的旅游景点。

地热浴疗主要利用热水中的化学成分、矿物质和热水的温度来刺激人体，加快血液循环，促进新陈代谢，提高人的抵抗能力和免疫力。随着生活水平的不断提高，温泉治疗或疗养已成为常用的保健资源。我国中低温地热资源也十分丰富，现在已利用中低温地热泉，在北京、天津、辽宁、陕西、云南、广东等地建立以温泉疗养为核心，既有保健医疗又有娱乐度假性质的度假村或医疗康复中心。

地热温水洗浴在我国较为普遍。目前全国已有1600多处公共温泉浴池。它们的设备比较简陋，洗浴方式也简单。相对来说，成本低，价格比较便宜，还有一定的保健作用，因此很受大众欢迎。

在21世纪工农业生产和开发中，工农业对环境的污染已成为需要重点解决的问题。为了克服和减轻工农业对环境的危害，可以利用地热能来改善工农业对环境的污染，如天气干旱时用温泉喷雾，加强空气的湿度；利用地热建立温室养殖等。目前，有些行业已收到较好的效果，如纺织工业等。这不但能减轻环境污染，也能提高企业的经济效益。

习题

1. 简述生物质、生物质能的概念。
2. 生物质能转换技术有哪些类型？
3. 生物质能资源有何特点？
4. 生物质的种类和资源有何特点？
5. 生物质的燃烧包括哪几个过程？
6. 风能转换的基本原理是什么，请简述风能转换的过程。

7. 说出风能利用的环境效益。
8. 风力发电在实际应用中有哪些限制，请简要说明。
9. 有哪些技术可以利用海洋能？
10. 简述潮汐能发电原理及其发电的优缺点。
11. 简述海洋波浪能发电技术、海洋温差能发电技术和海洋盐差能发电技术的原理。
12. 为什么要发展和利用核能？
13. 简述核能发电的原理。
14. 简述核聚变与核裂变的区别。
15. 地球内部蕴藏着丰富的热能，这些能量是哪里来的？
16. 地热能的利用方式有哪些？
17. 地热发电的原理是怎样的？
18. 地热发电的关键技术和难点在哪里？

扫码获取答案

第7章

纳米材料与纳米技术

最早提出纳米尺度上科学和技术问题的是著名物理学家、诺贝尔奖获得者理查德·费曼（Richard Feynman）。1959年，他在一次著名的演讲中预言：如果人类能够在原子/分子的尺度上来加工材料、制备装置，将有许多激动人心的新发现。此外他还指出，人们需要新型的微型化仪器来操纵纳米结构并测定其性质，那时，化学将变成根据人们意志逐个地准确放置原子的问题。

20世纪80年代初，扫描隧道显微镜、原子力显微镜（atomic force microscope，AFM）等微观测量表征和操纵技术的发明对纳米科技的发展起到了积极的推动作用。

1990年7月，第一届国际纳米科学技术会议与第五届国际扫描隧道显微学会议同时举办，《纳米技术》与《纳米生物学》这两种国际性专业期刊也相继问世。从此，一门崭新的科学技术——纳米科技得到了科技界的广泛关注。

有科学家预测：正像20世纪70年代微电子技术产生了信息革命一样，纳米科学技术将成为下一世纪信息时代的核心。我国著名科学家钱学森也预言：纳米和纳米以下的结构是下一阶段科技发展的一个重点，会是一次技术革命，从而将是21世纪又一次产业革命。无疑，纳米新科技将成为21世纪科学的前沿和主导科学。

7.1 纳米材料

7.1.1 纳米材料定义

由于新型纳米材料层出不穷，给纳米材料下一个简单的定义并不容易。我国在国际上率先制定了（GB/T 19619—2004）《纳米材料术语》标准，从纳米尺度、纳米结构单元与纳米材料等三个层面对纳米材料进行了定义。

① 纳米尺度：1～100nm范围的几何尺度。

② 纳米结构单元：具有纳米尺度结构特征的物质单元，包括稳定的团簇或人造原子团簇、纳米晶、纳米微粒、纳米管、纳米棒、纳米线、纳米单层膜及纳米孔等。

③ 纳米材料：物质结构在三维空间至少有一维处于纳米尺度，或由纳米结构单元组成的且具有特殊性质的材料。

上述国家标准对纳米材料的定义是比较充分的，但仍然需要指出的是“结构”在材料科学中是多尺度的，涉及从原子结构、分子结构、晶体结构到宏观结构等多个层次。例如，晶胞是构成晶体材料的物质单元，而一些复杂晶体的晶胞具有纳米尺度结构特征，但是，晶胞显然不是纳米结构单元，由晶胞堆砌而成的宏观单晶体也不是纳米材料，纳米材料反映的是材料外观尺度的特征，因此可以将纳米材料简单定义为三维外观尺度中至少有一维处于纳米级（1～100nm）的物质，以及以这些物质为主要结构单元所组成的材料。

7.1.2 纳米材料分类

纳米材料的种类非常丰富，从材料的成分与性能来看，纳米材料涵盖所有已知的材料类型。按照材料的产生方式分类，纳米材料可分为天然纳米物质和人工纳米物质（见图7-1）。按材料的用途划分，纳米材料可分为纳米光学材料、电学材料、磁学材料、力学材料等。纳米材料的主要特征在于其外观尺度，从三维外观尺度上对纳米材料进行分类是目前流行的纳米材料分类方法，可分为零维纳米材料、一维纳米材料、二维纳米材料以及纳米结构。

(a) 古精墨　　(b) 古铜镜　　(c) 自然生物

图7-1　天然纳米物质与人工纳米物质

(1) 零维纳米材料

零维纳米物质是指在空间三维均为纳米尺度的纳米粒子，也可将其区分为尺度在1～100nm之间的超微颗粒，以及尺度小于1nm的原子团簇（原子团簇是指仅包含几个到几百个原子的聚集体，不同于有特定形状和大小的分子，或以弱的结合力结合的松散分子团簇，或周期性很强的晶体。除了惰性气体之外，都是以化学键紧密结合的聚集体）。

常见的零维纳米结构单元有纳米粒子、超细粒子、超细粉、烟粒子、量子点、原子团簇及纳米团簇等，它们之间的不同之处在于各自的尺寸范围稍有区别。常见的纳米粒子及其形状如图7-2所示。

在纳米电子学领域，金属或半导体纳米粒子称为量子点，或人造原子。量子点是20世纪90年代提出来的一个新概念，只有几到几十纳米，不同材料的量子点尺寸不同。当电子被关闭在微小导电区域——势阱中时，才有可能产生量子效应，这也是制作纳电子量子器件的关键所在（见图7-3）。人造原子是由一定数量的实际原子组成的聚集体，它们的尺寸小于100nm。由于量子局限效应会导致量子点具有类似原子的不连续电子能级结构，才将量子点称为人造原子。

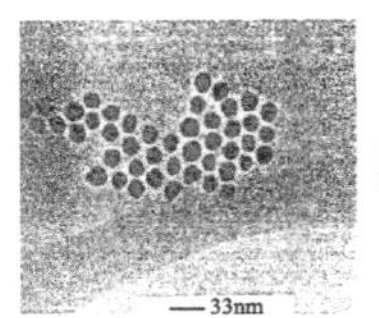

(a) 原子团簇

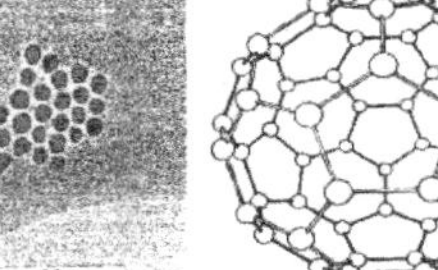

(b) C_{60}结构图

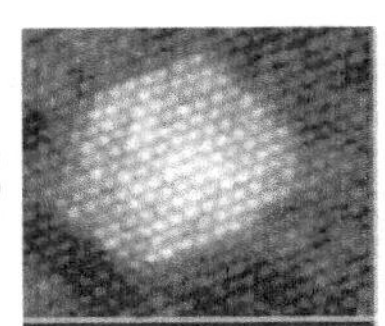

(c) 原子台阶

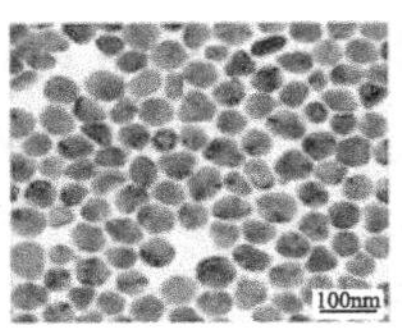

(d) 纳米银颗粒

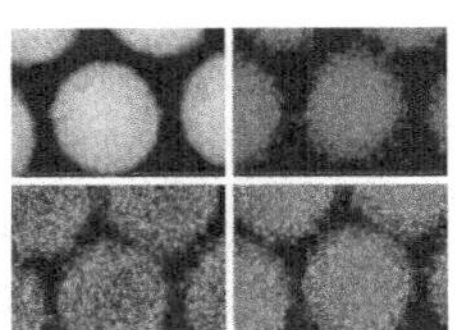

(e) 磁控纳米粒

图 7-2 常见纳米粒子及其形状

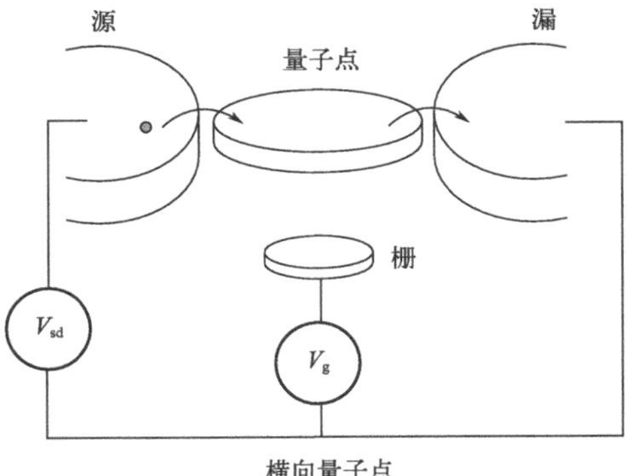

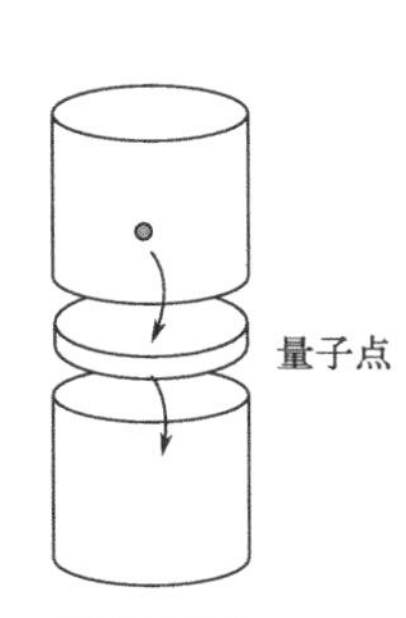

(a) 量子点单电子晶体管

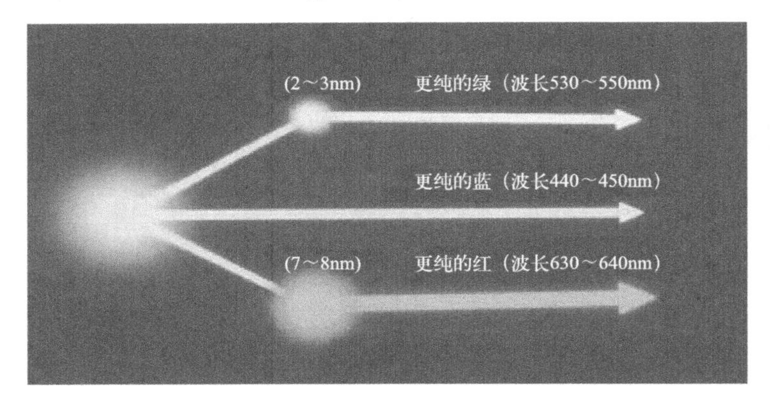

(b) 量子点发光二极管(QLED)

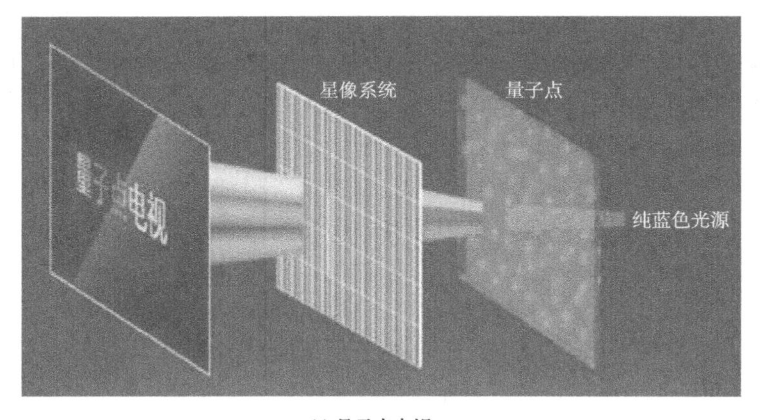

(c) 量子点电视

图 7-3 量子点举例

(2) 一维纳米材料

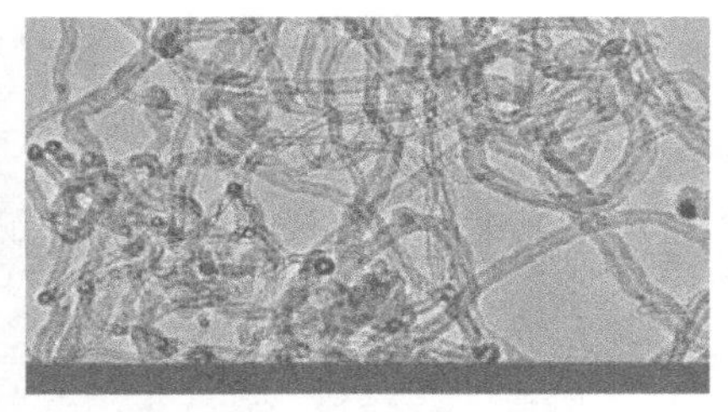

图 7-4 多壁碳纳米管 TEM 图

一维纳米物质指在三维空间有二维为纳米尺度的物体。在纳米电子学领域，又称金属或半导体纳米线为量子线。短的棒也称为量子点或人造原子。一维纳米物质结构如图 7-4 所示。

(3) 二维纳米材料

二维纳米物质是指在三维空间只有一维为纳米尺度的物体，也就是纳米厚度的薄膜。除了有单晶膜、颗粒膜之外，还有镶嵌膜、复合膜等复杂结构薄膜。常见纳米薄膜如图 7-5 所示。

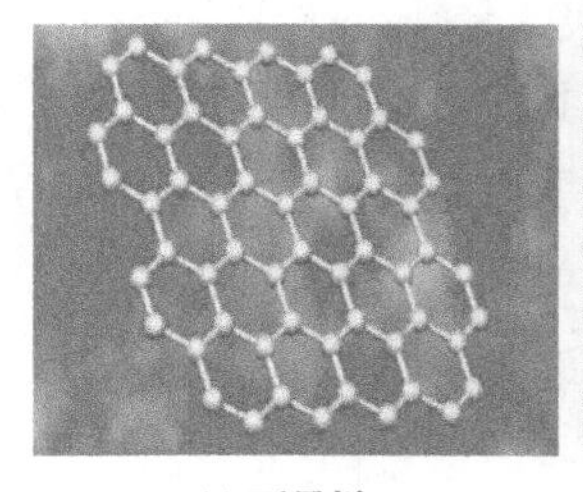

(a) 石墨烯

(b) LB膜

(c) 铋纳米球形膜

图 7-5 纳米薄膜举例

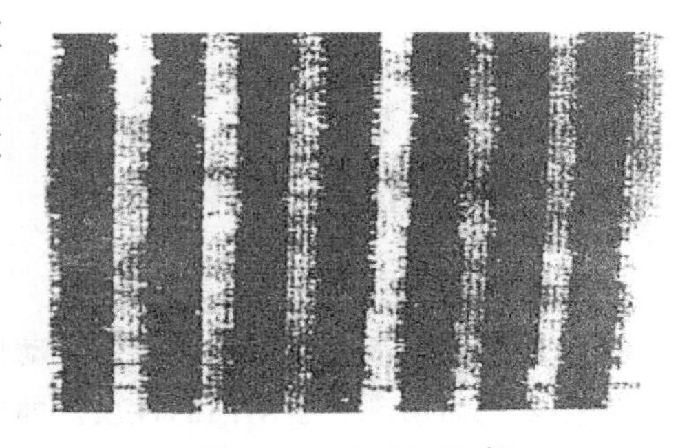

图 7-6 InAs/GaSb 超晶格 STM 图像

超晶格是指用两种晶格匹配很好的半导体材料交替地生长周期性结构，如果每层膜厚度都在纳米尺度，则电子沿生长方向的运动将会产生振荡，如同在势阱中，因此，也将超晶格称为量子阱（见图 7-6)。

7.1.3 纳米结构

纳米结构（材料）是以低维纳米物质为单元，按照一定规律构筑或营造一种新的体系或阵列。单元包括超微颗粒、稳定的团簇或人造原子、纳米棒、纳米丝，以及纳米孔、纳米洞。由纳米颗粒组成的纳米固体，也可以看成是纳米结构材料，如纳米陶瓷等。纳米结构（材料）是纳米器件、纳米集成体系的基础。

目前文献中提到的纳米结构类型很多，主要有纳米薄膜、纳米阵列及纳米介孔材料，还有很多其他不常见的纳米结构，如纳米笼、纳米纤维、纳米花（nanoflower)、纳米泡沫（nanofoam)、纳米网（nanomesh)、纳米针膜（nanopin film)、纳米环、纳米壳（nanoshell)、纳米线等。

纳米结构组装体系，从结构形式上可分为：

① 一维纳米结构，包括纳米丝、纳米管等。

② 二维纳米结构，包括纳米有序薄膜，纳米丝、纳米管的阵列结构。

③ 三维纳米结构，如纳米胶体晶体、纳米笼、纳米花、纳米泡沫、纳米介孔材料等。

根据纳米结构体系构筑过程中的驱动力是外因还是内因，可分为自组装纳米结构和人工构筑纳米结构两类。纳米结构举例如图 7-7 所示。

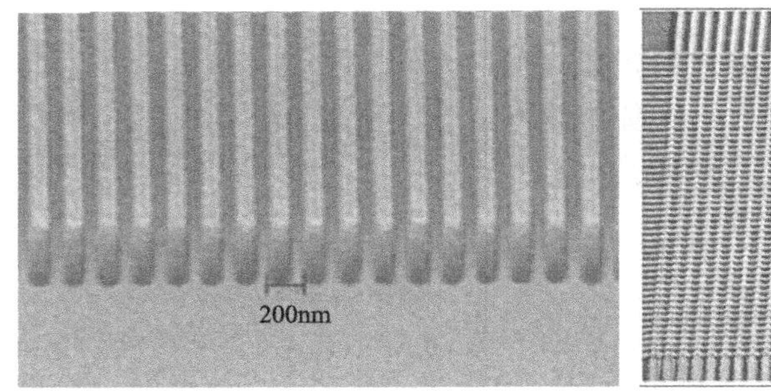

(a) 5000线对/mm

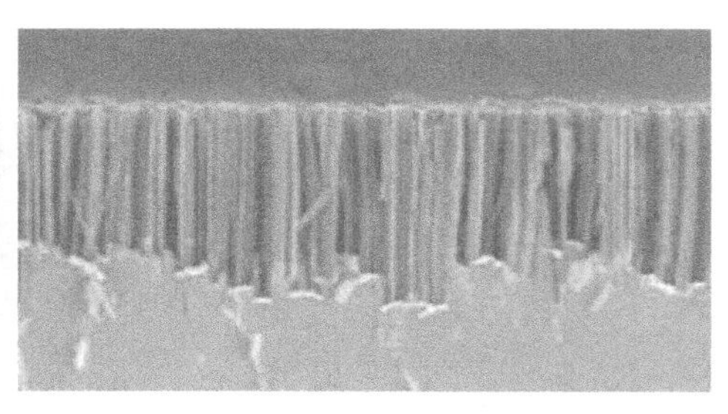

(b) 几种激光纳米压印图案

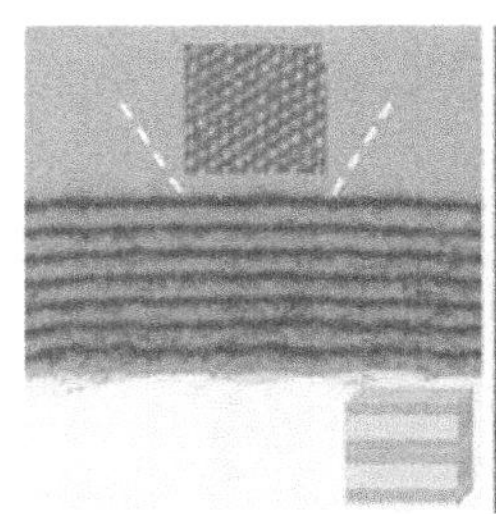

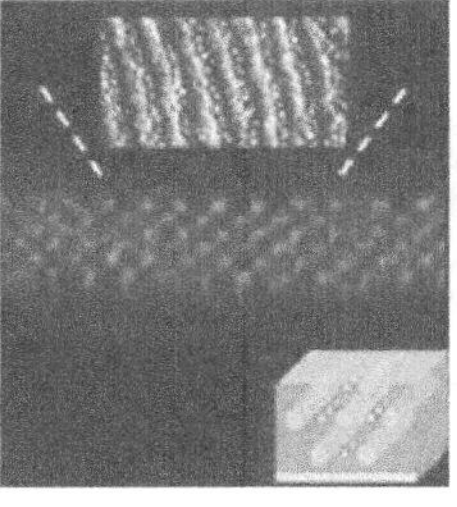

(c) 自组装纳米粒子制成器件可用的薄膜材料

(d) Si纳米线阵列

图 7-7 纳米结构举例

7.2 纳米材料基本理论

在纳米尺度下，物质中电子的波动性以及原子之间的相互作用将受到尺度大小的影响，物质会因此而出现完全不同的性质。即使不改变材料的成分，纳米材料的熔点、磁学性能、电学性能、光学性能、力学性能和化学活性等都将与传统材料大不相同，呈现出用传统模式和理论无法解释的独特性能和奇异现象。随着纳米科技研究的广泛和深入，科学界对纳米材料的这些独特性能和奇异现象，从理论上进行了系统分析，发现了纳米材料的小尺寸效应、表面效应、量子尺寸效应、宏观量子隧道效应等基本效应，从而为人们学习和研究纳米科技和纳米材料提供了理论基础。

7.2.1 电子能级不连续性和表面效应

(1) 电子能级不连续性

久保理论是针对金属超微颗粒费米面附近电子能级状态分布而提出来的。它与通常处理大块材料费米面附近电子态能级分布的传统理论不同，有新的特点，这是因为当颗粒尺寸进入到纳米级时，由于量子尺寸效应，原大块金属的准连续能级产生离散现象。

1962 年，理论物理学家久保（Kubo）对小颗粒的大集合体电子能态做了以下两点主要假设：

① 简并费米液体假设：把超微粒子靠近费米面附近的电子状态看作是受尺寸限制的简并电子气，并进一步假设它们的能级为准粒子态的不连续能级，而准粒子之间交互作用可忽略不计，比较好地解释了低温下超微粒子的物理性能。当 $k_B T \ll \delta$ 时，费米面的能级服从泊松分布，即

$$P_n(\Delta)=\frac{1}{n!\,\delta}\left(\frac{\Delta}{\delta}\right)^n \exp\left(-\frac{\Delta}{\delta}\right) \tag{7-1}$$

其中，δ 为能级间隔；k_B 为玻尔兹曼常数；T 为绝对温度；Δ 为二能态之间间隔；$P_n(\Delta)$ 为对应 Δ 的概率密度；n 为二能态间的能级数。

在高温下，$k_B T \gg \delta$，温度与比热呈线性关系，这与大块金属的比热关系基本一致。然而在低温下（$T \rightarrow 0$），$k_B T \ll \delta$，则与大块金属完全不同，它们之间为指数关系。

② 超微粒子电中性假设：对于一个超微粒子，取走或放入一个电子都是十分困难的。

$$k_B T \ll W \approx e^2/d \tag{7-2}$$

式中，W 为从一个超微粒子取出或放入一个电子克服库仑力所做的功；d 为超微粒直径；e 为电子电荷。低温下热涨落很难改变超微粒子的电中性。当 $d=1\text{nm}$ 时，W 比 δ 小两个数量级。

低温下电子能级是离散的，且这种离散对材料热力学性质起很大的作用（例如，超微粒子的比热容、磁化率明显区别于大块材料），因此，久保及其合作者采用电子模型求得金属纳米晶粒的能级间距 δ 为

$$\delta=\frac{4E_F}{3N} \propto V^{-1} \tag{7-3}$$

$$E_F=\frac{h^2}{2m}(3\pi^2 n_1)^{\frac{2}{3}} \tag{7-4}$$

式中，N 为一个超微粒的总导电电子数；V 为超微粒体积；E_F 为费米能级；n_1 为电子密度；m 为电子质量。

1984 年，Cavicchi 等发现，从一个超微金属粒子取走或放入一个电子克服库仑力做功（W）的绝对值从 0 到 e^2/d 有一个均匀的分布，而不是久保理论指出的唯一常数（e^2/d）（见图 7-8）。

1986 年，Halperin 对这一理论进行了较全面的归纳，用这一理论对金属超微粒子的量子尺寸效应进行了深入的分析。电子能级的离散对材料热力学性质起的作用很大。Halperin 等人在对久保理论修正的基础上，计算了实际试样在低温下的比热和磁化率。

纳米粒子的极化率和粒子所含导电电子的奇偶数有关。

泊松分布时：

$$\chi_{偶}=3.04\mu_B^2/\delta \tag{7-5}$$

$$\chi_{奇}=\mu_B^2/\delta \tag{7-6}$$

$$\mu_B^2=\frac{eh}{2mc}=3.708\times10^{-24}J\cdot m/A \tag{7-7}$$

他们发现纳米粒子的比热与块材的比热两者有很大差别，并对久保理论的修正有以下两点：

① 考虑了热力学实验的外界条件，如外界磁场强弱程度等，都会对电子能级分布有影响，使电子能级分布服从不同规律。

② 考虑了实际纳米粒子试样的粒子尺寸分布，这一分布使得它们的平均能级间隔也会有一个分布，即 $\delta \sim \delta + d\delta$。小粒子的集合体被称为子系综（subensemble）。

(2) 表面效应

表面效应又称界面效应，它是指纳米粒子的表面原子数与总原子数之比随粒径减小而急剧增大后，所引起的性质上的变化。纳米粒子尺寸小，表面能高，位于表面的原子占相当大的比例。随着粒径的减小，表面原子占比迅速增加。粒径 d 与表面原子占比的关系如图 7-9 所示。

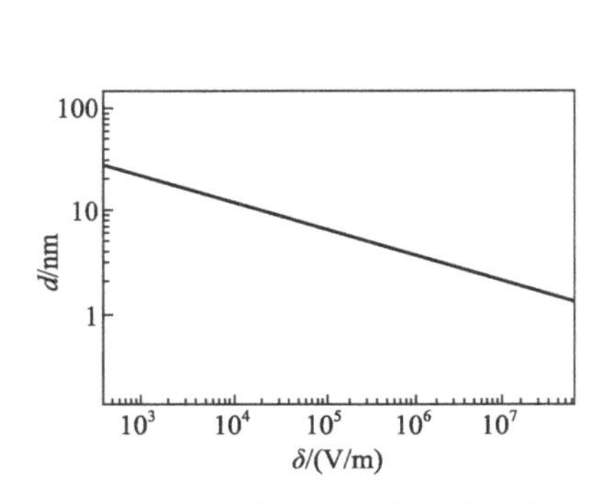

图 7-8 Cavicchi 等发现的均匀的分布图像

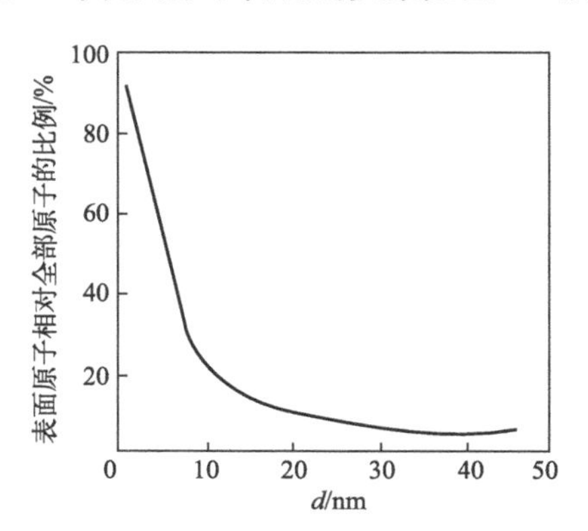

图 7-9 粒径-表面原子占比曲线

纳米粒子的表面效应同时会使表面原子出现特殊性质，例如表面原子的输送和构型发生了变化，出现剩余的不饱和化学键；原子配位严重不足，即 A 原子有三个悬挂键，能量很高，极不稳定，很可能会跳跃到下面一排；而 B、D、C、E 也存在配位严重不足问题，能量高，不稳定（见图 7-10）；表面电子自旋构象和电子能谱也会发生变化。

纳米粒子比表面积增大还会导致高表面活性，使其极不稳定，很容易与其他原子结合，例如：金属纳米粒子在空气中会迅速氧化而燃烧，如图 7-11 所示；无机的纳米粒子暴露在空气中会吸附气体，并与气体反应。

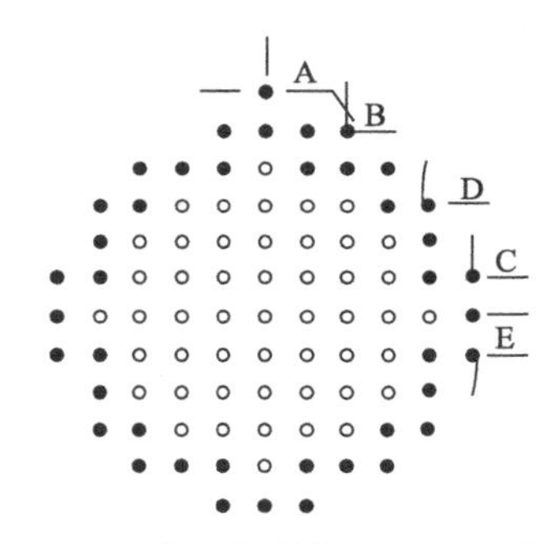

图 7-10 立方晶格结构纳米粒子模式图

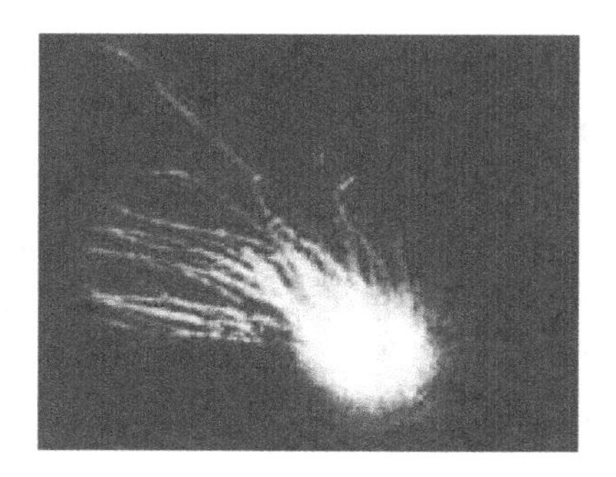

图 7-11 金属纳米颗粒在空气中自燃

纳米粒子的表面效应使得它在催化剂、环境保护、传感器等领域用途广泛。

7.2.2 量子尺寸效应和小尺寸效应

(1) 量子尺寸效应

金属超微粒子费米能级附近和半导体超微粒子的导带、价带，区别于块材中连续的能带，将分裂为分立的能级（图 7-12），能级间的间距随粒子尺度的减小而增大—即能隙变宽，称之为量子尺寸效应。

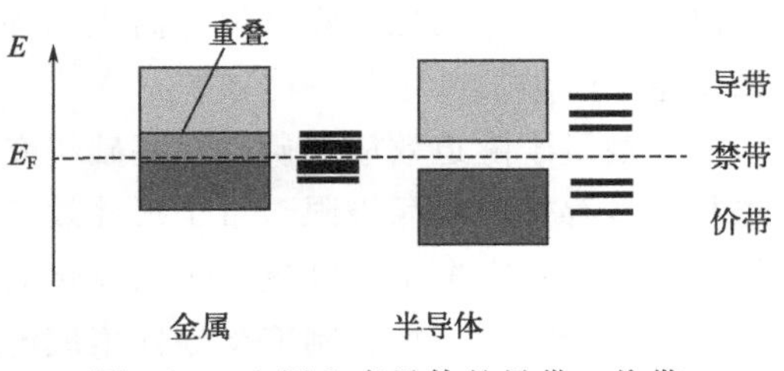

图 7-12　金属和半导体的导带、价带

量子尺寸效应的宏观表现包括：

① 能级间距大于热能、磁能（包括静磁能）、静电能、光子能量或超导态的凝聚能时，这时必须要考虑量子尺寸效应，其会导致纳米粒子的热学、磁学、光学、电学、声学特性，以及超导电性与宏观性质有着显著不同。

② 超微粒子的比热、磁化率与所含导电电子的奇偶性有关。

③ 超微粒子的光谱线发生频移：红移或蓝移。

④ 金属超微粒子可由导体转变为绝缘体。

(2) 小尺寸效应

由颗粒尺寸变小引起的宏观物理性质的变化称为小尺寸效应。对超微颗粒而言，尺寸变小，其比表面积显著增加，从而产生一系列新奇的性质。超微颗粒的小尺寸效应还表现在超导电性、介电性能、声学特性及化学性能等方面。

当超微粒子的尺寸与光波波长、德布罗意波长、超导态的相干长度，或透射深度等物理特征尺寸相当或比其更小时，晶体周期性边界条件将被破坏；非晶态超微粒子表面层附近原子密度减小，导致声学、光学、电学、磁学、热学、力学特性，呈现与宏观物质不同的小尺寸效应，如

$$\lambda_{光}=\frac{h}{p} \tag{7-8}$$

$$\lambda_{可见光}\approx 400\sim 760\mathrm{nm} \tag{7-9}$$

金属超微粒子的金属光泽变暗，甚至消失。

$$\lambda_{物质波}=\frac{h}{mv} \tag{7-10}$$

$$\lambda_{e}\approx 10\sim 100\mathrm{nm} \tag{7-11}$$

金属超微粒子由导体转化为绝缘体。

纳米物质的应用，正是基于小尺寸效应。

7.2.3　宏观量子隧道效应

微观粒子具有贯穿势垒的能力称为隧道效应。近年来，人们发现一些宏观量，如微粒的磁化强度、量子相干器件中的磁通量等亦具有隧道效应，称为宏观量子隧道效应（图 7-13）。

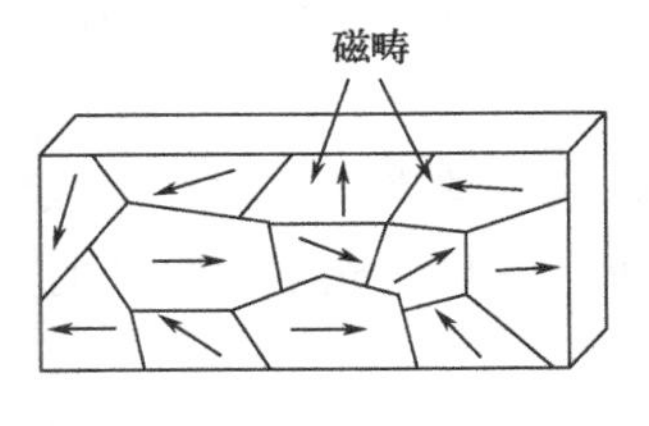

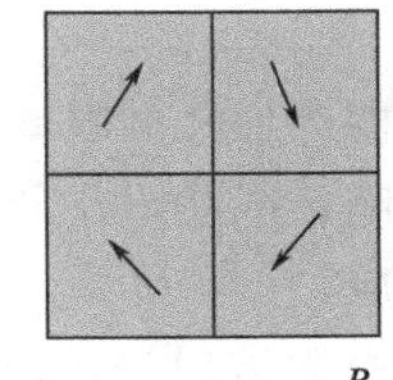

图 7-13　宏观量子隧道效应示意图

早期曾用来解释超细镍微粒在低温继续保持超顺磁性。近年来人们发现 Fe-Ni 薄膜中畴壁运动速度在低于某一临界温度时基本上与温度无关。于是，有人提出量子力学的零点振动可以在低温时起类似热起伏的效应，从而使零温度附近微颗粒磁化矢量的重取向，保持有限的弛豫时间（relaxation time），即在绝对零度仍然存在非零

的磁化反转率。相似的观点解释高磁晶各向异性单晶体在低温产生阶梯式的反转磁化模式，以及量子干涉器件中的一些效应。

宏观量子隧道效应的研究对基础研究及应用研究都有着重要意义，它限定了磁带、磁盘进行信息存储的时间极限。量子尺寸效应、隧道效应将会是未来微电子器件的基础，或者它们确立了现存微电子器件进一步微型化的极限。当微电子器件进一步细微化时，必须要考虑上述的量子效应。如在制造半导体集成电路时，当电路的尺寸接近电子波长时，电子就通过隧道效应而溢出器件，使器件无法正常工作，经典电路的极限尺寸大概在 0.25μm。目前研制的量子共振隧穿晶体管就是利用量子效应制成的新一代器件。

7.2.4 库仑堵塞与量子隧穿

(1) 库仑堵塞

库仑堵塞效应是 20 世纪 80 年代介观领域所发现的极其重要的物理现象之一。当体系的尺度进入纳米级（一般金属粒子为几纳米，半导体粒子为几十纳米）时，体系是电荷量子化的，即充电和放电过程是不连续的，充入一个电子所需的能量 E 为 $e^2/2C$，e 为一个电子的电荷，C 为小体系的电容，体系越小，C 越小，能量 E 越大。这个能量称为库仑堵塞能。换句话说，库仑堵塞能是前一个电子对后一个电子的库仑排斥能，这就导致了对一个小体系的充放电过程，电子不能集体传输，而是一个一个单电子的传输。通常把小体系这种单电子输运行为称库仑堵塞效应。

(2) 量子隧穿

如果两个量子点通过一个“结”连接起来，一个量子点上的单个电子穿过能垒到另一个量子点上的行为称作量子隧穿。为了使单电子从一个量子点隧穿到另一个量子点，在一个量子点上所加的电压必须克服 E，即 $U>e^2/2C$。通常，库仑堵塞和量子隧穿都是在极低温情况下观察到的，观察到的条件是 $(e^2/2C)>k_BT$。有人已作了估计，如果量子点的尺寸为 1nm 左右，可以在室温下观察到上述效应。当量子点尺寸在十几纳米范围时，观察上述效应必须在液氮温度下。原因很容易理解，体系的尺寸越小，电容 C 越小，$e^2/2C$ 越大，这就允许在较高温度下进行观察。

7.2.5 介电限域效应

介电限域效应是纳米微粒分散在异质介质中，由界面引起的体系介电增强的现象，其主要的来源是微粒表面以及内部局域场强的增强。当介质的折射率与微粒的折射率相差很大时，就会产生折射率边界，因此导致微粒表面和内部的场强相较于入射场强有明显的增加，这种局域场强的增强称为介电限域。

一般来说，过渡金属氧化物和半导体微粒都可能产生介电限域效应。纳米微粒的介电限域对光吸收、光化学、光学非线性等都有重要的影响。因此，在分析这一材料光学现象的时候，既要考虑量子尺寸效应，又要考虑介电限域效应。

如下所示的布拉斯（Brus）公式可用于分析介电限域对光吸收带边移动（蓝移、红移）的影响。

$$E(r)=E_g(r=\infty)+\frac{h^2\pi^2}{2\mu r^2}-\frac{1.786e^2}{\varepsilon}r-0.248E_{Ry} \tag{7-12}$$

式中，$E(r)$ 为纳米微粒的吸收带隙；E_g ($r=\infty$) 为体相的带隙；r 为粒子半径；h 为普朗克常数；μ 为粒子的折合质量；E_{Ry} 表示里德伯能量。第二项为量子限域能（蓝移）；第三项表明，介电限域效应导致介电常数 ε 增加，同样引起红移；第四项为有效里德伯能。

其中

$$\mu=\left[\frac{1}{m_e}+\frac{1}{m_h}\right]^{-1} \tag{7-13}$$

式中，m_e 和 m_h 分别为电子和空穴的有效质量。

过渡金属氧化物，如 Fe_2O_3、Co_2O_3、Cr_2O_3 和 Mn_2O_3 等纳米粒子分散在十二烷基苯磺酸钠中出现了光学三阶非线性增强效应。Fe_2O_3 纳米粒子测量结果表明，三阶非线性系数 $\chi^{(3)}$ 达到 $90m^2/V^2$，比在水中高2个数量级。这种三阶非线性增强现象归结于介电限域效应。

7.3　纳米材料理化特性

纳米物质具有的小尺寸效应、表面效应、量子尺寸效应，以及宏观量子隧道效应等，导致其力学、热学、磁学、光学性质，敏感特性，表面稳定性（活性）及光催化性能等不同于宏观物质。这就使它们具有非常广阔的应用前景。

7.3.1　特殊的力学、热学、磁学、光学性质

(1) 特殊的力学性质

① 高硬度：纳米晶粒内，位错很少，硬度也就提高了。例如金属纳米粒子硬度要比传统的粗晶粒金属硬3～5倍。

② 良好韧性与延展性：纳米粒子构成的块体，具有大的界面，界面的原子排列是相当混乱的，原子在外力作用下迁移，固体变形就很容易，因此表现出良好的韧性与延展性。例如纳米陶瓷。

③ 纳米金属的强度和塑性：纳米Pd、Cu等块体试样的硬度试验表明，纳米材料的硬度一般为同成分粗晶材料硬度的2～7倍。由纳米Pd、Cu、Au等的拉伸试验表明，其屈服强度和断裂强度均高于同成分的粗晶金属。

例如：纳米Fe的断裂强度为6000MPa，远高于微米晶的500MPa；纳米铜的屈服强度350MPa，粗晶铜的为260MPa。

对于上述性质，存在以下一些问题。

① 试验方面：上述结果大多是用微型样品测得的。众所周知，微型样品测得的数据往往高于常规宏观样品测得的数据，且两者之间还存在可比性问题。目前，有关纳米材料强度的实验数据非常有限，缺乏拉伸特别是大试样拉伸的实验。

② 理论方面：缺乏关于纳米材料强化机制的研究。对微米晶材料来说，已有明确的强化机制，即固溶强化、位错强化、细晶强化、第二相强化，这些强化机制都建立在位错理论基础上。究竟是什么机制使得纳米材料的屈服强度远高于微米晶材料的屈服强度，目前还缺

乏合理的解释。

在拉伸和压缩两种不同的应力状态下，纳米金属的塑性和韧性显示出不同的特点。

① 拉应力作用下，纳米晶金属的塑性、韧性大幅度下降。如，纳米 Cu 的伸长率（延伸率）仅为 6%，是同成分粗晶伸长率的 20%。

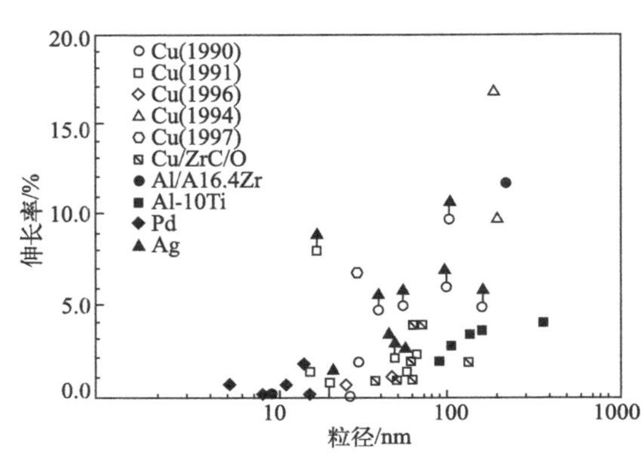

图 7-14 纳米金属的晶粒尺寸与伸长率的关系

1997 年以前，研究者测定的纳米晶 Ag、Cu、Pd 和 Al 等金属的伸长率和晶粒大小的关系如图 7-14 所示。在晶粒尺寸小于 100nm 的范围内，大多数伸长率小于 5%，并随着尺寸减小，伸长率急剧降低，晶粒小于 30nm 的金属基本上是脆性断裂，表现出与粗晶金属完全不同的塑性行为。对大多数的材料，当其应力低于弹性极限时，应力-应变关系是线性的，表现为弹性行为，也就是说，当移走载荷时，其应变也完全消失。而当应力超过弹性极限后，发生的变形包括弹性变形和塑性变形两部分，塑性变形不可逆。评价金属材料的塑性指标包括伸长率 A 和断面收缩率 Z。

粗晶金属的塑性随着晶粒的减小而增大，是由于晶粒的细化使晶界增多，而晶界的增多能有效地阻止裂纹的扩展。但纳米晶的晶界似乎不能阻止裂纹的扩展，主要原因有：

a. 纳米晶金属屈服强度的大幅度提高，使拉伸时的断裂应力小于屈服应力，因而在拉伸过程中试样来不及充分变形就产生断裂（一般来说，硬度高则塑性低）。

b. 纳米晶金属的密度低，内部含有较多的孔隙等缺陷，而纳米晶金属由于屈服强度高，因而在拉应力状态下对这些内部缺陷以及金属的表面状态特别敏感。

c. 纳米晶金属中的杂质元素含量较高，从而损伤了纳米金属的塑性。

d. 纳米晶金属在拉伸时缺乏可移动的位错，不能释放裂纹尖端的应力。

那么，如何提高拉伸应力下纳米金属塑性呢？有两种方法：控制杂质的含量；减少孔隙度和缺陷，提高密度。

以上方法可以大幅度提高拉伸应力下纳米金属的塑性和韧性。实验表明全致密、无污染的纳米 Cu 伸长率可达 30%以上（图 7-15）。

② 在压应力状态下，纳米晶金属能表现出很高的塑性和韧性。

纳米 Cu 在压应力下的屈服强度比拉应力下的屈服强度高两倍，但仍显示出很好的塑性。纳米 Pd、Fe 试样的压缩实验也表明，其屈服强度高达 GPa 水平，断裂应变可达 20%，这说明纳米晶金属具有良好的压缩塑性。其原因可能是在压应力作用下金属内部的缺陷得到修复，密度提高，或纳米晶金属在压应力状态下对内部的缺陷或表面状态不敏感。

在压缩情况下纳米晶铜和粗晶铜相比有更好的延展率，延展率达到 4000%，远高于拉伸情况下的塑性（图 7-16）。

纳米金属塑性变形机制：在位错机制不起作用的情况下，在纳米晶金属的变形过程中，少有甚至没有位错行为。此时晶界的行为可能起主要作用，这包括晶界的滑动、与旋错有关的转动，同时可能伴随有由短程扩散引起的自愈合现象。此外，机械孪生也可能在纳米材料变形过程中起到很大的作用。因此，要弄清纳米材料的变形和断裂机制，人们还需要做大量的探索和研究。

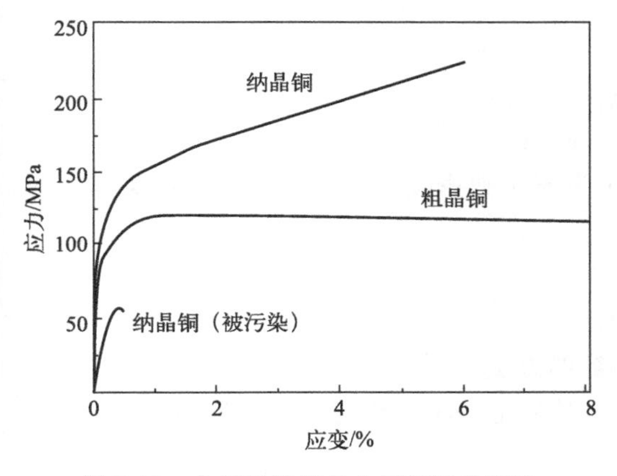

图 7-15　杂质对纳米晶金属塑性的影响

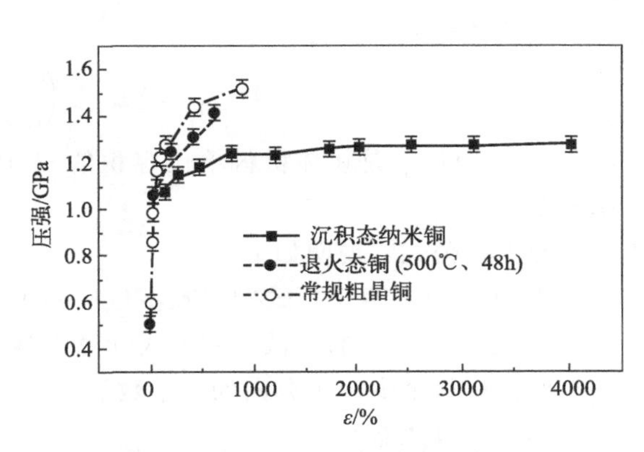

图 7-16　纳米晶铜和粗晶铜的变形量

(2) 特殊的热学性质

纳米粒子的熔点、烧结温度、晶化温度下降。

例如：金的常规熔点为 1064℃，2nm 时的熔点仅为 327℃左右；大功率半导体管的管芯与管座的烧结是用银浆，烧结温度随着银浆中 Ag_2O、Bi_2O_3 等粉末尺寸降低至纳米，烧结温度可由 600～700℃ 降至约 150℃。图 7-17 给出了金属纳米粒子的粒径与熔点之间的关系曲线图。

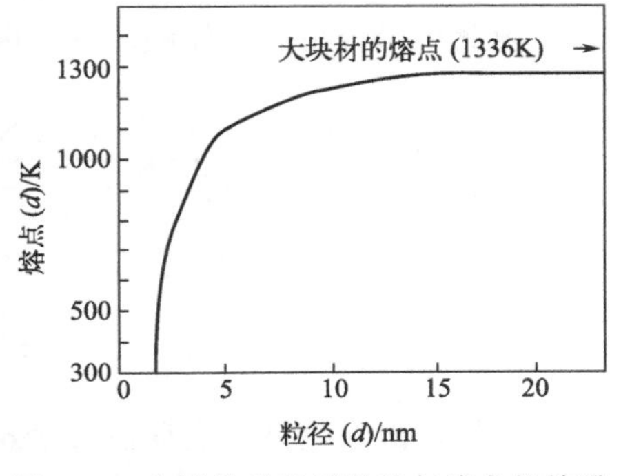

图 7-17　金属纳米粒子粒径与熔点的关系

特殊的热学性质对粉末冶金工业具有一定的吸引力。

材料热性质与材料中分子、原子运动行为有着不可分割的联系。当热载子（电子、声子及光子）的各种特征尺寸与材料的特征尺寸（晶粒尺寸、颗粒尺寸或薄膜厚度）相当时，反映物质热性质的物性参数（如熔化温度、热容等）会表达出鲜明的尺寸依赖性。

一般情况下，晶体材料的内能可依据其晶格振动的波特性在德拜假设下估计出，即

$$U=3\sum_{k}\frac{h\Theta k}{\exp\left(\frac{h\Theta k}{k_{\mathrm{B}}T}\right)-1} \tag{7-14}$$

德拜特征温度的定义为

$$\Theta=\frac{h\omega_{\mathrm{m}}}{k_{\mathrm{B}}} \tag{7-15}$$

式中，ω_{m} 表示某一温度下固体中原子弹性振动的最大频率。

德拜特征温度与材料的晶格振动有关，同时还反映原子间结合力的强弱。

k 的允许值由其分量表示为

$$k_x=0\pm\frac{2\pi}{L_x}\pm\frac{4\pi}{L_x}\cdots\pm\frac{N\pi}{L_x} \tag{7-16}$$

$$\Delta k_x=\frac{2\pi}{L_x}=\frac{2\pi}{N_x a} \tag{7-17}$$

式中，L 为晶格长度；N 为状态度；Δk_x 为特定方向上连续波矢的差。在其他方向的

分量也存在类似关系。

在块体材料内，有

$$U_{\text{bulk}}=9nk_{\text{B}}T\left(\frac{T}{\Theta}\right)^{3}\int_{0}^{X_{\text{D}}}\frac{x^{3}}{\exp(x)-1}\text{d}x \tag{7-18}$$

式中，U_{bulk} 是块体材料单位容积的 U 值；n 为原子数密度；X_{D} 为与德拜温度对应的积分限。

对上述公式，说明如下：

① 块体材料声子模式的奉献不包括外表声子。

② 随材料尺度的降低，用上式计算内能及热容的方法不再有效。

假设材料至少一个方向的原子数显著降低时，那么此方向的改变量与所有容许值相比，不再小到可以忽略时：

① k 空间内点的准确数目不同于固体材料的值。

② k 空间体积必须通过离散求和来计算。

由此可以得出微小体积晶格的内能计算公式如下：

$$U_{\text{micro}}=3\frac{\varepsilon hc}{(2\pi)^{3}}\sum_{k_x}\sum_{k_y}\sum_{k_z}\frac{\sqrt{{k_x}^{2}+{k_y}^{2}+{k_z}^{2}}}{exp\left(\frac{hc\sqrt{{k_x}^{2}+{k_y}^{2}+{k_z}^{2}}}{k_{\text{B}}T}\right)-1}\Delta k_x\Delta k_y\Delta k_z \tag{7-19}$$

$$\varepsilon=\frac{3}{N_x^{3}}\sum_{i=0}^{\frac{N_x}{2}}(N_x^{2}-4i^{2}) \tag{7-20}$$

可见，由于晶格内能存在尺寸效应，将不可防止地导致材料根本热学性质对晶体尺寸的依赖性。

(3) 特殊的磁学性质

① 超顺磁性：粒子小到一定临界值时进入超顺磁状态，如 α-Fe、Fe_3O_4、α-Fe_2O_3，粒径分别为 5nm、16nm、20nm 时，变成顺磁体。

其原因是：在小尺寸下，当各向异性能减小到与热运动能可比拟时，磁化方向就不再固定在一个易磁化方向上，易磁化方向做无规律的变化，结果导致超顺磁性的出现，磁化曲线无磁滞现象。直观地说，超顺磁性就是当有外加磁场的时候，材料具有明显的磁性；当去掉外磁场时，材料磁性消失。

利用超顺磁性，将磁性超微粒子制成用途广泛的磁性液体，简称磁液。

② 矫顽力 H_{c}：纳米粒子粒径大于超顺磁临界尺寸时，通常呈现高的矫顽力。

其起源有两种模型：一致转动模型和球链反转磁化模型。

利用高矫顽力特性，已做成高贮存密度的磁记录粉，大量应用于磁盘、磁卡以及磁性钥匙等。

③ 居里温度 T_{c}：纳米粒子具有较低的居里温度。另外，磁性纳米粒子还具备其他新奇特性。

④ 高磁化率：电子数为奇数的粒子集合体的磁化率 χ 服从居里-外斯定律，量子尺寸效应使磁化率遵从 d^{-3} 规律；电子数为偶数的系统，$\chi\propto k_{\text{B}}T$，并遵从 d^{2} 规律。

(4) 特殊的光学性质

波矢：波矢是波的矢量表示方法。波矢是一个矢量，其方向表示波传播的方向，其大小表示为 $k=2\pi/\lambda$。

激子：通过库仑作用束缚的电子-空穴对叫作激子。电子和空穴复合时便发光，以光子的形式释放能量。根据电子与空穴相互作用的强弱，激子分为万尼尔（Wannier）激子（松束缚）和弗仑克尔（Frenkel）激子（紧束缚）。

光谱线及移动：与体材料相比，纳米微粒的吸收带中普遍存在向短波方向移动的现象，即蓝移现象。在有些情况下，粒径减小至纳米级时可以观察到光吸收带相对于粗晶材料向长波方向移动，这种现象被称为红移。纳米材料的每个光吸收带的峰位由蓝移和红移因素共同作用而确定。

纳米材料特殊光学性质包括：

① 宽频带强吸收。当尺寸减小到纳米时，各种金属粒子几乎都呈黑色。尺寸越小，颜色越黑。

② 蓝移和红移现象。纳米粒子的光吸收、光发射特性出现蓝移或红移现象。利用强吸收特性可将金属超微粒子作为高效光热、光电转换材料，将太阳能转变为热能、电能。还可用于红外敏感元件、红外隐身技术等（图 7-18）。

③ 发光现象。当半导体纳米粒子的尺寸小到一定值时，可在光激发下发光。硅在室温下，当粒径小于 6nm 时可致发光。半导体纳米粒子的发光现象在光电子领域已被广泛应用。硒化镉量子点在紫外线的照射下会发出荧光（图 7-19）。

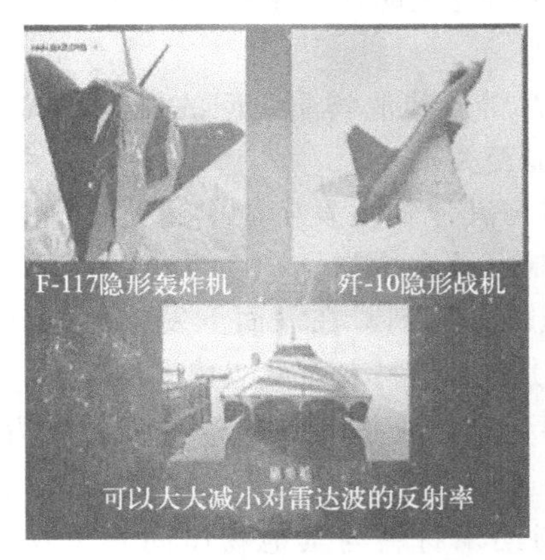

图 7-18　利用强吸收特性的隐身技术

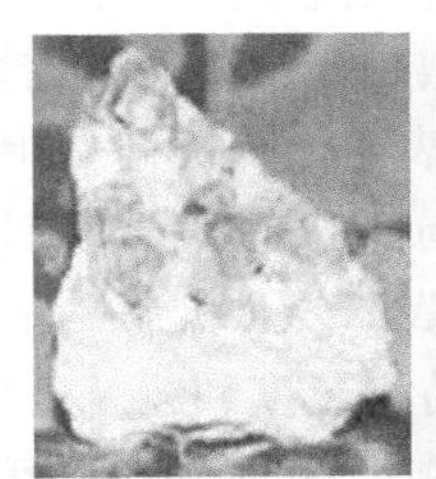

图 7-19　硒化镉量子点在紫外线的照射下发出荧光

④ 纳米微粒分散物系的光学性质。纳米粒子分散于分散介质中，形成分散物系，也就是溶胶。在此纳米粒子被称为胶体粒子。

一束聚集光线通过分散物系，在入射光垂直方向可看到一个圆锥体，这是 1869 年由丁达尔发现的，所以被称为丁达尔效应（图 7-20）。

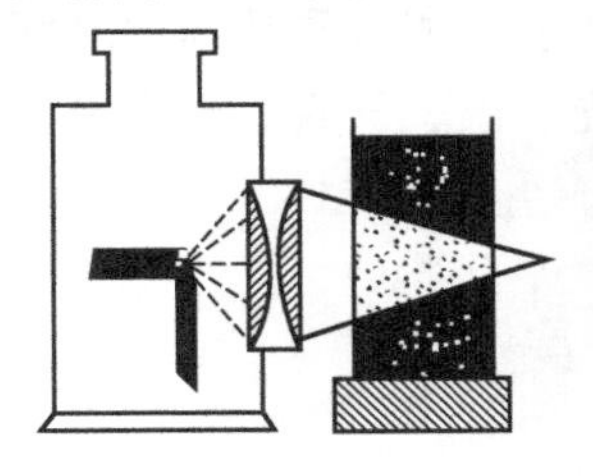

图 7-20　丁达尔效应

7.3.2 表面活性与敏感特性

纳米粒子比表面积增大会导致高的表面活性，使其极不稳定，很容易与其他原子结合。现代科技飞速发展，纳米材料的应用越来越广泛。各种领域的工程问题不断催生出对纳米材料表面反应活性及机理研究的需求。

纳米材料表面反应活性是指在特定条件下，纳米材料与其他物质发生反应的能力。纳米材料表面反应活性的强弱直接影响纳米材料的应用性能。因此，深入研究纳米材料表面反应活性具有重要的应用价值。以下总结了几项影响纳米材料表面反应活性的因素。

① 纳米材料表面反应速率：纳米材料表面反应速率决定其在特定条件下反应活性的强弱。随着颗粒尺寸的减小，纳米材料表面积与体积之比增大，表面反应活性增强。表面反应速率与反应条件有关，如温度、反应物浓度等，表面反应活性也随之变化。

② 纳米材料表面电荷：纳米材料表面电荷决定其与化学物质相互作用的能力。在某些条件下，纳米材料表面带正电荷会吸引负离子，而带负电荷的纳米材料表面吸引正离子。表面电荷的变化将影响纳米材料的表面反应活性。

③ 纳米材料表面构型：纳米材料表面构型指表面物理形貌和化学结合状态。通常表面构型较复杂的纳米材料，其表面反应活性越强。许多研究表明，纳米材料表面的几何形貌会影响其表面电荷和反应速率，从而影响表面反应活性。

纳米材料表面反应机理指在特定条件下，纳米材料与其他物质之间的反应方式和过程。了解纳米材料表面反应机理对于优化纳米材料的性能至关重要。

④ 表面吸附机制：表面吸附机制是指纳米材料与其他物质发生静电或化学结合。表面吸附机制引起的纳米材料表面反应通常较快速，机制也最为简单。

⑤ 表面催化机制：表面催化机制是指某种物质（催化剂）在表面上发挥促进反应的作用。这种机制可以产生局部的表面反应加速效应，使纳米材料表面反应速率增大。

⑥ 表面复合机制：表面复合机制是指纳米材料与其他物质形成新的复合物作为反应产物。这种机制通常需要特定温度和粒度条件。

⑦ 表面物理作用机制：表面物理作用机制是指纳米材料与其他物质间发生物理作用，比如吸附、交换。这种机制引起的反应速率较快，机制也较为简单。

纳米材料表面反应活性和机理研究的意义不仅在于理解纳米材料的表面反应过程，而且也是优化其应用性能的关键。通过控制纳米材料表面反应活性，不仅可以提高其催化、电子、光学和磁性等应用方面的性能，还可以有效地提高其抗腐蚀性和稳定性。同时，理解纳米材料表面反应机理有助于设计出更高效、经济、环保的制备方法，促进纳米材料的大规模研发和应用。

如 7.2.1 部分所述，由于纳米材料具有大的比表面积，导致高的表面活性及与气体相互作用强，因而纳米微粒对周围环境十分敏感，如光、温、气氛、湿度等，因此可用作各种传感器，如温度、气体、光、湿度等传感器。

7.3.3 光催化性能

光催化是纳米半导体独有的性能之一。在光的照射下，通过把光能转化为化学能，促进有机物合成或降解的过程被称为光催化。光子带来足够的能量使得价电子激发跃迁到更高的能级，由价带跃迁到导带，使价带上产生空穴（图 7-21）。光电子和空穴在电场作用下移动到材料表面，电子具有还原性，空穴具有氧化性，空穴与氧化物半导体纳米粒子表面反应，生成氧化性很高的自由基，在表面发生氧化还原反应。在光的作用下可以催化诱发氧化还原反应的半导体材料称为光催化材料。

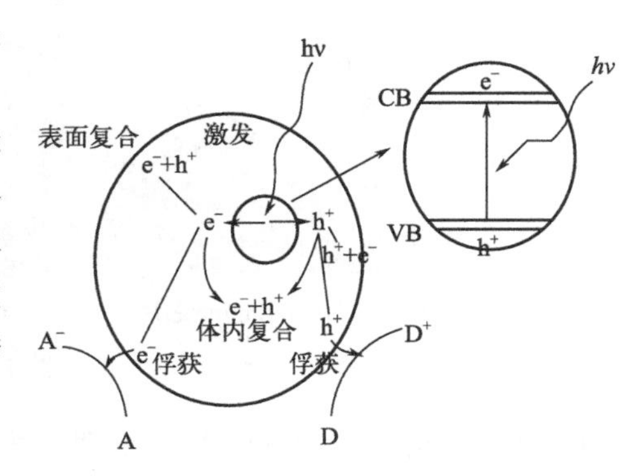

图 7-21　光照情况下半导体纳米粒子内光生电子-空穴对

粒径对光催化性能的影响：

① 粒径小于某一临界值时，量子尺寸效应显著，禁带展宽，导带和价带分立，增加了光生电子和空穴的氧化-还原能力，也就提高了光催化活性。

② 粒径越小，光生载流子从体内扩散到表面所用时间就越短，电子-空穴复合概率也越低，这导致光催化活性的提高。

③ 粒径越小，粒子比表面积就越大，这会增强光催化吸附待降解有机物的能力，从而提高光催化降解能力。

半导体光催化剂多为宽禁带的 N 型半导体，如 TiO_2、ZnO、CdS、WO_3、PbS、SnO_2 等。

光生空穴与半导体纳米粒子表面吸附的氢氧根反应生成具有强氧化性的羟基自由基，可夺取半导体颗粒表面被吸附物质或溶剂中的电子，使原本不吸收光的物质被活化氧化，降解溶液中的有机污染物，最终使其转化为二氧化碳和水等无机物。

价带的氧化还原电位越正，导带的氧化还原电位越负，产生的光生电子和空穴的氧化还原能力越强，能大大提高光催化降解有机物的效率。

7.4　纳米技术

7.4.1　国内外纳米技术的发展

纳米是计量长度的单位之一，在计量中表示 10^{-9}，纳米即为 10^{-9}m。我国过去一般用毫微米的方式来表示 10^{-9}m，很直观地反映了其长度单位的本质特征，即千分之一微米（意译），但现在普遍采用的是更加简洁的纳米（音译），1nm 是 2～3 个金属原子或 10 个氢原子排列在一起的宽度。一般病毒的直径为 60～250nm，红细胞的直径为 6000～8000nm，头发丝的直径则为 30000～50000nm。

纳米科技是指在 0.1～100nm 尺度起关键作用的技术，是通过直接操纵和安排单个原子、分子（或原子团、分子团）来创造具有特定功能新物质的技术。

关于纳米技术曾有过三种概念，即分子纳米技术、纳米加工技术和生物纳米技术，实例见图 7-22。

纳米科技的兴起可追溯到 20 世纪中期。在 1959 年 12 月召开的物理学会年会上，著名

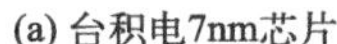
(a) 台积电7nm芯片

(b) 分子机器人

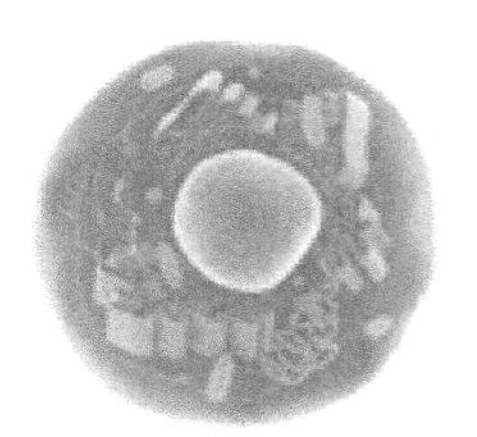
(c) 动物细胞

图 7-22 纳米技术实例

物理学家、诺贝尔物理学奖得主理查德·菲利普斯·费曼（Richard Phillips Feynman）教授做了一个著名的演讲——底部还有很大的空间（There's plenty of room at the bottom），首次提出如果人类能够在原子/分子尺度上加工材料、制备装置，将有许多激动人心的新发现。这需要新型的微型化仪器来操纵纳米结构并测定其性质。费曼在演讲中首次阐述了自下而上（bottom-up）制备材料的思想，即通过操纵原子、分子来构筑材料，这是人类关于纳米科技最早的梦想。

到了 20 世纪 70 年代，科学家开始从不同角度提出有关纳米科技的构想，1974 年，日本科学家谷口纪男（Norio Taniguchi）率先提出了纳米技术（nanotechnology）一词，用来描述原子或分子级别的精密机械加工。

1981 年，IBM 公司苏黎世实验室的科学家宾尼（Gerd Karl Binnig）博士和罗雷尔（Heinrich Rohrer）博士共同发明了扫描隧道显微镜，使人类首次直接观察到了原子，为测量与操控原子、分子等技术奠定了基础，成为纳米科技史上划时代的里程碑，对促进纳米科技的发展产生了非常积极的作用，两人因此与电子显微镜的发明者鲁斯卡（E. A. F Ruska）共同分享了 1986 年诺贝尔物理学奖。

在 1985 年，宾尼和罗雷尔还与斯坦福大学的奎特（CFQuate）教授合作推出了原子力显微镜（atomic force microscopy，AFM），弥补了 STM 只能测试导电材料的不足之处。以 STM、AFM 为代表的扫描探针显微镜（scanning probe microscopy，SPM）已成为微区分析领域的主流设备之一，成为纳米尺度物质检测的重要手段。SPM 的发明成为纳米技术发展的契机，它们对纳米技术的快速发展起到了积极的促进作用。

通过 SPM 不但可以直接观察原子，能得到原子级图像［见图 7-23（a）（b）］；还可以用来操纵原子，得到某种纳米结构［见图 7-23（c）］。

(a) 水分子内部

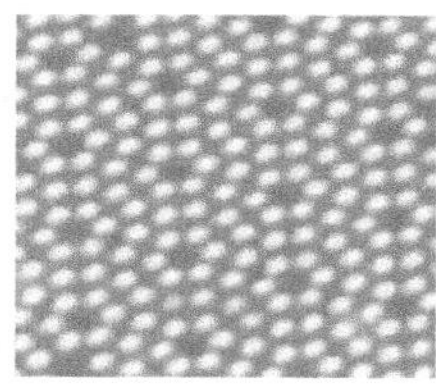
(b) 硅 (111) 面

(c) 金属镍表面

图 7-23 通过 SPM 获得原子级图像和纳米结构

SPM 的发明使人们对物质世界的认识与改造深入到了原子、分子层次。STM 能够精确地测量到单个磁性原子在金属表面上的近藤（Kondo）效应（见图 7-24，Kondo 效应是指由磁性杂质中的局域自旋与自由电子强关联相互作用所引起的一系列低温反常现象）。

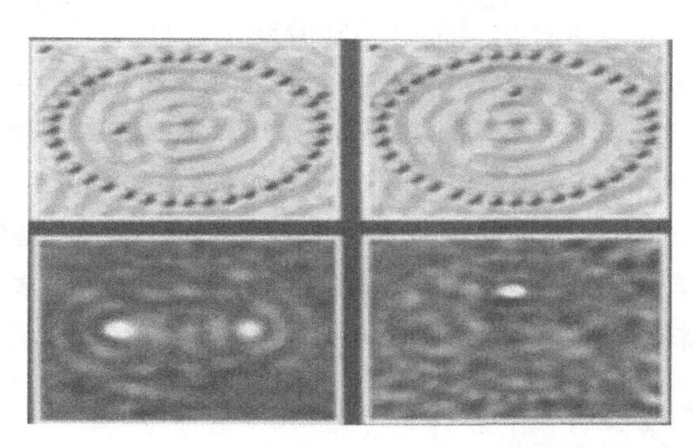

图 7-24　36 个 Fe 在（111）Cu 面上围成的椭圆

表 7-1 列出了自 20 世纪 90 年代以来，纳米科技的其他标志性进展，从中可以寻觅到纳米科技的快速发展。

表 7-1　20 世纪 90 年代以来纳米科技的其他标志性进展

1990 年 7 月	第一届国际纳米科技会议举办，标志着纳米科技的正式诞生
1991 年	碳纳米管被人类发现
1995 年	利用原子层外延技术制成了量子点激光器
1997 年	首次成功地用单电子移动单电子
1999 年	发明了能够称量十亿分之一克物体的秤

21 世纪，各国纷纷制定相关战略或计划，投入巨资抢占纳米技术战略高地。纳米技术开始进入全面发展阶段。

钱学森曾说过：纳米左右和纳米以下的结构是下一阶段科技发展的重点，会是一次技术革命，从而将在 21 世纪又是一次产业革命。到 1999 年，纳米技术逐步走向市场。

1990 年，IBM 公司的科学家首次实现了对原子的操纵，用 STM 移动 35 个氙原子拼成了“IBM”三个字母，如图 7-25 所示。

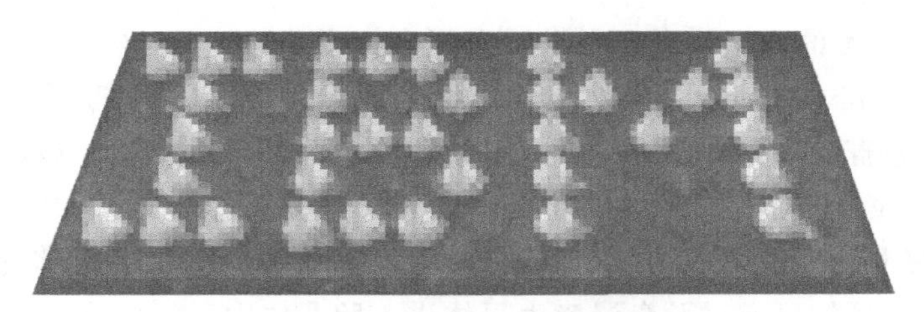

图 7-25　35 个氙原子组成的“IBM”

1991 年，NEC 公司的科学家饭岛澄男发现了碳纳米管（见图 7-26），单壁碳纳米管的密度只有钢的 1/6，强度却是钢的 10 倍。

1999 年，科学家在进行碳纳米管实验时发明了世界上最小的秤，它能够称量十亿分之一克的物体，相当于一个病毒的质量。此后不久，科学家研制出能称量单个原子质量的秤，打破了科学家联合创造的纪录（图 7-27）。

随着纳米科技的飞速发展，越来越多的纳米材料产品开始进入人们的日常生活，人类的衣食住行等各个方面无不受其影响。作为纳米材料的基本结构单元，纳米微粒具有极高的化学活性，其环境释放量和进入人体的可能性将随着纳米材料的广泛应用而显著增加，早在几十年前人们就已经认识到吸入粒子会损害肺部、动脉内壁和心血管系统，一项长达20多年的与大气颗粒物有关的长期流行病学研究结果表明，人的发病率和死亡率与生活环境中大气颗粒物的浓度及尺寸密切相关，小于2.5μm的颗粒的增加导致死亡率显著增加。著名的伦敦大雾过后，两周内有4000多人突然死亡，研究结果显示其主要是由空气中细小的纳米微粒大量增加造成的。在自然界，尘埃等生物体系以外的纳米物质大多以污染物、有害物的形式出现。显然，纳米材料对环境及人类健康的潜在危害也是不容小觑的。

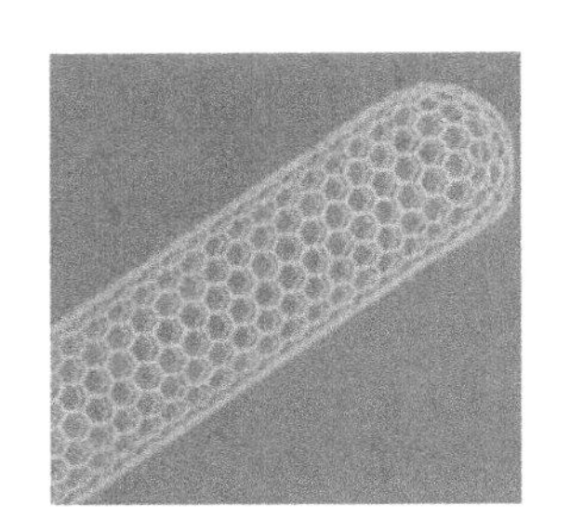

图7-26　碳纳米管

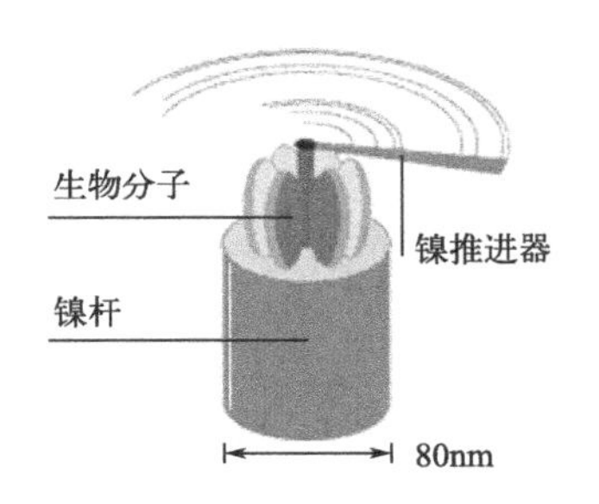

图7-27　碳纳米管“秤”

纳米安全性问题的研究最早可以追溯到1997年，牛津大学和蒙特利尔大学的科学家发现防晒霜中的二氧化钛/氧化锌纳米颗粒能引发皮肤细胞的自由基破坏DNA。随后的几年里，纳米材料安全性的研究并没有引起广泛的关注。2002年3月，斯坦福大学Mark Wiesner博士发现功能纳米颗粒在实验动物的器官中聚集，并被细胞所吸收。特别是2003年3月，美国化学会举行的年会上报告了纳米颗粒对生物可能存在的作用，引起了世界的广泛关注，掀起了纳米材料安全性研究的热潮。在美国化学会的报告当中，纽约罗切斯特大学（University of Rochester）医学和牙科学院的毒物学家Oberdorster发现，在含有直径为20nm的聚四氟乙烯（“特氟龙”塑料）颗粒的空气中生活了15min的大多数实验鼠会在随后4h内死亡；而暴露在含直径120nm颗粒（相当于细菌的大小）的空气中的对照组则安然无恙，并没有致病效应。

纳米颗粒对于人类的毒副作用也相继被发现和报道出来。《自然》（*Nature*）杂志报道了瑞斯大学（Rice University）的生物和环境纳米技术中心（CBEN）科学家Mason Tomson的工作，即巴基球（bucky ball）可以在土壤中毫无阻碍地穿越。该课题组的实验结果表明，这些纳米颗粒易于被蚯蚓吸收，由此会通过食物链到达人体。2004年，科学家Gunter Oberdorster博士发现碳纳米颗粒（35nm）可经嗅觉神经直接进入脑部；Vyvyan Howard博士发现金纳米颗粒可通过胎盘屏障由母体进入胎儿体内。2004年2月，加州大学圣地亚哥分校的科学家发现硒化铟纳米颗粒（量子点）可在人体中分解，由此可能导致中毒；2004年3月Eva Oberdorster博士发现巴基球会导致幼鱼的脑部损伤以及基因功能的改变。因此，在广泛使用该项新技术之前，需要进一步对其风险和利益进行测试与评估。

纳米材料安全性的问题在国际上已受到了广泛的关注，国际著名杂志《科学》（*Science*）和《自然》分别在2003年4月和7月发表编者署名文章，指出纳米尺度物质的生物效应及其对环境和健康的影响问题。2004年11月30日—12月2日，我国召开了以“纳米尺度物质的生物效应与安全性”为主题的第243次香山科学会议，中国科学院副院长、国家纳米科技指导协调委员会首席科学家白春礼院士在大会上做了题为“纳米科技：发展趋势与安全性”的主题评述报告。2006 年 8 月，“人造纳米材料的生物安全性研究及解决方案探索”获得我国科技部“国家重点基础研究发展计划”（973 计划）立项支持，表明纳米安全性问题在我国已受到了从学术界到政府层面的高度重视。

国际上，2007 年 1 月 9 日，召开了纳米安全性会议，讨论并确定未来安全性的研究重点方向和重点领域。同时，多国政府相继组织力量，投入经费，在国家层面上启动了系统的纳米安全性研究计划，研究纳米材料与生命过程的相互作用以及对生命健康的影响。

显然，要实现对纳米尺度物质潜在危害性的可测、可控、可防，也必须依赖纳米科技自身的进步，纳米毒理学已成为纳米科技的一个新的分支学科。通过对纳米材料安全性的深入研究，有望认识并解决纳米科技产品在研发、生产、流通与使用等诸多环节中存在的各种安全隐患，消除由对纳米材料是否安全的无知而导致的恐慌，切实保障与促进纳米科技的健康、可持续性发展。

7.4.2　纳米技术的应用

自 20 世纪 90 年代以来，纳米科技步入了快速发展的轨道，不断涌现出令人兴奋的创新成果。

2000 年 1 月 21 日，克林顿在加州理工学院正式发布“国家纳米科技计划（National Nanotechnology Initiative，简称 NNI）”，将纳米科技视为下一次工业革命的核心，认为纳米科技将对 21 世纪早期的经济和社会产生深刻的影响，就像信息技术、细胞、基因和分子生物学一样。2010 年时，美国有 80 万纳米科技人才，投入 GDP 1 万亿美元，创造了 200 万个就业机会；在美国能源部的 8 项优先研究中，有 6 项有关纳米科技，即纳米材料、纳米电子学、光电子学、磁学、纳米医学和生物学；还同时研制“麻雀卫星”“蚊子导弹”“苍蝇飞机”以及“蚂蚁士兵”等新式武器，纳米技术在国防领域逐渐显现其威力（见图 7-28）。

(a) F-117隐形轰炸机　(b) B-2隐形轰炸机

图 7-28　纳米材料在军工方面的应用

1962 年，久保（Kubo）及其合作者针对金属超微粒子的研究，提出了著名的久保理论，也就是超微颗粒的量子限制理论或量子限域理论，从而推动了实验物理学家向纳米尺度的微粒进行探索；一些企业也开展了纳米实用化技术的计划，如三菱化工建立了（富勒烯）纳米碳管生产线，研究了自洁净玻璃、光催化净化水或空气等技术。

世界主要经济体纷纷推出了相关的发展战略或计划，投入巨资推动纳米科技的发展，抢占 21 世纪科技战略制高点。一些发达国家分别出台了各自的纳米计划，世界都在迎接纳米时代的到来。我国先后成立了国家纳米科技指导协调委员会、国家纳米科学中心和纳米技术专门委员会，于 2001 年 7 月发布了《国家纳米科技发展纲要（2001—2010）》。遵循“有所为、有所不为，总体跟进、重点突破”的构想，近期目标以纳米材料及其应用为主，中、长期目标瞄准纳米生物和医疗技术、纳米电子学和纳米器件，希望在纳米科学前沿取得重大进展，在纳米技术开发及其应用方面取得重大突破，并逐步形成精干的、具有交叉综合和持续创新能力的纳米科技骨干队伍。表 7-2 列出了中国纳米科技相关的进展。

表 7-2 纳米科技在中国

科研单位	相关进展
中国科学院	操纵原子写字（见图 7-29）
中科院物理所	制备出大面积碳纳米管阵列；合成了当时最长的纤维级碳纳米管
中国科技大学	制备了氮化镓粉体；从四氯化碳制备出金刚石纳米粉，被誉为“稻草变黄金”
中科院过程工程研究所	纳米碳化硅、纳米阻燃剂
中科院化学所	纳米领带：超双疏性界面材料，防水、防油、防褪色。纳米聚丙烯管材：高强度、抑菌功能
清华大学	制备了氮化镓纳米棒

纳米科技正处于快速发展的阶段，很难对其前景做出准确、完整的描述。但是，纳米科技给人们的生活带来的变革已经开始。在医学领域，药物制备、药物传递、疾病诊断以及器官替换与再生等将发生根本性的改进。通常纳米微粒可以穿越细胞壁，纳米药物进入细胞后便于生物降解或吸收，将显著提高治疗效果，同时可以减少药物用量，降低药物的毒副作用。在信息技术领域，信息存储量、处理速度以及通信容量等将得到大幅度提高。在国防领域，将出现各种光、机、电、磁等系统高度集成的微型化、智能化的武器装备，基于纳米微粒的武器装备隐身技术将得到广泛的应用，常规武器在纳米材料的帮助下的打击与防护能力将得到显著提高，虚拟训练与虚拟战争系统的仿真程度将得到极大的提高，有望彻底变革未来战争的面貌和形态（见图 7-30）。

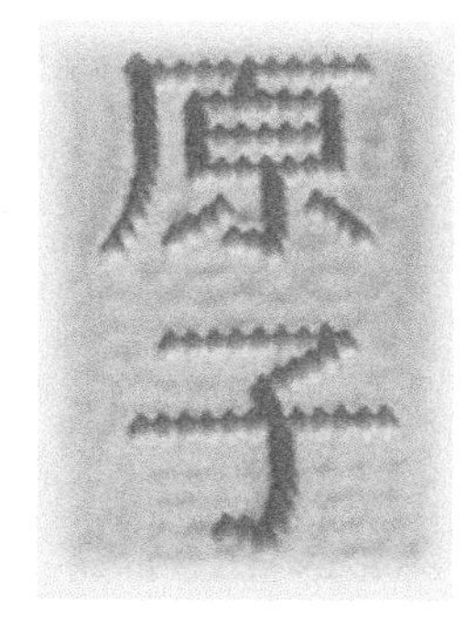

图 7-29 101 个铁原子组成的汉字“原子”

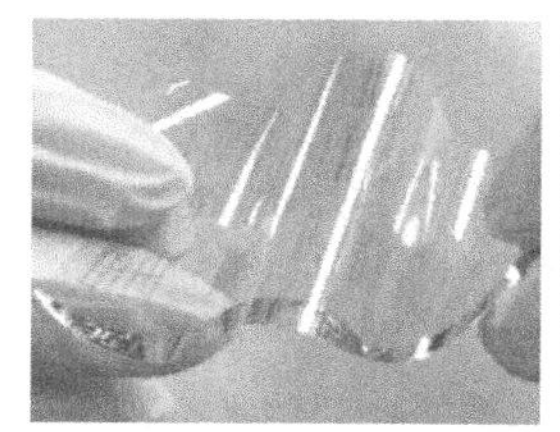

(a) 新型碳纳米管柔性电路

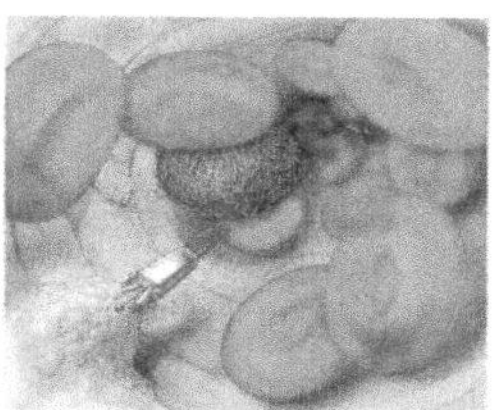

(b) 纳米机器人

图 7-30 纳米器件实例

综上所述，纳米科技将在未来引发一场新的工业革命，带来信息、能源、交通、医药、食品、纺织、环保等诸多领域的新变革，大大提升我们的生活质量。利用纳米材料或结构特殊的性质，可开发新的元器件，在信息工程、生物等领域发挥重要作用，衍生出新兴的高科技产业群。纳米技术的终极目的，就是要实现对整个微观世界的有效控制。

习题

一、填空题

1. 由＿＿＿＿＿＿所引起的变化称为小尺寸效应。对超微颗粒而言，尺寸变小，其比表面积显著＿＿＿＿＿＿，从而产生一系列新奇的性质。

2. 提高拉伸应力下纳米金属塑性的方法有＿＿＿＿＿＿。

3. 与体材料相比，纳米微粒的吸收带普遍向＿＿＿＿＿＿方向移动，即＿＿＿＿＿＿现象。

4. 名词解释

STM：＿＿＿＿＿＿。

AFM：＿＿＿＿＿＿。

SPM：＿＿＿＿＿＿。

二、选择题

1. 下列关于纳米材料的说法中，正确的是（　　）。

A. 很小的材料就是纳米材料

B. 纳米材料就是纳米物质做成的材料

C. 纳米材料只是近几年才开始被人们利用的，不存在天然的纳米材料

D. 纳米材料的基本单元很小

2. 以下全组都属于构成纳米材料基本单元的是（　　）。

A. 原子团簇、纳米微粒、C_{60}、纳米丝、氧化铝模板

B. 纳米微粒、纳米棒、纳米薄膜、纳米固体、AFM

C. 纳米粒子、C_{60}、碳纳米管、纳米薄膜

D. 纳米颗粒、原子团簇、纳米棒、纳米薄膜

3. 关于纳米微粒的基本效应是（　　）。

A. 表面效应、小尺寸效应、宏观量子隧道效应、量子尺寸效应

B. 小尺寸效应、库仑堵塞效应、纳米小尺寸效应、表面效应

C. 量子尺寸效应、纳米效应、表面效应、宏观量子隧道效应

D. 量子限域效应、小尺寸效应、表面效应、宏观量子隧道效应

4. 纳米材料的特殊磁学性质包括（　　）。

A. 超顺磁性、矫顽力、高的居里温度、高磁化率

B. 超顺磁性、矫顽力、高的居里温度、低磁化率

C. 超顺磁性、矫顽力、低的居里温度、高磁化率

D. 超顺磁性、矫顽力、低的居里温度、低磁化率

5. IBM 公司苏黎士实验室的科学家宾尼（Gerd Binnig）博士和罗雷尔（Heinrich Rohrer）博士共同发明了（　　），使人类首次直接观察到了原子，为测量与操控原子、分子等技术奠定了基础。

A. STM　　　　B. SPM　　　　C. AFM　　　　D. ATM

三、简答题

1. 纳米科技研究的主要内容是什么？
2. 人们习惯以何维数来划分纳米材料，有什么例子？
3. 为什么金属纳米粒子在空气中可能会自燃？
4. 什么是纳米微粒的介电限域效应？
5. 粒径是怎样影响光催化性能的？

扫码获取答案

第8章

纳米材料的制备与表征技术

近年来，纳米材料的研究在科学界引起了广泛关注。纳米材料的特殊性质使其在许多领域有着广泛的应用，例如电子学、能源储存和生物医学等。而要研究和应用纳米材料，首先要进行纳米材料的制备和表征。在此将介绍纳米材料实验中常用的制备和表征技术。

8.1 纳米材料的制备

纳米技术的发展使得人们能够以原子尺寸的精度设计、加工出结构可控的各种材料，从而使其具有所需的机械特性、光学特性、磁性或电子特性。为了实现各种预期的功能，纳米材料的制备技术在当前纳米材料的科学研究中占据极其重要的地位。其中关键是控制材料单元的大小和尺寸分布，并且要求具有纯度高、稳定性好、产率高的特点。从理论上讲，任何物质都可以从块体材料通过超微化或从原子、分子凝聚而获得纳米材料。不论采取何种方法，根据晶体生长规律，都需要在制备过程中增加成核、抑制或控制生长过程，使产物符合要求，成为满足要求的纳米材料。

8.1.1 纳米材料制备简介

纳米材料的制备方法有两种：

① 自上而下模式。自上而下模式是从大块材料开始，利用机械能、化学能或其他形式能量将其分解制造成所需的微观尺度结构单元。自上而下的加工方法又可以分为物理自上而下过程和化学自上而下过程。自上而下的物理过程通常包括机械法、光刻蚀法和平版印刷法。自上而下的化学过程包括模板蚀刻选择性腐蚀、去合金化、各向异性溶解、热分解等方法，这些新兴的以化学为基础的纳米加工方法开辟了创建多种应用功能纳米结构的新途径。

② 自下而上模式。自下而上的模式是根据自然物理原理或外部施加的驱动力，比如将

原子或分子级的前驱体通过化学反应构筑或基于复杂机制和技术来定向自组装成具有复杂构型的纳米结构。这种方法是基于缩合或原子、分子的自组装等手段和制作技巧，由气相或液相向固相转化的化学过程，如气相沉积或液相沉积等。自下而上的途径可以在纳米甚至原子和分子尺度，以使用原子或小分子作为多级结构的基本单元进行调控生长，能够在三个空间维度上根据需要实现立体结构的构建，几乎可应用于所有的元素，因此可以合成出纳米尺度的功能单元以及更有效地利用原材料。

图 8-1 显示了自上而下和自下而上两种模式的生长示意图与范例。

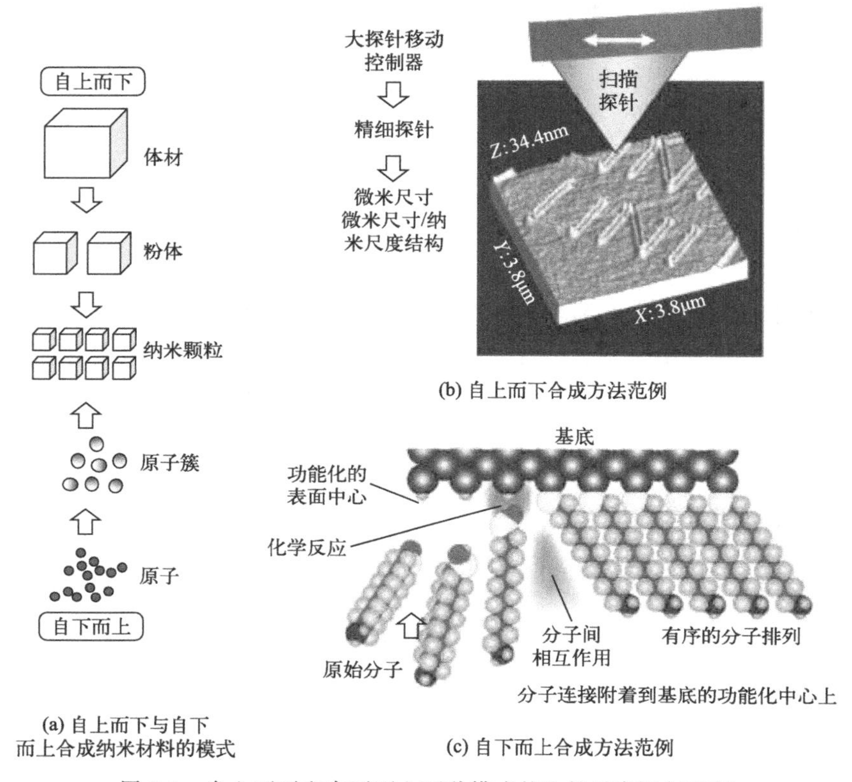

图 8-1 自上而下和自下而上两种模式的生长示意图与范例

8.1.2 纳米粉末的制备

纳米粉末的制备方法如表 8-1 所示，有固相法、液相法和气相法。

(1) 固相制备法

① 爆炸丝法：如图 8-2 所示，实验室用此法制备少量的纳米颗粒。

② 机械加工法：机械加工法制备纳米材料，是指块体材料在持续外加机械力作用下局部产生应力和形变，当应力超过材料分子间作用力时，材料发生断裂分离，从而被逐渐粉碎细化至纳米材料的过程。制备纳米材料的机械加工法主要包括机械球磨法、电火花爆炸法和超重力法，其中应用比较广泛的是机械球磨法。John Benjamin 于 1970 年率先采用机械球磨法合成耐高温高压的氧化物弥散强化合金。随后 K. Schonert 教授指出脆性材料的研磨下限为 10～100nm，为机械加工法制备纳米材料提供了理论参考。按照磨制方式，球磨设备可

以分为行星式、振动式、棒式、滚筒式等，通常一次使用一个或多个容器来进行制备。过程是将磨球和原材料的粉末或薄片（$<50\mu m$）放入容器中，球磨罐围绕着球磨机的中心轴公转，同时围绕其自身轴线高速（几百转/分）自转，因为和行星围绕太阳的运动规律相似，因此也被称为行星式球磨机（图 8-3）。

表 8-1　纳米粉末的制备方法

固相法	液相法	气相法
爆炸丝法 机械加工法 热分解法 固相反应法	溶胶-凝胶法 水热合成法 微乳法 LB 法 超声合成法 微波合成法 喷雾法 沉淀法 水解法	蒸发冷凝法 热蒸发法 脉冲激光烧蚀法 溅射沉积法 化学气相沉积法 惰性气体真空蒸发法 流动油面冷凝法 原子层沉积法 分子束外延法

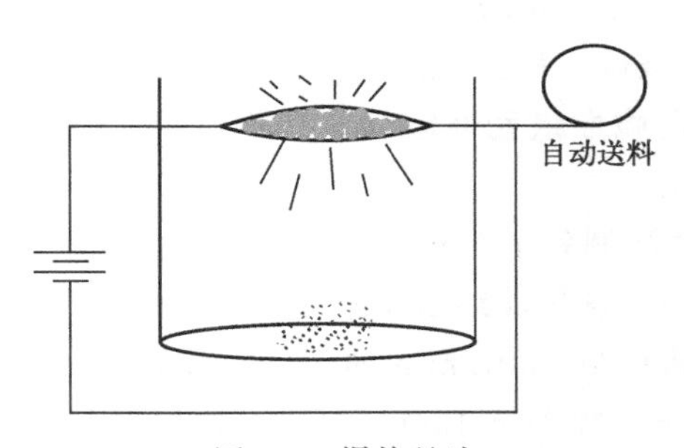

图 8-2　爆炸丝法

图 8-3　行星式球磨机

机械球磨的动力学因素取决于磨球向磨料的能量传递，受到磨球速度、磨球的尺寸及其分布、磨料性质、干法或湿法球磨温度和时间等因素的影响。由于磨球的动能是其质量和速度的函数，因此常采用结构致密的不锈钢或者碳化钨等材料制作磨球，并根据产物的尺寸需要对磨球的大小、数量及直径分布进行调配。初始材料可以具有任意大小和形状。球磨过程中容器密闭，球料比通常为（5～10）∶1。如果容器填充量超过一半，则球磨效率会降低。在高速球磨过程中，局部产生的温度在 100～1100℃之间（较低温度有利于形成无定形颗粒，可以使用液体冷却）。当容器围绕中心轴线以及自身轴线旋转时，材料被挤压到球磨罐壁，如图 8-4 所示。通过控制中心轴和容器的旋转速度以及球磨持续时间，可以将材料球磨成细粉末（几纳米到几十纳米），其尺寸可以非常均匀。

利用机械球磨法制备纳米材料的过程中，除了会细化材料的晶粒尺寸，还会引起粒子结构、表面物理化学性质的变化，从而诱发局部的化学反应，因此机械球磨法也是制备新材料的一种途径。球磨过程可以明显降低反应活化能、细化晶粒、极大提高粉末活性和改善颗粒分布均匀性，以及增强基体与基体之间界面的结合，促进固态粒子扩散，诱发低温化学反应。利用这种方法可以获得多种金属、合金、金属间化合物、陶瓷和复合材料等非晶、纳米晶或准晶状态的粉末材料。

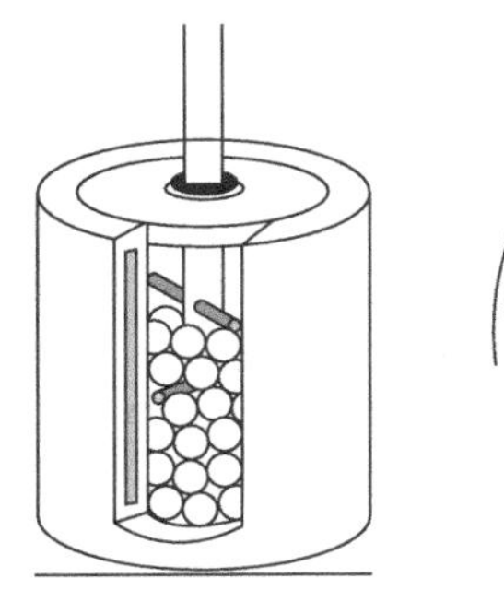
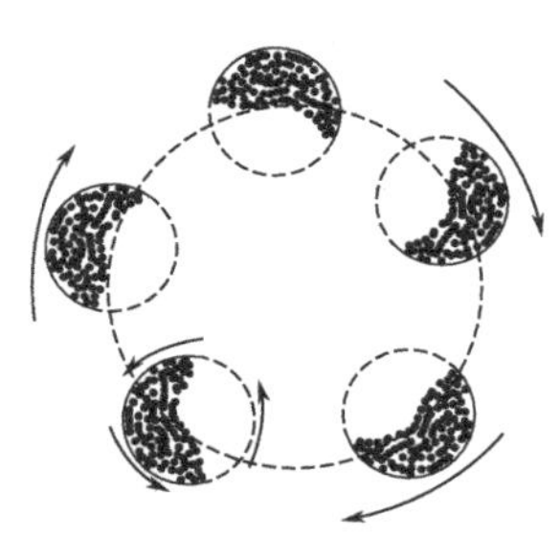

图 8-4 球磨机容器的截面示意图以及行星运动中的球磨机示意图
暗区为粉料、其余部分为空腔

根据球磨材料的不同，机械球磨法可分为以下三个类型。

a. 脆性-脆性类型：物料的尺寸被球磨减小至某一尺度范围而达到球磨平衡。

b. 韧性-韧性类型：对于不同的金属或者合金粉末材料，在球磨过程中韧性组元产生变形焊合作用，形成复合层状结构，随着球磨的进一步进行，复合粉末的细化使得层间距减小，扩散距离变短，组元原子间借助于机械能更易于发生互扩散，后达到原子层次的互混合。这种类型一般包括金属间的球磨体系，诸如 Cu-Co、Cu-Zn 合金。

c. 韧性-脆性类型：脆性组元在球磨过程中逐步破碎，碎片会嵌入到韧性组元中。随着球磨的进行，它们之间的焊合会变得更加紧密，最后脆性组元弥散分布在韧性组元基体中。这种类型一般包括氧化物粉体与金属粉体的球磨体系。

S. Indris 等将二氧化钛毫米级粉末采用机械球磨法制备了直径小至 20nm 的锐钛矿型和金红石型氧化钛纳米粉末。研究结果显示，所获得的二氧化钛纳米粉末的催化活性和电子结构受到粉末形态的显著影响。Lee 等在不锈钢研磨机中以 300r/min 的速度对 α-Fe_2O_3 粉末进行 10～100h 的高能球磨，可以将粉末的粒径从 1mm 减小至 15nm。另外可以采用机械化学方法制备超细钴镍粒子。将氯化钴和氯化镍分别和金属钠混合，同时加入过量氯化钠，通过机械球磨法获得直径在 10～20nm 的金属钴和镍的纳米粒子。性能测试表明，所获得的超细粉体的磁化强度虽然有所降低，但是其矫顽力显著提高。Shih 等则在干冰存在的情况下，采用真空球磨法将天然鳞片石墨片减薄至厚度为单层或者少层（小于 5 层）的石墨烯薄片，如图 8-5 所示。

总之，机械球磨法制备纳米结构材料具有可规模化、产量高、工艺简单易行等特点。但是需要注意球磨介质的表面和界面的环境污染问题，如空气气氛中的氧、氮对球磨介质的化学反应，同时也会引入合金化金属掺杂进而影响性能。因此需要采取一些防护措施，诸如真空密封、尽量缩短球磨时间等，或者利用惰性气体加以保护。当然，环境气氛的存在有时是有利的，如通过气-固反应，能够对所获得的纳米粉末进行表面修饰和复合，从而获得新材料。

③ 热分解法：分解方程式如式（8-1）所示，加热分解某些金属盐类后，得到组成均一的复合金属氧化物超微颗粒粉。

$$ZrOCl_2 \cdot 8H_2O[\text{或 } Zr(OH)_4] \xrightarrow{350\sim1200℃} ZrO_2 \tag{8-1}$$

通过调节温度、时间可控制 ZrO_2 的晶型、粒度，在此盐分解温度略高的温度下进行热分解。

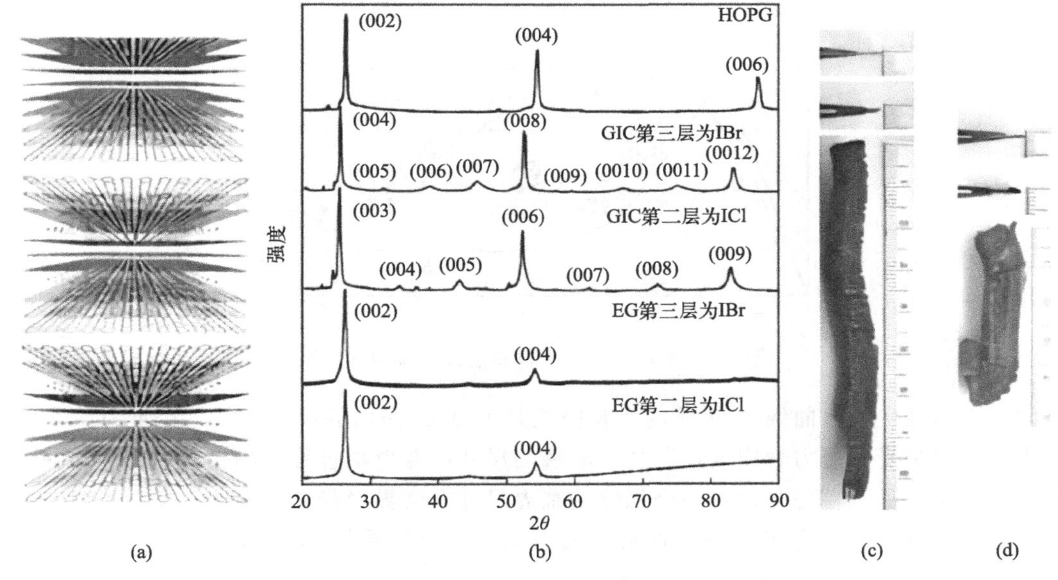

图 8-5 机械球磨法所获得的单层和少层石墨烯

④ 固相反应法：把金属盐或金属氧化物按配方充分混合，经研磨后再进行煅烧，发生固相反应后，直接得到或再研磨后得到超细粉。其原理是利用介质和物料间相互研磨和冲击，以达到微粒的超细化，但很难使粒径小于100nm。

(2) 液相制备法

液相法制备纳米材料是将均相溶液通过各种调控手段，使溶质和溶剂分离，溶质形成一定形状和大小的前驱体，分解后获得纳米尺寸材料。不同形状和尺寸的纳米颗粒的合成是一个比较复杂的过程。图 8-6 所示为合成纳米颗粒的典型化学反应器。

成核过程属于自下而上的生长模式，由原子或分子聚集在一起形成固体，该过程可以是自发的，并且可以是均质或异质形核。当在所得颗粒的原子或分子周围成核时，发生均质成核。异质成核可以发生在诸如灰尘等外来颗粒上，或者是特意添加的颗粒、模板或容器壁上。如果在溶液中存在一些气泡并破裂，则由此产生高的局部温度和压力，可能足以引起均匀成核。

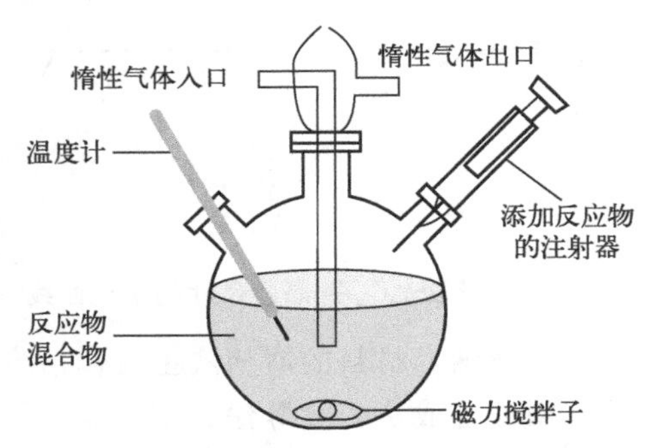

图 8-6 合成纳米颗粒的典型化学反应器

在图 8-7 所示的曲线 A 中可以看出，当溶质浓度接近过饱和浓度时会发生快速形核。如果原子核通过溶液扩散并快速获得原子，则会降低溶质浓度，与曲线 B 中的聚集颗粒或曲线 C 中的奥斯特瓦尔德熟化（Ostwald ripened）颗粒相比，可以在相对较短的时间内形成均匀尺寸的颗粒。在奥斯特瓦尔德熟化过程中，如果溶液长时间处于过饱和状态，粒子的形核会导致某些粒子越来越小，而另一些粒子会越来越大，这种大小粒子共存的状态会维持相当长一段时间，然后溶质浓度开始降低。较大的颗粒倾向于吞噬较小的颗粒而变得更大，使得总表面能降低。在生长过程中，溶质浓度和溶液温度会强烈影响生长。另外，晶体结构、缺陷、有利位点等会对最终产物的形成产生强烈影响。如图 8-7 所示，一旦成核，根据外部条件不同，晶核的生长可能会沿着曲线 A、B 或 C

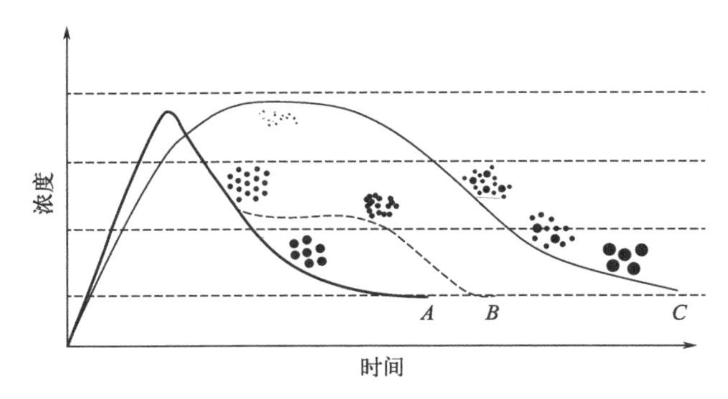

图 8-7 纳米粒子的成核和生长（LaMer 图）

的任何一条途径生长。曲线 A 描绘的生长路线是 LaMer 提出的经典路线，因此称为 LaMer 图。成核过程是受到热力学因素控制的。晶核的尺寸由在形核过程中的自由能变化以及晶核的表面能确定。晶核首先要达到一个稳定的临界尺寸（临界半径 r^*），才有可能继续长大成为更大的稳定颗粒。半径小于 r^* 的粒子成为晶胚。这种晶胚形成的形核功（ΔG_r）由式（8-2）给出：

$$\Delta G_r = \frac{4}{3}\pi r^3 \Delta G_V + 4\pi r^2 \gamma_{SL} \tag{8-2}$$

式中，r 为晶胚半径；ΔG_V 为液体和固体之间单位体积自由能变化；γ_{SL} 为液体和固体的界面自由能。

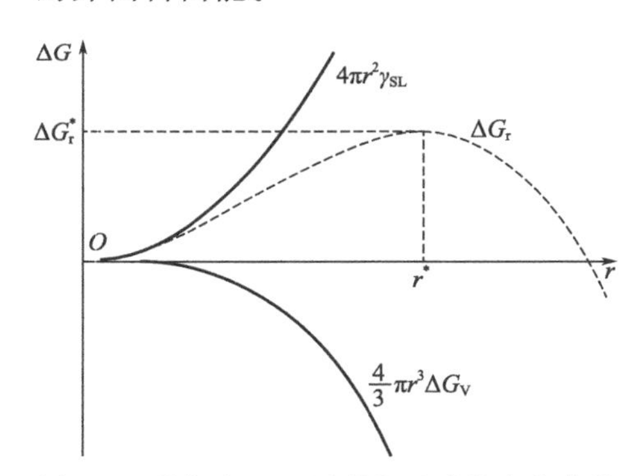

图 8-8 形核功 ΔG_r 随晶胚尺寸的变化曲线

在固体的熔点（T_m）以下，ΔG_V 为负，而表面自由能或表面张力 γ_{SL} 为正。这两种能量随着晶胚半径 r 的增加而此消彼长。形核功 ΔG_r 随晶胚尺寸的变化曲线如图 8-8 所示。

可以推导出均相形核临界尺寸如式（8-3）所示。

$$r^* = \frac{-2\gamma_{SL} T_m}{\Delta H_f \Delta H} \tag{8-3}$$

在一些外来颗粒或表面（例如容器壁或基底）上发生成核时，则发生异质形核，这样可以降低成核所需的能量。因此异质形核的临界尺寸比均质形核要小。

合成纳米材料的液相法主要包括溶胶-凝胶法、水热合成法、微乳法、LB 法、超声合成法、微波合成法、喷雾法、沉淀法、水解法等。液相法主要优点是设备简单、原料容易获得、纳米材料纯度高且均匀性好、可精确控制化学组成、容易添加微量有效成分、纳米材料表面活性高、容易控制材料的尺寸和形状、工业化生产成本低等。

① 溶胶-凝胶法：溶胶-凝胶法的基本原理是用含高化学活性组分的化合物作前驱体，在液相下将这些原料均匀混合，并进行水解、缩合化学反应，在溶液中形成稳定的透明溶胶体系，溶胶经陈化胶粒间缓慢聚合，形成三维网络结构的凝胶，凝胶网络间充满失去流动性的溶剂，形成凝胶。凝胶经过干燥、烧结固化制备出分子乃至纳米亚结构的材料。自 1845 年 M. Ebelman 采用这种方法以来，溶胶-凝胶法就广为人知。然而，直到最近的二三十年，溶胶-凝胶法才引起人们比较大的兴趣。首先，溶胶-凝胶法形成温度通常比较低，这意味着溶胶-凝胶的合成能耗更低，污染更少。在前驱体不是很昂贵的情况下，溶胶-凝胶法是一种很

经济的合成纳米材料的方法。另外溶胶-凝胶法还有一些特别的优点，例如可以通过有机-无机杂化获得如气凝胶、沸石和有序多孔固体等结构独特的材料，还可以使用溶胶-凝胶技术合成纳米颗粒、纳米棒或纳米管。

溶胶是液体中的固体颗粒（图 8-9），因此可以把它们看成胶体粒子。而凝胶是由充满液体（或含有液体的聚合物）的孔隙的颗粒组成的连续网络。溶胶-凝胶法的过程包括在液体中形成溶胶，然后将溶胶颗粒（或一些能够形成多孔网络的亚单元）连接起来以形成网络。通过蒸发液体，可以获得粉末、薄膜甚至固体块体。

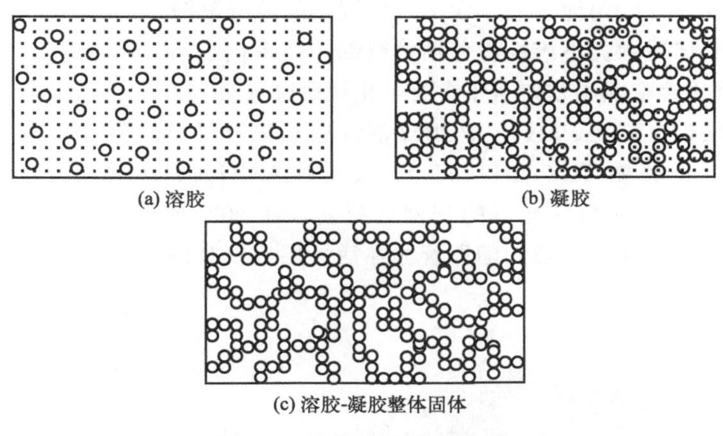

(a) 溶胶　(b) 凝胶　(c) 溶胶-凝胶整体固体

图 8-9　溶胶-凝胶法的材料

如图 8-10 所示，溶胶-凝胶法合成纳米材料的过程包括前驱体的水解、缩合以及缩聚后形成颗粒、凝胶化和干燥等多个步骤。前驱体应选择具有形成凝胶倾向的物质，如醇盐或金属盐。醇盐具有通式 $M(ROH)_n$，其中 M 是阳离子，ROH 是醇基，n 是每个阳离子的 ROH 基团的数目。例如 ROH 可以是甲醇（CH_3OH）、乙醇（C_2H_5OH）、丙醇（C_3H_7OH）等与 Al 或 Si 等阳离子成键。金属盐可以表示为 MX，其中 M 是阳离子，X 是阴离子，如 $CdCl_2$ 中 Cd^{2+} 是阳离子，Cl^- 是阴离子。

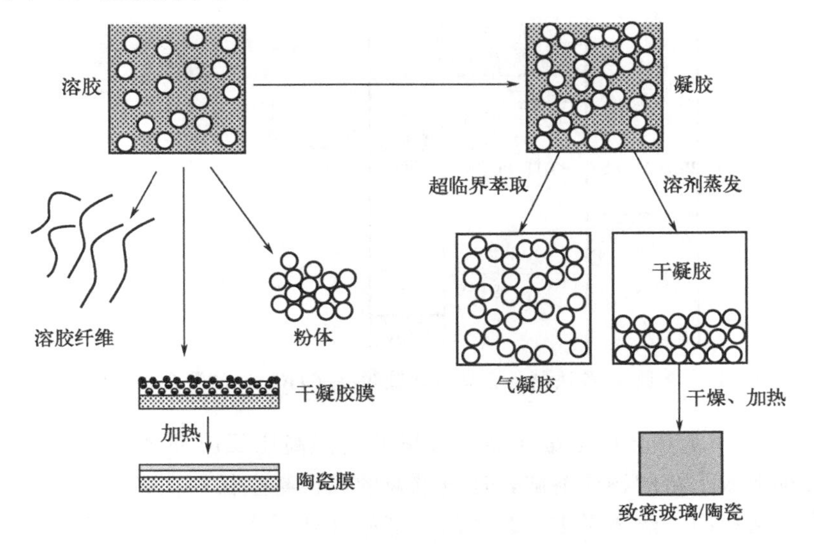

图 8-10　溶胶-凝胶法的材料合成过程

尽管制备氧化物不一定要用溶胶-凝胶法，但通常氧化物陶瓷最好通过溶胶-凝胶法合成。例如在二氧化硅中，中心为硅且四面体顶点有四个氧原子的 SiO_4 基团，非常适合通过四面体的角形成具有互连性的溶胶，从而产生一些空穴或孔隙。与金属阳离子相比，硅的电负性更高，因此它不易受到亲核攻击。通过缩聚过程（即很多水解单元将一些小分子，如羟基，通过脱水反应聚集在一起），溶胶成核并最终形成溶胶-凝胶纳米结构。

溶胶-凝胶法的优点：化学均匀性好（胶粒内及胶粒间化学成分完全一致）；纯度高（粉料制备过程中无需机械混合）；颗粒细，胶粒尺寸小于 0.1μm；该法可容纳不溶性组分或不沉淀组分。不溶性颗粒均匀地分散在含不产生沉淀的组分溶液中。经胶凝化，不溶性组分可自然地固化在凝胶体系中。不溶性组分颗粒越细，体系化学均匀性越好。

Lee 课题组利用溶胶-凝胶法制备了含有氧化钛薄层（TiO_x）的聚合物光伏电池，如图 8-11 所示。氧化钛薄层被沉积在 P3HT：PCBM 活性层和集流层 Al 层之间，该光伏电池可有效增加短路电流值。前驱体 $Ti[OCH(CH_3)_2]_4$、$CH_3OCH_2CH_2OH$ 和 H_2NCH_2OH 被放置在装有冷凝管、温度计和氩气通口的三颈烧瓶内，在 80℃ 加热回流 2h 后再在 120℃ 加热 1h，循环两次后获得氧化钛溶液，随即旋涂在活性层上以获得光伏电池。

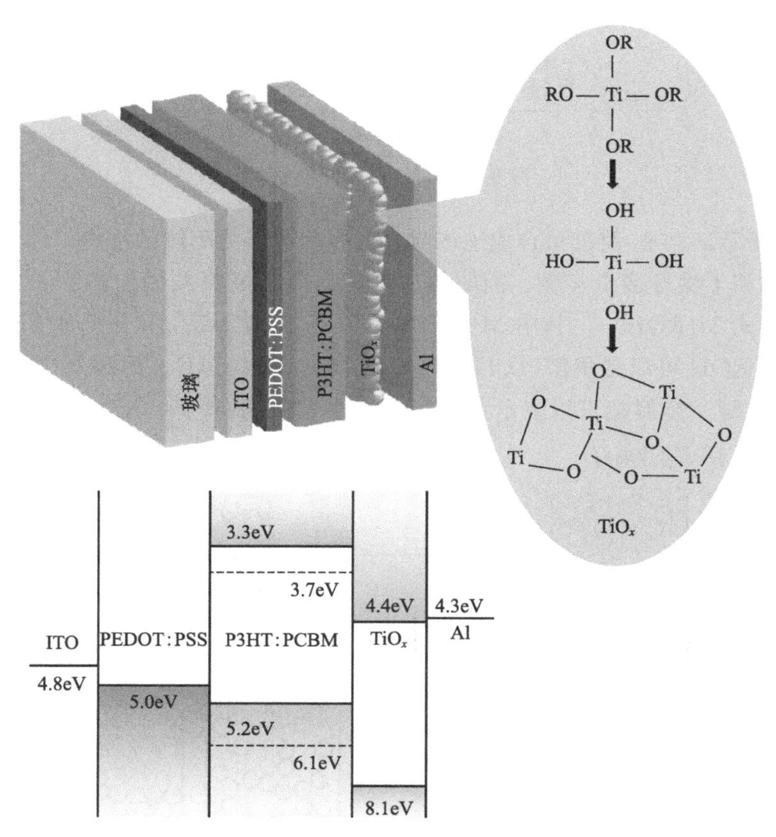

图 8-11 溶胶-凝胶法制备含有氧化钛薄层（TiO_x）的聚合物光伏电池

② 水热合成法：水热合成法是在高压釜里的高温高压反应环境中，采用水作为反应介质，使得通常难溶或不溶的物质溶解，通过颗粒的成核与生长，在高压环境下制备纳米微粒的方法。在高温高压的水热体系中，黏度随温度的升高而降低，有助于提高化合物在水热溶液中的溶解度。

水热合成法可用于大规模生产纳米至微米尺寸的颗粒。首先将足量的化学前驱体溶解在水中，置于由钢或其他金属制成的高压釜中，高压釜通常可承受高达 300℃的温度和高于 100 个大气压的内压，通常配有控制仪表和测量仪表，如图 8-12 所示。高压釜最早是由科学家罗伯特・本森（Robert Bunsen）在 1839 年用于合成银和碳酸晶体的。他使用厚玻璃管，使用温度高于 200℃，压力超过 100 个大气压。该技术后来主要由地质学家使用，并且由于其具有产量大、形状新颖和尺寸可控等优点，受到了纳米技术研究人员的欢迎。

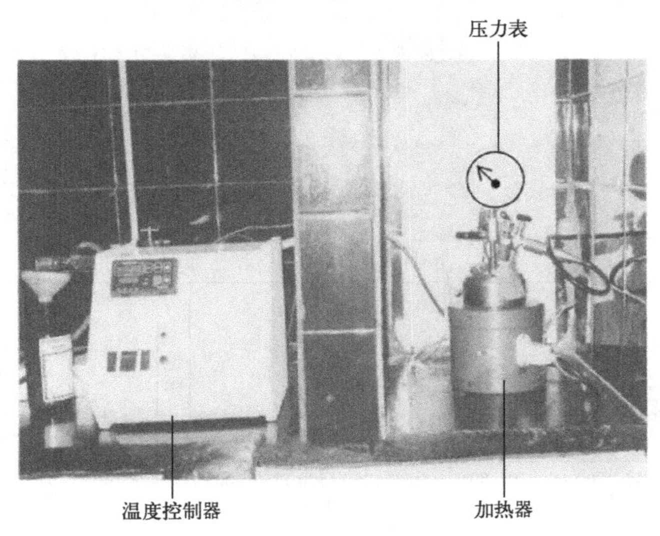

图 8-12　高压釜

当难以在低温或室温下溶解前驱体时，该技术变得十分有用。如果纳米材料在熔点附近有很高的蒸汽压力，或者在熔点处结晶相不稳定，这种方法十分有利于孕育纳米颗粒。纳米颗粒的形状和尺寸的均匀性也可以通过该技术实现。通过水热方法已合成了各种氧化物、硫化物、碳酸盐和钨酸盐等纳米颗粒。水热合成技术的另一种特点称为强制水解。在这种情况下，通常使用无机金属盐的稀释溶液（$10^{-4} \sim 10^{-2}$mol/L），并且在高于 150℃的温度下进行水解。当溶剂为有机液体而非水系溶液时，这种方法也被称为溶剂热法。

Tong 等利用水热合成法通过裂解 g-C_3N_4，成功地制备出高比表面积（1077m^2/g）、高氮含量（原子分数 11.6%）且掺 N 的微米级多孔碳纳米片，如图 8-13 所示。其中 g-C_3N_4 既作为水热合成的模板，又作为反应物中的 N 源。首先采用热裂解方法，将尿素裂解为具有多孔结构片状的 g-C_3N_4；然后通过在 180℃热处理葡萄糖得到胶体状碳化葡萄糖颗粒，将其沉积在 g-C_3N_4 片表面；随后在 N_2 气氛 900℃下加热样品，最终获得了掺杂 N 的微米级多孔碳纳米片。该实验方法简单可控，所制备的纳米片 N 含量高，表现出良好的电催化 ORR 特性。

③ 微乳法：在微乳液产生的空腔中合成纳米颗粒也是一种广泛使用的方法。两种互不相溶的溶剂在表面活性剂双亲分子作用下形成乳液，并被分割成微小空间，形成微型反应器，反应物在此反应器中经成核、聚结、团聚、热处理后可获得纳米粒子，其大小可控制在纳米级范围。由于微乳液能对纳米材料的粒径和稳定性进行精确控制，限制纳米粒子的成核、生长、聚结、团聚等过程，从而形成的纳米粒子包裹有一层表面活性剂，并有一定的凝聚态结构。该方法的特点是纳米粒子的单分散和界面性好，并且合成材料具有良好的生物相

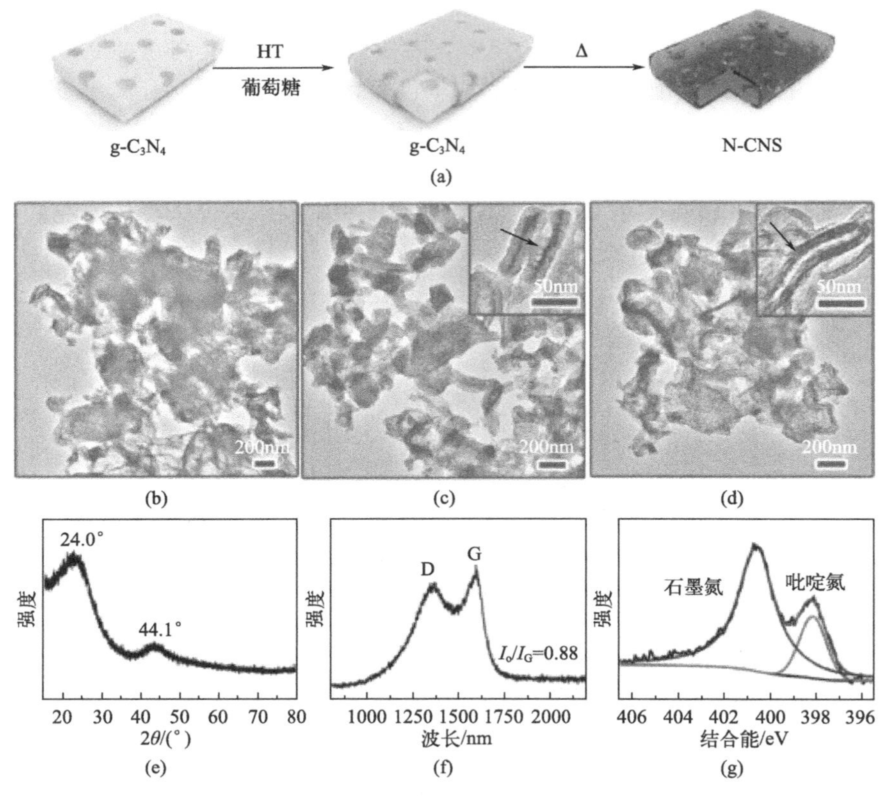

图 8-13 水热合成法获得的 g-C_3N_4 多孔纳米片

容性和生物降解性。每当两种不混溶的液体被搅拌在一起时，它们就会形成乳液，使得较少量的液体试图形成小液滴，凝聚的液滴或层会使它们全部与液体的其余部分（例如牛奶中的脂肪液滴）发生分离。乳液中的液滴尺寸通常大于 100nm，甚至为几毫米。乳液外观通常是浑浊的。另外，存在另一类不混溶液体，称为微乳液，表现为透明的，并且液滴尺寸在 1～100nm 的范围内，十分有利于合成纳米材料。

如果两亲性分子在水溶液中扩散，它们会试图与空气中的疏水基团和溶液中的亲水基团保持空气-溶液界面，这种分子称为表面活性剂。比如当烃溶液与水性介质混合时（图 8-14），溶液本身将与水溶液分离并漂浮在其上。当表面活性剂分子在水溶液中大量混合时，若水溶液混入油中，它们会试图形成所谓的胶束和反胶束。在胶束中，头部组漂浮在水中，尾部在内部，而尾部在反胶束的情况下向外指向。

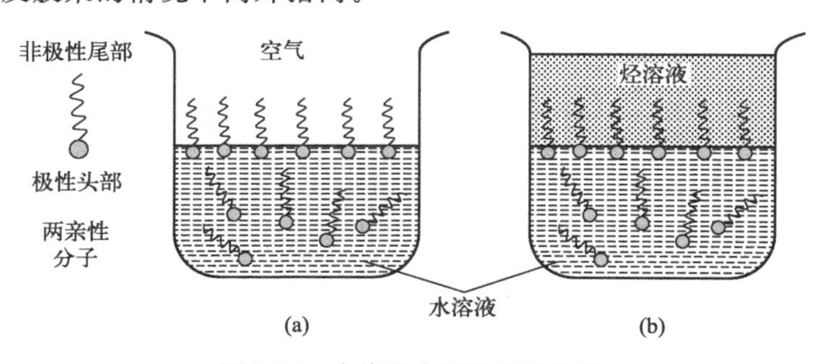

图 8-14 水溶液中的两亲性分子

当有机液体或油、水和表面活性剂混合在一起时，在某些临界浓度下，根据水和有机液体的浓度形成胶束或反胶束。如图 8-15（a）所示，胶束具有漂浮在水中的头部组，而尾部和尾部组合填充腔体以及内部的有机液体。反胶束是反向胶束的情况。它们也可以形成各种形状，图 8-15（b）示出了在不同合成条件下胶束的不同形状。

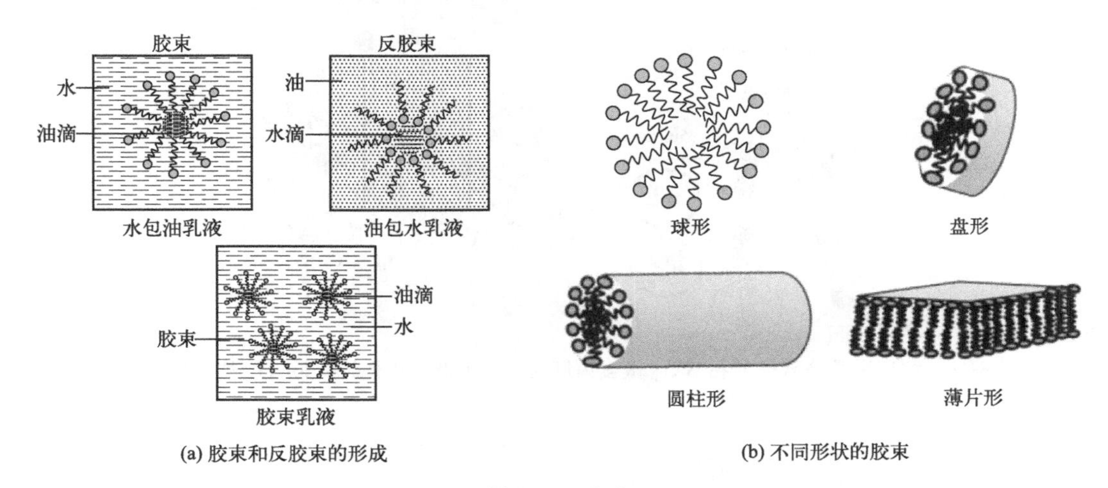

图 8-15　胶束

临界胶束浓度（CMC）取决于所有水、油和表面活性剂浓度。表面活性剂的作用是将水的表面张力显著降低至 CMC 以下，并且在其上方保持恒定，因为有机溶剂浓度持续增加。有机溶质也会在一定程度上降低表面张力。如果使用任何电解质，它们会略微增加表面张力。一般有四种类型的表面活性剂：一是阳离子型，例如 CTAB（$C_{16}H_{33}N(CH_3)_3Br$）；二是阴离子型，例如具有通式 R—的磺化化合物；三是非离子型，例如 $R-(CH_2-CH_2-O)_{20}-H$，其中 R 是 C_nH_{2n+1}；四是两性离子型，有些活性剂的一些性质类似于离子型活性剂，而另一些性质和非离子型相似，如甜菜碱。

Lee 等利用微胶囊自组装的方法在 SiO_2 微囊内同时包裹 CdSe 量子点和 Fe_2O_3 纳米磁性材料，如图 8-16 所示。CdSe 量子点的存在同时增加了 Fe_2O_3 纳米颗粒的磁各向异性。该微胶囊分三步合成。首先分别合成 CdSe 量子点和 Fe_2O_3 纳米颗粒。然后将聚氧乙烯、壬基苯醚、IgepalCO-520 超声分散在环己烷中，随后加入 CdSe 和 Fe_2O_3 环己烷溶液，在 NH_4OH 氛围内混合自组装，获得棕色透明的反相微胶囊。最后加入正硅酸乙酯（TEOS），反应 48h 后获得同时包裹 CdSe 和 Fe_2O_3 的 SiO_2 微胶囊。

④ LB 法：将兼具亲水和疏水的两亲性分子分散在气液界面，逐渐压缩其在水面上的占有面积，使其排列成单分子层，再将其转移沉积到固体基底上得到一种膜，人们习惯上将漂浮在水面上的单分子层膜称为 Langmuir 膜，而将转移沉积到基底上的膜称为 Langmuir-Blodgett 膜，简称为 LB 膜。这种将有机覆盖层从气-液界面转移到固体基质上的技术是由科学家 Langmuir 和 Blodgett 开发的，因此以他们的名字命名。在这种方法中，人们使用像脂肪酸中的两亲性长链分子。两亲性分子（图 8-17）在一端具有亲水基团，在另一端具有疏水基团。例如，花生酸的分子具有化学式 $CH_3(CH_2)_{18}COOH$，有许多这样的长有机链具有通用化学式 $CH_3(CH_2)_nCOOH$，其中 n 是正整数。在这种情况下，$-CH_3$ 是疏水的，—COOH 本质上是亲水的。

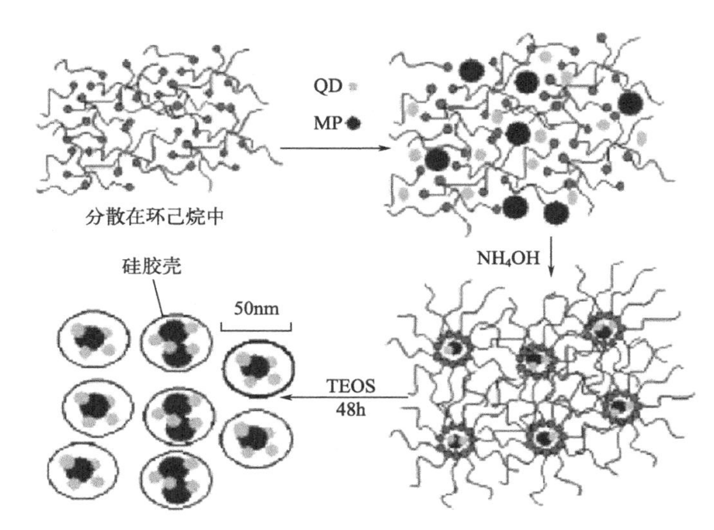

图 8-16 利用微乳法获得的在 SiO_2 微囊内同时包裹 CdSe 量子点和 Fe_2O_3 纳米磁性材料

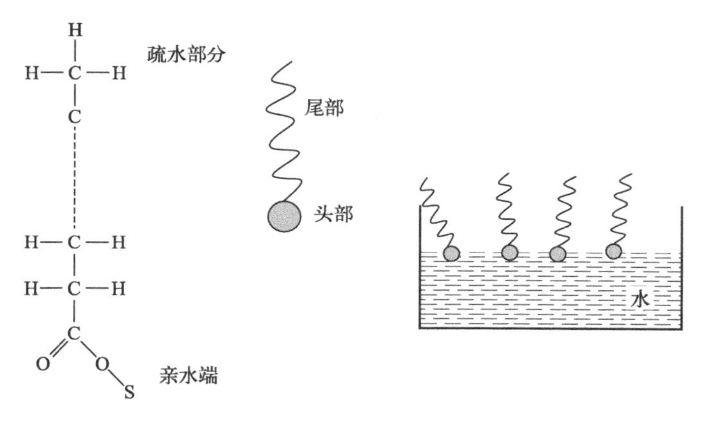

图 8-17 两亲性分子的结构式

通常 $n>14$ 的分子比较有利于获得 LB 膜，这对于保持疏水性和亲水性末端能彼此良好分离是必要的。当这些分子被放入水中时，分子以这样的方式扩散到水的表面上，使得它们的亲水末端（通常称为头部）浸入水中，而疏水末端（称为尾部）保留在空气中。它们也是表面活性剂，表面活性剂是两亲性分子，其中一端是极性、亲水性基团，另一端是非极性、疏水性（憎水性）基团。使用可移动的基底可以将这些分子压缩在一起形成单层，并对齐尾部。具有亲水性和疏水性末端的两亲性分子，头部基团浸入水中，尾部基团在空气中，亲水性末端和疏水性末端可以很好地分离，这种单层是二维有序的，可以转移到一些合适的固体基底上，如玻璃、硅等。这可以通过将固体基底浸入有序分子的液体中来实现。在固体基底上转移取决于基底材料的性质，即疏水性还是亲水性。浸入液体中的载玻璃片被浸渍后从液体中取出时，头组可以容易地附着在玻璃表面上。结果，整个单层以一种拉出地毯的方式转移，其外侧是疏水性的。因此，当它再次浸入液体中时会获得第二层，其尾-尾靠近在一起并且当它被拉回到空气中时，拉动另一个具有头-头组的单层分子。浸渍基底的过程可以重复几次，以获得有序的多层分子。然而，为了在水面上保持有序层，有必要对分子保持恒定的压力。

图 8-18 显示了 LB 膜的合成步骤：形成单层两亲性分子；将基底浸入液体中；拉出基底，在此期间有序分子附着到基底上；当再次浸渍基底时，分子再次沉积在基底，在基底上形成第二层；当再次拉出基底时，沉积薄层。

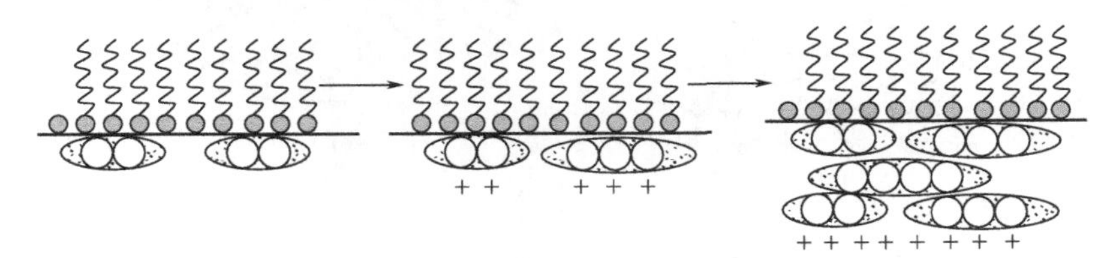

图 8-18　LB 膜的合成步骤

通过重复该过程，可以在基底上转移大量有序层，不同层之间的相互作用力为范德瓦耳斯分子力。在这种意义上，即使层数很多，薄膜仍保持其二维特性。如上所述的有机分子长度通常为 2～5nm。因此，LB 膜本身是纳米结构材料的良好例子。

使用 LB 技术也可以获得纳米颗粒。如图 8-19 所示，将金属盐如 $CdCl_2$ 或 $ZnCl_2$ 溶解在水中，在其表面上涂布压缩均匀的单层（单层分子）表面活性剂。当 H_2S 气体通过溶液时，可以形成几十纳米的 CdS 或 ZnS 纳米颗粒。颗粒是单分散的（几乎一种尺寸）。如果不存在表面活性剂分子，则不能形成均匀的纳米颗粒。

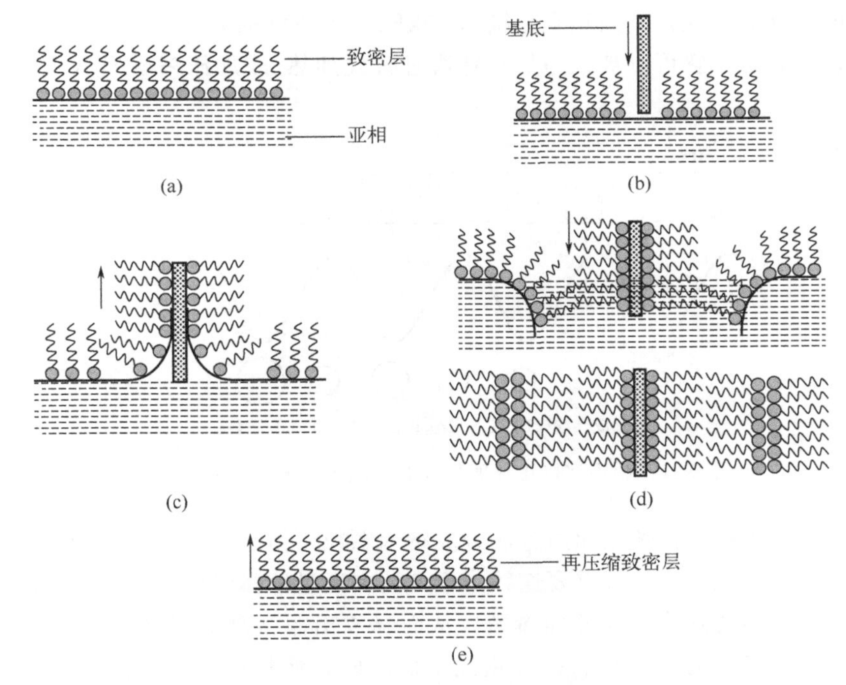

图 8-19　在水-空气界面上获得的单层金属硫化物纳米颗粒

黄嘉兴课题组在水溶液中对单层氧化石墨烯依据边对边自组装和面对面自组装这两种模式在 LB 膜气-液界面上进行了自组装，如图 8-20 所示。研究发现，由于氧化石墨烯表面存在着静电斥力，在水溶液中能够以稳定的单层存在。进行边对边自组装时，由于边界折叠和弯曲效应，单层容易发生可逆性的堆积；而面对面自组装时，则发生不可逆的堆积，形成多层结构。LB 膜是一种有效地研究氧化石墨烯自组装的方法。

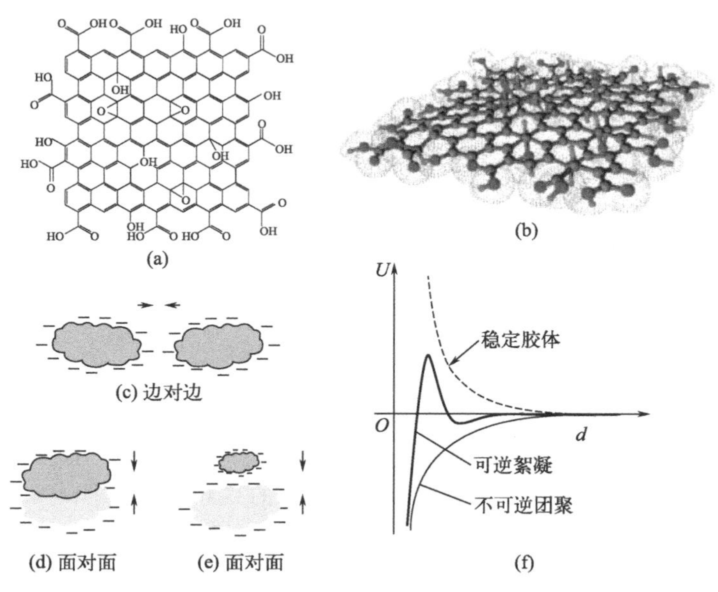

图 8-20 单层氧化石墨烯的 LB 膜制备

⑤ 超声合成法：超声合成法是利用气泡在液体中破裂时可以释放大量能量的优势，通过增强前驱体的反应活性，利用频率范围为 20kHz～2MHz 的超声波形成气泡（图 8-21）来获得纳米材料的方法。它可以被认为是一种通过替代加热/或加压来增强液体中化学反应的方法。

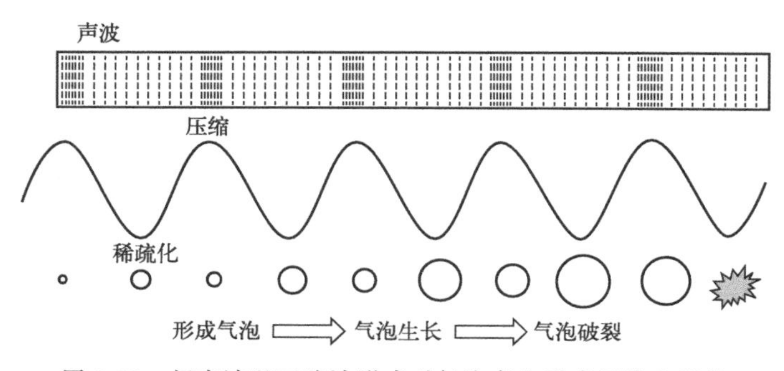

图 8-21 超声波以正弦波形式对气泡产生形成压缩和释放

尽管尚未充分了解如何使用超声方法合成纳米颗粒，但是人们一致认为液体中气泡的产生、生长和坍塌是引起反应的最重要途径。超声波在通过液体时会产生非常小的气泡，这些气泡会持续生长直到达到临界尺寸而爆裂，从而释放出非常高的能量，局部达到约 5000℃ 的温度，压力是大气压的几百倍。在气相发生反应时，液相中的溶质会扩散到膨胀的气泡中。气泡爆炸时的液相反应也可能发生在气泡周围的界面区域（约 200nm 距离），其中在气泡周围的界面区域（200nm 距离），温度可以高达 1600℃。通常，气泡的尺寸可以是十微米到几十微米，其中溶剂和质的选用非常重要。非挥发性液体会阻止气泡的形成，这是我们所希望得到的，因为只有这样，反应物才能以蒸汽形式进入气泡内。溶剂的化学特性则要求呈惰性，并且在超声辐射过程中保持稳定。有趣的是，冷却速率也可高达每秒 10^{11}℃/s 或更高。因为冷却速率高，原子没有足够的时间进行重组，所以有利于产生无定形纳米颗粒。这种无定形颗粒相比相同尺寸和材料的结晶颗粒更有活性，这在催化等领域很有用。使用超声方法已合成了各种纳米颗粒，如 ZnS、CeO_2，和 WO_3 等。

⑥ 微波合成法：在人们的日常生活中，常使用微波炉加热或烹饪食物。微波炉在1986年左右开始进入科学实验室。当时一些科学家证明，即使利用家用微波炉也可以快速、大规模和均匀地合成材料。当然，由于对科学设备所要求的搅拌力、温度和功率不能很好地控制，家用微波炉曾不被认为是可控的化学合成设备。然而，由于微波具有很多优点，微波合成的参数已经逐渐可控并在科研工作中广泛应用。

微波是电磁频谱的一部分，具有非常长的波长，其频率在300～300000MHz的范围内。但是，只有某些频率用于家用设备和其他设备，其余波段需要用于通信。微波会产生振荡电场和磁场，从而在容器中产生节点和反节点，以及相应的冷热点。该电场作用在物体上，由于电荷分布不平衡的小分子迅速吸收电磁波而使极性分子产生25亿次/s以上的转动和碰撞，从而使极性分子随外电场变化而摆动并产生热效应；又因为分子本身的热运动和相邻分子之间的相互作用，使分子随电场变化而摆动的规则受到了阻碍，这样就产生了类似于摩擦的效应，一部分能量转化为分子热能，造成分子运动的加剧，分子的高速旋转和振动使分子处于亚稳态，这有利于分子进一步电离或处于反应的准备状态，因此被加热物质的温度在很短时间内得以迅速升高。这种方法的优点是外部能量不会浪费在加热容器上，并且反应时间短、产物尺寸和形状均匀。通过这种方法已经合成了各种类型、形状和尺寸的氧化物、硫化物和其他纳米颗粒。

⑦ 喷雾法：喷雾法是指溶液通过各种物理方法进行雾化获得超微粒子的化学与物理相结合的方法。通过泵的作用使电解质溶液匀速通过不锈钢毛细管，在电场力或机械力的作用下，液滴拉伸变形呈现细丝状，进而在表面张力、电场力或者机械力、库仑斥力等共同作用下破裂形成液滴。此后，液滴自身的裂解过程不断重复，逐渐产生一系列越来越小的液滴喷雾，可以原位形成或者经后处理形成纳米颗粒、纳米线或者纳米管。

⑧ 沉淀法：沉淀法是利用液体反应生成沉淀。在包含一种或多种阳离子的可溶性盐溶液中，加入沉淀剂使一种或多种阳离子（同时）沉淀。如制备出纳米 ZrO_2 粉体，Pt、Rh等纳米粉末。在 $ZrOCl_2$ 等锆盐和 YCl_2 混合水溶液中加尿素等碱性物质，以获得锆和钇的氢氧化物沉淀。

⑨ 水解法：水解法是在金属盐水溶液加热分解成所需氧化物，经干燥、煅烧处理，得到纳米超微颗粒粉。

(3) 气相制备法

气相法沉积原理：气相法是指将气态前驱体通过气-固或者气-液-固相变来获得纳米材料的方法。纳米结构材料可以是零维纳米材料（纳米颗粒）、一维纳米材料（纳米线、纳米管、纳米带）、二维纳米材料（纳米单层薄膜或多层膜）。其中前驱体在气相（原子或分子）状态下随温度降低形成团簇并沉积在合适的基底上。还可以获得非常薄的原子层厚度（单层）或多层（多层是指两种或更多种材料彼此堆叠的层）结构的层状纳米材料。气相沉积是首先通过电阻或者电子束加热、激光加热或溅射来获得产物材料的高温蒸汽，随后通过气氛或者基底降温得到纳米材料。整个生长过程需要在真空系统中进行，一方面可以避免原材料和产物组分的氧化；另一方面颗粒的平均自由程在真空系统中可以获得延长，有利于生长控制。通常情况下采用电源加热使得原材料获得足够的蒸汽压。然而，这种加热方式会造成承载蒸发源的坩埚本身和周围部件也被加热，使之成为潜在的污染物或杂质的来源。采用电子束加热方法进行蒸发可以解决这个问题。电子束聚焦在坩埚中待沉积的材料上时，仅熔化坩埚中材料的一些中心部分，可以避免坩埚的污染，从而获得高纯度的材料蒸汽。

气相沉积法获得纳米材料的原理和过程如下：在任何给定温度下，材料都有一定的蒸气压。蒸发过程是一个动态平衡过程，其中离开固体或液体材料表面的原子数应超过返回表面的原子数。液体的蒸发速率由 Hertz-Knudsen 方程给出，即

$$\frac{dN}{dt}=A\alpha(2\pi k_B T)^{-\frac{1}{2}}(p^*-p) \tag{8-4}$$

式中，N 为离开液体或固体表面的原子数量；A 为原子蒸发的区域，m^2；α 为蒸发系数；k_B 为玻尔兹曼常数，1.38×10^{-23}J/K；T 为热力学温度，K；p^* 为平衡蒸发源处的压力，Pa；p 为表面上的静水压力，Pa。

式（8-4）表明，在给定温度下，沉积速率是可以确定的。考虑到固体、化合物合金蒸发时，蒸发速率方程通常比简单的 Hertz-Knudsen 方程更复杂。为了获得合成所需要的蒸汽压，待蒸发材料必须产生 1Pa 或更高的压力。有一些材料如 Ti、Mo、Fe 和 Si，即使蒸发温度远低于其熔点，也能获得较高的蒸汽压。另一些材料，如 Au 和 Ag 等金属，即使蒸发温度接近其熔点，所获得的蒸汽压也比较低，因此只有将这些金属熔化，才能获得沉积所需的蒸汽压。对于合金材料，其金属组元蒸发速率会有所不同。因此，与合金的原始组分相比，蒸发后所沉积的薄膜可能会具有不同的化学计量比。如果化合物用于蒸发，则它很可能会在加热过程中发生分解而导致产物不能保持化学计量比。

合成纳米材料的气相法主要包括蒸发冷凝法、热蒸发法、脉冲激光烧蚀法、溅射沉积法、化学气相沉积法、惰性气体真空蒸发法、流动油面冷凝法、原子层沉积法和分子束外延法等。

① 蒸发冷凝法：1984 年萨克蓝大学的 H. Gleiter 教授首次用真空冷凝法制备了 Pd、Cu、Fe 等纳米晶。这种方法以产物的原材料作为蒸发源，目标材料被蒸发后与真空腔中的惰性气体或反应性气体分子相碰撞，从而在液氮冷却下的中心棒上凝结成纳米颗粒而后被收集，如图 8-22 所示。

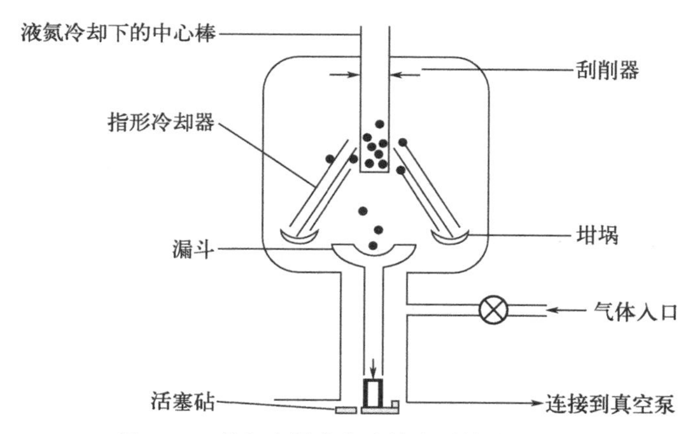

图 8-22 真空冷凝法合成纳米颗粒的示意图

在制备过程中，金属或高蒸气压金属氧化物从诸如 W、Ta 和 Mo 的难熔金属中蒸发或升华。靠近蒸发源的纳米颗粒密度非常高，并且粒径小（<5nm）。这种颗粒更倾向于获得稳定的较低表面能。通常，蒸发速率和腔室内气体的压力决定颗粒尺寸及其分布。如果在系统中使用诸如 O_2、H_2 和其他反应性气体，则蒸发材料可以与这些气体相互作用形成氧化物

颗粒、氢化物颗粒或氮化物颗粒。或者可以首先制备金属纳米颗粒，然后进行适当的后处理，以获得所需的金属化合物等。尺寸、形状甚至蒸发材料的物相取决于沉积室中的气体压力。例如，使用 H_2 的气体压力大于 500kPa 时，可以产生尺寸为 12nm 的金属颗粒。通过在 O_2 气氛中退火处理，金属颗粒可以转化成具有金红石相的二氧化钛。然而，如果钛纳米颗粒是在 H_2 气压低于 500kPa 的条件下生产的，则它们不能转化为任何晶态氧化物相，始终保持无定形结构。该方法可以通过调节惰性气体压力、蒸发物质的分压（即蒸发温度或速率）或者惰性气体温度来控制纳米微粒的大小。图 8-23 所示为蒸发冷凝设备。在施加几兆帕（MPa）至吉帕（GPa）的压力下，更易于获得低孔隙率的粒料。

图 8-23 蒸发冷凝设备

② 热蒸发法：热蒸发法的原理是在高真空中进行热蒸发，将原料加热、蒸发，使之成为原子或分子，然后再使原子或分子凝聚形成纳米颗粒。采用该方法制备纳米粒子有以下优点。

a. 可制备单金属颗粒，例如 Ag、Au、Pd、Cu、Fe、Ni、Co、Al、In 等金属粒子。

b. 粒径分布范围窄，并且均匀。

c. 粒径可通过调节蒸发速度进行控制。

图 8-24 所示为利用热蒸发法所获得的 Ag 纳米颗粒，纳米粒子的直径随蒸发温度的升高而增大。

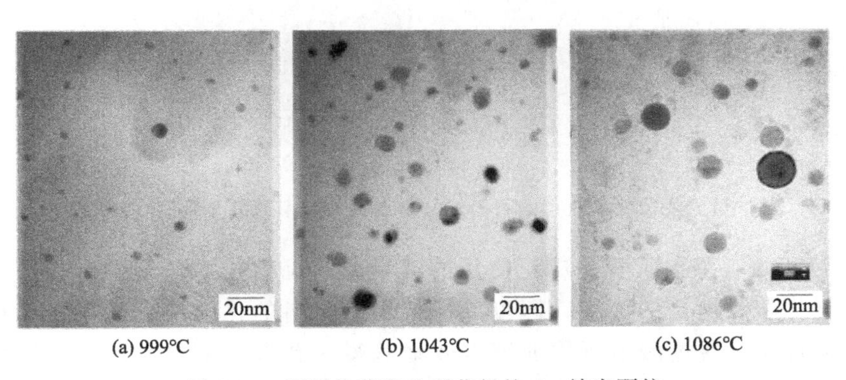

(a) 999℃ (b) 1043℃ (c) 1086℃

图 8-24 利用热蒸发法所获得的 Ag 纳米颗粒

③ 脉冲激光烧蚀法：脉冲激光烧蚀法采用高功率激光束的脉冲烧蚀实现材料的蒸发，脉冲激光烧蚀装置与蒸发示意图如图 8-25 所示。该装置是配备惰性气体或反应性气体的超高真空（UHV）或高真空系统。装置由激光束、固体靶和冷却基板三部分组成。理论上只要可以制造出某种材料的靶材，就可以合成出这种材料的团簇。通常激光波长位于紫外线范围内。

在制备过程中，强大的激光束从固体源蒸发原子，原子与惰性气体原子（或活性气体）碰撞，并在基材上冷却形成团簇。该方法通常称为脉冲激光烧蚀法。气体压力对于确定粒度和分布非常关键。同时蒸发另一种材料并将两种蒸发材料在惰性气体中混合，从而形成合金或化合物。该方法可以产生一些材料的新相。例如，可以采用这种方法制备单壁碳纳米管（SWNT）或石墨烯量子点（graphene quantum dots），如图 8-26 所示。

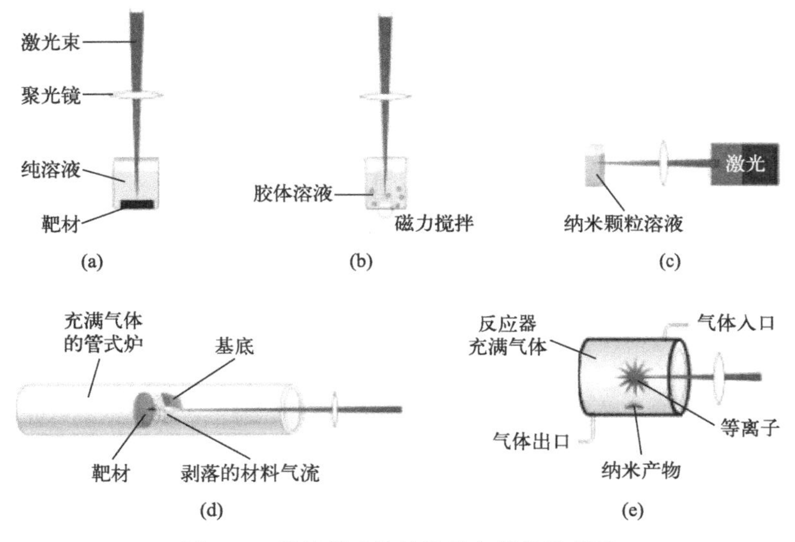

图 8-25 脉冲激光烧蚀装置与蒸发示意图

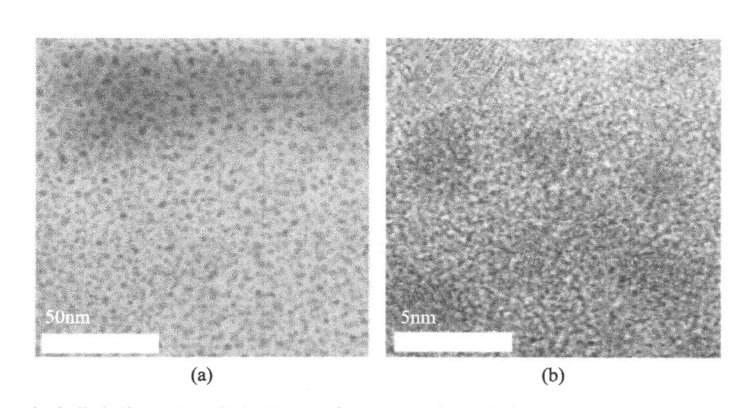

图 8-26 脉冲激光烧蚀法所获得的石墨烯量子点高分辨率透射显微镜（HRTEM）图像

④ 溅射沉积法：溅射沉积是广泛使用的纳米薄膜沉积技术，其优点是可以获得与靶材相同或相近化学计量比的薄膜，即可以保持原始材料的化学成分比。目标材料可以是合金陶瓷或化合物。通过溅射沉积能够有效地获得无孔致密的薄膜。溅射沉积法可用于沉积镜面或磁性薄膜的多层膜，在自旋电子学领域具有广泛的应用。在溅射沉积中，一些高能惰性气体离子如离子入射到靶材上。离子在靶材表面变为中性，但由于它们的能量很高，入射离子可能会射入靶材或者被反弹，在靶材原子中产生碰撞级联，取代靶材中的一些原子，产生空位和其他缺陷，同时会除去一些吸附物，产生光子并同时将能量传递给靶材原子，甚至溅射出一些目标原子/分子、团簇、离子和二次电子。图 8-27 所示为离子与目标的相互作用。

对于材料的沉积，靶材溅射区域以及目标材料溅射产率由下式给出：

$$Y=\frac{3}{4\pi^2}\times\frac{4m_1m_2}{m_1+m_2}\times\frac{E_1}{E_b} \tag{8-5}$$

$$E_1<1\mathrm{keV}$$

$$Y=3.56\alpha\frac{Z_1Z_2}{Z_1^{\frac{2}{3}}+Z_2^{\frac{2}{3}}}\times\frac{m_1}{m_1+m_2}\times\frac{S_n(E_2)}{E_b} \tag{8-6}$$

$$E_2<1\text{keV}$$

式中，α 为动量转移效率；m_1 为入射离子质量；m_2 为目标原子质量；Z_1 为入射离子原子数；Z_2 为目标原子数；E_1 为入射离子的能量；E_2 为目标原子的能量；E_b 为靶材原子间的结合能；S_n 为结合能（被称为阻止能量，代表单位长度的能量损失）。

具有相同能量的相同入射离子对不同元素的溅射产率通常不同。因此当靶材是由多种元素组成时，具有更高溅射产率的元素在产物中的含量会更高。根据靶材和溅射目的不同，可以使用直流（DC）溅射、射频（RF）溅射或磁控溅射来进行溅射沉积。对于直流溅射来说，溅射靶保持在高负电压，衬底可以接地或用可变电位（图 8-28）。

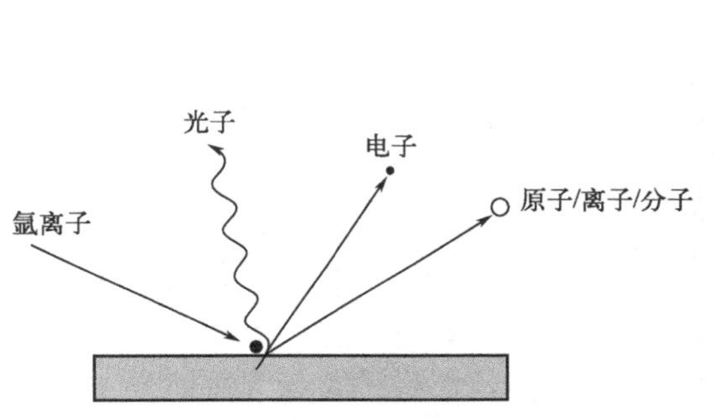

图 8-27　离子与目标的相互作用

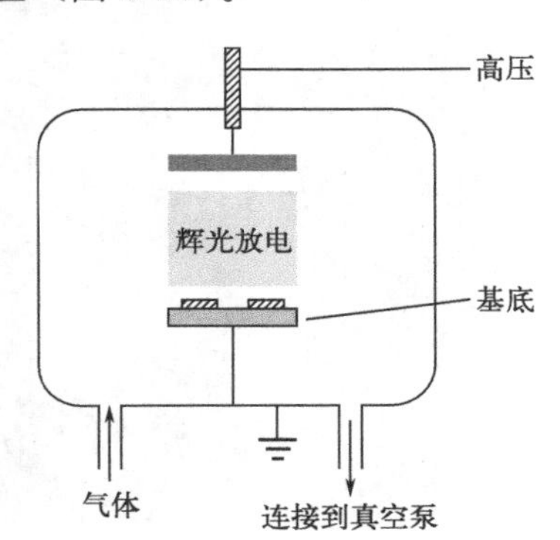

图 8-28　典型直流溅射单元的示意图

可以根据待沉积材料的不同来加热或冷却基底。当溅射室的真空度达到一定值（通常<10Pa）后，引入气可观察到辉光。当阳极和阴极之间施加足够高的电压并且其中有气体时，会产生辉光放电，区域可分为阴极发光区、克鲁克暗区、负辉光区、法拉第暗区、正柱区、阳极暗区和阳极发光区。这些区域是产生等离子体的结果，即在各种碰撞中释放的电子、离子、中性原子和光子的混合物。各种颗粒的密度和分布长度取决于引入的气体分压。高能电子撞击导致气体电离。在几帕压力下就可以产生大量的离子来溅射靶材。

如果要溅射的靶材是绝缘的，则难以使用直流溅射，这是因为它需要使用特别高的电压（$>10^6$V）来维持电极之间的放电，但在直流放电溅射中，电压通常为 100～3000V。由于需要施加高频电压，使得阴极和阳极交替地改变极性，从而产生充分的电离。频率为 5～30MHz 可以进行沉积，但通常的沉积频率是 13.56MHz，此频率范围的其他频率可用于通信。如果外加了磁场，则可以进一步提高射频/直流溅射速率。当电场和磁场同时作用于带电粒子时，由于带电粒子受到洛伦兹力，电子以螺旋状路径移动并且能够电离出气体中的更多原子。实际上，沿电场方向的平行和垂直磁场都可用于进一步增加气体的电离，从而提高溅射效率。通过引入 O_2、N_2、NH_3、CH_4 等气体，在射金属靶的同时，可以获得金属氧化物（如 Al_2O_3）、氮化物（如 TiN）和碳化物（如 WC），因此又被为反应溅射。

溅射方法对于合成多层膜的超晶格结构是一个有力的工具。如图 8-29 所示，α-Si/SiO_2 超晶格结构显示出良好的室温光致发光特性。

⑤ 化学气相沉积法：化学气相沉积（chemical vapor deposition，CVD）法是一种使用不同的气相前驱体作为反应源合成纳米材料的方法，用这种方法可以获得各种无机材料或有

机材料的纳米结构。其特点是设备相对简单，易于加工，可以合成不同类型纳米材料，成本经济，因此在工业中被广泛使用。CVD 的发展趋势是向低温和高真空两个方向发展，并衍生出很多新工艺，如金属有机化合物化学气相沉积法、原子层外延（atomic layer epitaxy，ALE）、气相外延（vapor phase epitaxy，VPE）、等离子体增强化学气相沉积（plasma enhanced chemical vapor deposition，PECVD）。它们原理相似，只是气压源、几何布局和使用温度不同。基本的 CVD 工艺过程是反应物蒸汽或反应性气体随惰性载气传向基底（图 8-30），在高温区发生反应并产生不同的产物，这些产物在基底表面上扩散，并在适当的位置形核并生长，通过温度、前驱体浓度、反应时间、催化剂和基底选择获得所需的纳米结构；同时在基底上产生的副产物则被载气携带排出系统。通常基底温度控制在 300～1200℃。

图 8-29 α-Si/SiO_2 超晶格结构的室温光致发光照片

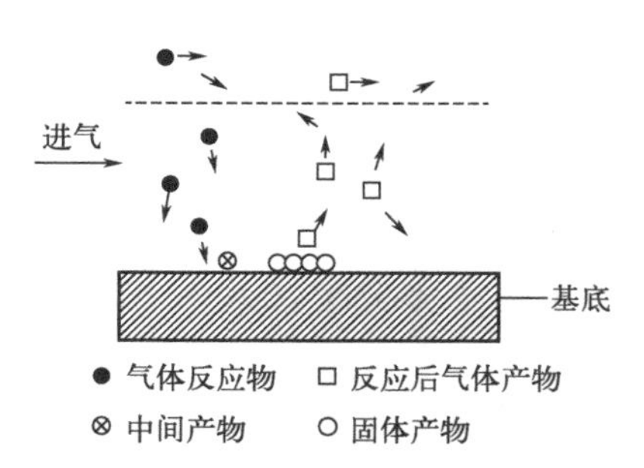

图 8-30 化学气相沉积原理示意图

通常反应腔的压强控制在 100～10^5 Pa 范围内。材料的生长速率和质量取决于气体分压和基底温度。通常温度较低时，生长受表面反应动力学的限制。随温度升高，反应速率加快，而反应物的供应相对较慢，这时生长受到质量传递的限制。在高温下，由于前驱体更容易从基底上脱附，生长速率降低。

当有两种类型的原子或分子，如 P 和 Q 参与形核生长时，有两种模式可以进行形核。在所谓的 Langmuir-Hinshelwood（朗缪尔-欣谢尔伍德）机制中，P 和 Q 型原子/分子都是吸附在基底表面上并与之相互作用，以产生产物 PQ。当一种物质的被吸收超过另一种物质时，生长取决于 P 和 Q 吸附位点的可用性，如图 8-31（a）所示。也可以采用另一种方式进行反应，也就是说，P 吸附在基质上，气相中的 Q 与 P 相互作用，因此没有共用位点。这种机制称为 Elay-Riedel 模式［图 8-31（b）］。

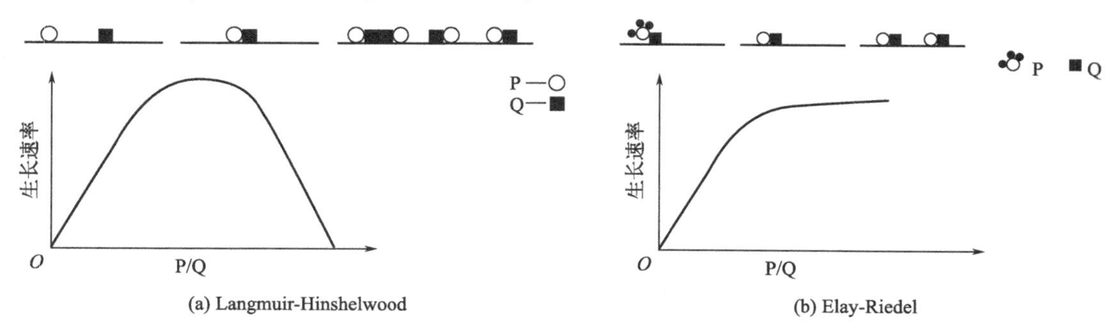

图 8-31 形核模式

对于准一维纳米结构来说，化学气相沉积合成主要是通过气-液-固（VLS）机制和气-固（VS）机制来进行的。20 世纪 60 年代，R. S. Wagner 及其合作者在研究微米级的单晶硅晶须的生长过程中首次提出 VLS 生长机制（图 8-32）。

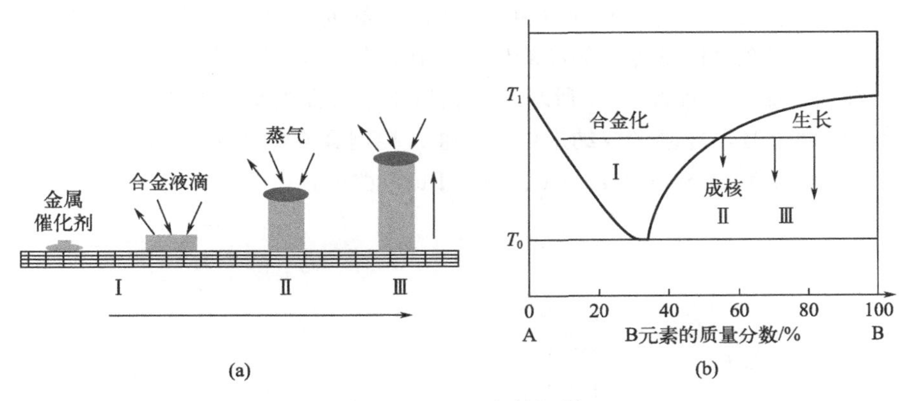

图 8-32　VLS 生长机制

目前，VLS 生长方法被认为是制备高产率单晶准一维纳米材料的最有效途径之一。实现气-液-固生长需要同时满足以下两个方面的条件。

a. 形成弥散的、纳米级的、具有催化效应的低熔点合金液滴，这些合金液滴通常是金属催化剂和目标材料之间的相互作用形成的，常用催化剂有 Au、Ag、Fe、Ni 等。

b. 形成具有一定分压的蒸气相，一般为目标纳米线材料所对应的蒸气相或组分。

在所有的气相法中，应用 VLS 生长机制制备大量单晶纳米材料和纳米结构是最成功的。VLS 生长机制一般要求必须有催化剂（也称为触媒）的存在。VLS 生长机制的特点如下。

a. 具有很强的可控性与通用性。

b. 纳米线不含有螺旋位错。

c. 杂质对于纳米线生长至关重要，起到生长促进剂的作用。

d. 在生长的纳米线顶端附着有一个催化剂颗粒，并且催化剂的尺寸在很大程度上决定所生长纳米线的最终直径，而反应时间则是影响纳米线长径比的重要因素之一。

e. 纳米线生长过程中，端部合金液滴的稳定性是很重要的。

VS 生长机制一般用来解释无催化剂的晶须生长过程。如图 8-33 所示，生长中反应物蒸汽首先经热蒸发、化学分解或气相反应而产生，然后被载气输运到衬底上方，最终在衬底上沉积、生长成所需要的目标材料。

VS 生长机制的特点如下。

a. VS 生长机制的雏形是晶须端部含有一个螺旋位错，这个螺旋位错提供生长的台阶，导致晶须的一维生长。

b. 在生长过程中，气相过饱和度是晶体生长的关键因素，并且决定着晶体生长的主要形貌。

c. 一般而言，很低的过饱和度对应于热力学平衡状态下生长的完整晶体。

d. 较低的过饱和度有利于生长纳米线。

e. 稍高的过饱和度有利于生长纳米粒。

f. 再提高过饱和度，将有利于形成纳米片。

g. 当过饱和度较高时，可能会形成连续的薄膜。

h. 过饱和度若过高，会降低材料的结晶度。

⑥ 惰性气体真空蒸发法：在超高真空设备中充入低压氦气，加热高纯原料使其汽化，控制汽化速度，使蒸发出来的粒子粒度在 5～15nm 范围，纳米粒子蒸发后与氦原子相撞，降低动能，随后冷凝在用液氦冷却的冷凝壁上，在液氦温度下，粒子即使相撞也不会长大。

⑦ 流动油面冷凝法：如图 8-34 所示，在相当于冷凝器的旋转盘上保持油的流动，当金属蒸汽降落在油面上时，冷凝形成纳米粒子，通过控制金属蒸发速度、油的黏度、圆盘转数等，可制得平均粒径为 3nm 的 Ag、Au、Cu、Pb 等粒子。

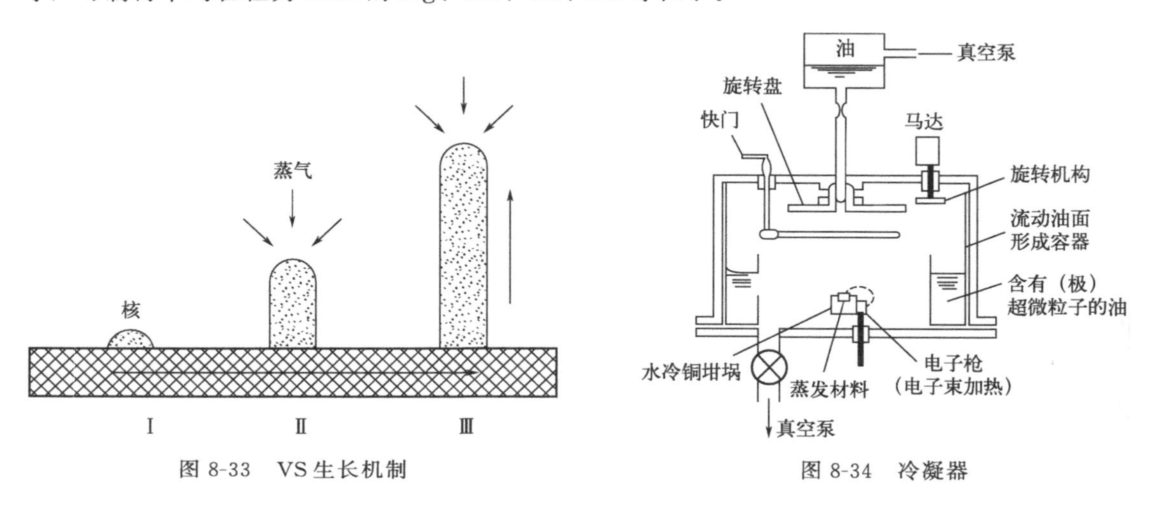

图 8-33 VS 生长机制

图 8-34 冷凝器

8.1.3 纳米薄膜的制备

(1) 纳米薄膜的分类

① 按用途 可分为纳米功能薄膜和纳米结构薄膜，是两种应用于材料科学领域的研究方向。

纳米功能薄膜是指通过控制材料在纳米尺寸下形成特殊结构，从而赋予材料具备特定的功能。例如，可以制备具有超级疏水性或超级亲水性的表面，用于抗污染、自清洁等应用。此外，还可以通过调控纳米粒子的大小和分布来改变薄膜的光学、电学、磁学等性能，用于传感器、显示器件等领域。

纳米结构薄膜则强调在材料表面或界面上形成纳米尺度的结构，以实现特定的功能。这些结构可以是沟槽、孔洞、纳米线等形状，能增加材料的表面积，提高化学反应的效率；也可以调控材料的电子结构，改变其导电性、光学性质等。

总之，纳米功能薄膜和纳米结构薄膜的研究旨在利用纳米尺度效应，设计、制备具有特定功能的材料，广泛应用于能源、环境、医药和电子等领域。

② 按沉积层数 可以分为纳米（单层）薄膜和纳米多层薄膜。

纳米（单层）薄膜是指厚度在纳米级别（1～100nm）的单层材料，常用于制备超薄的功能性材料和器件。这些薄膜通常具有独特的物理和化学性质，如光学、电学性质、磁学性质等，在纳米科技领域具有广泛应用前景。

纳米多层薄膜则是由多个纳米尺寸的薄层组成的结构，每一层可以由不同的材料组成，以实现特定的功能。这种设计可以通过控制不同层之间的相互作用来调节薄膜的性能，如光学透过率、电导率等。纳米多层薄膜在能源、显示、传感器等领域有着广泛的应用。

③ 按薄膜的微结构　可以分为含纳米颗粒的基质薄膜和纳米尺寸厚度的薄膜。

含纳米颗粒的基质薄膜是指在薄膜中加入了纳米级颗粒的基质材料。这种材料通常具有优异的力学、光学或电子性能，可以应用于多个领域，如电子器件、光学器件、传感器等。

纳米尺寸厚度的薄膜是指薄膜的厚度在纳米级范围内。由于其特殊的结构和尺寸效应，这种薄膜通常具有独特的物理、化学或生物性能，被广泛应用于纳米技术、纳米电子学、纳米光学等领域。

④ 按薄膜的组分　可以分为有机纳米薄膜和无机纳米薄膜。

有机纳米薄膜是指由有机化合物构成的纳米尺寸厚度的薄膜。这种薄膜通常通过溶液法、蒸发法或沉积法等方法制备而成，具有较好的可塑性和柔软性，广泛应用于有机电子器件、柔性显示、光电转换等领域。

无机纳米薄膜是指由无机材料构成的纳米尺寸厚度的薄膜。这种薄膜通常通过物理气相淀积、溅射、原子层沉积等方法制备而成，具有优异的力学强度、耐高温性和化学稳定性，广泛应用于微电子器件、光学涂层、阻隔膜等领域。

⑤ 按构成与致密程度　可以分为颗粒膜和致密膜。

⑥ 按实际应用：可以分为纳米光学薄膜、纳米耐磨损膜、纳米润滑膜、纳米磁性薄膜、纳米气敏薄膜以及纳米滤膜。

(2) 纳米薄膜的性能

① 光学性能　吸收光谱的蓝移、宽化与红移。由于量子尺寸效应及界面效应，当膜厚度减小时，大多纳米薄膜能隙增大，会出现吸收光谱的蓝移与宽化现象。尽管如此，在一些纳米薄膜中，由于晶粒尺寸的减小、内应力的增加，以及缺陷数量增多等因素，材料的电子波函数会出现重叠或在能级间出现附加能级，又会使这些纳米薄膜的吸收光谱发生红移。光波透过宏观介质时，介质中的电极化强度常与光波的电场强度具有近似的线性关系。但是，纳米薄膜的光吸收系数和光强之间会出现非线性关系，这种非线性关系可通过薄膜的厚度、膜中晶粒的尺寸大小来进行控制和调整。

② 力学性能

a. 硬度。位错塞积理论认为，材料的硬度与微结构的特征尺寸之间具有近似的霍尔-佩奇（Hall-Petch）公式（图 8-35）。

b. 韧性。纳米薄膜的增韧机制通常可通过薄膜界面作用和单层材料的塑性来加以解释。当调制波长减小至纳米量级时，多层膜界面含量增加时，各单层膜的变形能力增加，同时裂纹扩展的分支也增多，但是，这种裂纹分支又很难从一层薄膜扩展至另一层薄膜，因此，纳米多层薄膜的韧性增大。

c. 耐磨性。研究表明，多层纳米膜的调制波长越小，其磨损临界载荷越大，抗磨损力越强。

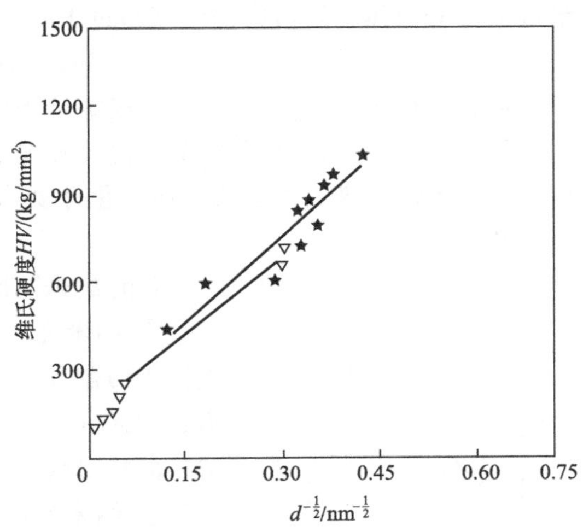

图 8-35　某纳米膜维氏硬度 HV 与膜厚 d 的关系

d. 气敏特性。指一些纳米薄膜借助于其大的比表面积或大量表面微观活性中心，如不饱和键等，对特定气体进行物理吸附和化学吸附的特性。

e. 电磁学特性。纳米薄膜磁学特性主要来自纳米薄膜的磁性各向异性。一般的薄膜材料大都是平面磁化的，但是纳米级厚度磁性薄膜的易磁化方向却是薄膜的法向，即纳米磁性薄膜具有垂直磁化的特性。纳米薄膜的巨磁电阻效应指的是纳米磁性薄膜的电阻率受材料磁化状态的变化而呈现显著改变的现象。

(3) 纳米薄膜的制备技术

制备方法繁多：可划分为物理法、化学法、物理化学法；或划分为气相法、液相法等。不同类型的薄膜采用不同方法制备。单晶、多晶纳米膜常用分子束外延、化学束外延(chemical beam epitaxy，CBE)、金属有机物化学气相外延等；非（多）晶薄膜采用化学气相淀积、物理气相淀积（physical vapor deposition，PVD)；液相化学法主要有溶胶-凝胶法、电化学沉积、水热合成等。

① 溶胶-凝胶法　金属有机和无机化合物经过溶液—溶胶—凝胶—沉淀物—热处理，形成氧化物或其他化合物纳米材料的方法。主要用来制备薄膜和粉体材料。溶胶是由孤立的细小粒子或大分子组成，分散在溶液中的胶体体系。凝胶是一种由细小粒子聚集而成三维网状结构的具有固态特征的胶态体系，其中渗有连续的分散介质（图 8-36)。

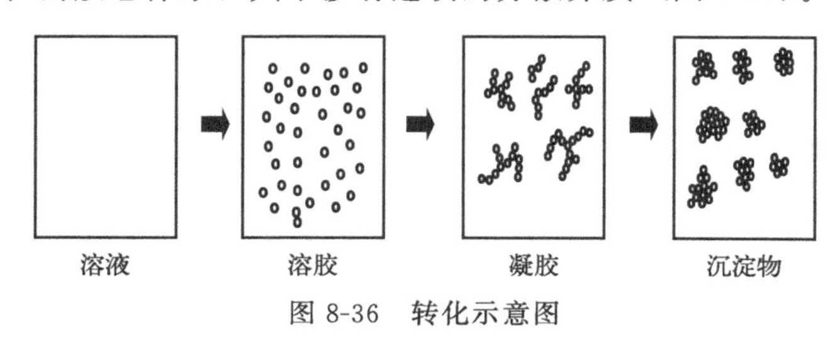

图 8-36　转化示意图

下面举例：用溶胶-凝胶法制备纳米微孔 SiO_2 薄膜。

通过硅的烷氧基化合物的水解反应制备溶胶：

$$Si(OR)_4 + H_2O \longrightarrow Si(OH)_4 + ROH$$

在匀胶机上匀胶或基片浸入溶胶提拉成膜（可根据厚度要求进行多次匀胶或提拉)，当形成的硅酸单体在溶液中的浓度超过 100mg/L 时，有：

$$Si—OH + HO—Si \longrightarrow Si—O—Si + H_2O$$

烘箱内烘烤，H_2O 挥发，生成纳米微孔 SiO_2 薄膜。

② 电化学沉积　在含有金属离子和非金属离子氧化物（或非金属）水溶液中，通过恒电压，在不同电极表面合成金属或化合物薄膜，电化学沉积法通常可制得较为致密的纳米薄膜（图 8-37)。

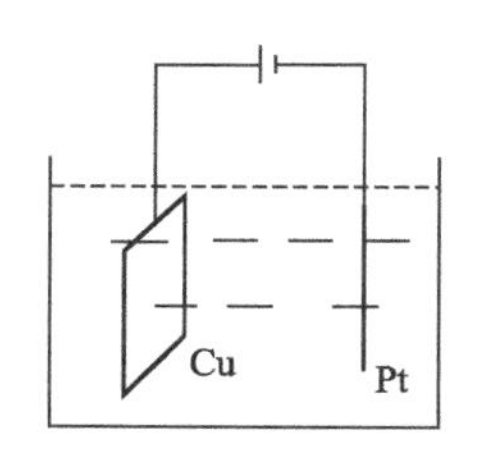

图 8-37　电化学沉积示意图

(4) 纳米薄膜的应用

① 纳米光学薄膜　两面镀 TiO_2 纳米膜的平板玻璃——杀菌；眼镜上镀制 TiO_2 纳米粒子树脂膜——吸收紫外线，保护人的视力；纳米 SiO_2 和纳米 TiO_2 微粒多层干涉膜——节省电能等；Si 纳米晶粒薄膜——防伪手段。

② 纳米耐磨损膜与纳米润滑膜　可以用作提高涂层/薄膜的硬度和耐磨性能的材料、润滑材料。在 Ni 等基体表面上沉积纳米

Ni-La_2O_3 薄膜后，除了可以增加基体的硬度和耐磨性外，材料的耐高温、抗氧化性也显著提高。

③ 纳米磁性薄膜　可以用作隐身涂料；具有半导体性质的粒子，加入到树脂中形成涂层，有很好的静电屏蔽性能。有巨磁阻（giant magneto resistive，GMR）效应的纳米结构的多层膜系统已应用于高密度存储系统中的读出磁头、磁敏传感器、磁敏开关等。

④ 纳米气敏薄膜　由于气敏纳米膜吸附了某种气体以后会产生物理参数的变化，因此可用于制作探测气体的传感器。目前研究最多的纳米气敏薄膜是 SnO_2 超微粒膜。

⑤ 纳米滤膜　纳米滤膜是一种新型的分离膜，可分离仅在分子结构上有微小差别的，它常常被用来在溶液中截留某些有机分子，而让溶液中的无机盐离子自由通过。

8.1.4　纳米块体材料的制备及性能

纳米块体材料的制备方法如下：

① 高能球磨法　主要用于纳米晶纯金属、互不相溶的固溶体、纳米金属-陶瓷粉复合材料和纳米金属间化合物粉体和块体的制备。其优点是产量高、工艺简单，能制备出用常规方法难以获得的高熔点的金属或合金纳米材料。其缺点是微粒尺寸不均匀，且易引入杂质（磨球材料）。

② 非晶晶化制备方法　用急冷法将熔融体制成非晶态合金条带，然后在不同温度下进行退火晶化。

③ 纳米相陶瓷的制备　将含纳米氧化物（如 Al_2O_3、Fe_2O_3、NiO、MgO、ZrO_2 等)、氮化物（如 SiN）和碳化物（SiC 等）原料进行压实烧结成纳米相陶瓷。

纳米块状材料性能如下：

① 力学性能　弹性模量减小，韧性增加，但硬度有 Hall-Petch 关系、反 Hall-Petch 关系或混合 Hall-Petch 关系。

② 热学性能　热容大、膨胀系数大。

③ 光学特性　吸收光谱出现蓝移、宽化或红移；出现掺杂荧光现象；光致发光谱发生变化。

④ 此外磁学、电学、压电特性都较常规块体发生了变化。

8.1.5　纳米结构构筑

这一小节主要是介绍纳米晶体膜、多晶膜的制备方法，以及由此来构筑异质结、超晶格等复杂结构膜层的技术，包括 MBE、CBE 等外延技术；MOCVD、ALD 等 CVD 技术；溅射、蒸镀等 PVD 技术。异质结、超晶格是纳米电子器件、光电子器件、电磁器件的主要结构材料。

(1) 外延技术

外延一词来自于希腊文 epitaxy，是指在……上排列。外延技术是指在晶体上用化学或物理的方法规则地再排列所需晶体材料。按材料划分，可分为同质外延和异质外延。异质外延是指外延层与晶体衬底之间存在相容性问题，应注意两者在外延温度不发生化学反应、不互溶，两者热力学匹配、晶格匹配。

① 分子束外延 是一种物理气相外延技术。是在超高真空度下，热分子束由喷射炉喷出，射到洁净的单晶衬底表面，生长出晶体外延层的技术。多用于几到几十纳米的超薄外延层，或结构复杂的纳米多层膜的外延。衬底准备：清洗，腐蚀，装炉。外延生长：开喷射炉，控制工作压力为 10^{-4}Pa，到达衬底原子被物理吸附→迁移至结点→化学吸附→被覆盖，生长速率约 0.1μm/min。掺杂：应选黏附系数大、停留时间长的杂质，如 Sb、Ga、Al。黏附系数：化学吸附原子数与入射原子数的比值。

MBE 优点：超高真空度，外延过程污染少，外延层洁净；温度低，无杂质的再分布现象；外延过程可控性强，能生长极薄外延层，厚度可薄至 Å 量级；多个喷射炉可以同时或顺序工作，适合生长多层、杂质分布复杂的外延层；全程监控，外延层质量高，适合用于新材料外延机理研究。MBE 缺点：设备复杂、生产费用高，单片工艺生产效率低。MBE 举例：生长 $Al_xGa_{1-x}As/GaAs$。采用 GEN-Ⅱ MBE 设备，源炉为热解氮化硼坩埚，背景真空度为 10^{-11}Pa。原材料为 Ga、As、Al 纯度为 7N 的高纯固体材料；衬底是 2 英寸（1 英寸=2.54 厘米）(100)Si。清洗后经腐蚀液 $H_2SiO_4:H_2O_2:H_2O=5:1:1$ 腐蚀；漂净烘干后送入进样室，200℃抽真空 45min，再送入预处理室 450℃、30min 处理，再进入生长室。在 As_4 气氛下去除硅片表面氧化层，获得清洁表面。外延衬底温度为 600～620℃，通过控制Ⅲ/Ⅳ的束流比和反射高能电子衍射（reflection high energy electron diffraction，RHEED）的强度振荡测量来确定最优化生长，其生长速率约 17nm/min。

② 化学束外延 将金属有机源气体和非金属氢化物气体等形成的分子束流，直接喷向加热的衬底表面，发生反应，并有序地排列起来，形成外延层的技术（图 8-38）。GaAs 的外延源：$(CH_3)_3Ga$(记为 TEGa)$+AsH_3 \longrightarrow GaAs+3CH_4$。CBE 结合了 MBE 的束流特性和化学气相淀积采用气相源的特点。

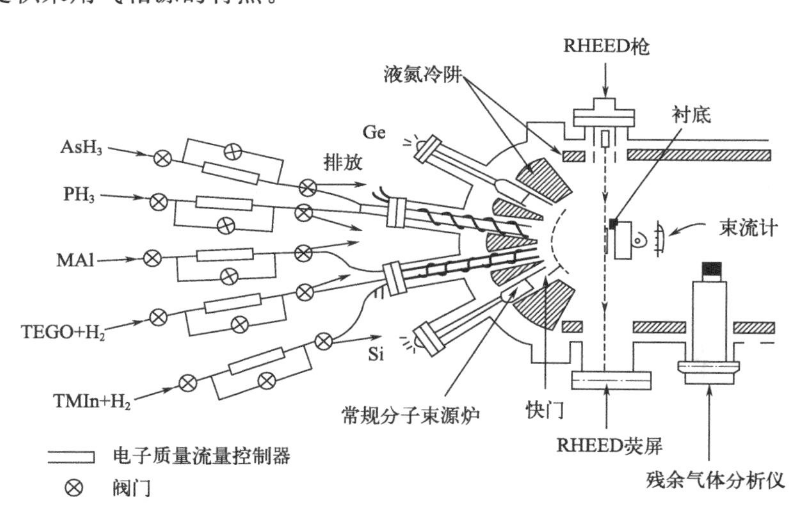

图 8-38 实验过程机理

下面举例：采用 CBE 制备多结 GaInAsN 叠层。

如图 8-39 所示，高效多结叠层太阳电池可采用 GaInP/GaInAs/GaInAsN/Ge 结构。衬底是本征 Ge，GaInP、GaInAs 采用 MBE；GaInAsN 若用分子束外延，氮源使用等离子体源，容易损伤外延膜，恶化外延层的晶体质量。所以需采用 CBE，氮源可用 $CH_3N_2H_3$ 或 $(CH_3)_2N_2H_2$。

③ 激光辅助CBE外延技术　是采用激光（或EUV、X射线、离子束、电子束等）辅助原位图形生长的技术。可直接得到器件结构图形，简化器件的制备工艺（图8-40）。

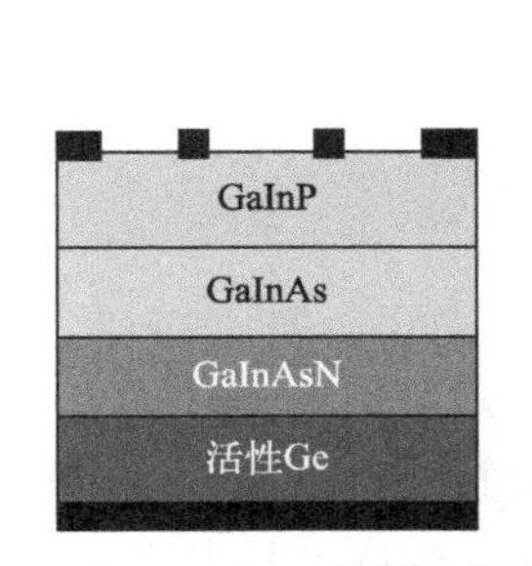

图8-39　以GaInAsN为子电池材料的高效四结叠层太阳电池典型结构图

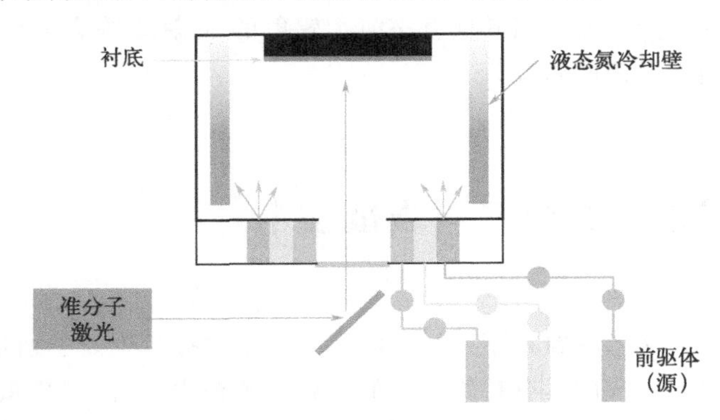

图8-40　激光辅助CBE系统

（2）CVD纳米膜技术

化学气相淀积是将气态反应剂以合理的流速引入反应室，在基片表面发生化学反应，淀积形成固体薄膜（或颗粒）的工艺方法。此部分介绍以金属有机化合物化学气相淀积、原子层沉积等方法制备纳米膜、超晶格的工艺技术。

① 金属有机化合物化学气相淀积　是采用气态源为反应剂，主要为金属有机物和非金属氢化物，可以在较低温度下分解，生成化合物薄膜或外延层的技术。MOCVD主要针对化合物半导体异质结和组分渐变晶体薄膜的生长，包括在同质和异质衬底上的外延等。

② 原子层沉积　是利用反应气体与基板之间的气-固相反应来完成薄膜淀积或外延生长的技术。ALD膜具有极佳的均匀性、台阶覆盖性和（对薄膜图形的）保形性。因此可以在复杂的非平面结构基片上实现纳米膜的制备。目前，该技术已被应用到纳米电子制造工艺中，如晶体管栅堆垛、电容器中的高介质，以及金属薄膜等。

（3）PVD纳米膜技术

物理气相淀积是利用某种物理过程实现物质转移，将原子或分子由源或靶气相转移到基片表面形成固体薄膜（或颗粒）的工艺方法。此部分主要介绍溅射和蒸镀两种纳米多层膜技术。

① 溅射　是利用等离子体中的离子对阴极靶轰击，导致靶原子等颗粒物飞溅，落到衬底表面，从而吸附、成核、核生长、形成连续薄膜。溅射是制备非晶纳米膜常用的技术，采用CVD技术难以制备的薄膜，可以考虑采用溅射技术来制备。溅射方法可以分为直流溅射、磁控溅射、射频溅射、反应溅射，还包括各种方法的协同淀积，如射频磁控溅射、反应磁控溅射等。

② 蒸镀　指在高真空度下，加热源使其蒸发，蒸汽分子流到衬底基片表面凝结、成核、核生长、形成连续膜，蒸镀也是制备薄膜的一种普适方法（图8-41）。蒸镀具有较高的淀积速率，膜的厚度取决于源的蒸发速率和蒸发时间，并与蒸发源和基片的距离有关。制备的薄膜通常较厚，单层厚度也在几十至几百纳米。

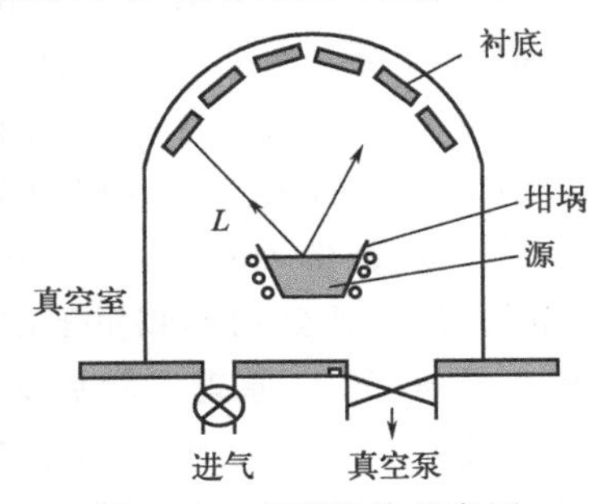

图8-41　蒸镀系统示意图

③ 电子束（EB）蒸镀　电子束蒸镀可制备的薄膜材料范

围很广，如难熔金属、在蒸发温度不分解的化合物，以及合金等，而且制备的薄膜较纯净。但是，电子束蒸镀要注意辐射对衬底的损伤。因为，蒸发原子在获取电子束能量时有电子跃迁至激发态，当其回基态时，辐射的 X 射线等会损伤衬底和电介质。所以，不用于对辐射损伤灵敏的基片。

8.2 纳米材料表征技术

纳米材料是指三维空间尺寸中至少有一维处于纳米数量级（1～100nm），或由纳米结构单元组成的具有特殊性质的材料，被誉为 21 世纪最重要的战略性高技术材料之一。当材料的粒度大小达到纳米尺度时，将具有传统微米级尺度材料所不具备的小尺寸效应、量子尺寸效应、表面效应等诸多特性，这些特异效应将为新材料的开发应用提供崭新思路。在纳米材料的研究和应用中，对这些材料进行表征是非常关键的步骤。那么目前能够用来表征纳米材料的技术有哪些呢？它们各有什么特点呢？

对纳米材料的表征分成好几个方面，包括对其结构和化学性质进行表征。而且，除了对纳米材料的集体行为和性能进行测量外，在介观水平上观察、测试和操纵纳米尺度材料也是必需的。纳米科技是未来高科技发展的基础，纳米材料的化学组成、结构以及显微组织关系是决定其性能以及应用的关键因素，能够用于纳米材料表征的仪器分析方法已经成为纳米科技中必不可少的实验手段。许多研究人员以及相关人员对纳米材料还不是很熟悉，尤其是对如何分析和表征纳米材料，获得纳米材料的一些特征信息还存在一定疑惑。

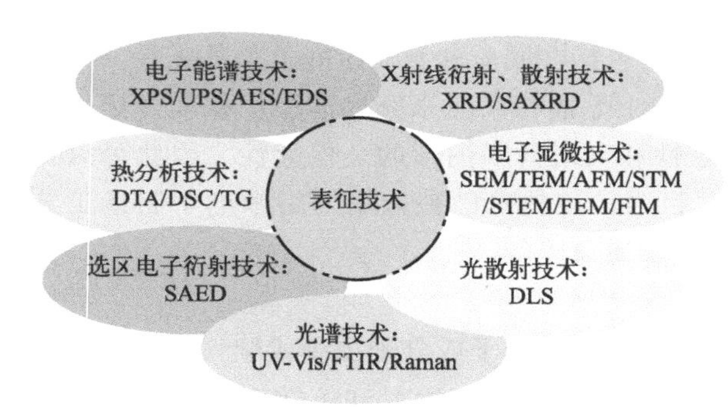

图 8-42 纳米材料常用表征技术

纳米材料的常用表征技术见图 8-42。为了让大家更好地理解这些表征技术各自发挥的作用，下面主要从纳米材料的检测技术和表征方法进行简单介绍。

8.2.1 纳米检测技术

纳米科技已在纳米材料和纳米加工、纳米表征和检测、信息领域新型纳米器件、纳米生物医药和纳米结构环境效应四个方向形成各自的研究特点和风格。纳米表征是指在纳米尺度上分析纳米结构材料和器件的组成、构造，并进一步探索新现象，是发展新器件和功能材料的手段。1933 年，N. Ruska 研制成功了利用电子波制作的电子显微镜，空间分辨率达到 0.2nm。1951 年，E. W. Muller 发明了场离子显微镜（FIM）。1982 年，Binnig 等在 IBM 公司苏黎世实验室发明了扫描隧道显微镜，揭示了一个可见的原子、分子世界。根据 STM 原理，随后又发展出了一系列扫描探针显微镜（SPM）。SPM 的发明使人们对物质世界的认识与改造深入到了原子和分子层。SPM 不是简单用来成像的显微镜，还可以作为原子、分子尺度加工、操作的工具。包括原子力显微镜、静电力显微镜、光子扫描隧道显微镜等。除了 SPM 之外，拉曼光谱技术、电子显微技术等也被广泛用于纳米表征、观测与操纵。

纳米检测仪器特性主要分为以下四点：

① 纳米测量必须提供纳米级甚至亚纳米级测量精度，以非接触测量手段为主。如光干涉原理、隧道效应及晶体衍射理论等等。

② 产生可重复的相对于参考坐标系的运动，并能由计量仪器对其测量。

③ 由于纳米测量实现度量的精度高、难度大。所以纳米测量仪器的造价普遍很高。

④ 实现纳米测量往往对环境要求很高，需要严格控制环境湿度、温度及振动等因素。

纳米检测仪器主要分为两类：第一种是以扫描探针显微技术为代表的非光学测量方法，第二种是以各种激光干涉仪为代表的光学测量方法。常用的纳米材料检测技术主要分为两类，即扫描电子显微技术和扫描探针显微技术，本小节将着重介绍这两种技术。

(1) 扫描电子显微技术

扫描电子显微技术是电子束以光栅状扫描方式照射试样表面，分析入射电子和试样表面物质相互作用产生的各种信息来研究试样表面微区形貌、成分和晶体学性质的一种电子显微技术。其中，主要包括透射电子显微镜和扫描电子显微镜。

① 透射电子显微镜　是观察和分析材料的形貌、组织和结构的有效工具。它用聚焦电子束作为照明源，使用对电子束透明的薄膜试样（几十到几百纳米），以透射电子为成像信号。1933 年，科学家 Ruska 和 Knoll 研制出第一台电镜。1939 年，西门子公司生产出第一批商用 TEM（点分辨率为 10nm）。1950 年，开始生产高压电镜（点分辨率优于 0.3nm，晶格条纹分辨率优于 0.14nm）。1956 年，Menter 发明了多束电子成像方法，开创了高分辨电子显微术，可获得原子像。

TEM 的工作原理为透射电镜把经加速和聚集的电子束投射到非常薄的样品上，电子与样品中的原子碰撞而改变方向，从而产生立体角散射。散射角的大小与样品的密度、厚度相关，因此可以形成明暗不同的影像。TEM 用于观察小于 0.2μm 的超微结构。如图 8-43，由灯丝发射的电子束经过聚光镜的作用成为一束尖细、明亮而又均匀的光斑，物镜的像平面获得放大的电子像，在物镜的后焦面处获得晶体的电子衍射谱。

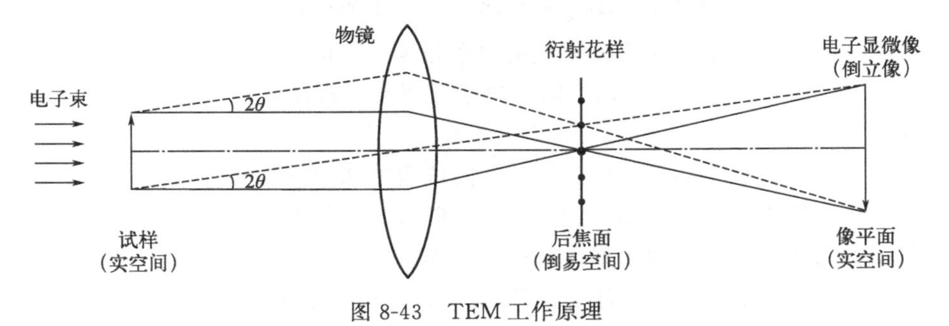

图 8-43　TEM 工作原理

TEM 中，物镜、中间镜、投影镜以积木方式成像，三级成像总的放大倍数就是各个透镜倍率的乘积，即 $M_{总}=M_{物}\times M_{中}\times M_{投}$，总放大倍率在 300000 倍内。TEM 主要由电子枪系统、本体部分（多级透镜系统、样品室、预留窗口以及多个光阑）、控制面板、观察记录部分及高压、真空等几个部分组成。透射电子经物镜、中间镜、投影镜三级磁透镜放大，把电子强度分布转化为人眼可见的光强分布投射在荧光屏上，显出与样品形貌、组织、结构相应的图像，如图 8-44 所示。

a. 电子枪：热阴极电子枪示意如图 8-45 所示。左边是钨灯丝电子枪，右边是六硼化镧电子枪。场发射电子枪没有栅极，由阴极和两个阳极构成。

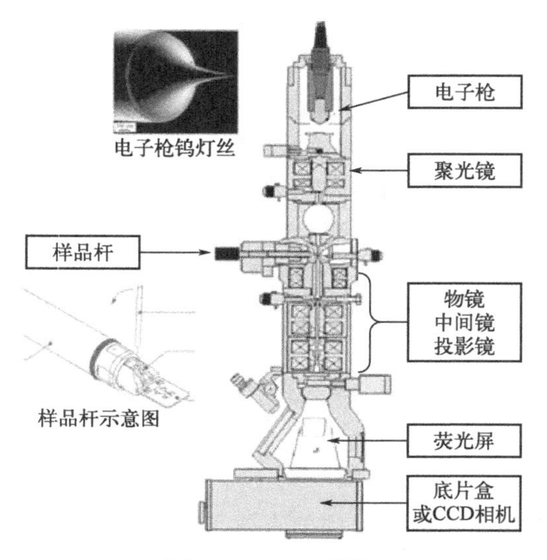

图 8-44 TEM 结构

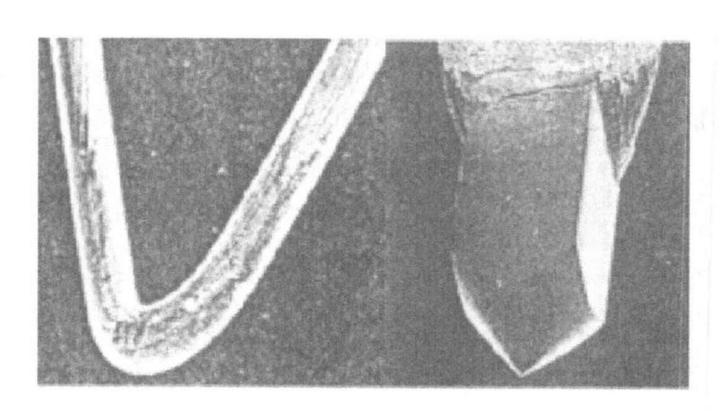

图 8-45 热阴极电子枪示意图

b. 成像部分：物镜是最关键部分。TEM 分辨率好坏取决于物镜优劣。物镜的最短焦距可达 1mm，放大倍率 300 倍。最佳理论分辨率可达 0.1nm，实际可达 0.2nm。加在物镜前的光阑称为物镜光阑，主要是为了缩小物镜孔径角。目前可采用 CCD 成像，不再需要照相系统。

c. 真空系统：为了保证电子运动，减少与空气分子碰撞，一般 TEM 真空度需在 10^{-4}～10^{-2}Pa。利用场发射电子枪时，真空度应在 10^{-8}～10^{-6}Pa。真空系统一般采用机械泵、分子泵系统。

TEM 的工作方式分为如下三种：

a. 吸收像：当电子射到质量、密度大的样品时，主要的成像作用是散射作用。样品上质量厚度大的地方对电子的散射角大，通过的电子较少，像的亮度较小。

b. 相位像：当样品薄至 100Å 以下时，电子可以穿过样品，波的振幅变化可以忽略，成像来自于相位的变化。

c. 衍射像：电子束被样品衍射后，样品不同位置的衍射波振幅分布，对应于样品中晶体各部分不同的衍射能力，当出现晶体缺陷时，缺陷部分的衍射能力与完整区域不同，从而使衍射波的振幅分布不均匀，反映出晶体缺陷的分布。

对于 TEM 的样品制备，需要样品应为 50～100nm 超薄切片。对于绝缘样品，为避免在 TEM 中积累静电，必须覆盖一层导电层。对于金属，应切成约 0.1mm 的薄片，再电解擦亮使得金属变薄，最后在其中心形成一个洞，电子可以在这个洞附近穿过那里非常薄的金属。对于半导体，如硅，先用机械方式磨薄，后用离子溅射加工。对于块体样品，主要有表面复型技术和减薄技术。对于粉体样品，研磨、过滤，粒径在 50nm 以下，可以采用超声波分散的方法制备样品，乙醇超声 10min，悬浮液滴在铜网或微栅上，待用。对于液体样品或分散样品，可以直接滴加在 Cu 网上（图 8-46）。

TEM 具有如下特点：

a. 以电子束作光源，电磁场作透镜。电子束波长与加速电压（通常为 50～120kV）成反比。

b. 分辨力 0.2nm，放大倍数可达百万倍。

c. TEM 可获得高倍放大倍数的电子图像，可得到电子衍射花样。

d. TEM 常用于研究纳米材料的结晶情况，观察纳米粒子的形貌、分散情况，以及测量和评估纳米粒子的粒径。

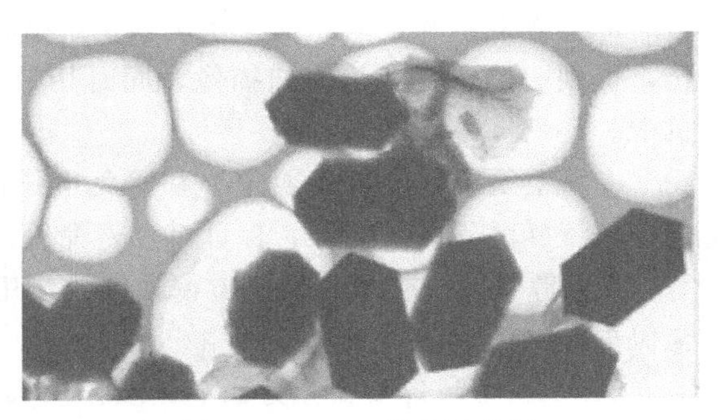

图 8-46 TEM 样品示意图

e. 是三维物体的二维平面投影像，有时像不唯一。

f. 只能观察非常薄的样品，有可能物质表面的结构与物质内部的结构不同。

g. 超薄样品（100nm 以下）的制样过程复杂、困难，制样有损伤。

TEM 主要应用在显微结构-形貌形态，以及显微组织分析、晶体结构分析、化学成分分析、界面组织分析、元素分布分析和晶格缺陷分析。

② 扫描电子显微镜 是利用聚焦电子束去扫描样品时，通过电子束与样品的相互作用激发出各种物理信号，其中主要是样品的二次电子发射。二次电子能够产生样品表面放大的形貌像，SEM 利用二次电子信号成像来观察样品的表面形态。1924 年，德布罗意提出电子本身具有波动的物理特性，为电子显微镜打下理论基础。1937 年，M. Knoll 提出了用扫描电子束获得样品表面图像的原理。1965 年，第一部商用 SEM 由剑桥仪器公司设计和组装，分辨率达到了 25nm。1975 年，我国第一台扫描电子显微镜 DX3 在中国科学院科学仪器厂研发成功。

对于 SEM 工作原理，简单地说，扫描电镜是由阴极电子枪（灯丝）发出的电子束，在加速电压的作用下，经过三级电磁透镜聚焦为直径小于 5nm 的入射电子束，照射样品表面，激发出各种物理信号，通过检测信号的变化获得样品放大图像。其中，二次电子是被入射电子轰击出来的样品核外电子，又称为次级电子。二次电子的能量比较低，一般小于 50eV。背散射电子是被固体样品中原子反射回来的一部分入射电子。背散射电子的能量比较高，其约等于入射电子能量 E_0。图 8-47 是扫描电子显微镜实物图。

扫描电子显微镜是利用电磁场产生、偏转、聚焦电子束，基于电子与物质作用原理来研究物质组织、微细结构、成分的精密仪器。

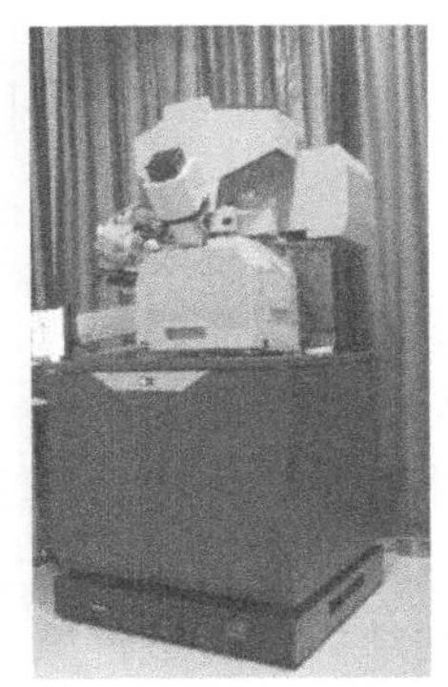

图 8-47 扫描电子显微镜实物图

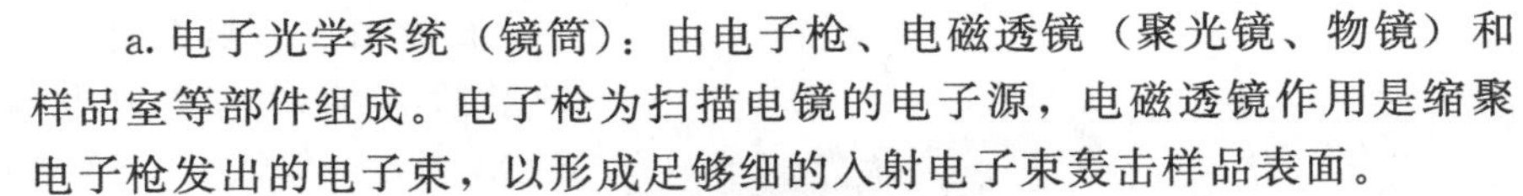

a. 电子光学系统（镜筒）：由电子枪、电磁透镜（聚光镜、物镜）和样品室等部件组成。电子枪为扫描电镜的电子源，电磁透镜作用是缩聚电子枪发出的电子束，以形成足够细的入射电子束轰击样品表面。

b. 扫描系统：使入射电子束偏转，并在样品表面做光栅扫描，使阴极射线显像管电子束在荧光屏上同步扫描；改变入射电子束在样品表面的扫描幅度，从而改变扫描像的放大倍数。

c. 信号检测和放大系统：收集样品在入射电子束作用下产生的各种物理信号，并进行放大。扫描电镜应用的物理信号可分为电子信号（吸收电子可直接用电流表测，其他电子信号用电子收集器）和特征 X 射线信号（用 X 射线谱仪检测）。

d. 图像显示和记录：这一系统的作用是将电信号转换为阴极射线显像管电子束强度的变化，得到一幅亮度变化的扫描像，同时用照相方式记录下来，或用数字化形式存储于计算机中。

e. 真空系统：电镜必须减小和避免电子与气体分子的碰撞，确保电子光学系统正常工作，放置样品不能被污染，保证灯丝寿命等。真空度应在 10^{-2} 以上。

f. 电源系统：扫描电镜的电源系统的作用与透射电镜的相同。由稳压、稳流及相应的安全保护电路组成。

SEM 样品制备步骤分为如下四步：从大的样品上确定取样部位；根据需要，确定采用切割还是自由断裂得到表界面；清洗；包埋打磨、刻蚀、喷金处理。对于绝缘体或导电性差的材料来说，则需要预先在分析表面上蒸镀一层厚度约 10～20nm 的导电层（Au、Ag 等）。

SEM 具有四个特点：

a. 仪器分辨本领较高，二次电子像分辨本领可达 6Å（场发射）、3.0nm（钨灯丝）。

b. 仪器放大倍数变化范围大（从几倍到几十万倍），且连续可调。

c. 图像景深大，富有立体感，可直接观察起伏较大的粗糙表面（如金属和陶瓷的断口等）。

d. 试样制备简单，块状或粉末的试样不加处理或稍加处理，就可直接放到 SEM 中进行观察，比透射电子显微镜的制样简单。

(2) 扫描探针显微技术

扫描探针显微技术是分辨率在纳米量级的测量固体样品表面实空间形貌的分析方法。根据测量的相互作用类型，可分为扫描隧道显微镜、原子力显微镜、扫描近场光学显微镜（scanning nearfield optical microscope，SNOM）、弹道电子发射显微镜（ballistic electron emission microscope，BEEM）等。

① 扫描隧道显微镜　于 1982 年，IBM 公司苏黎世实验室的宾尼和罗雷尔在超导实验时，发明了 STM。其工作原理是基于电子隧道效应，当具有电位差的两个导体之间的距离小到一定程度时，电子将存在穿透两导体之间的势垒从一端向另一端跃迁的概率。这种电子跃迁的现象在量子力学中被称为隧道效应，而跃迁形成的电流叫隧道电流。STM 实物图如图 8-48 所示，STM 组成示意图如图 8-49 所示。

a. 压电陶瓷：在压电陶瓷对称的两个端面加电压时，压电陶瓷会按特定的方向伸长或缩短。而伸长或缩短的尺寸与所加电压的大小呈线性关系。通过改变电压控制压电陶瓷的微小伸缩（图 8-50）。

图 8-48　STM 实物图

b. 探针：一般由钨或铂铱材料制备。针尖的形状直接影响隧道电流大小，从而影响 STM 图，一般认为，STM 图像的质量是针尖断面貌卷积。针尖曲率半径远小于样品表面所测部分的曲率半径时，能得到样品表面形貌图；样品表面某些部分曲率半径比针尖的曲率半径还小时，针尖将被样品成像，得到的是针尖的形貌像；如果针尖顶端的结构较复杂，得到的是复杂图像（图 8-51）。注意，只有原子级锐度的针尖才能得到原子级分辨率的图像。

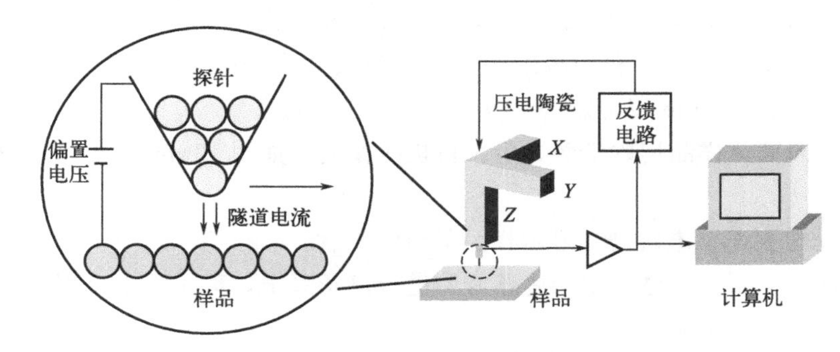

图 8-49　STM 组成示意图

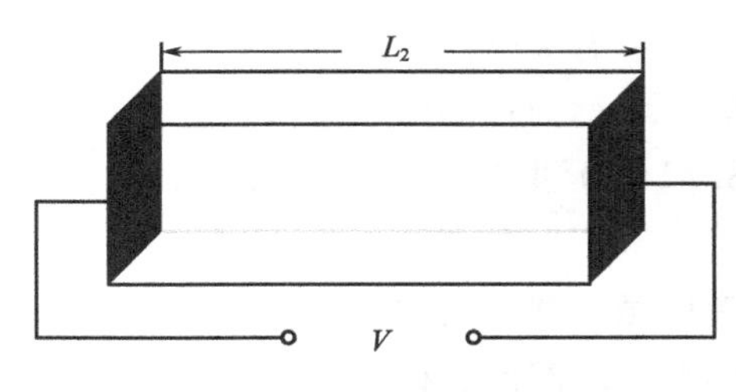

图 8-50　压电陶瓷示意图

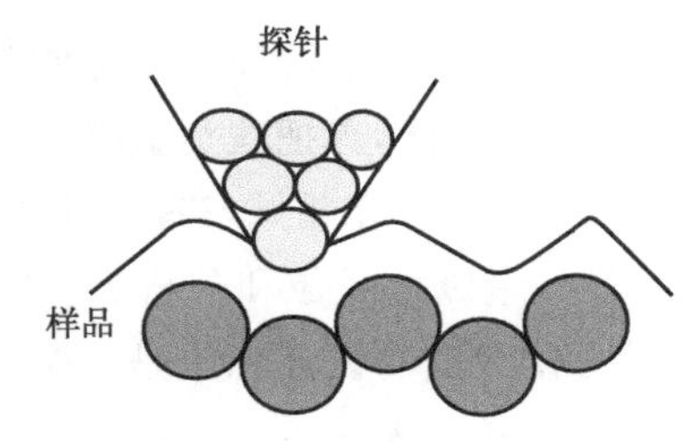

图 8-51　探针示意图

STM 具有如下五个特点：

a. 水平分辨率小于 0.1nm，垂直分辨率小于 0.01nm。

b. STM 是真正看到了原子，得到的是实时的、真实的样品表面的高分辨率图像。而不同于某些分析仪器是通过间接的或计算的方法来推算样品的表面结构。

c. 使用环境宽松。电子显微镜等仪器对工作环境要求比较苛刻，样品必须安放在高真空条件下才能进行测试。而 STM 既可以在真空中工作，又可以在大气中、低温、常温、高温，甚至在溶液中使用。

d. 可以将原子、分子吸住，将它们拨来拨去，又可以自下而上地通过操纵原子、分子来随心所欲地构造新物质。

e. 是基于隧道电流工作原理制作的，决定了样品必须是导体或半导体。

STM 工作方式分为恒电流模式和恒高度模式。恒电流模式是用电子反馈线路控制隧道电流 I 恒定。计算机系统控制针尖在样品表面扫描，使针尖沿 x、y 二维运动。要控制隧道电流 I 不变，针尖与样品表面之间的局域高度也会保持不变，因而针尖就会随着样品表面做相同的起伏运动，高度信息也就由此反映出来，STM 得到样品表面的三维立体信息。这种工作方式获取图像信息全面，显微图像质量高，应用广泛。恒高度模式是在对样品进行扫描过程中，保持针尖的绝对高度不变；于是针尖与样品表面的局域距离 d 将发生变化，隧道电流 I 的大小也随着发生变化；通过计算机记录隧道电流的变化，并转换成图像信号显示出来，即可得到显微图像。这种工作方式扫描速度快，能够减少噪声和热漂移对信号的影响。这种工作方式仅适用于样品表面较平坦，且组成成分单一的情形。

在用 STM 观察材料的精细结构时，必须对样品表面进行特殊的预处理，以获得原子尺度的平面。一般进行下面五个步骤来处理：

a. 微米级光滑表面：对样品精密加工，如精磨工艺，样品表面的粗糙度可达 1μm，样品表层下面表面应力影响层在数量级上与表面粗糙度相同或略大。

b. 亚微米级光滑表面：用金相砂纸磨光，颗粒尺寸在 100nm，打磨后的样品表面也存在应力影响，尺寸在 100nm 以上。

c. 金相样品表面：样品用砂纸磨光后，再机械抛光，如用 10nm 的 Al_2O_3 抛光膏作研磨料抛光。

d. 纳米级光滑表面：电解抛光显示样品的组织结构。

e. 原子尺度光滑表面：电解抛光后还需要进行离子轰击，离子轰击过程的实质是高能粒子将样品表面的凸起部分剥离。

② 原子力显微镜　借鉴 STM 的检测方法，1986 年宾尼又发明了原子力显微镜。图 8-52 为 AFM 设计图。此后，许多新型的显微仪器和探测技术相继诞生。这些显微仪器适用于不同的领域，具有不同的功能。虽然它们功能各异，但都有一个共同的特点：使用探针在样品表面进行扫描。科学界把这类显微仪器归纳到一起，统称为扫描探针显微镜。这些不同功能的 SPM 在不同的研究领域发挥着重要的作用。SPM 的诞生标志着对物质表面从 10^{-6}m 量级到 10^{-10}m 量级上成像和分析的飞跃。

原子力显微镜的设计思想是一个对力非常敏感的微悬臂，尖端有一个微小的探针，当探针轻微地接触样品表面时，在针尖原子与样品表面原子之间产生极其微弱的相互作用力，使微悬臂弯曲，将微悬臂弯曲的形变信号转换成光电信号，并放大，就得到原子之间力的微弱变化的信号。AFM 是利用微悬臂来感受和放大原子之间的作用力，从而达到检测的目的。对于不同种类原子，它们之间的相互作用有多种，但无论是共价作用、离子作用、金属作用，还是范德瓦耳斯作用，本质上都是电力作用。AFM 针尖原子与样品原子的作用是范德瓦耳斯力，这一作用力极微弱。AFM 工作原理如图 8-53 所示。

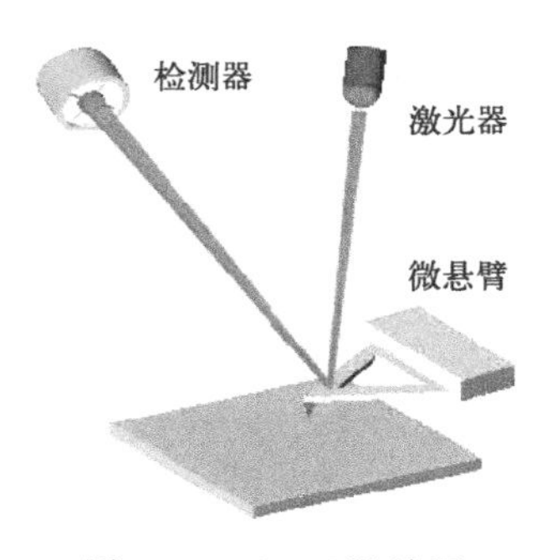

图 8-52　AFM 设计图

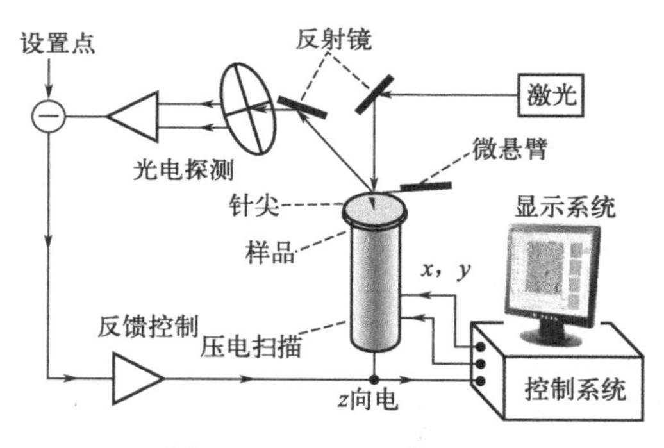

图 8-53　AFM 工作原理

AFM 工作模式分为接触模式（contact mode）、非接触模式（non-contact mode）和轻敲模式（tapping mode）。

接触模式：针尖始终与样品表面保持紧密的接触，相互作用力是排斥力，针尖上的力可能破坏样品表面结构，力的大小范围为 10^{-11}～10^{-8}N，扫描速度快，但横向力影响图像质量［图 8-54（a）］。

非接触模式：悬臂在距离试样表面上方 5～20nm 的距离处振荡，样品与针尖之间的相互作用由范德瓦耳斯力控制，约 10^{-12}N，样品不会被破坏，针尖也不会被污染，横向分辨率低，扫描速度低，稳定度低［图 8-54（b）］。

轻敲模式：悬臂在样品表面以共振频率振荡，针尖仅短暂接触样品，能消除横向力，图像分辨率高，扫描速度比接触模式慢［图 8-54（c）］。

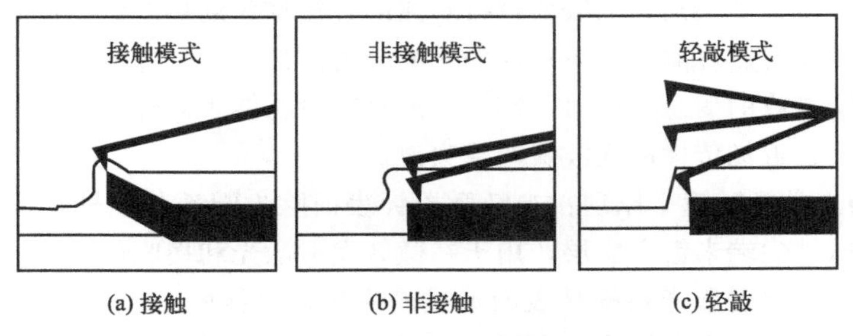

(a) 接触　(b) 非接触　(c) 轻敲

图 8-54　接触模式、非接触模式和轻敲模式示意图

三种工作模式的特点：

a. 接触模式：针尖始终与样品保持接触，两者存在电子库仑排斥力。可得到稳定、高分辨率图像。针尖易损害。

b. 非接触模式：控制探针在样品表面上方 5～20nm 距离处扫描，所检测的是范德瓦耳斯力和静电力等长程吸引力。对样品无损伤，对探针无损伤。距离较大，影响成像分辨率。

c. 轻敲模式：针尖同样品以一定频率间歇接触，反复工作在引力和斥力交替环境下。分辨率几乎和接触模式一样好。因接触短暂而几乎不会产生剪切力对探针的损害。

AFM 实物图如图 8-55 所示，AFM 具有如下特点：

a. 突出特点是可检测绝缘样品。

b. 水平分辨率小于 0.1nm，垂直分辨率小于 0.01nm。

c. AFM 在常压下甚至在液体环境下都可以良好工作。这样可以用来研究生物宏观分子，甚至活的生物组织。

d. 成像范围太小，速度慢，受探头的影响太大。

e. 可以将原子、分子吸住，将它们拨来拨去；又可以自下而上地通过操纵原子、分子来构造新物质。

膨体聚四氟乙烯
微孔膜AFM图像

AJ-Ⅲ原子力显微镜

图 8-55　AFM 实物图

科学界把探针与样品之间的距离小于几十纳米的范围称为近场，而大于这个距离的范围叫作远场。显然，STM、AFM 等利用探针在样品表面扫描的方法属于近场探测，而对于光学显微镜、电子显微镜等远离样品表面进行观测的方法称为远场方法。光子也具有光子隧道效应。物体受光波照射后，离开物体表面的光波分为两部分，一部分光波向远方传播，这是传统光学显微镜能接收的信息；而另一部分光波只能沿物体表面传播，一旦离开物体表面就很快衰减。这部分在近场传播的光波就叫隐失波。

③ 扫描近场光学显微镜　原理：光纤微探针表面除尖端部分以外，均镀有金属层以防止光信号泄漏，探针尖端未镀金属层，用于在微区发射激光和接收信号。控制光纤探针在样品表面扫描，探针既发射激光在样品表面形成隐失场，又接收 10～100nm 的近场信号。探针近场信号经光纤传输到光学镜头或由摄像头记录、处理，逐点还原成图像等信号。SNOM 探测的是隧道光子，光子具有许多独特的性质，如无质量、呈电中性等，因此，近场光学显微镜在纳米科技中扮演的角色是其他扫描探针显微镜所不可替代的（图 8-56）。其在生物结构、纳米结构、半导体缺陷分析、量子光学、量子物理等研究领域有广泛应用。

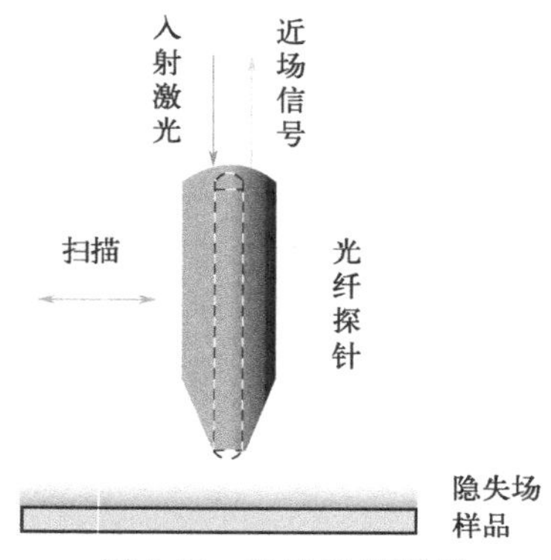

图 8-56　SNOM 原理图

④ 弹道电子发射显微镜　STM 的探针接近具有异质结的样品表面时，有两个信号通路：一个是探针与上层样品构成的 STM 信号通路；另一个是由探针经上层材料和异质结到达下层材料的弹道电流通路。探针与样品非常接近时，会向样品发射隧道电子。这些隧道电子进入样品能量衰减，在界面多被势垒反弹回来，但仍有少数能量较高的电子穿透界面到达下层材料，这些穿过界面的电子称为弹道电子。

8.2.2 纳米表征方法

纳米材料的表征可以分为以下几个部分：

① 形貌表征　透射电子显微镜（TEM）、扫描电子显微镜（SEM）、原子力显微镜（AFM）。

② 成分分析　X 射线光电子能谱（XPS）、电感耦合等离子体原子发射光谱法（ICP-AES）、原子吸收分光光度计（AAS）。

③ 结构表征　傅里叶变换红外光谱（Fourier transform infrared spectrum，FT-IR）、拉曼光谱（Raman spectrum）、动态光散射（DLS）、纳米颗粒跟踪分析（NTA）、X 射线衍射（XRD）、小角 X 射线散射（small angle X-ray scattering，SAXS）。

④ 性质（光、电、磁、热、力等）表征　紫外-可见分光光度计（UV-Vis）、光致发光（PL）。

本小节将主要介绍 X 射线衍射、小角 X 射线散射法、傅里叶变换红外光谱、拉曼光谱四种表征方法（部分方法见图 8-57）。

(1) X 射线衍射

物质结构的分析尽管可以采用中子衍射、电子衍射、红外光谱、穆斯堡尔谱等方法，但是 X 射线衍射是最有效的、应用最广泛的手段，而且 X 射线衍射是人类用来研究物质微观结构的第一种方法。X 射线衍射的应用范围非常广泛，现已渗透到物理、化学、地球科学、

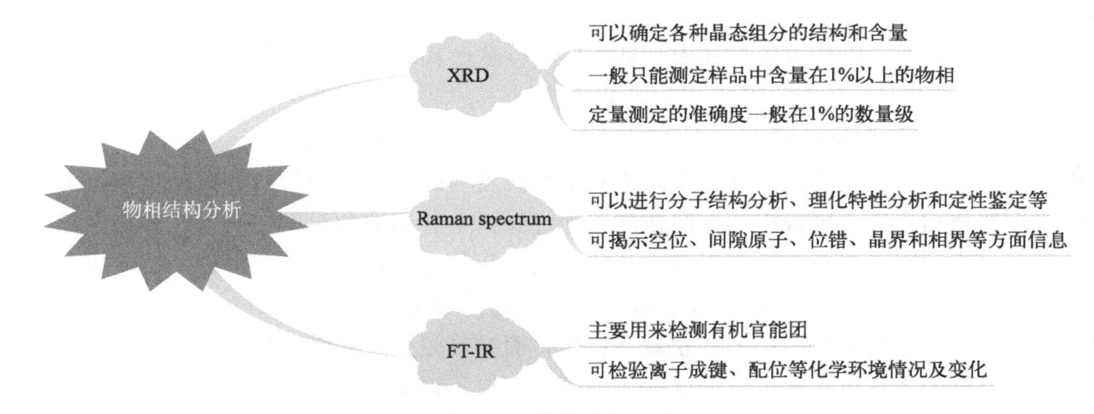

图 8-57　纳米表征方法

材料科学以及各种工程技术科学中，成为一种重要的实验方法和结构分析手段，具有无损试样的优点。

X 射线是一种波长很短的电磁波，能穿透一定厚度的物质，并能使荧光物质发光、照相乳胶感光、气体电离。用高能电子束轰击金属靶材产生 X 射线，这种 X 射线具有与靶中元素相对应的特定波长，称为特征（或标识）X 射线。考虑到 X 射线的波长和晶体内部原子面间的距离相近，1912 年物理学家劳厄（M. vonLaue）提出一个重要的科学预见：晶体可以作为 X 射线的空间衍射光栅，即当一束 X 射线通过晶体时将发生衍射，衍射波叠加的结果使射线的强度在某些方向上加强，在其他方向上减弱；分析在照相底片上得到的衍射花样，便可确定晶体结构。这一预见随即为实验所验证。

当一束单色 X 射线入射到晶体时，由于晶体是由原子规则排列成的晶胞组成，这些规则排列的原子间距离与入射 X 射线波长有相同数量级，故由不同原子散射的 X 射线相互干涉，在某些特殊方向上产生强 X 射线衍射，衍射线在空间分布的方位和强度，与晶体结构密切相关。这就是 X 射线衍射的基本原理，其主要依据以下三个条件。

① 布拉格方程　1913 年物理学家布拉格父子（W. H. Bragg，W. L. Bragg）在劳厄发现的基础上，不仅成功地测定了 NaCl、KCl 等的晶体结构，并提出了作为晶体衍射基础的著名公式——布拉格方程：

$$2d\sin\theta = n\lambda$$

式中，d 为晶面间距；n 为反射级数；θ 为掠射角；λ 为 X 射线的波长。布拉格方程是 X 射线衍射分析的根本依据。

② 运动学衍射理论　Darwin 的理论称为 X 射线衍射运动学理论。该理论把衍射现象作为三维 Frannhofer 衍射问题来处理，认为晶体每个体积元的散射与其他体积元的散射无关，而且散射线通过晶体时不会再被散射。虽然这样处理可以得出足够精确的衍射方向，也能得出衍射强度，但运动学理论的根本性假设并不完全合理。因为散射线在晶体内一定会被再次散射，除了与原射线相结合外，散射线之间也能相互结合。Darwin 不久以后就认识到这点，并在他的理论中做出了多重散射修正。

③ 动力学衍射理论　Ewald 的理论称为 X 射线衍射动力学理论。该理论考虑到了晶体内所有波的相互作用，认为入射线与衍射线在晶体内相干地结合，而且能来回地交换能量。两种理论对细小的晶体粉末得到的强度公式相同，而对大块完整的晶体，则必须采用动力学

理论才能得出正确的结果。

X射线衍射技术已经成为最基本、最重要的一种结构测试手段，其应用主要有以下几个方面。

① 物相分析　物相分析是X射线衍射在金属中用得最多的方面，分为定性分析和定量分析。前者把对材料测得的点阵平面间距及衍射强度与标准物相的衍射数据相比较，确定材料中存在的物相；后者则根据衍射的强度，确定材料中各相的含量。在研究性能与各相含量的关系、检查材料的成分配比，以及随后的处理规程是否合理等方面都得到广泛应用。

② X射线衍射结晶度的测定　结晶度定义为结晶部分质量与总的试样质量之比的百分数。非晶态合金应用非常广泛，如软磁材料等，而结晶度直接影响材料的性能，因此结晶度的测定就显得尤为重要。测定结晶度的方法很多，但不论哪种方法，都是根据结晶相的衍射图谱面积与非晶相图谱面积决定的。

③ X射线衍射精密测定点阵常数　精密测定点阵常数常用于相图的固态溶解度曲线的测定。溶解度的变化往往引起点阵常数的变化；当达到一个转折点后，溶质的继续增加引起新相的析出，不再引起点阵常数的变化。这个转折点即为溶解限。另外点阵常数的精密测定可得到单位晶胞原子数，从而确定固溶体类型；还可以计算出密度、膨胀系数等有用的物理常数。

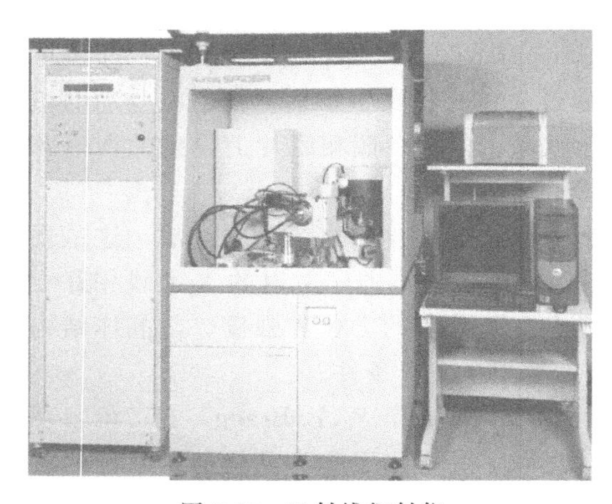
图 8-58　X射线衍射仪

X射线衍射仪的英文名称是X-ray powder diffractometer，简写为XPD或XRD。有时会把它叫作X射线多晶体衍射仪，英文名称为X-ray polycrystalline diffractometer，简写仍为XPD或XRD（图8-58）。

X射线衍射仪的形式多种多样，用途各异，但其基本构成很相似，X射线衍射仪的主要部件包括4部分：

① 高稳定度X射线源　提供测量所需的X射线，改变X射线管阳极靶材质可改变X射线的波长，调节阳极电压可控制X射线源的强度。

② 样品及样品位置取向的调整机构系统　样品须是单晶、粉末、多晶或微晶的固体块。

③ 射线检测器　检测衍射强度或同时检测衍射方向，通过仪器测量记录系统或计算机处理系统可以得到多晶衍射图谱数据。

④ 衍射图的处理分析系统　现代X射线衍射仪都附带安装专用衍射图处理分析软件的计算机系统，它们的特点是自动化和智能化。

XRD样品制备时，应有以下要求。

① 块状样品的要求及制备

a. 对于非断口的金属块状试样，需要了解金属自身的相组成、结构参数时，应该尽可能地将其磨成平面，并进行简单抛光，这样不但可以去除金属表面的氧化膜，也可以消除表面应变层。然后再用超声波清洗去除表面的杂质，且金属样品如块状、板状、圆柱状要求磨成一个平面，面积不小于$15\times20mm^2$，如果面积太小可以用几块粘贴一起，因为XRD是扫过一个区域得到衍射峰，对试样需要一定的尺寸要求。

b. 在薄膜样品制备时，要求样品具备比较大的面积，其厚度应大于 20nm，且薄膜比较平整以及表面粗糙度要小。对于薄膜样品，可将其锯成与窗孔大小一致，根据实际情况可以用导电胶或者橡皮泥将样本固定在窗孔内，应注意固定在窗孔内的样品表面与样品板要尽可能平整。

c. 对于片状、圆柱状样品会存在严重的择优取向，衍射强度异常。因此要求测试时合理选择相应的方向平面。

② 粉末样品的制备　要了解样品的物理化学性质，如是否易燃、易潮解、易腐蚀、有毒、易挥发。对其颗粒度的要求为：对粉末样品进行 X 射线粉末衍射仪分析时，一般要求晶粒大小应在 320 目粒度（约 40μm）的数量级内，这样可以避免衍射线的宽化，得到良好的衍射线。

将样品研磨成适合衍射实验用的粉末，若手摸无颗粒感，认为晶粒大小已经符合要求，再把样品粉末制成有一个十分平整平面的试片。

③ 特殊样品　分散在胶带纸上黏结，形成石蜡糊，或锯成与窗孔大小一致，用石蜡固定在窗孔内。

④ 注意事项

a. 样品太粗，参与衍射的晶粒数目少，衍射强度会下降；同时样品尺寸不均会存在一定的择优取向，不利于与标准谱图进行对比。

b. 若为了得到细小样品，采用球磨等强力的方式进行研磨，可能会破坏晶型结构；且颗粒尺寸太小，会产生对 X 射线的吸收，衍射强度降低；晶粒尺寸小也会引起峰宽化，不利于得到结构清晰的 XRD 谱图。

(2) 小角 X 射线散射法

小角 X 射线散射（SAXS）是指当 X 射线透过试样时，在靠近原光束 2°～5°的小角度范围内发生的散射现象。早在 1930 年，Krishnamurti 就观察到炭粉、炭黑和各种亚微观大小的微粒在 X 射线透射光附近出现连续散射现象。

小角 X 射线散射被越来越多地应用于材料微观结构研究，其研究趋势逐年增长。小角 X 射线散射技术被用来表征物质的长周期、准周期结构，界面层，以及呈无规则分布的纳米体系；还可用于金属和非金属纳米粉末、胶体溶液、生物大分子以及各种材料中所形成的纳米级微孔、合金中的非均匀区（GP 区）和沉淀析出相尺寸分布的测定；对非晶合金加热过程的晶化和相分离的小角 X 射线散射研究已引起学者的关注。了解小角 X 射线散射技术对促进材料研究具有重要意义。

小角 X 射线散射法是一种区别于 X 射线大角 [2θ 从 5～165 (°)] 衍射的结构分析方法。利用 X 射线照射样品，相应的散射角 2θ 小 [5～7 (°)]，即为 X 射线小角散射。该方法用于分析特大晶胞物质的结构，以及测定粒度在几十个纳米以下超细粉末粒子（或固体物质中的超细空穴）的大小、形状及分布。对于高分子材料，可测量高分子粒子或空隙的大小和形状、共混的高聚物相结构、长周期、支链度、分子链长度，以及玻璃化转变温度。

小角 X 射线散射效益来自物质内部 1～100nm 量级范围内电子密度的起伏。当一束极细的 X 射线穿过一层超细粉末层时，经粉末颗粒内电子的散射，X 射线在原光束附近的极小角域内分散开来，其散射强度分布与粉末粒度及分布密切相关。20 世纪初，伦琴发现了比可见光波长短的辐射。由于对该射线性质一无所知，伦琴将其命名为 X 射线。到 20 世纪 30 年代，人们以固态纤维和胶态粉末为研究物质发现了小角度 X 射线散射现象。当 X 射线照射到试样上时，如果试样内部存在纳米尺度的电子密度不均匀区，则会在入射光束周围的小角度范围内（一般 $2\theta<6°$）出现散射 X 射线，这种现象称为 X 射线小角散射或小角 X 射线散射。其物理实质在于散射体和周围介质电子云密度的差异。SAXS 已成为研究亚微米级固态或液态结构的有力工具。

对于完全均匀的物质，小角 X 射线散射强度为零。当出现第二相或不均匀区时才会发生散射，且散射角度随着散射体尺寸的增大而减小。小角 X 射线散射强度受粒子尺寸、形状、分散情况、取向及电子密度分布等的影响。对于稀疏分散、随机取向、大小和形状一致、每个粒子内部具有均匀电子密度的粒子组成体系，不规则形状的粒子体系，其散射强度不同，表现为散射函数不同。同样，具有一致取向的粒子构成的稀疏粒子体系与无取向的粒子体系的散射强度也不同。

小角 X 射线散射技术在材料研究中的应用有如下两方面。

① 在无机材料中的应用

a. 纳米颗粒。小角 X 射线散射技术被广泛用来测定纳米粉末的粒度分布，其粒度分析结果所反映的既非晶粒亦非团粒，而是一个颗粒的尺寸。在测定中参与散射的颗粒数一般高达数亿个，因此，在统计上有充分的代表性。

通过对 Guinier 曲线低角区域线性部分的拟合，得到试样中氧化铝颗粒的旋转半径约为 6nm，表明在无机纳米杂化薄膜体系中，纳米颗粒未发生团聚现象。通过观察 Porod 曲线发现，随散射矢量 $\boldsymbol{h}$ 的值增大，曲线趋于水平直线。根据小角 X 射线散射理论中的 Porod 定律可知，该复合薄膜中纳米颗粒与基体间的界面明确，说明薄膜中的 PI 分子链与无机纳米颗粒间并未发生相互扩散、渗透以及缠结等现象。无机纳米颗粒与有机分子链主要是通过化学键锚定在一起，此界面结构与经典的有机和无机相结合的化学键理论相一致。

b. 金属的缺陷。金属经辐照或从较高温度淬火产生空位聚集，会引起相当强的小角散射。由于粒子体系和孔洞体系是互补体系，二者产生的散射是相同的。在 306～319℃退火，空洞会被部分地退火消除，旋转半径迅速增大；而在 306℃之前退火，空洞则非常稳定。

c. 合金中的析出相。早在 1938 年，Guinier 就已经用小角 X 射线散射技术研究合金中的非均匀区，揭示了一些亚稳分解产物。如今小角 X 射线散射技术被越来越多地用于合金时效过程的研究，从而进行相变动力学研究等。

在形核阶段，析出相半径变化很小；在长大过程中，析出相基本满足抛物线长大规律；在粗化阶段，析出相半径变化满足 LSW 定律。与此同时，还发现在形核阶段，含锂和不含锂两种铝合金析出相半径，随时效时间变化的差距较小，随时效时间的延长，两者之间的差距逐渐变大。由此说明锂抑制了析出相的长大和粗化进程。

利用原位小角 X 散射观察 Fe-25%Co-9%Mo（原子分数）合金在不同时效温度和时效时间下析出相的变化。结果发现，淬火态试样的小角 X 射线散射强度，随散射矢量的增大而递减，并逐渐趋于一个常数，这说明材料是非常均匀的；随着时效时间的延长，散射强度出现了明显的增强，在 $h=2.4\text{nm}^{-1}$ 处出现了峰值，说明有小的析出物出现。

d. 非晶合金。非晶合金也称金属玻璃，它是急冷得到的亚稳定合金，在加热过程中会产生一系列的转变，逐渐由亚稳态转变到稳定态。在这个过程中会发生相分离以及晶化过程。已有许多学者利用小角 X 射线散射技术来研究非晶合金中的这些转变。

用原位小角 X 射线散射研究块体非晶合金 $Zr_{55}Cu_{30}Al_{10}Ni_5$ 的退火行为，结果发现，该非晶合金在 360℃退火时的散射强度随着退火时间的延长而增大，退火不同时间的散射曲线变化趋势相同，且无峰值出现，说明在 360℃退火时无析出相出现，原子只限于短程有序排列。

由小角 X 射线散射图谱可知，随着退火时间的延长，最大散射峰强度增大，其位置向小角区域移动。其散射极大值的出现源于非晶基体中 10nm 左右的成分波动（即 10nm 左右尺度的富铝或富钆区域）。峰值位置移向小角区域说明相分离粗化过程中成分起伏的尺度增大，从而推动了富铝区域面心立方纳米晶铝的形成。此过程可解释为：首先是非晶相分解成富铝以及富钆区域，然后纳米晶在富铝区域形核，其长大受到区域尺寸的限制，因为粒子长大需要原子的扩散，然而富钆区域的原子扩散速率很慢。

② 在高分子材料中的应用　在天然的和人工合成的高聚物中，普遍存在小角 X 射线散射现象，并有许多不同的特征。小角 X 射线散射在高分子中的应用主要包括以下几个方面：

i. 通过 Guinier 散射测定高分子胶中胶粒的形状、粒度以及粒度分布等。

ii. 通过 Guinier 散射研究结晶高分子中的晶粒、共混高分子中的微区（包括分散相和连续相）、高分子中的空洞和裂纹形状、尺寸及分布等。

iii. 通过长周期的测定，研究高分子体系中片晶的取向、厚度、结晶百分数以及非晶层的厚度等。

iv. 高分子体系中的分子运动和相变。

v. 通过 Porod-Debye 相关函数法研究高分子多相体系的相关长度、界面层厚度和总表面积等。

vi. 通过绝对强度的测量，测定高分子的分子量。

a. 结晶聚合物。所谓结晶聚合物，实际都是部分结晶，其结晶度一般在 50%以下。小角 X 射线散射研究发现，高结晶度的线性聚乙烯、聚甲醛和聚氧化乙烯等聚合物的散射曲线尾部服从 Porod 定理，表明近似于理想两相结构。但是，大多结晶度较低聚合物的散射曲线显示出尾部迅速降低，偏离 Porod 定理，表明晶相与非晶相之间存在过渡层。

b. 离聚体。离聚体是指共聚物中含有少量离子的聚合物。由于高分子链存在着离子化的侧基，可形成离子聚合体，从而使此类聚合物具有独特的结构和性能。小角 X 射线散射技术还可用于嵌段共聚物、胶体高分子溶液以及生物大分子等研究领域，用来测量分子量、粒子旋转半径以及形变和取向等。

小角 X 射线散射技术是研究材料亚微观内部结构的重要方法，由于其独特的优点，可以用来进行金属和非金属纳米粉末、胶体溶液、生物大分子以及各种材料中所形成的纳米级微孔、GP 区和沉淀析出相尺寸分布的测定，以及非晶合金加热过程的晶化和相分离等研究。小角 X 射线散射技术在提高和改进材料性能方面起着重要作用，必将成为材料研究中不可缺少的新方法，为材料研究带来崭新的一面。

(3) 傅里叶变换红外光谱

傅里叶变换红外光谱是一种将傅里叶变换的数学处理，用计算机技术与红外光谱相结合的分析鉴定方法。傅里叶变换红外光谱仪主要由光学探测部分和计算机部分组成。当样品放在干涉仪光路中，由于吸收了某些频率的能量，使所得的干涉图强度曲线相应地产生一些变化，通过数学的傅里叶变换技术，可将干涉图上每个频率转变为相应的光强，而得到整个红外光谱图。根据光谱图的不同特征，可检定未知物的功能团、测定化学结构、观察化学反应历程、区别同分异构体、分析物质的纯度等。

主要优点为：信号多路传输，可测量所有频率的全部信息，大大提高了信噪比；多波数精确度高，可达 $0.01cm^{-1}$；分辨率高，可达 $0.1\sim0.005cm^{-1}$；输出能量大，光谱范围宽，可测量 $10\sim10000cm^{-1}$ 的范围。广泛用于化学、物理学、生物学、药学等领域，对环境中有机物的分析，如燃煤的有机物污染等亦有较多应用。

傅里叶红外光谱法是通过测量干涉图和对干涉图进行傅里叶变化的方法来测定红外光谱。红外光谱的强度 $h(\delta)$ 与形成该光的两束相干光的光程差 δ 之间有傅里叶变换的函数关系。

傅里叶红外光谱仪由四个主要部分组成：光源、样品室、干涉仪和检测器。

① 光源　光源通常是一种光束通过一段经过准直或聚光的胆甾径向对称管（HERAS），并通过宽带滤波器（如 KBr）来消除对红外测量的干扰。

② 样品室　样品室是用于放置样品的光学室。样品可以是固体、液体或气体。由于红外光有很强的吸收率，所以需要一定的样品浓度才能测量。

③ 干涉仪　干涉仪是将光路分为两条平行路径，其中一条路径被样品带过，而另一条路径作为参考路径，两条路径的光线在干涉仪中相交并产生干涉图。干涉仪是傅里叶红外光谱仪的核心部分，它是将整个光谱分为不同波长的最常用技术。

常见的干涉仪有光学和机械两种类型。光学干涉仪使用两个反射镜，由于一个镜子倾斜，允许样品的路程通过一侧的空气。机械干涉仪使用一对单调的干涉和构造材料之间的光学路径差（OPD），这反映了样品中的光吸收和干涉。机械干涉仪对于样品有十分丰富的峰，在静态或动态模式下都同样适用。

④ 检测器　检测器用于测量干涉图的强度。检测器通常由光电二极管、半导体阵列或扫描仪器组成，并能够精确地记录干涉图的强度。

傅里叶红外光谱仪是由计算机和控制器控制的自动化精密仪器，其工作流程主要包括以下步骤：

① 样品的制备和放置　样品准备包括样品的制备和样品的放置。样品必须保证在红外光的波长范围内具有吸收带，以便进行光谱检测。样品也必须保证在检测过程中能够保持稳定和均匀。

② 光路的校正　在每次检测之前，必须校正光路，以确保获得精确和可靠的测量结果。

③ 获取红外光谱　样品已经放置在样品室中，光在样品室中通入样品，分为反射光和干涉光，在检测器中测量信号强度。使用计算机将信号转换为数据处理并获得红外光谱。这个过程通常需要几秒的时间。

④ 解释数据　获得红外光谱之后，必须解释谱线，以了解样品的分子构成和结构。红外光谱学家通过比对标准库中的谱线确定样品的化学特征。

⑤ 结论和报告　通过解释红外光谱并对结果进行分析和比较，可以得出结论，并撰写相应的报告。

总之，傅里叶红外光谱仪是一种强大的工具，可用于确定物质的结构和组成。它具有高灵敏度、高精度和高分辨率的优点，被广泛应用于各种领域，如化学、生命科学、材料科学和药学等。

(4) 拉曼光谱

拉曼光谱法，是利用物质分子对入射光所产生的频率发生较大变化的散射现象，将单色入射光（包括圆偏振光和线偏振光）激发受电极电位调制的电极表面，测定散射回来的拉曼光谱信号（频率、强度和偏振性能的变化）与电极电位或电流强度等的变化关系。一般物质分子的拉曼光谱很微弱，为了获得增强的信号，可采用电极表面粗化的办法，可以得到强度高 $10^4 \sim 10^7$ 倍的表面增强拉曼散射（surface enhanced raman scattering，SERS）光谱，当具有共振拉曼效应的分子吸附在粗化的电极表面时，得到的是表面增强共振拉曼散射（SERRS）光谱，其强度又能增强 $10^2 \sim 10^3$ 倍。

拉曼光谱法的测量装置主要包括拉曼光谱仪和原位电化学拉曼池两个部分。拉曼光谱仪由光源、收集系统、分光系统和检测系统构成。光源一般采用能量集中、功率密度高的激光，收集系统由透镜组构成，分光系统采用光栅或陷波滤光片结合光栅以滤除瑞利散射和杂散光，检测系统采用光电倍增管检测器、半导体阵列检测器或多通道的电荷耦合器件。原位电化学拉曼池一般具有工作电极、辅助电极、参比电极，以及通气装置。为了避免腐蚀性溶液和气体侵蚀仪器，拉曼池必须配备光学窗口的密封体系。在实验条件允许的情况下，为了尽量避免溶液信号的干扰，应采用薄层溶液（电极与窗口间距为 0.1～1mm），这对于显微拉曼系统很重要，光学窗片或溶液层太厚会导致显微系统的光路改变，使表面拉曼信号的收集效率降低。电极表面粗化的最常用方法是电化学氧化-还原循环（oxidation-reduction cycle，ORC）法，一般可进行原位或非原位 ORC 处理。

目前采用拉曼光谱法测定的研究进展主要有以下几个方面。一是通过表面增强处理把测检体系拓宽到过渡金属和半导体电极。虽然拉曼光谱法是现场检测较灵敏的方法，但仅能有银、铜、金三种电极在可见光区能给出较强的 SERS。许多学者试图在具有重要应用背景的过渡金属电极和半导体电极上实现表面增强拉曼散射。二是通过分析研究电极表面吸附物种的结构、取向及对象的 SERS 光谱与电化学参数的关系，对电化学吸附现象做分子水平上的描述。三是通过改变调制电位的频率，得到在两个电位下变化的时间分辨谱，以分析体系的 SERS 谱峰与电位的关系，解决由电极表面的 SERS 活性位随电位变化而带来的问题。

光照射到物质上发生弹性散射和非弹性散射。弹性散射的散射光是与激发光波长相同的成分，非弹性散射的散射光有比激发光波长长的和短的成分，统称为拉曼效应。拉曼效应是光子与光学支声子相互作用的结果。

拉曼光谱的原理：拉曼效应起源于分子振动（和点阵振动）与转动，因此从拉曼光谱中可以得到分子振动能级（点阵振动能级）与转动能级结构的知识。用虚的上能级概念可以说明拉曼效应。

设散射物分子原来处于基电子态。当受到入射光照射时，激发光与此分子的作用引起的极化可以看作为虚的吸收，表述为电子跃迁到虚态（virtual state），虚能级上的电子立即跃迁到下能级而发光，即为散射光。设仍回到初始的电子态，则有三种情况。因而散射光中既有与入射光频率相同的谱线，也有与入射光频率不同的谱线，前者称为瑞利线，后者称为拉曼线。在拉曼线中，又把频率小于入射光频率的谱线称为斯托克斯线，而把频率大于入射光频率的谱线称为反斯托克斯线。

附加频率值与振动能级有关的称作大拉曼位移，与同一振动能级内的转动能级有关的称作小拉曼位移。

拉曼散射光谱具有以下明显的特征：

a. 拉曼散射谱线的波数虽然随入射光的波数而不同，但对同一样品，同一拉曼谱线的位移与入射光的波长无关，只和样品的振动转动能级有关。

b. 在以波数为变量的拉曼光谱图上，斯托克斯线和反斯托克斯线对称地分布在瑞利散射线两侧，这是由于在上述两种情况下分别相应地得到、失去了一个振动量子的能量。

c. 一般情况下，斯托克斯线比反斯托克斯线的强度大。这是由于玻尔兹曼 Boltzmann 分布，处于振动基态上的粒子数远大于处于振动激发态上的粒子数。

拉曼光谱仪一般由以下五个部分构成：

① 光源　它的功能是提供单色性好、功率大并且最好能多波长工作的入射光。目前拉曼光谱实验的光源已全部用激光器代替历史上使用的汞灯。对于常规的拉曼光谱实验，常见的气体激光器基本上可以满足实验的需要。在某些拉曼光谱实验中要求入射光的强度稳定，这就要求激光器的输出功率稳定。

② 外光路部分　外光路部分包括聚光、集光、样品架、滤光和偏振等部件。

a. 聚光：用一块或两块焦距合适的会聚透镜，使样品处于会聚激光束的腰部，以提高样品光的辐照功率，可使样品在单位面积上辐照功率比不用透镜会聚前增强 10^5 倍。

b. 集光：常用透镜组或反射凹面镜作散射光的收集镜。通常是由相对孔径数值在 1 左右的透镜组成。为了更多地收集散射光，对某些实验样品可在集光镜对面和照明光传播方向上加反射镜。

c. 样品架：样品架的设计要保证使照明最有效和杂散光最少，尤其要避免入射激光进入光谱仪的入射狭缝。为此，对于透明样品，最佳的样品布置方案是使样品被照明部分呈光谱仪入射狭缝形状的长圆柱体，并使收集光方向垂直于入射光的传播方向。

d. 滤光：安置滤光部件的主要目的是抑制杂散光，以提高拉曼散射的信噪比。在样品前面，典型的滤光部件是前置单色器或干涉滤光片，它们可以滤去光源中非激光频率的大部分光能。小孔光阑对滤去激光器产生的等离子线有很好的作用。在样品后面，用合适的干涉滤光片或吸收盒可以滤去不需要的瑞利线的一大部分能量，提高拉曼散射的相对强度。

e. 偏振：做偏振谱测量时，必须在外光路中插入偏振元件。加入偏振旋转器可以改变入射光的偏振方向；在光谱仪入射狭缝前加入检偏器，可以改变进入光谱仪的散射光的偏振；在检偏器后设置偏振扰乱器，可以消除光谱仪的退偏干扰。

③ 色散系统　使拉曼散射光按波长在空间分开，通常使用单色仪。由于拉曼散射强度很弱，因而要求拉曼光谱仪有很好的杂散光水平。各种光学部件的缺陷，尤其是光栅的缺陷，是仪器杂散光的主要来源。当仪器的杂散光本领小于 10^{-4} 时，只能作气体、透明液体和透明晶体的拉曼光谱。

④ 接收系统　拉曼散射信号的接收类型分单通道和多通道接收两种。光电倍增管接收就是单通道接收。

⑤ 信息处理系统　为了提取拉曼散射信息，常用的电子学处理方法是直流放大、选频和光子计数，然后用记录仪或计算机接口软件画出图谱。

拉曼光谱可以提供快速、简单、可重复，且更重要的是无损伤的定性定量分析，它无需样品准备，样品可直接通过光纤探头或者通过玻璃、石英和光纤测量。此外由于水的拉曼散射很微弱，拉曼光谱是研究水溶液中的生物样品和化学化合物的理想工具。拉曼散射一次可以同时覆盖 50～4000 波数的区间，可对有机物及无机物进行分析。相反，若让红外光谱覆盖相同的区间则必须改变光栅、光束分离器、滤波器和检测器。拉曼光谱谱峰清晰尖锐，更适合定量研究、数据库搜索，以及运用差异分析进行定性研究。在化学结构分析中，独立的拉曼区间的强度可以和功能集团的数量相关。因为激光束的直径在它的聚焦部位通常只有 0.2～2mm，常规拉曼光谱只需要少量的样品就可以得到。这是拉曼光谱相对常规红外光谱的一个很大的优势。而且，拉曼显微镜物镜可将激光束进一步聚焦至 20μm 甚至更小，可分析更小面积的样品。共振拉曼效应可以用来有选择性地增强大生物分子特定发色基团的振动，这些发色基团的拉曼光强能被选择性地增强1000～10000倍。

习题

一、填空题

1. 常用的气相凝聚法中，通过____________方法制备纳米粉末。
2. 溶胶-凝胶法中，将溶胶转化为凝胶的过程称为____________。
3. SEM的全称为____________。
4. XRD可以扫描的角度为____________。
5. XRD对膜的制样要求为____________。
6. SEM测试时，绝缘样品需要进行____________处理。
7. 常用的纳米块体材料制备方法之一是____________。
8. 化学束外延是一种通过____________将原子或分子沉积在基底上形成纳米结构的方法。

二、选择题

1.（多选）纳米粉末制备的常用方法包括下列哪几种？（　　）

A. 气相凝聚法　B. 溶胶-凝胶法　C. 机械法
D. 沉淀法　E. 电化学法

2.（多选）液相法制备纳米材料中的溶剂选择主要考虑哪些方面？（　　）

A. 溶剂的毒性　B. 溶剂的价格　C. 溶剂的溶解性
D. 溶剂的挥发性　E. 溶剂的微乳化能力

3. 以下哪种不属于形貌表征手段？（　　）

A. 透射电子显微镜　B. 扫描电子显微镜　C. X射线衍射　D. 原子力显微镜

4. 扫描探针显微技术不包括以下哪种？（　　）

A. 扫描隧道显微镜　B. 原子力显微镜
C. 扫描近场光学显微镜　D. 扫描电子显微镜

5. 拉曼光谱由以下哪些部分构成？（　　）

A. 光源、色散系统、拉曼光谱、接收系统、信息处理

B. 高稳定度X射线源、样品及样品位置取向的调整机构系统、射线检测器、衍射图的处理分析系统

C. 光源、样品室、干涉仪、检测器

D. 电子光学系统、扫描系统、信号检测和放大系统、图像显示和记录、真空系统、电源系统

6. 如下哪个不是X射线衍射仪的作用？（　　）

A. 物相分析　B. X射线衍射结晶度的测定
C. X射线衍射精密测定点阵常数　D. 材料表面形貌

7. 下列哪种方法常用于纳米薄膜材料的制备？（　　）

A. 溅射沉积法　B. 溶液法　C. 气相沉积法　D. 激光剥离法

8. 用于纳米结构构筑的方法主要包括下列哪种？（　　）

A. 模板法　　B. 氧化法　　C. 自组装法　　D. 溶胶-凝胶法

三、简答题

1. 简述常用的纳米粉末的制备方法有哪些。
2. 简述 XRD 的工作原理。
3. 简述球磨法的工作原理。
4. 说明 SEM 与 TEM 的区别。
5. 简述纳米薄膜的制备方法。
6. 简述用溶胶-凝胶法制备纳米微孔 SiO_2 薄膜化学束外延的方法。

扫码获取答案

第9章

纳米材料的应用与纳米器件

9.1 纳米材料的应用

9.1.1 几种碳纳米材料

纳米碳材料是指分散相尺度至少有一维小于 100nm 的碳材料。分散相既可以由碳原子组成，也可以由异种原子（非碳原子）组成，甚至可以是纳米孔。纳米碳材料主要包括三种类型：碳纳米管、碳纳米纤维、纳米碳球。

近年来，碳纳米技术的研究相当活跃，多种多样的纳米碳结晶、针状、棒状、桶状等层出不穷。2000 年，科学家还制备出由 20 个碳原子组成的空心笼状分子。根据理论推算，包含 20 个碳原子仅是由正五边形构成的，是富勒烯式结构分子中最小的一种，考虑到原子间结合的角度、力度等问题，人们一直认为这类分子很不稳定，难以存在。科学家又制出了 C_{60} 笼状分子，为材料学领域解决了一个重要的研究课题。碳纳米材料中纳米碳纤维、碳纳米管等新型碳材料具有许多优异的物理和化学特性，被广泛地应用于诸多领域。

下面将介绍富勒烯、碳纳米管和石墨烯三种碳纳米材料。

(1) 富勒烯

1985 年克罗托（Kroto）等人发现 C_{60}，并随之命名为富勒烯（fullerene），此后许多实验室也相继发现 C_{24}、C_{70}、C_{80}、C_{120}、C_{18} 等由偶数个纯碳原子形成的分子。

富勒烯是一种 0 维的碳材料，具有奇异的电子结构，以及硬度高、稳定性好、磁性、超导等特性，在光学材料、催化材料、生物医学和超导材料等领域具有广阔的应用前景。自 1990 年，Hoffman 等实现了富勒烯的毫克级制备以来，研究人员陆续开展了关于富勒烯制备技术、形成机理、理论计算及应用等相关的研究工作，获得了一系列碳原子数量不同的富勒烯分子：C_{60}、C_{70}、C_{76}、C_{78}、C_{80} 和 C_{84}。其分子结构如图 9-1 所示，每个富勒烯分子中包含数量不等的五元环和六元环。

这些分子都呈封闭的多面体的圆球或椭圆球，很像建筑师富勒烯（Fullerene）为万国博览馆设计的拱形圆顶建筑（图 9-2）。于是在国际上人们将包括 C_{60} 在内的所有含偶数个碳所形成的分子都称为富勒烯（图 9-1）。

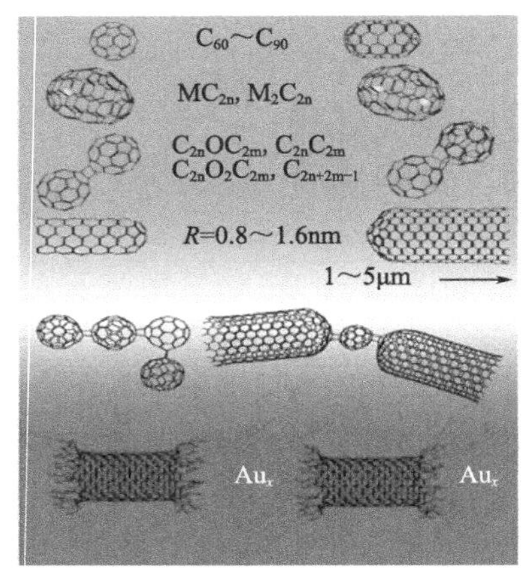

图 9-1　富勒烯

图 9-2　万国博览馆设计的拱形圆顶建筑

当前常见的富勒烯的制备方法主要有：燃烧法、催化裂解法和电弧蒸发法。燃烧法是工业制备富勒烯的主要方法，通过在低压下将苯、甲苯蒸汽和氧气经过氩气稀释后燃烧获得。催化裂解法也称 CVD 法，通过催化剂在高温下催化有机气体的热解获得，具有成本低、反应过程易于控制的优点。电弧蒸发法则是将石墨棒在高真空的电弧室中通过电弧放电气化形成碳离子体，并在惰性气氛下多次碰撞形成稳定的富勒烯，具有产率高、产物质量高的优点。虽然富勒烯分子具有很多优异的特性，而且富勒烯表面的非定域 π 电子共轭结构和丰富的双键（图 9-3），使其比苯等平面结构的芳香化合物表现出更加丰富的化学反应活性。但是富勒烯共振结构的缺陷限制了 π 电子云的离域，导致无法形成完全离域的共振 π 电子体系，并且富勒烯在绝大多数有机溶剂中的溶解性较差，也限制了富勒烯在非芳香性溶剂中的再加工和化学修饰。

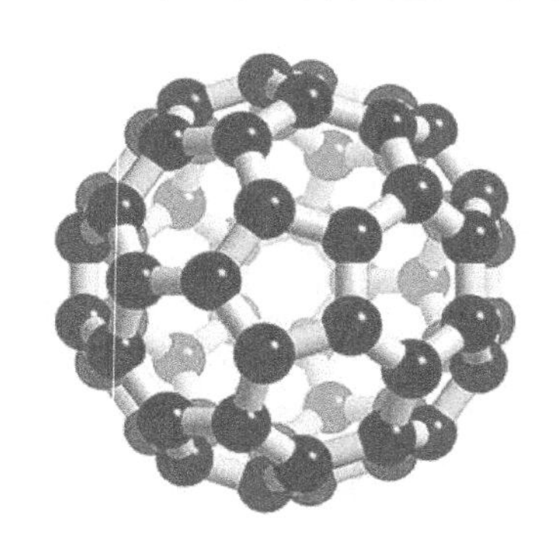

图 9-3　富勒烯的结构

为了扩大富勒烯的应用领域，充分利用其独特的性能，通常采用向富勒烯的碳笼接入不同的功能基团进行化学修饰的方法，调控富勒烯的电子结构，改善其稳定性、溶解性、光吸收性和热分解特性等。当前，富勒烯化学主要围绕 C_{60} 和 C_{70} 及其相关衍生物的研究开展。由于富勒烯分子中的 π 电子共轭结构，C_{60} 和 C_{70} 具有烯烃的部分特性，化学活性良好，其功能衍生化的常见反应有通过电子加成的氢化还原反应、富勒烯自由基阴离子与亲电试剂的反应、亲核加成反应、亲核取代反应等，如图 9-4 所示。

而 C_{60} 可应用于多种场合，如太阳能电池、新型催化剂、光电磁、超导、生物医学和化妆品等。

① 太阳能电池　聚合物/富勒烯太阳能电池（PFSCS）具有以下独特优势：生产成本

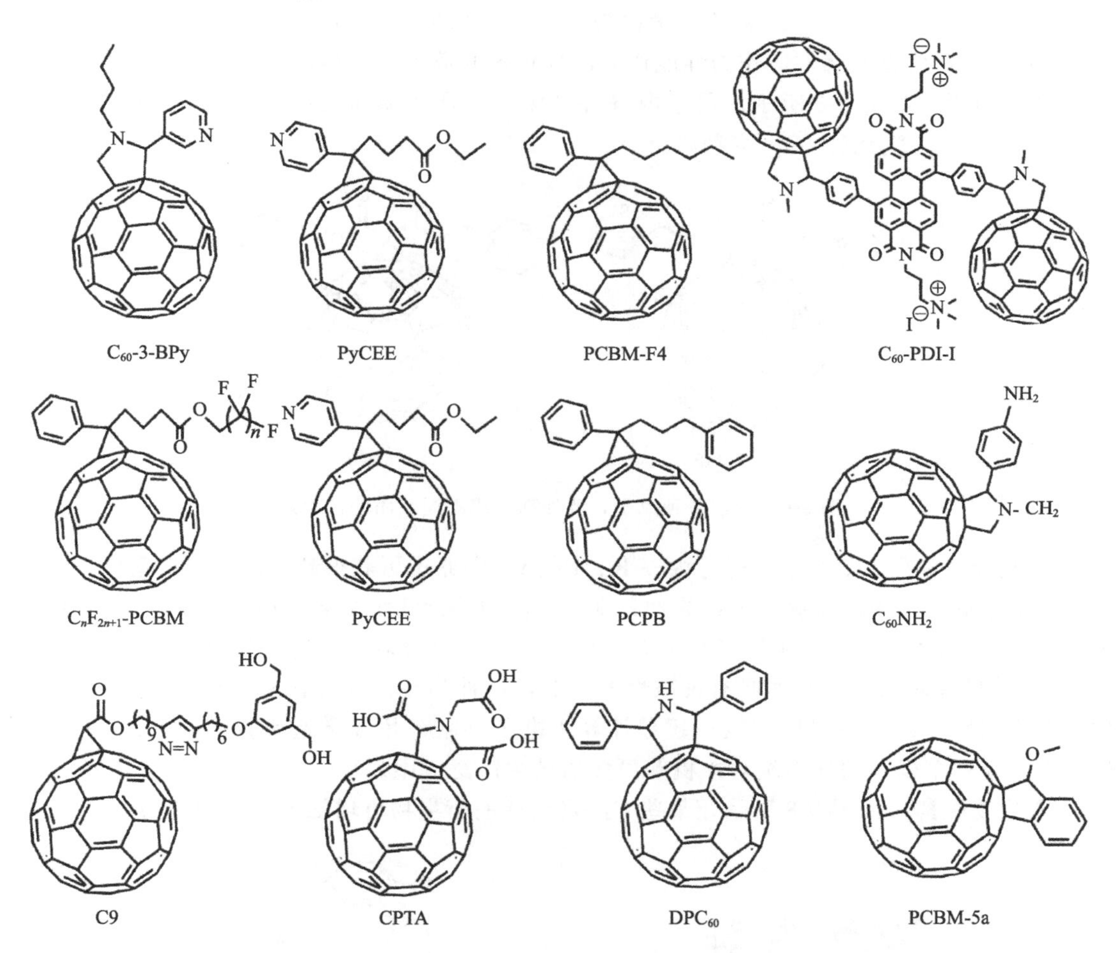

图 9-4　富勒烯衍生物

低；质量小，柔韧性好；溶解性能优异；易于设计、裁剪和合成；器件制备工艺简单，易于实现大面积加工等。目前该太阳能电池光电转换效率已从不到 1%提高到了 10.6%，具有良好的发展和应用前景。PFSCS 工作原理见图 9-5，主要是通过光伏效应实现光电转变。当光源照射时，电子给体分子从基态跃迁产生激子，并在电子给体/电子受体（D/A）界面迅速扩散。转移电子给体和受体在界面处存在一定的 LUMO 能级差，电子由给体 LUMO 能级转移到受体 LUMO 能级，导致激子在界面处发生电荷分离，形成自由载流子，正负自由载流子分别转移到阳极和阴极被收集，从而形成光电压和光电流。

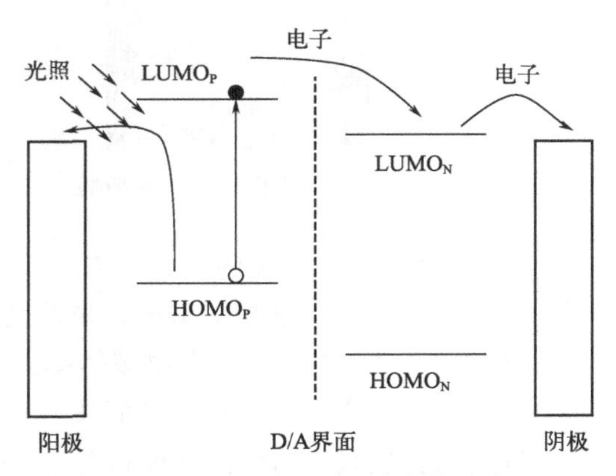

图 9-5　PFSCS 太阳能电池结构示意图

② 新型催化剂　自 C_{60} 被发现以来，化学家们开始研究它是否能够作为催化剂使用。Yu 等用钯与 C_{60} 为原料合成了化合物 $C_{60}Pd_n$，实验研究发现，该化合物具有较高的催化活性。Li 等以 C_{60} 和 C_{60}^- 作为催化剂，在室温条件下光照一定时间，发现它们可以将硝基苯催

化氢化为苯胺，当 C_{60} 与 C_{60}^{-} 物质的量比为 2∶1，氢气的压强为 1atm 时，其催化氢化效率高达 100%，这为富勒烯 C_{60} 作为性能优异的催化剂开辟了一条崭新道路。

③ 光电磁　如图 9-6 所示，通过内嵌各种原子，及外部加成不同基团，可以获得各种各样性能的光电磁功能化 C_{60} 富勒烯。

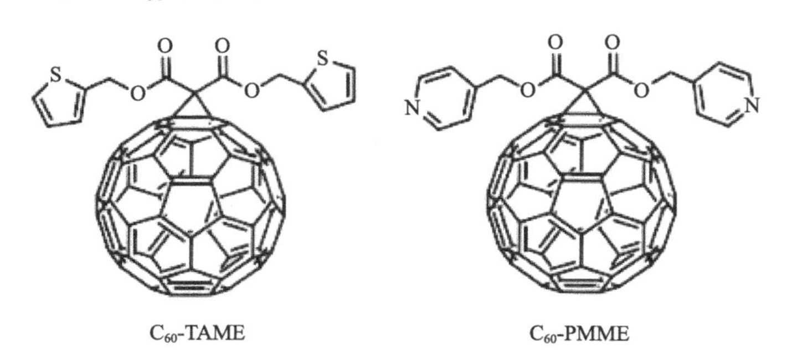

图 9-6　内嵌各种原子，及外部加成不同基团的富勒烯

④ 超导　如图 9-7 所示，通过内嵌 K、Pt、Ca 等原子可获得超导的 C_{60} 富勒烯。

科学家贝尔发现了富勒烯的超导性，即在 C_{60} 中掺杂活泼金属钾后得到了超导临界温度为 18K 的 KC360。科学家相继研究了 C_{60} 与不同金属的掺杂，促进了超导体的研究。掺杂 C_{60} 超导体的发现对能源技术具有突破性的影响，这种超导体拥有良好的性能以及仅次于氧化物陶瓷超导体的临界温度，能在超导计算机电子屏蔽、超导磁选矿技术、长距离电力输送、磁悬浮列车以及超导超级对撞机等更多领域中广泛应用。

⑤ 生物医药　如图 9-8 所示，某些 C_{60} 富勒烯的衍生物可增加人体的免疫力。

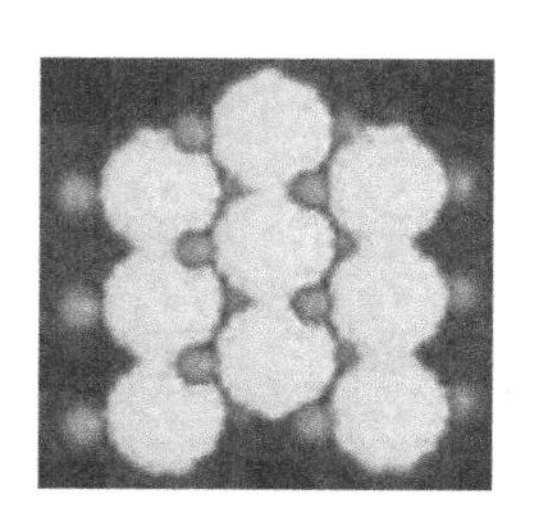

图 9-7　内嵌原子的富勒烯

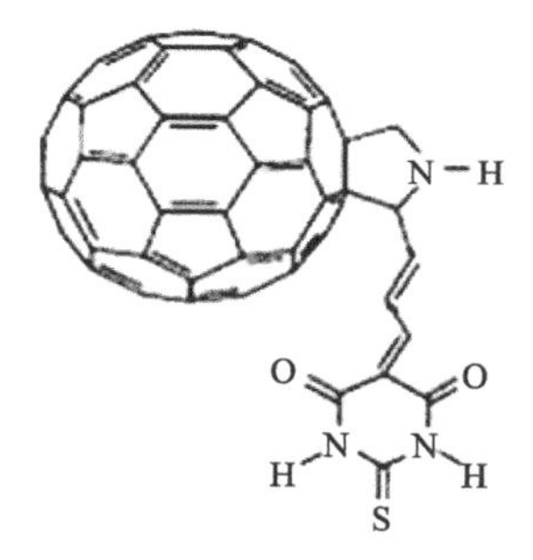

图 9-8　富勒烯衍生物

C_{60} 分子与生物系统的相互作用在生物化学领域应用广泛。Sayes 将 C_{60} 和水溶性纳米材料悬浮液注入小白鼠肺细胞中，未发现该纳米材料对小白鼠肺细胞有毒性作用或不良反应，这为 C_{60} 纳米材料作为药物载体提供了实验依据。Toniolo 等发现了一种 C_{60}^{-} 多肽衍生物，该 C_{60} 衍生物具有较好的水溶性，它对于人类单核白细胞趋药性的研究具有重要的作用，同时对抑制蛋白酶的活性也具有一定的意义。黄文栋等通过化学方法得到了水溶性 C_{60}^{-} 脂质体，实验研究发现，它能够有效杀伤癌细胞，对治疗癌变细胞具有较好的发展前景。Huang 等报道了黄嘌呤/黄嘌呤氧化酶相互作用产生的超氧阴离子自由基能被多羟基 C_{60} 衍生物吞噬，该多羟基 C_{60} 衍生物能够清除具有很强破坏能力的羟基自由基。同时，可利用 C_{60} 分子的抗辐射特性把放射性元素放到碳笼内注射到癌变细胞，以提高放射治疗的效果，减少化疗的副作用。

⑥ 化妆品　富勒烯 C_{60} 具有清除活性氧自由基、活化皮肤细胞、预防衰老等作用。Mcewen 等首次提出了维生素 C_{60} 自由基海绵的概念，富勒烯 C_{60} 分子对自由基的清除能力能够像海绵一样，吸收力强且容量超大。华盛顿大学 Ali 等研究发现，富勒烯 C_{60} 衍生物在医学上的抗自由基作用与超氧化物歧化酶（SOD）类似，甚至超过了 SOD。科学家 Takada 等研究发现，富勒烯 C_{60} 可以迅速捕捉自由基分子，其速度明显大于β-胡萝卜素。因此，富勒烯 C_{60} 及其衍生物经过研究和开发，可以添加到日用化妆品中，以达到美白、抗皱等效果。这无疑是一个新的具有无限潜能的发展领域。除此之外，富勒烯 C_{60} 在隧道二极管、电泳显示、原子级光开关、光电成像、双层电容器、气体分离、增强金属强度、表面涂层等领域也有广泛应用（图 9-9）。

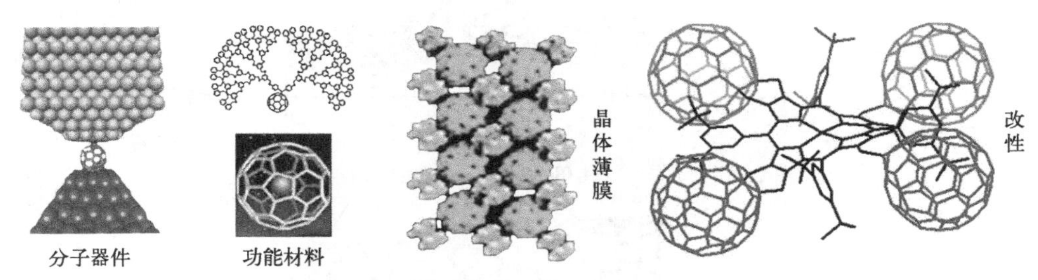

图 9-9　富勒烯在各个领域应用概览

将富勒烯衍生物作为能量组分应用于含能材料领域的研究起源于 20 世纪 90 年代，研究者将含硝基的功能基团接入富勒烯碳笼，制备获得了一系列含能的硝基苯富勒烯衍生物（NBF）。

富勒烯作为一种典型的碳材料，孔隙结构丰富、比表面积大，具有良好的电子亲和力，能够与含能基团或者其他材料结合制备获得功能化富勒烯衍生物或新型富勒烯功能材料。富勒烯及其衍生物可作为含能组分、燃烧催化剂、减感剂和安定剂应用于含能材料领域：作为含能组分时，表现出良好的热性能；作为燃烧催化剂时，能够明显降低含能材料的活化能；作为减感剂时，最高可使 HMX 的摩擦感度和撞击感度分别降至 48%和 50%；作为安定剂时，具有较高的氮氧自由基清除率。

（2）碳纳米管

如图 9-10 所示，1991 年，NEC 公司的饭岛教授在电弧蒸发石墨制备 C_{60} 富勒烯时，发现电极上还有一些针状产物。这些针状产物在高分辨电子显微镜下观察发现是直径为 4～30nm、长约 1μm 的由 2～50 个同心管构成的物质，在这些管体的两端可能有由富勒烯形成的帽子，这就是多壁碳纳米管（MWNT）。

如图 9-11 所示，发现多壁碳纳米管两年以后，lijima 等人几乎同时报道了采用电弧放电方法，在石墨电极中添加了一定的催化剂，可以得到仅仅具有一层管壁的碳纳米管，即单壁碳纳米管（SWNTs）。

① CNT 的结构：如图 9-12 所示，碳原子可以不同方式结合以构建具有完全不同性质的结构。碳的 sp^2 杂化构建了层状结构，即具有范德瓦耳斯形式的弱面外结合和强的内平面界限。MWCNT 由具有规则周期性层间距的几到几十个同心圆柱位于其中心组装而成，MWCNT 的一系列层间距在 0.34～0.39nm 之间。取决于层数，MWCNT 的内径从 0.4nm 扩展到几纳米不等，并且外径在 2～20nm 之间特征性地变化。MWCNT 的两个尖端通常都是封闭的，末端被圆顶形半富勒烯分子（五边形缺陷）覆盖，轴向尺寸从 1μm 到几厘米不

等。半富勒烯分子的作用是帮助关闭两端的圆柱。与 MWCNT 不同，SWCNT 直径在 0.4～3nm 之间，它们的长度通常在微米尺度范围内。SWCNT 通常可以聚集在一起形成束(绳索)。在束结构中，SWCNT 采用六角形组织的方式，形成类似水晶的结构。MWCNT 可以形成两种结构模型：娃娃模型和羊皮纸模型。当 CNT 内部包含另一个纳米管并且外部纳米管具有比更薄的纳米管更大的直径时，它被称为娃娃模型。而羊皮纸模型，则由单层石墨烯通过自身卷曲而形成。

图 9-10 多壁碳纳米管

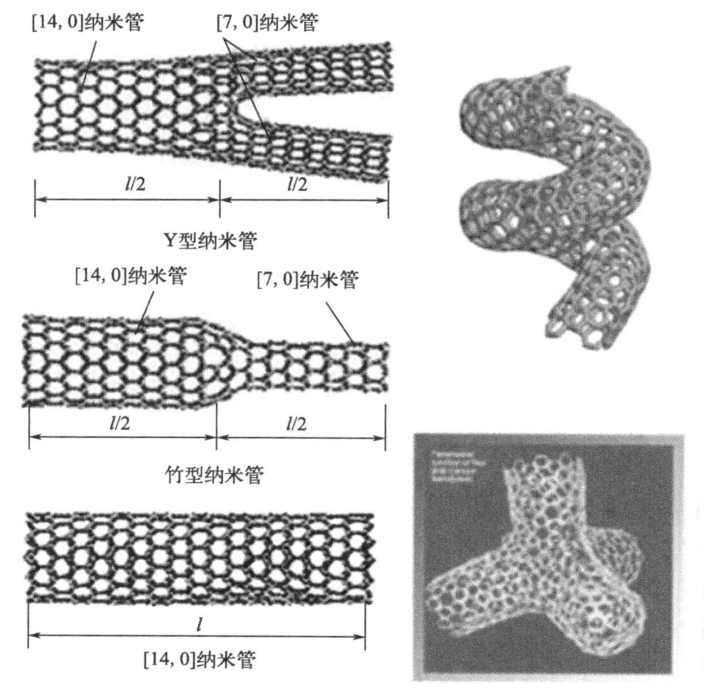

图 9-11 单壁碳纳米管

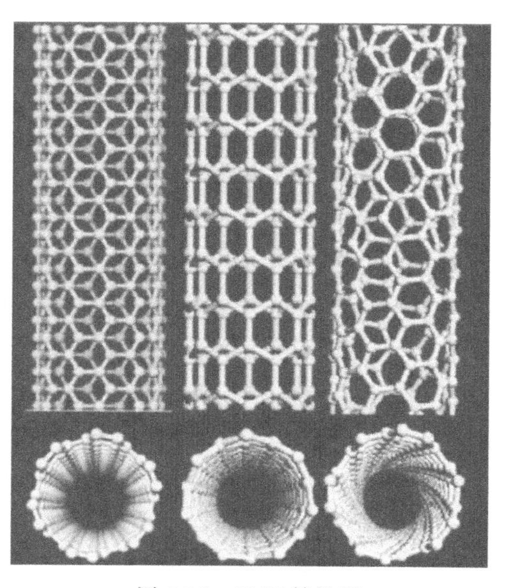

图 9-12 CNT 结构图

MWCNT 和 SWCNT 具有相似的性质。由于 MWCNT 的碳层数多，外壁不仅可以屏蔽内部 CNT 与外部物质的化学相互作用，而且还具有高抗拉强度性能，这在 SWCNT 中是不存在的。

② CNT 的性质　由于 CNT 中的各个碳原子之间具有 sp^2 键，这种黏合甚至比钻石中的 sp^3 键更强，因此 CNT 具有比钢更高的拉伸强度。比如，SWCNT 的拉伸强度比钢强好几百倍。CNT 结构中的一些缺陷（如原子空位中的缺陷或碳键的重排）会削弱 CNT 的强度。CNT 的另一个惊人性质是极好的弹性恢复能力。当受到很大的轴向压缩力时，CNT 会发生不损坏其结构的弯曲形变，同时撤去外力后，CNT 将恢复其原始结构。这个弹性恢复过程是科学家们使用透射电子显微镜通过测量 SWCNT 和 MWCNT 管两端的热振动推算得出的。由于 CNT 中碳原子之间的键能较高，所以 CNT 能够承受高温，比如它在常压下可承受 750℃的高温，在真空下可承受 2800℃的高温。此外它还被证明是非常好的电导体和热导体。

CNT 的合成技术有电弧放电技术、激光烧蚀技术，化学气相沉积（CVD）技术和碳氢化合物热解法。

① 电弧放电技术　电弧放电技术是在高于 1700℃的温度下进行 CNT 合成，与其他方法相比，这通常会导致 CNT 的膨胀，结构缺陷更少（图 9-13）。

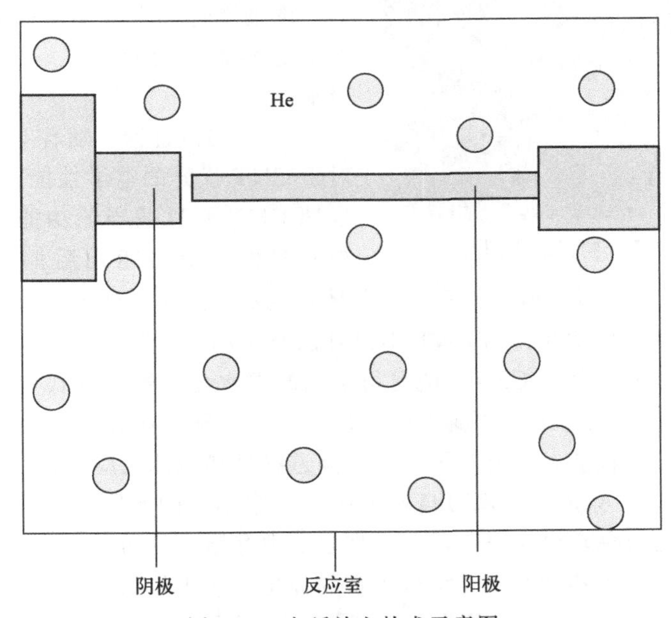

图 9-13　电弧放电技术示意图

最常用的方法是在高纯度石墨（6～10mm 光密度）电极之间使用电弧放电，这些电极通常是直径为 6～12mm 的水冷电极，在充满氦气（氦气可以用氢或甲烷气氛代替）的腔室中间隔 1～2mm［在低于大气压的压力下 500torr（1torr≈1.33×10^2Pa)］。该室包含石墨阴极和阳极，以及蒸发的碳分子和一些金属催化剂颗粒（例如钴、镍或铁）。直流电流通过弧形（电弧放电过程）室并加热到大约 4000K。在此过程和电弧放电过程中，大约一半的蒸发的碳在阴极尖端凝固，并且沉积物以 1mm/min 的速率形成，称为圆柱形硬沉积物或雪茄状结构，而阳极被消耗。剩余的碳（硬灰壳）沉积在周边并凝结成腔室壁附近的腔室烟灰和阴极上的阴极烟灰。阴极烟灰和腔室烟灰，产生 SWCNT 或 MWCNT 和嵌套多面体的石墨烯颗粒。

② 激光烧蚀技术　激光烧蚀技术是通过使用高功率激光蒸发器（YAG 型），在炉内 1200℃下（Ar 气氛中）加热含有纯石墨块的石英管。使用激光的目的是使石英内的石墨蒸发。

③ CVD 技术　当前有许多不同类型的 CVD，如催化化学气相沉积（CCVD）或等离子体增强（PE）氧气辅助 CVD、水辅助 CVD、微波等离子体 CVD（MPECVD）、射频 CVD（RF-CVD）或热丝辅助 CVD（HFCVD）。其中 CCVD 是目前合成 CNT 的标准技术。该技术允许 CNT 在不同材料上的膨胀，并涉及基质上烃的化学分解。与电弧放电法一样，在该方法中生长 CNT 的主要过程也是碳原子与金属催化剂颗粒反应。与激光烧蚀相比，CCVD 是一种经济实用的大规模生产方式并且可以生成相当纯的 CNT，因此 CVD 的重要优点是获得高纯度的材料并且易于控制反应过程。

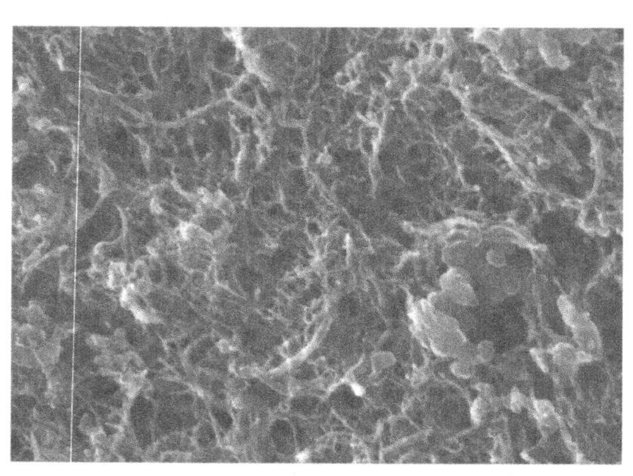

图 9-14　碳纳米管产物微观下照片

④ 碳氢化合物热解法　热解碳氢化合物，800～1200℃可在附着催化剂表面（过渡金属颗粒）的基体上生长出纳米碳管。产物管径不整齐，形状不规则（图 9-14）。

碳纳米管可应用于多种方面，如生物传感器、电容器、药物输送、工程填料和重金属吸附。

① 生物传感器　随着 CNT 功能化的发展，对于 CNT 优异的电学性能的利用也愈发深入。早期 CNT 经过适当的功能化，被赋予新的生物相容性，使功能化后的 CNT 用作大分子（抗体、蛋白质、DNA）以及低分子药物的载体，成功应用于新的药物输送系统。随着最新的研究进展，有团队提出功能化的 CNT 不仅可以被应用于药物输送，也可被应用于早期无症状疾病的检测。有团队利用 CNT、硫醇衍生化的碳水化合物（硫代甘露糖基二聚体）与硫黄素构建 CNTs/硫黄素/Au-S-甘露糖生物复合材料，制备电化学生物传感器用于竞争检测，显示出良好的分析性能，具有高灵敏度、高选择性和快速反应的特点。

② 电容器　为了消除传统技术对自然资源利用率不高的问题，储能技术引起了广泛的关注。超级电容器也被称双电层电容器，在许多电力存储设备如电动汽车和微型设备中引起了极大的关注。超级电容器被要求能承载更多的充电和放电周期，因此石墨烯与 CNT 被视为超级电容器最好的材料。Saikia 等为保证氧化还原石墨烯（rGO）表面二维片结构不遭到破坏，选择经过羧酸功能化的 CNT 制成复合材 rGO/FCNTs，该电容器的比电容为 302F/g，由于在石墨烯纳米片中引入了功能化的 CNTs，材料的比表面积得到了增加，增加的比表面积是比电容能经过 500 次充电/放电循环后仍能保持 84.4%的主要原因。Kim 等为了制备高导电的、柔软的、可拉伸的而不影响电化学性能的超级电容器，以镓铟液态金属（共晶镓 EGaIn）为基础，功能化 CNT 作为电极的超级电容器。制成的超级电容器面电容高达 12.4mF/cm^2，在 30%的应力应变下，性能无变化，且周期性施加 30%的应力应变，在经历过 4200 次充电和放电，它们保持了 95%以上的原始电容。

③ 药物输送　由于纳米技术在生物医学方面的应用有着近乎无限的潜力，使用 CNT 作

为药物的载体可在药物循环中受到控制，更加精确地到达病灶位置，并且具有穿透血脑屏障的能力，而不会导致活细胞死亡或造成其他损害。原始的 CNT 具有一定的细胞毒性，因此需要经过功能化改性增加其生物相容性。Uttekar 等使用 H_2SO_4 ∶ HNO_3（3∶1）对 CNT 进行羧基改性，乙二胺与在外壁引用的羧基直接偶联，以通过酰胺的形成引入氨基官能化的 CNT。制霉菌素在酰胺活化与酰胺化的两步过程与 CNT 结合，MWCNT 的氨基和制霉菌素的羧基产生共轭连接，药效得到提高。

④ 工程填料　工程聚合物具有高灵活性、可加工性和相对较低的成本，因此有着广泛用途。然而许多聚合物的绝对强度低，断裂韧性差的缺点限制了它们在结构部件中的应用，因此 CNT 常被作填充物用于改善工程聚合物的力学性能。但是未经过功能化的 CNT 在聚合物中的分散性差，界面强度低，易团聚，因此需要对 CNT 进行功能化改性后使用。Cha 等通过非共价官能化将聚苯乙烯磺酸盐（PSS）和聚（4-氨基苯乙烯）(PAS) 附着在 CNT 表面，经过非共价官能化的 CNT 掺入改性双酚 A 型环氧树脂基质中，仅加入 1%的 PAS-CNT 便对材料性能有着显著改善，杨氏模量便提升至 3.89GPa，拉伸强度提升到 82.59MPa。Mostovoy 等使用 γ-氨基丙基三乙氧基硅烷（APTES）对 MWCNT 的表面进行化学改性，制备氨基官能化的 MWCNT，经过 APTES 处理的 MWCNT 与环氧组合物的功能性和化学相容性，使其在环氧组合物中具有较佳的分散性，且在固化过程中 CNT 极大地提升了环氧复合物的力学性能。

⑤ 重金属吸附　重金属如汞、铅、银、铜、镉、铬、锌、镍、钴和锰等对植物、动物和人体有着强烈的毒性，是目前水体中的主要污染物。由于重金属难以被降解和销毁，常在食物链中产生生物累积现象。目前，最好的处理方式是利用良好的吸附剂对重金属进行吸附。

(3) 石墨烯

石墨烯是一种基于二维分析晶体的二维碳纳米复合材料，由碳原子和 sp^2 杂化轨道体系组成。因具有优良的光学、电学和力学性能，石墨烯被广泛应用于材料科学、能源、生物医学和药物传递等众多领域，被众多科学家认为是具有光明前景的革命性材料。石墨烯材料自首次成功制备以来，一直受到科技界的广泛关注。近年来，随着对石墨烯材料制备和应用研究的不断深入，石墨烯在光催化复合材料、电子器件、超级电容器和透明电极等领域得到了广泛应用，具有良好的发展前景。石墨烯是导热系数［5300＞W/(m·K)］的碳纳米管和金刚石。原子间作用力十分强，是世上最薄也是最坚硬的纳米材料。光吸收率只有 2.3%，几乎是全透明的。电子迁移率很高［＞15000cm^2/(V·s)］，比碳纳米管或硅晶体高，电阻率（约 10^{-6}Ω·cm）比铜或银更低，为世界上电阻率最小的材料。

石墨烯的制备方法主要包括机械剥离法、液相剥离法、化学气相沉积法、氧化还原法和电化学剥离法。

石墨烯以其优异的力学、电学和热学性能而被广泛认可。在此基础上，目前已经开发了服装、环境、冶金、工业、医疗等产品，例如石墨烯电池、石墨烯智能口罩、屏幕可折叠手机、电动汽车等。目前，石墨烯产业正处于从商业准备期向工业应用期的过渡阶段，石墨烯产业的发展环境不断取得突破。在民用产品领域，石墨烯材料是普通民用产品中的“魔油”，在高端产品领域愈发具有杀手锏功能，弥补了现有普通材料无法实现的产品功能，石墨烯逐步成为战略性新兴材料，石墨烯产业具有广阔的发展前景。

石墨烯应用于多种应用场合，如纳电子器件、代替硅生产超级计算机、光子传感器、基因电子测序、减少噪声、隧穿势垒材料以及其他应用。

① 纳电子器件　2005 年，Geim 研究组与 Kim 研究组发现，室温下石墨烯具有 10 倍于商用硅片的高载流子迁移率 [约 10am/(V·s)]，并且受温度和掺杂效应的影响很小，表现出室温亚微米尺度的弹道传输特性（300K 下可达 0.3m），这是石墨烯作为纳电子器件最突出的优势，使电子工程领域极具吸引力的室温弹道场效应管成为可能。较大的费米速度和低接触电阻则有助于进一步减小器件开关时间，超高频率的操作响应特性是石墨烯基电子器件的另一显著优势。此外，石墨烯减小到纳米尺度，甚至单个苯环同样保持很好的稳定性和电学性能，使探索单电子器件成为可能。

石墨烯加入电池电极材料中可以大大提高其充电效率，并且提高电池容量。自我装配的多层石墨烯片不仅是锂空气电池的理想设计，也可以应用于许多其他潜在的能源存储领域，如超级电容器、电磁炮等。此外，新型石墨烯材料将不依赖于铂或其他贵金属，可有效降低成本和对环境的影响。

② 代替硅生产超级计算机　科学家发现，石墨烯还是目前已知导电性能最出色的材料。石墨烯的这种特性尤其适合高频电路。高频电路是现代电子工业的领头羊，一些电子设备，例如手机，由于工程师们正在设法将越来越多的信息填充在信号中，它们被要求使用越来越高的频率，然而手机的工作频率越高，热量也越高，于是，高频的提升便受到很大的限制。由于石墨烯的出现，高频提升的发展前景似乎变得无限广阔了。这使它在微电子领域也具有巨大的应用潜力。研究人员甚至将石墨烯看作是硅的替代品，能用来生产未来的超级计算机（图 9-15）。

2010，IBM研制的射频石墨烯晶体管，速度高达100GHz

图 9-15　石墨烯在晶体管中应用

③ 光子传感器　石墨烯还可以光子传感器的面貌出现在更大的市场上，这种传感器是用于检测光纤中携带的信息的，这个角色一直由硅担当，但硅的时代似乎就要结束。2012 年 10 月，IBM 的一个研究小组首次披露了他们研制的石墨烯光电探测器，接下来人们要期待的就是基于石墨烯的太阳能电池和液晶显示屏了。因为石墨烯是透明的，用它制造的电板比其他材料制造的具有更优良的透光性。

④ 基因电子测序　由于导电的石墨烯的厚度小于 DNA 链中相邻碱基之间的距离，以及 DNA 四种碱基之间存在电子指纹，因此，石墨烯有望实现直接的、快速的、低成本的基因电子测序技术。

⑤ 减少噪声　IBM 宣布，通过重叠 2 层相当于石墨单原子层的石墨烯，试制成功了新型晶体管，同时发现可大幅降低纳米元件特有的 $1/f$。通过在二层石墨烯之间生成的强电子结合，控制噪声。

⑥ 隧穿势垒材料　量子隧穿效应是一种衰减波耦合效应，其量子行为遵守薛定谔波动方程，应用于电子冷发射、量子计算、半导体物理学、超导体物理学等领域。传统势垒材料采用氧化铝、氧化镁等材料，由于其厚度不均、容易出现孔隙和电荷陷阱，通常具有较高的能耗和发热量，影响器件的性能和稳定性，甚至引起灾难性失败。基于石墨烯在导电、导热和结构方面的优势，美国海军研究试验室（NRL）将其作为量子隧穿势垒材料的首选。未来的石墨烯势垒将有可能在隧穿晶体管、非挥发性磁性存储器和可编程逻辑电路中率先得以应用。

⑦ 其他应用　石墨烯还可以应用于晶体管、触摸屏、基因测序等领域，同时有望帮助物理学家在量子物理学研究领域取得新突破。中国科研人员发现细菌的细胞在石墨烯上无法生长，而人类细胞却不会受损。利用这一点石墨烯可以用来做绷带、食品包装，甚至抗菌 T

恤。用石墨烯做的光电化学电池可以取代基于金属的有机发光二极管；还可以取代灯具的传统金属石墨电极，使之更易于回收。这种物质不仅可以用来开发制造出纸片般薄的超轻型飞机材料，制造出超坚韧的防弹衣，甚至能让科学家梦寐以求的2.3万英里（1英里≈1.609千米）长太空电梯成为现实。

未来石墨烯产业技术创新，主要表现为基于石墨烯本身的优良特性进行产业技术创新和基于跨领域跨国合作的产业技术创新。诸如可穿戴领域应用石墨烯的热性能开发出智能热贴、智能护颈、储热服新型产品。应用石墨烯的良好力学性能，将石墨烯添加在橡胶轮胎中提高耐磨性和抗老化性能。石墨烯的优异性能可以与多种新兴技术相结合，促进复合材料和加工技术的发展，提高产品的创新性和实用性。在多层加工技术的基础上，石墨烯及其复合产品将发挥不同的功能，促进图形产业的发展和完善。基于石墨烯的战略性价值，发展石墨烯符合我国从制造大国向制造强国转变实现中国创造的需求，提高在高新技术创新领域的国际影响力和竞争力。

9.1.2 几种常见的光触媒

光触媒也叫光催化剂，是一种以纳米级二氧化钛为代表的具有光催化功能的半导体材料的总称。常用的光触媒材料主要为N型半导体材料，具有禁带宽度低等特点，常用的光触媒半导体材料为二氧化钛。ZrO_2、ZnO、CdS、WO_3、Fe_2O_3、PbS、SnO_2、ZnS、$SrTiO_3$、SiO_2等也是光触媒材料，2000年以来又发现一些纳米贵金属（铂、铑、钯等）具有更好的光催化性能，但由于其中大多数易发生化学或光化学腐蚀，贵金属成本则过高，都不适于日常应用。

光催化特性是半导体材料所普遍存在的内部物理性质和表面化学性质相结合而呈现出来的一种特性。因此半导体材料都具有制备光催化剂的潜力。但是并不是所有的半导体都具有在光催化领域的实用价值。

（1）氧化锌光触媒

目前应用广泛的氧化锌的空穴氧化电位高达3V左右。氧化锌的能带结构与二氧化钛类似。有报道称在某些情况下它的光催化能力要强于二氧化钛。对于纳米光催化材料，尤其是纳米薄膜来说，还需要材料具备很高的吸收系数。氧化锌的吸收系数比较高，因此适合做成薄膜器件。由于光催化剂长期工作在复杂的液相或气相环境，因此需要具备一定的化学惰性。氧化锌和氧化钛等在某些情况下较耐蚀，因此才具有实用的意义。多元氧化物的化学性质要比简单氧化物稳定，并且受到了越来越多的关注。在过渡金属中，锌的资源相对较丰富，而其他的过渡金属则资源较为分散，价格也较高。其中氧化锌以其丰富的资源和无毒性而成为最佳的半导体材料之一。锌是人体必需微量元素，其元素毒性较小。钛通常被用作不锈钢的添加剂，具备生物惰性。在氧化物方面，二氧化钛是少数几种达到食品级安全的不溶性无机化合物。

（2）二氧化钛光触媒

如图9-16所示，二氧化钛光触媒作为环境净化功能材料，主要原因是二氧化钛所产生的氢氧自由基能破坏有机气体分子的能量键，使有机气体成为单一的气体分子，加快有机物质、气体的分解，将空气中甲醛、苯等有害物质分解为二氧化碳和水，从而净化空气。从20世纪90年代开始，光触媒空气净化产品被大量研制、开发，并投入市场。如光触媒剂、空气净化器、陶瓷、板材等。

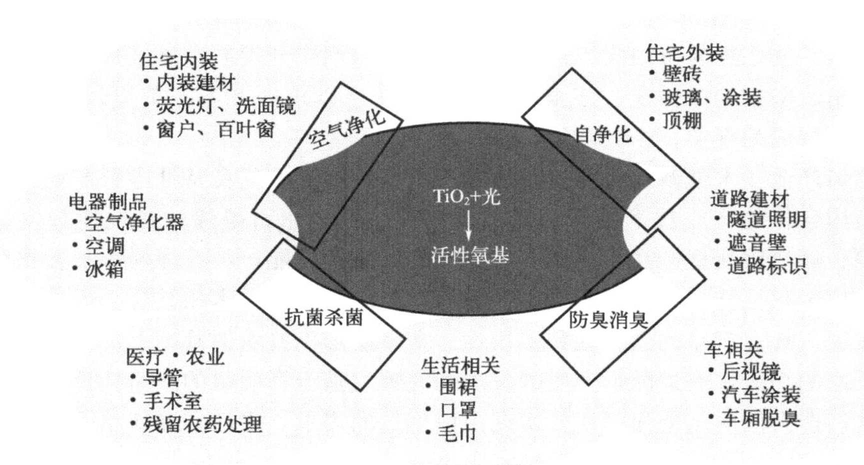

图 9-16 二氧化钛光触媒应用

二氧化钛光触媒有多种应用场合，如光催化剂的制备，以及自净化、抗菌杀菌、防臭消臭和水净化领域的应用。

① 光催化剂的制备 常用的制备方法有固相法（如物理粉碎法)、气相法（如化学气相沉淀法）和液相法（最常用的是溶胶-凝胶法)。在典型的溶胶凝胶化过程中，纳米粉体一般是由硫酸氧钛单质、四氯化钛或有机钛酸醋等前驱物通过沉淀或水解制得。

② 自净化领域的应用 二氧化钛光触媒代表性功能除了空气净化外，还有自我净化的功能。由于光触媒有较强的酸化力和超亲水性，喷涂于物体表面，可形成光触媒防雾涂层，同时由于其强大的氧化反应效应，可氧化掉物体表面的污渍，使被涂物具有自净化功能。

③ 抗菌杀菌领域的应用 光触媒还有抗菌杀菌功能，光触媒在杀灭大肠杆菌、金色葡萄球菌、肺炎杆菌、霉菌等的同时，还能分解由病菌释放出的有害物质。光触媒抗菌杀菌功能主要应用在医疗卫生领域和农作物生产、保鲜领域。

④ 防臭消臭领域的应用 利用光触媒空气净化器可以有效消除车厢、衣柜、鞋柜的异味，净化空气。例如光触媒除菌消臭器，专门用于汽车、衣柜、鞋柜、卫生间等狭小空间的空气净化。

⑤ 水净化领域的应用 除了抗菌消臭、防污的功能外，光触媒还可以应用到水净化领域。利用二氧化钛光触媒技术降解水中有机污染物，特别是当水中有机污染物浓度很高或用其他方法难以处理时，光触媒的净化效果是非常明显的。但是，有效除菌的水净化系统的开发较为困难，因为粉末状二氧化钛光触媒遇水易分散，不利于回收。千叶大学研制开发的二氧化钛光触媒薄膜小球，将粉末状二氧化钛成膜于球状金属氧化物表面，可以将其与水分离，有效回收再利用。

9.1.3 纳米材料的应用实例

纳米材料的应用领域十分广泛，涉及电子元器件，光电子器件，生物医学、航空航天、能源动力、资源环境等诸多领域（图 9-17)。

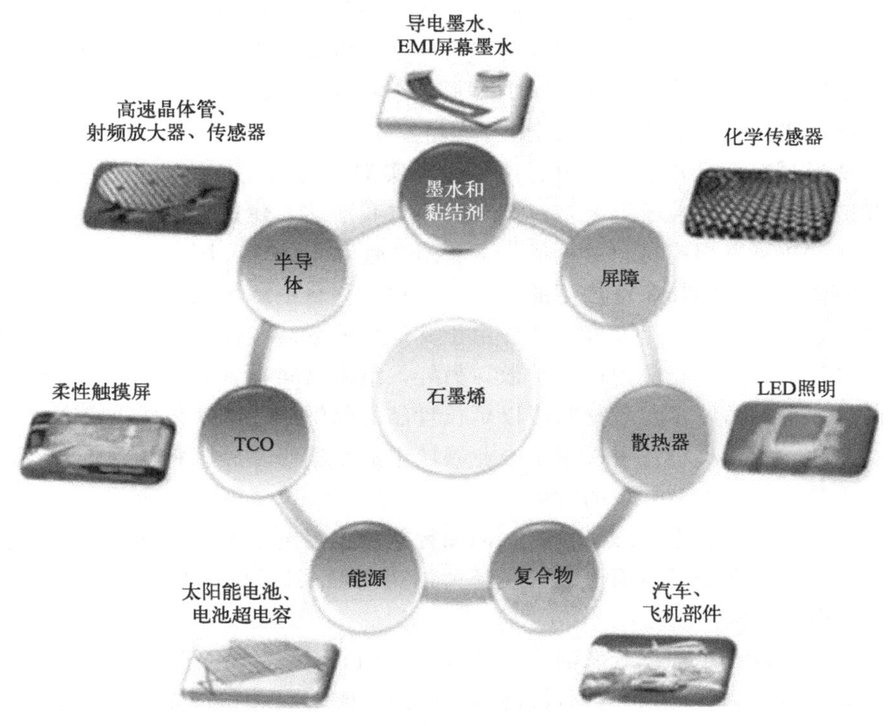

图 9-17 纳米材料石墨烯的部分应用

纳米材料在电子领域的应用是其最重要的应用之一（图 9-18），可以用于制造更小、更快、更强大的电子设备。例如，纳米颗粒可以用于制造高性能的半导体材料，提高电子元件的性能和稳定性。此外，纳米材料还可以用于制造高分辨率的显示屏、高效的太阳能电池和高灵敏度的传感器。

纳米材料在医学领域的应用也具有巨大的潜力，可以用于制造新型的药物载体，提高药物的传输效率和靶向性。此外，纳米材料还可以用于制造高效的影像诊断剂和治疗装置，如纳米金粒子可以用于肿瘤治疗和癌症检测，纳米材料的应用有助于提高医学诊断和治疗的精确性和效果（图 9-19）。另外纳米材料在环保领域的应用也受到了广泛的关注。

图 9-18 纳米电子

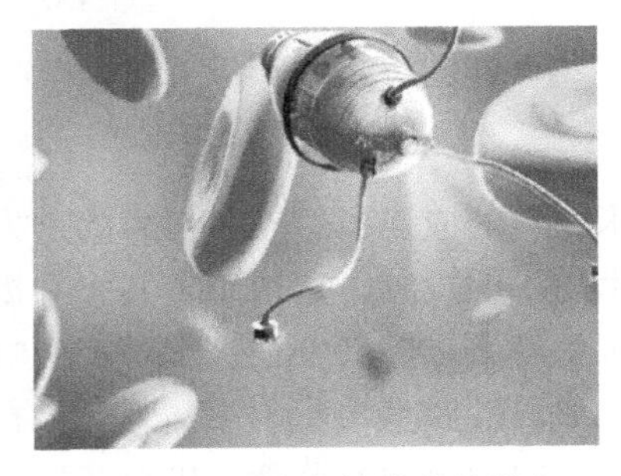

图 9-19 血液中的纳米机器人

纳米材料可以用于制造高效的催化剂，用于净化废水和废气。此外，纳米材料还可以用于制造高效的太阳能电池和储能装置，用于替代传统能源。纳米材料的应用有助于减少环境污染和资源消耗。纳米材料在航空航天领域的应用也非常广泛，可以提供许多独特的优势和性能，因其可以提供轻量化、高强度、高电导性、高耐火性和多功能等优势，有望推动航空航天技术的发展，提高航空航天器的性能和安全性，例如使用纳米纤维增强复合材料可以制造更轻、更坚固的飞机结构件，从而减少燃料消耗和碳排放。此外，纳米材料还能够提供优异的耐火性能，提高航空航天器的安全性。

此外，纳米材料在日常生活中也有许多应用实例，首先在建筑领域，一些环保项目中，将新材料和纳米二氧化钛粒子混合，应用于窗户自我清洁、建筑物和道路上。在施工材料中添加纳米物质，还可以提高材料的机械强度、耐久性和绝缘性，同时还能降低传统材料的重量。其次在陶瓷领域，例如家庭使用的马桶，在加工材料中添加纳米材料，能有效提高其耐高温、防腐、耐刮花、耐磨等性能。此外由于其优异的耐高温性能，还常将纳米陶瓷粉末涂抹在热力管道外，有效防止热力向外扩散。另外，纳米材料在食品和农业领域也展现出了潜在的应用前景，如抗菌纳米包装材料可以延长食品的保鲜期，纳米传感器可以检测食品中的有害物质。此外，纳米材料还可以用于农业领域中的土壤修复和肥料释放等方面，提高农作物的产量和质量，并减少对环境的污染。

纳米材料已经与人类生活息息相关，例如智能手机等电子产品的屏幕玻璃上也有纳米材料的影子，纳米涂料在玻璃表面形成一层超薄的透明涂层，可以起到防指纹、疏水、防污、防油的作用（图 9-20）。

此外，燃油中也会添加纳米燃油添加剂（图 9-21），纳米粒子在燃烧过程中对燃烧起到催化助燃功能，其燃烧后的粒子具有抑制设备磨损、改善润滑和自修复的功能。纳米燃油添加剂使热力稳定地分散到润滑油中，改变摩擦的性质，变滑动为滚动，杜绝冷启动磨损，减少摩擦损耗，达到车辆健康养护和节省燃油的目的。

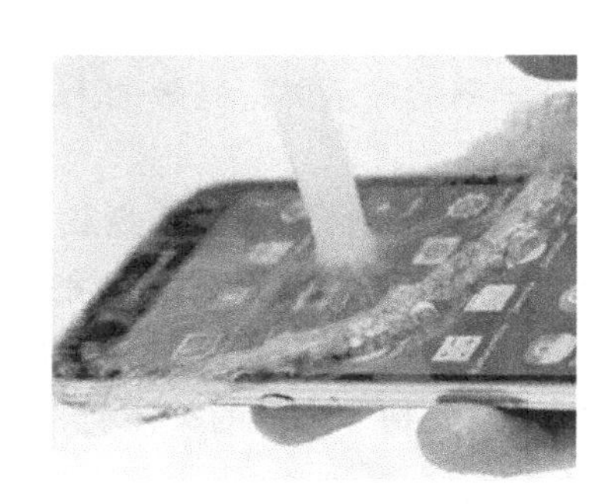

图 9-20 纳米涂层在手机屏幕上的应用

图 9-21 纳米燃油添加剂

纳米材料的应用虽然有着巨大的潜力，但也面临着一些挑战。首先，纳米材料的合成和加工技术还不够成熟，这限制了其大规模应用。其次，尽管纳米材料在各个领域中展现出了巨大的应用潜力，但其安全性和环境影响也需要引起重视。纳米材料的特殊性质可能带来新的风险，如毒性和生物积累性。因此，在纳米材料的研究和应用过程中，需要加强对其安全性和环境影响的评估和监管，确保其可持续发展和安全应用。最后，纳米材料的应用还需要与其他材料和技术相结合，才能发挥其最大的效益。

然而，纳米材料的前景仍然十分广阔。随着科技的不断发展，纳米材料的合成和加工技术将不断改进，纳米材料的应用也将不断拓展。纳米材料有望在电子、医学、环保等领域发挥更大的作用，为社会发展和增进人类福祉做出更大的贡献。

9.2 纳米器件

随着科技的迅猛发展，纳米技术作为当今世界最具潜力的前沿科学领域之一，已经引起了广泛的关注和研究。纳米器件作为纳米技术的重要应用之一，正逐渐成为推动科技革命的微观奇迹。下面将介绍四种纳米器件，分别是固态纳米电子器件、分子电子器件、纳米光电器件和纳米磁性器件。

9.2.1 固态纳米电子器件

(1) 概述

随着微电子技术向更小型化的发展，器件关键尺寸进入纳米尺度，一些建立在块材基础上的传统电子学理论也不再成立。固态纳米电子器件就是以载流子的量子效应作为基本工作机理的一类器件。这些器件在技术上一方面继承了硅基器件的一些先进技术；同时又采用了新发展的纳米材料及其加工技术。

第一代固态纳米电子器件：真空电子管。真空电子管是一种电子设备，用于放大、调制和开关电信号。它是电子技术的重要组成部分，尤其在无线通信、广播和音频设备中得到广泛应用。真空电子管的工作原理基于热电子发射和电场调制。在真空中，通过加热阴极，可以使电子获得足够的能量，从而跨越带电网格并被收集。这种电子的发射量可通过加热阴极的温度和电场强度来调节，从而实现对电子流的精确控制。其基本原理见图 9-22，将电子引入真空环境，成为自由电子，其自由程长。通过栅极控制由阴极流向阳极的电子流，从而实现电子流的放大。电子管的出现，产生了雷达、无线电，自动控制器和遥测遥感技术。

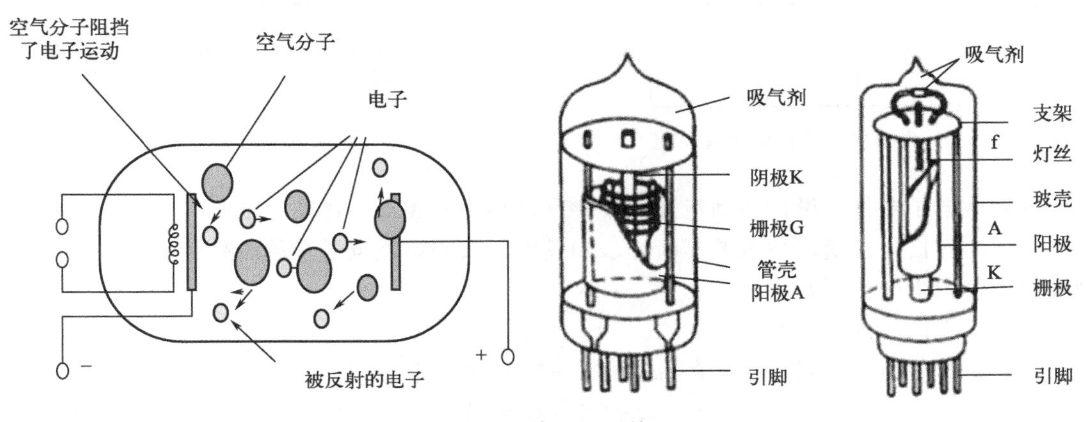

图 9-22 真空电子管

真空电子管在电子技术的发展过程中起到了重要的推动作用。在晶体管问世之前，真空电子管是主要的放大器和开关装置。它们具有高功率和较宽的频带特性，使得无线通信和广播能够实现远距离传输和高质量音频输出。

第二代固态纳米电子器件：晶体电子管。晶体电子管也被称为晶体管或半导体电子管，是一种重要的电子元件，广泛应用于现代电子技术领域。它以其卓越的性能和可靠性，在电子设备中发挥着重要作用。其基本原理见图 9-23，固体中载流子通过两个相对的 PN 结，由信号输入极注入少子，与多子复合来实现信号大小的控制，从而实现电信号的放大。为获得足够长的载流子自由程，所用材料是单晶体。与真空电子管相比，晶体电子管功耗低，体积小，能够集成，ULSI 的元件尺寸小到微米，晶体电子管被称为微电子器件，是计算机及通信技术基础。

晶体电子管有许多独特的特点，使其在现代电子技术中得到广泛应用。首先，晶体电子管具有高可靠性和长寿命，可以在恶劣的环境条件下正常工作。其次，晶体电子管具有较高的工作频率和较快的开关速度，适用于高速通信和计算设备。此外，晶体电子管还具有低功耗和低噪声特性，使其成为无线通信和音频放大器等领域的理想选择。随着技术的不断发展，晶体电子管逐渐被更先进的半导体器件所替代，如晶体管和集成电路。尽管如此，晶体电子管仍然在某些特定领域中发挥着重要作用。其高可靠性和稳定性使其成为一些特殊应用的首选，如高温环境下的电子设备和航空航天领域中的应用。

第三代固态纳米电子器件：纳电子器件。纳电子器件是指尺寸在纳米级别的电子器件，通常以纳米材料为基础制备而成。与传统电子器件相比，纳电子器件具有许多显著的特点。首先，纳电子器件的尺寸更小，能够在微观和纳米级别进行操作和控制。这使得纳电子器件具有更高的逻辑密度和更快的响应速度，能够实现更高效的电子功能。其次，纳电子器件的电学性能更优越，能够在低功耗和高速度的同时保持稳定性。此外，纳电子器件还具有更低的能耗和更高的集成度，有助于实现更小型化和便携化的电子设备。纳电子器件因其单电子传输特性和传输效应，可实现超高密度集成，将成为个人计算机、自动器、信息网的基础（图 9-24）。

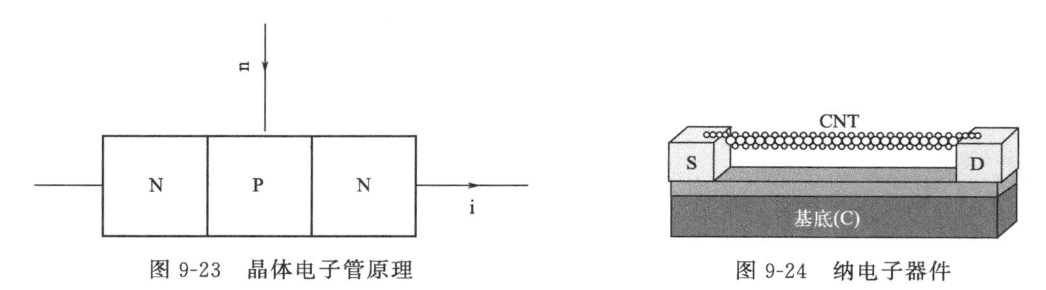

图 9-23 晶体电子管原理　　图 9-24 纳电子器件

这种微电子器件在设计和制造过程中会有最小尺寸和最小速度的限制，这种限制称为微电子学的物理极限。随着技术的不断进步和发展，人们对微电子学的研究越来越深入，对物理极限的探索也变得日益重要。

微电子学的物理极限有：

a. 电子器件的工作原理建立在 Boltzmann 输运方程上，该理论描述了粒子在非平衡态下的输运行为，Boltzmann 输运方程假设散射过程是局部的、瞬态的，是弱场（粒子之间的相互作用是弱的，可以视为无相互作用的自由粒子）等，但是在纳米尺度该理论不再成立。

b. 晶体材料是一类具有规则排列的原子结构的材料，其性能受到其尺寸的影响，由于晶体材料的尺寸越小，表面缺陷和界面效应对性能的影响就越大，晶体材料保持其性能的最小尺寸在纳米量级。

c. 电击穿（隧穿）：载流子的溢出现象，如互补金属氧化物半导体（CMOS）绝缘栅的漏电流等。

d. 量子力学测不准原理：$\Delta x \Delta p \geqslant \frac{h}{4\pi}$。式中，$\Delta x$ 是空间尺寸；Δp 是动量范围；h 是普朗克常数（$h=6.62\times10^{-34}\mathrm{J\cdot s}$）。当 Δx 趋向于 0 时，会出现量子力学信号的不确定性。

微电子学同样也存在技术障碍。

① 强场问题　这是微电子学领域中一个非常重要的挑战。微电子器件中的电场和磁场强度非常高，而这些强场可能引发一系列不良效应，如电子运动的不稳定性、电子与材料之间的相互作用等。由于尺寸小，在短距离内加偏置电压，器件会产生强电场，载流子在强电场作用下碰撞后，使大量电子具有高能量，出现载流子热化现象，会引起雪崩击穿，电流增大，器件破坏。

② 功率耗散问题　当微电子器件运行时，会产生大量的热量，这些热量如果不能有效地散发，将会导致器件的温度升高，从而降低器件的性能和寿命。器件尺度减小和集成电路密度提高，散热问题会越来越严重。

③ 均匀性问题　微电子器件中的材料和结构需要具有高度的均匀性，以确保器件的稳定性和可靠性。任何不均匀性都可能导致器件性能的变化，从而影响整个系统的正常运行。器件有源区杂质数量的变化带来的电导（量子电导 e^2/h）涨落很大，器件稳定性变差。

④ 工艺精度问题　如氧化层厚度不均，薄的地方漏电流很大，达到一定程度时就会影响器件的功能。微电子器件中的多个组件和结构需要通过精确的工艺步骤来制造。工艺精度的提高可以提高器件的性能和可靠性，并且可以实现更小尺寸的器件。

⑤ 性价比　随着微电子器件的不断发展，成本也成为了一个关键问题。研究人员需要在提高性能的同时，尽量降低制造成本，以确保微电子器件的竞争力和市场需求。现代 IC 芯片生产线已上亿美元，下一代更高精度的生产线将达天文数字。

(2) 固体纳米电子器件基础理论

纳米电子器件的基础理论通过揭示纳米尺度下电子输运的物理机制、预测纳米材料中电子的特性以及研究电子与器件结构之间的相互作用，为纳米电子器件的设计和制造提供了理论基础和指导。其中包括量子力学、凝聚态物理学、微电子学、半导体物理学和纳米材料学等多个学科的理论基础。

① 弹道输运　对于一般导体或半导体，I-V 特性遵循欧姆定律，称为欧姆导体，其载流子的输运方式为扩散输运。在导体中，自由电子的扩散流动和漂移流动共同贡献了电流的传输。扩散流动主要由电子的扩散运动引起，而漂移流动则是由电场力驱动的。通过控制导体的材料和结构，可以改变载流子的扩散和漂移行为，从而调控导体的电导率。导体材料的选择、温度和杂质等因素都会影响载流子的扩散输运特性。欧姆导体的条件为 L 或 W 满足远大于电子的特征长度（图 9-25），即

a. 德布罗意波长［式（9-1）］为 10～100nm。

b. 平均自由程：电子初始动量破坏前运动距离 l。

c. 相位相干长度：电子初始相位破坏前运动距离 $l\varphi$。

$$\lambda=2\pi\left(\frac{h^2}{2m^* E}\right)^{\frac{1}{2}} \tag{9-1}$$

纳米结构导体或半导体，L 或 W 和电子的特征尺寸相当，为非欧姆导体。其中载流体在输运中不会受到散射，与欧姆导体的输运方式不同，被称为弹道输运，导体被称为弹道导

体，见图 9-26。弹道导体本身的电阻为 0，实际的电阻由于材料界面的不同而产生，因此对于弹道导体材料的选择至关重要。通常情况下，金属材料是最常用的弹道导体材料，如铜、铝、银等。这些金属材料具有优良的导电性能和低电阻，能够有效地传导电流。此外，一些纳米材料，如碳纳米管和石墨烯等，也被广泛应用于纳米电子器件中的弹道导体。这些纳米材料具有独特的结构和优异的电子输运性能，能够进一步提高器件的性能。

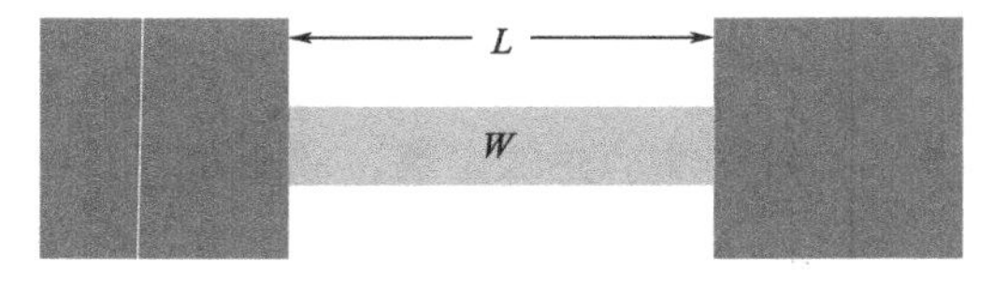

图 9-25 欧姆导体

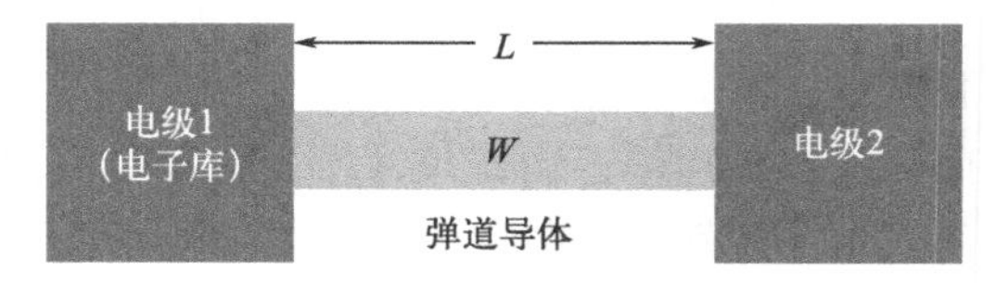

图 9-26 弹道导体

量子化电导是量子力学在固体物理学中的一个重要概念，同时对于研究纳米电子器件也非常重要，量子化电导是指当电流通过一个细小的导线或材料时，电导的取值只能是一系列离散的量子数。这与经典物理学中连续可变的电导有着本质的不同。量子化电导的现象最早是由霍尔效应的发现而引起的。霍尔效应是指当一个导体在垂直于电流方向上施加一个磁场时，导体两侧会产生一个电压差。这个电压差正比于电流和磁场的乘积，并且与导体的宽度成反比。量子化电导就是通过测量霍尔效应中的电压差和电流，得到电导的量子化值。

Landauer 说法：电导是在保持不同费米能级的电子库间的电子跃迁。对于量子点电导的测试见图 9-27 及图 9-28。

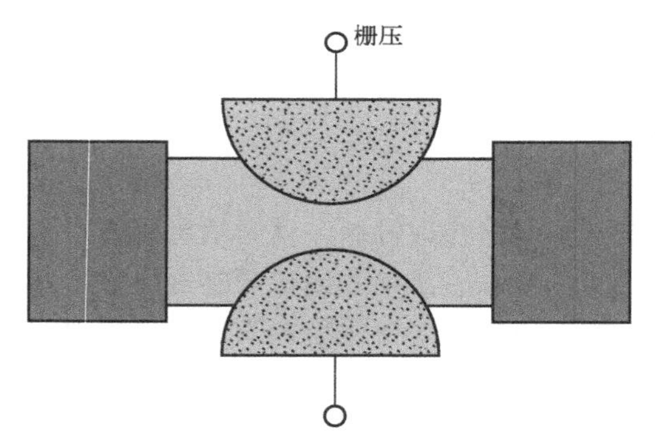

图 9-27 量子点电导测试图

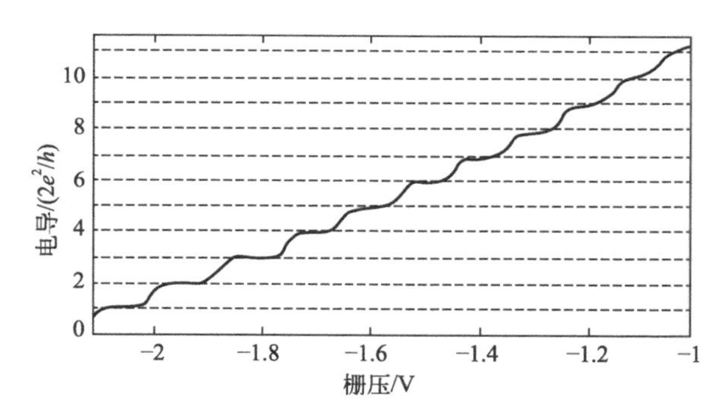

图 9-28 量子点电导测试

量子点电导计算公式为一维 Landauer 公式，即

$$\sigma=C\frac{T}{1-T}\times\frac{e^2}{h} \tag{9-2}$$

② 电子隧穿与库仑堵塞效应　电子隧穿是指电子在能量低于势垒高度的情况下，概率性地穿透势垒进入另一侧的现象。根据量子力学的波粒二象性，电子的行为既可以看作粒子的行为也可以看作波动。电子隧穿的原理基于波动性，在势垒存在时，电子波函数会波动到势垒外，从而实现电子的穿越。导体中纳米隙小于电子自由程时，就可能发生电子隧穿。库仑堵塞效应是指当电子在非常强的电场中运动时，由于库仑相互作用的影响，电子的运动受到阻碍，停滞或减速的现象。库仑堵塞效应是电子在高电场下的非线性行为，与电子的动量、速度和电场强度等因素密切相关，电子隧穿通过量子点，其前后隙两侧的电位发生变化，这个过程称为库仑堵塞，即电子是一个一个地通过纳米隙，呈现典型的单电子现象。

单电子现象产生需要两个必备条件：

a. 量子点的静电势能应该显著大于电子本身的热运动能量，即式（9-3）。

$$E_C=\frac{e^2}{2C}\gg k_B T \tag{9-3}$$

且要求 $T=300\text{K}$，$C\ll\frac{e^2}{2k_B T}=3.1\times10^{-8}\text{F}$。

b. 隧穿结电阻应足够大，使隧穿过程引起的量子随机能量涨落减弱到可忽略的水平。

③ 普适电导涨落　普适电导涨落是指在电导性材料中观察到的微小电导变化。普适电导涨落是由材料中的随机散射引起的。根据统计物理学的理论，材料中的电子在晶格中的散射会导致电导的涨落。这些涨落是由电子在材料中的运动路径不确定性而产生的。普适电导涨落的大小与材料的温度、杂质浓度以及外部电场等因素有关。

研究普适电导涨落对研究材料的电导性质具有重要意义，由于不同样品对应不同的电导涨落，所以可以将测试图的电导涨落作为样品的“指纹”，应用于对样品的研究［图 9-29（a）］。图 9-29（b）表示载流子通过样品时依赖于特定的杂质构型。

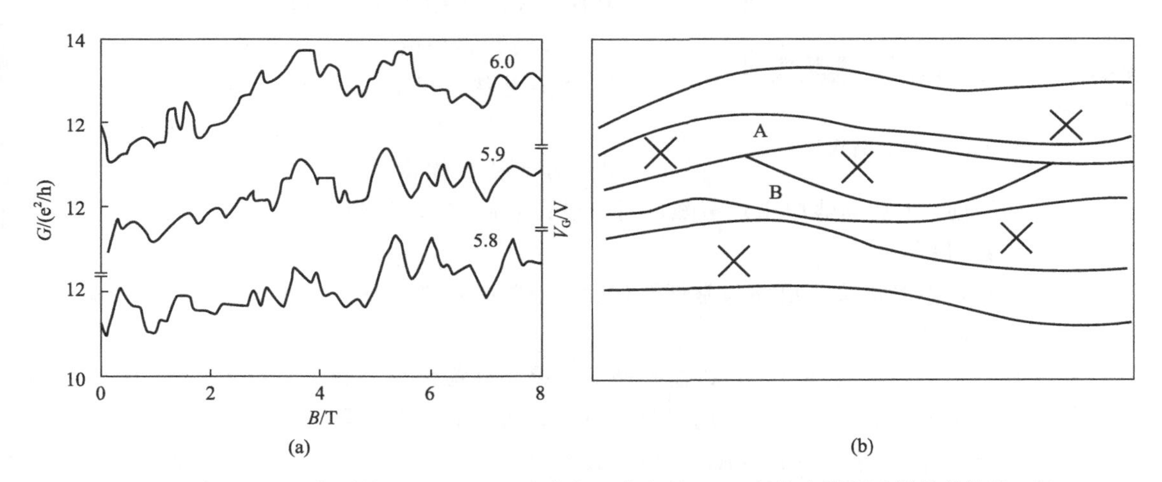

图 9-29　在 4.2K 观察到的 Si MOSFET 中的归一化电导（a）和载流子通过样品的轨迹（b）

普适电导涨落在材料科学和电子工程中有着广泛的应用。首先，普适电导涨落可以用来研究材料的电导性质，例如材料中的载流子浓度、迁移率等。这对于开发新的电子材料和改进现有材料具有重要意义。其次，普适电导涨落还可以用于电子器件的噪声分析。通过研究电导涨落的统计特性，可以评估电子器件的性能，并优化其设计。此外，普适电导涨落还可以应用于信息处理领域，例如随机数生成和密码学等。

④ 量子相位相干效应　量子相位相干效应是指在量子系统中，不同态之间的干涉现象。在两个或多个态之间存在相位差的情况下，它们的干涉效应将会产生显著的变化。这种相位相干效应在纳米器件中表现得尤为明显，因为纳米尺度下的物质常常呈现出量子特性。纳米器件中的量子相位相干效应主要体现在两个方面：一是量子隧穿效应，二是量子干涉效应。微观粒子具有波粒二相性，波动性有幅值和相位两个特征量，相位相干性是其波动性的主要特征。

量子干涉效应是指量子系统中不同路径的干涉现象。在纳米器件中，由于其尺寸接近甚至小于波长的量级，粒子的波动性变得显著，导致量子干涉效应的出现。这种干涉效应会影响器件的电子输运行为，可应用于纳米光学和量子计算等领域。电子波的干涉现象只有在特殊情况下才能观测到：沿一闭合路径反向运动的两电子分波，有时间反演对称性；样品尺寸 $L \leqslant I_{\varphi}$。

(3) 共（谐）振隧穿器件

① 共振隧穿二极管（resonant tunneling diode，RTD） RTD 是一种半导体器件，也被称为谐振隧穿二极管，图 9-30 为 RTD 的结构示意图。其结构包括两个高掺杂的区域（称为阱区）之间夹着一个低掺杂区域（称为隧穿区）。当施加正向电压时，隧穿区内的电子可以通过量子隧穿效应跃迁到另一个阱区，形成电流。而当施加反向电压时，由于隧穿区的能带结构发生变化，电流会被阻断。它利用量子力学中的隧穿效应，具有非常快的速度、低功耗和高频响应的特点，因此在微电子领域中有广泛的应用。它是基于量子隧穿效应工作的一类新型高速器件。RTD 的主要特点包括：

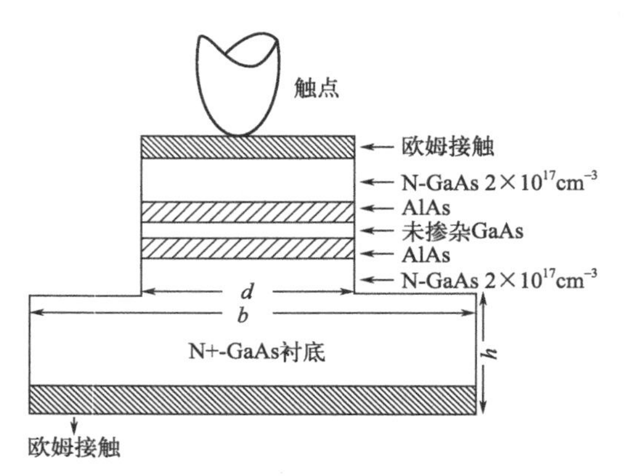

图 9-30 RTD 结构示意图

a. 高频、高速：最大频率达几 THz，开关时间为 ps 量级。已成为目前速度最快的器件之一。

b. 自锁功能：负阻特性可导致双稳态特性，进一步产生自锁特性。

c. 多峰特性：*I-V* 曲线中出现多峰，对于设计研制多态存储和 A/D 转换电路非常有利，节省的器件数目更多。

d. 低功耗：单管或集成电路与常规器件比，有较低耗散功率。由于节省器件，能减少电路复杂程度，降低总功耗。

利用其负阻、高速的特性，可以制作微波、毫米波振荡器；利用其自锁、低功耗、多峰等特性，研制集成电路，主要是应用于数字电路，可以起到节约器件的作用。

RTD 包括共振隧穿二极管（RD）和共振隧穿三极管（RIT）。RTD 较其他纳米电子器件发展得更快、更成熟，已开始进入应用阶段，是纳米电子器件中的重要成员。RTD 的工作原理是基于电子在势垒中通过隧穿效应穿越。它由两个能带宽度不同的半导体层组成，中间夹有一个非导电的隔离层。当在 RTD 的结构中施加电压时，电子可以通过隧穿效应从一个能带到另一个能带。这种隧穿效应在特定的电压下形成共振，使得电子的传输速率变得非常高。

图 9-31（a）为 GaAs 基 RTD 的能带结构图。GaAs 基 RTD 的结构为 n_1GaAs/GaAlAs/n_2GaAs/GaAlAs/n_3GaAs。图 9-31（b）和图 9-31（c）分别为其共振电压 $2E_1/e$ 和非共振电压，图 9-31（d）为其 *I-V* 曲线图。

又如 InP 基 RTD，其工艺为采用 MBE 技术制备超晶格多层膜。由于其Ⅰ区阱 L_W 小，阱中能级少，为得到 *I-V* 单峰器件，设计的 L_W 为 4nm；Ⅱ区 L_B 势垒减小，器件峰值电流密度 J_P 增大，而峰谷电流比（PVCR）减小。综合考虑设计的 L_B 为 1.9nm。表 9-1 为 InP 基 RTD 的结构分布。

RTD 通常被做成很薄的异质结，能带为双势垒单势阱结构，势阱电子波从这些势垒多次反射。其电子波长见式（9-4）。

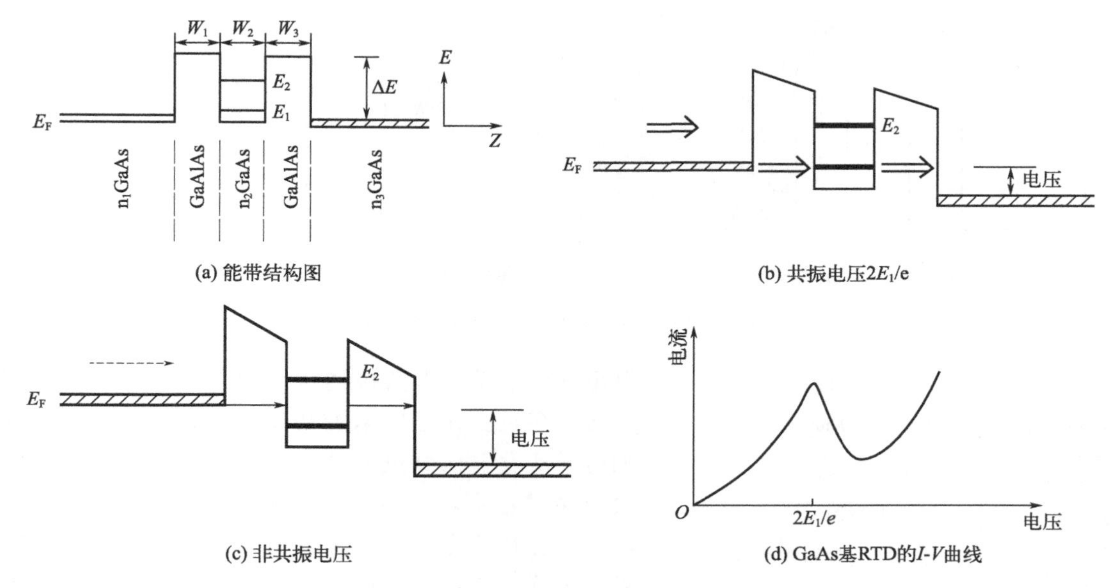

图 9-31　GaAs 基 RTD

表 9-1　InP 基 RTD 的结构分布

$^{N+-In}0.53^{Ga}0.47^{As}$	$N_D=1\times10^{19}cm^2$	100nm	接触层
$^{N-In}0.53^{Ga}0.47^{As}$	$N_D=5\times10^{19}cm^2$	10nm	发射极
$^{In}0.53^{Ga}0.47^{As}$		5nm	隔离层
AlAs		1.9nm	Ⅱ区
$^{In}0.53^{Ga}0.47^{As}$		4nm	Ⅰ区
AlAs		1.9nm	Ⅱ区
$^{In}0.53^{Ga}0.47^{As}$		5nm	隔离层
$^{N-In}0.53^{Ga}0.47^{As}$	$N_D=5\times10^{19}cm^2$	60nm	集电极
$^{N+-In}0.53^{Ga}0.47^{As}$	$N_D=1\times10^{19}cm^2$	250nm	接触层
SiInP 衬底			

$$\lambda=2\pi\left(\frac{h^2}{2mE}\right)^{\frac{1}{2}} \tag{9-4}$$

当由所加电压决定的电子波长与势阱宽度匹配时，发生共振，有最大隧穿概率，隧穿电流达到最大值；不匹配时，隧穿电流减小。*I-V* 曲线将出现负阻区。

RTD 在同一势阱中能形成多个分立能级，其能级间隔为 $\Delta E_n=\frac{h^2\pi^2}{2mL_{w^2}}$

新型的共振隧穿器件也在不断地被设计研制出来，如 SiO_2/Si/SiO_2 的 RTD、新型化合物半导体材料的 RTD、光发射 RTD、BeTe/ZnSe/BeTe 的 RTD（其性能见图 9-32）。

② 共振隧穿三极管（resonant tunneling transistor，RTT）　RTT 是一种特殊的三极管，它利用量子隧穿效应来实现高速、低功耗的电子器件。共振隧穿三极管的结构包括两个垂直排列的异质结和一个垂直夹带的共振隧穿结构，如图 9-33 所示。其中，异质结用于限

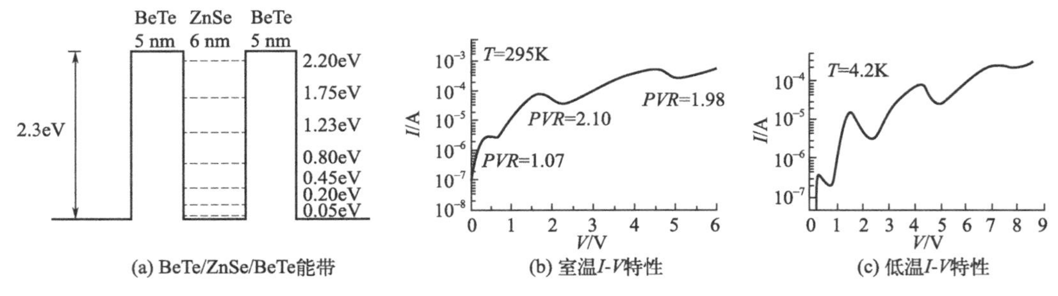

图 9-32 BeTe/ZnSe/BeTe 的 RTD 性能分析

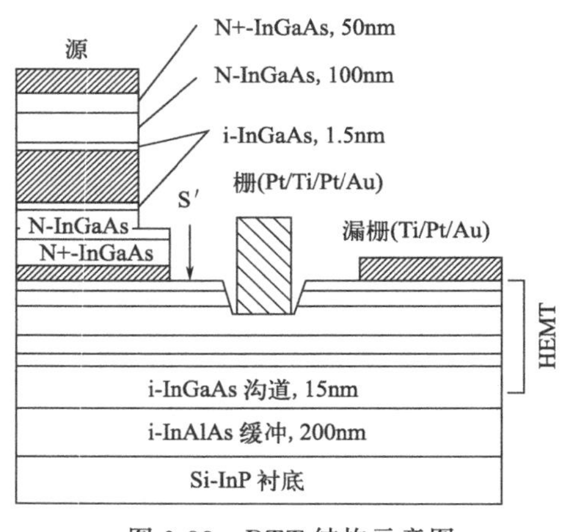

图 9-33 RTT 结构示意图

制电子的运动，而共振隧穿结构则允许电子以隧穿的方式穿过。在正向偏置情况下，共振隧穿三极管的电子从发射区域进入共振隧穿结构，并通过隧穿效应穿过隧穿峰。由于共振隧穿结构的特殊设计，电子只有在特定的能量下才能通过，这使得共振隧穿三极管具有高速、低功耗的特性。共振隧穿三极管的工作原理是基于量子力学的隧穿效应。根据量子力学的原理，当电子遇到一个势垒时，它有一定的概率通过势垒，即发生隧穿现象。共振隧穿三极管通过调整共振隧穿结构的能带结构，使得电子在特定的能量下发生隧穿现象，从而实现高速、低功耗的电子器件。

RTT 在逻辑电路中通常要求是输入、输出隔离的三端器件，有一定的增益，即小电流或电压输入，能产生较大的输出（图 9-34）。

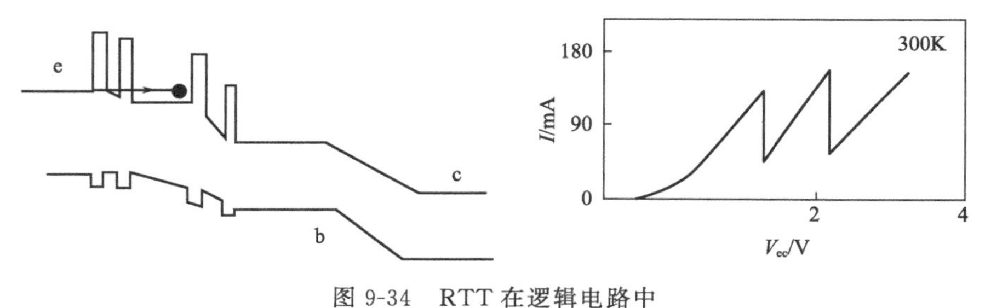

图 9-34 RTT 在逻辑电路中

(4) 单电子器件

单电子器件是指使用单个电子来进行信息处理或存储的器件。单电子晶体管（Single electron transistor，SET）在室温下的正常工作和器件结构的精确控制是其实用化的关键。1987 年，第一只 SET 由贝尔实验室的 Fulton 等人，采用微电子工艺制作。这个 SET 库仑岛是宽 30nm、长 1μm 的铝线。由铝库仑岛引出了三条纳米铝线，接触点形成隧穿势垒。由于库仑岛尺度较大，在 1.7K 的超低温度下观察到了库仑阻塞效应。

它利用电子的离散性质和量子力学效应来实现极小尺寸、低功耗和高速度的特点，是基于电子隧穿与库仑阻塞效应工作的一类纳米器件，在纳米尺度的隧道结中控制单个电子的隧穿过程，可设计出多种器件。如单电子晶体管，超高速、微功耗大规模逻辑功能器件、电路与系统等。

SET是单电子器件的核心，其主要结构见图9-35。库仑岛：由三维势垒包围的金属或半导体量子点。隧道结（势垒区）：绝缘层或宽禁带半导体；在与库仑岛接触的极薄区域形成隧道结。栅氧化层：由几十nm的氧化层或电介质层构成。源、漏、栅电极：金属或重掺杂半导体。

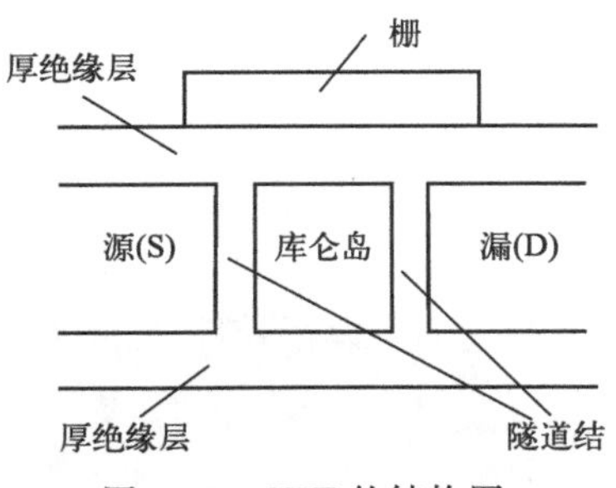

图9-35 SET的结构图

SET的工作原理基于电子的离散性质和量子隧道效应。当岛上仅有一个电子时，岛上的电荷状态会对输运通道的电导率产生明显的影响。通过控制岛上电子的数量和能级，可以改变输运通道的电导率，从而实现对电流的控制。图9-36（a）（b）分别为SET的结构简图和原理图。

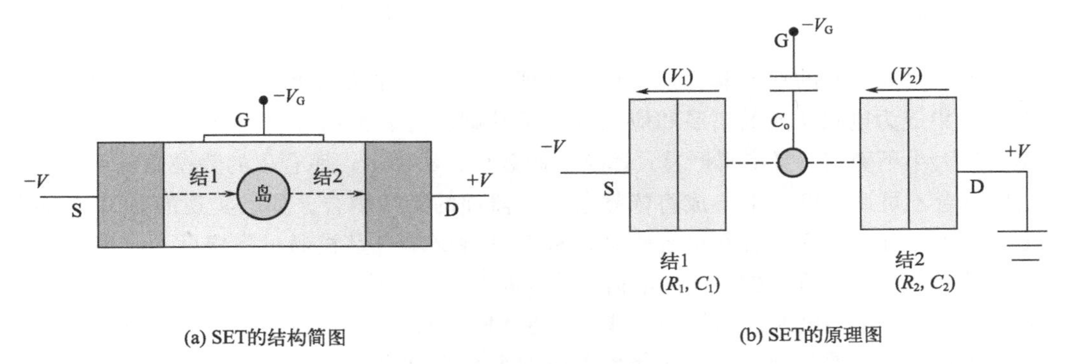

(a) SET的结构简图 (b) SET的原理图

图9-36 SET结构原理图

SET具有优异特性：

a. 高频、高速：由于隧穿机制为高速过程，SET电容又极小，故工作速度非常快。

b. 功耗非常小：纳米尺度的缘故。

c. 集成度高：各功能单元都很小的缘故。

d. 适合多值逻辑电路：SET的*I-V*特性为台阶状，不同电压对应多个稳定的电流值，故适合用作多值逻辑电路。

这些特性使SET具有广泛应用前景。如SET可用于制备下一代高速、高密度集成电路；由于实现了单电子导电，故适合制作超高灵敏度静电计，比现有静电计的灵敏度高1000倍以上。SET实现了单电子输运，若再用一个单空穴器件与之配合，可控制单电子-空穴复合，制作单光子器件；制作高灵敏度红外辐射探测器。

SET主要有自上而下和自下而上两种制备工艺，如粒子岛式SET采用自下而上方法制备，先采用自组装或刻蚀等方法制备几nm的粒子岛及其他单元，再通过SPT操纵等方法组合成整体器件。因粒子库仑岛尺寸较精确，且大小只几nm，所以这种SET一般可在室温下工作，器件性质也较一致。如图9-37为科学家研制的SET：由蚀刻在硅晶体内的单个磷原子组成，拥有控制电流的门电路和原子层级的金属接触，有望成为下一代量子计算机的基础元件。

SET按制备材料不同可分为超导SET和半导体SET。1988年，MIT的Thomas在0.2K下，测量极窄N沟道硅MOS管的沟道电导随栅压变化时，偶然发现了SET现象。之后IBM的Meirav等人根据SET的原理，采用MBE工艺，利用GaAs/AlGaAs异质结，制出SET。这是一种硅基半导体SET，见图9-38。

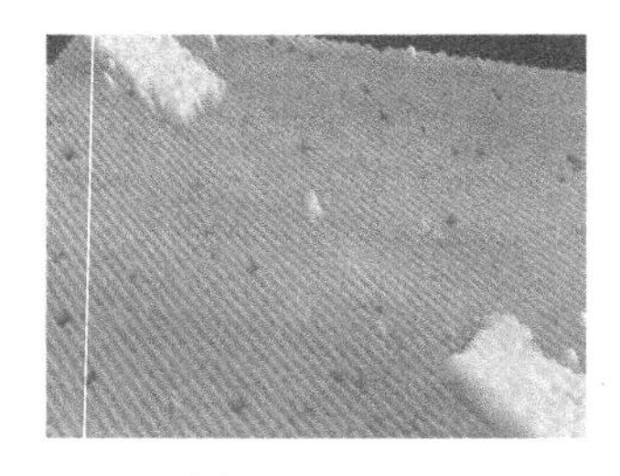
图 9-37　SET

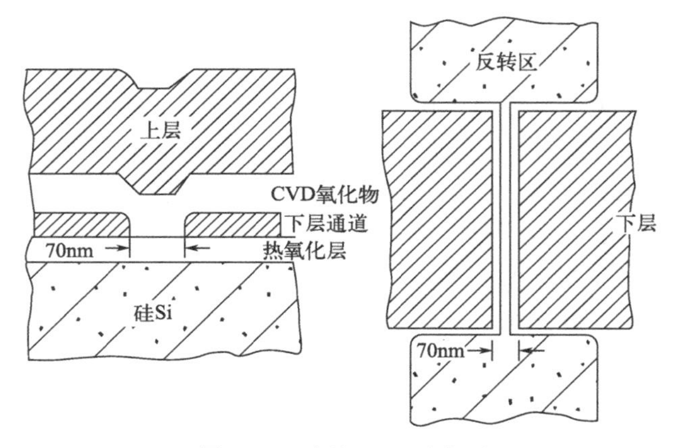

图 9-38　硅基 SET 示意图

为了实现更高级别的功能和性能，以满足现代电子器件和系统对精确控制和低功耗的需求。SET 的集成为电路功能的拓展和应用提供了基础，为了实现 SET 集成，需要解决以下问题：库仑岛大小不确定，且涨落严重；库仑岛的数目无法确定；库仑岛的势垒高度不可控；库仑岛之间耦合不可调。SET 的集成将依赖于各元器件的无线耦合。如已实现的 SET 存储器和逻辑电路，主要分为隧穿耦合和电容耦合。SET 的隧穿耦合是指通过隧穿效应将两个或多个 SET 器件连接起来，实现它们之间的电荷传输和相互作用。隧穿效应是指电子能够以概率的方式穿越能隙，从一个能级跃迁到另一个能级。在 SET 中，隧穿效应可以被用于连接和传递电荷。SET 的电容耦合是指通过电容连接两个或多个 SET 器件，实现它们之间的电荷传输和相互作用。通过 CVD 薄膜技术和电容耦合原理，用悬浮栅将各 SET 量子点按要求连接起来，就能实现 SET 的集成。将两个 SET 通过一个悬浮栅集成在一起，可构成有自校准功能的、对电荷超敏感的库仑计，如图 9-39。

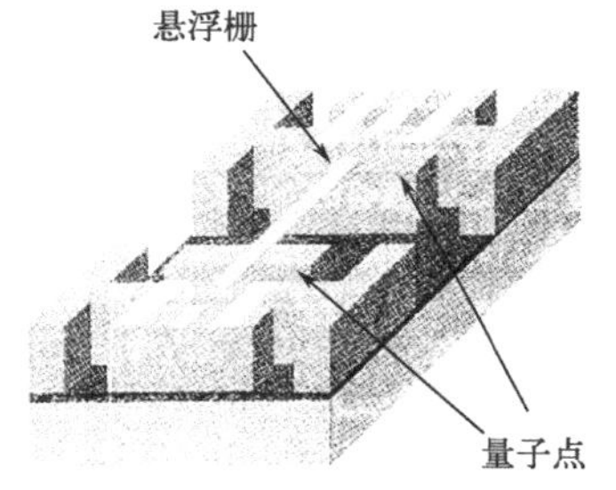

图 9-39　SET 的电容耦合

SET 的电容耦合具有以下特点：量子点的大小、势垒及它们位置确定，使 SET 集成有理想可控的电学特性；晶体管间耦合完全由量子点间电容耦合确定，避免量子点间的隧穿耦合，使集成可靠；可方便地实现有高级功能的逻辑器件和电路；这种集成还可用于研究单电子存储器中的单电子过程和监控单电子电路中的电子路径。

(5) 纳米管（线）场效应晶体管

纳米管（线）场效应晶体管（nanowire field effect transistor，NWFET）是一种基于纳米管（线）的晶体管结构，具有许多独特的性质和应用潜力。NWFET 的结构通常由一个纳米尺度的半导体材料制成，如碳纳米管、硅纳米线等。它通常由源极、漏极和栅极组成，其中栅极用于控制纳米管（线）中的电荷传输。NWFET 的工作原理类似于传统的场效应晶体管（FET），通过栅极电压调节源极和漏极之间的电流。自 1998 年第一个碳纳米管场效应晶体管问世以来，纳米管（线）场效应晶体管取得了长足发展，性能也不断提高。纳米管（线）具有优异的电输运特性和一维静电场，载流子散射空间小，是弹道传输，功耗极低，因此成为 FET 重要候选材料。半导体型 CNT 或纳米线作为导电沟道的晶体管，还具有较高的开关电流比、理想的亚阈值特性，以及可进行更大规模的集成等优良性能。目前已研制出多种结构、材料的 FET。

① 碳纳米管场效应晶体管（carbon nanotube field effect transistor，CNTFET）　CNTFET具有许多独特的性质和应用潜力。碳纳米管是由碳原子以特定的方式排列形成的纳米尺度管状结构（图9-40）。CNTFET通常由一个碳纳米管（作为导体通道），以及源极、漏极和栅极组成。栅极电压可以通过调节碳纳米管上的电荷来控制源极和漏极之间的电流。

2003年，Dai等人研制了顶栅高k HFO_2栅绝缘层的P型CNTFET（图9-41）。CNT与金属电极接触平衡中，费米钉扎效应非常弱，可忽略。电子或空穴从金属注入CNT中成为载流子。若金属功函数小于CNT功函数，则金属价带与CNT接触载流子为电子；反之为空穴。该器件源极、漏极都为金属钯，钯的功函数大于CNT功函数，所以载流子为空穴。沟道中的载流子传输方式为弹道输运。器件可在很低源漏电压下获得很高的开态电流。

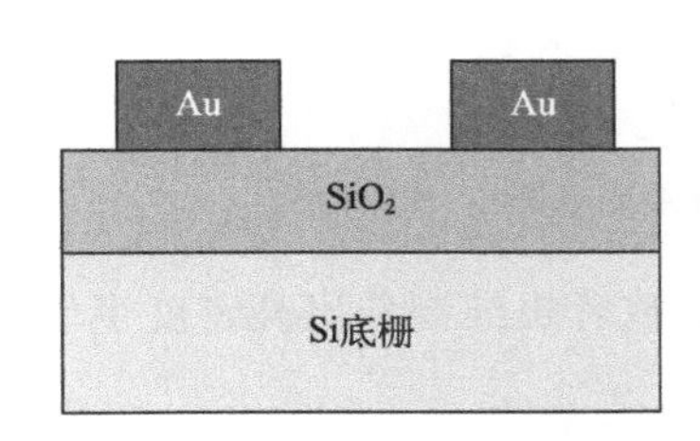

图9-40　底栅结构CNTFET

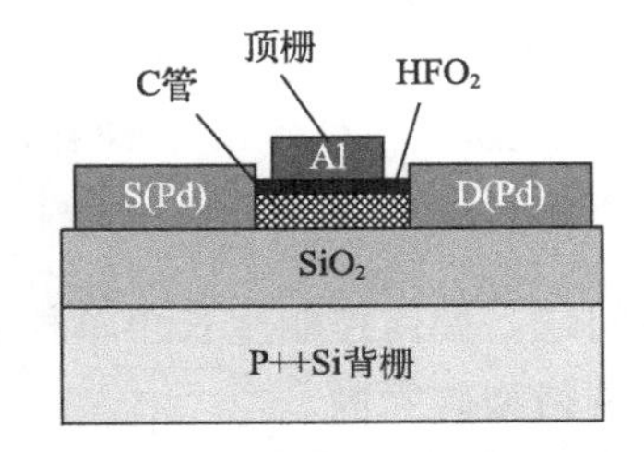

图9-41　顶栅结构CNTFET

Gerald等人结合CNT提纯、溶液的组装等技术，研制了密度为47CNTs/μm的准弹道CNT阵列场效应晶体管（图9-42）。晶体管以金属钯为源、漏电极，硅为栅极，二氧化硅为栅绝缘层。晶体管在导通状态下的饱和电流密度可达900μA/μm。

2007年，北京大学的研究人员发现低功函数金属Sc与CNT形成欧姆接触，就可实现N型碳纳米管弹道晶体管（图9-43）。在同一根CNT上分别蒸镀Pd电极和Sc电极，两个Pd电极之间的器件就是P型；两个Sc电极之间的器件则是N型。整个过程无需任何掺杂，称为无掺杂（doping free）CNT CMOS工艺，再结合高k顶栅自对准技术，就可实现CNT CMOS器件。

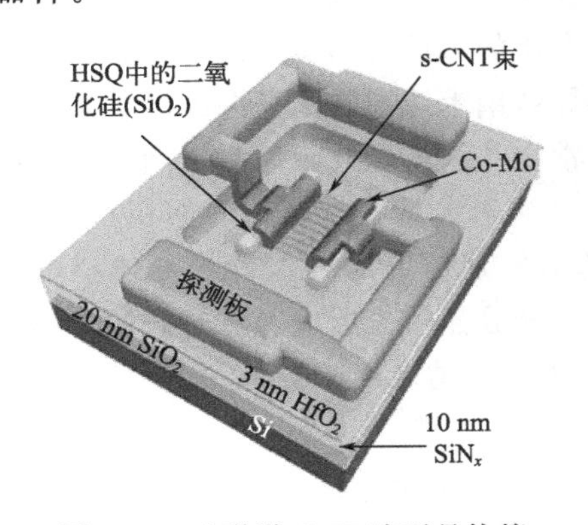

图9-42　准弹道CNT阵列晶体管

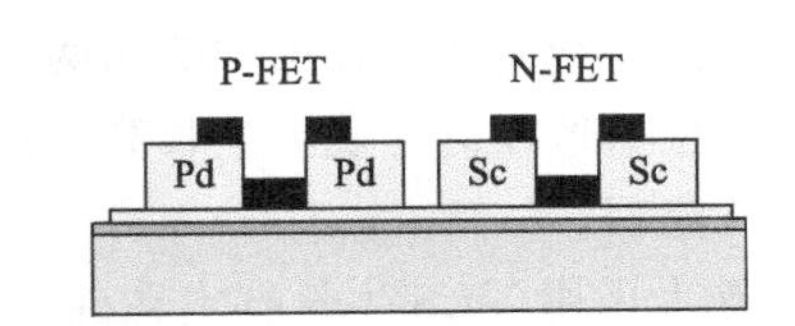

图9-43　CNT CMOS晶体管示意图

图9-44为基于碳纳米管的顺序逻辑集成电路。在该电路中，输出值不仅取决于当前的输入值，也取决于历史输入值，这使其具有存储或者记忆能力。

虽然目前碳纳米管场效应晶体管已经有诸多应用，但是仍然存在一些问题，例如：

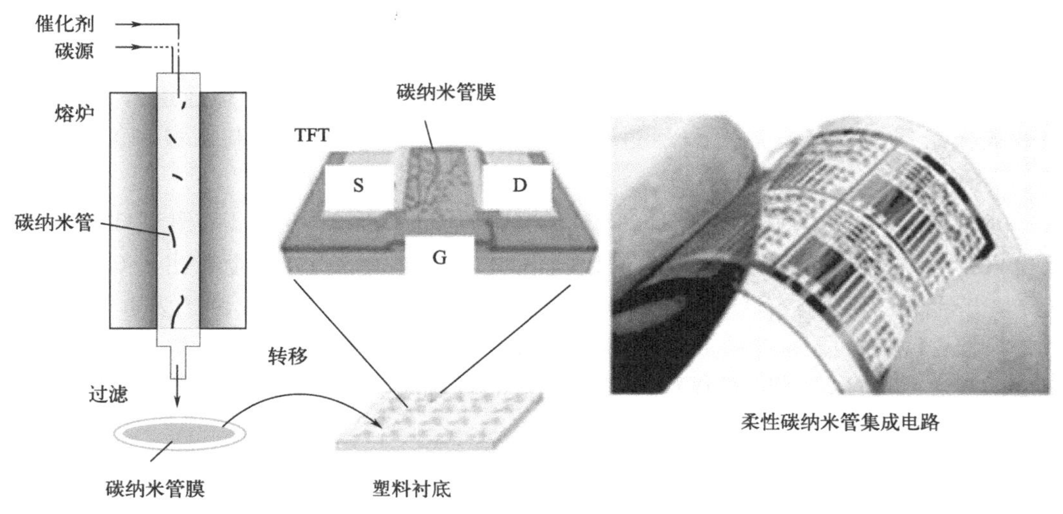

图 9-44 碳纳米管逻辑集成电路

a. 材料问题：如何控制生长出单根半导体碳管，或者提纯制备出高密度半导体碳管平行阵列和随机网络型碳管膜。

b. 接触电阻问题：CNT 中载流子平均自由程较长，属于准弹道晶体管，输出电流基本就取决于接触电阻的大小。如何降低电极与碳纳米管沟道的接触电阻，尚需进一步探索和优化。

另外，CNT 器件的标准化制备工艺，以及器件的可靠性和稳定性还有待深入研究。因此制造和控制碳纳米管的技术仍然具有一定的挑战，所以 CNT 的实用性和商业化仍然有很长的路要走。

② 半导体纳米线场效应晶体管（semiconductor nanowire field effect transistor，NW-FET） NW-FET 是一种基于纳米线结构的场效应晶体管。它由一根半导体纳米线作为通道，两个电极用于控制电荷的注入和漏出。NW-FET 的工作原理类似于传统的场效应晶体管。当在纳米线上施加一个门电压时，电场将改变纳米线中的载流子浓度，从而改变纳米线中的电导率。这样，可以通过调节门电压来控制电流的流动。与传统的晶体管相比，纳米线场效应晶体管具有更小的尺寸和更低的功耗。半导体纳米线通常由高度纯净的半导体材料制成，如硅、锗或化合物半导体。纳米线的直径通常在几纳米到几十纳米之间，而长度可以从几百纳米到几微米不等。由于其纳米尺度的特点，纳米线具有较高的表面积和较小的体积，使其具有优异的电子输运性能和电学特性。硅基上外延的ⅢA-ⅤA 族半导体材料，有良好的理化性能。而纳米线上表面和侧面两个维度都能释放晶格失配应力和热失配，不需要缓冲层就可以无位错地在硅衬底上生长高质量的ⅢA-ⅤA 族纳米线半导体材料。图 9-45 为纳米线选区生长流程。

Hou 等人采用 VLS 生长技术在硅衬底上生长 InGaAs 垂直结构纳米线，然后在乙醇中，通过超声纳米线转移技术将纳米线振落到另一个 P 型掺杂 Si/SiO_2 衬底上，成功制备了硅基ⅢA-ⅤA 族纳米线背栅晶体管。图 9-46（a），（b）为制备的水平结构 NW 背栅晶体管的单纳米线和多纳米线 FET 的 SEM 图。图 9-46（c），（d）为水平结构 NW 背栅晶体管的单纳米线和多纳米线的结构简图。

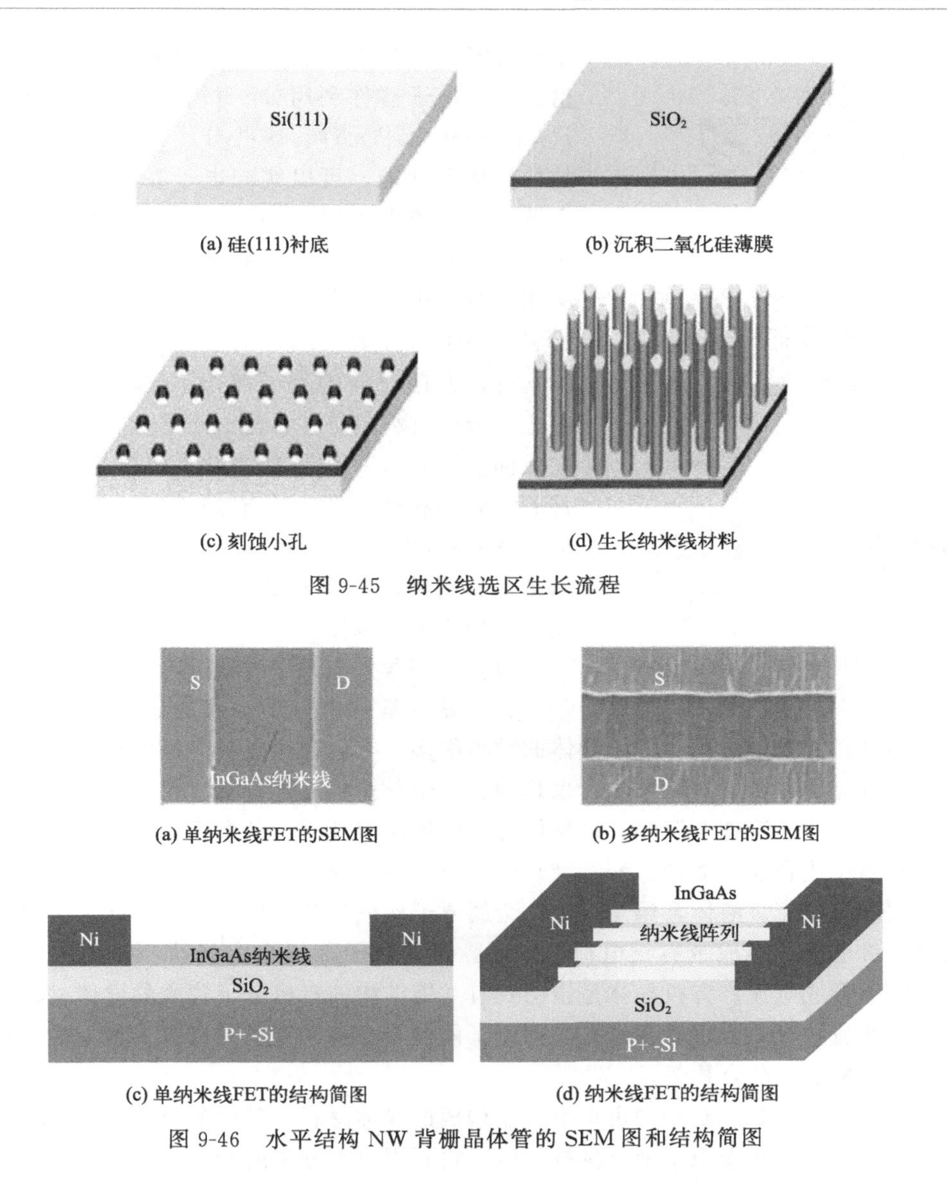

(a) 硅(111)衬底　(b) 沉积二氧化硅薄膜

(c) 刻蚀小孔　(d) 生长纳米线材料

图 9-45　纳米线选区生长流程

(a) 单纳米线FET的SEM图　(b) 多纳米线FET的SEM图

(c) 单纳米线FET的结构简图　(d) 纳米线FET的结构简图

图 9-46　水平结构 NW 背栅晶体管的 SEM 图和结构简图

2012 年，K. E. Moselund 等人报道了 InAs-Si 纳米线异质结隧道场效应晶体管。图 9-47 为模板辅助法制备 InAs-Si 纳米线异质结隧道场效应晶体管示意。

9.2.2　分子电子器件

分子电子器件是一种基于分子电子学［是指研究电学（或光学）特性可控制或可调制的有机分子材料、器件和基本构架的学科，又称分子内电子学］理论为基础的纳米器件，其具有许多独特的特点和应用潜力。其利用的分子材料是由分子组成的材料，具有特殊的电子性质和结构特点。与传统的半导体材料相比，分子材料具有更高的分子度和自组装性，可以在纳米尺度上精确控制器件的结构和性能。分子电子器件具有尺寸小、能耗低、速度快和可扩展性强等优点，其电/光特性是由有机分子结构本身决定的。分子电子器件比固体纳电子器件更容易制出成本较低的亿万个几乎完全等同的纳米量级的器件，具有广阔的应用前景，在

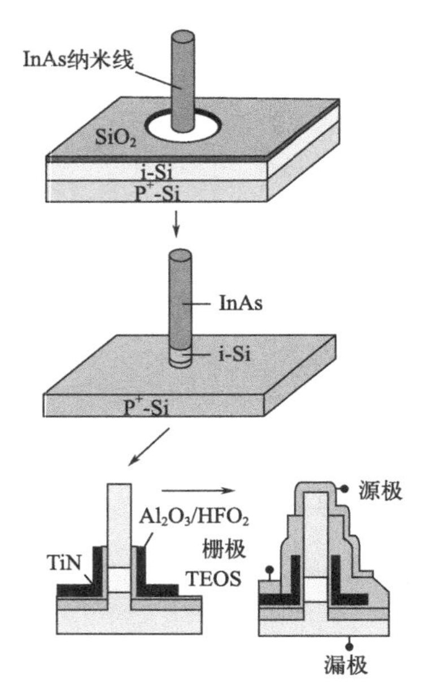

图 9-47 模板辅助法制备 InAs-Si 纳米线异质结隧道场效应晶体管

信息技术、生物医学、能源等领域具有重要的应用价值。分子电子器件利用分子材料的特殊性质，在纳米尺度上构建电子元件。这些分子材料通常具有高度可控的结构和性能，可以实现电子在分子层面上的传输和调控。分子电子器件的工作原理主要包括分子级电子传输、分子级电荷转移和分子级界面效应等。目前，常用的分子电子器件制备方法包括化学合成、分子自组装、力学可控劈裂结、纳米蚀刻技术和扫描探针显微术等，根据设计的分子结构不同，选用不同的制备工艺。分子自组装是一种通过分子之间的相互作用力，在表面上形成有序结构的方法，可以实现分子电子器件的组装和构筑。化学合成则是通过有机合成化学反应合成具有特定结构和性能的分子材料。纳米蚀刻技术则是利用纳米技术对分子材料进行加工和处理，实现器件的制备和调控。

(1) 分子导体与分子导线

分子导体是指由分子组成的导体材料，其中的分子可以自由移动并携带电荷。分子导体的种类很多，它们普遍具有离域的 π 共轭体系。另外碳纳米管具有完美的延展对称结构，也是构成分子导体的一种重要材料。常见的分子导体包括溶液中的电解质、液体金属和有机导体等。电解质溶液是一种常见的分子导体，它由可溶解于水中的离子化合物（如盐、酸、碱）所构成。在溶液中，这些离子能够自由移动并携带电荷，从而形成电流。液体金属是一种由金属原子构成的分子导体。在液体金属中，金属原子失去部分价电子，形成带有正电荷的离子。这些离子能够自由移动，并且由于金属的特性，它们能够形成电流。有机导体是指由具有共轭结构的有机分子构成的导体材料。这些有机分子中存在着共轭的 π 电子系统，使得电子能够自由移动并携带电荷。常见的有机导体包括聚合物、有机金属化合物等。

分子导线（图 9-48）是一种由单个分子构成的导体材料，其中的分子能够传输电荷并形成电流。分子导线的概念源于纳米科技领域，它利用单个分子的导电性质来实现电子传输和电子器件的功能。然而，由于分子导线的制备和操控较为困难，以及导电性能的限制，目前分子导线的应用还处于探索阶段，并且还需要进一步研究和发展才能实现其在实际电子器件中的应用。

1997 年，M. A. Reed 等人首次测得了对苯分子的伏安特性曲线，证明了有机分子的导电性（图 9-49）。分子导线是分子器件间及分子器件与外部间连接的纽带，它起到传输信息的作用。

构筑分子器件的基本思想是将功能分子镶嵌在两电极之间，形成电极-分子-电极的纳米连接，通常使用金属作为电极。这称为分子的电极连接（图 9-50），分子的电极连接是指将分子与外部电路中的电极连接起来，以实现电流的传输和测量。这是在分子电子学和纳米电子学研究中非常重要的一步，因为它能够将分子的导电性质与外部电路相连接，从而实现对分子的电学性质的测量和控制。

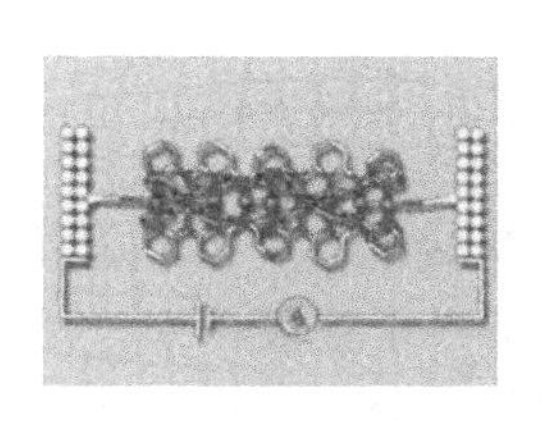

图 9-48　分子导线

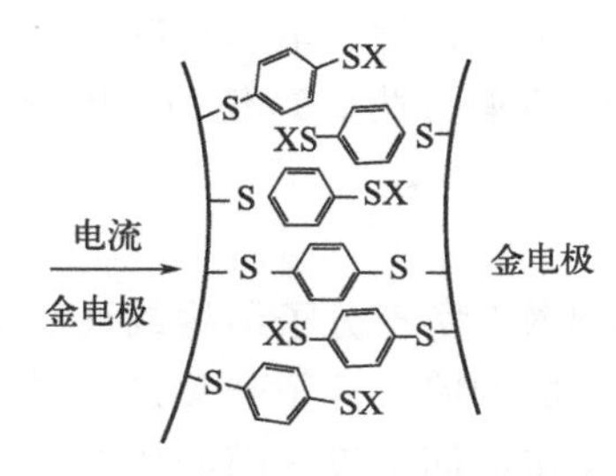

图 9-49　有机分子的导电性

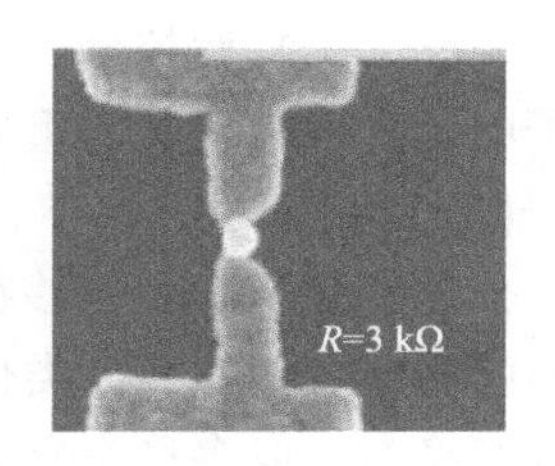

图 9-50　分子的电极连接

形成金属-分子-金属器件的方式有两种：一种是自上而下式，包括电子束刻蚀、聚焦离子束刻蚀（FIBL）、机械可控断结（MCBJ）技术和电迁移技术等；一种是自下而上式，包括金属有机化合物化学气相沉积、扫描探针显微技术、分子自组装合成法及纳米压印刻蚀（NPL）技术等。

其中，机械可控断结技术是将刻有凹痕的细金丝固定于柔性基片上，再浸入待测分子溶液中，通过压电陶瓷等使之断裂，分子进入此可控纳米间隙，自组装形成分子结。分子组装也可通过将装置浸在目标分子气氛中，或在裂隙形成后滴加待测分子溶液完成。图 9-51（a）和图 9-51（b）分别为 MCBJ 技术的示意图和电镜图像。其基本原理是：将两个金属电极通过纳米尺度的断裂和接触控制分子之间的电导通道。通常，两个金属电极通过微纳加工技术制备，并且在分子导体上形成断裂和接触。然后，通过拉伸或压缩金属电极，可以控制金属电极之间的距离，从而调控分子导体的电传输性质。

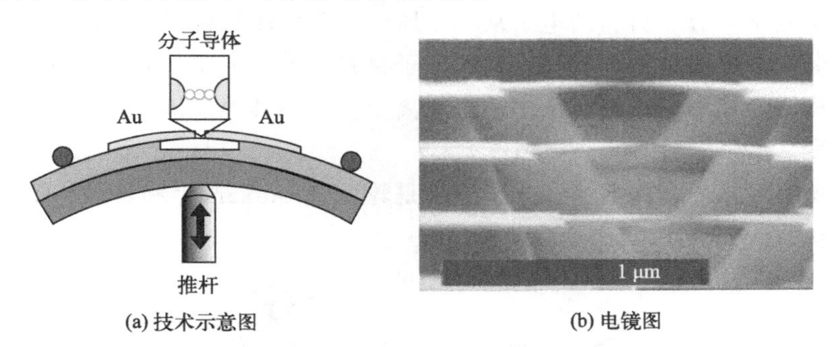

(a) 技术示意图　(b) 电镜图

图 9-51　MCBJ 技术示意图和电镜图

MCBJ 技术主要特点包括：

a. 可控性：通过机械手段可以精确控制金属电极之间的距离，从而控制分子导体的电传输性质。

b. 高灵敏度：MCBJ 技术可以实现对分子导体电输运性质的高分辨率测量，能够检测到单分子水平的电导变化。

c. 可逆性：通过调节金属电极之间的距离，可以实现分子导体的断裂和接触的可逆性，从而进行多次测量和调控。

MCBJ 技术是一种用于研究分子导体电输运性质的方法。它通过机械拉伸金属电极来控制分子间的断裂和接触，从而实现对分子导体的电学测量和调控。MCBJ 法具有电极间距和接触面积可控、重现性较好的优点；但也存在电极材料的选择受限于其延展性问题。MCBJ 技术在研究分子导体的电输运性质、分子电子学和纳米电子学等领域具有广泛的应用。它可以用于测量分子导体的电导、电流噪声、能级结构等电学性质，并且可以通过外部手段（如电压、温度等）调控分子导体的电传输行为。这使得 MCBJ 技术成为研究分子电子器件和分子电子学基础研究的重要工具。

(2) 分子开关

分子开关是一种能够在外部刺激下实现分子结构或性质可控转变的分子器件。它可以在不同的状态之间切换，类似于开关的功能。分子开关是分子电路中的一个控制单元，是一个具有双稳态（或多稳态）的分子连接在两电极之间的体系。其中双稳态分子是指在外界条件（温度、电场、磁场、光照、压力等）发生变化时，分子的导电能力可在低导态与高导态之间进行可逆转换，从而实现电路的通断。分子开关要求双稳态分子：在室温快速转变（跃迁）；临界外界条件明显；转变前后电导率变化大；转变时间短；在常温下使用时，材料性能不变。分子开关的机理可以通过不同的外部刺激导致分子结构或性质的改变来实现开关的转换。能够实现分子开关效应的分子主要是：有机共轭分子、多重键分子、光敏型分子、金属配合物及富勒烯分子。分子类型不同，开关机理也有差异，主要的开关机理有以下几种：分子几何结构变化；分子内化学键开和关；分子与电极之间化学键发生随机连接或断开；分子吸附构型的变化；分子带电状态在电极和外场调制下的改变。

双稳态分子材料是指具有两个或多个稳定电荷分布状态的分子材料。这些分子材料可以在外部刺激下从一个稳定状态转变到另一个稳定状态，实现电荷分布或电子结构的改变。双稳态分子材料通常具有可逆性、可控性和可调性等特点，因此在分子电子学和纳米器件等领域具有广泛的应用前景。双稳态分子材料的转变机制多种多样，其中一种常见的机制是电荷转移。在这种机制下，分子材料的电子从一个原子或基团转移到另一个原子或基团，从而改变分子的电荷分布和电子结构。例如，某些分子材料在受到电压或光照射时，电子可以从一个配体转移到中心金属离子，或者从中心金属离子转移到其他配体上，从而实现电荷转移和分子结构的改变。

目前人们研究较多的两类双稳态分子分别是轮烷（rotaxane）和索烃。图 9-52 所示分别是轮烷、准轮烷（pseudorotaxane）、索烃。

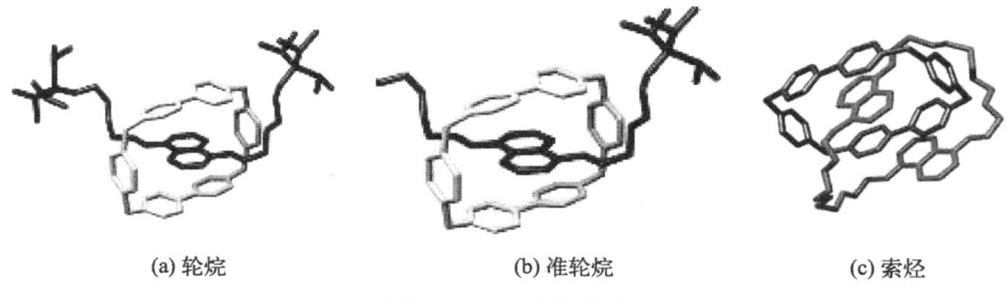

(a) 轮烷　　(b) 准轮烷　　(c) 索烃

图 9-52　双稳态分子

轮烷是环状分子和链状分子的集合，链分子作轴穿过环分子的空腔，且其两端体积较大阻止了环分子的滑出，从而形成稳定的轮烷结构。若链分子的一端或两端没有较大体积的停止集团，不能阻止环分子滑出的被称为准轮烷。

索烃含有多个微小而互扣的原子环，但每个环之间不被任何价键力连接。其中电驱动索烃分子开关（图 9-53），氧化态与还原态存在能级差别。在还原态时，电子可越过势垒，发生共振隧穿效应，从而导电；在氧化态时，不发生共振隧穿效应，具有高阻，从而实现开关功能。

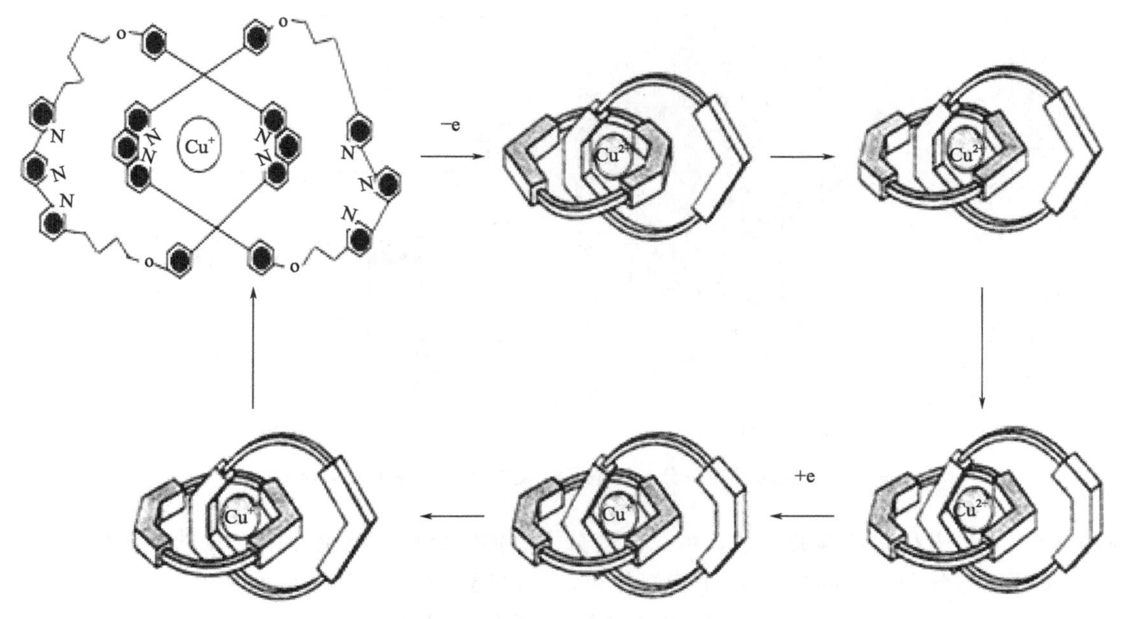

图 9-53　电驱动索烃分子开关机理示意图

二芳烯衍生物是重要的光致变色化合物，在吸收了不同波长的光照后，发生开环体与闭环体之间的可逆性相互转化，同时会伴随着导电性等其他物理性质的变化（图 9-54），是重要的分子开关材料。

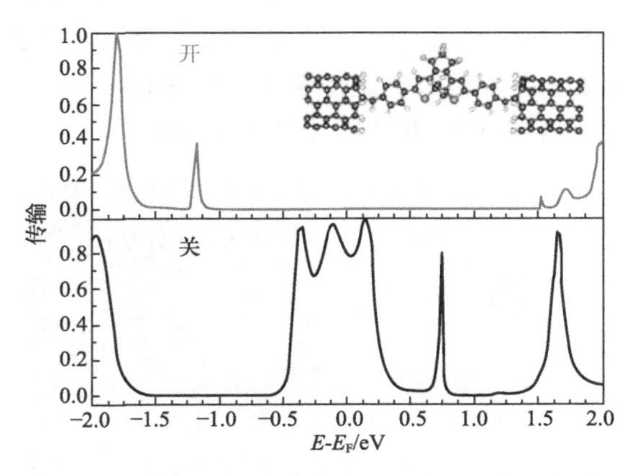

图 9-54　光敏型二芳烯分子结的零偏压隧穿函数曲线

郭雪峰课题组以石墨烯为电极，设计合成了结构改进的二芳烯分子，并引入亚甲基基团，构建了高稳定性双向可逆单分子光电子开关。图 9-55 所示分别为双向可逆单分子光电子开关的开关机理图和响应图。

双稳态分子材料的设计和合成是一个复杂的过程，需要考虑分子结构、电子能级、电荷转移机制等因素。此外，对于双稳态分子材料的性能和应用的研究还处于探索阶段，需要进一步研究和发展才能实现其在实际器件中的应用。

(3) 分子整流器

分子整流器（molecular rectifier）是一种能够将电流在分子尺度上进行方向选择性传输的器件。它基于分子电子传输现象中的非线性效应，通过设计和合成特定的分子结构来实现电流的整流功能（图 9-56）。

分子整流器的工作原理类似于传统的电子整流器，它利用分子内部的电子能级结构和电子-电子相互作用来控制电流的流动方向。一般来说，分子整流器由两个电极（阳极和阴极）和一个分子桥接层组成。当外加电压施加在整流器上时，电子会从一个电极进入分子桥接层，然后受到分子内部电子-电子相互作用的影响，最后从另一个电极流出。

分子整流器的性能主要受到两个因素的影响：分子的能级结构和电子-电子相互作用。

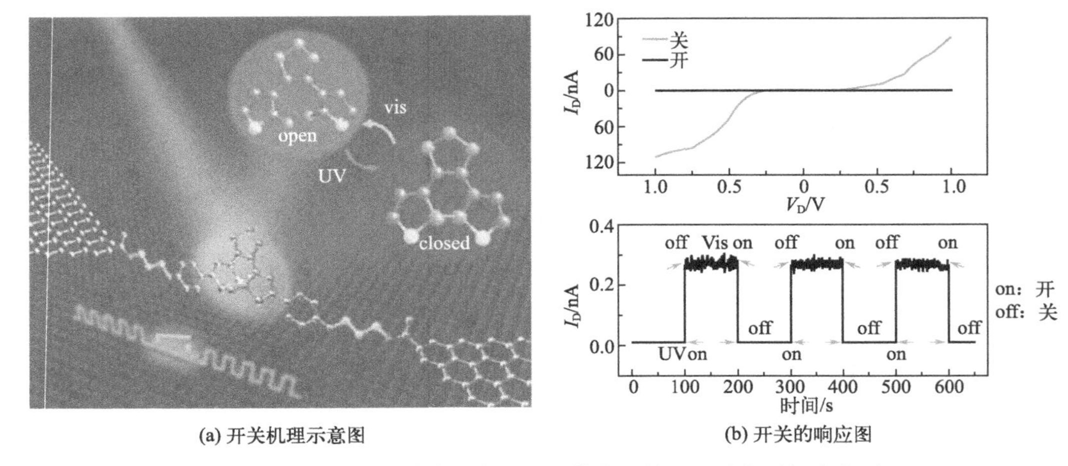

(a) 开关机理示意图 (b) 开关的响应图

图 9-55 双向可逆单分子光电子开关的开关机理示意图与响应图

调节分子的结构和化学键的特性，可以改变分子的能级结构，从而影响电流的整流性能。此外，通过控制分子内部的电子-电子相互作用，可以调节电流的传输效率和整流比。

1974 年，Aviarm 和 Ratmer 提出分子整流概念，理论设计了 D-σ-A 型（也称为 RA）模型（图 9-57）：D 端代表富电子给体，A 端为缺电子受体，两者通过中间的 σ 饱和共价桥连接，由于 σ 桥产生了较大的传导势垒，往往导致分子结的导电能力较弱。分子本身可以实现类似 PN 结的整流特性。一般来说，分子器件的整流性质可以归结于分子本身的非对称性，或者分子-电极接触的非对称性。

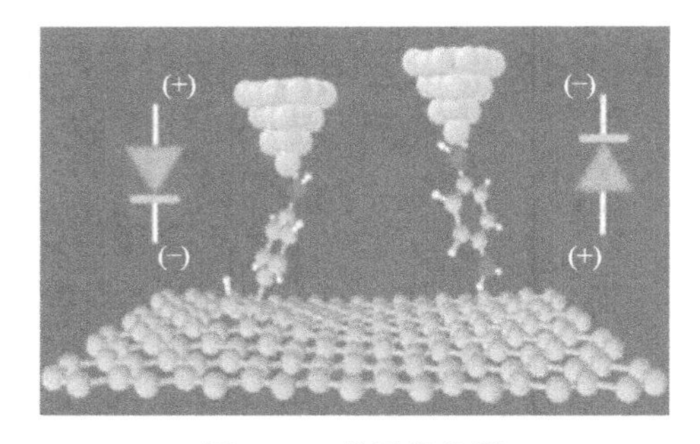

图 9-56 分子整流器

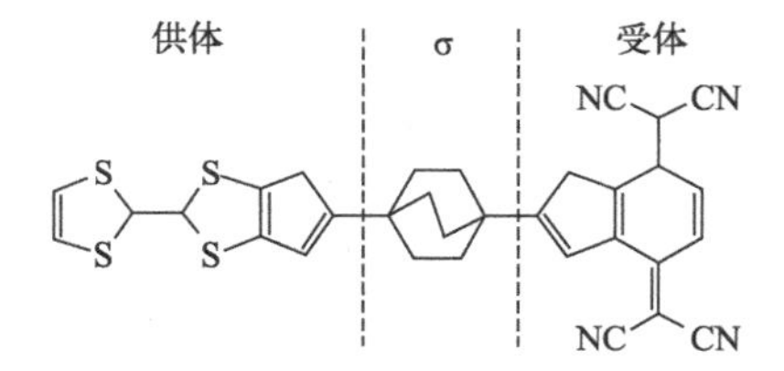

图 9-57 RA 模型

2005 年，Ho 等人第一次合成了基于四硫富瓦烯和三硝基芴，通过 σ 键相连的 AR 分子模型整流器，并通过力学可控劈裂结技术测量了分子结的 *I-V* 曲线。分子结的整流效应源于分子自身的偶极性；伏安曲线中的平台特性来自于分子内部电子结构的变化。

实验及理论工作者提出了以下三种类型的非对称具有整流性质的分子：D-σ-A 分子、D-π-A 分子、D-A 分子。

图 9-58 为复旦大学自行合成的两种 D-π-A 型整流分子：MR-1 和 MR-2。

当以铜为底电极，吸附 MR-1 分子后，再制备银作为顶电极，可以构成 Cu/MR-1/Ag 夹层结构的器件。实验测得该器件的整流比可达 10000。M/MR-X/M（M 为 Ag 或 Cu）的整流比可达 100。

2009 年，Chen 等人在化学刻蚀的 Au-Pt 电极间隙中自组装了硫醇作末端的 OPE 分子，对该 Au-OPE 分子-Pt 异质结进行电荷输运特性的测量，发现它具有明显的整流行为。图 9-59 所示分别为 Au-OPE 分子-Pt 异质结示意图和 *I-V* 特性曲线。

基于分子和电极接触的不对称构成的分子整流有三种类型：不同电极材料造成的接触不对称；分子和电极接触构型的不对称；分子不同末端基团导致的接触不对称。

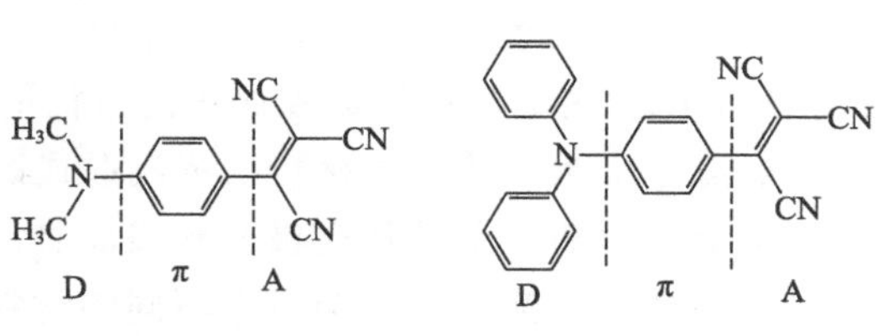

(a) MR-1　　(b) MR-2

图 9-58　D-π-A 型整流分子

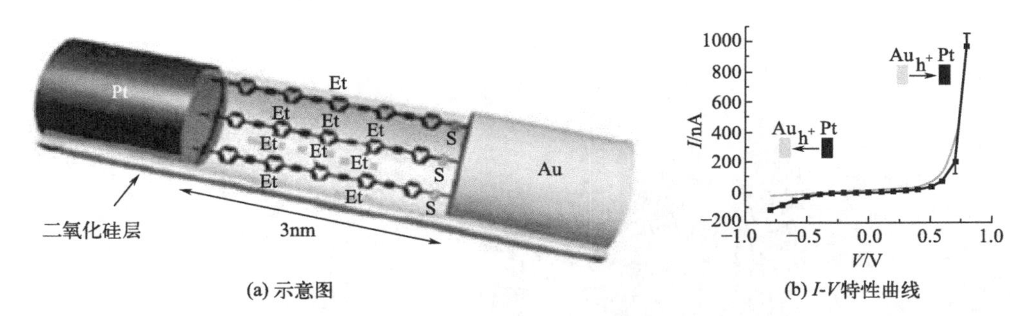

(a) 示意图　　(b) *I-V* 特性曲线

图 9-59　Au-OPE 分子-Pt 异质结示意图和 *I-V* 特性曲线

(4) 交叉结构和分子存储电路

分子存储电路的交叉结构指的是将分子作为存储单元，通过交叉连接来实现数据的存储和读取。这种结构可以用于构建分子级别的存储器和逻辑门阵列。在分子存储电路中，每个分子都表示一个位（0 或 1），通过对分子的操控来改变其状态。交叉结构则是将多个分子按照一定的排列方式连接在一起，形成一个二维阵列。

具体来说，交叉结构通常由两个交叉的导线网格组成，一个用于行线（rowlines），另一个用于列线（columnlines）。每个分子都位于一个行线和一个列线的交叉点上。当要写入数据时，通过控制行线和列线的电压，可以选择一个特定的分子进行写入操作。而当要读取数据时，通过控制行线和列线的电压，可以将选中的分子状态传递到输出线上，从而实现数据的读取操作。

HP 公司早在 2003 年就在 $1\mu m^2$ 芯片上制备出了 8×8 的纳米交叉阵列（图 9-60），其工艺如下：

a. 在 Si/SiO_2 上电子束光刻和 RIE 得到纳米压印模版。

b. 压印得到下电极图形，蒸镀金属和剥离得下电极。

c. 采用 LB 法生长单层分子膜。

d. 再蒸镀一层很薄的 Ti 作为保护层。

e. 采用压印方法得上电极。

交叉结构的好处是可以实现高密度的存储和并行操作。由于分子之间的距离很小，因此可以在很小的空间中存储大量的数据。而且，由于每个分子都可以独立操控，所以可以同时对多个分子进行操作，能提高数据的读写速度。

交叉器件和电路中间夹层的分子膜采用 SAMs、LB 膜、蒸镀膜。交叉电路电极的工艺流程一般为：

a. 光刻：在电极材料上涂覆光刻胶，然后使用光刻机将光刻胶曝光和显影，形成光刻胶的图案。这个图案将定义出电极的形状和尺寸。

b. RIE：去除未被光刻胶保护的电极材料，形成所需的电极结构。

c. 蒸镀金属：将金属材料以蒸汽形式沉积到基底表面上。

d. 剥离：将光刻胶从电极材料表面剥离或去除。

具体的工艺流程可能会根据不同的材料和设备有所差异。

将本身具有存储作用的双稳态分子和具有整流作用的有机分子相串联，再与上下交叉电极相连就能构成分子存储电路。当存储器以最简单的交叉线形式出现时，如果没有整流分子，则将出现误读。图 9-61 为分子存储电路的示意图。

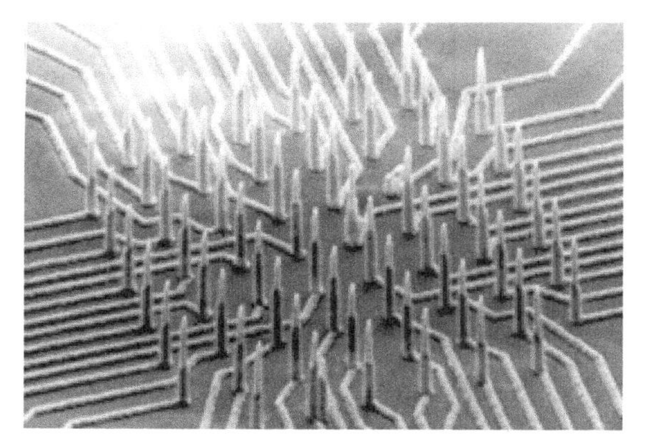

图 9-60 8×8 的纳米交叉阵列

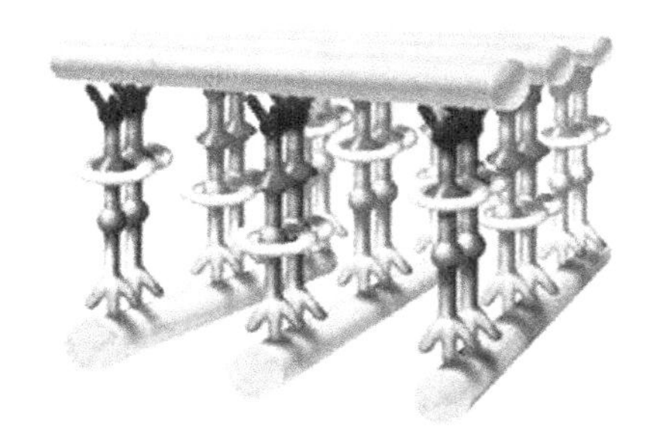

图 9-61 分子存储电路示意图

在 2008 年，中科院微电子所研制出国内首个 256 位分子存储器电路。见图 9-62。

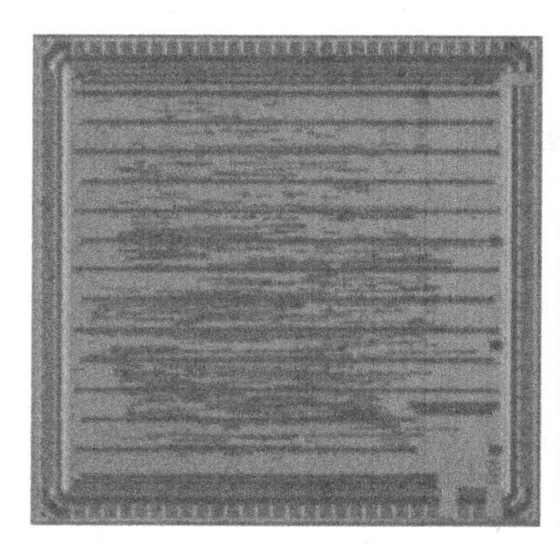

图 9-62 256 位分子存储器电路

分子存储电路的研究和发展仍处于早期阶段，目前面临一些挑战。例如，如何实现分子存储单元的高稳定性和长寿命，如何实现高速的数据读写操作，以及如何集成大规模的分子存储单元等。然而，分子存储电路的潜力巨大，有望为未来的存储技术提供一种新的解决方案。

9.2.3 纳米光电器件

纳米光电器件是基于纳米材料与结构，在传统光学器件、光电子器件基础上发展起来的具有新功能、高性能的光电器件。纳米光电器件应用广泛，种类繁多，如发光二极管、纳米激光器件、光电探测器件、纳米光伏器件等，已被应用于照明、通信、分析、医疗等多个领域。

本小节仅介绍在纳米半导体材料的基础上发展起来的发光二极管、纳米半导体激光器、纳米太阳电池。

(1) 发光二极管

发光二极管（light emitting diode，LED)，是一种新型的电光转化半导体器件。其核心是 PN 结，当在 PN 结两端注入正向电流时，电子和空穴就会复合，能量以光子形式放出（图 9-63)。

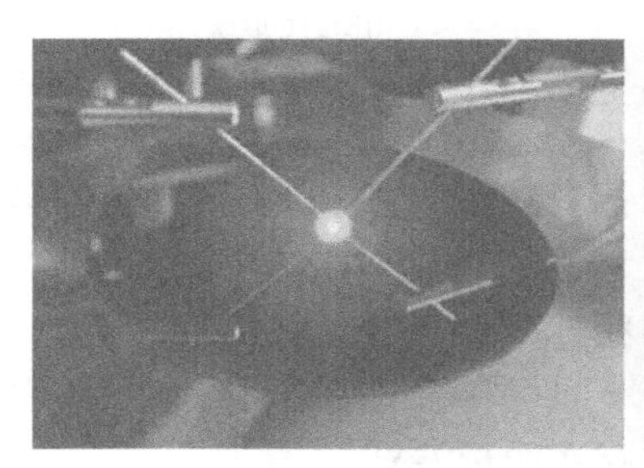

(a) 硅基蓝光LED

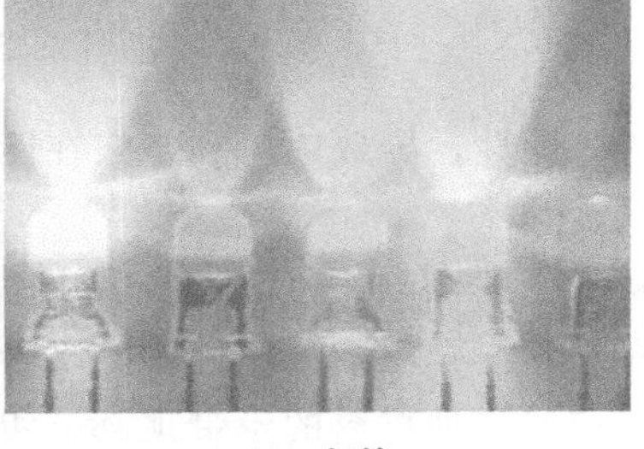

(b) 二极管

图 9-63　发光二极管

LED 特点：发光是自发辐射过程，光谱较宽、线性好、温度特性好、耦合效率低。目前，已实用化的 LED 多为ⅢA-ⅤA 族直接带隙化合物半导体多层膜量子阱结构。近年来，有优异光电性ⅡB-ⅥA 族化合物半导体纳米线 LED 成为人们又一研究热点。

Ga 基 LED：普遍使用蓝宝石为衬底，采用 MBE、MOCVD 技术制备 GaN/In GaN/GaN 超晶格结构。电子被俘获在阱内，当外加电场时，阱内电子被激发，产生发光效应。调控 InGaN 量子阱宽度，即控制膜厚，可发出蓝光、绿光、黄光。

ZnO 纳米线 LED：ⅡB-ⅥA 族的 ZnO 禁带宽度较大（337eV)，带边发光峰在近紫外区域；激子束缚能较高，为 60meV，在室温下 ZnO 可实现激子的发光；其纳米线具有完善的单晶结构。因此，其成为制备纳米线发光器件的首选材料。ZnO 纳米线 LED 通常以 Si、蓝宝石、GaN 为衬底，可采取气相法、液相法、模板法等进行制备。可采取水热合成法，即反应剂为 Zn $(NO_3)_2$ 和 CH_3NH_2 水溶液，通过调控溶液配比、温度等，就可在硅等衬底上得到 ZnO 纳米线（图 9-64)。

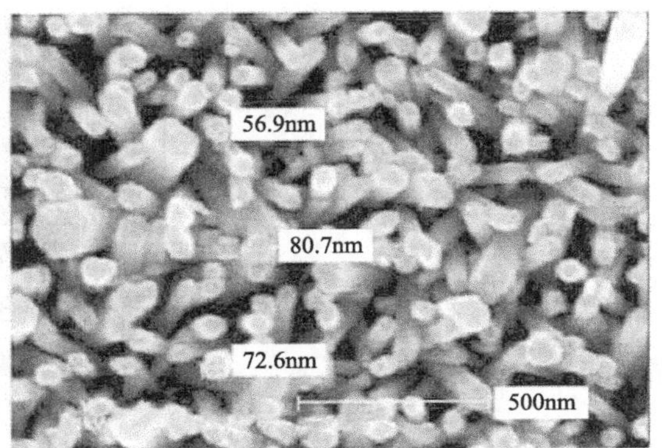

图 9-64　ZnO 纳米线阵列的 SEM 图

ZnO 纳米线 P-Si 异质结 LED：由于水热合成 ZnO 通常存在氧空位，这会在 ZnO 的禁带中引入施主能级，使得本征 ZnO 成为 N 型半导体。当在发光二极管上接正向电压时，可稳定地发射波长在 387nm 的较强的近紫外光和较弱的绿光。有两种 ZnO 纳米线发光二极管：一种是经过聚合物填充的 In 阴极电极；另一种是以 ITO 玻璃紧压形成阴极电极（图 9-65)。

异质结是由两种或更多种不同材料组成的界面结构。在异质结中，由于材料的不同，产

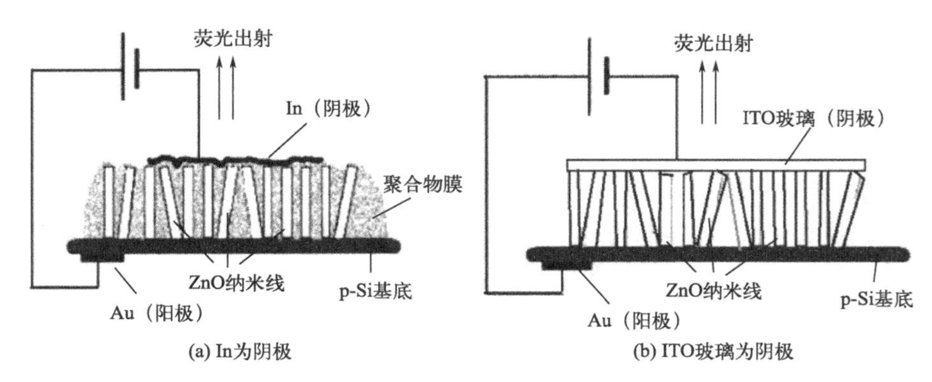

图 9-65　两种发光二极管结构示意图

生了能带结构的差异性，导致电子和空穴在能带边界处发生能级对齐，从而形成带有电荷分离和堆积的区域。

异质结的发光原理可以通过以下步骤来解释：

a. 能带结构差异：异质结由两种或更多种不同材料的能带结构组成，其中，至少有一种材料的导带底部和另一种材料的价带顶部能级存在能量差异。

b. 载流子注入：当向异质结中施加外加电压或激励异质结时，电子从能带高的区域进入能带低的区域，形成电子注入的载流子。

c. 电荷重新组合：在异质结界面附近，由于能带对齐的差异，电子和空穴会被局限在一定区域内，形成电荷分离和堆积的区域。这些电子和空穴之间发生复合，释放出过量的能量。

d. 发光：当电子和空穴复合时，其释放出的能量以光的形式发射出来。这是由于载流子复合过程中能级差异引起的能量释放。

通过选择不同的材料组合和优化结构设计，可以实现不同波长范围内的发光。例如，氮化镓（GaN）和砷化镓（GaAs）的异质结可以实现蓝光发射，而磷化铟镓（InGaP）和砷化铟镓（InGaAs）的异质结可实现红光发射。

下面是异质结发光原理的图示。加正向偏压时，势垒降低。由于 P 区和 N 区的禁带宽度不等，势垒不对称。当两者的价带达到等高时，P 区的空穴不断向 N 区扩散，保证空穴向发光区的高注入效率，N 区发光（图 9-66）。

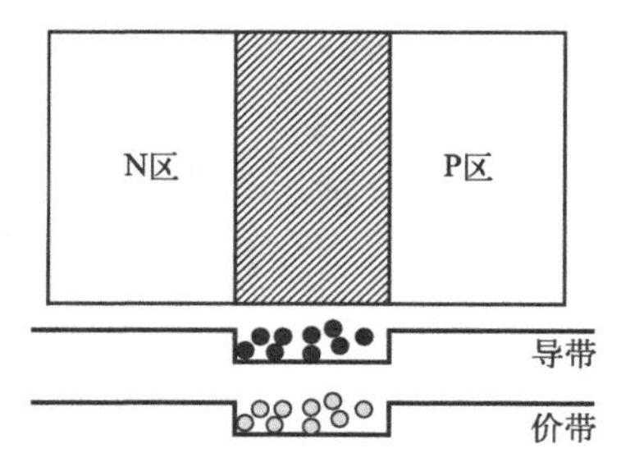

图 9-66　异质结发光原理

(2) 纳米半导体激光器

自 1979 年贝尔实验室制造出了实用化的半导体激光器（LD），载流子被限制在几百纳米的二维量子阱中运动。由此低维的半导体激光器取得了飞速发展。一方面激光器的尺度不断缩小，20 世纪 80 年代出现了一维的量子线激光器，20 世纪 90 年代开始研制零维的量子点激光器（图 9-67）；另一方面激光的光强不断提高，门电流密度不断降低，而热稳定性也在提高。半导体激光器是光学通信、光学存储、激光印刷、激光医疗等方面的重要光源。在信息科技等领域占据举足轻重的地位。激光的产生也是基于电子与空穴复合或电子由高能级向低能级跃迁，释放的能量以光子形式辐射。两能级必须要形成粒子数翻转，发生受激辐射，使光增强；且辐射必须是相干的，增益至少不小于损耗。在给定的注入载流子浓度下，低维结构激光器可以获得更高的光学增益。半导体激光器与 LED 材料、结构相似，但有谐振腔，发射功率较高、光谱较窄、直接调制带宽较宽。

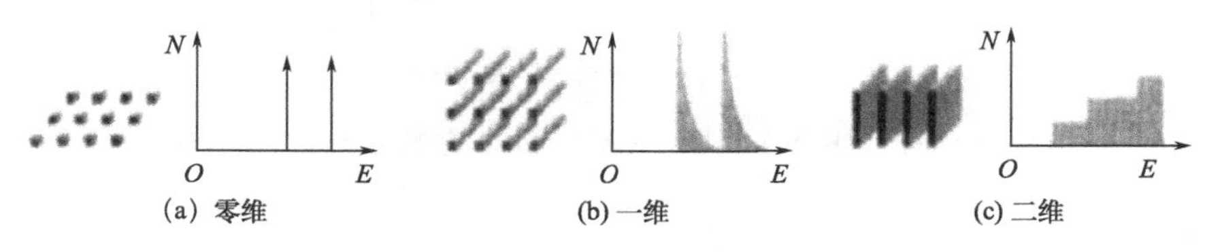

图 9-67　电子态密度

① 硅衬底 GaN 基激光器　以 AlN/AlGaN 为缓冲层结构，能有效减小晶格失配，降低材料中的缺陷密度，还能抑制因热失配引起的 GaN 的龟裂（图 9-68）。激射波长为 413nm，阈值电流密度为 $4.7kA/cm^2$。

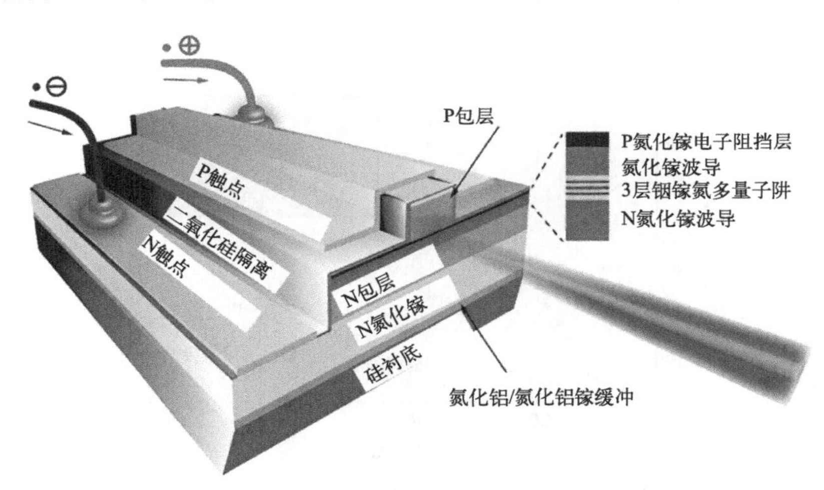

图 9-68　硅衬底 GaN 基激光器

② 量子级联激光器　量子级联激光器（quantum cascade laser，QCL）是一种基于半导体耦合量子阱子带间电子跃迁的单极性半导体激光器（图 9-69）。QCL 有以下特点：

a. 激光波长由耦合量子阱子带间距决定，可实现波长的大范围剪裁（2.65～300μm）。

b. 有源区由多级耦合量子阱模块串接组成，可实现单电子注入的倍增光子输出，从而获得大功率。

c. 受激发射过程发生在子带间，其是一种超高速响应的激光器。

③ 紫外激光泵浦 ZnO 纳米线激光　紫外激光泵浦 ZnO 纳米线激光是一种利用紫外激光作为泵浦光源来激发 ZnO 纳米线材料产生激光辐射的技术（图 9-70）。

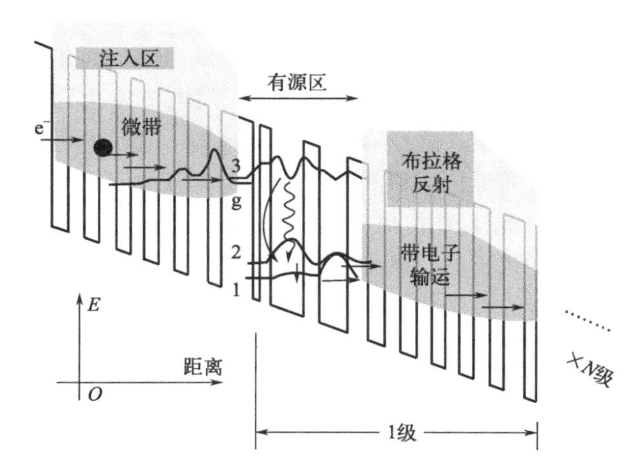

图 9-69 正向偏压下 InGaAs/InAlAs QCL 有源区导带能级示意图

其有以下特点：

a. 采用 CVD 法合成单晶 ZnO 纳米线，长度 3～23μm，直径 100～375nm。

b. 将 355nm 激光导入单根纳米线中，利用 CCD 捕获纳米线端面的发射光。

c. 当泵浦强度大于 $300kW/cm^2$ 时，纳米线发射光谱收窄到 385～390nm 之间。

d. 纳米线激射谱线的光强比自发辐射的强度大几个数量级，且输出功率与激发强度呈线性关系。

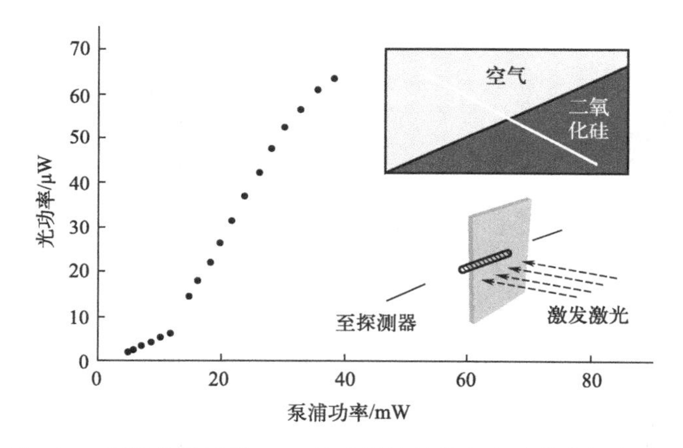

图 9-70 用紫外激光沿 ZnO 纳米线的长度方向对其进行光泵浦

④ 量子点激光器（QDLD） QDLD 由激光母体材料和组装在其中的量子点，以及激发泵源所构成［图 9-71（a）］。1992 年首次报道了单层 InGaAs/AlGaAs 量子点结构 LD，室温激射阈值电流密度为 $950A/cm^2$。马普固体所研制了 InP/GaLnP，采用 MBE 将直径 15nm、高 3nm 的 LnP 量子点镶嵌在宽带系的 GaLnP 层上，形成谐振腔 QDLD。室温工作时，用绿光激发发光。QDLD 的困难是量子点尺寸的离散和密度的控制，最有前途的工艺是自组织量子点阵合成技术，图 9-71（b）是量子点透射电子显微镜像。

(3) 纳米太阳电池

太阳电池基于半导体 PN 结光伏效应进行光电能量转化。当阳光照射到 PN 结上时，吸

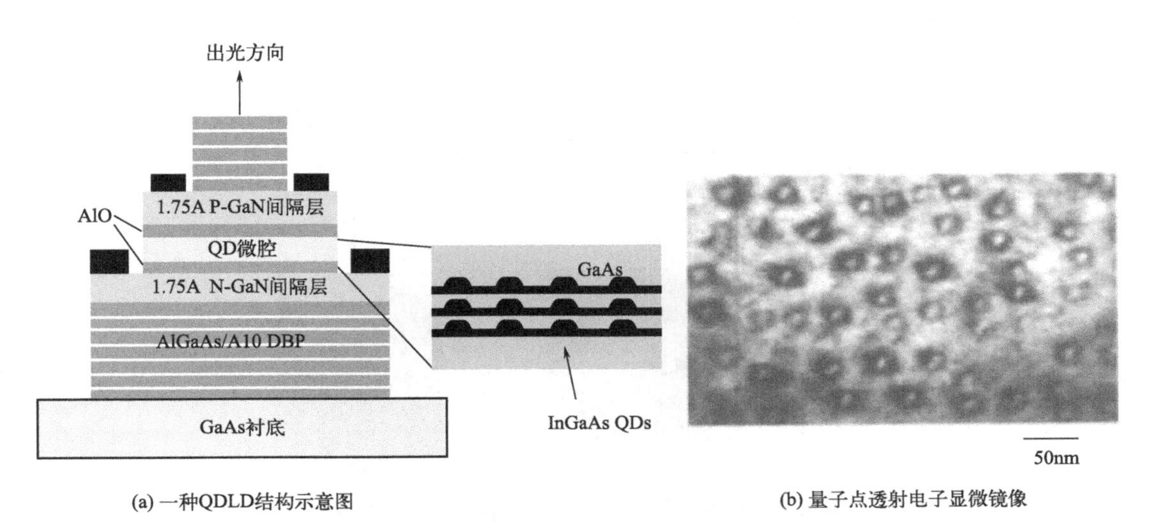

图 9-71　量子点激光器

收光子产生电子-空穴对，受内部电场的吸引，电子流入N区，空穴流入P区，从而产生光生电动势（图9-72）。能量转换效率是标志太阳电池性能的一个重要指标。更低廉的价格、更高的稳定性是其追求的目标。硅基太阳电池制造工艺最为成熟，其单晶硅太阳电池的实验室转换效率已高达25%。但硅原材料成本较高。当前低成本的氧化物半导体纳米膜、纳米线太阳电池，以及染料敏化太阳电池成为开发的热点。

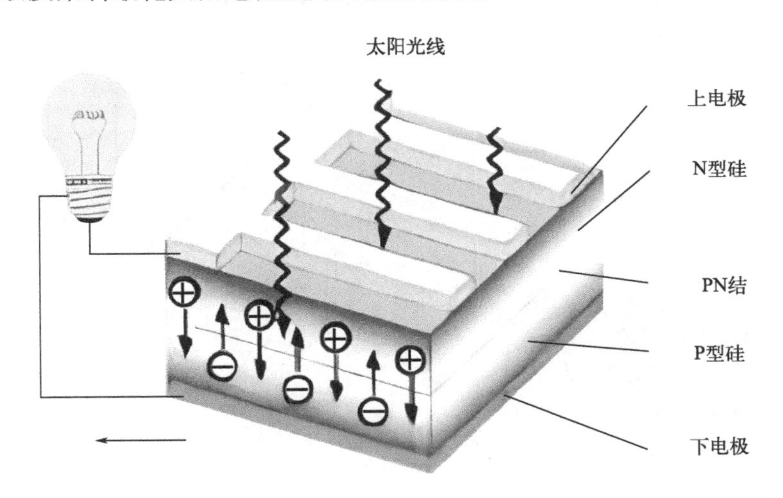

图 9-72　纳米太阳电池

① Cu_2O/ZnO 异质结太阳电池　主要有平面结构和纳米线/纳米棒结构（图9-73）。主要有以下优势：Cu_2O 原材料丰富，对环境友好，是开发低成本，高性价比全氧化物纳米太阳电池的首选材料。天然 Cu_2O 因存在Cu空位呈现P型半导体特性。掺杂Si、Ga、Ni等元素可实现P型掺杂。ZnO纳米线能明显提高器件的光学吸收利用，同时有效抑制电荷复合。

② 碳纳米管光伏电池　将高功函数Pd作为漏极，低功函数Al作为源极，与半导体型SWCNT焊接，并选择合适的栅绝缘层厚度、栅压等器件参数，可导致在整根SWCNT中形成强内建电场，能高效分离光生电子-空穴对，显示良好的光伏效应（图9-74）。在太阳光照

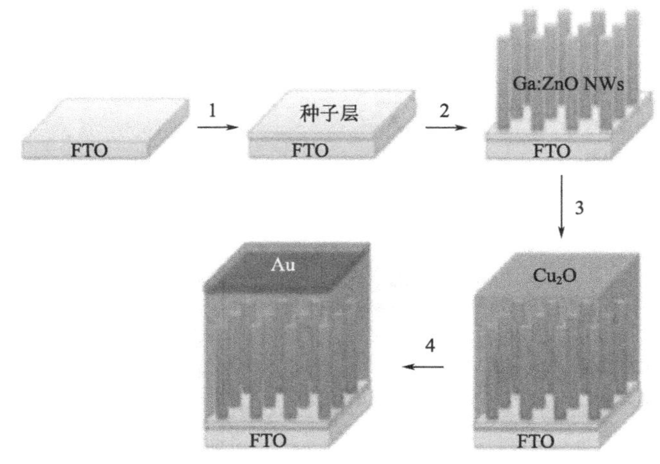

图 9-73 采用全电化学沉积技术制备 P-Cu_2O/N-ZnO 纳米线太阳电池

射下，器件可获 0.31V 开路电压，光电流响应时间只有 90ms，可用作太阳能光伏微电池。该器件样品已实现 12.6%的内部功率转换效率，理论效率可达 60%。

③ 染料敏化太阳电池（DSC） 主要由纳米多孔半导体薄膜、染料敏化剂、氧化还原电解质、对电极和导电基底组成（图 9-75）。染料分子受太阳光照射后由基态跃迁至激发态，激发态分子将电子注入到半导体（TiO_2）的导带，电子扩散至电极，之后流入外电路；而处于氧化态的染料分子被还原态（I^-）电解质还原再生，氧化态（I_3^-）电解质在对电极接受电子被还原，从而完成一个循环。

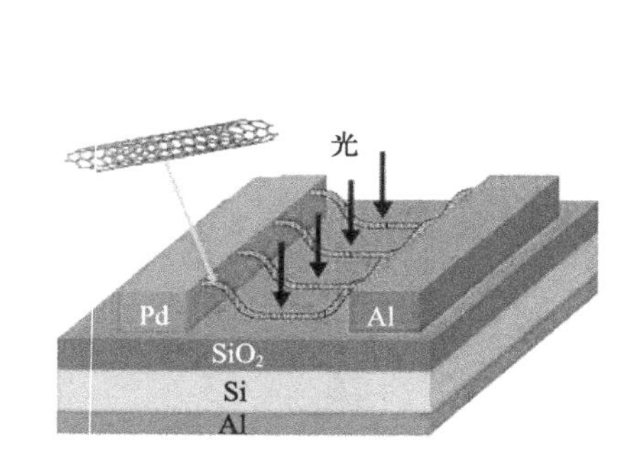

图 9-74 碳纳米管光伏电池结构图

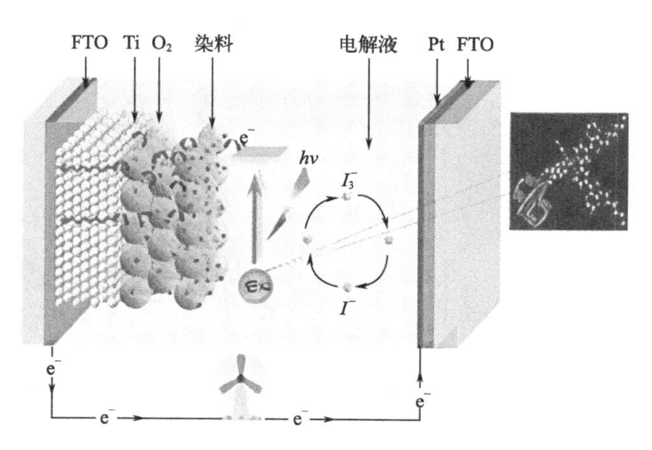

图 9-75 DSC 示意图

④ 色素增感太阳电池-光电变色器件 利用敏化 TiO_2 纳米晶太阳电池的光电转换性能，给电致变色材料（WO_3）提供电源的一种新型器件［图 9-76（a)］。其结构特点：多孔网络状的 TiO_2 纳米晶膜［图 9-76（b)］，比表面积大，吸附的光敏剂染料多，光电转换效率就高。

光电变色器件原理：开路时，敏化纳米晶 TiO_2 太阳能电池产生了一个光电压；短路时，从 TiO_2 中迁移出来的电子通过外部电路进入 WO_3 薄膜内部，同时由于电解质中离子的双重注入，薄膜的颜色产生变化。

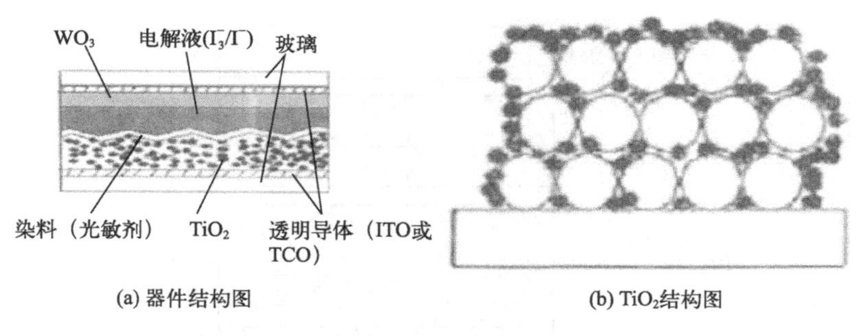

图 9-76　色素增感太阳电池-光电变色器件

9.2.4　纳米磁性器件

纳米磁性器件是一种基于纳米材料制备的功能器件，其中包括具有磁性的纳米材料和磁电子器件等。纳米磁性器件主要利用纳米材料特有的磁性和量子效应来实现其特殊的功能。其中比较常见的纳米磁性材料包括铁磁性和亚铁磁性纳米颗粒、纳米线、纳米薄膜等。这些纳米材料具有大的表面积和独特的物理和化学性质，可广泛应用于传感器、储存器等元件中。纳米磁性器件的种类主要有读取磁头、磁传感器、磁存储器等；结构有巨磁阻多层膜、巨磁阻颗粒膜、巨磁阻氧化物膜，以及量子点等；相关工艺技术有磁控溅射，MBE、MOCVD 等多层纳米膜技术，纳米光刻技术，等离子刻蚀（如 RIE），SPM 构筑的纳米级磁堆（阵列）。

本小节主要介绍巨磁阻效应、基于 GMR 效应的磁头、磁存储器，以及其他磁性器件。

(1) 巨磁阻效应

巨磁阻效应是指磁性材料的电阻率在有外磁场作用，较之无外磁场作用时，存在巨大变化的现象。GMR 比常规磁电阻大一个数量级以上。磁电阻变化率计算有以下公式：

$$\frac{\Delta R}{R_0}=\frac{R_H-R_0}{R_0}\times 100\% \tag{9-5}$$

式中，R_0 是磁感应强度为 0 时样品的电阻值；R_H 为饱和磁场下样品电阻值。

① 巨磁阻现象的发现　1988 年，费尔在铁、铬相间的多层膜电阻中发现，微弱的磁场变化可以导致电阻大小的急剧变化，其变化的幅度比通常高十几倍，他把这种效应命名为巨磁阻效应。有趣的是，就在此前 3 个月，优利希研究中心格林贝格尔教授领导的研究小组在具有层间反平行磁化的铁/铬/铁三层膜结构中也发现了同样的现象（图 9-77）。两人获得 2007 年诺贝尔物理学奖。

② GMR 效应原理　GMR 效应是一种量子力学现象，基本原理是基于电子自旋，它产生于层状的磁性薄膜结构。这种结构由铁磁材料和非铁磁材料薄层交替叠合而成。敏感层磁矩方向是由外磁场控制的，由外磁场方向变化可以得到较大的电阻变化（图 9-78）。

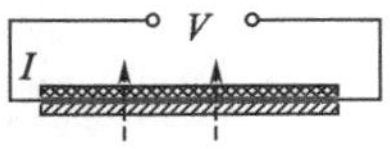

V
I

图 9-77　Fe/Cr/Fe 三层结构

③ 隧穿磁阻效应　GMR 材料的中间层为绝缘材料（如氧化铝）时，这时的磁阻现象称为隧穿磁阻（tunneling magneto resistance,

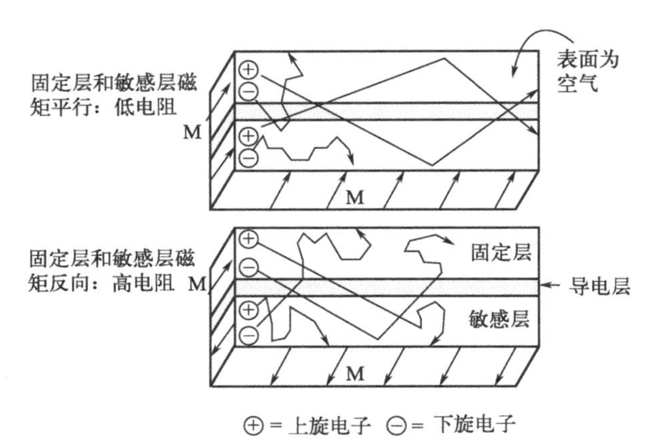

图 9-78 GMR 效应原理

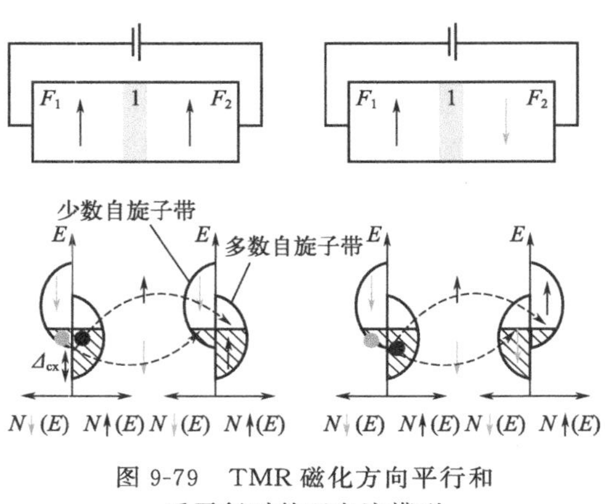

图 9-79 TMR 磁化方向平行和反平行时的双电流模型

TMR）效应（图 9-79）。而 GMR 材料中间层为稀土锰氧化物时，这时的磁阻现象称为超巨磁阻（CMR）效应。GMR、TMR 和 CMR 都具有引发电子自旋产生磁场的上下铁磁层；而中间为非磁性层，其功能是产生变化的电阻。

④ 自旋电子学 电子的磁性被命名为自旋（图 9-80），GMR 的发现和应用，将电子学、信息学和磁学相互融合，发展起了一门新兴的交叉学科，即自旋电子学（spintronics），又称磁电子学。电子除了带有电荷的特性外，还具有自旋的内禀特性，对于普通金属和半导体，自旋向上和自旋向下的电子在数量上是一样的。自旋电子学器件是利用电子的自旋自由度取代或结合传统电子器件中电荷自由度的器件。如 GMR 磁头、磁存储器等基于铁磁金属的磁性电子器件。

⑤ 自旋测控扫描隧道显微镜（spin-STM） 利用磁性针尖过滤隧道电流，能够有效地把自旋注入到材料样品中，使通常的隧道电流变成自旋极化的隧道电流。另外，自旋极化的隧道电流与表面的磁结构相互作用，可探测到表面的磁极化信息（图 9-81）。

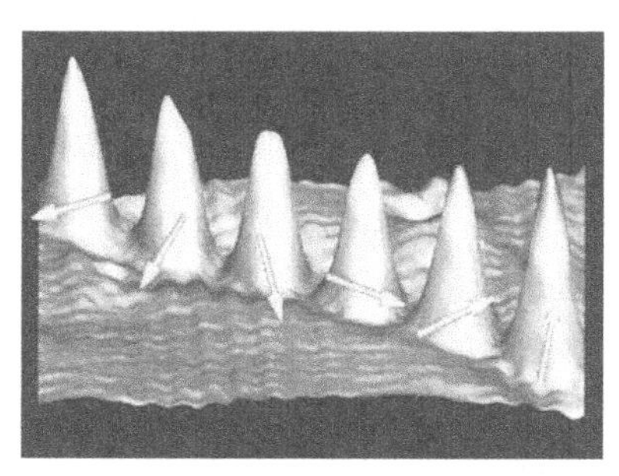

图 9-80 首次获得的电子不同自旋状态下的单个钴原子 STM 图像

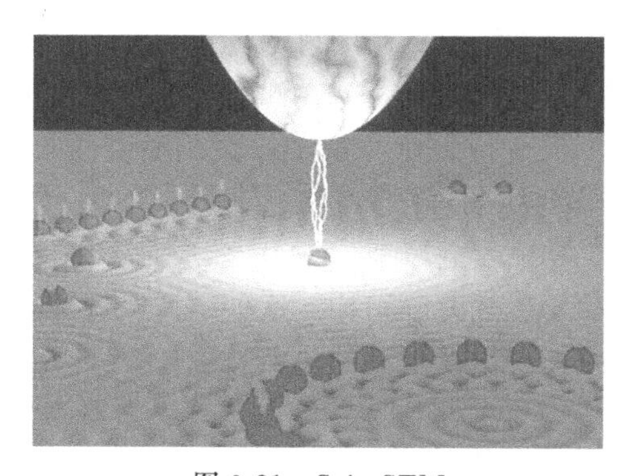

图 9-81 Spin-STM

(2) 基于GMR效应的磁头

磁头，即数据读出头，是一种检测磁场强弱，并把磁信号变换成电信号的磁传感器。1998年，IBM研制了首个GMR读出磁头（图9-82）。GMR磁头体积小，灵敏度极高，能够清晰读出较弱的磁信号，并且转换成清晰的电流变化。

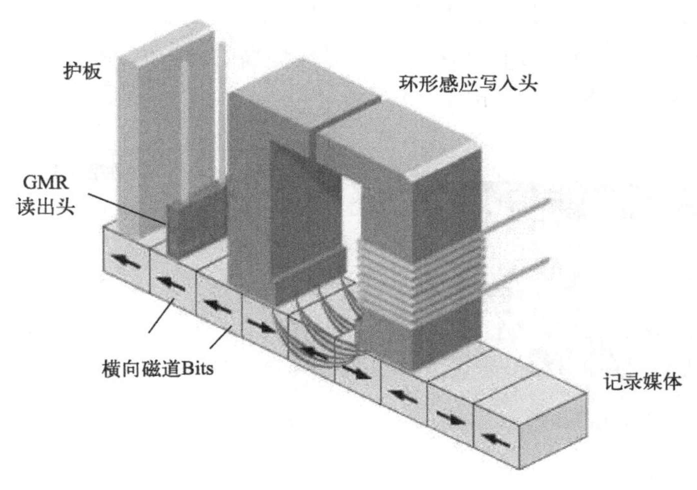

图9-82 GMR读出磁头

① 自旋阀（spin valve，SV） Dieny等人在1991年发现了另一类应用上更重要的巨磁阻效应，即自旋阀效应。自旋阀多层膜的基本结构为自由铁磁层/导电间隔层/钉扎（或称固定）铁磁层/反铁磁钉扎层（图9-83）。

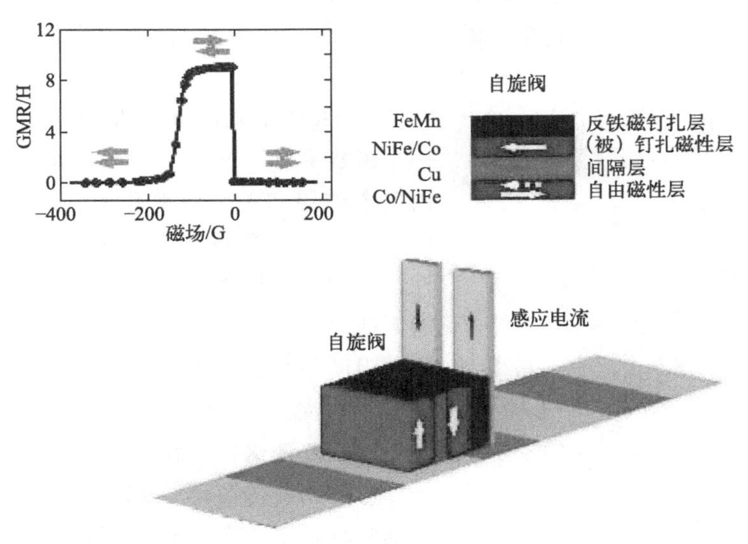

图9-83 自旋阀结构图

② SV工作原理 铁磁自由层与固定层被非磁层分开，致使这两磁层层间耦合。由于非磁层的磁屏蔽作用，自由层磁化强度的取向可以在弱磁场下改变取向；相反，固定层的磁化强度则被与其相邻的反铁磁层交换耦合作用导致的单向各向异性所钉扎，难以改变方向。所以在外界磁化信号的作用下，自由层和固定层间的磁化相对取向在平行与反

平行之间发生变化，从而分别呈低阻和高阻态。应选择饱和磁场尽可能低的高质量软磁材料制作自由层，以便使自由层的磁化取向在很低的磁场下发生反转，从而改善磁电阻对信号磁场的响应特性。

③ 自旋阀多层膜结构与工艺　自旋阀多层膜普遍采用磁控溅射法制备，通常以（100）Si为基片，Ni靶在 Ar/O_2 气氛下反应溅射得到NiO。直接采用Co、Cu靶溅射得到Co、Cu膜。对称型SV［图9-84（a）］可通过增加层数提高GMR值，可高达23.4%。导电铜膜厚度直接影响GMR值［图9-84（b）］。

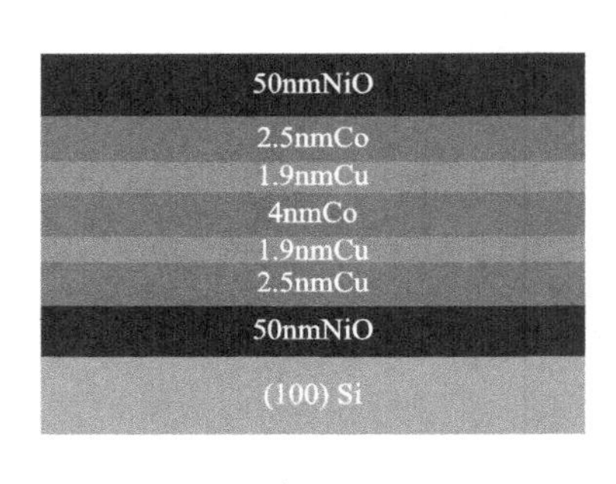

(a) 对称型SV

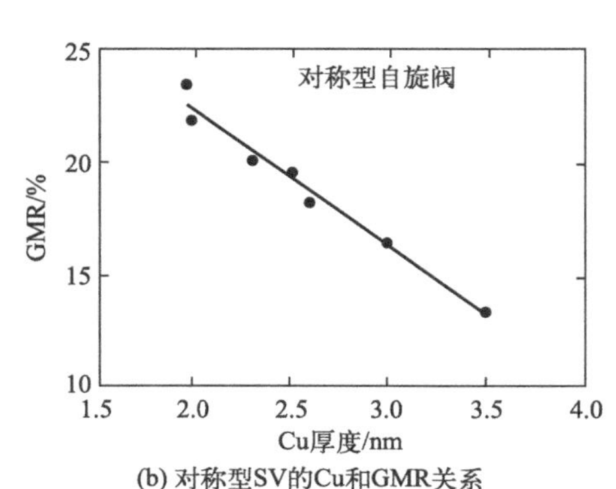

(b) 对称型SV的Cu和GMR关系

图9-84　自旋阀多层膜结构与工艺

（3）基于GMR效应的磁存储器

GMR MRAM是采用纳米光刻、刻蚀技术，将SV-GVR薄膜图形化、阵列化，形成存储单元，以相对的两磁性层的平行磁化状态和反平行磁化状态分别代表信息1和0；其与半导体存储器一样，是用电检测，是由磁化状态变化产生的电阻值之差进行信息读出的一种新型磁存储器。

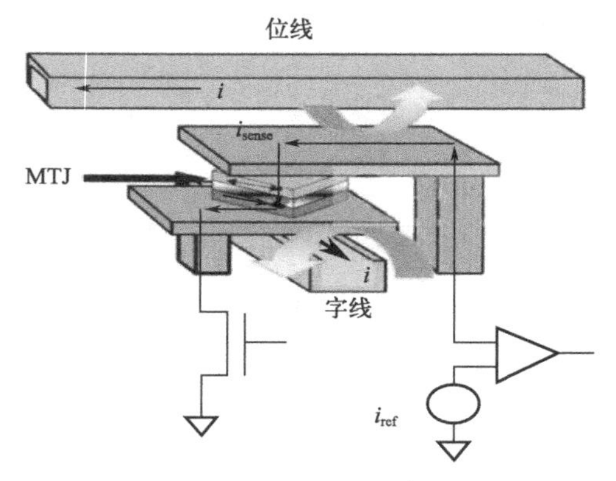

图9-85　MRAM单元

MRAM单元：MRAM单元包含一个晶体管和一个磁隧穿结（MTJ）。MTJ处于单元的核心，它由两个磁层和一个薄氧化铝（AlO_x）介电层组成（图9-85）。顶部磁层称为自由层，可自由转换极性；底部磁层称为固定层，它的极性是固定的，不能更改。当自由层和固定层的磁极同向时，MTJ的电阻就很小；反之很大。所以位线电流方向决定了MTJ状态是0还是1。

（4）其他磁性器件

① GMR传感器　基于巨磁阻效应的传感器，其感应材料主要有三层，即固定层、中间层和自由层。固定层具有固定磁化方向，其磁化方向不会受到外界磁场方向影响。中间层为非磁性材料薄膜层，将两层磁性材料薄膜层分隔开。自由层磁场方向会随着外界平行磁场方向的改变而改变（图9-86）。巨磁电阻变化率计算公式如式（9-6）所示：

$$\frac{\Delta R}{R}\theta_{m_1m_2}=\left(\frac{\Delta R}{R}\right)_{\text{GMR}}\times\frac{1-\cos\theta_{m_1m_2}}{2} \tag{9-6}$$

式中，$\boldsymbol{m}_1$ 是钉扎层磁化方向；$\boldsymbol{m}_2$ 是自由层磁化方向；R 是磁场强度为0时的电阻值；ΔR 是施加磁场时的电阻值相对于未施加磁场时的电阻值变化量；$\theta_{m_1m_2}$ 是两个磁化方向间的夹角。

根据GMR传感器的工作区间特性曲线（图9-87），对其有两种使用场景。当 $B>|B_K|$ 时，传感器工作在饱和区，饱和区一般用于角度检测；当 $B<|B_K|$ 时，传感器工作在线性区，线性区一般用于速度检测。

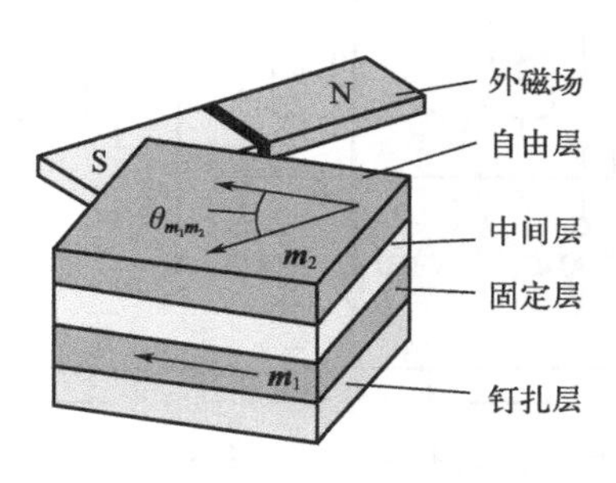

图9-86 巨磁电阻结构

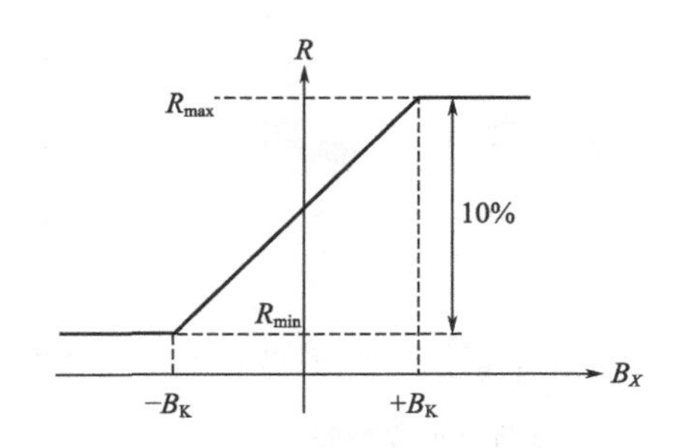

图9-87 GMR磁场工作区间特性曲线

② GMR电桥 四个GMR电阻就能构成惠斯通电桥结构［图9-88（a）］。R_1、R_2 的阻态受外加磁场的影响［图9-88（b）］。电压关系如式（9-7）所示：

$$V_o=V_i\times\left(\frac{R_1}{R_1+R_2}-\frac{R_3}{R_3+R_4}\right) \tag{9-7}$$

式中，V_o 是输出电压；V_i 是输入电压。

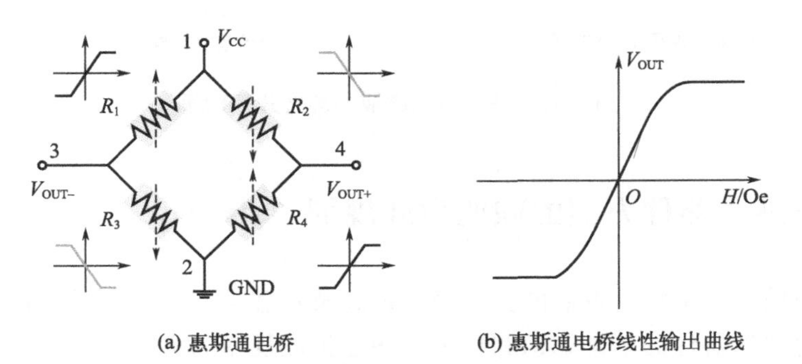

图9-88 GMR电桥

1Oe=79.5775A/m

③ GMR角度检测 巨磁阻感应单元的阻值会随着外界磁场方向改变而改变。外部磁场强度过小或过大都会增加额外的角度误差（图9-89）。

图9-90是一种巨磁阻角度传感器感应单元的结构图。V_X 代表输出余弦信号，V_Y 代表输出正弦信号。正弦或余弦信号都只能检测180°范围，通过正弦和余弦信号求正切值，再反正切计算后便可以检测360°范围的角度变化。

④ 基于纳米磁液的旋转式蠕动泵 采用磁性液体（也称为磁性纳米流体）传递力以推动流体流动，其结构图和实物图分别如图9-91（a）和图9-91（b）所示。

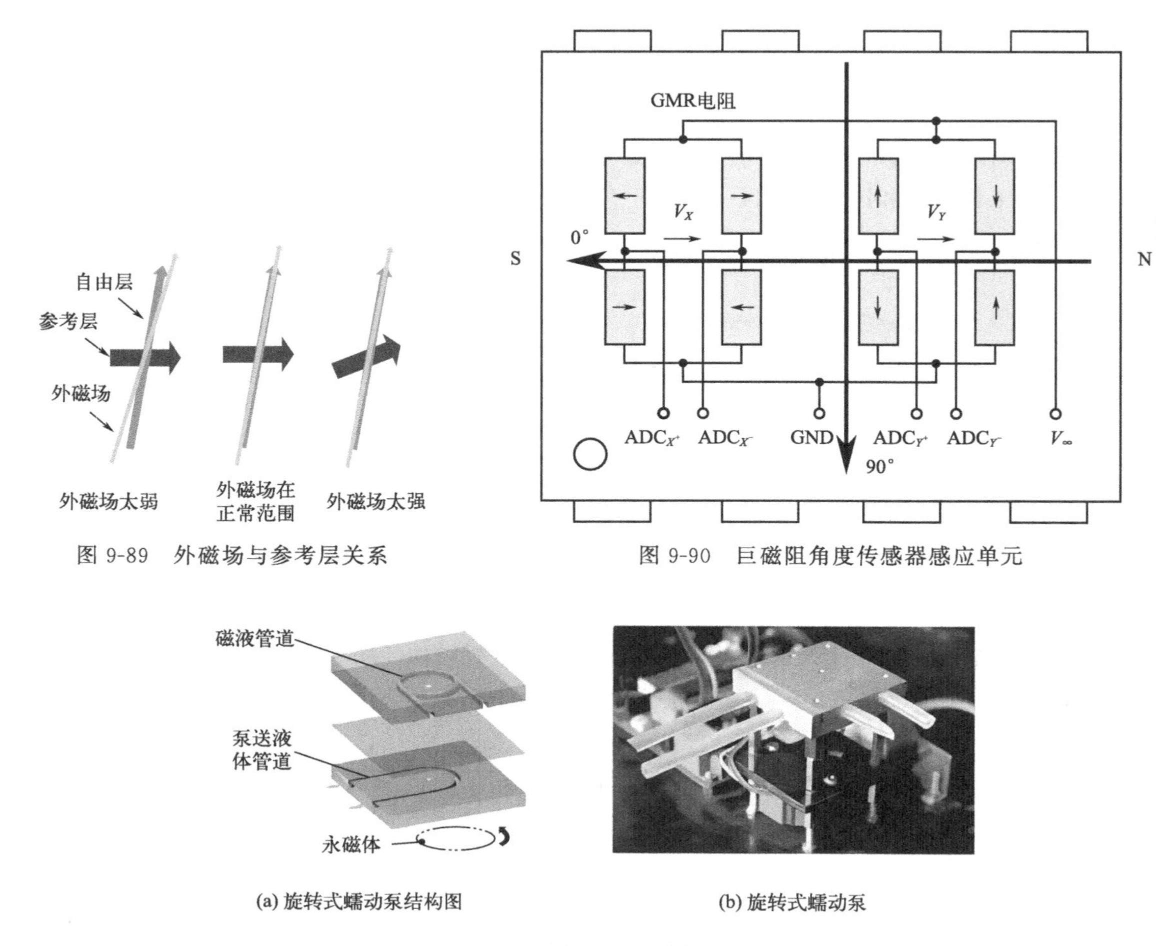

图 9-89 外磁场与参考层关系

图 9-90 巨磁阻角度传感器感应单元

(a) 旋转式蠕动泵结构图

(b) 旋转式蠕动泵

图 9-91 基于纳米磁液的旋转式蠕动泵

9.2.5 关于纳米器件方面的职业生涯规划

纳米器件领域是一个快速发展的交叉学科，涉及物理学、化学、材料科学、机械工程等多个学科。了解纳米器件的基础知识和技术是职业生涯规划的第一步。可以通过参加相关课程、阅读专业书籍和研究论文来建立起扎实的学术基础。在纳米器件领域中，有许多不同的职业路径可供选择，比如学术研究、工程应用或创新创业等不同方向。针对每个方向，可以调研了解相关的工作岗位、技能要求和发展前景，来帮助确定自己的职业目标。

学术研究方向：如果对科学探索和理论研究充满热情，可以选择从事学术研究。在这个方向上，可以选择攻读硕士和博士学位，并加入相关的研究团队。这需要具备扎实的理论基础、实验技能以及科研创新的能力。参与学术会议、发表论文和申请科研项目都是建立声誉和提升发展的重要途径。

工程应用方向：纳米器件在医疗、能源、信息等领域有广泛的应用。如果对将科学知识应用到实际中感兴趣，可以选择从事工程应用方向。可以通过实习或就业来积累实践经验，参与纳米器件的设计、制造、测试和优化等工作。在这个方向上，需要具备较强的工程素养、解决问题的能力和团队合作精神。

创新创业方向：纳米器件领域充满着创新的机会。如果有一定的经济实力和商业眼光，可以考虑在纳米器件领域创业。可以与合作伙伴共同创办一家创新型企业，致力于推动纳米器件的商业应用。在这个方向上，需要具备创新思维、市场营销能力和管理能力。

无论选择哪个职业路径，都需要相应的技能来支撑在此路径的发展。对于纳米器件领域来说，以下几个技能是特别重要的。

a. 理论知识：建立起扎实的纳米器件领域的理论基础，包括纳米材料、纳米加工技术、纳米尺度的物理和化学等方面的知识。

b. 实验技能：掌握常用的实验技术和仪器设备使用方法，熟悉材料制备、表征和分析等实验操作流程。

c. 编程与模拟：掌握编程语言和计算工具，如 MATLAB、Python 等，以及相关的建模和模拟软件，如 COMSOL、VMD 等。

d. 问题解决能力：培养独立思考和解决问题的能力，能够提出有效的解决方案，并具备实施和评估的能力。

e. 团队合作能力：能够与他人合作，共同完成项目和任务，善于沟通和协调。

除了专业技能之外，还可以通过课外活动、参与学术社团和实习等方式来培养自己的领导能力、团队合作精神和沟通能力。

下面介绍几种常见的纳米器件的职业路径。

(1) 研发工程师

纳米器件研发工程师是在纳米器件领域从事研究和开发工作的专业人员。他们主要负责设计、开发和优化纳米级别的器件，并通过实验、模拟和计算等方法来研究和改进器件的性能和功能。以下是纳米器件研发工程师的一些主要职责和技能。

设计和模拟：纳米器件研发工程师需要使用设计软件和工具来进行器件的三维模型设计和模拟。他们需要考虑材料特性、尺寸、结构和工艺参数等因素，以确保器件满足特定要求。

实验测试：纳米器件研发工程师需要进行实验测试，以验证器件的性能和稳定性。他们可能使用各种先进的测量设备和仪器，对器件进行电学、光学、力学等方面的测试和分析。

工艺开发：在纳米器件的研发过程中，工艺开发是至关重要的一环。纳米器件研发工程师需要优化制备工艺，选择适当的材料和工艺步骤，以实现所需的器件性能和结构。

数据分析和解释：纳米器件研发工程师需要收集、分析和解释实验数据和模拟结果。他们需要从数据中提取有用的信息，并对结果进行评估和解读，以指导进一步的研发工作。

团队合作：纳米器件的研发通常是多学科、团队合作的过程。研发工程师需要与其他科学家、工程师和技术人员密切合作，共同解决问题，推动项目的进展。

持续学习和创新：纳米器件领域变化迅速，纳米器件研发工程师需要持续学习并保持对最新技术和研究的了解。他们需要保持创新思维，不断尝试新的方法和工具，以提高纳米器件的性能和功能。

(2) 制造工程师

纳米器件制造工程师是在纳米器件领域从事生产制造的专业人员，他们主要负责选择合适的材料、优化制备工艺、质量控制和设备维护等方面的工作。以下是纳米器件制造工程师的一些主要职责和技能。

工艺规划：纳米器件制造工程师需要参与工艺规划，根据器件设计和特性需求确定制造过程中所需的材料、工艺步骤和设备参数等。

制备工艺优化：纳米器件制造工程师需要优化制备工艺，以确保器件的稳定性和一致性。他们需要考虑材料特性、尺寸、形状和工艺参数等因素，并通过实验和模拟来验证和改进制备工艺。

质量控制：纳米器件制造工程师需要建立和实施质量控制方案，以确保器件的制备过程和成品符合质量标准和规范。他们需要对制备过程和器件进行测试和分析，以识别和解决潜在的问题。

设备维护和升级：纳米器件制造工程师需要负责维护和升级制备设备，以确保设备的性能和可靠性。他们需要与相关技术人员紧密合作，保证设备正常运行，并提供技术支持和培训。

数据分析和解释：纳米器件制造工程师需要收集、分析和解释实验数据和生产数据。他们需要从数据中提取有用的信息，并对结果进行评估和解读，以指导制造过程和器件的改进。

纳米材料特性了解：纳米器件制造工程师需要了解纳米材料的特性和应用，以帮助优化制备工艺和提高器件的性能和功能。

(3) 应用工程师

纳米器件应用工程师是在纳米器件领域从事应用开发和解决方案设计的专业人员。他们主要负责理解客户需求，将纳米器件应用于实际场景中，并提供技术支持和解决方案。以下是纳米器件应用工程师的一些主要职责和技能。

理解客户需求：纳米器件应用工程师需要与客户沟通，全面了解他们的需求和应用场景。他们需要关注客户的技术要求、性能指标和成本预算等，并将这些需求转化为具体的纳米器件应用方案。

应用开发和设计：纳米器件应用工程师需要设计、开发和优化纳米器件的应用方案。他们可能会使用纳米器件进行传感、控制、通信等各种应用，并将其集成到现有系统中。

技术支持：纳米器件应用工程师需要为客户提供技术支持，解答他们对纳米器件的疑问。他们可能会进行演示、培训和故障排除等工作，确保客户能够正确使用和维护纳米器件。

解决方案设计：纳米器件应用工程师需要根据客户需求和技术要求，设计整体解决方案。他们可能会与技术团队和合作伙伴合作，提供系统集成、产品定制和优化建议等。

测试和验证：纳米器件应用工程师需要进行测试和验证，确保纳米器件在实际应用中的性能和稳定性。他们可能会使用各种测试设备和方法，对器件进行性能测试、可靠性测试和应用场景模拟等。

行业研究和市场分析：纳米器件应用工程师需要关注行业发展趋势和市场需求，进行行业研究和市场分析。他们需要了解竞争对手的产品和解决方案，并提出相应的改进和创新建议。

(4) 学术研究员

纳米器件学术研究员是从事纳米器件领域科学研究和学术探索的专业人员。他们主要负责推动纳米器件的基础研究、新材料开发和器件性能优化等方面的工作。以下是纳米器件学术研究员的一些主要职责和技能。

科学研究：纳米器件学术研究员需要进行科学研究，包括理论分析、数值模拟和实验验证等。他们可能会在纳米材料、纳米结构和器件设计等方面进行深入探索，以解决现有问题并推动纳米器件的发展。

实验设计和操作：纳米器件学术研究员需要设计和执行实验，以验证新理论和假设。他们需要熟悉各种实验技术和设备，如扫描电子显微镜、透射电子显微镜和原子力显微镜等。

数据分析和解释：纳米器件学术研究员需要收集、分析和解释实验数据和模拟结果。他们需要运用统计学和计算方法，从数据中提取有用的信息，并将其解释为科学发现和研究成果。

学术论文和出版物：纳米器件学术研究员需要编写学术论文和出版物，将他们的研究成果发布到学术期刊和会议上。他们需要具备良好的科学写作和沟通能力，以分享他们的研究成果，并与其他研究人员进行学术交流。

团队合作和指导：纳米器件学术研究员可能需要与其他研究人员和学生合作，共同完成研究项目。他们可能还需要指导和培养研究生和实习生，传授专业知识和研究方法。

研究项目管理：纳米器件学术研究员可能承担研究项目的管理责任，包括制订研究计划、预算管理和进度控制等。他们需要具备组织和协调能力，确保项目按时高质量完成。

(5) 创新创业者

纳米器件创新创业者是在纳米器件领域具备创新意识和创业精神的人士。他们致力于将纳米技术应用于实际产品和商业化领域，推动纳米器件的创新和发展。以下是纳米器件创新创业者的一些主要特点和行动。

技术背景：纳米器件创新创业者通常具备丰富的技术背景，深入了解纳米技术和器件设计原理。他们可能拥有相关工程、物理、材料科学或纳米科学等领域的学位，并且对纳米领域的最新研究和技术趋势保持敏感。

创新意识：创新是纳米器件创新创业者的核心能力之一。他们具备挖掘问题和寻找解决方案的能力，能够从纳米技术的角度提出独特的创新点和商业化机会。他们注重技术和市场的结合，寻找具有商业前景的创新应用领域。

商业思维：纳米器件创新创业者不仅关注技术层面，还具备良好的商业思维。他们能够进行市场调研和竞争分析，明确产品的商业价值和可行性。他们了解创业过程中的风险和挑战，并具备灵活应对和解决问题的能力。

团队建设：创新创业往往需要团队合作和资源整合。纳米器件创新创业者能够组建和领导一支高效的团队，吸引优秀的人才加入并发挥其潜力。他们具备卓越的沟通和协调能力，能够在团队中营造积极向上的创业氛围。

融资和投资：创新创业离不开资金的支持。纳米器件创新创业者需要具备融资和投资方面的知识和技巧，能够制定有效的资金策略并吸引投资者的关注。他们了解不同的融资渠道和投资方式，并具备谈判和合同管理的能力。

持续学习和适应能力：纳米技术和市场环境都在不断变化和演进，创新创业者需要具备持续学习和适应能力。他们需关注新的技术发展、行业趋势和市场需求，不断更新知识和调整战略，以保持竞争优势和创业成功。

最后，需要注意的是，纳米器件领域是一个不断发展和变化的领域，职业机会也会随之改变。因此，持续学习和适应新技术的能力对于在该领域取得成功非常重要。

习题

一、填空题

1. 量子点激光器的缩写为____________。

2. ____________和____________先后发现巨磁阻效应，并获得2007年诺贝尔物理学奖。

3. 纳米器件的种类有____________、____________、____________，以及其他纳米器件，如量子干涉器件。

4. 纳米电子器件又可分为：____________、____________、____________。

5. 共（谐）振隧穿器件（RTD）包括：____________、____________。

6. RTD的特点有：____________、____________、____________，以及低功耗。

7. SET的结构有：____________，____________，____________，以及源、漏、栅电极。

8. SET的特点有：高频、高速，____________，____________，以及____________。

9. CNTFET可分为：顶栅P型结构CNTFET，____________和____________。

10. 分子电子器件是以____________为基础的纳米器件。

11. 列出三种碳纳米材料的生产方法：____________、____________、____________。

12. 列出三种改性光触媒的方法：____________、____________、____________。

13. 纳米碳材料主要包括三种，如____________、____________、____________。

二、选择题

1. 贝尔实验室在（　　）年制成了实用化的半导体激光器。

A. 1977　　B. 1978　　C. 1979　　D. 1980

2. 当在PN结注入正向电流时，电子和空穴就会复合，能量以（　　）形式放出。

A. 光子　　B. 电子　　C. 声音　　D. 热量

3. GMR效应是指磁性材料的（　　）在有无外磁场作用时存在巨大变化的现象。

A. 质量　　B. 体积　　C. 电阻率　　D. 磁场强弱

4. 碳纳米管材料具有重量轻、强度高等优点，被广泛应用于自行车和球拍等产品生产中。但是有研究发现，长期从事生产碳纳米管工作或利用该材料制造其他产品的工人，有可能因吸入碳纳米管而致癌。以下哪项如果为真，最能支持上述研究发现。（　　）

A. 研究表明，容易引发癌症的是一些较长的碳纳米管，这可能是因为它们更容易卡在肺部或腹部细胞间的空腔中

B. 在使用体外培养的人体皮肤细胞进行实验时显示，碳纳米管可以进入细胞内部，降低细胞自身的免疫能力

C. 动物实验显示，如果碳纳米管大量进入实验鼠的腹部，约有10%的实验鼠会在一年内患腹腔炎症

D. 石棉是国际癌症组织确认的致癌物质，而碳纳米管在化学分子结构上和石棉存在一些相似之处

5. 从以下选项选出光触媒材料（多选）。（　　）

A. ZnO　　B. TiO_2　　C. SiO_2　　D. WO_3

三、简答题

1. 简述 LED 特点。
2. 异质结的发光原理有哪几个步骤?
3. 写出 GMR 效应原理。
4. 简述真空电子管实现电子流放大的基本原理。
5. 简述晶体电子管的基本原理。
6. 写出单电子效应产生的两个必备条件。
7. 写出超晶格的定义及其特性。
8. 解释 RTD 的工作原理。
9. 解释分子导线的意义。
10. 解释机械可控断结技术。
11. 简述碳纳米材料的一些优势。
12. 简述碳纳米材料的应用。
13. 简述什么是光触媒材料。
14. 简述二氧化钛作为光触媒有哪些应用。
15. 简述光触媒反应机理。

扫码获取答案

第10章 实验设计

10.1 实验一　锂离子电池纳米电极材料制备、材料表征及制作

(1) 锂离子电池纳米电极材料的制备

磷酸铁锂（$LiFePO_4$）纳米粉末是制备 $LiFePO_4$ 锂离子电池纳米正极材料的主要前驱体。用水热法制备 $LiFePO_4$ 粉末是一种重要的制备手段。

① 实验目的

a. 学会高压水热反应釜的使用。

b. 掌握 $LiFePO_4$ 纳米粉末的制备方法。

② 仪器介绍　高压水热反应釜是在一定温度、压力条件下应用高温高压的水溶液使一些在大气条件下不溶或难溶的物质溶解，或反应生产该物质的溶解产物，经过控制溶液的温度差使产生对流以构成过饱和状态而析出生长晶体。可用于纳米材料的制备、化合物合成、晶体生长等方面。

③ 实验任务　制备 $LiFePO_4$ 纳米粉末。

④ 实验方法　$LiFePO_4$ 纳米粉末是在高压水热反应釜中通过水热反应制备。制备材料为 $FeSO_4 \cdot 7H_2O$、H_3PO_4、LiOH。Li∶Fe∶P 的物质的量的比为 3∶1∶1。高压反应釜密封，在 150～220℃下加热 5 小时。经过过滤、洗涤、干燥，得到 $LiFePO_4$ 粉末。

(2) 锂离子电池纳米电极材料的表征

X 射线衍射（XRD）和扫描电子显微镜（SEM）是两种常用的表征纳米材料的手段。XRD 可以测定材料的体相结构信息，SEM 可以用来观察材料微观下的样貌。这对表征 $LiFePO_4$ 纳米粉末材料具有重要意义。

① 实验目的

a. 学会利用 XRD 对材料进行物相分析。

b. 学会利用 SEM 观察纳米材料的微观形貌。

② 实验原理

a. XRD。采用 Cu 靶 K_α 进行测试，测试电压为 40kV，测试电流 40mA，入射角范围为 10°～90°。测试时，将 $LiFePO_4$ 纳米粉末材料置于载玻片上，通过 X 射线与 $LiFePO_4$ 粉末材料的衍射行为来得到材料中的 X 射线衍射信号。通过对特定峰位、峰值及峰强比与 XRD 标准衍射卡片对比，对 $LiFePO_4$ 纳米粉末材料的相结构和结晶度等信息进行探究。

b. SEM。对 $LiFePO_4$ 纳米粉末材料的微观形貌、尺寸等参数进行测试。在真空仓内，通过高能电子束入射到待测样品表面，经过散射后的电子束，不同运动方向及能量变化的电子被接收器所接收，以便于实现对样品形貌等参数的观察。

③ 实验任务

a. XRD 样品的制备。将 $LiFePO_4$ 纳米粉末平铺在载玻片上，放入 XRD 测试仪器舱门内进行测量。

b. SEM 样品的制备。取 $LiFePO_4$ 纳米粉末少许，通过酒精超声分散，将分散液滴入铜板上，后将铜板粘入导电胶（导电胶贴在铝锭上），最后进行喷金处理，放入 SEM 测试舱内进行测量。

(3) 锂离子电池纳米电极制作

$LiFePO_4$ 纳米正极材料是锂离子电池重要的组成部分之一，对 $LiFePO_4$ 纳米正极材料的制备方法要完全掌握。

① 实验目的　掌握 $LiFePO_4$ 纳米正极材料的制备方法。

② 实验任务

a. 配制 $LiFePO_4$ 正极浆料。

b. 流延法涂膜干燥处理。

③ 实验材料　利用 $LiFePO_4$ 纳米粉末制备 $LiFePO_4$ 纳米正极材料，制备所需材料及其作用和质量分数如表 10-1 所示。

表 10-1　$LiFePO_4$ 纳米正极材料制备所需材料及其作用和质量分数

材料	作用	质量分数
$LiFePO_4$	电极活性物质	80%
Super-P①	电子导电剂	10%
PVDF	黏结剂	10%

① Super-P 为导电炭黑。

(4) 实验计算与流程图

制备 $LiFePO_4$ 纳米正极材料所使用的溶剂是 N-甲基吡咯烷酮（N-methyl pyrrolidone，NMP），PVDF 需提前用 NMP 溶剂配制成质量分数为 7%的 PVDF 溶液，$LiFePO_4$ 纳米正极材料的制备示意图如图 10-1 所示。

先将 $LiFePO_4$ 和 Super-P 在玛瑙研钵中充分研钵，使其颗粒大小均匀，后加入 7% PVDF 和 NMP 溶液进行磁力高速搅拌 4～5h，搅拌完成后通过流延法在集流体铝箔上涂膜，最后进行 120℃真空干燥得到 $LiFePO_4$ 纳米正极材料。下面描述具体计算过程，按照 $LiFePO_4$ ∶Super-P∶PVDF 质量为 8∶1∶1，选取 $LiFePO_4$ 为 0.4g，则 Super-P 为 0.05g，因其

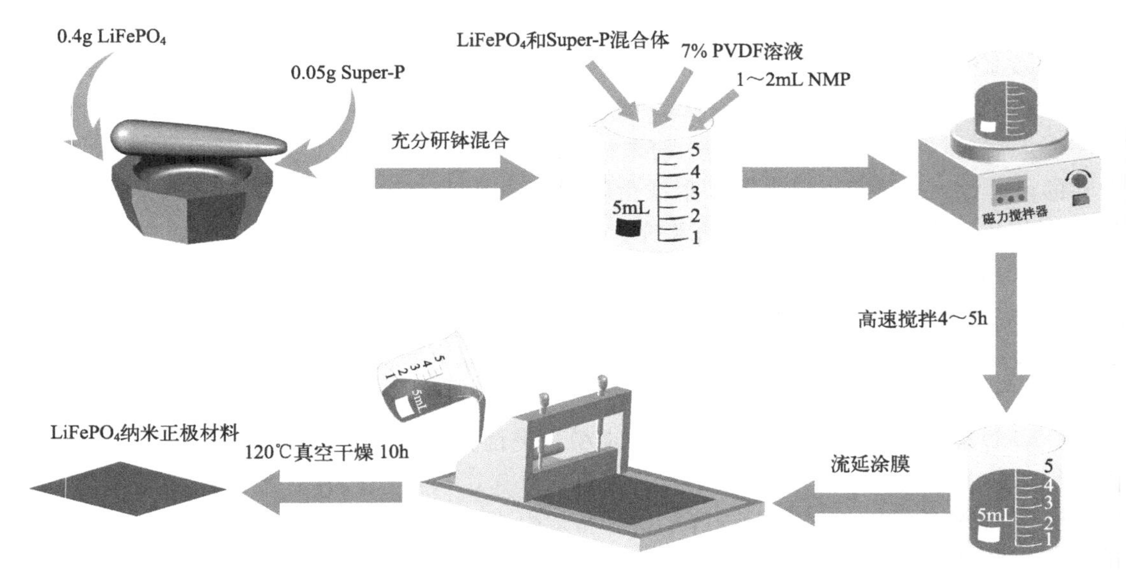

图 10-1 $LiFePO_4$ 纳米正极材料制备示意图

研钵过程中存在质量损失，故 $LiFePO_4$ 和 Super-P 混合材料实际质量小于 0.45g，利用天平称量其实际质量，根据 $LiFePO_4$ 和 Super-P 混合材料实际质量计算 7%PVDF 溶液添加的质量。假如 $LiFePO_4$ 和 Super-P 混合材料实际质量为 0.4476g，则添加的 7%PVDF 溶液质量为 $0.4476\div9\div7\%\approx0.71$ (g)。

10.2 实验二 薄膜电容器聚合物电介质材料的制备及表征

(1) 薄膜电容器聚合物电介质材料的制备

PVDF 介质材料是薄膜电容器的重要组成部分，其性能的优劣直接决定电容器的性能，采用淬火工艺是提升 PVDF 储能性能的重要手段。

① 实验目的

a. 掌握 PVDF 介质材料的制备方法。

b. 掌握 PVDF 介质材料淬火工艺。

② 淬火工艺 热处理能够改变 PVDF 的晶粒尺寸和结晶行为，促进其介电性能和储能密度的提高，是改善 PVDF 介电性能和提高储能密度的有效方法。α 相、β 相和 γ 相是 PVDF 聚合物晶相中研究最多的三种物相。对于 α 相而言，它整体不表现出极性，β 相具有较大的剩余极化。与 α 相和 β 相相比，通过淬火工艺得到的 γ 相具有弱极性，其击穿性能最好，有着较好的储能性能。

③ 实验任务 制备 PVDF 介质薄膜，对其进行淬火处理。

④ 实验方法 PVDF 淬火介质材料的制备示意图如图 10-2 所示，将一定量的 PVDF 溶于 N,N-二甲基甲酰胺（N,N-dimethylformamide，DMF）中，待 PVDF 完全溶解后持续搅拌 12 h，得到 PVDF 胶液。将 PVDF 胶液刮涂在干净的玻璃上，在 80℃下烘干 12h 后，得

到 PVDF 介质薄膜。紧接着，在一定温度下（180℃、190℃、200℃、210℃）并保持 10min，取出玻璃板立即投入冰水中淬火，然后经 60℃干燥 12 h，得到经过不同温度淬火的电介质材料。

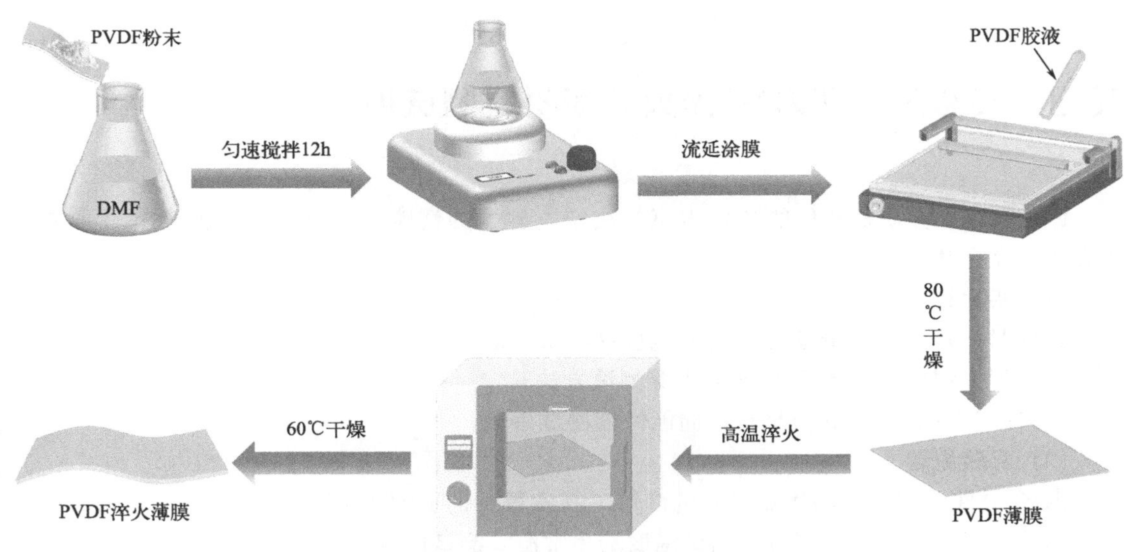

图 10-2 PVDF 淬火介质材料的制备示意图

(2) 薄膜电容器聚合物电介质材料的表征

X 射线衍射（XRD）和傅里叶红外光谱（FT-IR）测试是两种常用的表征介质材料的手段。XRD 可以测定材料的物相结构信息，傅里叶红外光谱可以用来分析材料的极性相含量、相转化及偶极取向，这对表征 PVDF 淬火介质材料具有重要意义。

① 实验目的

a. 学会利用 XRD 对材料进行物相分析。

b. 学会利用 FT-IR 测试分析材料的极性相含量。

② 实验原理

a. XRD。X 射线衍射仪采用 Cu 作为靶源，工作时测试电压为 40kV，测试电流为 40mA，入射角范围为 10°～90°。测试时，将 PVDF 淬火介质材料置于载玻片上，通过 X 射线投射到 PVDF 淬火介质材料表面，此时 X 射线通过与材料晶体结构中的电子发生相互作用，使 X 射线发生衍射，得到一系列衍射峰，通过对特定衍射峰的峰位、峰值等信息与 XRD 标准衍射卡片对比，对 PVDF 淬火介质材料的相结构和结晶度等信息进行探究。

b. FT-IR。对 PVDF 淬火前后介质材料进行红外吸收表征，傅里叶红外光谱是通过连续波长的红外光照射样品，PVDF 淬火前后介质材料中的分子会吸收某些特定波长的光，没有被吸收的光会到达检测器。将检测器获取透过样品的光模拟信号进行模数转换和傅里叶变换得到样品的特征光谱。组成化学键或官能团的原子处于不断振动的状态，不同的化学键或官能团吸收频率不同，从而可获得 PVDF 淬火前后介质材料中所含各种化学键和材料的极性相含量。

③ 实验任务

a. XRD 样品的制备。将 PVDF 淬火介质材料平铺在载玻片上，放入 XRD 测试仪器舱门内进行测量。

b. FT-IR 样品的制备。取 PVDF 淬火介质材料，首先进行背景测试，之后将 PVDF 淬火介质材料置于样品测试台上，放入傅里叶红外光谱测试舱内进行测量。

④ 数据处理　利用 Origin 绘图数据处理软件对所测数据进行数据图形绘制与分析。

10.3 实验三　PVDF 淬火介质材料测试训练

PVDF 淬火介质材料性能的优劣直接决定电容器的性能，对 PVDF 薄膜材料性能测试的方法要完全掌握。

（1）实验目的

a. 掌握 PVDF 淬火介质材料的介电性能测试方法。

b. 掌握 PVDF 淬火介质材料的击穿测试方法。

c. 掌握 PVDF 淬火介质材料的储能性能测试手段。

（2）实验原理

① 介电性能测试　利用宽频介电谱仪对制备得到的 PVDF 淬火介质材料的介电与频率的变化关系进行测试。测试时，测试温度选为常温，测试的频率范围选为 $10\sim10^7$ Hz。分析 PVDF 淬火介质材料中的主要极化方式，结合微观测试结构，分析淬火处理对 PVDF 介质材料介电性能的影响规律。

② 击穿测试　采用威布尔（Weibull）分布表征 PVDF 淬火介质材料的击穿电场，收集试样的击穿电压，每个试样收集 10 个有效击穿场强值，并对击穿强度进行积累击穿概率计算。

③ 储能性能测试　利用铁电测试仪对 PVDF 淬火介质材料的储能性能进行测试。测试时，测试频率为 10 Hz，测试温度为室温，通过测试得到 PVDF 淬火介质材料在不同电场下的电位移极化曲线，并通过计算得到 PVDF 淬火介质材料在某一温度和电场下的储能密度，以及 PVDF 淬火介质材料的充放电效率，分析淬火处理对 PVDF 介质材料储能性能的影响规律。

（3）实验任务

① 介电性能测试样品的制备与测试　在试样进行测试前需要用真空镀膜设备进行顶、底电极的制备。将 PVDF 淬火介质材料放于直径 9mm 的圆形掩模具中。镀膜过程中蒸发源为高纯度铝，蒸发时间为 2min，蒸发施加电流为 120A。将制备得到的测试样品置于介电测试上下电极间进行测量。

② 击穿测试样品的制备与测试　在测试前需要用真空镀膜设备对 PVDF 淬火介质材料两侧蒸镀直径 3mm 的圆形铝电极。首先，用测厚仪测量试样厚度并将其夹在上下电极之间。在硅油环境中缓慢升压，直至样品击穿并记录相应的场强值 E_b。在测量时，由于受到样品的结构缺陷、电极的结构缺陷，以及外界环境条件等方面的影响，测试结果可能表现出不同的 E_b 值，在测试时需要进行多次测量，每个组分至少十个样本，并用 Weibull 函数进行分析。

③ 储能性能测试样品的制备与测试　在试样进行测试前，需要用真空镀膜机在 PVDF 淬火介质材料两侧蒸镀电极，电极直径为 3 mm，镀膜过程中蒸发源为高纯度铝，蒸发时间

为 2min，蒸发施加电流为 110 A。将制备得到的测试样品置于储能测试台上下电极之间进行测量。

(4) 数据处理

利用 Origin 绘图数据处理软件对所测数据进行数据图形绘制与分析。

10.4　实验四　新型储能器件设计训练

设计一个完整的电池是实验课的必修内容，下面介绍电池的设计、组装与测试。

(1) 实验目的

a. 掌握 $LiFePO_4$ 锂离子电池的组装方式。

b. 熟悉 $LiFePO_4$ 锂离子电池的测试手段。

(2) 电池设计

在组装电池之前，需要对 $LiFePO_4$ 纳米正极材料进行切片处理，例如组装 CR2032（直径 20mm，高 32mm）型纽扣电池时，需要将 $LiFePO_4$ 纳米正极材料切成 12mm 的圆片，并称量其质量备用。下面介绍以 CR2032 型纽扣电池的组装方式为例制备锂电池。CR2032 型纽扣电池在充满氩气的手套箱（高纯氩气，水含量<0.01mg/L，氧含量<0.01mg/L）中组装，组装示意图如图 10-3 所示。液态锂离子电池由负极壳、弹簧片、垫片、金属锂、隔膜、电解液、$LiFePO_4$ 纳米正极材料和正极壳组成。其中，负极壳是电池负极保护壳；弹簧片在组装电池中起到缓冲的作用；垫片的材质为不锈钢，起到保护金属锂的作用；金属锂作为电池的负极材料；隔膜材质为聚乙烯/聚丙烯，为多孔结构，方便锂离子在正负极之间传输，同时起到隔绝正负极，防止正负极直接接触而短路的作用；电解液在正负极之间起到传导离子的作用；$LiFePO_4$ 作为正极材料；正极壳作为电池正极保护壳。

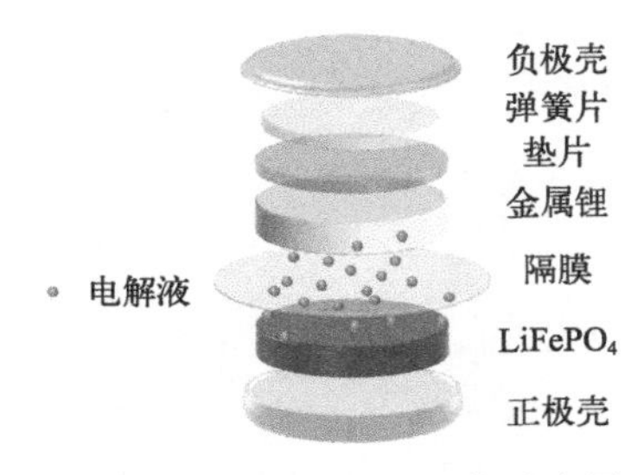

图 10-3　锂离子电池组装示意图

(3) 仪器介绍

锂离子电池在充满氩气的手套箱中进行组装，在电化学工作站和蓝电测试仪上进行测试。

(4) 实验任务

组装 $LiFePO_4$ 锂离子电池。

(5) 实验方法

利用电化学阻抗谱对 $LiFePO_4$ 锂离子电池两端施加电压微扰，从而获取不同频率的输出电流响应，通过相应理论推导计算与软件拟合，可以获取界面阻抗、电解质体电阻、电极内部离子扩散系数等信息。测试范围为 0.01～0.1MHz，施加扰动电压为 10mV，测试温度为 25℃。

利用循环伏安（CV）测试通过观察 $LiFePO_4$ 锂离子电池的氧化还原电位，可以得知电池充放电反应过程的可逆程度。CV 测试 $LiFePO_4$ 锂离子电池的电压设置为 3～4V，扫速为 0.1～0.5mV/s。

充放电循环测试 $LiFePO_4$ 锂离子电池的倍率放电和循环性能，表征 $LiFePO_4$ 纳米正极材料的实际可实用性。倍率性能设置范围为 0.2C、0.5C、1C、2C、3C，其中 1C＝170mAh/g。循环性能设置为 1C 循环 50 次。

(6) 数据处理

利用 Origin 绘图数据处理软件对所测数据进行数据图形绘制与分析。

附录

各储能技术示意图

图 1　抽水蓄能

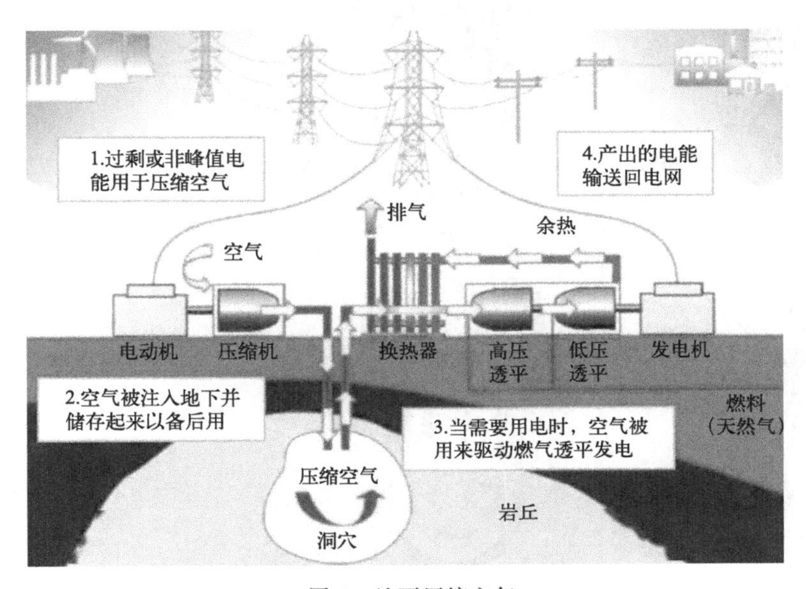

图 2　地下压缩空气

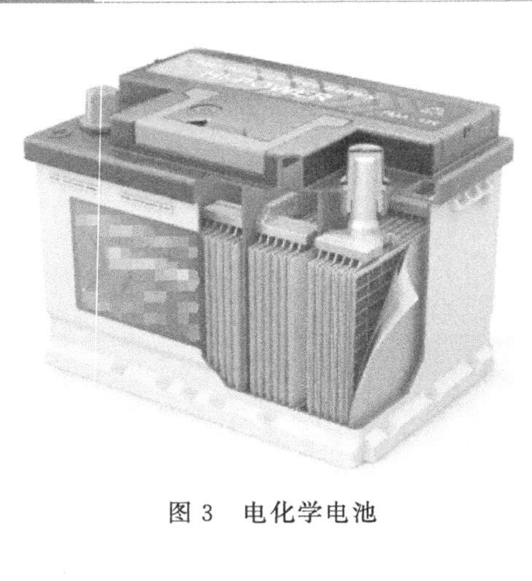

图 3 电化学电池

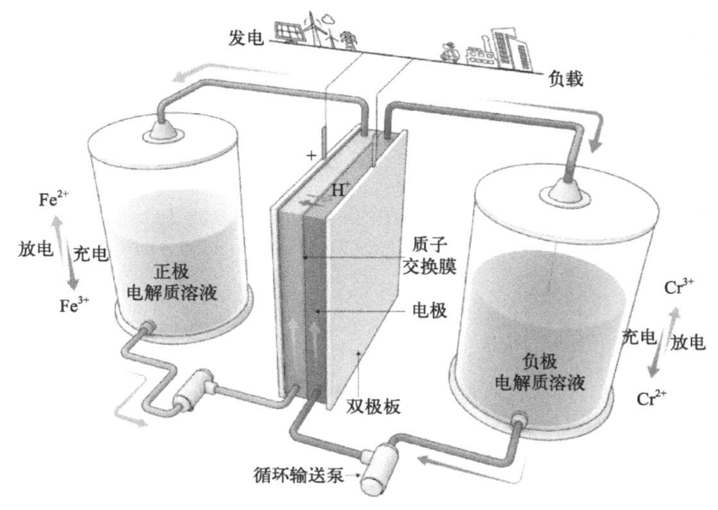

图 4 液流电池

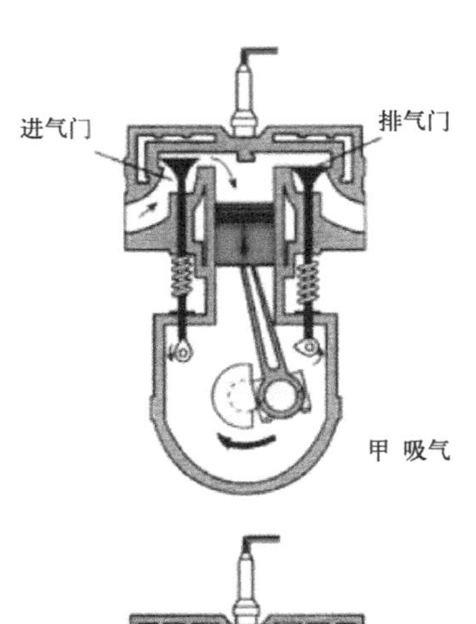

乙 压缩

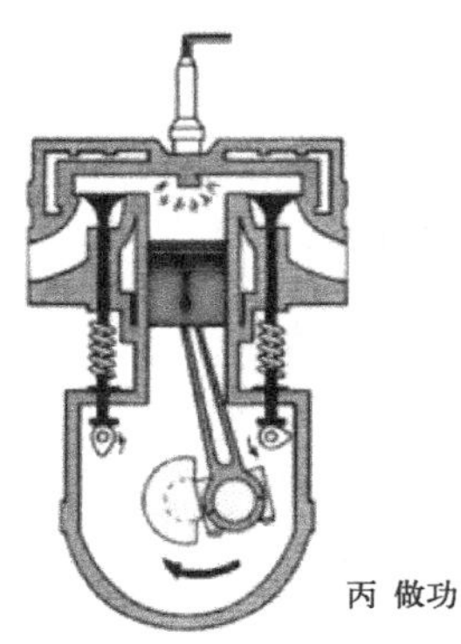

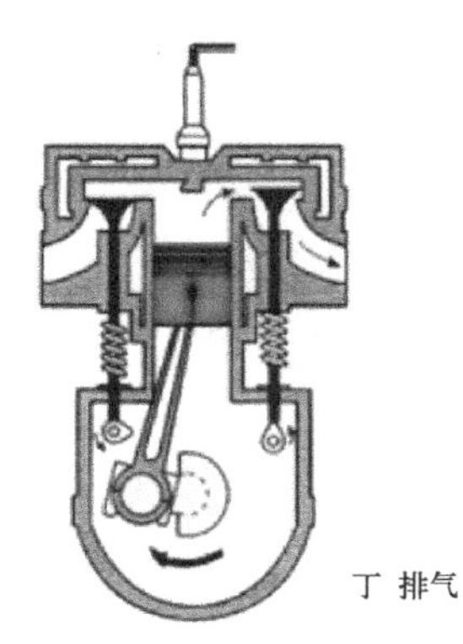

图 5 储能与内燃机

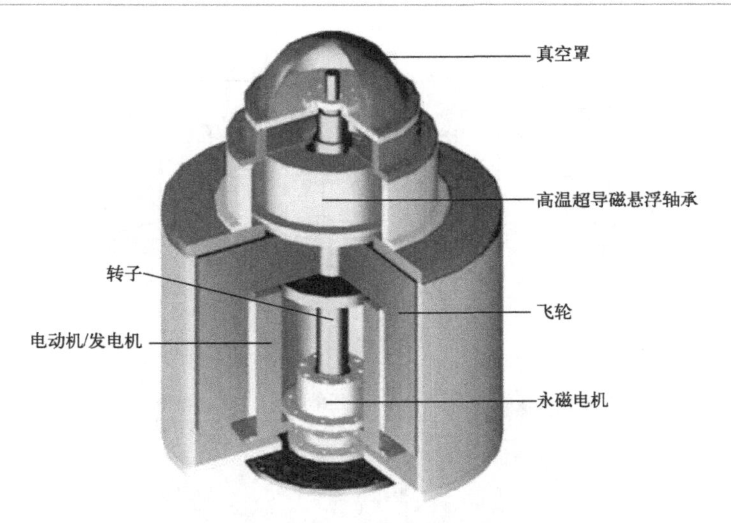

图6　超导储能

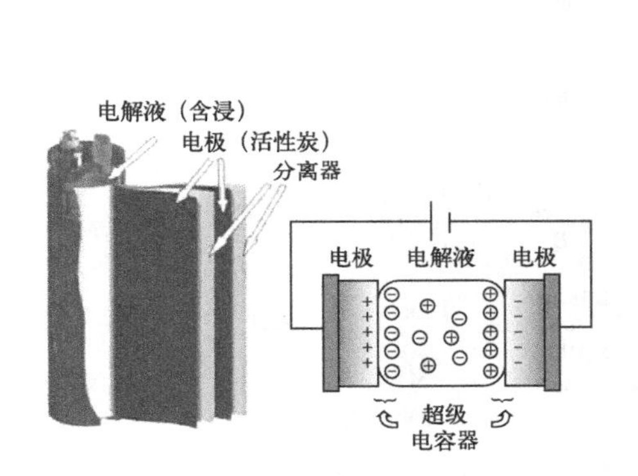

图7　超级电容器

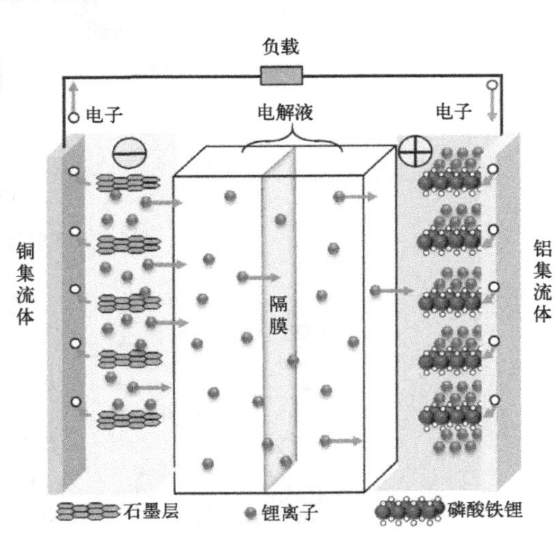

图8　电化学电池

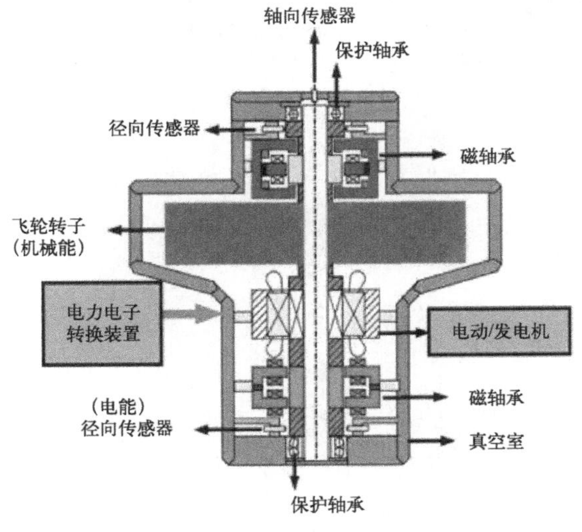

图9　飞轮储能

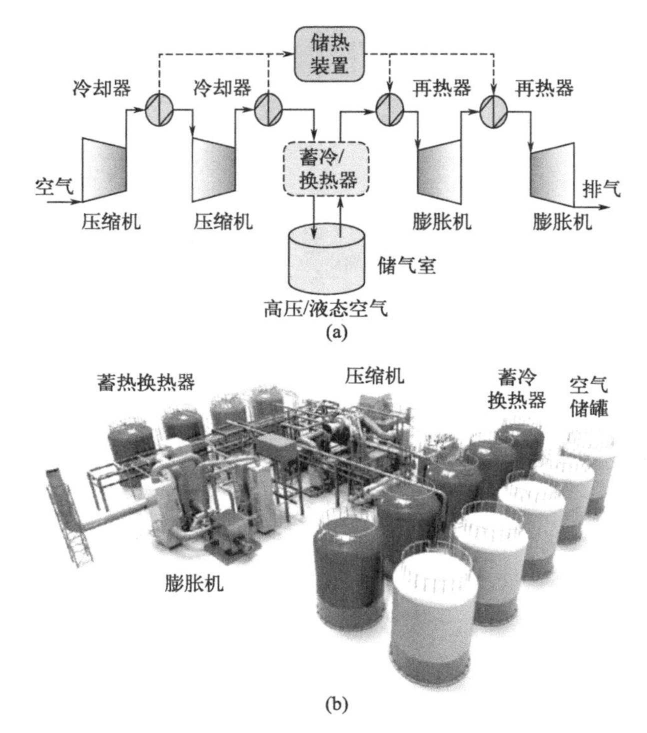

图 10 罐装压缩空气储能

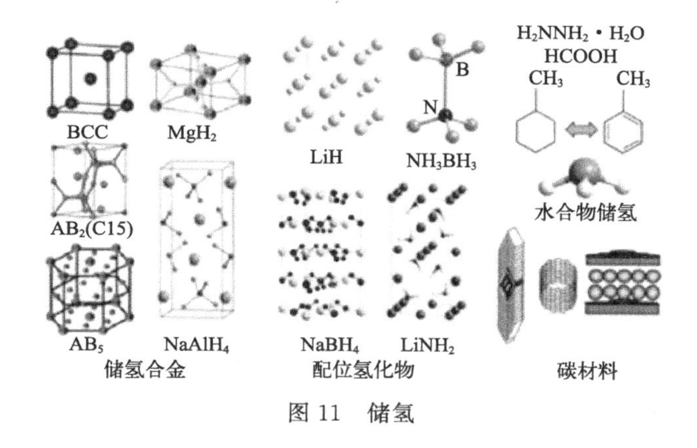

图 11 储氢

参考文献

[1] 王革华，艾德生. 新能源概论 [M]. 2 版. 北京：化学工业出版社，2012.
[2] 黄素逸，杜一庆，明廷臻. 新能源技术 [M]. 北京：中国电力出版社，2011.
[3] 张兴，曹仁贤. 太阳能光伏并网发电及其逆变控制 [M]. 北京：机械工业出版社，2011.
[4] 张志英，赵萍，李银凤. 风能与风力发电技术 [M]. 北京：化学工业出版社，2010.
[5] 刘荣厚. 生物质能工程 [M]. 北京：化学工业出版社，2009.
[6] 侯雪. 新能源技术 [M]. 北京：机械工业出版社，2013.
[7] 王新东，王萌. 新能源材料与器件 [M]. 北京：化学工业出版社，2019.
[8] 艾德生，高喆. 新能源材料：基础与应用 [M]. 北京：化学工业出版社，2010.
[9] 翟秀静，刘奎仁，韩庆. 新能源技术 [M]. 北京：化学工业出版社，2005.
[10] 葛永乐. 实用节能技术 [M]. 上海：上海科学技术出版社，1993.
[11] 胡成春. 新能源 [M]. 上海：上海科学技术出版社，1994.
[12] 蔡兆麟，刘华堂，何国庆. 能源与动力装置基础 [M]. 北京：中国电力出版社，2004.
[13] 梁彤祥. 清洁能源材料导论 [M]. 哈尔滨：哈尔滨工业大学出版社，2003.
[14] 雷永泉，万群，石永康. 新能源材料 [M]. 天津：天津大学出版社，2002.
[15] 张立德，牟季美. 纳米材料和纳米结构 [M]. 北京：科学出版社，2001.
[16] 徐国财，张立德. 纳米复合材料 [M]. 北京：化学工业出版社，2002.
[17] 张立德. 纳米材料 [M]. 北京：化学工业出版社，2001.
[18] 成会明. 碳纳米管制备、结构、物性及应用 [M]. 北京：化学工业出版社，2002.
[19] 方俊鑫，殷之文. 电介质物理学 [M]. 北京：科学出版社，1989.
[20] 雷清泉. 高聚物的结构与导电性能 [M]. 武汉：华中理工大学出版社，1990.
[21] 张良莴，姚喜. 电介质物理 [M]. 西安：西安交通大学出版社，1991.
[22] 谢希德，方俊鑫. 固体物理学（上、下册）[M]. 上海：上海科学技术出版社，1961.
[23] 方俊秀，陆栋. 固体物理学（上、下册）[M]. 上海：上海科学技术出版社，1981.
[24] 陈季丹，刘子玉. 电介质物理学 [M]. 北京：机械工业出版社，1982.
[25] 科埃略. 电介质物理学 [M]. 吕景楼，李守义，译. 北京：科学出版社，1984.
[26] 党智敏. 储能聚合物电介质导论 新材料 [M]. 北京：科学出版社，2021.
[27] 徐建华，杨文耀. 储能聚合物电介质基础 [M]. 北京：科学出版社，2014.
[28] 张良莹，姚熹. 电介质物理 [M]. 西安：西安交通大学出版社，1991.
[29] 孙目珍. 电介质物理基础 [M]. 广州：华南理工大学出版社，2000.
[30] 吕世骥，范印哲. 固体物理教程 [M]. 北京：北京大学出版社，1990.
[31] 李翰如. 电介质物理导论 [M]. 成都：成都科技大学出版社，1990.
[32] 孟中岩，姚喜. 电介质理论基础 [M]. 北京：国防工业出版社，1979.
[33] 李荻. 电化学原理 [M]. 3 版. 北京：北京航空航天大学出版社，2008.
[34] 张祖训，汪尔康. 电化学原理和方法 [M]. 北京：科学出版社，2000.
[35] 卡尔·H·哈曼，安德鲁·哈姆内特，沃尔夫·菲尔施蒂希. 电化学 [M]. 陈燕霞，夏兴华，蔡俊，译. 北京：化学工业出版社，2010.
[36] 小久见善八. 电化学 [M]. 郭成言，译. 北京：科学出版社，2002.
[37] 塞勒姆. 化学反应中的电子基本原理 [M]. 张敬畅，曹维良，译. 北京：科学出版社，1987.
[38] 胡会利，李宁. 电化学测量 [M]. 北京：化学工业出版社，2020.
[39] 杨辉，卢文庆. 应用电化学 [M]. 北京：科学出版社，2001.
[40] 谢德明，童少平，曹江林. 应用电化学基础 [M]. 北京：化学工业出版社，2013.
[41] B. E. 康维. 电化学超级电容器：科学原理及技术应用 [M]. 陈艾，译. 北京：化学工业出版社，2005.
[42] 陆天虹. 能源电化学 [M]. 北京：化学工业出版社，2014.

[43] 魏学业，王立华，张俊红.光伏发电技术及其应用 [M].2 版.北京：机械工业出版社，2020.
[44] 王东，杨冠东，刘富德.光伏电池原理及应用 [M].北京：化学工业出版社，2014.
[45] 靳瑞敏.太阳能电池原理与应用 [M].北京：北京大学出版社，2011.
[46] 种法力，腾道祥.硅太阳能电池光伏材料 [M].北京：化学工业出版社，2021.
[47] 丁建宁.高效晶体硅太阳能电池技术 [M].北京：化学工业出版社，2019.
[48] 丁建宁.新型薄膜太阳能电池 [M].北京：化学工业出版社，2018.
[49] 申泮文，曾爱冬.氢与氢能 [M].北京：科学出版社，1988.
[50] 吴素芳.氢能与制氢技术 [M].杭州：浙江大学出版社，2014.
[51] 丁福臣，易玉峰.制氢储氢技术 [M].北京：化学工业出版社.2006.
[52] 蔡颖.储氢技术与材料 [M].北京：化学工业出版社，2018.
[53] Darren P. Broom.储氢材料：储存性能表征 [M].刘永锋，潘洪革，高明霞，等，译.北京：机械工业出版社，2013.
[54] 陈冠益，马隆龙，颜蓓蓓.生物质能源技术与理论 [M].北京：科学出版社，2017.
[55] 袁振宏.生物质能高效利用技术 [M].北京：化学工业出版社，2015.
[56] 陈军，陶占良.能源化学 [M].北京：化学工业出版社，2004.
[57] 张百良.生物质成型燃料技术与工程化 [M].北京：科学出版社，2012.
[58] 董长青，陆强，胡笑颖.生物质热化学转化技术 [M].北京：科学出版社，2017.
[59] 孙立，张晓东.生物质热解气化原理与技术 [M].北京：化学工业出版社，2013.
[60] 王建录.风能与风力发电技术 [M].北京：化学工业出版社，2015.
[61] 陈听宽.新能源发电 [M].北京：机械工业出版社，1988.
[62] 宋俊.风能利用 [M].北京：机械工业出版社，2014.
[63] 宫靖远.风电场工程技术手册 [M].北京：机械工业出版社，2004.
[64] 吴治坚，叶枝全，沈辉.新能源和可再生能源的利用 [M].北京：机械工业出版社，2006.
[65] 惠晶.新能源转换与控制技术 [M].北京：机械工业出版社，2008.
[66] 牛山泉.风能技术 [M].刘薇，李岩，译.北京：科学出版社，2009.
[67] 王革华.新能源概论 [M] .北京：化学工业出版社，2006.
[68] 王志新.海上风力发电技术 [M].北京：机械工业出版社，2013.
[69] 吴涛.风电并网及运行技术 [M].北京：中国电力出版社，2013.
[70] 李允武.海洋能源开发 [M].北京：海洋出版社，2008.
[71] 鹿守本.海洋资源与可持续发展 [M].北京：中国科学技术出版社，1999.
[72] 孙为民.核能发电技术 [M].北京：中国电力出版社，2018.
[73] 朱华.核电与核能 [M].杭州：浙江大学出版社，2009 .
[74] 杜圣华.核电站 [M].北京：原子能出版社，1992.
[75] 马栩泉.核能开发与应用 [M].北京：化学工业出版社，2005.
[76] 李泽华.反应堆物理 [M].北京：核工业研究生部，2007 .
[77] 汪集暘.地热学及其应用 [M].北京：科学出版社，2015.
[78] 邱楠生，胡圣标，何丽娟.沉积盆地地热学 [M].东营：中国石油大学出版社，2019.
[79] 赵丰年.地热能技术标准体系研究与应用 [M].北京：中国石化出版社，2021.
[80] 张军.地热能、余热能与热泵技术 [M].北京：化学工业出版社，2014.
[81] 刘允良.话说地热能与可燃冰 [M].南宁：广西教育出版社，2013.
[82] 曹茂盛.纳米材料导论 [M].哈尔滨：哈尔滨工业大学出版社，2007.
[83] 徐云龙，赵崇军，钱秀珍.纳米材料学概论 [M].上海：华东理工大学出版社，2008.
[84] 张立德，牟季美.纳米材料和纳米结构 [M].北京：科学出版社，2002.
[85] 倪星元，姚兰芳，沈军.纳米材料制备技术 [M].北京：化学工业出版社，2007.
[86] 丁秉钧.纳米材料 [M].北京：机械工业出版社，2004.
[87] 陈翠庆，石瑛.纳米材料学基础 [M].长沙：中南大学出版社，2009.
[88] 刘吉平，孙洪强.碳纳米材料 [M].北京：科学出版社，2004.